潘知常生命美学系列

# 潘知常美学随笔

潘知常 著

江苏凤凰文艺出版社

图书在版编目（CIP）数据

潘知常美学随笔 / 潘知常著. —南京：江苏凤凰文艺出版社，2022.5

（潘知常生命美学系列）

ISBN 978-7-5594-5207-8

Ⅰ.①潘… Ⅱ.①潘… Ⅲ.①生命—美学—研究—中国 Ⅳ.①B83-092

中国版本图书馆CIP数据核字(2021)第231456号

## 潘知常美学随笔

潘知常 著

| 出 版 人 | 张在健 |
|---|---|
| 责任编辑 | 朱雨芯 孙金荣 |
| 装帧设计 | 张景春 |
| 责任印制 | 刘 巍 |
| 出版发行 | 江苏凤凰文艺出版社 |
|  | 南京市中央路165号，邮编：210009 |
| 网 址 | http://www.jswenyi.com |
| 印 刷 | 南京新洲印刷有限公司 |
| 开 本 | 890毫米×1240毫米 1/32 |
| 印 张 | 20.125 |
| 字 数 | 573千字 |
| 版 次 | 2022年5月第1版 |
| 印 次 | 2022年5月第1次印刷 |
| 书 号 | ISBN 978-7-5594-5207-8 |
| 定 价 | 88.00元 |

江苏凤凰文艺版图书凡印刷、装订错误，可向出版社调换。联系电话 025-83280257

# 潘知常

南京大学教授、博士生导师，南京大学美学与文化传播研究中心主任；长期在澳门任教，陆续担任澳门电影电视传媒大学筹备委员会专职委员、执行主任，澳门科技大学人文艺术学院创院副院长（主持工作）、特聘教授、博导。担任民盟中央委员并省民盟常委、全国青联中央委员并省青联常委、中国华夏文化促进会顾问、全国青年美学研究会创会副会长、澳门国际电影节秘书长、澳门国际电视节秘书长、中国首届国际微电影节秘书长、澳门比较文化与美学学会创会会长等。1992年获政府特殊津贴，1993年任教授。今日头条频道根据6.5亿电脑用户调查"全国关注度最高的红学家"，排名第四；在喜马拉雅讲授《红楼梦》，播放量逾900万；长期从事战略咨询策划工作，是"企业顾问、政府高参、媒体军师"。2007年提出"塔西佗陷阱"，目前网上搜索为290万条，成为被公认的政治学、传播学定律。1985年首倡"生命美学"，目前网上搜索为3280万条，成为改革开放新时期第一个"崛起的美学新学派"，在美学界影响广泛。出版学术专著《走向生命美学——后美学时代的美学建构》《信仰建构中的审美救赎》等30余部，主编"中国当代美学前沿丛书""西方生命美学经典名著导读丛书""生命美学研究丛书"，并曾获江苏省哲学社会科学优秀成果一等奖等18项奖励。

# 总　序

加塞尔在《什么是哲学》中说过："在历史的每一刻中都总是并存着三种世代——年轻的一代、成长的一代、年老的一代。也就是说，每一个'今天'实际都包含着三个不同的'今天'：要看这是二十来岁的今天、四十来岁的今天，还是六十来岁的今天。"

三十六年前，1985年，我在无疑是属于"二十来岁的今天"，提出了生命美学。

当然，提出者太年轻、提出的年代也年轻，再加上提出的美学新说也同样年轻，因此，后来的三十六年并非一帆风顺。更不要说，还被李泽厚先生公开批评过六次。甚至，在他迄今为止所写的最后一篇美学文章——那篇被李先生自称为美学领域的封笔之作的《作为补充的杂记》中，还是没有放过生命美学，在被他公开提到的为实践美学所拒绝的三种美学学说中，就包括了生命美学。不过，我却至今不悔！

幸而，从"二十来岁的今天"、"四十来岁的今天"走到"六十来岁的今天"，生命美学已经不再需要任何的辩护，因为时间已经做出了最为公正的裁决。三十六年之后，生命美学尚在！这"尚在"，就已经说明了一切的一切。更不要说，"六十来岁的今天"，已经不再是"二十来岁的今天"。但是，生命美学却仍旧还是生命美学，"六十来岁的今天"的我之所见竟然仍旧是"二十来岁的今天"的我之所见。

在这方面，读者所看到的"潘知常生命美学系列"或许也是一个例证。从"二十来岁的今天"、"四十来岁的今天"走到"六十来岁的今天"，其中，第一辑选入的是我的处女作，1985年完成的——《美的冲突——中华民族三百年来的美学追求》(与我后来出版的《独上高楼:王国维》一书合并),完成于1987年岁末的《众妙之门——中国美感心态的深层结构》,以及完成于1989年岁末的生命美学的奠基之作——《生命美学》,还有我的《反美学——在阐释中理解当代审美文化》《诗与思的对话——审美活动的本体论内涵》(现易名为《美学导论》)、《美学的边缘——在阐释中理解当代审美观念》《没有美万万不能——美学导论》(现易名为《美学课》),同时,又列入了我的一部新著:《潘知常美学随笔》。在编选的过程中,尽管都程度不同地做了一些必要的增补(都在相关的地方做了详细的说明),其中的共同之处,则是对于昔日的观点,我没有做任何修改,全部一仍其旧。至于我的另外一些生命美学著作,例如《中国美学精神》(江苏人民出版社1993年版)、《生命美学论稿》(郑州大学出版社2000年版)、《中西比较美学论稿》(百花洲文艺出版社2000年版)、《我爱故我在——生命美学的现代视界》(江西人民出版社2009年版)、《头顶的星空——美学与终极关怀》(广西师范大学出版社2016年版)、《信仰建构中的审美救赎》(人民出版社2019年版)、《走向生命美学——后美学时代的美学建构》(中国社会科学出版社2021年版)、《生命美学引论》(百花洲文艺出版社2021年版)等,则因为与其他出版社签订的版权尚未到期等原因,只能放到第二辑中了。不过,可以预期的是,即便是在未来的编选中,对于自己的观点,应该也毋需做任何的修改。

生命美学,区别于文学艺术的美学,可以称之为超越文学艺术的美学;区别于艺术哲学,可以称之为审美哲学;也区别于传统的"小美学",可以称之为"大美学"。它不是学院美学,而是世界美学(康德);它也不是"作为学科的美学",而是"作为问题的美学"。也因此,其实生命美学并不难理解。只要注意到西方的生命美学是出现在近代,而中国传统美学则始终就是生命美学,就不难发现:它是中国古代儒道禅诸家的美学探索的继承,也是中国近现代王国维、宗白华、方东美的美学探索的继承,还是西方从"康德以后"到"尼采以后"的叔本华、尼采、海德格尔、马尔库塞、阿多诺……等的美学探索的继承。生命美学,在西方是"上帝退场"之后的产物,在中国则是"无神的信仰"背景下的产物,也是审美与艺术被置身于"以审美促信仰"以及阻击作为元问题的虚无主义这样一个舞台中心之后的产物。外在于生命的第一推动力(神性、理性作为救世主)既然并不可信,而且既然"从来就没有救世主",既然神性已经退回教堂,理性已经退回殿堂,生命自身的"块然自生"也就合乎逻辑地成为了亟待直面的问题。随之而来的,必然是生命美学的出场。因为,借助揭示审美活动的奥秘去揭示生命的奥秘,不论在西方的从康德、尼采起步的生命美学,还是在中国的传统美学,都早已是一个公开的秘密。

换言之,美学的追问方式有三:神性的、理性的和生命(感性)的,所谓以"神性"为视界、以"理性"为视界以及以"生命"为视界。在生命美学看来,以"神性"为视界的美学已经终结了,以"理性"为视界的美学也已经终结了,以"生命"为视界的美学则刚刚开始。过去是在"神性"和"理性"之外来追问审美与艺术,"至善目的"与神学目的是理所当然的终点,道德神学与神学道德,以及理性主义的目的论与宗教神学的目的论则是其中的思想轨迹。美学家的工作,就是先以此为基础去解释生存的合理性,然后,再把审美与艺术作为这种解释的附庸,并且规范在神性世界、理性世界内,并赋予以不无屈辱的合法地位。理所当然的,是神学本质或者伦理本质牢牢地规范着审美与艺术的本质。现在不然。审美和艺术的理由再也不能在审美和艺术之外去寻找,这也就是说,在审美与艺术之外没有任何其他的外在的理由。生命美学开始从审美与艺术本身去解释审美与艺术的合理性,并且把审美与艺术本身作为生命本身,或者,把生命本身看作审美与艺术本身,结论是:真正的审美与艺术就是生命本身。人之为人,以审美与艺术作为生存方式。"生命即审美","审美即生命"。也因此,审美和艺术不需要外在的理由——说得犀利一点,也不需要实践的理由。审美就是审美的理由,艺术就是艺术的理由,犹如生命就是生命的理由。

这样一来,审美活动与生命自身的自组织、自协同的深层关系就被第一次发现了。审美与艺术因此溢出了传统的藩篱,成为人类的生存本身。并且,审美、艺术与生命成为了一个可以互换的概念。生命因此而重建,美学也因此而重建。也因此,对于审美与艺术之谜的解答同时就是对于人的生命之谜的解答;对于美学的关注,不再是仅仅出于对于审美奥秘的兴趣,而应该是出于对于人类解放的兴趣,对于人文关怀的兴趣。借助于审美的思考去进而启蒙人性,是美学的责无旁贷的使命,也是美学的理所应当的价值承诺。美学,要以"人的尊严"去解构"上帝的尊严""理性的尊严"。过去是以"神性"的名义为人性启蒙开路,或者是以"理性"的名义为人性启蒙开路,现在却是要以"美"的名义为人性启蒙开路。是从"我思故我在"到"我在故我思"再到"我审美故我在"。这样,关于审美、关于艺术的思考就一定要转型为关于人的思考。美学只能是借美思人,借船出海,借题发挥。美学,只能是一个通向人的世界、洞悉人性奥秘、澄清生命困惑、寻觅生命意义的最佳通道。

进而,生命美学把生命看作一个自组织、自鼓励、自协调的自控系统。它向美而生,也为美而在,关涉宇宙大生命,但主要是其中的人类小生命。其中的区别在宇宙大生命的"不自觉"("创演""生生之美")与人类小生命的"自觉"("创生""生命之美")。至于审美活动,则是人类小生命的"自觉"的意象呈现,亦即人类小生命的隐喻与倒影,或者,是人类生命力的"自觉"的意象呈现,亦即人类生命力的隐喻与倒影。这意味着:否定了人是上帝的创造物,但是也并不意味着人就是自然界物种进化的结果,而是借助自己的生命活动而自己把自己"生成为人"的。因此,立足于我提出的"万物一体仁爱"的生命哲学(简称"一体仁爱"哲学观。是从儒家第二期的王阳明"万物一体之仁"接着讲的,因此区别于张世英先生提出的"万物一体"的哲学观),生命美学意在建构一种更加人性,也更具未来的新美学。它强调:美学的奥秘在人,人的奥秘在生命,生命的奥秘在"生成为人","生成为人"的奥秘在"生成为审美的人"。或者,自然界的奇迹是"生成为人",人的奇迹是"生成为生命",生命的奇迹是"生成为精神生命",精神生命的奇迹是"生成为审美生命"。再或者,"人是人"——"作为人"——"称为人"——"审美人"。由此,生命美学以"自然界生成为人"区别于实践美学的"自然的人化";以"爱者优存"区别于实践美学的"适者生存";以"我审美故我在"区别于实践美学的"我实践故我在";以审美活动是生命活动的必然与必需区别于实践美学的以审美活动作为实践活动的附属品、奢侈品。其中包含了两个方面：审美活动是生命的享受（因生命而审美，生命活动必然走向审美活动，生命活动为什么需要审美活动）；审美活动也是生命的提升（因审美而生命，审美活动必然走向生命活动，审美活动为什么能够满足生命活动的需要）。而且，生命美学从纵向层面依次拓展为"生命视界""情感为本""境界取向"（因此生命美学可以被称为情本境界论生命美学或者情本境界生命论美学），从横向层面则依次拓展为后美学时代的审美哲学、后形而上学时代的审美形而上学、后宗教时代的审美救赎诗学；在纵向的情本境界论生命美学或者情本境界生命论美学的美学与横向的审美哲学、审美形而上学、审美救赎诗学之间，则是生命美学的核心：成人之美。

最后，从"二十来岁的今天"、"四十来岁的今天"走到"六十来岁的今天"，如果一定要谈一点自己的体会，我要说的则是：学术研究一定要提倡创新，也一定要提倡独立思考。正如爱默生所言，"谦逊温驯的青年在图书馆里长大，确信他们的责任是去接受西塞罗、洛克、培根早已阐发的观点。同时却忘记了一点：当西塞罗、洛克、培根写作这些著作的时候，本身也不过是些图书馆里的年轻人。"也因此，我们不但要"照着"古人、洋人"讲"，而且还要"接着"古人、洋人"讲"，还要有勇气把脑袋扛在自己的肩上，去独立思考。"我注六经"固然可嘉，"六经注我"也无可非议。"著书"却不"立说"，"著名"却不"留名"的现象，再也不能继续下去了。当然，多年以前，李泽厚在自己率先建立了实践美学之后，还曾转而劝诫诸多在他之后的后学们说：不要去建立什么美学的体系，而要先去研究美学的具体问题。这其实也是没有事实根据的。在这方面，我更相信的是康德的劝诫：没有体系，可以获得历史知识、数学知识，但是却永远不能获得哲学知识，因为在思想的领域，"整体的轮廓应当先于局部"。除了康德，我还相信的是黑格尔的劝诫："没有体系的哲学理论，只能表示个人主观的特殊心情，它内容必定是带偶然性的。"

"子曰：何伤乎！亦各言其志也！"

最后，需要说明的是，从"二十来岁的今天"到"六十来岁的今天"，我的学术研究其实并不局限于生命美学研究，也因此，"潘知常生命美学系列"所

5

收录的当然也就并非我的学术著述的全部。例如,我还出版了《红楼梦为什么这样红——潘知常导读〈红楼梦〉》《谁劫持了我们的美感——潘知常揭秘四大奇书》《说红楼人物》《说水浒人物》《说聊斋》《人之初:审美教育的最佳时期》等专著,而且,在传播学研究方面,我还出版了《传媒批判理论》《大众传媒与大众文化》《流行文化》《全媒体时代的美学素养》《新意识形态与中国传媒》《讲"好故事"与"讲好"故事——从电视叙事看电视节目的策划》《怎样与媒体打交道》《你也是"新闻发言人"》《公务员同媒体打交道》等,在战略咨询与策划方面,出版了《不可能的可能:潘知常战略咨询与策划文选》《澳门文化产业发展研究》,关于我在2007年提出的"塔西佗陷阱",我也有相关的专门论著。有兴趣的读者,可以参看。

是为序。

潘知常

2021.6.6.南京卧龙湖,明庐

# 目录

**第一辑　生命屐痕**

| | |
|---|---|
| 2 | 去去莫迟疑 |
| 4 | 我的文学梦 |
| 6 | 仿狄金森"造一片草原" |
| 7 | 饮其流者怀其源,学其成时念吾师 |
| 9 | 叩问美学新千年的现代思路 |
| 20 | 美学在澳门 |
| 21 | "我们是爱美的人"——关于生命美学的对话 |

**第二辑　奇文共赏**

| | |
|---|---|
| 38 | 《卖火柴的小女孩》:感恩的心 |
| 43 | 《海的女儿》:"爱是永远不会死掉的" |
| 48 | 《丑小鸭》:浴爱重生 |
| 53 | 《皇帝的新装》:丧钟为谁而鸣 |
| 59 | 《世界上最美丽的一朵玫瑰花》:爱的救赎 |
| 66 | 《红舞鞋》:忏悔之鞋 |
| 73 | 重读安徒生童话 |
| 79 | 杜诗中的幽默 |
| 86 | "八小时以外"的曹操 |
| 96 | 曹操的哭与笑 |
| 97 | 不读《水浒》,不知天下之奇 |

| | |
|---|---|
| 98 | 《水浒传·楔子》精讲——读懂《水浒传》的"楔子",才能读懂全部的《水浒传》 |
| 101 | 海子:"太阳之子" |

**第三辑 时代杂评**

| | |
|---|---|
| 122 | 启蒙的批判与对于启蒙的批判——关于20世纪中国的文化主题 |
| 126 | 逃向生活 |
| 137 | 关于目前的高校学术管理制度的答记者问 |
| 139 | 严重的问题是教育富人 |
| 141 | 没有爱,就没有市场经济 |
| 143 | 为什么"仓廪实"而没有"知礼节" |
| 145 | 给春节一个"快乐"的理由 |
| 147 | 情人节,还是"情人劫"? |
| 150 | 从"南京文学"到"文学南京"——在文学中重新发现南京 |
| 152 | 关于"城市精神"——答《新华日报》记者问 |
| 156 | 城市与乡愁:一种关于成长的生命美学 |
| 168 | "挟媒体以令大众":传媒时代的文化消费与旁观 |
| 172 | 走出了"大红灯笼"模式的奥运开幕式 |
| 176 | 十年后的回眸:再说"塔西佗陷阱" |

**第四辑 时尚掠影**

| | |
|---|---|
| 192 | 南京的伤感 |
| 193 | 生活在别处 |
| 198 | 速配的时代 |
| 200 | 非常的年代 |
| 202 | 想起了冬妮娅 |
| 204 | 瘦身的陷阱 |
| 206 | 我们是女孩 |

| | |
|---|---|
| 208 | 走出男性的目光 |
| 210 | "痿哥"来了! |
| 211 | 无病呻吟 |
| 213 | 高雅的赝品:所谓"中产阶级趣味" |
| 218 | 纸上的卡拉OK |
| 220 | 明星:世俗的神话 |
| 222 | "明星私生活的脱衣舞" |
| 224 | 谁是帕帕拉奇? |
| 226 | 卡拉未必OK |
| 227 | 电视节目:挣扎在低俗与通俗之间? |
| 230 | 荧屏创新:宽容"山寨化",避免"山寨风" |
| 233 | 传统文化短视频:"冷"传统文化的"热"传播 |
| 236 | 涂鸦:另类的青春话语 |
| 239 | 触摸城市的灵魂——对于城市雕塑的一点期望 |

**第五辑　美学散记**

| | |
|---|---|
| 242 | 关于"羊"的美学采访——《东方文化周刊》的羊年"大家访谈" |
| 245 | 爱如空气 |
| 249 | 王国维的"俨有释迦、基督担荷人类罪恶之意" |
| 253 | 陶渊明的《饮酒(其五)》 |
| 255 | 王羲之的《兰亭诗》 |
| 256 | 张岱的《湖心亭看雪》 |
| 257 | 沙梅的金蔷薇 |
| 261 | 旅游:找回过去的自己,也找回未来的自己 |
| 288 | "一切放下"与"一切提起" |
| 296 | "一个人的爱情" |
| 303 | 怎样在美学上去反省"南京大屠杀" |
| 312 | 我爱故我在——新轴心时代的价值重构 |

| | |
|---|---|
| 323 | 构建呼唤爱、捍卫爱的新哲学——"西湖秋色"学术雅聚的学术人物专访 |
| 332 | 后美学时代的生命美学建构 |
| 340 | 当代中国生命美学的历史贡献——关于生命美学的对话 |
| 353 | 1984年,我第一次见到李泽厚先生 |
| 356 | 迟到的感谢 |
| 360 | 永不落幕——在柯军龚隐雷夫妇讲座之后的点评发言 |

**第六辑 学海拾贝**

| | |
|---|---|
| 366 | 关于阅读——答《图书馆报》记者问 |
| 371 | 朝圣者的灵魂史诗——《天路历程》序 |
| 381 | 关于《美的历程》 |
| 383 | 高小康《大众的梦》序 |
| 386 | 张燕《现代传媒设计教程》序 |
| 390 | "吾生有事"——《中天而立集——廖彬宇先生诗词暨名家手迹文章鉴赏集》序言 |
| 396 | 灵魂的盟誓——齐宏伟《叫醒装睡的你》序言 |
| 400 | "教我灵魂歌唱"——熊芳芳《语文审美教育12讲》序 |
| 407 | 美丽的种子——读《向着太阳歌唱》 |
| 410 | 徐连明新著《差异化表征:当代中国时尚杂志"书写白领"研究》跋 |
| 411 | 刘芳《制造青春》序 |
| 417 | 张伟博《广告平面设计》序 |
| 421 | 沈峰《第二境界》序 |
| 424 | 《〈红楼梦〉金陵十二钗图谱》序 |
| 425 | 《生命美学:崛起的美学新学派》主编引言 |
| 426 | "中国当代美学前沿丛书第一辑"总序 |
| 432 | "生命为体,中西为用"——"西方生命美学经典名著导读丛书"序言 |

## 第七辑　艺海泛舟

- 444　情穷造化理　学贯天人际——张尔宾先生画展序
- 445　纵浪大化——我读杨彦先生的画作
- 446　十年一剑——读林逸鹏教授新作有感
- 454　觉者——林逸鹏、杨培江双个展"各造其极"序
- 455　"无路是赵州"——观"大墨南京——赵绪成师友心作"有感
- 460　我看华拓先生的青绿山水作品
- 463　"坐绝乾坤气独清"——再看华拓先生的青绿山水作品
- 466　黑白木刻中的记忆与梦想——张宜银先生版画作品印象
- 471　关于"《阿凡达》现象"的答问

## 第八辑　自己的书

- 476　《众妙之门——中国美感心态的深层结构》的后记
- 478　还乡者说——《生命美学》的后记
- 479　《诗与思的对话——审美活动的本体论内涵及其现代阐释》的后记
- 485　《生命的诗境》的再版后记
- 487　《美学的边缘——在阐释中理解当代审美观念》的后记
- 493　生命美学："一大事因缘出现于世"——《生命美学论稿》的后记
- 498　《王国维：独上高楼》的后记
- 500　《红楼》在侧,觉我形秽——《〈红楼梦〉为什么这样红——潘知常导读〈红楼梦〉》的后记
- 501　《红楼梦为什么这样红——潘知常导读〈红楼梦〉》的再版后记
- 502　《谁劫持了我们的美感——潘知常揭秘四大奇书》的再版前言
- 509　《头顶的星空——美学与终极关怀》的后记
- 512　《中国美学精神》的再版后记
- 517　说在前面　人生如逆旅,我亦是行人——关于《说〈红楼〉人物》和《说〈水浒〉人物》
- 519　《说〈聊斋〉》的"说在前面"

| | |
|---|---|
| 521 | 《信仰建构中的审美救赎》的后记 |
| 525 | 《走向生命美学——后美学时代的美学建构》的后记 |

### 第九辑　自说自话

| | |
|---|---|
| 530 | "首届美学高端战略峰会"开幕致辞 |
| 531 | "普林斯顿没有任务,只有机会"——"第一届全国高校美学教师高级研修班"开班致辞 |
| 535 | 让每一个自己都活成一束光 |
| 538 | 以信仰代宗教 |
| 544 | 审美作为生产力——在"首届美学经济论坛"上的大会发言 |
| 555 | 回到王国维　超越王国维——从"旧红学""新红学"到"后红学" |
| 563 | 从美学看明式家具之美 |
| 578 | 带着爱上路——在中央民族大学外国语学院2014届毕业典礼上的主旨演讲 |
| 594 | 为学术的人生——在南京大学新闻传播学院2014级研究生开学典礼上的主题演讲 |
| | |
| 608 | 附录一　南华寺 |
| 622 | 附录二　苏州文化"最江南" |
| 625 | 附录三　美是生命的竞争力 |

# 第一辑

## 生命展痕

## 去去莫迟疑

云飞雪落的日子,莺歌燕舞的日子,年年岁岁,总是在异乡的景里做一名踽踽的过客。郁积在心头的,是一层浓浓淡淡的乡思。常想起,那用一颗稚心放飞的多彩的生命,宛如一幅恬美的图,在天空摇摇曳曳。牵扯着它的,是故园那柔柔的银线……

爷爷的身影,在我的记忆中是一幅模糊的画面。爸爸经常眉飞色舞地跟我描述爷爷的雄姿,说爷爷是醴陵方圆几百里山区赫赫有名的"猎神",艺高胆大,弹无虚发,猎物数不胜数(虽然爸爸自己一生只打中过一条狗,而且是自己家的猎狗),但我却往往撇撇嘴,颇不以为然。直到1974年,跟妈妈到醴陵富里镇老家探亲,长途汽车上,一位老农竟然也风闻过爷爷的壮举。三十年前,爷爷只身闯虎穴,脸上被虎掌拍了一记的故事,从老农的嘴里讲出来,颇增添了我的几分自豪。爷爷的身影在我心中从此变得清晰起来,也高大了许多。甚至,在八年之后,当我手握一支钢笔闯进文坛,竟然也会常常对自己说:"我肯定能成功,因为我是'猎神'的子孙。"猎枪和钢笔,就这样都成为坚毅的象征。

辣椒似乎是我的天敌。虽然,红红的辣椒湖南人最喜欢吃,但我却全然与之无缘。儿时,或许是爸爸妈妈心疼我被辣得人仰马翻,号啕大哭的样子,便在家中立了一个不成文的规矩:单独为我准备一份不放辣椒的菜。后来,年龄日长,听说了毛泽东与辣椒的故事,也听说了"越辣越革命"的名言,心中便添了一分窃窃的惭愧。于是,某日对爸爸妈妈宣布:从今天起我要学着吃辣椒。一副全无畏惧的样子,像别人一样把红红的辣椒往嘴里放,然而,辣椒一到我嘴里,不仅仅是辣,而且整个头皮像许多钢针在扎。就这样,反反复复尝试了几次,终于还是没学会。"看来你与湖南无缘"经常有朋友跟我开这样的玩笑。我当然不服气。终于有一天,一位朋友一本正经地对我说:"你天生就像是在辣椒里泡大的,里里外外都是湖南人的倔脾气,还用得着吃辣椒吗?"我开心地笑了,"吃得苦,耐得烦,霸得蛮",那不就是我吗?当然,我还没忘补一句:"吃不吃辣椒,我都是湖南人!"

在我心目中,最好听的自然是湖南话。然而,我却一句也不会说。随父母四处漂泊,东北—北京—河北—河南。现在,又拖着自己的小家客居江南。在故乡的日子少,在异乡的日子多。结果,终没学会讲湖南话。不过,每每电视上出现操着湖南口音的毛泽东、刘少奇,我总要喊来女儿,让她听听乡音。十分神奇的是,不管在何时何地,也不管遇到何人,只要是湖南口音,我往往立即就能听出,而且屡试不爽。最具戏剧性的,还是每每在取得一点点成绩的时候,问及的人,一旦得知我是湖南人,总是首先流露出吃惊的神色(因为我一口普通话),继而又会心地直点头,似乎在说:"难怪!"这时候,我心中最觉得意,感到自己虽然连湖南话都不会说,却仍是一个够格的湖南后裔。

············

云飞雪落的日子,莺歌燕舞的日子,岁岁年年,毕竟是异乡风景里的一名踽踽的过客。

幸而,故乡并没有忘记自己的游子。《湖南日报》副刊的《湖湘子弟》专栏曾经把许许多多负笈他乡的学子介绍给家乡父老。《故园情》专栏中更是流淌着在天南海北的儿女的浓浓乡情!

这使我意识到:做一个湖南人是值得自豪的!这也使我意识到:做一个湖南人又是责任重大的!哪怕是在天涯海角,家乡都在关怀着你,注视着你。家乡像母亲一样用缕缕情丝温情地缠绕着你。你必须拼尽全力去生活、去工作,你必须时时用优异成绩来报效。

好在,许多湖南人不论走到哪里都非平庸之辈。"湖南人旗帜鲜明,性情豪爽,我行我素。他们大多都有宽宽的前额、深眼窝、红面颊,他们是中国的普鲁士人。"一个美国人在《毛泽东传》中如是说。那么,我们又怎能不努力前行呢?

就这样想着,摆摆手,遥遥拜别家乡父老,迎着江南缠绵的细雨,从容地走进著名学府——南京大学美丽校园,心中是一阵明明灭灭的歌,李叔同的歌:

来日后会相予期,去去莫迟疑!

1991年,10月,南京

## 我的文学梦

少年时代,是一个多梦的季节。古往今来,形形色色、瑰丽无比的梦想展开了多少少男少女的人生道路?又为多少人的人生留下了美好的回忆?

在少年时代,我也有一个美好的梦想——一个文学梦。

我生长在一个知识分子家庭。小学、中学的大部分时间,都是在"文化大革命"中度过的。那是一个无书可读,也不读书的时代。我至今还记得,我在上小学的时候,几乎有一年的时间,每天都是翻来覆去地朗读、背诵、默写"老三篇",即毛主席的《为人民服务》《纪念白求恩》《愚公移山》。这一切,对于一个迫切地渴望着知识的甘露滋润心田的少年,显然是远远不够的。于是,我就开始如饥似渴地到处去找书看。凑巧的是,我的哥哥当时是国际关系学院英文系的大学生,于是,一年春节,他就把自己所珍爱的文学藏书都带了回来。他走了以后,一个偶然的机会,我发现了这些文学书籍。最初,我看到的是《古诗十九首》,作为一个十一二岁的少年,当时我还看不太懂这些诗句,然而,我却一下子就被其中那种忧郁的情调打动了。"生年不满百,长怀千岁忧。昼短苦夜长,何不秉烛游!"……当时,我甚至不知道这就是诗歌、就是文学,但是我却强烈地喜欢上了它。于是,我把自己关在家里,《诗经》《楚辞》《唐诗三百首》《宋词选》《神曲》《罗密欧与朱丽叶》……一本本地看了起来。也许,是我的天性比较偏重于情感、想象,也许,是这些书籍所起到的潜移默化的作用,总之,我从此就狂热地爱上了文学。

现在回想起来,为了满足自己的对于文学的爱好,在小学和中学期间,我做得最多的两件事,大概就是抄书借书和到处求教了。那个时代,我所喜爱的那些文学作品根本就没有地方可买,唯一的办法,就是自己动手抄。我花了很多时间,把我哥哥留在家里的文学书籍都抄了下来,《诗经》、《楚辞》、《古诗十九首》、《唐诗三百首》、《宋词选》、郭小川的诗、拜伦的诗、雪莱的诗……这些"手抄本"就是我自己的文学藏书,我随身带了很多年,直到考上大学才恋恋不舍地与之分手。不过,我哥哥的文学书籍毕竟有限,为了能够满足自己越来越强烈、越来越广泛的求知欲,我又想方设法到处去借书。跟父母的同事借,跟哥哥的同学借,跟自己的老师、同学借。我有一个同学,他的哥哥也喜欢文学,而且有办法借到文学书籍,于是,我每个星期都要骑着自行车跑十几里路,到他家去借书。至于我的几位语文老师的家,就更是我经常出入之地了。他们珍藏的每一本文学书籍,我都会借回来如饥似渴地阅读。当然,由于自己的年龄较小,加上当时的学习环境十分恶劣,因此我也遇到了许多困难。好在我的老师们对我都十分关心。上中学的时候,我的班主任夫妇都是语文老师。他们就经常悄悄让我去他们家,为我做辅导、开小灶。我自己也经常主动向学校里的其他老师请教。就在前两年,我的一位已经二十年没有联系的当时在教高中的语文老师,看到报刊上介绍我的美学方面的成绩,联想到二十多年前的一个也叫潘知常的初中一年级的少年,曾经悄悄向他请教过《楚辞》中的几个问题。他说:在那样一个大肆践踏传统文化的时代,竟然还会有一个少年向他请教传统文化方面的知识,这给他留下了极为深刻的印象。因此,二十余年来,他一直希望得知这个名叫潘知常的少年的近况。于是,他试探着给我来了一封信。"你是否就是那个潘知常?"他在信中这样问道。当然,我就是那个有着强烈的求知欲望的少年,就是那个曾经悄悄向他请教传统文化知识的潘知常!

大量的阅读,不但提高了我的文学水平,而且激发了我的创作冲动,当时,我也尝试着写了许多诗歌、散文、小说。而今回首往事,在多梦的季节,作为一个少年,我做得最多的,就是文学梦。我渴望做一个诗人,渴望像杜甫、李白那样,写出一首首美丽动人的不朽诗篇。我经常梦想自己真的成了一个诗人:我向人们朗诵我的诗篇,在我的周围听者如云,而在我离开人世的时候,人们的眼泪犹如六月飞雪……逐渐地,我的一些文学作品真的公开发表了。记得处女作是十六岁时发表的一首诗歌。当时,还没有稿费制度,报社给我寄来了一本介绍"义和团"运动的小册子,还有一本稿纸。收到以后,我的心情真是非常激动、兴奋。从中受到的鼓舞,实在是至今也难以言表。

现在,二十多年过去了。最终,我并没有成为一个诗人,而是成为一个教授美学的文学教授。然而,我却永远要感谢二十多年前开始的那个文学梦。没有那个文学梦,就没有我今天的进步。因为那个文学梦虽然没有实现,但是却为我今天的文学研究打下了坚实的基础。如今,我的女儿林思嘉,也像我当年一样,已经是小学五年级的学生了。我也经常鼓励她:在学好功课之外,还应该有自己的爱好,有自己的梦想。因为,尽管自己将来未必真正能够从事这方面的工作,但是,这爱好、这梦想,将会化作自己前进的动力,而且,将会使自己终身受益!

2002年,南京

## 仿狄金森"造一片草原"

造一片草原只需一棵三叶草和一只蜜蜂,
一棵三叶草,一只蜜蜂
和梦。
如果没有蜜蜂,
单单有梦也行。

造一片森林只需一棵树和一只鸟，
一棵树，一只鸟
和爱。
如果没有鸟，
单单有爱也行。

造一片大海只需一滴水和一条鱼，
一滴水，一条鱼
和美。
如果没有鱼，
单单有美也行。

2005年，南京

## 饮其流者怀其源，学其成时念吾师

尊敬的各位领导，尊敬的各位老师，尊敬的各位来宾，还有各位亲爱的学长、学弟、学妹们：

你们好！

今天，是我们的母校——平顶山实验高级中学建校五十周年纪念日。在母校华诞的大庆之日，请允许我代表全体校友，向母校历年来辛勤耕耘在教书育人岗位上的所有老师致以真挚的问候，向市委市政府关心和支持母校的教育事业发展的各位领导致以衷心的感谢，同时，也向母校的五十华诞致以热烈的祝贺，并且，向辉煌五十年的母校致以崇高的敬意。

斗转星移，岁月沧桑。今天，当历史之手掀开新的一页，我们的母校就已经走过了整整五十年的峥嵘历程。五十年，我们辛勤耕耘，五十年，我们上下求索。五十年开拓进取,彪炳千秋;五十年春华秋实,绚丽夺目。五十年来,我们的历任领导、我们的所有老师、我们的全体同学同舟共济,肝胆相照,谱写了一部辉煌的史诗,铸就了今天的荣耀。

"饮其流者怀其源,学其成时念吾师"。此时此刻,我与所有校友一样,都有一个殷切的希望,那就是希望借助这个特殊的场合,向所有以毕生的心血栽培我们的老师致以深深的感谢。是你们用智慧与汗水催开了满园的蓓蕾,在此,我要代表所有在场的校友,还要代表忙碌在世界各地、祖国各地的校友,向各位老师说一句:敬爱的老师,您辛苦了!

今天到场的还有许许多多的校友,其中有我认识的,也有我不认识的,但是,我相信,我们都有一个共同的起点,这就是:平顶山实验高级中学。正是母校的努力与奋斗,让我们每当在自己的履历表里写下"平顶山实验高中"这几个大字的时候,也写下了自己的自豪与骄傲。所以在这里,我们还要再次向母校致以深深谢意。是我们的母校,给了我们一种美丽的人生底色,让我们有了在漫长的岁月里慢慢为这底色涂上绚丽五彩的幸运。

同时,在这里,我们也要毫无愧色地向我们敬爱的母校汇报,我们也没有辜负您的殷切期望。"我们今天是桃李门墙,明天是社会栋梁……"敬爱的母校,我们——做到了!

最后,让我们共同祝愿我们的母校生日快乐,桃李满园。

祝愿我们的老师青春永驻,身体健康。

祝愿我们的同学创造精彩,拥抱辉煌。

祝愿在座的各位父老乡亲,心想事成,幸福快乐。

往事如歌,未来如诗,回首往昔,我们自豪;展望未来,我们向往;在新的岁月里,在新的征程中,让我们共同努力!让我们一起,为母校再创新的辉煌!

谢谢!

2008年10月11日,河南平顶山

# 叩问美学新千年的现代思路

○ 潘知常　★ 邓天颖

★ 潘老师,许多人都觉得美学理论研究非常枯燥、乏味,因而望而生畏,但我看到您在美学研究领域纵横驰骋,不但把它当作一种教授的职业,而且成为您生命的体验。请您谈谈您是如何与美学尤其是生命美学结缘的呢。

○ 与美学的结缘,对于我几乎可以说是一种"宿命"。我出生在一个高级知识分子家庭,"文革"期间父亲被打成走资派、历史反革命,我也因此而经历了世态炎凉。但形形色色的丑恶反而使我更渴望美好与博爱。1977年恢复高考,我在下乡所在的县考出了该县最好成绩,但是那个时候根本不知道中国最好的大学是北京大学、清华大学,而是误以为本省的大学就是最好的大学,因此,也就误打误撞,考入了郑州大学中文系。幸而,尽管这所大学在中国并不著名,但是它的美学研究与文艺批评方面的师资,在当时却颇具声望。李戏鱼、蓝翎、刘思谦、鲁枢元、张涵等老师,都给我以重要影响。毕业留校后,1983—1984我去北大哲学系进修了一年半中外美学,叶朗、杨辛、于民、阎国忠等老师,真正把我领进了美学的大门。值得庆幸的是,当时美学大师朱光潜、宗白华先生都还健在。课余去拜访他们,是我最快乐的事情。当然,李泽厚和高尔泰也给了我深刻影响,他们的探索精神,无疑给我以深刻感悟。

★ 潘老师,熟悉中国现代美学史的人都知道,从20世纪90年代至今与实践美学相对话的生命美学一直是和您的名字联系在一起的。您的这一生命美学思路是怎样形成的呢?

○ 就我个人而言,走进生命美学,最初与其说是出于理论的学习,还不如说是出于生命的感悟。20世纪80年代初,我天天阅读的都是西方康德、黑格尔的知识论美学和中国朱光潜、李泽厚的实践论美学的著作，但是正是内在的生命感悟，使我很快就离开了他们。卡尔·巴特在描述自己写作《罗马书注释》一书时的心路历程时说："当我回顾自己走过的历程时，我觉得自己就像一个沿着教堂钟楼黑暗的楼道往上爬的人。他力图稳住身子，伸手摸索楼梯的扶手，可是抓住的却不是扶手而是钟绳。令他害怕的是，随后他便不得不听着那巨大的钟声在他的头上震响，而且不只在他一个人的头上震响。"这也是我将近二十年中所走过的心路历程。现在回想起来，迄今为止，最为重要的内在生命感悟我有过两次。一次是在1984年的12月12日，是我28岁的生日。也就在那天晚上，在中原寒冷的冬夜我度过了一个不眠之夜。在那个夜晚，我第一次意识到了审美活动与个体生命的逻辑对应。美学之为美学，应该是对于人类的审美活动与人类个体生命之间的对应的阐释，这就是我所提出的生命美学所要面对的美学问题。于是，在这一内在生命感悟的基础上，我写就了生命美学的第一篇宣言：《美学何处去》（见《美与当代人》1985年第1期），开始关注"生命的自由表现"、关注生命的存在与超越如何可能，这就是后来为国内学界所熟知的所谓生命美学。当然，此后生命美学所产生的广泛影响是我始料未及的。另一次是在2001年的春天，新世纪伊始，我在美国、加拿大。在20世纪90年代，我因为生命美学而"邂逅"了不少卑鄙与龌龊，但是我却始终"虽九死其犹未悔"，不但未悔，而且还在执着地思索着新的美学问题。令人欣慰的是，经过了十五年的苦苦探索，2001年的春天，我在美国纽约的圣巴特里克大教堂终于又找到了进一步的美学问题。那一天，我在圣巴特里克大教堂深思了很长时间，终于第一次清晰地理清了十五年来的纷纭思绪：个体的诞生必然以信仰与爱作为必要的对应，因此，必须为美学补上信仰的维度、爱的维度。在我看来，这就是美学所必须面对的问题。我们可以不去面对宗教，但是必须面对宗教精神；我们可以不是信教者，但是却必须是信仰者；我们可以拒绝崇尚神，但是却不能拒绝崇尚神性。而神性缺席所导致的心灵困厄，正是美学之为美学的不治之症。因此，个体的发现必然导致的只能是也必须是爱之维度、信仰之维度。这就是说，人类的审美活动与人类个体生命之间的对应也必然导致与人类的信仰维度、爱的维度的对应。美学之为美学,不但应该是对于人类的审美活动与人类个体生命之间的对应的阐释,而且还应该是对于人类的审美活动与人类的信仰维度、爱的维度的对应的阐释。这样,不难看到,我近二十年的所有美学著述,无非就是对于这样两个由浅入深的美学问题的考察。换言之,在20世纪是对于人类的审美活动与人类个体生命之间的对应的阐释,新世纪伊始,则开始转向对于人类的审美活动与人类的信仰维度、爱的维度的对应的阐释。

★ 潘老师,从上面所说,生命美学思路的形成贯穿于您近二十年的生命历程。您能否再具体谈谈构成生命美学的一些基本的观点。

○ 好的。人类世界是在人、自然、社会的三维互动中实现的,其中人与自然的维度作为第一进向,涉及的是我—它关系,人与社会的维度作为第二进向,涉及的是我—他关系。它们又都可以一并称为现实维度,是人类求生存的维度,然而,由于人与社会、人与自然的对立关系,必然导致自我的诞生,也必然使得人与社会、人与自然之间完全失去感应、交流与协调的可能。而这就相应地导致对于感应、交流与协调的内在需要。这一需要的集中体现,就是"爱"。但是,真正的爱只能是一种区别于现实关怀的终极关怀,也只能是一种对于一切外在必然的超越,而这就必然融入作为第三进向的人与意义的维度之中。因为作为第三进向的人与意义的维度正是一种区别于现实关怀的终极关怀,也只能是一种对于一切外在必然的超越。人与意义的维度涉及的是我—你关系。它可以称之为超越维度,是求生存的意义的维度,意味着最为根本的意义关联、最终目的与终极关怀,意味着安身立命之处的皈依,是一种在作为第一进向的人与自然维度与作为第二进向的人与社会维度建构之前就已经建构的一种本真世界。在其中,人类才会不仅坚信存在最为根本的意义关联、最终目的与终极关怀,而且坚信可以将最为根本的意义关联、最终目的与终极关怀予以实现。就是这样,人与意义的维度使得最为根本的意义关联、最终目的与终极关怀成为可能,也使得作为最为根本的意义关联、最终目的与终极关怀的集中体现的爱成为可能。至于审美,毫无疑问,作为人类最为根本的意义关联、最终目的与终极关怀的体验,它必将是爱的见证,也必将是人与意义的维度、爱的维度的见证。

★ 您最近几年对于爱以及超越维度的呼唤,是否就是出于上述美学思考呢?

○ 其实我早在1991年出版的《生命美学》中就已经开始了对于爱以及超越维度的呼唤,之所以如此,一个更为根本的原因就在于:中国美学始终都没有走上这条道路(直到实践美学都是如此)。具体来说,在人、自然、社会的三维互动中,对于人与自然、人与社会的和谐关系的全力看护,使得中国作为第一进向的人与自然维度与作为第二进向的人与社会维度出现根本扭曲。在人与自然维度,认识关系被等同于评价关系,以致忽视自然与人之间各自的规定性,片面强调两者的相互联系,并且把自然和人各自的性质放在同质同构的前提下来讨论。在人与社会维度,政治、经济以及道德情感等非自然关系被等同于自然关系,君臣、官民等非血缘关系被等同于血缘关系,总之是用以血缘为纽带的伦理关系来取代以利益为纽带的契约关系。显然,这样一来,本应应运而生的"自我"根本就无从产生。

进而言之,由于对于人与自然、人与社会的和谐关系的全力看护,加以进入"轴心时代"之后血缘关系并没有被彻底斩断,因此人与自然、人与社会之间出现的感应、交流与协调的巨大困惑就不会通过"上帝"而只会通过自身去加以解决。这样,从"原善"而不是原罪的角度来规定人,就合乎逻辑地成为中国的必然选择。而作为现实关怀的"德"也就取代了作为终极关怀的爱。我们知道,人与意义的维度只是一种可能,是否出现与如何出现,却要以不同的条件为转移。在中国,由于作为现实关怀的"德"对于作为终极关怀的爱的取代,人与意义的维度的出现,事实上就只是以"出现"来扼杀它的"出现",只是一种逃避、遮蔽、遗忘、假冒、僭代。所以鲁迅说:中国有迷信、狂信,但是没有坚信。很少"信而从",而是"怕而利用"。鲁迅还说:中国只有"官魂"与"匪魂",但是没有灵魂。这正是对中国人与意义的维度的"逃避、遮蔽、遗忘、假冒、僭代"的洞察。至于审美,则正是中国人与意义的维度的"逃避、遮蔽、遗忘、假冒、僭代"的见证。遗憾的是,对于中国美学的这一根本缺憾,人们至今也没有引起足够的重视。

★ 您最近完成的《王国维：独上高楼》，正是为了引起人们对于这个根本缺憾的重视吧。我注意到您在新著中把《红楼梦》提升到了中华民族的灵魂寓言和美学圣经的高度。您认为在《红楼梦》之前，中国美学始终缺乏灵魂的向度和精神的高度，而《红楼梦》才开始真正关注灵魂的向度和精神的高度，您的理由是什么呢？

○ 这可以从明中叶谈起。从明中叶开始，中国美学的无视向生命索取意义的人与意义维度以及为此而采取的"骗""瞒""躲"等对策，逐渐为人们所觉察，在这方面，如大家所熟知，以李贽为代表，不"以孔子之是非为是非""颠倒千万世之是非"，提倡庄子的"任其性情之情"，各从所好、各骋所长、各遂其生、各获其愿，认为"非情性之外复有礼义可止"。从此，伦理道德、天之自然开始走向人之自然，伦理人格、自然人格、宗教人格也开始走向个体人格，胎死于中国文化、中国美学母腹千年之久的自我，开始再次苏醒。

而曹雪芹的为美学补"情性"，则是其中的高峰。"开辟鸿蒙，谁为情种"，曹雪芹深知中国美学的缺憾所在，洞察到第三进向的人与自我（灵魂）的维度的阙如，并且发现大荒无稽的世界（儒道佛世界）中，只剩下一块生为"情种"的石头没有使用，被"弃在青埂峰下"，于是毅然启用此石，为无情之天补"情"，亦即以"情性"来重新设定人性（脂砚斋说：《红楼梦》是"让天下人共来哭这个'情'字"），弥补作为第三进向的人与自我（灵魂）的维度的阙如。这无疑意味着理解中国美学的一种崭新的方式。"因空见色，由色传情，传情入色，自色悟空"，《红楼梦》实在是一部从生命本体、精神方式入手来考察民族的精神困境的大书。它作为中华民族的美学圣经与灵魂寓言，将过去的"生命如何能够成圣"转换为现在的"生命如何能够成人"，同时将过去的理在情先、理在情中转换为现在的情在理先。先于仁义道德、先于良知之心的生命被凸显而出，"情"则成为这个生命的本体存在。这"情"当然不以"亲亲"为根据，也不以"交相利"的功利之情为根据，而是以"性本"为根据。由此，曹雪芹希望为中国人找到一个新的人性根据，并以之来重构历史。我们看到，在"德性""天性""自性""佛性"之后，发乎自然的"情"，就这样被曹雪芹放在"温柔之乡"呵护起来，坚决拒绝进入社会、政治、学校、家庭，不容任何的外在污染,"质本洁来还洁去",则成为《红楼梦》的灵魂展示的必要前提。显然,《红楼梦》的出现,深刻地触及了中国人的美学困惑与心灵困惑,同时也为解决中国人的美学困惑与心灵困惑提供了前所未有的答案。但是由于自我始终没有出场,因此这无所凭借的"情"最终也就没有能够走向"爱",也就必然走向失败。历史期待着"自我"的隆重出场,期待着从以"情"补天到以"爱"补天,期待着从引进"科学"以弥补作为第一进向的人与自然的维度的不足和引进"民主"以弥补作为第二进向的人与社会的维度的不足到引进"信仰"从而弥补作为第三进向的人与自我(灵魂)的维度的阙如。而这,正是从王国维、鲁迅开始的新一代美学家们的历史使命。

★ 您在《生命美学论稿——在阐释中理解当代生命美学》的跋中写道,要从曹雪芹、王国维到鲁迅的美学历史谱系、精神资源的"一线血脉"中寻找一条重新理解美学与美学历史并叩问美学新千年的现代思路,在《王国维:独上高楼》中又进一步将这"一线血脉"加以展开,那么,这条道路究竟是怎样的呢?

○ 中国美学的 20 世纪,是王国维与鲁迅的世纪。而王国维、鲁迅对于个体生命的关注,则是中国美学的创世纪。不过,在他们之间,"个体生命"所导致的结果又有其不同。我们已经知道,在王国维,个体生命的发现使得他成为开一代新风的中国现代的美学之父。然而,个体一旦诞生,生命的虚无同时应运而生。由此而来的痛苦,令王国维忧心如焚、痛不欲生。个体生命确实"可信",但是却实在并不"可爱";人生确实就是痛苦,但是难道痛苦就是人生?王国维无法接受,于是不惜以审美作为"蕴藉"与"解脱"的暂憩之所,结果为痛苦而生,也为痛苦而死,出让了生命的尊严。在鲁迅,则有所不同。纠缠王国维一生的美学困惑在鲁迅那里并不存在。相比王国维的承受痛苦、被动接受和意志的无可奈何,鲁迅却是承担痛苦、主动迎接和意志的主动选择。因此,痛苦在鲁迅那里已经不是痛苦,而是绝望。有什么比"走完了那坟地之后"却仍旧不知所往和活着但却并不存在更为悲哀的呢?生命与虚无成为对等的概念,担当生命因此也就成为担当虚无。所以,生命的觉悟就总是对于痛苦的觉悟而不再是别的什么。而"绝望"恰恰就是对于

"痛苦"的觉悟。既然个体唯余"痛苦"、个体就是"痛苦",那么直面痛苦,与"痛苦"共始终,则是必须的命运。换言之,虚无的全部根源在于自由意志,个体的全部根源也在于自由意志。因此,可以通过放弃自由意志以贬损自我的尊严,也可以通过高扬自由意志以提升自我的尊严。既然个体生命只能与虚无相伴而来,那么担当生命也就是担当虚无,而化解痛苦的最好方式,就是承认它根本无法化解。显然,这正是鲁迅的选择。由此,鲁迅把一种中国历史上从未有过的荒谬的审美体验,带给了中国有史以来生存其中而且非常熟悉的美学世界。心灵黑暗的在场者,成为新世纪美学的象征。而鲁迅的来自铁屋子的声音,也成为中国有史以来的第一个在场者的声音。

然而,在王国维之后,鲁迅的探索却仍旧没有成功。尽管在鲁迅真正的人性深度借助灵魂维度的开掘而得以开掘。然而,成也绝望,败也绝望,鲁迅最终仍并未能将绝望进行到底。他没有能够为自身的生存、为直面个体生命的痛苦、直面绝望找到一个更高的理由,最终也就没有能够走得更远。鲁迅确实来到了客西马尼园的入口处,但也仅仅是来到了这个入口处,却没能够在绝望中找到真正的灵魂皈依,也没能够在虚无中坚信意义、在绝望中固守希望。他的来自心灵黑暗的在场者的声音,只是为绝望而绝望的声音。

因此,正如里尔克所说:"既未认清痛苦/也没学会爱/那在死中携我们而去的东西/其帷幕还未被揭开。"我始终以为,这是对于从曹雪芹美学到王国维美学的最为恰切的评价,是对于从王国维美学到鲁迅美学的最为恰切的评价,也是对于从鲁迅美学到世纪之交美学的最为恰切的评价。

遗憾的是,此后的无论社会论美学、认识论美学还是实践论美学都从根本上偏离了王国维、鲁迅所开创的美学道路,面对王国维、鲁迅所开创的弥可珍贵的生命话语,能够在其中"呼吸领会"的美学家竟然至今也未能出现,因此始终既未能"照着讲",也未能"接着讲",王国维、鲁迅所创始的生命美学思潮被遗忘、被漠视,而王国维、鲁迅所创始的生命美学思潮的根本缺憾,也因此而始终没有进入王国维、鲁迅之后的20世纪美学的视野。

★那么,从曹雪芹、王国维到鲁迅的美学历史谱系、精神资源的"一线血脉"中可以寻找到怎样一条重新理解美学与美学历史并叩问美学新千年的现代思路？

○ 回首20世纪,唯有王国维、鲁迅所开创的生命美学思潮给人以深刻的启迪;进入新的世纪,亦唯有从王国维、鲁迅所开创的生命美学思潮"接着讲",才是我们亟待面对的课题。而爱之维,则是我们能够超越王国维、鲁迅并且比他们走得更远的所在。换言之,在这方面,我们必须从屈原的"天问"与王国维的"人问"进入新世纪的"神问"(神性之问)。至于我们为此所必须给出的应对,则无疑已经昭然,这就是:以生命来见证爱。事实上,新世纪所需要的已经不再是美学烈士,也不再是美学战士,而是美学圣徒、爱的圣徒。漫漫百年,旧世界的破坏者肆虐其中。他们是世纪的战士,他们的武器是铁与火,他们所带来的,也多是仇恨与毁灭。而现在我们要呼唤的,则是新世界的建设者、爱的布道者、世纪的圣徒。他们的武器是血和泪,他们所带来的,是圣爱与悲悯。回首往昔,"天不生仲尼,万古长如夜";展望未来,"天不生圣徒,万世长如夜"。爱不是万能的,但是没有爱,实在是"万世长如夜"!而我们存在的全部理由也就是:为爱做证。因此,我们虽置身黑暗,但是却既不仅仅痛苦、解脱,也不仅仅反抗、绝望,而是为信仰而绝望,为爱而痛苦,劈骨为柴,燃心为炬,去为爱做证,也为爱的未能莅临而做证。于是,呼唤信仰之维、爱之维,呼唤为信仰而绝望,为爱而痛苦的爱的圣徒,就成为最后的希望。生命之树因此而生根、发芽、开花、结果。

事实上,美学的追求就是对于内在自由的追求。真正意义上的自由不仅包括外在自由即自由的必然性,也包括内在自由即自由的超越性。科学与民主的实现(理性自决、意志自律),必须经由内心的自觉体认,必须得到充足的内在"支援意识"的支持。否则,一切自由都会因为失却终极关怀,在价值世界中陷入虚无的境地并为"匿名的权威"所摆布,反而最不自由。康德之所以要从基督教的"信仰"中去提升出"自由",着眼点正在这里。进而言之,对于内在自由的追求,显然与对于爱之维的追求密切相关。爱唤醒了我们身上最温柔、最宽容、最善良、最纯洁、最灿烂、最坚强的部分,即使我们对于整个世界已经绝望,但是只要与爱同在,我们就有了继续活下去、存在下去的勇气,反之也一样,正如英国诗人济慈所说:"世界是造就灵魂的峡谷。"一个好的世界,不是一个舒适的安乐窝,而是一个铸造爱心美魂的场所。实在无法设想,世上没有痛苦,竟会有爱;没有绝望,竟会有信仰。面对生命就是面对地狱,体验生命就是体验黑暗。正是由于生命的虚妄,才会有对于生命的挚爱。爱是人类在意识到自身有限性之后才会拥有的能力。洞悉了人是如何的可悲可怜,洞悉了自身的缺陷和悲剧意味,爱会油然而生。它着眼于一个绝对高于自身的存在,在没有出路中寻找出路。它不是掌握了自己的命运,而是看清人性本身的有限,坚信通过自己有限的力量无法获救,从而为精神的沉沦呼告,为困窘的灵魂找寻出路,并且向人之外去寻找拯救。

也正因如此,置身审美活动之中,我们会永远像没有受过伤害一样,敏捷地感受着生命中的阳光与温暖,欣喜、宁静地赞美着大地与生活,永远在消融苦难中用爱心去包裹苦难,在化解苦难中去体验做人的尊严与幸福。这或许可以称之为:赞美地栖居(它幸运地被拣选出来作为信仰与爱所发生的处所)。因此审美活动不可能是什么"创造""反映",而只能是"显现",也只能被爱之维照亮。而且,爱之维已经先行存在于审美活动之外,审美活动仅仅是受命而吟,仅仅是一位传言的使者赫尔墨斯,是爱之维莅临于审美活动而不是相反。也因此,就审美活动而言,对于人类灵魂中的任何一点点美的、善良的、光明的东西,都要加以"赞美";对于人类灵魂中的所有恶的东西、黑暗的东西,也都要给予悲悯。而且,从更深的层面来看,悲悯也仍旧就是赞美!试想,一旦我们这样去爱、去审美,在"罪恶"世界中把那些微弱的善、零碎的美积聚起来,在承受痛苦、担当患难中唤醒人的尊严、喜悦,在悲悯人类的荒谬存在中用爱心包裹世界,世界的灿烂、澄明又怎么不会降临?精神本身的得到拯救又怎么不会成为可能?

★ 潘老师,您从美国、加拿大回国以后,在北京大学、清华大学等十多所著名高校做学术演讲,反复强调要关注"鲁迅的失败与失败的鲁迅",这是否也与您在纽约圣巴特里克大教堂的内在生命感悟有关?

○ 事实上鲁迅只吃到了知识树的果子,但是却没有吃到生命树的果子。他经常追问:"娜拉走后怎样?"现在我们更应该追问的却是:"鲁迅走后怎样?"以及"我们怎样比王国维、鲁迅走得更远?"在我看来,新世纪的美学必须从这里也就是从"鲁迅的失败与失败的鲁迅"开始。

★ 那么您怎样看待实践美学以及它与生命美学长达十年的论争？

○ 坦率地说，我对于李泽厚先生始终保持着敬意。在那样一个畸形的年代，他能够提出实践美学，事实上已经极为难能可贵。但是从学术本身而言，我必须说，实践美学的缺憾是致命的，在王国维、鲁迅之后，实践美学始终既未能"照着讲"，也未能"接着讲"，这使它最终必将被历史所跨越。至于生命美学与实践美学之间的论争，我则始终坚持"以仁心说，以学心听，以公心辩"，坚持从"对抗"到"对话"，坚持从"砌墙"到"架桥"，坚持从"不破不立""先立后破"到"立而不破"。当然，在中国这样一个国度，向主流美学挑战无疑并非"请客吃饭"，但是，除此之外，我实在别无选择。需要强调的是，经过20世纪90年代的激烈论争，实践美学的根本缺憾已经为人所周知，因此它已经并不继续构成美学前进的主要障碍。真正的美学前进的主要障碍，是当前的"美学研究的空心化"。无穷无尽的并非来自灵魂深处的声音、失去了精神的重量的声音、灵魂的缺席的声音，太多地充斥了美学讲坛，面对真正的美学问题的学术研究已经并不多见，再加上对于体制内的位置与学术要津的竭力争夺，为思想而痛、为思想而病、为思想而亡，以及为爱而忍痛、为希望而景仰、为悲悯而绝望，诸如此类美学的宝贵品质也早已被摈弃不顾。值此时刻，迫切需要的已经不是什么美学论争，而是毅然地退出，退出一切美学的喧嚣，退出一切美学的"假问题"，也退出一切"美学研究的空心化"，倾尽全力去做一个找到了属于自己的那块石头的关心时代的中心问题但是却不绝对为时代所左右的美学的西西弗。在我看来，只有如此，才能真正为美学的进步做出有益的贡献。

★ 在美学的新千年开始的时候，您在中国美学界第一个喊出了"为爱做证""为美学补神性"，可谓振聋发聩。您准备如何进行这项未竟的事业？

○ 只有从中国20世纪始自王国维、鲁迅的生命美学思潮入手，美学才有可能真正找到只属于自己的问题，也才有可能真正完成学科自身的美学定位。我十分感谢曾任中国社会科学院文学研究所所长的刘再复先生、中山大学中文系教授林岗先生、北京大学哲学系教授阎国忠先生、厦门大学中文系教授杨春时先生和华东师范大学中文系教授张弘先生,我的文章《为信仰而绝望,为爱而痛苦:美学新千年的追问》在《学术月刊》2003年第10期刊出后,他们及时撰文予以热情肯定(见《学术月刊》2004年第8期),这无疑极大地坚定了我的信心与决心。目前,继《生命美学》《诗与思的对话》《生命美学论稿》之后,我正在写作新的有关生命美学的专著,希望能够就我近年来所思考的重新理解美学与美学历史并叩问美学新千年的现代思路做一些深入的讨论。其中的一些想法,可以从我的新著《王国维:独上高楼》看到,有兴趣的读者,不妨先看此书。此书是应乐黛云先生之命专门为她主编的丛书而撰写,蕴含着我近年来所思考的重新理解美学与美学历史并叩问美学新千年的现代思路的一些基本想法。

★ 最后一个问题,我通读了您的著作,感觉您的治学理路一直是坚持"理论、历史、现状"的统一。在您看来,"历史"的研究、"现状"的研究就是"理论"的研究,"理论"的研究也就是"历史"的研究、"现状"的研究。"历史"的研究就是"理论"的研究,"理论"的研究就是"历史"的研究,我们已经在您的生命美学的成就中看到了结出的硕果。"现状"的研究就是"理论"的研究,"理论"的研究就是"现状"的研究,在您的成果中已多有体现,尤其是您近年更直接转向了传播研究,并且从中文系到了新闻传播学系,您能解释一下其中的学术进向吗?

○ 不论是对于当代审美文化"现状"的研究,例如《反美学——在阐释中理解当代审美文化》《大众传媒与大众文化》《流行文化》,还是对于当代审美观念"现状"的研究,例如《美学的边缘——在阐释中理解当代审美观念》,我所关注的都是它们对于人们习以为常的美学边界的突破。我所从事的,是将事实的财富提升为思想的财富、美学的财富的工作。在我看来,这仍旧是"理论"的生命美学研究的一个组成部分,而且是一个必不可少的组成部分。至于近年来我直接转向"传播研究",虽然与美学研究没有直接关联,但是却也完全区别于所谓"传播学研究",我把它看作在失去新时期以来曾经拥有的文化建设权、政治参与权、社会精英权之后的当代中国知识分子面对社会发言时的一个阵地、一个场域、一个契机。作为区别于传统知识分子和有机知识分子的特殊知识分子的传播研究,正是我为自己选择的一个介入现实的角色定位。而且,转向传播研究只是对于新的学术进向的开拓,从中文系到新闻传播学系也只是为了实现我前面说过的某种"退出",而绝不意味着对于美学研究的放弃。只要关注一下西方法兰克福学派的选择,就不难猜想到我的选择。福柯说:在法兰克福学派之后,"思想的大门就已经打开了"。历史已经证实:此言不谬!因此,福柯的选择就是我的选择!

(原载《学术月刊》2005年第3期)

# 美学在澳门

这次到澳门,有一件挺高兴的事情。我的美学概论课终于在澳门也开始要换教室了!

过去在内地上美学原理公共课,没有一次不是学生把教室都挤满的。到处都站满了人,是普遍的情况。看到这种情况,我也很开心,不仅仅是为了我的美学教学受欢迎,而且更为了美学能够受欢迎。

2007年到澳门以后,到现在,每个学期都要开美学选修课。一开始,情况不大好,不少学生都在问:"美学概论?是讲什么的?美术概论吧?肯定是打印错了。"

我一直都是在开"美学概论"与"西方美学精神",上过课的学生都挺喜欢,但是,没有上过课的,对美学就还是没有兴趣。

后来情况有了点变化,澳门科技大学的七八个年轻教师一起来从头到尾听了我的西方美学精神选修课,这下,学生们有点吃惊,老师们都来了,或许这个美学课还是有点意思的?

后来,毕竟是听过的学生逐渐多了,有点口耳相传?这次,我第一次进教室(C408),就发现到处都挤满了人,很多学生都是来旁听的。结果是,从

第二次课开始，就换了大教室(N214)。

美学终于进入澳门了，我很开心。在澳门开美学选修课，我应该是第一个人吧？澳门接受了美学，美学也一定会逐渐在澳门生根开花结果的。

澳门是一个赌城，但是，也同时是一个宗教之城。教堂与赌场林立，是澳门的一大景观。

我经常说，澳门是地狱之门，也是天堂路口。

上帝才是赌神。为赌博而赌与为爱而爱、为艺术而艺术、为信仰而信仰，都是一样的，

当然，爱因斯坦似乎说过：上帝是不掷骰子的。可惜，这并不正确。佛教才是不掷骰子的，因为它认为世界存在普遍联系，因果相连，因此，当然也就不必掷骰子，万事都取决于因果律而并非统计率。儒教呢？那就更不必掷骰子了。它竟然以为：一切都取决于本人的努力，一切都是自己想要就能够要到的。何况，儒教也能算一种"（宗）教"吗？应该不能够算的。

而上帝是一定要掷骰子的，赌场里，也一定要掷骰子。

也因此，作为必要的弥补，赌城里的美学也一定不应该比其他城市里要少！

我会继续努力！

2008 年岁末，澳门

## "我们是爱美的人"
### ——关于生命美学的对话

**范**（《四川文理学院学报》常务副主编范藻教授，下简称：范）：潘教授，您好！"风雨送春归，飞雪迎春到。"走过而立之年的生命美学，正像室外园子里那傲雪斗霜的红梅。今天，很高兴能够和你在 2016 年开年之际，就生命美学展开对话，当然，于我而言，借这个机会，更多是向您学习了。

**潘**(潘知常,南京大学教授,博导,南京大学城市文化传播研究中心主任,下简称:潘):范教授,谢谢,您客气了。

**范**:不是客气!您的《生命美学》这本书,在1992年也是这个时节吧,签名送了我一本,我后来反复读了不下十次,在书页上写满了眉批,精彩地方都画了红线。这本书引领我走进了生命美学的殿堂。至今还不时翻阅。而且,您出版的二十几本美学著作,我都全部精读了的。

**潘**:范教授过奖了!

**范**:到目前为止,国内的美学研究情况如何呢?几天前,我进入中国国家图书馆网络主页,在文津搜索系统里,"全部字段"栏中分别输入"生命美学""实践美学""实践存在论美学""新实践美学""和谐美学",查询结果如下:

有关生命美学及其相关主题的专著有63本,剔除《席勒美学信简》1本,还有诗歌和服装艺术的4本,真正属于生命美学研究的著作的,有58本;论文达2200篇,其中有少量的研究艺术的"生命意识"的论文;在报纸上发表的文章也有180篇。

有关实践美学及其相关主题的专著有74本,剔除朱立元的实践存在论美学4本、张玉能的新实践美学3本、杨春时的后实践美学1本,以及"社会实践"意义上研究文学、艺术、教育和文化的著作,一共45本,真正属于实践美学研究的著作的,是29本;论文3300篇,如果将其中的后实践美学、新实践美学和"社会实践"意义上研究文学、艺术、教育和文化的论文剔除的话,这个数字将大大降低;在报纸上发表的文章200篇。

有关实践存在论美学及其相关主题的专著有9本,剔除实践美学的1本,真正属于实践存在论美学研究的,只有8本;有论文200篇;在报纸发表的文章20篇。

有关新实践美学及其相关主题的专著有14部,剔除实践美学的1本、审美教育的1本、艺术实践的4本,真正属于新实践美学研究的,有8本;论文450篇;在报纸上发表的文章23篇。

有关和谐美学及其相关主题的专著有14部,剔除一般美学原理的1

本,生态美学的 1 本,真正属于和谐美学研究的,有 12 本;论文 1900 篇;在报纸上发表的文章 62 篇。

我想问的是,您对这统计是怎么看的?

**潘**:这是一个很有意思的统计。国内的美学界在面对这样研究对象的时候,往往还是凭借主观印象,结果往往不太了解真实的情况,过去我就看到过,有一个提出过某种美学主张的学者,被称为"影响巨大",可是,现在这个统计就非常客观,大家都是背靠背,都是用"专著""论文"等来投票,可以不畏权势,也可以不惧亲疏,结论比较翔实可信。当然,我记得,贵州大学的林早教授应该是最早使用这种方法的,她发表在《学术月刊》2014 年 9 期的文章《二十世纪八十年代以来的生命美学研究》,就是从统计数据开始,而且,她还借此数据做过一些非常有意思的分析,你可以参看。

进而,我还想说,其实,不管什么统计,也都不能绝对化。那些在用"专著""论文"等来投票中票数暂时落后的美学主张,也都是在发展之中的,今天统计的时候票数少,不代表以后就少。那些在用"专著""论文"等来投票中票数暂时领先的美学主张,也仍旧是在发展之中的,今天统计的时候票数多,不代表以后就多。而且,在人文研究中,支持的人多,也未必就是与正确相等。支持的人少,也未必就是与错误相等。当然,这么多年了,如果支持的人数中迄今都还是仅仅局限于自己的弟子,学术影响迄今还没有走出自己的师门,那就确实是要认真反思一下了。就我自己而言,则应该是"不知有汉,无论魏晋"了。因为我十五年前就已经离开了南京大学文学院,也离开了美学圈,而且可谓"挥一挥手,不带走一片云彩"。从那以后,我做过传媒批判理论的研究,做过诸多成功的战略咨询策划,策划过很多电视节目,自己也上过很多电视节目,这一段的工作,可参见《潘知常:"高参""军师""顾问"一肩挑》(《江苏科技报》2007 年 1 月 13 日)的介绍。后来,又去澳门科技大学工作过七年,担任过副院长(主持工作),不过,确实没有再参加过中华美学会的活动,也没有再在美学圈内活动过。当然,这十五年里,美学仍旧是我的最爱。我还出版过《生命美学论稿——在阐释中理解当代生命美学》(郑州大学出版社 2002 年版)、《大众传媒与大众文化》(上海人民出版

23

社 2002 年版)、《流行文化》(江苏教育出版社 2002 年版)、《独上高楼——中西美学对话中的王国维》(文津出版社 2004 年版)、《谁劫持了我们的美感——潘知常揭秘四大奇书》(学林出版社 2007 年版,2016 年修订再版)、《〈红楼梦〉为什么这样红——潘知常导读〈红楼梦〉》(学林出版社 2008 年版,2015 年修订再版)、《说〈红楼〉人物》(上海文化出版社 2008 年版)、《说〈水浒〉人物》(上海文化出版社 2008 年版)、《我爱故我在——生命美学的视界》(江西人民出版社 2009 年版)、《说〈聊斋〉》(上海文化出版社 2010 年版)、《没有美万万不能——美学导论》(人民出版社 2012 年版)、《头顶的星空——美学与终极关怀》(广西师范大学出版社 2016 年版)等美学著作,但是,顶多也就算是业余研究,算是美学圈外的一个"扫地僧"吧。

**范**:您的研究领域已经充分证明了自由生命的美学意义。这里我想问一个似乎不相关的问题。美学界有两位知名人物,一个是高尔泰,一个是您,都是中途离开了美学圈。大家也都觉得很遗憾。您当时为什么会在影响鼎盛的时期突然离开文学院和美学圈呢?

**潘**:此事说来话长。在我离开的这十五年里,也不断遭遇到一些人的不理解,他们说:离开的时候,是四十四岁,当时你已经在美学界做成了创始生命美学这件事情,相比很多人的四十四岁,算是没有青春虚度。可是,为什么却要离开? 我的回答是:我 1984 年底提出生命美学设想的时候,只有二十八岁,那个时候,还是实践美学的一统天下,一个年轻人竟然要分道而行甚至要逆流而上,各方面的压力自然很大,而在当时的大学里,也还是年龄比我大二三十岁的那些老先生们"一言九鼎",因此,是"探索"还是"狂妄"? 是"认真"抑或"浮躁"? 是为"真理"而"辩"还是为"学术大师"而"炒作"? 我一时也百口莫辩。总之,那时的我和那时的生命美学,可以说都是人微言轻,也动辄被人所"轻",因此,暂时离开一段,可以埋头读书与思考,甚至去反省,这并不是坏事。何况,为了"传法",连禅宗六祖慧能不是也只好暂时先离开十几年吗? 而且,每当一种新说被提倡,总是会有一些人不是去进行学术争辩,而是去猜测、指摘提倡者是"想出名""想牟利",那么,我不妨就用彻底离开美学圈的方式来证明自己的"吾爱吾师,但吾更爱真理"。好在,开头您所搜索的美学圈的最新研究数据,堪称铁证如山,已经让当年的"百口莫辩"成为而今的无须再辩。看到后让本来就问心无愧的我顿时有一种释然的感觉。

**范**:那么,您最近是否准备重返美学圈了呢?

**潘**:当然!

而且,即便是离开了十五年,但是,我现在还是要重申我十五年前就已经频繁提及的预言:生命美学,是20世纪美学研究中的主流美学;生命美学,也是20世纪美学研究中的元美学。

这是因为,在20世纪,实践美学当然影响很大,也理应得到尊重,可是,它却是从20世纪五六十年代才开始的,80年代才正式定型。生命美学却不同,它从20世纪的初年就开始了,回头看看,王国维的"生命意志"、鲁迅的"进化的生命"、张竞生的"生命扩张"、宗白华的"生命形式",还有吕澂、范寿康、朱光潜(早期)、方东美等人对于生命美学的提倡,这些都是远远早于实践美学的。同时,实践美学在20世纪90年代开始,也就实际上宣告了鼎盛时代的终结,后来的继承者,大都是另立门户,已经是以"新实践美学""实践存在论美学"的旗号独立发展了。而且,即便是主将李泽厚,也实际上放弃了实践美学的基本立场,毅然宣布,要开始回到"生命"了。可是,生命美学的研究却迄今从未停止,而且,发展的势头还一波高过一波。潘知常、刘再复、袁世硕、俞吾金、陈伯海、王世德、封孝伦、范藻、黎启全、朱良志、姚全兴、成复旺、雷体沛、周殿富、陈德礼、王晓华、王庆杰、刘伟、王凯、文洁华、叶澜、熊芳芳……诸多的专家、学者,都有论著问世。即便是现在,在《贵州大学》学报和《四川文理学院学报》也还开辟有"生命美学研究专栏"。最后,生命美学还可以在中国美学、在西方从康德到海德格尔的美学一脉中找到自己的学术谱系与思想源头。在"生存之维"这一基点上,生命美学可以把中国美学、西方美学和马克思主义美学融贯一体,进而加以创造性的发展,这应该也是较之实践美学以及其他美学的一个显而易见的优势。

**范**:非常欢迎您重返美学圈!作为国内生命美学的领军人物,看到生命美学在今天的蓬勃发展,您当初为之而付出的辛劳和代价,我想只能用"欣慰"一语来说明了。借用古代荀子的话说就是："天下有中,敢直其身;先王有道,敢行其意;上不循于乱世之君,下不俗于乱世之民;仁之所在无贫穷,仁之所亡无富贵;天下知之,则欲与天下同苦乐之;天下不知之,则傀然独立天地之间而不畏:是上勇也。"其中迄今仍旧不便明说的意思,诸君应该明白的了。现在,您重新开始美学研究,对于国内的美学发展有何评价呢?

**潘**:当然是比十五年前更加进步更加硕果累累了。例如中国美学研究、西方美学研究,再如环境美学研究,等等,不过,有些地方也还是不能尽如人意。其中,忽视美学基本理论的研究,却把大量的精力放在了文化研究、日常生活研究、生态研究上,美学研究演变成了"泛美学"研究,就是一个值得关注的方面。我经常想,美学教材是我们的美学研究成果真正能够影响社会、影响年轻人的一个途径,可是,诸多的美学教材编写者自己往往都没有认真进行过必不可少的美学基本理论的长期的专题研究,也往往是把自己根本没有认真思考过的内容写进教材。结果,就必然是在课堂上和学生心目中自毁我们的美学形象。从"美学热"到"美学冷",社会转变,无疑是一个原因;我们自毁形象,其实也是一个原因。

**范**:是否还有斗转星移、物是人非之感呢?

**潘**:是啊,例如,李泽厚先生的变化,就特别明显。

我一向敬重李泽厚先生,除了他的学问,还因为我从小也住在李先生居住的北京和平里九区一号,与李先生的住宅是前后排,因此,对他倍感亲切。不过,对他的实践美学,我则素所反对。至于一直没有撰文关注他晚近的自我修补,则因为他通过修补而走入的所谓的新美学,其实恰恰就是生命美学!

具体来说,最近几年,李泽厚先生在不断进行"生命"转向——

2005年他在《实用理性与乐感文化》书中创立了超越历史"积淀说"的生命"情本体",他说:"美学作为'度'的自由运用,又作为情本体的探究,它是起点,也是终点,是开发自己的智慧、能力、认知的起点,也是寄托自己的情感、心绪的终点。"

2012年上海译文出版社推出了他的《中国哲学如何登场》,他继续强调

"回归到我认为比语言更根本的'生'——生命、生活、生存了。中国传统自上古始,强调的便是'天地之大德曰生','生生之谓易'。这个'生'或'生生'究竟是什么呢?这个'生',首先不是现代新儒家如牟宗三等人讲的'道德自觉''精神生命',不是精神、灵魂、思想、意识和语言,而是实实在在的人的动物性的生理肉体和自然界的各种生命"。李泽厚先生从"实践本体"退到"情感本体",再退到(应该是回归)"生命本体",这其实已经清楚表明——显然,李泽厚先生事实上已经放弃实践美学,也已经成为生命美学的同路人了。为此,我多次说过,我表示热烈的欢迎!

**范**:是啊,而且实践美学本身的实践概念也有问题。尽管生命美学也要"实践",但它不像实践美学那样,仅仅是一种物质性的、社会性的、伦理性的"有限性"实践,而是既依托实践又超越实践、既借助物质又超越物质、既驻足社会又超越社会、既着眼伦理又超越伦理的"无限性"的实践,即人的情感世界有多丰富,生命美学的本体世界就有多丰富,人的想象天地有多辽阔,生命美学的创造领域就有多辽阔。生命美学倡导的生命美,在终极意义上是通往自由境界的,这也正是生命美学超越或高明于实践美学的地方。

除了实践美学,我还看到,您一重返美学圈,就撰文参加了关于"美的神圣性"的讨论,而且立即在国内引起了关注。

**潘**:是的,2014年年底北京的学者专门开会,对"美的神圣性"予以认真讨论。"美的神圣性",我在1991年出版的《生命美学》中就已经予以正式提倡,可是,一直知音稀少。孰料在二十年后终于有了回响。遗憾的是,我看到美学家们竟然认为:中国的"万物一体"就是神圣美,中国的天人合一、意象说就是神圣美,这实在是难以置信,"美的神圣性",怎么在中国也古已有之了呢?为此,我写了《神圣之维的美学建构——关于美的神圣性的思考》,发表在2015年第4期的《中州学刊》上,当然,问题并没结束。国内学界往往把美的神圣性混同于中国的万物相通。对此,似乎还有必要再撰一文?!

**范**:我还看到,您一重返美学圈,还撰文参加了关于"生态美学"的讨论,而且也立即在国内终于引起了关注。

**潘**:生态美学,在我离开美学圈的十五年里在国内的发展如火如荼,我非常敬重研究这一问题的所有学者,我之所以撰文质疑,是因为它本来是应该研究环境问题的,也应该属于环境美学的范围,但是,现在却越门墙而出,不是研究环境问题,而是研究美学基本问题,而且动辄宣称美学基本问题的研究已经被他们改朝换代了。我个人觉得,这不太妥当。对研究生态的学者讲美学,对研究美学的学者讲生态,这样的研究真有点让人不知道该说什么才好了。我的文章已经在《中州学刊》2015年第6期全文发表,感兴趣的朋友,可以去看,有两万字,我觉得已经把我的全部想法讲清楚了。

**范**:相比较而言,2000年前后兴起的生态美学,更多的是针对全球生态危机应运而生的一个具有强烈的现实性、实践性的非美学话题。如果说生命美学关乎的是从古代到现代人类生命意义的追问,这是一个历久弥新的永恒问题,那么生态美学关注的则是从工业文明到电子文明人类生活质量的质问,这只是一个迫在眉睫的时代难题。令人不解的是,这么一个本属于实践美学的"实践性"话题,怎么近年来居然成了继实践美学之后大有与生命美学分庭抗礼的"显学",甚至还宣称,要以"生态存在论美学观"来取代实践美学,囊括生命美学,进而做大做强,成为新世纪中国美学主流学派和发展趋势。

而且,生态美学存在着一个无法克服的"内在矛盾"。众所周知,它面对的首先既是一个现实问题,即面对日益恶化的生态现实,生态美学又是无能为力的;它既是一场学术讨论,而对真正的哲学的、美学的、生态的学术问题,生态美学常常是"王顾左右而言他"的忽悠;它既是一种价值导向,而对人类的生存导向,生态美学提倡的却是"去人类化"价值倾向。

美学界的"怪象"还不止这些,进入新世纪后,尤其是国家提倡繁荣和发展社会主义文化建设的方针后,一些人又鼓噪用文化研究、日常生活审美化研究和美育研究,来替代美学的基本问题思考。您是如何看待的呢?

**潘**:我始终不认为文化研究应该属于美学研究。现在的文化研究和视觉文化研究其实与美学并无关系。只有在文化中、视觉中的美丑问题才是美学研究,视觉中的意识形态问题、阶级阶层女性民族等问题,其实与美学没有什么勾连。这类文化研究和视觉文化研究之所以在美学研究中一直站不住脚,关键也在此。当然,关于这类研究,我在国内也应该算是始作俑者,我的《反美学——在阐释中理解当代审美文化》出版于1995年,而且立即被再版。可是,到了2000年以后,我就不再用"审美文化"这个术语了,我那时出版的书籍,就直接叫作《大众传媒与大众文化》(上海人民出版社2002年版)、《流行文化》(江苏教育出版社2002年版)。当然,文化研究十分重要,但是更重要的是,既然已经转行研究文化了——哪怕是视觉文化,就没必要再羞羞答答地躲在美学研究的招牌背后,完全可以独立出去,自立旗号。

关于日常生活审美化研究、美育研究,我也有话想说,就前者而言,美学与日常生活的关系,当然要予以关注,在这方面,我们过去确实有所忽视,但是,这只能是美学研究的"拓展",而不能够是美学研究的"转型"。因为关注终极价值、终极意义,永远都应该是美学研究的核心与根本。就后者而言,美育研究当然很重要,可是,美育研究在中国实效并不大,也有目共睹。原因何在?其实是在于我们的美学基本理论研究还不够深入,也在于我们对于"审美权"的问题重视得不够。1948年通过的《世界人权宣言》第27条对艺术的具体规定为:"(一)人人有权自由参加社会的文化生活,享受艺术,并分享科学进步及其产生的福利。(二)人人对由于他所创作的任何科学、文学或美术作品而产生的精神的和物质的利益,有享受保护的权利。"不难发现,审美也是其中人们的一项基本权利,是基本人权的重要组成部分。可是,现在我们的审美却每每被"他者"越俎代庖,是"他者"去安排我们看什么和不看什么、安排我们听什么和不听什么,也是"他者"在要求我们只能这样去审美和不能那样去审美……在这样的情况下,美育又何以可能?因此,真正的美育研究必须从"审美权"的获得开始,也必须从拒绝"审美权"的被剥夺开始。

范:您是美学界的著名专家,二十八岁就因为创建生命美学而一举成名。这次再次重操旧业,我们都期待着您对生命美学的全新推进、继续深化。不过,借此机会,您能否简单总结一下:该如何来定义生命美学的研究?

潘:美学是一门关于人类审美活动的意义阐释的人文科学。或者,美学是一门关于进入审美关系的人类生命活动的意义阐释的人文科学。其中的审美活动的定义是:审美活动是一种自由地表现自由的生命活动,它是人类生命活动的根本需要,也是人类生命活动的根本需要的满足。美学之为美学,研究的无非就是生命超越的问题。对于在人类生命活动中最为普遍、最为根本的进入审美关系的人类生命活动的意义阐释,无疑应该是美学研究中的一条闪闪发光的不朽命脉。因此,美学可以简单地概括为:生命美学。它关注的是"人的生命及其意义",是审美活动与人类生命活动之间关系的意义阐释。

顺便强调一下,生命美学的研究者们自身的美学观点其实是丰富多彩的,并不完全相同,而且,研究的角度也不同,例如,封孝伦先生是从生命美学上溯到了生命哲学,你是从生命美学拓展到了文化产业,陈伯海先生是从古代文学求索到了生命体验的美学,朱良志先生、成复旺先生是深入挖掘到了中国古代美学(我也做过一定工作,1993年出版的四十五万字的《中国美学精神》,2016年也即将再版),姚全兴先生是把生命美学推进到了审美教育……熊芳芳老师甚至把生命美学运用到了中学的语文教育。也因此,各位对于生命美学的定义也可能略有不同,这很正常,但是,也必须看到,在关注"人的生命及其意义"、关注审美活动与人类生命活动之间关系的意义阐释这一点上,大家却又是高度一致的。

进而,正如王夫之提示的:"即身而道在"!人类的审美活动离不开独一无二的生命体验。生命体验则必须源于人类的身体(身体之维),而身体又要置身于社会生活(生活之维)和自然环境(环境美学)。由此展开,可以看到生命美学的全部研究领域。

具体来说,生命美学,在20世纪八九十年代的对于实践美学的批评中,已经成功实现了从"概念"事实向"生命"事实的根本转换(这正是生命美学应运而生的意义之所在),完成了从"知识论"向"生存论"的转换。以知识为中心,会把存在本身扭曲为概念所能够把握的本质,其结果是在客观知识中安身立命,并且把外部知识内化为理性(所谓"积淀"),甚至,连人本身都成了客观知识的客体,可是,审美活动本身却消失不见了,而生命美学则是以"概念世界"前的"生命体验"为中心。

而且,生命美学建构的,是从"生命"美学走向"身体"之维,进而建构"身体"美学,然后,再从"身体"的延伸、身体的意向性结构去展开具体的研究。具体来说,是从"身体"的延伸、身体的意向性结构去反思自由生命的"身体在世"。在这当中,"身体在世"的日常生活世界,构成了生活之维,构成了生活美学;"身体在世"的城市与自然世界,构成了环境之维,构成了环境美学(景观美学)。而且,就后者而言,固然也有其形上层面的美学思考,这其中,就包括生态美学的思考(但是却并不限于生态美学的思考),因此,理应将生态美学的思考大体限制在环境美学之内(隶属于环境美学的形上层面,是生态学与环境美学的结合),但是,环境美学(景观美学)的更为主要也更为核心的工作,却是应用层面的思考。而且,满足的也主要不是自由生命、"身体在世"的审美愉悦,而只是自由生命、"身体在世"的审美趣味。因为环境美学要面对的,毕竟不是乐于欣赏的问题,而是乐于接近的问题,也就是人类乐于居住于其中的问题。

**范**:是的,您说的"真正的美学问题",在我看来就是生命美学的核心问题、基点问题和本质——"生命之美"的存在与感受、发现与丰富、回归与提升。因为,如果一种美学思想或理论或观点,不关注人的生命存在,不开掘人的生命意义,这样的美学还有价值吗?而令人欣慰的是生命美学敏锐而直接生命存在意义的根本问题。其历史意义和现实价值,是不可估量的。我也曾总结过,和中国20世纪以来的任何一个美学学派相比,生命美学学派有着研究内容的完整性,它涉及一个成型学派所必须的基本原理研究、历史阐释研究、实践运用研究的"三要素";它还有着参与学者的广泛性,从大学教授到中小学老师、从专门学者到在校学生、从理论专家到艺术行家,大家齐聚生命美学的旗帜下,可见生命美学有着十分旺盛的生命活力;生命美学还紧紧扣住了中国改革开放的进程,围绕社会变革的阵痛和文化转型的冲突而产生的生命困惑,及时地予以理论的干预、学术的启发和思想的引导。

**潘**:您说的有道理。而且,您在生命美学研究中的成绩,学术界也是有目共睹的。

当然，如果还是回到我刚才的话题，那么，我还要说的是：对于生命美学来说，更为重要的，是回归美学的本来面目。因为实践美学的对"主体性"的提倡，国内的美学研究已经被搞乱了。而且，我这次重返美学界，发现这个问题还在延续。

在我看来，真正的美学，必须以自由为经，以爱为纬，必须以守护"自由存在"并追问"自由存在"作为自身的美学使命。然而，实践美学的"实践存在"却是一个历史大倒退。它从人的"自由关系"退到了"角色关系"。从康德美学开始，西方美学的精华就在："自由存在"。因此，我们在关注康德的人为自然界立法的时候，不应该只关注到他的颠倒了主客关系，而应该进而去关注他的对于自由关系的绝对肯定，所谓"让一部分人先自由起来"，所谓"惟自由与爱与美不能辜负"。绝对不可让渡的自由存在，才是人的第一身份、天然身份。至于"主体性"等功利身份，则都是后来的。因此，追问和确立人的"自由存在"，这当然不是形而上学，但是却是形上之思，也是生命美学的题中应有之义。

范：当然，我还注意到，您虽然离开了美学界的活动，但是美学研究始终还是您的不变追求。不过，出人意料的是，您花了很多的时间去研究《红楼梦》、研究四大奇书，等等。这又是为什么呢？

潘：这与我对美学研究的一个长时间的反省有关。

还从对于实践美学的批评开始。我经常说，实践美学是无法用来解读审美现象的。例如，实践美学追问"美是什么"，因此用"有意味的形式"来说明"形式里积淀了内容"，因此，"有意味的形式"就是美。可是，生命美学却认为：是形式创造了美，是艺术的形式、主题和意义以及抽象的点、线、面创造了美，换言之，是"有意味的形式"产生了美。在形式之外、形式之前、形式之上，都没有美。因此，应该追问的是：美究竟何在，美存在于何处，美以何种方式存在，美如何存在。而这就涉及我经常说的一句话："形式之外无内容。"打个比方：《海上钢琴师》中的钢琴神童，生命中只有八十八个钢琴键，因此，他所创造的美，也就都与这八十八个钢琴键有关。所谓的美学分析，就是要分析这八十八个钢琴键是怎样把美创造出来的。可是，假如离开这八十八个钢琴键,大谈天人合一物我一如,能叫美学分析吗?那只是在写美学散文!遗憾的是,我们的美学研究却普遍忽视了这个问题,结果是,我们的美学成果连作家都不看,连艺术家也都不看。像中国美学的研究论著,只要一讲到作品,就是情景交融之类,空洞至极。我经常尝试拿过一篇这类论文,再把其中剖析审美现象的情景交融之类的句子删去,结果发现,什么都没有剩下。美究竟何在,美存在于何处,美以何种方式存在,美如何存在等问题,根本就没有回答。

于是,我尝试着去阐释《红楼梦》、阐释四大奇书、阐释《聊斋》、阐释中国艺术、阐释杜甫诗歌、阐释李后主诗词、阐释王国维和鲁迅、阐释莎士比亚、阐释雨果、阐释安徒生、阐释帕斯捷尔纳克……这些成果,都在《独上高楼——中西美学对话中的王国维》《谁劫持了我们的美感——潘知常揭秘四大奇书》《红楼梦〉为什么这样红——潘知常导读〈红楼梦〉》《说〈红楼〉人物》《说〈水浒〉人物》《我爱故我在——生命美学的视界》《说〈聊斋〉》《头顶的星空——美学与终极关怀》等著作之中了,大家可以去看,我就不多介绍了。

值得注意的是,查一下中国知网刊载的成果目录就可以发现,生命美学的成果已经被美学之外的众多研究者所普遍接受,已经成为他们研究文学艺术作品、研究作家艺术家创作、研究文学艺术欣赏时的理论武器。"从生命美学看……"等题目,在成果目录中已经见惯不惊。这无疑正是生命美学的巨大生命力的体现。意味着它已经不仅走出了"师门",而且还走出了"美门",走进了文学批评、艺术批评乃至作品欣赏、作家研究、创作研究。

**范**:我的一个朋友叫向杰,是四川省宣汉县政法委的公务员,竟然对生命美学中的"体验"问题,颇有研究心得,2014年出版了一本《马克思主义视域下的体验美学》,还发表了好几篇有关这方面的论文呢。这从另一个侧面也说明了生命美学的影响。听说我要与您对话生命美学,他希望您能够推荐一些研究题目。

**潘**:题目很多,例如,"中国20世纪生命美学史"。

这当然不是因为我也参与其中,而是因为它实在太值得研究了。整整一个世纪,那么多人参与、那么多论著研究……其中一定蕴含着美学的大秘密,也一定蕴含着未来美学的根本走向。

例如,王国维先生是20世纪中国美学的第一人,同时,他也是20世纪生命美学的第一人。我常说,我们必须要"接着"王国维先生说。可是,在对于"人的生命及其意义"、对于审美活动与人类生命活动之间关系的意义阐释中,他都说了些什么,又是如何说的,我们却研究得很不够。

还有宗白华先生、方东美先生,他们的生命美学探索至今仍旧光芒四射。可惜,我们研究得却很不够。

再如,即便是我们20世纪80年代起步的这一代人的对于生命美学的再创建,也堪称"传奇"。现在人们已经无人不知,20世纪的中国美学的起步同时就是从生命美学的起步。可是,在20世纪的80年代,在我们这一代学者刚刚起步的时候,却对于这些前辈的生命美学思考基本一无所知——因为我们当时还不可能看到这些美学家的论著和论文。何况,即便是这些美学家,也都还没有提出过"生命美学"这个名称,更没有对于生命美学的系统研究,而只是不约而同但又只是多多少少地关注到了审美活动与人类生命活动之间关系的价值阐释这一线命脉而已。那个时候,我们等于是重新在美学研究中勇闯禁区,开掘到了这一富矿。例如,尽管在1984年年底我就写了《美学何处去》,并且正式提出了生命美学;后来,在1989年出版的《众妙之门——中国美感心态的深层结构》里,我又提出"美是自由的境界",提出"现代意义上的美学应该是以研究审美活动与人类生存状态之间关系为核心的美学";在《百科知识》1990年第8期,我又发表了《生命活动:美学的现代视界》一文;1991年,我在河南人民出版社又出版了《生命美学》;现在,美学界一般也都把我的这本书的出版,看作中国美学史上生命美学的正式诞生;可是,究竟是怎样鬼使神差、误打误撞地重返了历史的源头? 究竟是怎样找到了生命美学这个线索,从而得以把全部的20世纪美学研究都串联起来? 坦率说,我自己也至今说不清楚。因此,也期待着研究者的回答。

范:确实,如果没有提出生命美学这个名称,今人无疑也很难成功地把王国维、鲁迅、张竞生、宗白华、吕澂、范寿康、朱光潜、方东美等美学大家的左右探索都合乎逻辑地串联起来,也很难领悟到美学历史背后的这个一以贯之的大秘密,因此,推出"生命美学"这四个字,无疑应当是20世纪生命美学史中的一大贡献。因此,您提出的课题太有趣味和魅力了,这是为生命美学理清它的血缘关系,为它的诞生颁发合法的"准生证"。相信一定会有人去研究。

另外,我还有一个学生近期在研究审美活动的发生问题,他也想请您点拨一二。

**潘**:在这方面,生命美学也与实践美学等思路不同。我要提示他的是,要关注两种生产:人口生产与物质生产。尤其是其中的"人口生产",从这里,应该能够发掘出与过去全然不同的美学富矿。

我的意思是说,长期以来,我们的美学研究中都太侧重于物质生产了。本来,人口生产与物质生产起码应该是并行不悖的两大生产,但是,前者却被我们严重疏忽了。这就导致,有些学者尽管意识到了实践美学的缺憾,但是却仍旧不敢与之分手,而是或者在"实践美学"前面加一个"新"字,或者在"实践美学"中间加上"存在"两字。物质生产,正是他们绝对不敢逾越的底线。可是,在生命美学看来,美学的问题必须从人口生产与物质生产相互作用的角度去考察。而且,主要应该从人口生产的角度来考察。人口生产,才是人类自由平等博爱的源头,也才是审美愉悦的源头。我们常说,"人是目的",而它也正是人口生产的目的。我们也常说,神圣的爱情是文学艺术的永恒主题,它也源自人口生产。至于对于生命的终极关怀,那更是源于人类在人口生产中所获致的大彻与大悟。至于物质活动,倘若不是迫不得已,那人们一定会"像逃避瘟疫一样逃避"之(马克思语)。

达尔文《人类的由来》中说:"人和低等动物的感官的组成似乎有这样一个特质,使鲜艳的颜色、某些形态或式样,以及和谐而有节奏的音声可以提供愉快而被称为美;但为什么会如此,我们就不知道了。""为什么会如此"?但是,倘若从人口生产的角度,问题的谜底显然昭然若揭。达尔文《物种起源》中也说:"最简单形态的美的感觉,——从某种颜色、形态和声音所得到的一种独特的快乐,——在人类和低于人类的动物的心里是怎样发展起来的呢,这实在是一个很难解的问题。……在每个物种的神经系统的构造里,一定还存在着某种基本的原因。"这个"基本的原因",也亟待从人口生产的角度去寻找。

实践美学喜欢讲美的作用是"悦耳悦目""悦心悦意""悦志悦神",其实,美的作用在于为人类进化导航!无疑,从物质生产的角度,就只能看到审美活动的生命"愉悦"作用,然而,如果转而从人口生产的角度,就会看到审美活动的更为重大的作用——生命"导航"作用。因此,达尔文才提示说:由于美的作用,动物才不断进化,人也才最终进化为"人";因此,"人类的由来",就"由来"于美!

只有从人口生产的角度,才能够更为深刻地回答审美活动的发生问题,这,就是我的建议。

**范**:今天的对话实在太有意思了!我们简要地回顾了生命美学的历史起源与演进,它三十年发展的重要成就与研究现状,以及生命美学未来值得我们关注和思考的问题。暂且不说中西美学历史长河里生命美学始终是一面激流勇进的白帆,就说三十年来,生命美学由小到大、由弱到强,走过的坎坷与曲折,充满的光荣与梦想,历经的悲壮与辉煌,这其中一定有"主观的普遍性"和"客观的个别性"之奥秘,那就是人类对美有着与生俱来的挚爱和崇信。因为,正如古希腊的雅典执政官伯利克里的一句名言:"我们是爱美的人!"

马上就要立春了,春天的脚步已临近了。今天咱们难得有这样一个机会,能够在春节前夕畅谈生命美学,非常感谢。最后,祝您节日快乐!

**潘**:谢谢,祝您节日愉快!

2016 年,南京

# 第二辑

## 奇文共赏

# 《卖火柴的小女孩》:感恩的心

## 安徒生并非丹麦的杜工部

在安徒生童话中,中国人最熟悉的是《卖火柴的小女孩》,最陌生的也是《卖火柴的小女孩》。

最熟悉,是因为《卖火柴的小女孩》在中国实在是无人不知、无人不晓;最陌生,则还是因为"熟知非真知",尽管故事本身并没有改变,但是在中国读者眼中,却偏偏被加以"中国特色"的"改造",于是,《卖火柴的小女孩》也就成了丹麦版的"朱门酒肉臭,路有冻死骨"的故事,成了被压迫阶级的"现身说法",成了控诉资本主义的罪恶的有力佐证。

可是,在中国,又有几人能够注意到:安徒生并非丹麦的杜工部,就像杜工部也并非中国的安徒生。

## "哀莫大于心死"

在中国,要读懂《卖火柴的小女孩》确实并非易事。

在很长的时间里,我们都被告知,贫穷的根源在于富人的"剥削",而穷人的人生目标也就当然应该是:致富。至于人生的快乐?毫无疑问,那必然是完成从"穷人"到"富人"的身份转换之后才能够涉及的奢侈话题。然而,随着中国的改革开放的一步步深入,人们才逐渐恍然大悟:"让一部分人先富起来",这不但意味着大多数的人都只能"后""富起来",而且更意味着由于"先富"和"后富"之间的差距存在历时性,也由于"富"与"穷"之间的差别存在相对性,因此,无疑富人与穷人的并存局面也就将永远存在。于是,人们随之也就发现:尽管从个人的角度确实存在着"脱贫致富"与"由富入穷"

的身份转换,但是,"富人"与"穷人"的并存却是一个永远无法改变的社会现实。也因此,怎样做一个穷人,尤其是怎样做一个身心都非常健康的穷人,就逐渐成为人们热切关注的话题。

其实,犹如人们在致富之后所经常感叹的,富裕往往并没有带来预期的快乐,贫穷,其实也绝非不快乐的理由。快乐,并不与富裕同行,但是也同样不与贫困相伴。快乐就是快乐。置身生活底层的贫者就必然不幸?就必然与"夕露沾我衣""鸡鸣桑树颠"的快乐日子擦身而过?当然不是,穷人,其实并不"穷",只是不"富"而已。生活的困窘并不是也不能成为失去快乐的理由——因为,套用一句流行语来说:"至少还有梦。"

"哀莫大于心死"。如果连代表着积极心态和健康精神的快乐都没有了,那才是真正的"穷",那也才真正是人生的大悲哀和大不幸。

那么,如何做一个快乐的穷人?

这,才是安徒生在《卖火柴的小女孩》中所要给予后人的重要告诫。

## 卖火柴的小女孩是幸福的,而且,她也死于幸福

"卖火柴的小女孩"当然是一个穷人,就像今天的一个家庭贫困的失学儿童。"家徒四壁"都不足以形容她家庭的简陋;"家里也是很冷的,因为他们头上只有一个可以灌进风来的屋顶,虽然最大的裂口已经用草和破布堵住了";年幼的她过早地承担起了家庭的重担。在寒冷的除夕之夜里,在"所有的窗子都射出光来,街上飘着一股烤鹅肉的香味"的时刻,还要赤着一双冻得"发红发青"的小脚为生计而奔走;她的旧围裙里有很多火柴,可是,"这一整天谁也没向她买过一根,谁也没有给过她一个铜板"。

可是,真正值得注意的偏偏是在这一切之后。

在贫困面前,"卖火柴的小女孩"出人意外地转过身去。她没有像有些穷人一样埋怨世道不公、怨天尤人、悲观失望、消沉堕落,甚至滋生仇富心理,动辄要"翻身"、要"解放",而是尽管身处黑暗,但是却仍旧渴慕光明。继续享受着生活的快乐、生活的乐趣、生活的幸福。

这样,就要说到《卖火柴的小女孩》里面那五次点燃火柴的著名细节了。

39

安徒生用了三分之二的篇幅来写卖火柴的小女孩点燃火柴,给人留下的震撼非常强烈,也总是为所有的人所津津乐道。但是,安徒生为什么要这样写?设想一下,如果是中国的作家,他们又会怎么写呢?写小女孩对于富人的仇恨?写苦难对于小女孩的摧残?这一切都不是没有可能的,毕竟,还有三分之二的篇幅。

但是,安徒生却用这宝贵的三分之二的篇幅来写卖火柴的小女孩的五次点燃火柴。而且,这又恰恰正是安徒生的成功之所在。那么,原因何在呢?面对这一问题,就我所看到的种种回答而言,应该说,都是不能令人满意的。安徒生似乎也已经猜测到了这一点。因此,他在《卖火柴的小女孩》里写道:"'她想把自己暖和一下。'人们说。谁也不知道:她曾经看到过多么美丽的东西,她曾经多么光荣地跟祖母一起,走到新年的幸福中去。"

是的,一个不容忽视的问题是,卖火柴的小女孩是幸福的,而且,她也死于幸福。

为什么会如此?如果只让我选择一个名词来回答,那我要说,是感恩。

卖火柴的小女孩很穷,但是,她还有老祖母,还有火柴,也还有在火光里出现的温暖的火炉、美丽的烤鹅、幸福的圣诞树……更重要的是,她还有上帝。要知道,她"是跟上帝在一起"的,这一切,对于别人来说或许很少很少,但是,对于她来说,却已经很多很多。

也因此,她仍旧是快乐的。

我想,这就是作者为什么要一再强调小女孩死亡时"嘴上带着微笑"的原因吧。

### 不但要对幸福感恩,而且要对不幸感恩

事实上,读懂《卖火柴的小女孩》的关键,就在于要读懂"感恩"。

中国人都知道报恩,可是,对于感恩却十分陌生。因为中国的"报恩"和"报仇"一样,无非是"善有善报"和"恶有恶报"的结果。因此"君子报仇,十年不晚""冤有头,债有主",因此也"投桃报李""饮水思源",等等。但是,没有"滴水之恩"的时候,要不要"涌泉相报"?没有"投之以桃"的时候,要不要

"报之以李"？

这，就是感恩的魅力所在了。

感恩的理由并不在于施恩。因此，不但要对幸福感恩，而且要对不幸感恩。即使身处困境，也应该既不怨天也不尤人。有一次，霍金被记者问到是否因为身体的残疾而有过痛苦时，他用自己身上唯一能动的手指在键盘上敲出这样一段话："我的手指还能动，我的大脑还能思维，我有终身的追求，有爱我的亲人和朋友，对了我还有一颗感恩的心……"

试想一下，相比于霍金的身体状况，我们每个人不是都比他幸福太多太多？和我们相比，霍金不也是一个身体健康方面的"穷人"、一个"卖火柴的小女孩"吗？可是，霍金尚且对生活心存感激，我们又有什么理由对"感恩"说"不"，对"快乐"说不呢？

记得雨果曾经被人问及一个很难回答的问题："如果世界上的书全都必须烧掉，而只允许保留一本，你认为，应该保留哪一本呢？"雨果的回答十分干脆，他毫不犹豫地说："只留《约伯记》。"《约伯记》是《圣经》里面的重要章节。其中记载的约伯是个著名的人物，他历经了种种磨难却从不抱怨，无论富贵或者贫穷，无论健康或者病苦，他始终怀抱感恩，富亦感恩，贫亦感恩，病亦感恩，苦亦感恩。对于上天的赐予，他总是觉得太多太多，也永远心存感激。

那个卖火柴的小女孩也是如此，有老祖母，有火柴，有在火光里出现的温暖的火炉、美丽的烤鹅、幸福的圣诞树……更重要的是有上帝，这就已经足够足够。她没有理由不快乐，也没有理由不心存感激。

也正是出于这个原因，我要说，安徒生当然不是丹麦版的杜工部，但是，《卖火柴的小女孩》却确实是丹麦版的《约伯记》。

## 穷，并快乐着

当我们把视线从这微笑的小女孩移向她的"父亲"——安徒生，我们会更加容易理解"感恩"的深味。联想安徒生的悲惨的身世，他出生贫寒，命运坎坷，生活带给他的是诸多苦难，但苦难却无法阻碍他对生活的热爱。托尔斯泰就曾经对高尔基说：你经历了那么多的苦难，本来有资格成为一个坏人。当然，结果却是恰恰相反。安徒生也是这样。他经历了那么多的苦难，本来也有资格成为一个坏人。然而，结果也恰恰相反。为什么会如此？其中的奥秘，就是感恩。

安徒生曾说："我的经历就像一幅浓艳美丽的油画展，展现在我眼前，激励着我的信仰，甚至使我相信好事从不幸中诞生，幸福从痛苦中诞生，我感到我依然是幸运儿，那些辛酸悲惨的日子本身带有幸福的萌芽，我以为自己受到不公正待遇，那些不断伸进我生活的手，也仍带给我很多好处。"

确实，是什么带来了快乐？是满当当的一只钱袋吗？还是一颗永远热爱生活，永远向往美好，永远充满希望的感恩的心呢？当然是后者。

更值得一提的是，有人说，《卖火柴的小女孩》是安徒生送给穷孩子们的一个美丽的梦，其实，这未免褊狭，我要说，《卖火柴的小女孩》是安徒生送给所有人的一个美丽的梦。就像《汤姆叔叔的小屋》不只是写给黑奴看的，《悲惨世界》不只是写给"冉·阿让"们看的一样；阅读《卖火柴的小女孩》，也会给所有的"富人"们带来启迪。不，阅读《卖火柴的小女孩》会给每一个渴望快乐的人都带来启迪。

是的，在现实生活中，人生的不如意总是十有八九，可是，我们难道不正是因此才必须要常念"一二"？其实，并不是上天赐予我们太少，而是我们发现和珍惜得太少。拥有一颗感恩的心，你就会拥有一个完全不同的世界。感恩，使我们变得善良；感恩，使我们变得博大。

知道了这一点，也就知道了人类世世代代感激安徒生的理由，知道了《卖火柴的小女孩》所给予我们的最大启示——

穷，并快乐着；

富，并快乐着；

生活，并快乐着。

最后，我想起了一位诗人的忠告：

"别等到你把所有考试都结束再快乐，别等到你拥有完美的身材再快乐，别等到你拥有心仪的跑车再快乐，别等到找到爱妻再快乐，别等到你死了或你的下辈子再快乐……别等到一切愿望都实现了再快乐：

唱歌吧，就像不被聆听一样；

跳舞吧，就像无人欣赏一样；

去爱吧，就像不曾受伤一样；

工作吧，就像无需报酬一样；

生活吧，就像今天即是末日一样。"

2010年，南京

## 《海的女儿》："爱是永远不会死掉的"

### "熟知"，还是"无知"？

安徒生的童话，最让我心动的，是《海的女儿》，最让我心痛的，也是《海的女儿》。

老黑格尔说得确实精彩，熟知非真知。在中国，被熟知的东西太多，因为无知而熟知的东西更多，可是真知的东西却太少太少。《海的女儿》在中国的命运就是这样。

当然，还不仅仅是《海的女儿》。

《卖火柴的小女孩》写的是"朱门酒肉臭，路有冻死骨"。

《丑小鸭的故事》写的是只要努力学习就一定会变成白天鹅。

不过，更要命的，当然还是《海的女儿》，它讲的是一个爱情故事，小美人鱼是一个爱情的精灵。

每每遭遇这一切，我就会想，安徒生老先生倘若地下有知，定会寝食难安。而且，何止是安徒生，愚钝如我，一个安徒生童话的爱好者，每念及此，心情也久久难以平静。

## 祭坛上的爱情

爱情总是令人心醉的,尤其是在"戏不够,爱情凑"的中国。

可是,最不知爱情为何物的怪诞现象,偏偏也就发生在中国。难怪一位著名作家竟然愤愤地说,我们中国文人连创造一篇像样的爱情故事的能力都没有。

《海的女儿》,在中国也就因此而被顺理成章地推上了爱情的祭坛。

为了和自己心中的白马王子长相厮守,小人鱼失去了漂亮的鱼尾、甜美的声音,而且,还不得不忍痛在刀尖上跳舞……可是,这一切,她所深爱的王子却全然不知。这,当然是一般人所无法做到的,当然更是相爱中的每个人所特别希望在对方身上看到的所谓"奉献"之美。

这其中尤为重要的是,在爱情面临考验的关键时刻,究竟是杀死王子,还是杀死自己?小人鱼做出的抉择尤其让所有的人为之感动。因为,她的答案是:当然只能杀死自己。因为杀死王子也就意味着杀死了自己的选择、杀死了自己的坚持、杀死了自己的爱情,因此,只有杀死自己,即便是变成泡沫,也仍旧要含泪向王子张望。

无疑,这就是爱情!在爱情世界里有什么"应该"与"不应该"呢?只有"愿意"与"不愿意"!"愿意"永远大于"应该"。愿意就是一切。只要愿意,就是快乐;只要愿意,就是幸福。

我已经能够想象到,看到这里,一定已经有不少读者——尤其是女性读者,又已经湿润了眼睛。或许,我们没有理由不感谢安徒生。正是他,为人们打造了一个凄美的爱情故事,可以让无数痴男怨女有可能在《海的女儿》的字里行间一掬热泪?!

## "为自己创造出一个不灭的灵魂"

可是,且慢。且让我们认真地把《海的女儿》通读一遍,而且只需要通读一遍。

重读《海的女儿》,开篇就映入眼帘的,是小人鱼要"为自己创造出一个不灭的灵魂"。

与之相对比的,是她的祖母:"她是一个聪明的女人,可是对于自己高贵的出身总是感到不可一世"。尽管因为没有一个不灭的灵魂,死后就只有变成水上的泡沫。但是,"我们放快乐些吧!"老太太仍旧说。三百年,这毕竟是一段相当长的时间了。

可是,小人鱼却心有未甘。她偏偏要向命运说:不!

"为什么我们不能有一个不灭的灵魂呢?"小人鱼悲哀地问。面对两重世界、两个灵魂、两种归宿,她毫不犹豫地选择了那条光荣的荆棘路。在这里,向"鱼尾"告别,其实也就是向"动物"告别。而对于直立的人类来说,"脚"当然是自己的第一个人性的器官。疼痛?那是当然。我们的祖先在勇敢地站立起来之时,又有谁不是从刀尖上含笑走过?

显然,《海的女儿》从一开始就是一个"成人"故事,而并非一个爱情故事。向着"人"而破茧化蝶,甚至不惜飞蛾扑火,这就是小人鱼的抉择。"只要我能够变成人,可以进入天上的世界,哪怕在那儿只活一天,我都愿意放弃我在这儿所能活的几百岁的生命。"

可是,既然是要"为自己创造出一个不灭的灵魂",那么,为什么会爱上王子?

其实,老祖母已经回答了这个问题,那是因为,只有当人类中的一员爱上了小人鱼之后,才会分一个灵魂给她,小人鱼也才有可能得到"一个不灭的灵魂"。

小人鱼的一切努力就是出于这个目的,只是,她失败了。

那么,小人鱼最终"为自己创造出一个不灭的灵魂"了吗?

答案却是肯定的。

可是,这已经与爱情无关。

中国读者几乎都没有去关注《海的女儿》的最后几段,虽然,每个西方读者一定都清楚地知道,那才是作品的高潮:"'我将向谁走去呢?'她问。'到天空的女儿那儿去呀!'别的声音回答说。"在这里,在前面的"海的女儿""人的女儿"的基础上,又出现了"天空的女儿"。"天空的女儿"与爱情无关,尽管她们也没有永恒的灵魂,可是,她们却可以通过"善良的工作"去创造,"当我们尽力做完了我们可能做的一切善行以后","不灭的灵魂"也就应运而生。

答案已经十分清楚了,最终为小人鱼"创造出一个不灭的灵魂"的,不是爱情,而是爱。

## "爱情两个字好辛苦"

看来,问题的关键恰恰在于爱情。"爱情诚可贵",然而也是"爱情两个字好辛苦"。不过,就关注如何为自己"创造出一个不灭的灵魂"的"成人"故事来说,爱情更偏偏是一个亟待超越的环节。

问题的关键在于,爱情当然美丽,可是,爱情却不能不期待结果。稍加回顾,当不难发现,古今中外的爱情名篇,大多都是爱情的独唱,彼时彼刻,她(他)尽可呼天抢地,酣畅淋漓,例如四处苦苦寻妻的俄耳浦斯,为夫哭倒长城的孟姜女,挑着儿女与妻相会的牛郎,而一旦两人共同在场,则难免令人尴尬,要想不尴尬,那除非是瞎子配聋子。也因此,经典的爱情往往都与婚姻无关,试想,白头偕老的文学经典可还有人见到? 其中的原因就在这里。

小人鱼邂逅的也是这样一个困境。爱情中的她,"得到",无疑是生命中最为重要的议题,因为,倘若得不到,她就无法"成人"。于是,她对王子的爱情等同于拥有他,像拥有一尊石像或者一件玩具;于是,她关注"王子是否得知我的付出(救援)"超过了关心"王子是否获救";于是,她太在乎"王子是我的",至于"王子爱不爱我"这个问题尽管更重要,但是,却始终被她置若罔闻。

于是,小人鱼遭遇了最为残酷的重创:王子并不爱她。

何况,还存在着一个无法回避的问题:小人鱼本来是要通过被爱来拯救自己,可是,这岂不正是把王子当成了手段? 王子作为爱的对象竟然被手段化,这,究竟是在"创造出一个不灭的灵魂"还是在毁灭着一个不灭的灵魂?!

而安徒生的全部聪颖也就在这里——

并不是每个人都能够获得爱情,可是,每个人却都必须"成人"。

并不是所有的爱情都能够"创造出一个不灭的灵魂",可是,每个人却都必须"成人"。

## 失之爱情的东隅,却得之爱的桑榆

再联想安徒生的凄婉身世:三次恋爱失败,毕生孤苦一人,细心的人立刻就会意识到,《海的女儿》正是安徒生的大彻大悟的见证。作为一个两百年前的大城市里的打工一族,文学之路的成功与丘比特的爱神之箭的屡屡与之擦肩而过,使他幡然醒悟:爱情的失败,也并不就是人生的失败,而且,爱情的成功也并不就是人生的成功。只有在一个热衷于把"得到"作为"成人"标志的国度,才会如此倚重爱情。而在一个坚定地将"付出"作为"成人"标志的国度,最受重视的,却是爱。看一看俄罗斯作家帕乌斯托夫斯基在名著《金蔷薇》中写下的关于安徒生的故事——《夜行的驿车》,看一看美国作家房龙写下的传世之作——《安徒生——举世无双的童话大师》,细心的读者立刻就会释然。

而"海的女儿"的故事又何尝不是像她的"父亲"安徒生的人生一样?小人鱼也曾经为了爱情的目标全心全意地奋斗过,可结果却是:王子一点也不知道,而且,他根本不爱她。小人鱼的爱情失败了,她那凭借凡人爱情而得到"不灭灵魂"的梦想也破灭了。但是她在爱情中学会了爱,她也为所有的人带去了爱的力量。当爱的魅力打动了所有人、征服了所有人的时候,在那些漾满喜悦笑容的脸上,她看到了自我的实现——爱,才是一个"人"的价值所在。她,"成人"了。

因此,失之爱情的东隅,却得之爱的桑榆。这,其实就是《海的女儿》传世的全部秘密了。

爱情与爱不同,爱情是期待"得到"的"付出"。"爱情"需要另一个"爱情"的回应,"爱情"期待彼此拥有,一句话,爱情不能没有结果。而"爱"则完全不同,爱是以"付出"作为"得到"的。爱,也不需要对方以任何的给予作为回应,"爱",更不期待拥有,还是一句话,爱只是一个过程。而且,"何处是归程?长亭更短亭。"

这正是小人鱼最终的发现,可以"创造出一个不灭的灵魂"的,不是"把我一生的幸福放在他手里"乃至不惜"对他献出我的生命"的所谓"爱情",而是不断奉献着的"爱"。我爱,故我在;我不爱,则我不在。一切的一切就是这样的简单。

安徒生曾经在一首诗中这样写道:"青春永驻的她,从大海那又白又轻的泡沫中缓缓升起,那美啊,只有上帝才能想象;后一代人把前一代人埋葬,但是,爱是永远不会死掉的,女神永远活着!"

是的,"爱是永远不会死掉的"。

"爱情"终难长久,但是,"爱"将永恒。

2010年,南京

# 《丑小鸭》:浴爱重生

## "真知"《丑小鸭》者寡

在安徒生童话中,最能够使我们心灵温暖的是《丑小鸭》,最能够使我们心灵冷漠的,也是《丑小鸭》。

"使我们心灵温暖",这当然是因为作为安徒生童话的名篇,《丑小鸭》自问世后就不胫而走,风靡世界的每个角落,而且滋养着一代又一代的后来者。"使我们心灵冷漠",则是因为就中国的读者而言,对于《丑小鸭》始终存在着严重的误读。甚至可以说,是"熟知"《丑小鸭》者众,但是,"真知"《丑小鸭》者寡。

在中国的读者那里,丑小鸭经历种种不幸却最终"化蛹为蝶"成为白天鹅的故事尽管令人心灵有所慰藉,但是,他们却把丑小鸭的命运转变归结为它自身"头悬梁锥刺股"的努力,于是,丑小鸭顺理成章地成了"笨鸟先飞"的后进生的典型,成了"好好学习,天天向上"的"鱼跃龙门"或"乌鸦变凤凰"的标兵,成了"不经历风雨,怎么能见彩虹"的丹麦励志版。

然而,偏偏为几乎所有的人所忽视的,却是《丑小鸭》中所蕴含着的深刻主题——爱的向往与爱的努力。他们都没有注意到:拯救丑小鸭并且使得丑小鸭重生的,就是爱——而且,只有爱。

## "为什么你生得和我们不一样?"

生命的初生源于偶然:出身的贵贱,容貌的美丑,才能的高低,心志的强弱,谁都无法事先加以选择;而且,尺有所短,寸有所长,任何人都不是不可一世的巨人,——起码不会永远都是不可一世的巨人,因此谁也无法事先加以预测。那么,正确的对策应该是什么呢?宽容,并且给每个人以自由发展、自由选择的广阔空间。

可是,丑小鸭的生存环境却并非如此。形形色色的动物都在自大的喧闹与争夺中生存,因为"他们认定世界就是这个样子",刚出蛋壳的小家伙们只看了一眼,就惊呼"这个世界真够大";鸭妈妈更是觉得牧场的花园、养鸡场就已经是"广大的世界"了;因此,他们无不自以为是,也无不自是其是:一只老鸭因为误孵过一次吐绶鸡蛋而认定全世界上只有两种蛋——鸭蛋和吐绶鸡蛋;青年野鸭和公雁的世界似乎除了谈恋爱、结婚这类问题再没别的了,甚至为此弄丢了小命也浑然不觉;猫咪绅士和母鸡太太则在表扬与自我表扬相结合的烟幕中各自陶醉,他们认定自己就是世界上"最聪明的",而他们的主人,更是"世界上再也没有比她更聪明的人"了。当然,这种各是其是,各非其非也不免会遭遇"碰碰车":比如鸭妈妈就觉得不会游泳是严重的问题——不下水,那可怎么活啊。而猫咪和母鸡则恰恰相反,他们认为,下水游泳才是愚蠢透顶的主意——下了水,还有命活吗?

"我们和这个世界!"这,就是他们的招牌语言。

那么丑小鸭呢?因为他还没有出生就是一个"老是不裂开的"蛋,出生后,又"大得怕人""一副丑相",所以他们对他是既无同情的理解也无理解的

49

同情。别的鸭子说："呸！瞧那小鸭的一副丑相，我们真看不惯。"因此而不惜狠狠地啄他。理由很简单："他长得太大、太特别了"，"因此他必须挨打！"鸡们看不起他，因为他不能生蛋；猫们看不起他，因为他不能拱起背发出咪咪的叫声和迸出火花。

"为什么你生得和我们不一样？"

可是，"我"又为什么必须和"你们"生得一样呢？是谁给予"我们"的权力，让无数个"我们"可以如此坦然、如此不假思索地去决定"我"的生生死死呢？

帕斯卡尔说过：人是可悲的，但是最可悲的，是人认识不到自己的可悲，反而以为自己伟大高明。《丑小鸭》里面的动物世界恰恰就是这一"可悲"的写照。

## 鸭妈妈没有去决定什么，更没有去侮辱践踏什么

误会如此之巨，隔阂如此之大，伤害如此之深，幸而，这并非丑小鸭的世界的全部。

丑小鸭碰到了一个充满爱心的好母亲。鸭妈妈错误地孵着一只天鹅蛋，但是她说，我已经坐了那么久，就是再坐一个星期也没关系。后来，鸭妈妈也发现了异常，但是她说："他并不伤害谁啊。""他不好看，但是他的脾气非常好。"

林肯曾说，我的一切都是圣洁的母亲赐予我的。我相信，如果丑小鸭忆及往事，一定也会如此表白。

在这里，"母爱"意味着对于"弱者"乃至"他者"的一种态度。生活中自己明明也是弱者乃至"他者"，但是偏偏以强者自居并且随意去处置别人的事情，是几乎每天每时每刻都在发生的。《圣经》上有句名言：你们愿意人怎么对待你们，你们也要怎么待人。而这就意味着：我们每个人都没有权利决定别人的人生，也都没有权利侮辱践踏他人的生命。

鸭妈妈没有去决定什么，更没有去侮辱践踏什么，这真是丑小鸭在不幸中的万幸。

### "再孵一次"？那——我还是我吗？

更令人感动的，当然还是丑小鸭自己。

在遭受到"被鸭子咬，被鸡群啄，被看管鸡场的那个女用人踢和在冬天受苦"的种种不平等时，丑小鸭并没有丝毫的气馁。"他的脾气非常好"。即使"他太累了，太丧气了"也尽量对大家恭恭敬敬地行礼。并没有抬不起头，挺不起胸，迈不开步。他不因他人的打击诽谤而动摇信念，也不随他人的异样眼光而放逐生命，更不为他人的咬啄踢打而怀恨在心。他仍旧从容，仍旧恬淡，也仍旧坚持自己。

更为重要的是，他还仍旧有着自己的期待与努力。

在动物的世界里，丑小鸭本来是被判了死刑的。那个"最有声望的人物"，那个"有西班牙血统腿上有一块红布条的老母鸭"曾经以貌似怜爱的口吻宣判说："他们都很漂亮，只有一只是例外。这真是可惜。我希望能把他再孵一次。"

"再孵一次"？那——我还是我吗？"这时他想起了新鲜空气和太阳光。他觉得有一种奇怪的渴望：他想到水里去游泳。""一天晚上，当太阳正在美丽地落下去的时候，有一群漂亮的大鸟从灌木林里飞出来，小鸭从来没有看到过这样美丽的东西。""他不知道这些鸟儿的名字，也不知道他们要向什么地方飞去。不过他爱他们，好像他从来还没有爱过什么东西似的。""我要飞向他们，飞向这些高贵的鸟儿！可是他们会把我弄死的，因为我是这样丑，居然敢接近他们。不过这没有什么关系！被他们杀死，要比被鸭子咬、被鸡群啄、被看管养鸡场的那个女用人踢和在冬天受苦好得多！"

在这里，"新鲜空气"意味着对于一个没有动物的自大的喧闹与争夺的世界的向往；"太阳光"意味着对于一个互相关爱、互相包容、互相温暖的世界的向往；"游泳"意味着对于一个自由发展、自由选择、自由生息的世界的向往；"高贵的鸟儿"，则意味着对于一个有尊严的生活世界的向往……总之，这一切"向往"我们都可以简单概括为：爱的向往。

于是，我们高兴地看到，在动物的自大的喧闹与争夺中，丑小鸭毅然转过身去，"我想我还是走到广大的世界上去好"，也因此，他为"自己找到出路"。

就是这样，一个卑微的生命在爱的向往与爱的努力中重生。

## 爱的向往与爱的努力

不难发现，其实丑小鸭就是安徒生本人的写照，他不仅家庭贫困，而且事业不顺，爱情也屡遭坎坷波折。世界所给予他的，都是苦难，但是，他所回赠给世界的，却都是美好。而且，即便他本人，也恰恰是从这一切中凤凰涅槃，脱胎换骨成为童话大师。《丑小鸭》，其实就是安徒生的夫子自道。

美国大名鼎鼎的房龙曾说过：神的火花在这个沉默的小男孩的心灵中孕育，像一场暴风那样不可抗拒，凡是被上帝触摸过的人，不管他遭遇多么无礼的对待和多么巨大的困难，他仍能实现他的梦想。我必须说，安徒生之所以是"安徒生"，就是因为他是被上帝触摸过的人——被爱触摸过的人。正是在爱的向往与爱的努力中，安徒生才最终成为"安徒生"。

丑小鸭的故事也是如此。它告诉我们，最终决定了你和你的世界的，并非你的禀赋，而是你的选择。譬如小鸭，譬如天鹅，譬如猫咪先生，例如母鸡太太，其实，他们也同样可以并不故步自封，而是彼此互相理解与包容。各自都意识到自己的"特别"，同时，又能够理解他者的"特别"；各自都因为爱而理解，也因为理解而爱，最终在爱的向往与爱的努力中成就自己。当然，遗憾的是，他们没有能够这样去做。但是，值得庆幸的是，这，正是丑小鸭的选择。

因此，《丑小鸭》并非一个"头悬梁锥刺股"的故事、一个"笨鸟先飞"的故事、一个"鱼跃龙门"或"乌鸦变凤凰"的故事、一个"不经历风雨，怎么能见彩虹"的故事，而是一个关于爱的向往与爱的努力的故事。

每个人都是丑小鸭，但是，每个人又都是白天鹅，从丑小鸭到白天鹅，有万里之遥，但也只一步之差。究竟是"万里之遥"还是"一步之差"，其间的唯一区别，就在于：是否有爱的向往与爱的努力。

任何一个人,不论强弱、不论贫富、不论贵贱,只要你秉持着爱的向往与爱的努力,就一定可以浴爱重生。

这,就是《丑小鸭》所给予我们的深刻启迪。

2010年,南京

# 《皇帝的新装》:丧钟为谁而鸣

### 熟知非真知

在安徒生童话中,最让我们自以为是的是《皇帝的新装》,最引发我们别样思考的,也是《皇帝的新装》。

"自以为是",是因为我们往往以为这个故事浅显易懂;"别样思考",则是因为这个故事让我们拍案惊奇。一个在中国家喻户晓的故事,最终却被我们读出了异样的涵义,以至于我们不得不感叹:熟知非真知。

在中国读者眼中,这则与《海的女儿》同年写作并曾合为一书出版的童话揭示的是统治阶级的愚昧昏庸,于是乎,《皇帝的新装》成为揭示"高贵者最愚蠢,卑贱者最聪明"的丹麦版的教材,也成为中国人讥讽统治者的警世恒言。

然而,这则童话的真谛,却始终知者寥寥,这就是:对人性的悲悯!

### 好人与坏人

在中国,要正确解读《皇帝的新装》,实在是谈何容易。

在中国,存在着一个"毁"人不倦的传统。当然,这里的"毁"不是"教诲",而是"诋毁"。一方面,"坏人",似乎是个挥之不去的阴影。另一方面,"好人",也往往是每个人的道德高估与自我评价。自己的道德无疑是完美的，自己无疑是好人——哪怕自己刚刚犯过错误，但是却仍旧会自己宽慰自己：无非偶一失足，无非是在为自己的成功交学费。至于别人，倘若一旦犯错，那一定是道德方面问题的爆发，因为他（她）天生就是坏人。也因此，尽管别人可能也仅仅是偶尔犯了错误，可是自己却往往会说：这是必然的，也是绝对不可饶恕的错误。

为此，面对任何作品，国人的习惯是，一上来就先要搞清楚：谁是好人？谁是坏人？而常见的作品也习惯以高高在上的姿态对坏人进行批判，因此，作品往往不是作品，而是劝善书、福音书、判决书。

可惜，这一切并非真实，人不是十全十美的，也不是十全十丑的。事实上，最大的真实反而是：人是一个未成品，或者离完美最近，或者离完丑最近，但是绝不会等于完丑或完美。在人身上并不存在非此即彼，而是亦此亦彼，或者，不存在非美即丑，而是亦美亦丑。换言之，所有人身上都是天使和魔鬼的综合体，只不过随着条件的变化，有时身上魔鬼的成分占主导，有时天使的成分占上风。至于那些完全表现出天使的成分的人或完全表现出魔鬼的成分的人，那至今也还只存在于天方夜谭之中。

同样，"谁是好人、谁是坏人"以及以高高在上的姿态对"好人"与"坏人"进行评判的做法，实际上仅仅是一种十分幼稚的脸谱美学。长此以往，这种脸谱美学造成了某种美学判断的平面化：每一个人都将自己的责任蓄意予以推卸，都在揭露坏人中开脱自己的罪责，并时时强化自己的道德优越感。于是，一代又一代，每一个人都在没完没了地彼此控诉，每一个人都在没完没了地"怨天尤人"。长此以往，自然也就无法形成对自身的清醒认识，更永远也不知道为自身灵魂的"豆腐渣工程"买单。

## 人性的弱点

然而，从这样的脸谱美学出发，却无法读懂《皇帝的新装》。

《皇帝的新装》写于1837年，取材于中世纪西班牙的一个民间故事。这个民间故事最早见于14世纪堂·曼纽埃索的《卢卡诺伯爵》第七章，说的是一个国王被人整治的故事，篇名为："赤身裸体的国王"。

在《皇帝的新装》中也有一个皇帝,可是,这皇帝(也包括其中的大臣),其实都只是一个符号,他可以是他,可以是你,也可以是我,唯独并非作为"好人"的对立面的"坏人"。

至于其中的主线——自欺欺人,也并非只是针对"坏人"。

事情的起因,在于一个悖论式的陷阱:任何不称职的或者愚蠢得不可救药的人,都看不见这衣服。何况,皇帝还特别看重衣服,每一天的每一小时都要换一套衣服。人们提到他的时候总是说:"皇上在更衣室里。"

有了上述两个条件,事情的展开才特别引人入胜。任何一个人,不论是所谓的"好人"还是"坏人",只要暗存了自私之念,一旦遭遇这个"陷阱",面对实际并不存在的"新装",就或者只能承认自己是"不称职的或者愚蠢得不可救药",或者只能面不改色地去撒谎。

第一个撒谎的人,本来在皇帝眼里谁都不及他称职。于是,他自问:难道我是不称职的吗?答案当然是否定的,于是,他只有撒谎。第二个撒谎的人也认为,"我并不愚蠢呀!"这位官员想,"这大概是我不配有现在这样好的官职吧。这也真够滑稽,但是我决不能让人看出来。"于是,他只有撒谎。而对于皇帝本人而言,"这是怎么一回事呢?"皇帝心里想,"我什么也没有看见!这可骇人听闻了。难道我是一个愚蠢的人吗?难道我不够格当皇帝吗?这可是最可怕的事情!"于是,他只有撒谎。还有则是民众,"愚蠢得不可救药的人"的大帽子,正是为了恐吓民众。这样,倘若有一些大胆的民众也许不惧怕人家说他是愚蠢的,但是,被认为是"愚蠢得不可救药"呢?这可就有点难以承受了,当然没有人会主动把这顶臭不可及的帽子硬戴在自己头上。

更为令人难堪的是,面前还是一个连环陷阱。它类似于著名的"囚徒困境":每个人都不知道别人怎么说,必须自己先做出选择,可是,一旦选择错误,则势必终身遗憾。当此之际,唯一安全的,当然是只有从众,因为,只有如此,自己才是安全的。

无疑,这正是一个丹麦版的"指鹿为马"的故事。所有人因为暗存私念,结果把自己推到最尴尬的境地、自取其辱的境地。

如果皇帝不那么虚荣,他还会不会被骗?

如果大臣不担心被认为"不称职",他还会不会被骗?

如果民众不怕被讥讽为"愚蠢得不可救药",他们还会不会被骗?

故事何以要由一个"孩子",而且还必须是一个"小孩子"出面来揭穿谜底?故事为什么要直到最后才被揭开谜底,而且还只能采取"不由自主"的"叫"的方式?道理也正在这里。

一个小孩子,无疑还来不及暗存任何的私念,也还根本意识不到陷阱的存在。他毕竟还没有被已经不再"天真"的人教育得不再"天真"。

他的惊"叫",则是因为猝不及防,以至于所有的成年人们还完全来不及去加以制止。

这"叫"声,令我们油然想起鲁迅先生在五四时代的大力提倡:要"叫出没有爱的悲哀,叫出无所可爱的悲哀",叫出"无所不爱,然而不得所爱的悲哀"。甚至,在《我的失恋》《秋》《希望》中,鲁迅对猫头鹰曾寄予无限的期望,并且追问:"只要一叫而人们大抵震悚的怪鸱的真的恶声在那里!?"

## 人所具有的,我都具有

也因此,《皇帝的新装》所揭示的,就并非坏人的缺点,而是人性的缺点。

我们每一个人在看《皇帝的新装》的时候,都曾经会觉得特别过瘾,因为我们每一个人都以为自己就是那个诚实的小孩,可是,请问:谁是那个皇帝?谁是那个大臣?谁又是那些民众?肯定都不会是我们了?那么,他们是谁?须知,诚实的小孩只有一个,"皇帝""大臣""民众"却有很多。

而且,在日常生活中,难道你就没有虚荣过?难道你就没有自欺过?难道你就没有因为想让老师表扬你而违心地做过什么?如果不迷恋皇帝的宝座,是不是就不会被骗?如果不贪图高官厚禄,是不是就不会被骗?如果不迷信权威,是不是就不会被骗?如果能够相信自我、能够独立思考、能够敢于说"不",是不是就不会被骗?我们不必把自己想象得那么纯洁,因为所谓"纯洁"本身就是很有问题的。中国有一句老话:"不干不净,吃了没病。"我们每一个人也都如此,也都是"不干不净"的。我们自身根本谈不上"美好",

而是与"美好"差了一点点,甚至与"美好"差了很多的一点点。在这个意义上,所谓的"好人",坦率地说,无非就是比"坏人"好一点。例如很多很多的人之所以还算"好人",那只是因为还有人比他们更坏。至于有些人被我们称作"坏人",那也只是因为有人比他们还好了一点点。纪伯伦在《先知》中说:恶,不过是善被自己的饥渴折磨而成。无疑是至理名言!

于是,事情再清楚不过了,犹如安徒生写的是人性的缺点,我们在阅读中所读到的,也正是人性的缺点——也正是我们自己的缺点。耶稣曾经对那些准备用石头砸死"坏女人"的众人说:"你们中间谁没有罪的,谁就可以先拿石头打。"他所指出的,正是人之为人的缺点,因此才没有人能够反驳,并且,也"就从老到少一个一个地都出去了"。现在,我们也可以同样地对众人说:"你们中间谁没有自欺过虚荣过的,谁就可以先拿石头打。"可以相信由于自欺与虚荣是人所共有的缺点,因此,也没有人能够反驳,并且,也"就从老到少一个一个地都出去了"。

更何况,因为人自身与生俱来的不可战胜的人性弱点,因此而犯下的一切过失都是可宽恕的。不够强大、不够坚定、不够实事求是,这实在不是我们自己的错。因为我们已经尽了力,但是却仍旧无力。何况,既然上帝希望我们每一个人都成为好人,那么,他又为了什么非要拿各种各样的自欺与虚荣来折磨我们?因此,真正的"坏人"只有一个,那就是他——上帝。

如此看来,我们每一个人自己都是有过失的,但是上帝却原谅了我们。那么,我们又为什么不能原谅其他的比我们过失更多的人呢?我们又为什么不能学会去敬畏生命、尊重生命,学会把有罪的生命也当成生命?而且,太多太多的自欺与虚荣,其实也只是为了能够在他(她)置身的恶劣环境里苟活下去,有的人或许是为了捍卫自己的面子,有的人或许是为了争取自己的利益,当然,也不排除还有一些人是在以自己为圆心而去"巧取"或者"豪夺",从而铸成了大错。其实,我们和他们一样,都不是完人,都有无奈可笑的时候,都有心酸可怜的时候,都有犯错失手的时候,所以我们没有理由不去悲悯和原谅他们。

知道了这一点,我们就不再会对骗子的伎俩愤恨唾骂,对皇帝的愚蠢嘲弄讥讽，对大臣谄媚百般不屑，对街上民众怯于实话实说而指责批判，因为他们或是为了能够在他置身的恶劣环境中苟活下去，或是为了捍卫自己的面子，或是为了争夺自己的利益。何况，在终极的意义面前我们所有人都会失去重量，都只能扮演小丑，玩弄各种把戏取悦生活养活自己。小丑的命运就是犯下种种或巧妙或愚蠢的错误，演出或严肃或轻浮的荒唐滑稽，所有人也一样，所谓"坏人"，不过是将小丑的面具戴到了脸上，而我们则将小丑面具深藏心底，并且唯恐被人看见。可是，不管你跑得多快飞得多高，只要你是人，你就逃不掉你脚下的人的阴影。而你的阴影，即使再小，也是这个世界巨大阴霾的组成部分，你都要为这所有的罪恶背上十字架，付出血和泪的代价，而且，没有谁能幸免。莎士比亚在《雅典的泰门》第四幕中说："如果有一个人是谄媚之徒，那么谁都是谄媚之徒，因为每一个按照财产多寡区分的阶级，都被次一阶级所奉承，博学的才人必须多向愚夫鞠躬致敬。"高尔基也说："生活就是一部关于人的英雄史诗，它描述的是世人寻求人生奥秘而不可得，有心通晓一切而无能为力，渴望成为强者而又无法克服自身弱点的历程。"因此，我们每一个人都要把自己的过失诚实地看作自己的自由意志、自由选择的结果，并且去毅然承担自己所应当承担的责任。

## 丧钟为自己而鸣

总之，《皇帝的新装》是一幕喜剧，更是一幕悲剧。

在这方面，《皇帝的新装》的题目就寓意深刻。如果命名为"穿着新装的皇帝"，故事的指向就截然不同。因为出现的是皇帝，那么，故事的讥讽和批判也就完全指向了皇帝。与之相应，作品的深度就会大打折扣。"皇帝的新装"则不同。它完全是一个比喻，每个人都可能是"皇帝"，每个人也可能都面对"新装"的问题，更重要的是，人性的弱点在每个人自身都同样具备，也正是因此，一旦这些人性的弱点被骗子紧紧抓住，就必然会上当受骗。

海明威在《丧钟为谁而鸣》中引用了约翰·多恩三百多年前写下的《沉思录》中的一段话："没有人是座孤岛，独自一人；每个人都是一座大陆的一片，任何人的死亡都是对我的缩小，因为我是处于人类之中；因此不必去知道丧钟为谁而鸣，它就是为你而鸣。"

在重读《皇帝的新装》的时候，我们每一个人所必须谨记的，正是：丧钟为我而鸣！

2010年，南京


# 《世界上最美丽的一朵玫瑰花》：爱的救赎

## 丹麦版的励志故事

在安徒生的众多童话中，最令我们心灵震撼的是《世界上最美丽的一朵玫瑰花》，最令我们麻木不仁的，也是《世界上最美丽的一朵玫瑰花》。

"心灵震撼"，是因为小王子为救助皇后所付出的努力，深深打动了中国的读者；"麻木不仁"，则是因为在中国的读者中很少有人真正读懂《世界上最美丽的一朵玫瑰花》。毫不夸张地说，阅读过《世界上最美丽的一朵玫瑰花》的中国读者数不胜数，能够正确理解《世界上最美丽的一朵玫瑰花》的中国读者，却是凤毛麟角。

在中国读者那里，《世界上最美丽的一朵玫瑰花》成了丹麦版的"为民捐躯"的故事，成了缅怀为我们今天幸福生活而做出巨大牺牲的革命先烈的励志故事，然而，隐含其中的爱的救赎的主题，却偏偏被漠然视之。

## "为什么大殿里充满了忧虑和悲哀"

在中国，要真正理解《世界上最美丽的一朵玫瑰花》，实在不易。

还在幼年时期，我们就已经获悉了"不当将军的士兵不是好士兵"的训诫，在学校，一定要当头；在社会上，一定要出头；在单位，一定要领头。于是,衡量一个人的标准,无非就是两个字:成功。而衡量一个人成功的标准,还无非就是两个字:金钱。这样,从金钱开始的为成功而拼搏,一时之间就成了众多国人的奋斗目的,然而,往往是事后回首,才凄怆发现:从钱开始的成功与幸福、快乐根本不能画等号:"金钱可以买到房屋,但买不到家;金钱能买到床铺,却买不到睡眠;金钱能买到补药,却买不到健康;金钱能买到食物,却买不到胃口;金钱能买到书籍,却买不到知识;金钱能买到钟表,却买不到时间;金钱能买到爱情,但买不得真爱。"

于是,诚如人们所说,有玩心没玩胆,有玩胆没玩款,有了玩心玩胆和玩款,人却玩不起来了,萎靡不振了。据 2004 年全国首份"职业倦怠(Job Burnout)指数"调查显示,70%的白领出现不同程度的职业倦怠,白领们面对着因压力而过早脱落的头发,日渐消瘦的脸庞,在辗转反侧于每个不眠之夜之后,只能仰天长啸,一声叹息。如果这时去问他们:"幸福感在哪里?"则十有八九他们就会当场失语,甚至失声呜咽。曾几何时,他们会想当然地以为,随着财富的增加,社会声望的提高,单位权力的增加,也就能够理所当然地得到与之对应的幸福感、快乐感。然而,在前面等待着他们的却偏偏不是这样。根据国务院发展研究中心调查显示,恰恰是那些社会上认为最应该"幸福"的企业家和高管们才经常出现不幸福感,"烦躁易怒"的,占了70.5%,而"疲惫不堪"的,则占了 62.7%,"心情沮丧"的,占了 37.6%,"疑虑重重"的,占了 33.1%,剩余的,也是"挫折感强"。由此可见,幸福快乐,看似近在眼前,其实却远在天边,如海市蜃楼,虚无缥缈,正如那句老话,有钱不一定幸福,幸福不一定有钱,经济学上有个"边际收益递减"的定律,财富越增长,赚的钱越多,人生却反而越容易懈怠、越容易毫无乐趣,说的就是这种现象。

无独有偶,《世界上最美丽的一朵玫瑰花》中的皇后遇到的,也是类似的懈怠。

这是一个权力很大的皇后,锦衣玉食,养尊处优,享受着荣华富贵的生活,还拥有至高无上的权力,喜欢什么就占有什么,想要什么就有什么。而对鲜花的喜爱,则是她的特殊癖好:"她的花园里种植着每季最美丽的、从世界各国移来的花。"而且,"她特别喜爱玫瑰花,她有各种各色的玫瑰花:从那长着能发出苹果香味的绿叶的野玫瑰,一直到最可爱的、普罗旺斯的玫瑰,样样都有。它们爬上宫殿的墙壁,攀着圆柱和窗架,伸进走廊,一直长到所有大殿的天花板上去。这些玫瑰有不同的香味、形状和色彩。"

无疑,玫瑰花象征着皇后在花的海洋中过着幸福美满的甜蜜生活。可惜,接下来却峰回路转,令人非常意外:"但是这些大殿里充满了忧虑和悲哀。皇后睡在病床上起不来,御医宣称她的生命没有希望。"看来,财大气粗的皇后的"财"确实是很"大",但是"气"却明显不"粗"。本应过着无忧无虑自由自在生活的皇后,现在偏偏奄奄一息。此时此刻的大殿,也少了一份人性,多了一份忧虑;少了一些温暖,多了一份悲哀;少了一份爱心,多了一些寂寞。正如英国一句名言所说:"不被任何人爱,是巨大无比的悲哀;不爱任何人,则充满恐惧和忧虑,生犹如死。"

## 救赎之路

继之而来的救赎之路无疑令人眼花缭乱。

皇家最聪明的御医宣布:"只有一件东西可以救她",那就是"送给她一朵世界上最美丽的玫瑰花——一朵表示最高尚、最纯洁的爱情的玫瑰花。这朵花要在她的眼睛没有闭上以前就送到她面前来。那么她就不会死掉。"

然而,这样一朵玫瑰花却又实在难觅。

"各地的年轻人和老年人送来许多玫瑰花——所有的花园里开着的最美丽的玫瑰花。然而这却不是那种能治病的玫瑰花。那应该是在爱情的花园里摘下来的一朵花;但是哪朵玫瑰真正表示出最高尚、最纯洁的爱情呢?"这,是一个棘手的问题。

于是,八仙过海,各显神通,各路高人拿出自己的拿手好戏,齐聚一堂。"诗人们歌唱着世界上最美丽的玫瑰花,每个诗人都有自己的一朵。消息传遍全国,传到每一颗充满了爱情的心里,传给每一种年龄和从事每种职业的人。"但是,结果却收效甚微。

爱情不行,那就转向亲情。

一个幸福的母亲给出答案,"我知道这朵花开在什么地方","我知道在什么地方可以找到世界上最美丽的玫瑰花!那朵表示最高尚和最纯洁的爱情的玫瑰,是从我甜蜜的孩子的鲜艳的脸上开出来的。"但是,御医说,"这朵玫瑰是够美的,不过还有一朵比这更美。"

"是的,比这更要美得多,"另一个女人说,"我看到它在皇后的脸上开出来。她取下了她的皇冠,她在悲哀的长夜里抱着她的病孩子哭泣,吻他,祈求上帝保佑他——像一个母亲在苦痛的时刻那样祈求。"

可是,面对完美无缺的答案,御医却仍旧摇头,"悲哀中的白玫瑰是神圣的,具有神奇的力量;但是它不是我们所寻找的那朵玫瑰花。"

"不是的,我只是在上帝的祭坛上看到世界上最美的那朵玫瑰花,"虔诚的老主教说,"我看到它像一个安琪儿的面孔似的射出光彩。年轻的姑娘走到圣餐的桌子面前,重复她们在受洗时做出的诺言,于是玫瑰花开了——她们的鲜嫩的脸上开出淡白色的玫瑰花。一个年轻的女子站在那儿。她的灵魂充满了纯洁的爱,她抬头望着上帝——这是一个最纯洁和最高尚的爱的表情。"但是,那个聪明的御医仍旧说,"愿上帝祝福她!""不过你们谁也没有对我说出世界上最美丽的玫瑰花。"

由此,随着聪明的御医的一次次否定,我们终于恍然大悟,他就是为了把读者逼迫到"山穷水复疑无路"的境遇,为的更是——"柳暗花明又一村"。

对此,其实西方的美学大家们早已提示。

奥古斯丁称之为:"从理性到绝对的这一跃。"奥古斯丁《论自由意志》的译者成官泯解释说:"只有在这一跃后,才终于能有切身之感",于是"就与所谓'挑水砍柴,无非妙道'的圣俗无碍的境界划清了界限。神圣与世俗的界限和张力正是西方文明的核心所在,属世的一切只有通过超越才能得其意义。否则,吃喝玩乐乃至烟花柳巷都成了文化之精深,妙道之至境崇高神圣的维度安在?现实生活中如果圣俗无碍了,所谓德行安在?所以,在西方文明看来,个人的信仰,乃至普泛的哲学,其精髓尽在这一跃。"

斯特伦称"这一跃"为"根本转换"。他是如此阐释的:"根本转换,是指人们从陷于一般存在的困扰(罪过、无知)中,彻底地转变为能够在最深的层次上,妥善地处理这些困扰的生活境界。这种驾驭生活的能力使人们体验到一种最可信和最深刻的精神实体。"

"这一跃",还被柏拉图阐释为他所毕生渴慕与探索中的"灵魂转向的技巧",或者被奥古斯丁阐释为他所毕生推崇的华丽"转身":"我们厌恶我们的黑暗,我们转身向你,光明产生了。从前我们是黑暗,现在我们已是在主里面的光明了。"

当然,"这一跃"也被歌德阐释为"化蛹为蝶":"我们欣然接见这个蛹一样的人;我们就此实现成为天使的保证。一层蚕茧裹着他,快快把它剥下!他将过着神圣生涯变得美丽而又伟大。"

## 为爱转身

《世界上最美丽的一朵玫瑰花》提供的,正是"这一跃",也正是这"根本转换"、这"灵魂转向的技巧"、这"化蛹为蝶",也可以称之为:为爱转身。

皇后的小儿子就是因此而出场。

"他的眼睛里和他的脸上全是泪珠。他捧着一本打开的厚书。这书是用天鹅绒装订的,上面还有银质的大扣子。"他"念着书中关于他的事情——他,为了拯救人类,包括那些还没有出生的人,在十字架上牺牲了自己的生命"。

当然,这也就是聪明的御医所期待的答案,"没有什么爱能够比这更伟大!"

答案揭晓!

"皇后的脸上露出一片玫瑰色的光彩,她的眼睛变得又大又明亮,因为她在这书页上看到世界上最美丽的玫瑰花——从十字架上的基督的血里开出的一朵玫瑰花。"

皇后说,"我看到它了!"她说,"看到了这朵玫瑰花——这朵地上最美丽的玫瑰花——的人,永远不会死亡!"

遗憾的是,对于中国的读者,恰恰就是在这里,却亟待加以解释。

因为在中国的读者心目中,爱无疑也是尊贵的,但是,却远非如此神圣。其中的区别,可以从西方学者阿德勒曾经做过两个很有意思的对比中窥见,第一个对比,"因为我被爱,所以我爱"与"因为我爱,所以我被爱";第二个对比,"因为我需要你,所以我爱你"与"因为我爱你,所以我需要你"。

无疑,在很多的中国读者心目中,他所谓的爱,无非就是"因为我被爱,所以我爱"与"因为我需要你,所以我爱你"。可是,安徒生所呼唤的,却是"因为我爱,所以我被爱"与"因为我爱你,所以我需要你"。

在这里,需要的是一个爱的转身。

有一首流行歌曲唱道:"转身遇到爱。"在转身之后,遇到的,就是这样的爱。它不是来自"有死的肉体",而是来自"不死的灵魂"。它是西方学者蒂利希憧憬的"人生的原体验"。

也就是说,爱是人之为人的根本体验。你是一个人?那你就一定会与爱同在。你要像一个人一样去生活?那你也就一定要与爱同在。

保罗说:"我活着,然而不是我活着,而是基督在我身上活着。"我们可以把这句话推演一下,"我活着,然而不是我活着,而是爱在我身上活着。"这,就是所谓人生的原体验。

特蕾莎修女说:"爱,直至成伤。"张爱玲说:"爱就是不问值得不值得。"这,也是所谓人生的原体验。

## 带着爱上路

在不朽的小说《你往何处去》中,维尼裘斯曾经这样问使徒彼得:"希腊出产智慧和美貌,罗马创造权力,你们带来了什么?"彼得则极为虔诚淡定地回答:"我们带来了爱。"

《世界上最美丽的一朵玫瑰花》同样为"我们带来了爱"。

安徒生说过:"在我们走上上帝的道路上,苦楚和痛苦消失了,爱和信仰留下了,我把它们看成黑天空的彩虹。"

西方有人在评价安徒生为什么会写出如此美好的童话时也说过:"神的火花在这个沉默的小男孩的心灵中孕育,像一场风暴那样不可抗拒。凡是上帝触摸过的人,不管他遭遇到多么无礼的对待和多么巨大的困难,他仍能实现他的梦想。"

而我们也要说:为爱转身,毅然做爱的传人,从而首先把自己交还给爱,并且带着爱上路,这,并不仅仅是一种爱的奉献,更是人类文明得以大踏步前进的前提。这是因为,转身之后,让我们意外地发现了平等、自由、正义等价值的更加重要,更加值得珍惜。于是,我们也就不再可能回过头来重新置身那些低级的和低俗的东西之中了。借此,我们被有效地从动物的生命中剥离出来。

也因此,为爱转身,不在于制造奇迹,而在于让人类感受到美好的未来的存在,美好的未来的注视,美好的未来的陪伴。而当一个人把人生的目标提高到自身的现实本性之上,当一个人不再为现实的苦难而是为人类的终极目标而受难、而追求、而生活,他也就进入了一种真正的人的生活。此时此刻,他已经神奇地把自己塑造为一个真正的人。他得以从人类的终极目标走向自己,得以从人之为人的目标把自己塑造成为自己。

总之,爱就是愿意去爱。只要你是简单的,这个世界就是简单的。你是什么样的人,你的世界就是什么样的世界。爱的结果,或许并没有在现实中获得回报,但是所有的人都会看到:它维护着人类生命存在当中的"必须"与"应当"——尽管这"必须"与"应当"最终究竟是否能够实现是完全未知的;它又推动着每一个审美者都必须在心灵中重新认领自己,都必须亲自出面去再次见证自己的良知尚在,并且把自己从心灵的黑暗中解放出来;它体现着一种对于"完美"的"完美"追求,无疑,这"完美"是不可能实现的,但是我们仍旧愿意相信,只要我们去努力追求,去信仰,去追求,就会得以无限地接近之。在这个过程中,我们的心灵得到净化,思想得到升华。总而言之,"世界以痛吻我,我要报之以歌",不是"我忧患(逍遥、解脱)故我在""我反抗故我在",而是——"我爱故我在",一切都唯此而已,一切也都仅此而已!

俄国伟大作家陀思妥耶夫斯基宣布:

"偶尔总还得有人哪怕是单枪匹马地忽然作出榜样来,把心灵从孤独中引到博爱的事业上去,哪怕其至被扣上疯子的称号,这是为了使伟大的思想不致绝迹的缘故。""人最终将只在教化和慈爱的功业中寻到他的快乐,而不是像现在那样在残忍的欢愉,例如贪食、淫荡、虚饰、夸耀和互相嫉妒竞争中寻找快乐,难道这只是一个梦想吗?我深信决不是梦想,而且这样的时间就要临近了。"①

确实,只要我们从自己开始,只要我们借助"灵魂转向的技巧",在"这一跃"的"根本转换"与"化蛹为蝶"中实现"华丽的转身",这一切,就绝对不会仅仅是一个梦想。

我深信:这样的时间已经临近!

2010年,南京

## 《红舞鞋》:忏悔之鞋

### 赎回自由,重返心灵的光明

在安徒生所有的童话中,最令我们毛骨悚然的是《红舞鞋》,最令我们心灵释然的,也是《红舞鞋》。

"毛骨悚然",当然是因为其中的砍掉双脚的细节,它使得这则童话不断被删改,也被排除在安徒生童话的选本之外;"心灵释然",则是因为它能够打开我们的心扉,使我们的心灵沐浴洗礼,如坐春风。

一个小女孩迷恋于一双红舞鞋而无法自拔,最后,由于敢于直面自己的错误,得以忏悔赎罪。然而,这却并非一个劝善并呼吁克制欲望的教材,更非"鱼和熊掌不能兼得"的丹麦版训诫书。因为,几乎为所有人所忽略的,是《红舞鞋》中包含的深刻的主题——赎回自由,重返心灵的光明!

---

① [俄]陀思妥耶夫斯基:《卡拉马佐夫兄弟》(上),耿济之译,第454、475页,人民文学出版社,1981年。

## 迫不及待地要把自己的自由交出去

每个人都有自己的欲望,从个体的呱呱坠地开始,欲望就不断地伴随我们的成长,它"起于青萍之末",来去无踪,倏忽千里,无声无息,纵横宇宙,无时无刻不在我们脑中潜生暗长。有句话说,男人的脑子里装着地图,女人的脑袋里装着衣服。确实,穷人的欲望就是想要有钱,有钱人的欲望则是想有更多的钱;失败者的欲望当然是想成功,成功者的欲望却是想要更大成功。更多的金钱、更好的职业、更大的权力、更高的目标、美满的婚姻、受人尊敬的地位、琳琅满目的高档家具、居高官享厚禄的父亲、聪明伶俐的孩子、著作等身,以及文学家、艺术家、科学家、企业家、政治家或教授、处长、市长、书记的头衔……每个人都在为自己的欲望而奋斗着、拼搏着、痴狂着。

但是,欲望更是双刃剑。当贪欲达到极限的时候,人就可能失去本性和本真。对他们而言,他们的生活目标就是达成欲望的满足,用占有外在的物质世界来占有生命,用占有外在的物质世界的多少来说明生命的是否有意义和有价值。"我占有什么我的生命的意义和价值就是什么,反之,就不是什么。"所以会出现欲望物质化、情感物质化、交流物质化、权力物质化、文学物质化、趣味物质化、道德物质化……人生被全方位地物化了,都被欲望所支配。人生的成功被完全体现为对物质和权力的占有程度。释迦牟尼说过,人的痛苦来自人的欲望。但是没有欲望,人类就不会发展,社会就不会进步。有位著名作家甚至说:如果你把欲望当成上帝,它便会像魔鬼一样地折磨你。因此,欲望固然并不失为一种生命存在的体现,但是它更是一种被扭曲了的生命存在。而在这种生命存在中,每个人都感到自己是个陌生人,或者说,每个人在这种生命存在中都变得同自己疏远起来,感觉不到自己就是生命的中心,就是生命意义和价值的创造者,相反却感觉自己的生命被溶解在欲望之中,以致看不到外在的物质世界实际正是他的生命创造的产物,并且反而认定它远远高出于自己并凌驾于自己之上,他只能服从其至崇拜它。于是,欲望之为欲望,也就蒙住了我们的双眼,捆住了我们的双脚,遏住了我们的追求,封闭了我们的大脑,葬送了我们的灵魂。

小女孩珈伦的故事就是这样。

小女孩珈伦从小天生丽质,非常可爱,非常漂亮,但是,她的生活环境却偏偏十分糟糕。"她夏天得打着一双赤脚走路,因为她很贫穷。冬天她拖着一双沉重的木鞋,脚背都给磨红了,这是很不好受的。"于是,有个年老但是心肠很好的女鞋匠,"她用旧红布匹,坐下来尽她最大的努力缝出了一双小鞋。这双鞋的样子相当笨,但是她的用意很好,因为这双鞋是为这个小女孩缝的。"当然,这双红鞋也就成为了她的全部生命的象征。

"在珈伦妈妈入葬的那天,她得到了这双红舞鞋。这是她第一次穿。的确,这不是服丧时穿的东西;但是她却没有别的鞋子穿。所以她就把一双小赤脚伸进去,跟在一个简陋的棺材后面走。"可是,随之而出现的问题是,她逐渐把这双红鞋作为了生命的重点,而淡忘了真正的生命存在。后来的老太对她很好,可是她只时时念及她的红鞋;接受坚信礼的时候,她孜孜以求的,还是红鞋。

最后,她被红鞋吸引,狂跳不已,再也无法停止下来。

"当她在教堂里走向那个圣诗歌唱班门口的时候,她就觉得好像那些墓石上的雕像,那些戴着硬领和穿着黑长袍的牧师,以及他们的太太的画像都在盯着她的一双红舞鞋。正在这时候,她心中只想着她的这双鞋。"女孩来此目的是做祷告,是尽到一个虔诚的教徒所尽的责任和义务,但是她却公然藐视规则,而当"牧师把手搁在她的头上,讲着神圣的洗礼、她与上帝的誓约以及当一个基督徒的责任,风琴奏出庄严的音乐来,孩子们的悦耳的声音唱着圣诗,那个年老的圣诗队长也在唱"时,即牧师在做最大的努力,单独向她传授洗礼的神圣性,当一个基督徒的庄重性,做一个上帝好子民的义务时,当别人都用悦耳的声音唱着圣诗时,"珈伦只想着她的红舞鞋。"

由于女孩的光彩夺目但是不合礼仪的红舞鞋,引起了大家的注目,女孩感到"所有的画像也都在望着它们"。这使女孩又一次飘飘然,所以"当珈伦跪在圣餐台面前、嘴里衔着金圣餐杯的时候,她只想着她的红舞鞋——它们似乎是浮在她面前的圣餐杯里。她忘记了唱圣诗;她忘记了念祷告"。本来,这是一个信仰与爱充斥其间的时刻,但是,这一切在珈伦看来,都是不存在的,她的世界就维系在红鞋之上。存在着红鞋的世界场所,就是"得"的世界,就是得乐园,而失去红鞋的世界,就是"失"的世界,就是失乐园。而且,得之,珈伦就欣喜若狂;失之,珈伦就失魂落魄。

也许,这应该叫作:红鞋诱惑。小女孩珈伦的人生被红鞋颠倒了过来,红鞋成为了她生命存在的主人。反客为主,喧宾夺主,我们常说人为物役,她则是人为红鞋役,这,就是她的红鞋命运。难怪俄罗斯作家陀思妥耶夫斯基会说:人是一种特别害怕自由的活物,所以总迫不及待地要把自己的自由交出去。人性有犯贱和被奴役的渴望。

果不其然,小女孩珈伦的世界也只有一双红舞鞋。正如一句英国名言说的,谁把爱拒诸门外,谁就被爱拒诸门外,谁将信仰抛诸脑后,谁就被信仰抛诸脑后,现在,她也被信仰与爱拒诸门外、抛诸脑后。

### 替错误受过的脚

小女孩珈伦也并不是毫无察觉、毫无自省。

当站在旁边的老兵说:"多么美丽的舞鞋啊!"她再一次地飘飘欲仙,因为经不起这番赞美,她竟然要跳几个步子。但是,噩运就从此开始。"她一开始,一双腿就不停地跳起来。这双鞋好像控制住了她的腿似的。她绕着教堂的一角跳——她没有办法停下来。车夫不得不跟在她后面跑,把她抓住,抱进车子里去。不过她的一双脚仍在跳,结果她猛烈地踢到那位好心肠的太太身上去了。最后他们脱下她的鞋子;这样,她的腿才算安静下来。"

"民以鞋为天",这也许就是说的小女孩珈伦。

这时,"她就害怕起来,想把这双红舞鞋扔掉。但是它们扣得很紧。于是她扯着她的袜子,但是鞋已经生到她脚上去了。她跳起舞来,而且不得不跳到田野和草原上去,在雨里跳,在太阳里也跳,在夜里跳,在白天也跳。最可怕的是在夜里跳。她跳到一个教堂的墓地里去,不过那儿的死者并不跳舞:他们有比跳舞还要好的事情要做。她想在一个长满了苦艾菊的穷人的坟上坐下来,不过她静不下来,也没有办法休息。"

"请饶了我吧!"小女孩珈伦叫了起来。

但是,亡羊补牢,实在是太晚了。"不过她没有听到安琪儿的回答,因为这双鞋把她带出门,到田野上去了,带到大路上和小路上去了。她得不停地跳舞。有一天早晨她跳过一个很熟识的门口。里面有唱圣诗的声音,人们抬出一口棺材,上面装饰着花朵。这时她才知道那个老太太已经死了。于是她觉得她已经被大家遗弃了。"显然,由于她的贪欲,没能照顾好老太太,使老太太过早撒手人寰;而且,小女孩本来想用自己的红舞鞋和轻盈的舞姿来受到大家的尊重和夸奖,但是适得其反,反而因为自己的红舞鞋而失去了支持和同情,而且被鄙夷和唾弃。

"她跳着舞,她不得不跳着舞——在漆黑的夜里跳着舞。这双鞋带着她走过荆棘的野蔷薇;这些东西把她刺得流血。她在荒地上跳,一直跳到一个孤零零的小屋子面前去。她知道这儿住着一个刽子手。她用手指在玻璃窗上敲了一下,同时说:'请出来吧!请出来吧!我进来不了呀,因为我在跳舞!'刽子手说:'你也许不知道我是谁吧?我就是砍掉坏人脑袋的人呀。我已经感觉到我的斧子在颤动!''请不要砍掉我的头吧,'珈伦说,'因为如果你这样做,那么我就不能忏悔我的罪过了。但是请你把我这双穿着红舞鞋的脚砍掉吧!'然后女孩就说出了她的罪过。刽子手把她那双穿着红舞鞋的脚砍掉。不过这双鞋带着她的小脚跳到田野上,一直跳到漆黑的森林里去了。"

至此,童话的情节未免有些残酷血腥,以至于国内的一些读本会将其删去。但是,其实这是不可或缺的。因为它意味着小女孩珈伦没有直面自己的错误和过失,而是转而去把脚砍掉,用脚来承担自己的全部的过错。这意味着:她是用一个错误来修补另一个错误,然而,其结果却是使自己错上加错。因为这根本于事无补,也不能够算是真正的改过,内心的安宁和幸福也无从获取。

本来,她的错误不在脚,而在心,可是,她偏偏却将一切的一切都推给了脚。

### "我得到了宽恕!"

安徒生回忆说:"在《我的一生的童话》中,我曾说过在我受坚信礼的时候,第一次穿着一双靴子。当我在教堂的地上走着的时候,靴子在地上发出吱咯、吱咯的响声。这使我感到很得意,因为这样,做礼拜的人就都能听得见我穿的靴子是多么新。但忽然间感到我的心不诚。我的内心开始恐慌起来:我的思想集中在靴子上,而没有集中在上帝身上。关于此事的回忆,就促使我写出这篇《红舞鞋》。"

无疑,这就是安徒生之所以要写作《红舞鞋》的心理动机。

不过,《红舞鞋》还没有结束。

《红舞鞋》的更加深刻的地方还在于:就在小女孩珈伦自以为已经为红鞋付出了应有的代价,也得到了必须的惩罚,因此可以去教堂敬拜的时候,那双红鞋就再一次出现了,因为,那双红鞋还舞蹈在她的心头:她悲哀地过了整整一个星期,流了许多伤心的眼泪。不过当星期日到来的时候,她说:"唉,我受苦和斗争已经够久了!我想我现在跟教堂里那些昂着头的人没有什么两样!"于是她就大胆地走出去。但是当她刚刚走到教堂门口的时候,她又看到那双红舞鞋在她面前跳舞:"当她走到那儿的时候,那双红舞鞋就在她面前跳着舞,弄得她害怕起来。所以她就走回来。"

于是,"她走到牧师的家里去,请求在他家当一个用人。她愿意勤恳地工作,尽她的力量做事。她不计较工资;她只是希望有一个住处,跟好人在一起。牧师的太太怜悯她,把她留下来做活。她是很勤快和用心思的。晚间,当牧师在高声地朗读《圣经》的时候,她就静静地坐下来听。这家的孩子都喜欢她。"而"当他们谈到衣服、排场和像皇后那样的美丽的时候",她的反应竟然是"摇摇头"。

最终,她的虔诚忏悔和悔过之行感动了上帝,在"第二个星期天,一家人全到教堂去做礼拜。他们问她是不是也愿意去。她满眼含着泪珠,凄惨地把她的拐杖望了一下。于是这家人就去听上帝的训诫了。只有她孤独地回到她的小房间里去。这儿不太宽,只能放一张床和一张椅子。她拿着一本圣诗集坐在这儿,用一颗虔诚的心来读里面的字句。风儿把教堂的风琴声向她吹来。她抬起被眼泪润湿了的脸,说:'上帝啊,请帮助我!'

"这时太阳在光明地照着。一位穿白衣服的安琪儿——她一天晚上在教堂门口见到过的那位安琪儿——在她面前出现了。"

小女孩珈伦虔诚的忏悔感动了安琪儿,安琪儿再次出现,这次"手中不再是拿着那把锐利的剑,而是拿着一根开满了玫瑰花的绿枝"。她把墙触了一下,于是墙就分开。这时她就看到那架奏着音乐的风琴和绘着牧师及牧师太太的一些古老画像。做礼拜的人都坐在很讲究的席位上,唱着圣诗集里的诗。如果说这不是教堂自动来到这个狭小房间里的可怜的女孩面前,那就是她已经到了教堂里面去。她和牧师家里的人一同坐在席位上。当他们念完了圣诗、抬起头来看的时候,他们就点点头,说:"对了,珈伦,你也到这儿来了!"

"我得到了宽恕!"她说。

残废的只是我的脚,不是我的心,更不是我的爱,尽管我不能做一些惊天动地的大事,但是我也通过我的微不足道的小事,让别人感到爱的存在,感到人生的要有意义和价值。

就是这样,凭借真实的爱,小女孩珈伦返身担当起全部生活。这让我们想起了托尔斯泰笔下谢尔盖神父的忏悔,也想起了陀思妥耶夫斯基笔下佐西马长老留给阿辽沙的"到尘世上去生活"的遗言。佐西马长老还说:"一个人遇到某种思想,特别是当看见人们作孽的时候,常会十分困惑,心里自问:'用强力加以制服呢,还是用温和的爱?'你永远应该决定:用温和的爱。如果你能决定永远这样做,你就能征服整个世界。温和的爱是一种可畏的力量,比一切都更为强大,没有任何东西可以和它相比。"

确实,在我们的生命中,唯有爱,才是最有力量的。爱唤醒了我们身上最温柔、最宽容、最善良、最纯洁、最灿烂、最坚强的部分,即使我们错误累累,但是只要与爱同在,我们就有了继续活下去、存在下去的勇气,反之也是一样,正如英国诗人济慈的诗句所说:"世界是造就灵魂的峡谷。"一个好的世界,不是一个舒适的安乐窝,而是一个铸造爱心美魂的场所。实在无法设想,世上没有痛苦,竟会有爱;没有绝望,竟会有信仰。面对生命就是面对地狱,体验生命就是体验黑暗。正是由于生命的虚妄,才会有对于生命的挚爱。爱是人类在意识到自身有限性之后才会拥有的能力。洞悉了人是如何的可悲,如何的可怜,洞悉了自身的缺陷和错误,爱,才会油然而生。它着眼于一个绝对高于自身的存在,在没有出路中寻找出路。它不是掌握了自己的命运,而是看清人性本身的有限,坚信通过自己有限的力量无法获救,从而为精神的沉沦呼告,为困窘的灵魂找寻出路,并且向人之外去寻找拯救。爱,才是进行自我救赎的最大的力量。

有一个故事,说的是"哲学家的最后一课"——

一个哲学家跟他的弟子们说,我把所有的东西都教给你们了,最后我要考你们一下。我给你们每人一块地,上面长满了杂草,你们告诉我,怎么样才能把这些杂草除尽呢?一个弟子说,这还不容易吗?把它除掉啊;还有弟子说,把它烧掉啊;还有弟子说,撒上石灰,把草都烧死。哲学家说,那大家就都去试试吧,一年以后我们再见。过了一年,弟子们发现,自己的田地里仍旧杂草丛生。可是他们到老师的那块地一看,却发现已经寸草不生了,因为——他们的老师在上面种上了庄稼。

这个故事给人以深刻的启发。要驱逐杂草,就要播种庄稼;那么,要驱逐欲望呢?那就只有播种爱!

这,就是这则童话给我们的最大启示了。

2010年,南京

# 重读安徒生童话

## 一、他的名字就是"童话"

安徒生(Anderson, Hans Christien, 1805—1875),他以及他的童话,无疑应该是我们中国学者、中国学生最熟悉的。世界有三大童话,但是每一个中国人只要一说到童话,往往就会首先说到安徒生童话,甚至,在我们中国人的心目中,说到西方的童话,其实就是在说安徒生童话。

当然,即便是每一个中国人都会把西方童话与安徒生童话等同起来,应该说,安徒生童话也完全当之无愧。在这个世界上,他的名字就是"童话"。

现在回过头来想一想,安徒生本人出生在一个西方小国,而且一生潦倒,终身未娶——他也努力过,可惜,没有赢得任何一个意中人的芳心。然而,也就是这样一个来自小国的作家,这样一个非常弱势的人,却偏偏创造了一个奇迹。这个奇迹,就是他的作品风靡了全世界。我经常想,有四个字,是中国的一个成语,应该说最适合描述安徒生的作品的风靡世界了。这就是:不胫而走。安徒生在他的自传里写道:"我的故事是从来不要人久等的。安徒生的童话没有改变世界,但却带来了永恒的美丽。我的一生居无定所,我的心灵漂泊无依,童话是我流浪一生的阿拉丁神灯!"确实,他所隶属的国家没有可能为他的作品提供什么推力,他本人也毫无自我炒作的可能,他的作品也没有飞毛腿,但是,非常神奇而且令人叹为观止的是,他的作品却偏偏就走遍了世界。

试问一下,当今世界,翻译到中国的作品以谁为最?据统计,排名第一的就是《圣经》和莎士比亚的作品,然后,就是安徒生的作品了。而且,屈指算来,安徒生到现在,已经诞生了两百多年,被介绍到中国的时间也已经有了一百年,从1912年开始,安徒生的童话开始被介绍到中国,而且,还能够经久不衰。我们也许不知道莎士比亚,却一定知道安徒生;我们也许不知有"儿童文学",却一定知道安徒生的童话。前一段时间,我注意到国内曾经评选过"感动共和国的50本书",很有意思的是,安徒生的作品就享受了这样一个荣誉,被评选为"感动共和国的50本书"之一。看来二百多岁的安徒生真的还依然年轻。在当今世界,在中国所有人的精神生活里,都还在发挥作用。

可是,我必须指出的是,我们每一个国人都很熟悉安徒生的童话,但是,这"熟悉"是否就意味着懂得?黑格尔说过,熟知非真知!其实,这句话用在我们国人对于安徒生童话的解读上,应该是最为合适的。因为,坦率地说,我认为在中国基本上是没有人真的读懂过安徒生的。周作人最初说"幼稚荒唐",在读了西方的介绍后,才发现了其中的美。但还只是"儿童性"与"诗性",孙毓修说是"神怪小说"。再从徐调孚到叶君健,又变成了为人生、为社会的童话解读模式,但是却始终没有发现其中呈现的是一种终极关怀的爱,是爱的福音。

我知道,当代中国人从小就读安徒生,在小学的课本里,三年级是《丑小鸭》,六年级是《卖火柴的小女孩》,到了初中,是《皇帝的新装》,而且,在辅导教材里,还有《光荣的荆棘路》,还有《海的女儿》。可是,如果我们的中小学教师在解读安徒生作品的时候都南辕北辙似懂非懂,那岂不是更误人子弟?

也正是出于这个原因,今天亟待重读安徒生,要面对一个全新的安徒生,真正的安徒生。当然,我猜想一定有人会私下劝说,何必呢? 如此一来,势必得罪那些一生吃安徒生饭的专家们,而且也势必因为与大多数人的对于安徒生作品的理解相悖而激怒很多很多的人,干吗要向那么多的学者扔白手套? 好像要去跟人家决斗似的。但是,如果转念想一想,安徒生的作品已经成为我们中国人的精神生活的一个组成部分,安徒生的作品,对于中国人来说,已经是中国人精神成长中的一个非常重要的要素。可是,假如我们的解读是错误的呢? 那是否会贻害一代代的青少年? 设想一下,现在到处都在查有毒的牛奶,为什么要查呢? 据说因为它有三聚氰胺。这样的牛奶,无疑是有害的。人的身体是绝对不能喝这样的牛奶的。但是,人的精神是不是也有一个不能喝有害的牛奶的问题? 如果我们过去对于安徒生作品的解读是有害的,那么,我们现在是否也需要检查一下?

## 二、带着爱上路

安徒生的一生受尽了苦难,但是,却写出了最美的童话,而且,最终成了为全世界所有衷喜爱的"安徒生"。记得托尔斯泰曾经对同样一生受尽苦难的高尔基说:你完全有理由成为一个坏人,但是你却成为一个好人。安徒生也是如此。

那么,为什么会如此呢?

关键的关键,是带着爱上路,是毕生与爱同在,在这方面,安徒生犹如那个可爱的丑小鸭。刚才已经重读《丑小鸭》,各位已经知道,作为一个曾经的异类,丑小鸭为外在世界所伤害,但是,他却从来不曾回过头来伤害这个世界。换言之,生活曾经百般地折磨和蹂躏过安徒生,但他却始终是以爱去做回报,他做了"卖火柴的小女孩",他做了"丑小鸭",他做了"海的女儿"。前面在讲到中国文学的时候,我曾谈到过我的看法。像《水浒传》,它所教授我们的,其实是应该如何面对伤害。遗憾的是,它的回答却是完全不及格的。被伤害以后怎么办?加倍地伤害对方;你伤害我一个,我杀你全家,这就是《水浒传》的回答!但是,《丑小鸭》的回答却完全不同。不管怎么被别人伤害,我也绝不伤害别人。不但不伤害,而且还仍旧去爱别人,仍旧去爱这个深深伤害过自己的这个世界。

我一直有一个自己的习惯说法,叫作"常念一二"。今年我在各地与高校做报告,有些听众在结束后希望我能够为他们写一句话,我经常写的,就是这一句:"常念一二。"为什么呢?就因为人们都知道"人生不如意事常八九",既然如此,那么我们应该去如何面对呢?比较常见的做法,是"常念八九",我必须说,这也是中国的主流美学所自觉不自觉遵循的潜规则,遗憾的是,这样的做法往往会将我们引入歧途。

英国人做过一个研究,喜欢写日记的人往往会出问题,为什么呢?因为他们往往喜欢把日记当作出气筒、下水道、垃圾箱,例如鲁迅笔下的狂人不就在《狂人日记》里写了嘛,"赵家的狗何以又看了我一眼呢"?但是,问题的严重性在于,从此你也就越来越像一个出气筒、下水道、垃圾箱,越来越像一个坏人。

大诗人苏轼有一次跟一个大和尚开玩笑。苏轼问,你看我像什么?大和尚说,我看你像佛。苏轼说,你知道我看你像什么吗?大和尚就很天真地问,你看我像什么啊?苏轼就说,我看你像一摊狗屎。当时,苏轼心里很爽,我苏轼今天占了大和尚的便宜。可是,他回家就跟自己妹妹苏小妹一说,苏小妹反而一声长叹,她提醒苏轼说,你的智慧哪里如那个著名的大和尚啊,他为什么说你像佛呢?是因为他的心里充满了阳光,因此他看谁谁都是佛,可是你为什么看他像臭狗屎呢?因为你的心里充满了臭狗屎。所以,结论是:就是因为不如意事常八九,我们才偏偏要去"常念一二"。

被美国人称为"心灵女王"的奥普拉,在斯坦福大学毕业典礼上的演讲中说过一句话:

当你受伤,就去抚慰受伤的人。

当你痛苦,就去帮助痛苦的人。

当你陷入一团糟,唯一走出迷雾的办法,就是带别人走出迷雾。这个过程,让你成为团体的一分子。

这几句话说得何等精彩,不过,我还想补上一句话:当你渴望得到爱,那么,就去帮别人寻找爱。而且,在这个意义上,所谓的"常念一二",其实就犹如储蓄,我们都会去储蓄金钱、储蓄财富,但是我们却很少甚至从不去储蓄美好的东西,很少甚至从不去储蓄爱。但是,倘若一个人在人生的爱的银行里从来都是零储蓄,从来都不是一个先爱起来的人,那么,他又怎么能够从丑小鸭成长为美丽的白天鹅? 要知道,"只要你在天鹅蛋里待过,你就算出生在养鸭场也没有什么大不了。"

安徒生为什么会是"安徒生"? 答案就在这里。

### 三、安徒生的童话是爱的童话

"那美好的亮光叫一个现已被人废弃不用的名字——爱。"

再进一步,正是因为"常念一二",因为带着爱上路,安徒生的童话成了爱的童话。

在这个意义上,我们可以把安徒生童话称作:"文学中的文学"。因为在他的童话里充盈着一种终极关怀,是爱的福音与爱的百科全书。

我们中国的读者往往喜欢说,安徒生童话是批判现实的,安徒生童话揭示了黑暗的丑陋现实,在我们中国的读者看来,能够做到这一点的,才是伟大的文学作品,因此,就也把类似的赞美安在了安徒生的头上,遗憾的是,这完完全全地只是对于安徒生作品的误读。

安徒生根本就不是批判现实的作家,因为他面对的不是什么"现实",更不是什么"现实的黑暗",而是"人性",而且,他的立足点也不是恨、批判、诅咒,而是爱、悲悯和同情。

真正的文学作品是根本不存在所谓"批判"的。最伟大的作品肯定也应该是最没有仇恨的作品。真正的作品一定是充盈着生命的悲悯。它一定是温馨的,给每一个人都带去心灵的温暖,它只会让每一个人的心灵更柔软,哪怕是面对罪恶,也绝对不会让你的心灵变得更硬。

我必须说,安徒生的童话也是如此。因此,在他的童话里,并不存在"现实的黑暗",而只存在温情和爱!

安徒生自己也在《奥登塞》一诗中告诉我们:

> 我有孩子的强烈信念,有雅各的梯子,
> 我找到了那种子,他已经
> 成长在童话的王国里,
> 它伸到了我的童年的大地
> 攀到了天堂花园,
> 直到世界坟冢边的
> 光明、永恒的彼岸。

也因此,安徒生所讲述的故事完全不同于中国人所耳熟能详的刘胡兰们的故事,也完全不同于中国人所耳熟能详的小兵张嘎们、潘冬子们的故事,更与剥削、压迫、反抗、暴力无关,没有"春天的温暖",也没有"秋风扫落叶"的无情。但是,它却是真正的故事、爱的故事。它是"没有画的画册",也是"光荣的荆棘路"。它的主题,就是永恒的爱:《卖火柴的小女孩》写爱的幸福,《雏菊》写爱的感恩,《海的女儿》写爱的升华,《野天鹅》写爱的坚忍,《丑小鸭》写生命在爱中重生……

安徒生在其自传《我的童话人生》结束时曾经深情地说:"直到这个时期我的童话人生就是这么丰富,这么美丽,这么令人欣慰地展现在我的面前!——就连恶也生出了善,痛苦也生出了欢乐。这是一篇我不可能做出的深邃的诗文。我感觉我是一个幸运的孩子!我这个时代的许多最高贵的、最优秀的人都十分亲切、十分坦诚地对待我,我对人的信任极少有失望的时候！那些苦楚、沉重的日子之中也有能生长出幸福的幼芽！""在我们走向上帝的道路上，苦楚和痛苦消失了，美留下了，我把它看成是黑天空中的一道彩虹。"

请各位务必注意，"苦楚和痛苦消失了，美留下了"；"那些苦楚、沉重的日子之中也有能生长出幸福的幼芽"；"就连恶也生出了善，痛苦也生出了欢乐"，这就是安徒生为之奋斗一生的目标，也是一篇他始终觉得自己所"不可能做出的深邃的诗文"。

但是，对于我们，安徒生一生所写下的童话，却已经就是一篇"深邃的诗文"、爱的诗文了。

在安徒生的童话中充盈着的，完全是"爱"——一种终极关怀的爱，一种超越了人类一切智识的樊篱的爱。安徒生的童话是爱的福音与爱的百科全书。他深知"我的思想成了许许多多人的思想，实在叫人害怕。高尚和美好的思想会成为他们的一种幸事；但是，我们有罪的一面，坏的东西也是能感染人的，会不自觉地浸透到思想里去"。因而，他向上帝祈祷："上帝啊，别让我写下一个在你那里我无法交代的字吧。""在我们走向上帝的道路上，苦楚和痛苦消失了，美留下了，我把它看成是黑天空中的一道彩虹。"

我想，这也正是安徒生之为安徒生的原因了。

奥古斯特·斯特林堡说："安徒生将一线美好的亮光照到贫困和逆来顺受——那美好的亮光叫一个现已被人废弃不用的名字——爱。"

2010年，南京

# 杜诗中的幽默

或许我提了一个怪问题：杜诗中的幽默。作为中国文学史上彪炳千古的诗圣，诗歌星河中灿烂的北斗星，杜甫的作品博大精深，字字珠玑，句句血泪。"至于子美,盖所谓上薄风骚,下该沈宋,言夺苏李,气吞曹刘,掩颜谢之孤高,杂徐庾之流丽……诗人以来,未有如子美者。"(元稹《杜工部墓志铭》)"由杜子美以来,四百余年,斯文委地,文章之士,随其所能,杰出时辈,未有升子美之堂者,况室家之好耶?"(黄庭坚)历代对他的评论连篇累牍,赞不绝口。可我却只拈出"幽默"一义,该不是有点煞风景吗?像杜甫这样以"诗圣"的尊严威临着几千年中国文坛的泰斗,怎么能把他写成一个"温柔敦厚""爱开玩笑"的文坛墨客?肯定有人会作此想。

我的担心并不是多余的。胡适在《白话文学史》中提出"……杜甫有诙谐风趣……所以他处处可以有消愁遣闷的诗料,处处能保持他打油诗的风趣","不能赏识老杜的打油诗,便根本不能了解老杜的真好处",在当时的情况下,受到了学人的非议,谈及杜诗的幽默的人便都跟着沾了光,像朱光潜、傅庚生两位老先生。于是乎诗圣杜甫便在每一位后来者面前板起了面孔:每饭不忘君,见花流泪,对月伤心,所思者何?盖国计民生也。实际上,幽默并不就是打油,提高一点说,它是一种美学态度,指的是一种引人发笑而又意味蕴藉的情愫。对于冷酷的命运和惨淡的人生,幽默,是一种遁逃,又是一种征服,豁达的人往往一笑置之,实质上却出自参透人生世相的至性深情。就诗乃"痛定思痛"而言,我倒想率意言之云:诗和幽默是互为表里的。丝毫没有幽默的人,作不出好诗,也欣赏不了好诗。不能幽默是生命热力枯竭贫乏的症候,而这种症候是与诗无缘的。林语堂故作惊人之论,说幽默是爱开圆桌会议的欧洲人的特产,而不爱开圆桌会议的中国人却不懂得幽默,真有些过分了,后人万勿信以为真才是。

我们知道,杜甫是个伟大的诗哲,他的诗篇写出了人间的不平,暴露了统治阶级的罪恶,是他冰清玉洁的人格的写照。从作品来看,杜甫创作的诗篇都和他的思想发展和生活遭遇有密切的关系,他把思想与生活上的多变化和矛盾的素材以及一切认识与感受到的意象,都忠实地反映在诗篇里。他那"出污泥而不染"的人格与诗篇中"沉郁顿挫"的风格融会一体,形成了三种途径。三种途径都趋于"沉郁顿挫"的风格,却又各具特色。

其一是激昂的放歌,反抗的呼声。这是杜诗中最引人注目的一部分,也是杜诗的精华所在。像"三吏""三别"等皆是。过去的著作、论文中已说过,毋庸赘述。

其二是内心深处的呻吟。这反映了杜甫内心深处的矛盾。"乾坤万里内,莫见容身畔……归路从此迷,涕尽湘江岸。"(《逃难》)"疟病餐巴水,疮痍老蜀都;飘零迷哭处,天地日榛芜。"(《哭台州郑司户苏少监》)诗中蕴含着多少悲欢离合的情绪,凄惨流离的酸楚,家国之恨都蕴含其中,因此不宜作"碎拆下来"的理解,以免"不成片段"之嫌,而应与"国破山河在,城春草木深"放在一起咀嚼,应与老杜"沉郁顿挫"的风格连在一起去看,才能够虽未中而不远。

其三是豁达、幽默的佳作。像"莫看江总老,犹被赏时鱼"(《复愁》),"晓来急雨春风颠,睡美不闻钟鼓传。东家蹇驴许借我,泥滑不敢骑朝天"(《逼仄行》)这类出色的幽默笔触,在杜诗中大量存在,比比皆是。或刻画伪妄,或抨击旧习,或针砭时弊,或自嘲自侃,机锋所向,往往发人深省,促人深思,表现了作家信手拈来、涉笔成趣的才能。它们犹如一颗颗灿烂别致的珍珠,散落和交织在他的诗篇中,放出诱人的异彩,增添了作品的艺术魅力。

当然,并不是所有的人都能保持幽默。别林斯基说过,庸人们"一般还不会笑,更不懂得喜剧性是什么",当幽默一旦与俗陋、矫情相胶结,就会叫人肉麻,就会失去幽默本身,用肉麻当有趣来装潢的作品,必然是败胃的,必然与肉麻者同归于尽。幽默是诗人人格的表现。正如高尔基所云:"唯独那有着一颗伟大、坚强而健康的心灵的人,才能这样大笑。"唯其如此,只有一个情绪健康、格调不凡的人才会给人以幽默感。在生活中,他永远是乐观的、向上的,既不愁苦,又不哀怨。杜甫就是这样,他以自己"伟大、坚强而健康的心灵"灌溉了他诗歌的幽默感,给人以会心、醒目、提神、解颐的艺术享受。安史之乱爆发后,至德二年(757年)八月,杜甫曾经被恩准,放还鄜州省家,一路上,亲眼看到了由于统治者穷兵黩武,对外侵略,荒淫无度,宠任权臣所造成的凋敝及国破家亡的苦难。回家后,追叙这次回家的经历,杜甫写了不朽名作《北征》。诗之前段,杜甫写下了一路的所见所闻,"乾坤含疮痍","所遇多被伤,呻吟更流血","夜深经战场,寒月照白骨",真实地反映了

当时的社会状况。接着,杜甫把笔一转,写了自己家的情景:

> 经年至茅屋,妻子衣百结,恸哭松声回,悲泉共幽咽。平生所娇儿,颜色白胜雪,见耶背面啼,垢腻脚不袜。床前两小女,补绽才过膝,海图坼波涛,旧绣移曲折,天吴及紫凤,颠倒在裋褐。

下面就是一大段为人熟知的一家人百感交集的喜庆场面的描写。严峻的生活,在杜甫面前却"百炼钢化为绕指柔",失去了吞噬一切的威慑力量,透过诗篇,我们看到的是一个心灵纯朴、意志坚强的人的至性深情。对生活给家庭带来的磨难,他淡淡地付之一笑。两个爱女衣服破了,没布可补,母亲只好用绣着水神天吴和紫凤的图幛去补缀。波纹坼裂,绣纹错乱,天吴紫凤,东歪西倒,穷困潦倒的生活,在杜甫眼中,却充满了幽默感。再如《自阆州领妻子却赴蜀山行》之三:

> 行色递隐见,人烟时有无。仆夫穿竹语,稚子入云呼。转石惊魑魅,抨弓落狖鼯。真供一笑乐,似欲慰穷途。

凄凉惨楚的逃难场景,却被杜甫写得生气勃勃。仇兆鳌注云:"末作自解之词,着眼在一'慰'字,林峦回复,故行色递隐递见;山谷荒凉,故人烟乍有乍无。仆夫稚子,时而前后错行,则高语大呼,以防失队;时而相顾并行,则转石抨弓,以为戏乐。描情绘景,真堪入画。"杜翁所以能在艰难中见戏乐,正是他的至性深情放射出的电光石火。其他如《空囊》:"囊空恐羞涩,留得一钱看。《诗经》云:'瓶之罄矣,维罍之耻。'陶渊明亦云:'尘爵耻虚罍',表现了士大夫对贫穷的豁达的看法,杜甫诗源出于此。囊中将空,还是留下一个钱遮遮羞吧。雅谑之趣,透纸而出。《九日蓝田崔氏庄》"羞将短发还吹帽,笑倩旁人为正冠",翻用孟嘉落帽事,文雅旷达,堪称妙语。

杜甫很善于以亦庄亦谑的手法来表达自己的幽默。幽默,是矛盾的产物,人们对某种事物或现象感到可笑,往往是因为看到了事物的某种矛盾,例如:违背了生活的常规而产生的内容与形式的不协调,美和丑,庄严和无耻,高雅和俚俗滑稽地联结在一起……杜翁的过人之处正在于:他能以自己的至性深情,准确地体察到这种不协调,使之强化、突出,构成幽默的意境。因为这种幽默是来源于生活的,作家又处理得水到渠成,天机自现,读者便很容易在此等境界中,得到思想的启迪和艺术的感受。像《为农》"远惭勾漏令,不得问丹砂",勾漏令,指晋朝葛洪。葛洪晚年以炼丹求长寿,杜翁把自己与葛洪并列,正为了强调相互间的不协调,借幽默的口吻写出了自己的志愿。《陪王侍御宴通泉东山野亭》云:"狂歌过形胜,得醉即为家",襟怀豁达,却非随遇而安之意,宴赏狂欢,悲歌可以当泣,临山对浦,远望可以当归。醉便为家,正借幽默的口气反衬出"无家问死生"(《月夜忆舍弟》)的苦衷。

值得注意的是,杜诗的幽默中更多自嘲的意蕴。这种自嘲往往包含一种愤激的感情和深刻的理智,形式是自嘲,实质是调侃世路,既充满幽默,又具有讽刺性,两者和谐地融为一体,像"杜陵野老",像"杜陵布衣",还有上边举出的一些诗句,都可以看出这一点。由此可见,这自嘲是杜甫率真而风趣性格的表现,正如车尔尼雪夫斯基所说:"有幽默倾向的人,还必须具有温厚的、敏感的而同时善于观察、不偏不倚的天性,一切琐屑的、可怜的、卑微的、鄙陋的东西都不能逃出他们的眼。他们甚至在自己身上也发现许多这样的毛病","所以,幽默家的情绪乃是自尊和自笑、自鄙之混合"。(《美学论文选》115—116页)

我们知道,杜甫最好的诗大多是有感于国计民生而发的,但就是这些诗中,也不时地闪现出杜甫幽默谐谑、温文尔雅的特色。杜甫是深刻的,他善于透过表面的笑容或歌舞升平去发现历史的荒冢、现实的凝血和眼角的泪水,这一切,用幽默的笑写出,使人在笑意方生之时感到一种辛酸的苦涩。像《逼仄行》"晓来急雨春风颠,睡美不闻钟鼓传。东家蹇驴许借我,泥滑不敢骑朝天",朝廷吝啬得很,连一匹马都不给,杜甫便对其开了一个亦庄亦谐的玩笑。诗中还有"速宜相就饮一斗,恰有三百青铜钱",则是又开了一个玩笑。但透过这些笑容,同时又能体味到诗人含着隐痛的内心,像《丽人行》,是描写杨国忠姊妹在长安水边游宴,只要我们熟悉当时历史,就不难察觉杜甫以幽默的语气作结的"炙手可热势绝伦,慎莫近前丞相嗔"中蕴藏了多少愤激之情。又像《饮中八仙歌》,写了贺知章等八名酒徒,各极平生醉趣,而且夹杂一些狂态,呈露出高才放诞的风标,但通过饮酒这种消极的避世和自弃,我们不也深深感到其中对统治秩序的不满与怨刺吗?《覆舟》之二:"竹宫时望拜,桂馆或求仙。姹女凌波日,神光照夜年。徒闻斩蛟剑,无复躩犀船。使者随秋色,迢迢独上天。"写了统治者想长生不死,派使者采丹药,舟船却一再倾覆于三峡。当皇上在竹宫拜望神光,派人在桂馆等候神仙时,也正是丹砂(姹女)沉没万顷波涛之时,荆人次非以剑斩蛟,晋人温峤燃犀驱怪的事似乎并未能成仙,倒是采丹使"迢迢独上天"了。幽默的笔调中,凝结了无数血泪。由此可见,杜甫以幽默的笔触诱发的微笑,实际是肃穆的,有时是含泪的。假如说其中有笑意,那是含泪吞声的苦笑;假如说其中有谐趣,那是不寒而栗的苦趣。

作为一个与人民同甘苦、共患难的诗人,杜甫从统治阶级烈火烹油、鲜花着锦的歌舞升平中,看到了一个沉浮不定、祸福无常的阴影在徘徊。他清醒地看到在金碧辉煌的殿堂、煊赫体面的排场中,裹藏的是荒唐秽乱、侈靡颓坠,因此对其中某些庞大的、体面的、神圣不可侵犯的东西,表示了轻蔑和嘲弄。他以幽默的笔触,从各个不同的角度,把社会的假面无情地揭开,褫其华衮,还其本相,有时哪怕仅仅揭开一角,也足够使人发出快意的笑。"毫无疑问,笑,这是一种最强有力的破坏武器……由于笑,偶像垮了,桂冠和框子垮了,那奇妙的圣像也变成了已经泛黑的、画得很难看的图画。"(《赫尔岑论文学》)唐玄宗对杜甫是有知遇之恩的,因为"甫奏赋三篇,帝奇之,使待制集贤院"(《新唐书》)。就个人而论,他爱戴这个明睿识才的君主,但是天宝以后的兵祸不断,却又是这君主骄奢淫逸的结果,杜甫是这样地鄙弃这个风流天子,以致一提起开元年间的情景,就忍不住感慨万端。"历历开元事,分明在眼前。无端盗贼起,忽已岁时迁。巫峡西江外,秦城北斗边。为郎从白首,卧病数秋天。"(《历历》仇注云:"天宝之乱,皆明皇失德所致,此云'无端盗贼起',盖讳言之耳。"仇某看出了诗的主旨,但认为是讳言则差矣。杜翁在此是以幽默的口吻在指责天子:放着好端端的太平日子不想过,无端乱搞,以致天下大乱。这闪烁其词的"无端"实在是在绕着脖子骂天子"无道",极委婉又峻刻。次如《忆昔》诗"关中小儿坏纪纲,张后不乐上为忙",《数陪李梓州泛江,有女乐在诸舫,戏为艳曲》"使君自有妇,莫学野鸳鸯",《去蜀》"安危大臣在,不必泪长流"。这些使人忍俊不禁的谐笔,看上去是寓庄于谐的幽默,实际是杜甫心中滚滚岩浆的迸发。

由此我们看到,杜诗中的幽默是火热的,能点燃人们生活的热情;是端庄的,能引导人们进行严肃的思索;是苦味的,能支持人们直面惨淡的人生;是辣味的,能激励人们认识社会的实相。它有着政治上、思想上的深刻性,这表现在杜甫没有停留在一些表面现象的戏谑打闹上,而是用犀利的艺术刻刀,触及描写对象的灵魂深处和社会的底蕴,揭示出产生这种悲剧的阶级、社会、时代的根源,因而成为杜诗"沉郁顿挫"的风格的重要组成部分。

这里我要附带提及的是,杜诗的幽默特色的形成并不是凭空而来,除了诗人本身的原因外,与中国美学长期以来形成的那种智慧、达观、纯东方式的幽默感密切相关。长期生活在东方文化土壤中的中国人,尽管身心受到层层桎梏和压抑,但却从未丧失对生活的信心,他们对困窘生活的藐视和嘲弄,他们的乐观精神和智慧火花,常常在现实生活中质朴地表现出来。同时,在中国文学史中幽默也有其传统。作为善于向生活、民间和传统摄取养料的大家,杜甫诗中具有"幽默遗风"是不意外的,而且,杜诗中的幽默,也有别于西方现代玩世不恭的黑色幽默,具有独特的美学风格。

恩格斯有一句话讲得十分耐人寻味。他认为幽默是一个民族具有智慧、教养和道德上的优越性的表现。他说:工人"大多都抱着幽默的态度进行斗争的,这种幽默的态度,是他们对自己的事业满怀信心和了解的优越性的最好证明。"(《马克思恩格斯全集》第18卷365页)

因此,我们今天并不排斥美学的幽默,我们需要幽默参与我们的日常生活。

我们需要杜甫的幽默,我们继承杜甫的遗产,也应该而且必须包括这方面的遗产。

## "八小时以外"的曹操

（这篇文章是2008年的时候为某著名电视台的"××讲坛"类节目录制准备的。可是，因为我正好去了澳门兼职，而且办的是一次往返的通行证，结果，在通知我去录节目的时候，我只好因为无法离开澳门而请辞。）

说到曹操，人们更关心的是八小时以内的他，可是，我却更关心八小时以外的他。

说到"八小时以外"的曹操，我首先想起来的，就是著名的宛城事件。

宛城是现在的河南南阳。那是一个古老的城市，三十年前，我还曾经在那里做过在农村插队落户的知识青年。在三国时代，有一个小军阀张绣曾盘踞在那里。公元197年，43岁的曹操率领十五万大军讨伐张绣，张绣不战而降，而且连日宴请曹操，唱卡拉OK，洗桑拿，曹操自然很高兴。可是他还是觉得不过瘾，回到驻地后，他悄悄问自己身边的人说："此城中有妓女否？"曹操的哥哥的儿子曹安民，知道曹操的那点癖好，就悄悄对他说："昨晚小侄窥见馆舍之侧，有一妇人，生得十分美丽，问之，即绣叔张济之妻也。"曹操一听，大喜过望，马上安排他带了五十个士兵去带她过来。不一会儿，这个妇人就到了。曹操一看，果然非常美丽。曹操问她："怎么称呼呀？"妇人回答："妾乃张济之妻邹氏也。"曹操又问："夫人识吾否？"邹氏回答："久闻丞相威名，今夕幸得瞻拜。"曹操对她说："吾为夫人故，特纳张绣之降；不然灭族矣。"邹氏冲曹操一拜，然后说："实感再生之恩。"曹操一看话里有话，于是就问："今日得见夫人，乃天幸也。今宵愿同枕席，随吾还都，安享富贵，何如？"邹氏又拜了一拜，马上答应了。从那天晚上开始，他们就开始住在了一起。

可是，曹操的行为毕竟非常过分，本来已经投降了的张绣听说后觉得实在"太伤自尊了"。气愤之下,他就发动了一场军变,不仅杀死了曹操的第一猛将、贴身保镖典韦,还要了未来的太子、曹操大儿子曹昂和曹操侄子曹安民的性命,而且连曹操自己也"左臂中了一箭",险些丧了命,连夜落荒而逃。

曹操这次的"一夜情"的代价非常大;而且,这次的事件在曹操的一生里也非常值得注意。

我们再想想曹操说过的话:"此城中有妓女否?"曹操的直率确实在中国历史上都非常少见,毫不掩饰,可以想象,在八小时以外,他大概是经常这样对手下人去提出要求的,是家常便饭。还有一句:"吾为夫人故,特纳张绣之降;不然灭族矣。"这更可以看出曹操的逢场作戏。因为在此之前他根本就不知道她,可是一见面,却说事先就为她而来,而且,"吾为夫人故,特纳张绣之降;不然灭族矣"。这是恐吓她,也是奉承她,真是情场老手啊。

当然,在三国时代,像曹操这样的事情也并不少见。像董卓,就是"每夜入宫,奸淫宫女",他为了霸占貂蝉,甚至跟自己的干儿子吕布翻了脸;还有一次,他看上了已经死去了的皇甫规的老婆,就非要把她娶回家,那个美少妇被逼无奈,只好去他家的大门口下跪,求他放过她,可是董卓就是不肯放手,那个美少妇悲愤之极,当场痛斥他,结果,董卓竟然一顿鞭子把她给打死了。还有吕布,这个草原汉子到了中原也还是本色不改,杀了董卓后,他不要江山爱美人,"至郿坞,先取了貂蝉"。刘备在这方面也很出名,他的其中一个夫人也是江南的著名美女,可是他却又跑到东吴和孙权的妹妹结了婚,而且"被声色所迷,全不想回荆州"了。

不过,这些人虽然好色,但是都远不及曹操。有人说,曹操应该是三国里面的"头号色鬼",这话可能有些过分,可是,如果有个三国的好色之徒的排名榜的话,曹操肯定应该是能够名列前茅的。

但是曹操的好色也不是仅仅用"好色"两个字就可以简单概括的。在这里,如果我们简单做个比较的话,那么董卓应该是在"欲"上用心,吕布应该是在"情"上用心,刘备呢?应该是在婚姻上用心。曹操的好色跟他们都不同,用今天的话说,他是"求欢不求爱",他的好色与"欲望""情""婚姻"都关系不大,他是在哪个方面都并不用心,而主要是为了缓解紧张的心态。因此,他往往只是蜻蜓点水、浅尝辄止。

还值得注意的是曹操的好色似乎也没有什么档次,"此城中有妓女否?"可见他要找的就是妓女,而不是民女,更不是美女。而且,晋陈寿《三国志·魏书·武帝纪》注引《曹瞒传》也介绍过:"太祖为人佻易无威重,好音乐,倡优在侧,常以日达夕。""倡优",说得好听是戏子,说得不好听,就是妓女,可见,曹操是经常召妓的。看来,曹操并不在乎女人的"贱"。这可能会让很多男人感到意外,因为这是让很多男人所不屑的啊。曹操的小老婆尹夫人,就是从别人手上移交来的。尹夫人是东汉末代的何太后的侄媳妇,丈夫死在董卓之乱,尹氏一人带着幼子何宴生活,可是,她的美貌却令曹操着迷,于是就将她纳为小妾。曹操甚至还天天把随尹氏进入曹家的何宴抱在怀里,哄他开心。何宴长大以后曹操干脆就把自己的女儿金乡公主嫁给他。于是,尹氏不但成了金乡公主的庶母,更成了金乡公主的婆母。吕布手下有个叫秦宜禄的将军,他的老婆非常漂亮,被关羽看上了。曹操和刘备围吕布于下邳时,关羽就几次对曹操说:城破之后,希望能把这个女人赐给他。曹操开始非常爽快地答应了。可是关羽不放心,一而再再而三地跟曹操说,这下就引起了曹操的注意。城破之后,曹操赶过去一看,杜氏果然是个绝色美女,原来的承诺马上就不兑现了,自己把她纳为小妾了,有人说,关羽的脸可能就是这样给气红的。当然,这只是一句玩笑话。

更能说明问题的是曹操的老婆卞夫人,她也是出身"倡家"。是卖艺还是卖身的娼妓,我们已经搞不清楚了,但是,起码是个卡拉OK的三陪女吧。

也许就是因为"求欢不求爱",曹操虽然好色,但对美女却并不怜惜。曹操有一个漂亮的女人,脾气不大好,可能有时还吼过他,因此他总想把她杀掉。可是这个女人有一副好嗓子,歌也唱得特别好,杀了还有些舍不得,因为这下就没有了"求欢"的对象。于是他挑选了一百个女人进行训练,等其中有一人的水平也达到了这个水平,曹操立刻就杀掉了那个脾气大的女人。还有一个爱姬,她陪曹操午睡,曹操头枕着爱姬,对她说:"过一小会儿叫醒我。"可是爱姬见曹操睡得很熟,考虑到他日理万机很辛苦,就想让他多睡一下,便没有叫醒他。等到曹操醒来,发现自己睡过了头,非常恼怒,立刻叫人用棒子将爱姬打死了。

顺便说一下,好色,好像就是曹操这个家族的传统,他的父亲曹嵩就死在了好色上。据历史记载:追杀他的军队赶到的时候,曹嵩仓促之中要从后墙缝隙逃跑,却舍不得自己的小妾,于是就让自己的小妾先逃,可是她太胖,偏偏夹在缝隙进退不得,结果把缝隙堵住了,出于无奈,他只好退而躲在茅坑里,结果就被杀死了。他的儿子也是一样。曹操虽然拥有众多美女,死后毕竟没法带到棺材里去,于是他的儿子曹丕就通通拿去自己享用,最后竟然累出了病来。《世说新语·贤媛》就是这么记载的:"魏武帝崩,文帝悉取武帝宫人自侍。及帝病困,卞后出看疾。太后入户,见直侍并是昔日所爱幸者。太后问:'何时来邪?'云:'正伏魄时过。'因不复前而叹曰:'狗鼠不食汝余,死故应尔!'""狗鼠不食汝余,死故应尔!"意思是:"狗鼠都不吃剩下的东西,你连狗鼠都不如,该死了!"

曹操的好色很能反映他的性格。我常说,曹操是"千古第一之非常之人",在八小时以内,他是一个未加冕的帝王,他是英雄,也是枭雄、奸雄,但是,现在再看看他的八小时以外,我们就会发现,不论是"未加冕的帝王",还是"英雄""枭雄""奸雄",都只是他的社会角色,在这些社会角色的后面,还有一个内在的人性特征,就是浪子。放浪不羁,离经叛道,特立独行,做事不论"好""坏",只要能够做成就行;做人不论"好""坏",只要能够成功就行;女人也不论好坏,只要能够让自己痛快就行。其实,就曹操的性格特征来说,应该说,他就是这样一个浪子。曹操一共活了66岁,他的一生以公元189年年底在陈留起兵为界。前半生三十六年中,曹操只是一个京城的浪子,《曹瞒传》记载,曹操年轻时:"好飞鹰走狗,游荡无度。"后半生三十年中,曹操成就了自己的事业,可是,他还是一个浪子。换句话说,如果他不是"曹操",那他就只是一个浪子;如果他是"曹操",那他也还是一个浪子。而且,曹操的一生其实也就在于:他"浪"出了精彩,"浪"出了魅力,但是也"浪"得没有了底线,"浪"得没有了人性。

除了好色以外,"八小时以外"的曹操的另外一个爱好,就是好酒。

曹操很喜欢喝酒,他很能喝,也经常喝得酩酊大醉。各位观众一定都记得那首著名的《三国演义》的开场诗吧？"滚滚长江东逝水，浪花淘尽英雄。一杯浊酒喜相逢，古今多少事，都付笑谈中。"这首诗歌简直就是为曹操量身定做的啊。东汉建安年间，曹操曾将家乡亳州产的"九酝春酒"进献给汉献帝刘协，并且上表说明九酝春酒的制法。看来，他是太爱酒了，很想让皇帝也分享一下自己的快乐啊。还有，酒之代称为"杜康"，也是曹操的一大贡献。当然，酒的别称，还远不止杜康一种。

不过，仔细看看曹操的好酒，不难发现，就像他的好色一样，曹操在"色"上不是一个"登徒子"，在"酒"上也不是一个"高阳酒徒"。酒，并不是曹操的钟爱，而只是他的宣泄方式。因为曹操是一个浪子，他的压力太大，也太压抑，必须有所寄托，还要有所排遣，可是，"何以解忧"呢？"唯有杜康"！

有比较才有鉴别，我们就与三国的其他人做个比较吧。刘备也喝酒，可是除了在攻益州时醉了一回，而且不慎吐了一回真言，其他时候那根本就没见他醉过，因为他喝酒根本就不是为了买醉。诸葛亮呢？他根本就不去喝酒，因为他很清醒，他甚至用喝酒来面试人才，醉酒之后说了错话的就统统不录用。曹操就不同了，他的喝酒完全就是一个浪子的买醉。高兴也喝醉，不高兴时也喝醉，酒就是麻醉自己的一个工具；因此刘备会说"何以解忧，唯有孔明"，诸葛亮会说"何以解忧，唯有工作"，可是曹操一定会说"何以解忧，唯有杜康"！

这大概就是曹操所说的"慨当以慷"了。在中国历史上，曹操的好酒无疑是以"慷慨"著称。想想李白的好酒的狂放，再想想陶潜的好酒的温婉，李白那几乎就是灌酒，陶潜呢？则只是品酒，陶潜有一首《饮酒》诗说道："忽与一觞酒，日夕欢相持。"你看他从早喝到晚，何等痛快、何等悠闲。可是曹操不是，他的好酒是"好"得慷慨。只是因为"忧从中来，不可断绝"，于是，酒就成为一种补偿、一种替代、一种寄托。

最能够说明曹操好酒的慷慨的，是"横槊赋诗"和"青梅煮酒"——

在饮酒之后还要赋诗，这应该是中国的一个传统。不过，与李白的在饮酒之后高歌与陶潜的在饮酒之后浅唱都不同，曹操却是在饮酒之后"横槊赋诗"。"对酒当歌"，你看，他唱得多么慷慨激昂。但是情绪忽然就改变了：

"人生几何"?——他困惑的是:人的美好岁月又能有多少呢？在这里,诗歌的调子陡然变低。确实,"譬如朝露,去日苦多"。人生短暂,就像早晨的露水,太阳一出来很快就给蒸干了。

在这里,我所关注的不是曹操的诗歌,而是他的写诗。在赤壁大战前夕举办盛大的宴会,而且即席横槊赋诗,这应该是曹操的一个发明了。在一个特殊的夜晚,历史中定格下了曹操的一个历史形象——横槊赋诗。我们应该庆幸,也许正是那几盏杜康酒在那天夜里成全了曹操。那个时候,是建安十三年冬,当时,曹操已经54岁。可是,我们如果看一看即将开始的赤壁大战本身,我们就不难意识到,这其实是在错误的时间、错误的地点发动的一场错误的战争,而且,即使就在曹操横槊赋诗的时候,失败的命运就已经确定无疑。可是,看看他的踌躇满志,看看他的头脑膨胀,用今天的话说,那完全是一副"酷毙了"的形象,完全是一副浪子太过自负的典型形象。因此,与人们一般的对于他的横槊赋诗的赞美不同,我倒是要说,横槊赋诗却恰恰是他的内在的浪子性格的写照。正是这样一种内在的浪子性格,使得他十分随性也十分"善变",激情澎湃时往往会感情用事,人们发现,曹操精于战术而短于战略,其实道理也在这里。在曹操的"八小时以外",我们就看出了在"八小时以内"的曹操的一个致命缺陷。善于捕捉战机、善于及时决断,这是曹操的长处。可是在战略上却无法做到冷静和客观,而是经常左右摇摆,这正是曹操的短处。曹操失去军师郭嘉以后就往往无法迅速决策,曹操最终没有能够统一中国,也应该从这里得到解释。

至于曹操醉酒斩刘馥,那更是浪子性格的一个结果。其实,当时刘馥也只是说"月明星稀,乌鹊南飞;绕树三匝,何枝可依"这句话不吉利,而且也是好心。作为一个浪子,曹操在八小时以外也太不善于控制自己,还完全是一个性情中人。这样的直来直去,一高兴或者一愤怒起来就找不到北,甚至经常醉杀、错杀、滥杀人才,其结果是,虽然也可能会吸引到一些人才,但是却会丧失更多的人才——尤其是一流的人才,曹操最终只能靠着起兵时的家族势力和"挟天子以令诸侯"时赢得汉室的那些将领和大臣,他虽然在横槊赋诗时也呼唤着更多的人才,可是却始终没有能够形成这样一种理想的局面,道理也就在这里。

还有一个能够说明曹操好酒的慷慨的例子,是著名的青梅煮酒。

这一段故事发生在曹操在白门楼杀了吕布以后。当时,他的谋臣都劝说曹操早日连刘备也杀掉,否则后患无穷。曹操嘴上很强硬:"实在吾掌握之内,吾何惧哉?"可是心里还是不放心,刘备之仁义天下皆知,何况手下还有两个虎将兄弟,于是,就有了曹操对刘备的试探。《三国演义》第二十一回有如下描述:"随至小亭,已设樽俎;盘置青梅,一樽煮酒。二人对坐,开怀畅饮。"这显然是又一次精彩的盛宴。尽管人物只有两个,但是,却实在是太盛大了。因此有人甚至会说:如果有中国历史上的著名十大酒局排行的话,它肯定也可以进入,而且还会名列前茅。在这次的酒局里,曹操与刘备评点了淮南的袁术、河北的袁绍以及刘表、孙策、刘璋、张绣、张鲁、韩遂等等人物,曹操一一分析后都认为:"非英雄也。"然后他充满自信地说:"今天下英雄,惟使君(刘备)与操(曹操)耳!"刘备没有想到,自己的内心被洞穿。故此言一出,手中的匙、筷皆被惊落在地,只好借口雷声来掩饰,而曹操却把杯中酒一饮而尽,仰天长笑。令后人称奇的是,刘备竟然成功地躲过了这次的灾难。人们往往把原因归咎于刘备的足智多谋。其实,这完全是错误的。之所以会出现这样的结果,主要还是因为曹操的浪子性格。作为一个浪子,曹操无疑是多疑的,可是这种多疑却又完全是浪子的多疑,而不是小人的多疑。具体来说,就是往往针对"唯能"者多疑,例如蔡瑁、张允,可是对"唯德"者却往往是轻信。因为曹操提出的人才标准是"不唯德只唯能",可是,在这些只有才能却没有德行的人才进入自己的帐下的时候,他却不能不对他们的是否在真心为自己办事而心存疑惑。不为气节,只为势利,今天是许大马棒的人,明天却是座山雕的人,这确实令人恐怖啊。因此,从内心深处,曹操还是更信任那些有气节、有德行者的。他在赤壁大战时竟然轻信庞统、许庶,就是这个原因,而在青梅煮酒时竟然没有看出刘备的破绽,也是这个原因。而且,在儒家思想影响占统治地位的三国时代,在许多信奉儒学的有气节、有德行者眼里,曹操完全就是一个乱汉的奸臣,他们是不可能为这样一个乱汉的奸臣办事的,反倒是那些不为气节、只为势利的小人愿意跟着曹操。因此,曹操的下意识里一定也是宁肯相信刘备是真心跟着他的,作为一个浪子,这是曹操唯一的选择。

曹操的"八小时以外",还有一个事情值得一提,就是好笑。

笑,应该是曹操的一个品牌形象了。曹操在八小时以外应该是笑得格外迷人、格外纯粹,在酒席上,他一定是意气风发,契阔谈宴,话题可以没遮没拦,形体可以尽情驰骋,这时的曹操会笑得前俯后仰,全然不知何谓体统,谈到兴头上就猛拍桌子,甚至一头扎到酒菜盘子里。《曹瞒传》就记载:曹操"为人佻易无威重","每与人谈论,戏弄言诵,尽无所隐","至以头没杯案中,肴膳皆沾污巾帻"。

我注意到,几乎所有的人在谈到曹操的时候都会谈论他的笑。有人就说:"莫怕曹操怒,要怕曹操笑。"这让我想起小说《林海雪原》里面的一个细节,威虎山上的"八大金刚"都说:"不怕座山雕哭,就怕座山雕笑。"因为座山雕的笑在传达着一个明确的信号:我要杀人了。当然,曹操的笑要更复杂一些。

观众们一定记得:在被许劭评价为"治世之能臣,乱世之奸雄"的时候,敏捷的史官就记录下了曹操初闻这十个字时的表情:"大笑"。这一笑蕴含着曹操全部人生的奥秘。曹操的"大笑",笑出了他的浪子性格。做好人还是做坏人,都无所谓,重要的是要干一番大事业。如果这个时代比的是文化素养,他固然会参与竞争;如果这个时代比的是沙场厮杀,他仍旧会参与竞争。可是,如果这个社会比的是谁更虚伪,谁更狡诈,谁更狠毒呢?他还参不参与这场竞争?曹操的回答是:"大笑"!

曹操的笑还可以在"八小时以外"的很多场合见到。

何进要诛杀宦官,因为太后不同意而犹豫再三,于是袁绍出主意,让何进召集四方的将领引兵入京,胁迫太后,何进表示赞同。陈琳却以为不可行,进谏说诛杀宦官对于何进来说不过小事一桩,如果召外兵入京,就是"倒持干戈,授人以柄,功必不成,只为乱阶耳"了。接下来,曹操就出场了,他闻而笑曰:"宦者之官,古今宜有,但世主不当假之权宠,使至于此。既治其罪,当诛元恶,一狱吏足矣,何至纷纷召外兵乎!欲尽诛之,事必宣露,吾见其败

93

也。"在这里,曹操确实"笑"得精彩。他的第一反应,真是让我们看到了一个活生生的浪子。我们设想一下,如果他"闻而叹曰",那就无非是一个书呆子而已,无非是何进、袁绍第二,如果他"闻而喜曰",那就实在是幸灾乐祸了,那只是一个巴不得天下大乱的贼子啊。可是,曹操是"闻而笑曰",这说明这件事在他看来实在是小菜一碟!什么是"乱世之奸雄"呢?这就是啊,在他看来,这正是他的用武之地。可惜,命运不给他机会,于是,他只有"笑"。

还有一次,也是在"八小时以外",王允与众官员在一起聚会,大家聊到董卓擅权,可是又束手无策,于是彼此掩面大哭,然而,唯独曹操却哈哈大笑,并且说:"满朝公卿,夜哭到明,明哭到夜,还能哭死董卓否?"你们看,这就是曹操的风格!对于他这个浪子来说,一个弱者的眼泪是解决不了任何问题的,而只能说明志大才疏,少谋无断,真正能够解决问题的,只有行动。因此,在他看来,王允与众官员们的掩面大哭实在是太可笑、太可笑了。

曹操也曾笑过袁绍。《魏书·武帝纪》说:袁绍与韩馥打算立幽州牧刘虞为帝,他们找到曹操,可是曹操马上就明确表示拒绝。袁绍曾经得到过一块皇帝玉玺,他如获至宝,在与曹操聚会的时候,他偷偷撞了下曹操肘部,悄悄拿出来向他炫耀,可是,曹操的反应呢?仅仅是淡淡一笑。而且,从此就再也不屑与他为伍。为什么会如此呢?显然,在曹操看来,在乱世崛起凭借的是实力,而不是一块破石头,"竖子不足与谋",我猜想,当时的曹操肯定是这样感慨,也因此,他才极为不屑地淡淡一笑。

24岁的祢衡曾经让曹操十分难堪,他在曹操面前用裸体的方式来羞辱他,这或许是中国历史上的第一场裸体秀,而我们也可以把祢衡称作中国历史上的第一个行为艺术家,当时众人都以为曹操会勃然大怒,可是,曹操怒视祢衡良久,却忽然笑了笑:"我马上派你到刘表处,作为我的专使说他来降。你有才华,曹某也最重天下人才。等你完成这个任务回来,我可以让你做公卿,以示我求贤若渴之诚意。"众人不解,纷纷问曹操:"他痛骂主公,为什么还委以重任,还预封官爵?!"曹操笑而不答。后来,刘表杀掉了祢衡,曹操知祢衡受害,又笑言:"腐儒舌剑,反自杀矣!"这里的笑,应该是一种洞察世事的笑,祢衡的一张乌鸦嘴逮到谁就灭谁,算得上中国最早的"愤青"了,可是,在浪子曹操看来,要论玩这一套,他实在是小儿科,稚嫩的他是必然要碰壁的,因此,才一笑置之。

还有一次,曹操打败袁绍之后带领众将入冀州城,刚入城门,许攸却纵马大呼:"阿瞒,汝不得我,安得入此门!"许攸说得倒是不错,正是他,为曹操献计火烧乌巢,因此曹操才取得官渡战役的决定性胜利。可是,他这样喊着曹操小名,大呼大叫,一派功高得意的形态举止,也实在有些得意忘形,当时,在场的众人都看不下去,心里全不平不忿,可是,曹操却哈哈大笑,对许攸的做法未置一词。当然,最后的结果是大家都知道的了,曹操随后找了个借口杀掉了他。那么,当时曹操为什么要哈哈大笑呢? 其实,这正是一个浪子的典型表现:遇强更强,遇弱更弱。"竟然敢骑到我的头上拉屎拉尿?! 你这样做,岂不是找死? 太可笑了!"这应该是浪子曹操的真实心态。

不过,曹操笑得最多也最出彩的还是在失败的时候。处顺境易,处逆境难。可是曹操却不然,也许身处顺境时曹操会经常出错,可是在身处逆境时曹操却往往神采飞扬。在三国这个最最残酷的战场上,曹操的这样一种笑傲乱世的精神,也许才是他之所以自幼就被包括当时的国防部长在内的一些政治家器重的原因,也才是他在乱世中如鱼得水的理由。而"笑",则是曹操笑傲乱世的精神的写照。面对失败,曹操的笑,应该说是一种自我的鼓励。何况,在他的乱世生涯里,面对尔虞我诈,面对彼此倾轧,面对艰难险阻,面对无数失败,他其实也只有一个武器,那就是相信自己,他只能笑! 笑,可以掩饰自己,也可以鼓励自己。在笑的背后,是一个浪子的永不言败的劲头,也是一个浪子的自信与顾盼自若! 人们喜欢说,在三国里刘备是哭来的江山,那么,曹操就是笑出的精彩。正是借助于笑,曹操才能够把成功发挥到极限,也才能够把失败的心理阴影用最快的速度排遣掉。

输得起,才赢得起,败中求胜,反败为胜,今日失败明日胜利,一时失败一生胜利。在乱世,这也许是一个浪子的性格中最为闪光的东西。而且,这也许就是在曹操的笑的背后所蕴含的最为重要的人生启迪。

因此,我们是不是应该说,也许,在三国时代曹操并没有笑到最后,可是,他真的是笑得最好啊!

## 曹操的哭与笑

人们常讲，在文学作品中，人物的一言一语、一颦一笑都必须符合人物性格发展的内在逻辑，不允许把许多完全相反、互无联系的言行杂凑于一人，以免破坏了人物性格的完整统一。这自然是正确的。但不能因此便排斥用某些反常的举动来刻画人物性格。

《三国演义》第五十回"诸葛亮智算华容，关云长义释曹操"，写的是在赤壁之战中，曹军八十万灰飞烟灭，一败涂地。按一般惯例，作者或许会写曹操怎样魂飞胆丧，抱头痛哭。但作者却偏偏写了曹操逃到乌林、葫芦口和华容道时，曾三次"仰天大笑"，"笑周瑜无谋，诸葛亮少智"，"若使此处伏一旅之师，吾等皆束手受缚矣"。而曹操逃到南郡后，死中复生，转危为安，按一般惯例，或许会写曹操怎样饮酒狂欢、仰天大笑。但作者却又偏偏写了曹操的哭，念及郭奉孝死得太早，悔恨自己未听其劝阻，故而曹操放声痛哭……

仔细品味一下，这种描写是十分高明的，危难中大笑，安定时痛哭，看似反常，实则是曹操性格之必然。俗语说："出嫁的闺女哭是笑，落第的举子笑是哭。"人物性格的必然性，有时会体现在变幻莫测的偶然性中。性格表现的反向，可以与性格的内在逻辑形成最美的和谐。在创作过程中，一旦掌握了这种必然性与偶然性之间的辩证法，善于从偶然中找到必然，从异向中求得同向，从反常中寻觅正常，就会使人物性格的塑造得到深化。

1981年，郑州

## 不读《水浒》，不知天下之奇

喜马拉雅的朋友们，大家好，我是潘知常，南京大学教授。

《水浒传》，名列中国"四大奇书"。明末清初的文学批评大家金圣叹说过："天下之乐，莫若读书"，"读书之乐，莫若读《水浒》"。可是，读《水浒》之"乐"又"乐"在哪里？金老先生感叹："不读《水浒》，不知天下之奇。"

《水浒传》，是我的至爱。多年来，我在上海电视台、江苏电视台、安徽电视台、南京电视台以及全国各地的媒体、图书馆、学校、企业曾经无数次地讲授过中国的文学名著，并且出版过多部专著。其中讲得最多的、写得最多的，除了《红楼梦》，就是《水浒传》。

那么，我读《水浒传》的快乐又"乐"在哪里？就在于"知天下之奇"。

《水浒传》写的是一群风风火火闯九州的中国男人的传奇——中国人的侠客传奇。

有人曾经问金庸大侠："人生应如何度过？"老先生慨然应答："大闹一场，悄然离去。"

我想说："大闹一场，悄然离去"，这不但是金庸大侠心目中的传奇人生，更应该是《水浒传》所要讲述的人生传奇。

"大闹一场，悄然离去"，这是完全区别于我们的朝九晚五日常生活的别样传奇，也是誉满天下的《水浒传》所带给我们的"天下之奇"！

也因此，就像当年水泊梁山的好汉们酒酣耳热之际喜欢纵论天下英雄，而且，一旦一时兴起，就会口无遮拦。他们肆无忌惮，不惜"揎拳裸袖，点点指指，把出梁山泊手段来"。而今我亦如此，岁岁读《水浒》、年年讲《水浒》，日有所思，夜有所梦，一旦有幸担任导读，说起"梁山那些人，水浒那些事"，一时兴起，也会口无遮拦，也会肆无忌惮，同样"揎拳裸袖，点点指指，把出梁山泊手段来"……

我所期望的,同样是"大闹一场,悄然离去"。

金圣叹在《水浒传》序中说过:"我生有涯,吾呜呼知后人之读吾书者谓何,但取今日以示吾友,吾友读之而乐,斯亦足耳。"

这自然也是我导读《水浒传》时的心愿:"但取今日以示吾友,吾友读之而乐,斯亦足耳。"

谢谢各位!

从现在开始,我们就一起来读《水浒传》。

2019年,南京,卧龙湖

## 《水浒传·楔子》精讲
——读懂《水浒传》的"楔子",才能读懂全部的《水浒传》

大家好,我是潘知常,欢迎收听我的"《水浒传》导读"。今天我要导读的是《水浒传》的"楔子"。

这个"楔子",在明末清初的文学批评大家金圣叹的七十回《水浒传》之前的一百回本、一百一十回本、一百一十五回本以及一百二十回本里都是第一回。金老先生把水浒英雄大聚义之后的章节全部删去,只保留了前面的七十一回。为了凑一个七十回的整数,于是,就把原先的第一回单独抽出来,这就是我们现在所看到的"楔子"。

关于"楔子",金老先生曾经专门提示过:它的作用是"以物出物",也就是要从这里引出下文。我们知道,四大名著中,小说家们都同样用过这个笔法,那就是将全书的主题浓缩在开头的第一回里。它所起到的作用,就是"楔子"。

而且,这个"楔子"在《水浒传》全书的地位堪称举足轻重。为此,金老先生专门提示说:它是一个"奇楔"。可惜的是,这个提示没有能够引起后世读者的注意。即便是央视旧版的《水浒》电视剧,也觉得它可有可无,无足轻重,干脆一删了之。

确实,从表面看,《水浒传》通篇讲的都是宋徽宗当政年间的事,唯独第一回的故事却单独发生在北宋中叶的宋仁宗年间,彼此之间楚河汉界,很有点关公战秦琼的意思。因此似乎是大可不必,甚至是多此一举。但是,其实大大不然。

我们知道,长篇小说往往都是鸿篇巨制,也因此,它的开篇叙事也就必然要满足居高临下、统冠三军的要求;例如,要把故事背景的来龙去脉交代清楚;要把故事的来龙去脉交代清楚;要把主要人物的来龙去脉交代清楚……总之,对于《水浒传》来说,就是要把宋江等108"魔君"之所以能够横空出世"大闹一场"的原因交代清楚。

而我们所读到的"楔子"之所以是"奇楔",也正是因为它成功地完成了这一使命。

具体来说,"奇楔"之"奇"存在由表及里两层神奇。

首先,从表层看,《水浒传》不同于《三国演义》,它写的不是传统的体制内的"英雄"业绩,而是写的体制外的"好汉"传奇。可是,这些"好汉"自古以来就被称为"强盗",从来就不登大雅之堂,更不被允许进入文学殿堂。因此,现在作者偏偏要写这些"好汉"们"大闹一场"的故事,就一定要给他们的"笑傲江湖"一个合情合理的理由。于是,正是出于这个原因,作者写了天道循环、物壮则老、日中则斜,赵宋江山命数开始由盛转衰,而"好汉"们的"大闹一场"也纯属"魔君"转世,是"劫数"注定,上天安排,所谓"不因此事,如何教三十六员天罡下临凡世,七十二座地煞降在人间,轰动宋国乾坤,闹遍赵家社稷"。

不过,这个"楔子"所写的如果仅止于此,那无疑难称"奇楔",因为,这其实也是中国古代小说家们惯常使用的常规武器而已。因此,其次,再从深层看,我们惊喜地看到:作者要告诉我们的是,就像一场席卷万里的海啸偏偏出自遥远的亚马孙原始森林里的蝴蝶的轻轻扇了一下翅膀,宋江等108"魔君"的横空出世也是统治者自己（或直接或间接）培养出来的,是百分之百的自作自受。作者还要告诉我们的是,宋江等108"魔君"的横空出世,要特别注意从盛世里去寻求乱世的根源。

这就正如我们在"楔子"所看到的：宋江等108"魔君"当然是在宋徽宗宣和年间才横空出世,但是,赵家天下的岌岌可危,却是从几十年前的宋仁宗嘉祐三年就已经埋下了祸根。

宋仁宗年间的嘉祐三年,也就是公元1058年,出现了一场突如其来的瘟疫,百姓民不聊生。然而,"楔子"告诉我们的却是瘟疫病菌背后的政治病菌,也就是自然天灾背后的社会人祸。第一,是皇帝不问苍生问鬼神,不为民做主,一味敷衍,后来发现疾病控制不住,"瘟疫越盛",于是开始设法"甩锅",要找一个倒霉的"背锅侠"——虚靖天师,所谓奏闻上苍,祈禳瘟疫；第二,是佞臣们毫无救赈灾民的"志诚"之心,一朝权在手,就胡作非为,以至于官逼民反。

这当然就是"楔子"里面所暗示的：一个不负责任的政府、一群不问苍生的贪官。"本为禳灾却惹灾""洪信从今酿祸胎"。因此,"走妖魔"的根本原因在于权力的滥用。不受约束的权力,就犹如不受约束的瘟疫,同样不可禳除。一切"魔君"来自权力的滥用,一切"恶"来自权力的滥用,一切"乱"也来自权力的滥用。总之,"乱自上作",《水浒传》的这个特别重大的主题,就隐含在宋仁宗年间的嘉祐三年,隐含在"洪太尉误走妖魔"的"误走"之中。

也因此,我们才会懂得："楔子"里的范仲淹是不存在的,因为真实的他在六年前就已经死了,虚靖天师在历史上也查无此人,《宋史》里更没有洪信这个人,而且,其实宋仁宗嘉祐三年也并没有发生过什么大瘟疫……这一切都是障眼法,也都是虚晃一枪,作者要揭示的"乱自上作"才是真实的。

读懂《水浒传》的开头,才能读懂全部的《水浒传》。现在,尽管我们还在读宋仁宗嘉祐三年的故事,但是,几十年后的宋徽宗宣和年间宋江等108"魔君"的"大闹一场",已经顺理成章而且水到渠成了。

好的,这一次的导读就讲到这里,我们下次再会。

2019年,南京,卧龙湖

# 海子:"太阳之子"

## "沉痛著大之声""撄人之作""新生之作"

多年以来,我一再强调,从《山海经》到《红楼梦》是中国美学历史上的真正值得我们今天继承的美学传统。而在《红楼梦》之后,则有王国维、鲁迅、张爱玲、沈从文、史铁生等美学传人,都亟待认真加以研究。

当然,这都是一些代表人物,除此以外,其实还有很多人也值得一提,比如穆旦,比如海子。

上个世纪初,26岁的鲁迅曾经在一篇著名的文章中写下了他的期待:希望未来的中国能够出现"沉痛著大之声""撄人之作"和"新生之作"。遗憾的是,百年之间,我们却很少看到这样的"沉痛著大之声""撄人之作"和"新生之作"。

令人欣慰的是,毕竟还有海子等极少数作家的出现。

## 诗歌烈士:"万人都要将火熄灭/我一人独将此火/高高举起。"

海子的成功,主要表现在这样几个问题上。

第一,他对于中国美学的缺点的洞察是非常深刻的。

在海子的诗歌以及文章中,都非常强调一个发现:中国美学事实上已经遭遇了发展的瓶颈。中国美学最大缺点就是鲁迅所批评的:不感人,而且,还大多是颓废之作。在海子看来,中国美学贡献的其实是一种消解苦难的方式,也就是过去所谓的"逃避"。它使得中国的文学往往不去触及生命的本来面目,也往往不敢面对真实。我们知道,人类的审美活动,人类的文学作品,就最高的意义而言,永远是人类的精神历程的见证:爱的见证与失爱的见证。在人类用爱的力量去拯救世界的时候,它见证这种伟大的力量。当人类失去了爱,陷入了悲剧和苦难的时候,它见证这个失爱的悲剧和苦难。无疑,最深刻的审美活动,最深刻的艺术,无非就是这样一个基本内涵。然而,中国美学却不以美为美,不以丑为丑,不以悲剧为悲剧,不敢去见证爱,也不敢去揭示失爱。而海子的贡献,就恰恰在于揭示了中国美学的根本缺点。"黑色并不幽暗/白色并不贞洁/红色并不燃烧/树林/假假地流过/吃尽浊泥的人/把一切/挡在面孔外面/沉了太阳,沉了灰烬/默默的水—流万里"①。至于生活的灾难,则只是作为历史的修辞而存在。在这种情况下,罪恶被他者化,被社会化,而每一个人就都成了局外人,都可以作壁上观,都仅仅去解释历史现象或者吟咏历史现象。犹如中国文人所说的"先天下之忧而忧,后天下之乐而乐",一会儿跑到前面,一会儿跑到后面,可是就偏偏不肯站在当中,不肯介入血淋淋的历史。在这个意义上,海子堪称深刻:

> 我们活到今日总有一定的缘故
> 我们在碾碎我们的车轮上镌刻了多少易朽的诗?②

很少有中国人发现这一点,我们写的诗都是易朽的,而不朽的诗才是海子追求的。

所以,在海子的诗中,我们发现,他对中国诗歌有着一些非常重要的批判。

第一个,他指出了中国诗人的"苍白孱弱的气质"③。

我们过去都觉得中国诗人伟大得很,可到了海子那里,却根本就看不上

---

① 海子:《但是水、水·第二篇 鱼生人·水……洪水前后·4.洪水》,见《海子诗全编》,上海三联书店1997年版,第239页。
② 海子:《太阳·诗剧·司仪(盲诗人)》,见《海子诗全编》,上海三联书店1997年版,第774页。
③ 海子:《诗学:一份提纲·三 王子·太阳神之子》,见《海子诗全编》,上海三联书店1997年版,第897页。

他们。他说东方诗人是"苍白孱弱"的,为什么呢?因为他们"陶醉于自己的趣味"。至于"陶醉于自己的趣味",则正是我刚才说到的,所有的事情都被变成吟咏,诗人之为诗人,无非只是躲在一边吟咏,看起来很关心国家大事,其实却连拔一根汗毛都不肯,这就是中国某些诗人所谓的"趣味"。所以海子说,这样的一种诗歌,是不关心生命存在本身的。它并不关心生命存在本身,而只是吟咏这种存在。它永远是一个局外人,永远把自己放在一个安全的境地,然后来"可怜"老百姓的灾难,这跟真正的审美,是有天地之别的。

第二个,他指出了中国诗歌的缺乏一种真正的诚实的审美。

在海子看来,由于"东方诗人"的那样一个非常不好的美学习惯,也就是把一切变成"趣味",把对于爱的见证和失爱的见证,变成了对于爱和失爱的吟咏,无比庄严、无限神圣的审美活动因此也就变成了一种趣味。而在这种趣味的背后的,是一种真正的诚实的审美的匮乏。鲁迅说:中国文学是"瞒和骗"的文学。鲁迅又说:只有把"瞒和骗"的大旗撕毁,才有可能去直面人生。而这,也正是海子的所见。在海子看来,中国诗人的最大的缺点就是掩耳盗铃,就是缺乏一种真正的诚实的审美。

第三个,他指出了中国诗歌艺术的意象病症。

海子发现,从艺术创作的角度,中国诗歌的最大缺点在于:太关注意象。在创作中,中国诗歌往往把自己的真实面目躲藏在意象后面。关注意象,当然是美学的贡献,但是,太意象了,却也会弄美成拙。因为根本没有了自己的美学发现。

2005年,我出版了自己的一本研究王国维的专著,研究中国美学这么长时间,可是直到写这本书,我才真正看清楚了中国诗歌的缺点,这就是:太意象!对于爱和失爱的见证的躲避,在中国诗歌中变成了所谓的意象。而实际上,借助于意象说话,则是为了逃避说话和不去说话。生活中的灾难,为什么总是不去面对?为什么总要变成意象?面对生活中真正的快乐却不敢快乐,面对生活中真正的不快乐却也不敢不快乐,在这背后,就隐含了实际上根本不敢见证爱,也不敢见证失爱的秘密。所以,海子批评说:"必须克服诗歌的世纪病"。这就是"对于视觉和官能感觉的刺激,对于细节的琐碎的描绘"①。

第四个,他指出了中国诗歌美学的修辞特征。

海子指出:中国诗歌的美学特征是"诗歌中对于修辞的追求"。何谓"修辞练习"?写月亮,我偏不说月亮,而说什么"望舒",等等,但实际上其中却连一点真实的感情都没有。为此,海子强调,和中国美学相对,"诗歌是一场烈火,而不是修辞练习"②,这就意味着对于中国两千年的诗歌实践的扬弃。因为中国两千年的诗歌实践,说穿了,就是换一个说法,说月亮我不说月亮,说一个别的,然后看谁想得最巧,看谁想得最让人耳目一新,那么谁写的就是好诗。这样,实际上是把审美活动当成了一种修辞的训练,而没有当作一种直面生命存在本身的伟大的精神活动。而海子却要去走"直接关注生命存在的"③中国新诗的自新之路。

坦率说,我非常认可海子的上述批评。也因此,我也非常喜欢海子的这首诗,他说:"万人都要将火熄灭/我一人独将此火/高高举起。"④,我觉得海子就是一个前所未有的"举火者"。他在这首诗里一再提醒"此火为大"。这,更是非常重要的提醒,也就是说,他要完全扭转中国美学的抒情方向,不再走"吟咏"的道路而要走上一条新的道路,也不再走"把火种变成灰烬"的道路,而要走上"把灰烬变成火种"的道路。也因此,海子甚至还说:"我藉此火得度一生的茫茫黑夜"。这意味着,海子这个"太阳之子",又是一个诗歌烈士,一个我们这个民族在上一个世纪中的最后的抒情少年。相对于那些说假话的,动不动感伤、动不动咏叹的一代又一代的世纪诗人,海子因为洞穿了中国美学的根本缺憾,才最终成为了"海子"。

---

① 海子:《我热爱的诗人——荷尔德林》,见《海子诗全编》,上海三联书店1997年版,第917页。
② 海子:《我热爱的诗人——荷尔德林》,见《海子诗全编》,上海三联书店1997年版,第917页。
③ 海子:《诗学:一份提纲·三 王子·太阳神之子》,见《海子诗全编》,上海三联书店1997年版,第897页。
④ 海子:《祖国(或以梦为马)》,见《海子诗全编》,上海三联书店1997年版,第377页。

第一,他找到了全新的精神资源。

20世纪中国美学的不成功,其实与美学的精神资源的匮乏直接相关。这一点,我已经多次指出。作家们的精神资源都没有营养,甚至都有点儿毒,在这种情况下,谁又能够成为大师?谁还能够有所贡献?这是根本不可能的!

例如,20世纪的第一种美学资源是中国古代文化,如儒、释、道。这些东西当然不可谓不好,但是从提供新时代的精神动力的角度看,它们的缺憾又是极为明显的。

第二种美学资源是西方的希腊文化,也就是西方古典哲学和古典文学。但是,在这当中却并不包含西方的最为重要的精神发现。因为,西方的精神道路其实有两条。一条路是自性解放的理性超越方式,所谓"我思故我在",它考虑的是我借助于理性的力量能走多远,我借助于感性的力量能走多远,"我欲故我在"。另一条路是他性拯救的神性超越方式,所谓"我爱故我在"。在它看来,人不可能通过自性得到拯救,任何精神的解放和精神的拯救都必须是他性的。什么是他性呢?神性。神性,是西方找到的真正的超越道路,不过,这个真正的超越道路,却显然跟西方古典哲学、古典文学关系不大。

第三种,苏联的革命文学与革命理论。其中所存在的问题,应该毋庸我再在这里赘言。

无疑,海子的精神资源在上述三者之外。海子转而寻找到了全新的精神资源。这就是那条他性拯救的神性超越方式、那条"我爱故我在"的线索。人们都知道,海子在临死的时候带的四本书是:《圣经》、梭罗的《瓦尔登湖》、海雅达尔的《孤筏重洋》和《康拉德小说选》,其实,这已经清楚地表明了他的精神营养的来源。所以,海子的朋友骆一禾在评价海子时把他比喻为取圣杯的年轻骑士,还是很有远见的。海子的成功就在于他敢于去取那个代表着全新的精神资源的圣杯,就在于他毅然远离中国传统的心路历程,转而走上全然不同的全新的天路历程。

第二,他为中国的诗歌找到了诗性。

同样是在2005年出版的研究王国维的专著里,我第一次找到了一个很好的表述,这就是:中国尽管是个诗国,但是却只有诗歌,没有诗性。我觉得,这里的"诗性",也可以用来说明海子的发现。什么叫只有"诗歌"呢?我已经指出,中国人的抒情并不是针对真实的生活的,而是为抒情而抒情。是抒情的抒情,是第二落点的抒情,是场外的抒情,这就叫作"诗歌"。这种诗歌是没"诗性"的。因为它不是人类自身的诗,也不是海子所说的那种人性的大诗。而海子的贡献就在于,他为中国的诗歌找到了第一个立足之地。在没有诗性的精神匮乏的诗歌荒原上,海子开创了真正具有诗性的诗歌之路。在这条路上,所谓诗歌,就是人类自身的诗,也是人性的大诗。换言之,它是天籁之音,是神性的歌唱。为此,海子才说:"我的天空就与此不同,它不仅是抒情诗篇的天空,苦难艺术家的天空,也是歌巫和武人,老祖母和死婴的天空,更是民族集体行动的天空。因此,我的天空往往是血腥的大地。"①因此,"过去的诗歌是永久的炊烟升起在亲切的泥土上/如今的诗歌是饥饿的节奏"②。这样,"诗不是诗人的陈述。更多时候诗是实体在倾诉"③。这种"生命力的原初面孔"的倾诉"像黑夜里月亮、水、情欲和丧歌的沉痛的声音"。而诗人所要做的"仅仅是用自己的敏感力和生命之光把这黑乎乎的实体照亮,使它裸露于此。这是一个辉煌的瞬间"④。

第三,他禀赋了真正的美学眼光——终极关怀。

海子的成功,还在于找到了一个真正的美的尺度来见证爱和见证失爱。由此,他开始走向华丽的转身。而一个我们过去从来没有目睹的美学世界,也才得以绚烂绽开。

而今回顾所来之径,不难发现,海子的生命完全就是为最后的死亡在做

---

① 海子:《动作(〈太阳·断头篇〉代后记)》,见《海子诗全编》,上海三联书店1997年版,第888页。
② 海子:《太阳·土地篇·第四章 饥饿仪式在本世纪》,见《海子诗全编》,上海三联书店1997年版,第586页。
③ 海子:《寻找对实体的接触——直接面对实体(〈河流〉原序)》,见《海子诗全编》,上海三联书店1997年版,第870页。
④ 海子:《寻找对实体的接触——直接面对实体(〈河流〉原序)》,见《海子诗全编》,上海三联书店1997年版,第870页。

准备。这是一个作家必须具备的一个眼光,只有"向死而在",才会具备生存的真正眼光。这是20世纪最伟大的诗哲海德格尔的最重大的命题。每一个人,一定要意识到自己一出生就已经被判了死缓,而且是绝对不可能改期,才可能知道自己这一生究竟要怎么去度过。借用日本哲学家三木清的话说,对于死亡的准备,就是不断地创造自己所倾慕的东西。海子的一生,正是这样的"向死而在"。他把自己的生命压缩在了二十五年。由此,你再去看他的生命,不难发现,也许他事先就在想,我一生只能活二十五年,于是,当他再回头遥看世界,对于世界的整个评价也就改变了。于是,正如人们所发现的那样,他是在把诗歌当成神话来写,就好像乔伊斯把小说当成神话来写一样。结果,他用25岁的生命就看遍了世界的爱和失爱,他的每一首诗都成了为死亡所做的准备,也都"不断地创造自己所倾慕的东西"。

无疑,这个"自己所倾慕的东西",就是海子的终极关怀。

## "无缘无故的苦难"与"无缘无故的爱"

必须强调,正是缘于上述四个方面,尤其是缘于上述的第四个方面,海子最终得以脱颖而出,成为了中国诗歌的世纪高度。

在这当中,对于"无缘无故的苦难"与"无缘无故的爱"的洞察,是一个引人瞩目的方面。

我多次强调,在审美过程中,"苦难",也就是生命的有限性,是一个非常难以跨越的美学鸿沟。在一般人,往往会为苦难去寻找数不清的理由,例如,遭遇苦难是因为贪官污吏,因此我要尽尽不平方太平;遭遇苦难是因为有统治者,因此我要"造反有理"。可是,海子却开始意识到了苦难的永恒。他说,我有三种苦难,也有三种幸福。而他的三种苦难实际上都是"无缘无故的",因此,也都是不可改变的。苦难的不可改变,是海子的一个非常重要的发现。在他的诗歌里,他用麦子这样的意象来告诉大家,苦难不可改变是一个很平淡的事实,像麦子生存和死亡一样,一个无缘无故的生命的本来面目就是这样,而且,永远都是这样,这是"绝望的麦子",是"美丽负伤的麦子",它是不能改变的。那么,我们只能怎么办呢?海子的回答是,"风后面是风/天空上面是天空/道路前面还是道路"①,"我以痛苦为生"。你以为苦难过去就没有了？你以为道路是曲折的,前途是光明的？海子告诉你说,道路是曲折的,前途是没有的。天空上面是天空,道路前面是道路。所以,海子庄严地宣布:"我不能放弃幸福/或相反/我以痛苦为生"②。

"我以痛苦为生",这是海子的发现。不过,更为重要的,是面对痛苦时的态度,这就是"无缘无故的爱"。在传统的中国的儒释道那里,痛苦会导致逃避,在鲁迅那里,痛苦会导致拼死肉搏,在海子那里呢？痛苦却会让他华丽地转身。为此,他说自己不得不"喷出多余的活命时间"。"喷出多余的活命时间"干什么呢？就是把苦难变成爱。这个时候,他采取的是一种非常值得我们去加以注意的态度。这就是:在苦难中去恪守爱、维护爱。

比如,在《四姐妹》中我们所看到的苦难就与众不同。过去,诗人们往往习惯于首先去揭露苦难,然后,再很快转向解释和吟咏。为什么苦难呢？因为朝廷太昏庸。为什么苦难呢？因为社会很腐败。为什么苦难呢？因为我碰到了冤假错案。而我们之所以直面苦难,则是为了能把一切都颠倒过来、纠正过来。因此,苦难是有缘的,也是有故的。但是,海子绝不寻找原因,苦难就是苦难。他只是接受苦难、承受苦难、体味苦难,而不去征服苦难、改变苦难,结果,被动地受苦就变成了主动地吃苦。所以,在描写苦难的《四姐妹》中,海子本人永远都是非常平静的。至于战而胜之的方法,则无非是以"无缘无故的爱"去快乐面对,前面说过,海子还有自己的"三种幸福"。其实,这三种幸福就是被永远的苦难所逼出的永远的爱。

**麦田、太阳和远方:"忍受那些必须忍受的,歌唱那些应该歌唱的。"**

海子诗歌里讲得最多的是麦子和麦田。麦子和麦田的重要性在什么地方呢？生命存在。海子已经说过,中国诗歌从来是逃避生命的。他却说,

---

① 海子:《四姐妹》,见《海子诗全编》,上海三联书店1997年版,第445页。
② 海子:《明天醒来我会在哪一只鞋里》,见《海子诗全编》,上海三联书店1997年版,第86页。

"生存无须洞察/大地自己呈现"①。我就要直面生命存在。他没有借用中国古典的传统意象,因为中国诗歌有那么多意象,但是却偏偏没有麦子和麦田。为什么呢? 因为中国诗歌是吟咏的,它不是真正的抒情。海子写,"健康的麦地/健康的麦子/养我性命的麦子"②。这真是了不起。中国人喜欢写什么"锄禾日当午",作者教育子孙后代说,你看劳动人民的血汗如何如何,他自己不去"锄禾",也不去面对"日当午",都是别人"锄禾",别人面对"日当午",然后他躲在一边儿来吟咏、感叹。海子就不是,海子就是"锄禾日当午"的那个当事人。而且,他绝不抱怨。

中国人还喜欢写什么"把酒话桑麻",这种"农家乐"是陶渊明的发现,他说,哪有什么苦难啊,你看丰收的时候多快乐。可一年三百六十五天,只快乐一天,三百六十四天却都苦得不得了,中国农民,到现在都仍旧是中国最苦的人,因此,又有什么快乐可言呢? 可有谁真正地去揭示过中国农民的苦难呢? 在中国诗歌里一看,全都是"农家乐",这真是不符合实际! 中国的农民是世界历史上最惨的农民,因为中国的土地是很贫瘠的。我们经常说地大物博,错了,中国地也不大,物也不博,中国的土地,是非常贫瘠的,因为黄河的冲击使得土地的营养保持不住,所以中国必须用一个办法来补足: 精耕细作。因此中国农民在全世界都是最为艰辛也最为贫困的。那么,这样的劳动能是"农家乐"吗? 但是回头看一下,中国的所有的诗人,哪一个一写到农村不是写什么"把酒话桑麻"? 真是胡诌。这种诗歌早应该结束了。而海子就是这样的第一个结束者。无疑,这是很了不起的。

我们再看,海子说,我们以后不要再画基督的橄榄园,"要画就画橄榄收获/画强暴的一团火"③。这是什么意思呢? 他说的是:我们以后不要再歌颂那种虚伪的快乐,我们要歌颂就歌颂那种生命的真实。海子清醒地意识到:

---

① 海子:《重建家园》,见《海子诗全编》,上海三联书店 1997 年版,第 358 页。
② 海子:《麦地》,见《海子诗全编》,上海三联书店 1997 年版,第 102 页。
③ 海子:《阿尔的太阳——给我的瘦哥哥》,见《海子诗全编》,上海三联书店 1997 年版,第 5 页。

"在这个平静漆黑的世界上/难道还会发生什么事/死亡是事实/唯一的事实/除了爱你/在这个平静漆黑的世界上/难道还有别的奇迹?"①这样的诗句与中国的传统真是区别巨大。

海子还说,我们亟待去歌颂那些"歉收或充盈的痛苦"②。确实,中国人的人生就是丰收也很可怜,所以永远是痛苦居多。可是,中国的那些传统的诗人们却每每隐瞒这一关键事实。海子不然,"歉收或充盈的痛苦",充盈于他的诗歌之中。所以,海子才非常喜欢凡高的《向日葵》,那是一个燃烧的向日葵,也是人的生命的活力的象征,在19世纪,在人类已经没有了生命活力的情况下,凡高首先让自己的生命燃烧。结果,世界也被他烧得一片焦灼,那,就是凡高的《向日葵》。当年,我在纽约看凡高的《向日葵》,一坐就是半天,我觉得,在画的背后,洋溢着一种生命的力量。其实,在海子的诗歌里,我们也能感受到这种生命的力量。

再来看一看海子的诗:

麦地

别人看见你

觉得你温暖,美丽(按:陶渊明,范成大,等等等等,中国的不少田园诗人,不都是这样认为的吗?海子一句话就把他们写完了:"别人看见你/觉得你温暖美丽")

我则站在你痛苦质问的中心

被你灼伤

我站在太阳痛苦的芒上(按:中国人有哪一个人像耶稣一样敢于站在"痛苦的芒上"?中国的许多人都是躲在一边儿看笑话的,都是吟咏的。所以,他说:)

麦地

---

① 海子:《太阳·断头篇·第二幕 歌·第三场:诗人·5 诗人的最后之夜(独白)》,见《海子诗全编》,上海三联书店1997年版,第506页。
② 海子:《麦地 或遥远》,见《海子诗全编》,上海三联书店1997年版,第354页。

神秘的质问者啊

当我痛苦地站在你的面前

你不能说我一无所有

你不能说我两手空空(按:这是什么意思呢?就是说,我发现了祖国的痛苦,我回报她什么呢?你不能说我一无所有,你不能说我两手空空。为什么你?因为海子已经华丽地转身,所以,他可以自豪地说:"你不能说我两手空空"!)

麦地啊,人类的痛苦

是他放射的诗歌和光芒!①

所以,当海子意识到了这一点以后,他就没有再回报祖国以"两手空空"和"一无所有"。他回报祖国的,已经是"放射的诗歌和光芒"。而在海子之前,回报祖国的都是"两手空空"和"一无所有"。

我还要发一声感叹,世人的"温暖"(欺瞒),竟然是诗人之痛?我们不禁要问,诗人为何而痛,而我们为什么两千年都不痛?为什么两千年都没有这样的诗人?这真是我们很大、很大的失败。

那么,海子的最大的成功在什么地方呢?就在于他找到了比麦子和麦地更温暖,更让人心情澎湃的太阳。太阳,对海子来说,是一个发现。他一生走的都可以形象地说成是向太阳求证生命的朝圣之路、爱之路。这条路是为我们这个民族乃至为整个人类所谱写的《创世纪》。所以,海子说他的诗是"火灾中升起的灯光/把大地照亮"②。所以,海子最喜欢的意象,就是太阳。"在黑暗的尽头/太阳,扶着我站起来/……/我是一个完全幸福的人/我再也不会否认/我是一个完全的人我是一个无比幸福的人/我全身的黑暗因太阳升起而解除"③。

也正是这种对于太阳的追求,使得海子在中国历史上第一个知道了,

---

① 海子:《麦地与诗人》,见《海子诗全编》,上海三联书店1997年版,第355页。
② 海子:《酒杯:情诗一束》,见《海子诗全编》,上海三联书店1997年版,第399页。
③ 海子:《日出——见于一个无比幸福的早晨的日出》,见《海子诗全编》,上海三联书店1997年版,第305页。

"远方就是你一无所有的地方"①,"远方除了遥遥一无所有"②,"远方的幸福/是多少痛苦"③,"诗和远方一样"④。意思就是说,他意识到了苦难的无缘无尽,意识到了这一切没有任何的办法可以解决。解释吗?吟咏吗?都不行。怎么办呢?只有转身,诉之以"无缘无故的爱",只有去用太阳的光芒照亮它。

所以,海子最喜欢的诗人就是荷尔德林。他说:"做一个诗人,你必须热爱人类的秘密,在神圣的黑夜中走遍大地,热爱人类的痛苦和幸福,忍受那些必须忍受的,歌唱那些应该歌唱的。"⑤做爱的见证和失爱的见证,忍受那些必须忍受的,歌唱那些必须歌唱的。两千年的中国诗国,有谁发出过这样犀利和明确的声音呢?没有!所有的人都是逃难者,都是逃避者,都是精神上的破落户。而海子却敢于走向太阳。惠特曼有一首诗,我很喜欢。他说:我想凡是我在路上遇见的我都喜欢,无论谁看到了我,也将爱我。海子也说,"谁在这城里快活地走着/我就爱谁"⑥。这其实就是无缘无故的爱。而为什么他会用太阳的光芒去照亮诗国,照亮这个民族的心灵?那当然也是因为,从他开始,"谁在这城里快活地走着/我就爱谁"。所以海子敢于去宣言:"我把天空和大地打扫得干干净净/归还给一个陌不相识的人/我寂寞地等,我阴沉地等/二月的雪,二月的雨"⑦。其实,在这里,他讲的就是对于传统的那种抒情的摈弃,就是我要把这些东西都打扫得干干净净,这些东西根本就没用了。至于所谓的我要等待一个陌不相识的人。对海子来说,则无

---

① 海子:《太阳·土地篇·第九章 家园》,见《海子诗全编》,上海三联书店1997年版,第612页。
② 海子:《远方》,见《海子诗全编》,上海三联书店1997年版,第409页。
③ 海子:《远方》,见《海子诗全编》,上海三联书店1997年版,第410页。
④ 海子:《我热爱的诗人——荷尔德林》,见《海子诗全编》,上海三联书店1997年版,第917页。
⑤ 海子:《我热爱的诗人——荷尔德林》,见《海子诗全编》,上海三联书店1997年版,第916页。
⑥ 海子:《城里》,见《海子诗全编》,上海三联书店1997年版,第92页。
⑦ 海子:《黎明(二月的雨)》,见《海子诗全编》,上海三联书店1997年版,第440页。

疑是极为明确的。对此,我们当然不要讲得太具体,我们宽泛地说,是等待爱。等待一个能把爱带来的人。谁能把爱带来,他就等待谁。

所以,海子在他的诗里做了一个值得我们注意的寓言。他说,"寂静的水中,我遇见了这只苍老的鸟"①,"苍老的鸟"就是指这个美好的幸福。在另外一首诗里他说,"请你放开她,让她回家　那位名叫人类的少女"②,"少女",也是指这个美好的幸福。为此,海子说,我"独自一人守候黎明",尽管自己是"黑夜的孩子",尽管自己"内心痛苦甚于别人"③,但是他还要独自一人守候黎明。等待那个陌不相识的人的到来。也就是等待那个把爱带来的人。在这个意义上,我们就最终不难知道,海子所给我们做出的最重大的贡献是什么了。

因此,我最喜欢他的这几句诗:

> 我走到了人类的尽头
> 也有人类的气味
> 我还爱着。在人类尽头的悬崖上那第一句话是
> 一切都源于爱情(按:曹雪芹讲的"开辟鸿蒙,谁为情种?"我们都还记得吗?)
> 一见这美好的诗句
> 我的潮湿的火焰涌出了我的眼眶
> 诗歌的金弦踩瞎了我的双眼
> 我走进比爱情更黑暗的地方
> 我必须向你们讲述

---

① 海子:《让我把脚丫搁在黄昏中一位木匠的工具箱上》,见《海子诗全编》,上海三联书店1997年版,第124页。
② 海子:《太阳·土地篇·第二章 神秘的合唱队》,见《海子诗全编》,上海三联书店1997年版,561页。
③ 海子:《黎明和黄昏——两次嫁妆,两位姐妹》,见《海子诗全编》,上海三联书店1997年版,第458页。

在那最黑的地方
我所经历和我所看到的(按:讲的是失爱,对吧?)
我必须向你们讲述
在空无一人的太阳上
我怎样忍受着烈火
也忍受着人类灰烬①

前面我说过,人类的审美活动是对于人类自身的爱和失爱的关怀与见证。其实,海子用他的敏锐感觉,也在为我们寻找着,只不过他是用诗人的感觉而已。所以我说,这是海子刻骨铭心的生命体验,更是对人类生命的终极关怀。他站在人类的尽头,凄厉地叫喊着。这喊声像一束圣火洞穿了整个黑夜,把许多长眠的死者和睡去的活者一齐唤醒。

而且,这种唤醒,对我们来说,实在是非常非常重要的,因为它是我们民族的伤口,在他以后,我们这个民族已经应该知道何谓"疼痛"了。尽管我们这个民族从来就是逃避"疼痛",尽管我们早已遍体鳞伤,但是,没有一个诗人发出过痛苦的呻吟,直到海子为止。看看海子,他的美学意识是何等的清楚,他写《四姐妹》,写他追求的四个女孩儿,尽管最后没有一个女孩跟他结婚,尽管这四个女孩都嫌他穷。可是,他回报这四个女孩儿的,却仍旧是爱。这四姐妹,都被他写成了神。他说:

到了二月,你从哪里来的
天上滚过春天的雷,你是从哪里来的
不和陌生人一起来
不和运货马车一起来

---

① 海子:《太阳·诗剧·司仪(盲诗人)》,见《海子诗全编》,上海三联书店1997年版,第771—772页。

不和鸟群一起来①

可要是我们中国的传统想法就不是这样的了,不但要和运货马车一起来,还要带着你的妹妹一起来(还要再顺便捞上一个)。所以,有学者早就指出,海子的呼唤是对西方宗教文化的洞察。这里面的"雷",实际上是来自《圣经》里的。《圣经》讲到上帝出现的时候都有"雷"。而"不和运货的马车一起来"又是为什么呢?因为他要和普通人共同面对这个艰难的时世。"不和鸟群一起来"呢?只要想一想《诗经》就知道了,周族的祖先后稷就是和"鸟群一起来"的,在他诞生的时候,是鸟用翅膀把他护住的,而这意味着什么呢?海子不再和传统文化一起来了。他要和一个新的文化一起来。这种新的文化,就是"我爱故我在"的文化。

**爱的圣徒:"我选择永恒的事业/我的事业就是成为太阳的一生。"**

　　顺便还要讲一下海子的最好诗歌的问题。

　　《面朝大海,春暖花开》,我相信人们都会朗读这首诗,而且都会说,这是海子最好的诗。可是,我却以为不然。

　　实际上,《面朝大海,春暖花开》是他在心灵犹豫时候写的一首诗。在这首诗里,他实际上表达的是,我这样坚持爱,有没有必要?我是不是也应该有权利像普通人一样,去自由地、快乐地生活?但他最终还是选择了"面朝大海,春暖花开"。实际上,他在这里写的是他自身生命的犹豫过程。而我们却把这首诗解读成了:得乐且乐,当一天和尚撞一天钟,跟着感觉走。难道这就是海子?如果是这样的海子,其实他的诗歌也就没有了重量。因为那实在是诗歌的耻辱。其实,海子最伟大的地方根本不在这里。所以,尽管《面朝大海,春暖花开》确实是一首很有生活情调的诗,但真的并不是海子的最好的诗。

　　那么,海子的最好的诗是哪一首呢?我认为,海子的最好的诗应该是

---

① 海子:《四姐妹》,见《海子诗全编》,上海三联书店1997年版,第444—445页。

《祖国(或以梦为马)》,我认为,海子的这首诗是有新诗以来最为辉煌的诗篇之一,也是最具美学风范的诗歌之一。在我看来,它可以被看作是一个爱的圣徒的"天鹅之歌"。

## 祖国,或以梦为马

我要做远方的忠诚的儿子
和物质的短暂情人
和所有以梦为马的诗人一样
我不得不和烈士和小丑走在同一道路上

万人都要将火熄灭　我一人独将此火高高举起
此火为大　开花落英于神圣的祖国
和所有以梦为马的诗人一样
我借此火得度一生的茫茫黑夜

此火为大　祖国的语言和乱石投筑的梁山城寨
以梦为上的敦煌——那七月也会寒冷的骨骼
如雪白的柴和坚硬的条条白雪　横放在众神之山
和所有以梦为马的诗人一样
我投入此火　这三者是囚禁我的灯盏　吐出光辉

万人都要从我刀口走过　去建筑祖国的语言
我甘愿一切从头开始
和所有以梦为马的诗人一样
我也愿将牢底坐穿

众神创造物中只有我最易朽　带着不可抗拒的死亡的速度
只有粮食是我珍爱　我将她紧紧抱住　抱住她在故乡生儿育女

和所有以梦为马的诗人一样
我也愿将自己埋葬在四周高高的山上　守望平静的家园

面对大河我无限惭愧
我年华虚度　空有一身疲倦
和所有以梦为马的诗人一样
岁月易逝　一滴不剩　水滴中有一匹
马儿一命归天

千年后如若我再生于祖国的河岸
千年后我再次拥有中国的稻田　和周天子的雪山　天马踢踏
和所有以梦为马的诗人一样
我选择永恒的事业

我的事业　就是要成为太阳的一生
他从古至今——"日"——他无比辉煌无比光明
和所有以梦为马的诗人一样
最后我被黄昏的众神抬入不朽的太阳

太阳是我的名字
太阳是我的一生
太阳的山顶埋葬　诗歌的尸体——千年王国和我
骑着五千年凤凰和名字叫"马"的龙——我必将失败
但诗歌本身以太阳必将胜利①

《祖国（或以梦为马）》说：我要做一个举火者，"此火为大"。我是一个物

---

① 海子：《祖国（或以梦为马）》，见《海子诗全编》，上海三联书店1997年版，第377页。

质上的穷人,但是我是一个精神上的富人,我要做一个举火者,此火为大。我要为我的祖国贡献我的爱和我的诗。大概意思就是讲这个,在我看来,这是我们这个民族所从来没有人说过的话。所以,海子在他的诗里对我们这个古老的民族发出了最深刻的质疑和最凄厉的呼喊。他说,"你这么长久的沉睡究竟是为了什么?"①中国为什么都是沉睡,为什么不以美为美,不以丑为美,不以悲剧为悲剧? 海子断然宣布:"围猎已是很遥远的事/不再适合/我的血/把我的宝剑/盔甲/以至王冠/都埋在四周高高的山上"②。他的意思是,不要再接受传统的那些东西,而要去追随一些新的更深刻、更有生命活力的东西。所以他断然转身,转而宣称:"我选择永恒的事业/我的事业就是成为太阳的一生",这,就是我所说的"华丽的转身"。

当然,我还要说,其实,任何一个华丽的转身在我看来都是一个基本假设,任何一个民族的成功和失败,关键就在于它的基本假设。西方的基本宗教文化说穿了就是一个基本假设,它假设人的生命是有限的,它假设人是有罪的。这就迫使所有的人要兢兢业业地去奔向一个绝对的完美。这就逼出了西方灿烂的今天,而我们的假设是什么呢? 每一个人都是很好的,你只要不再去犯错误,你只要不再有贪婪之心,你的一生就是很好的。所以,西方是原罪而我们是原善。显然,我们的基本假设是错了。

而说到海子,我觉得他最伟大的贡献就在于给我们提供了一个新的非常重要的百年假设和千年假设。这个基本假设,他用诗歌的神话已经告诉我们。海子说:要"做一个热爱'人类秘密'的诗人。这秘密既包括人兽之间的秘密,也包括人神、天地之间的秘密。你必须答应热爱时间的秘密。做一个诗人,你必须热爱人类的秘密,在神圣的黑夜中走遍大地,热爱人类的痛苦和幸福,忍受那些必须忍受的,歌唱那些应该歌唱的。"③海子还说:"我走到了人类的尽头/我还爱着。/我的潮湿的火焰涌出了我的眼眶/诗歌的金

---

① 海子:《春天,十个海子》,见《海子诗全编》,上海三联书店1997年版,第470页。
② 海子:《农耕民族》,见《海子诗全编》,上海三联书店1997年版,第30页。
③ 海子:《我热爱的诗人——荷尔德林》,见《海子诗全编》,上海三联书店1997年版,第916页。

弦踩瞎了我的双眼/我走进比爱情更黑的地方/我必须向你们讲述　在那最黑的地方/我所经历和我看到的/我必须向你们讲述/在空无一人的太阳上/我怎样忍受着烈火/也忍受着人类灰烬"[1]。因为"我是诗"[2],"除了爱你/在这个平静漆黑的世界上/难道还有别的奇迹?"而我们则要用一百年、一千年的生命去走。这个基本假设,其实就是爱的假设。我们一定要假设,爱是必胜的。我们这个民族,一千年两千年五千年都不肯做这个假设。现在,海子告诉我们说,我们要开始新的民族历程,要赶上全世界的现代化的浪潮,其实也很容易,就是要敢于去毅然假设:爱必胜!

这个新千年、新百年的基本假设,在我看来,是我们在阅读海子的诗歌时所必须去密切关注的。

而这,也正是海子的成功!

2004年,南京

---

[1] 海子:《太阳·诗剧·司仪(盲诗人)》,见《海子诗全编》,上海三联书店1997年版,第772页。
[2] 海子:《日记·1986年8月》,见《海子诗全编》,上海三联书店1997年版,第879页。

第三辑

时代杂评

## 启蒙的批判与对于启蒙的批判

### ——关于20世纪中国的文化主题

临近世纪之交,古老的中国充斥着一片浮躁的气氛。面对未来的世纪,人们大多沉浸在一种自欺欺人的光明行、安乐颂以及种种人为编织的美好的前景之中。某些学人更是自觉地充当着报喜不报忧的喜鹊的角色,甚至充当着盲目乐观的麻雀的角色。诸如"二十一世纪是中国文化的世纪"之类的说法也日益甚嚣尘上。善于"遗忘"的中国人,又一次上演着一幕皆大欢喜的"大团圆"喜剧。在向20世纪告别之际,人们仍旧以为,"恶梦醒来是早晨",只要"团结一致向前看",20世纪的种种错误、种种悲剧,就可以一笔勾销,21世纪的种种成就、种种胜利,就可以唾手而得。因此,到处都是一篇篇迫不及待然而却又内容极为空洞的迎接新世纪的贺词。至于少数有识之士的大声疾呼,却反而被人们不屑一顾地束之高阁,甚至嗤之以鼻。

然而,我不能不说,临近世纪之交,我们所亟待去做的,毕竟不是发表贺词,而是进行深刻的反省。必须承认,20世纪的中国,在文化建设上所取得的成绩并不骄人,甚至应该说,并不尽成功。经过了整整一百年的艰苦卓绝的奋斗,我们付出了巨大的代价,其中包括横跨了将近一个世纪的西方文化与中国传统文化之间的你死我活的对峙,包括数十年的充盈着铁与火的战争、数十年的流淌着血与泪的运动,包括几十万优秀知识分子的被打为右派……可是,在与20世纪告别的时候,我们究竟可以拿出什么样的成就奉献给当代世界?我们有没有世界一流的名牌大学?我们有没有世界一流的思想大师?我们有没有世界一流的文学大师?我们有没有世界一流的传世之作?我们有没有世界一流的电台、电视台、报纸、出版社?……假如没有,那么这是否意味着,我们这个占世界人口五分之一的有着悠久文化传统的民族,实在是愧对20世纪;这是否还意味着,我们这个占世界人口五分之一的有着悠久文化传统的民族,很有可能会以曾经为世界奉献了"无产阶级文化大革命"(在19、20世纪之交则为世界奉献了大量的白银)而被列入人类的20世纪文化史,并且闻名于人类的21世纪。也意味着在20世纪的世界,中国竟然只是一个文化上的侏儒。

尽管这样说未免有些危言耸听,也多少是有些出自恨铁不成钢的情绪化心态,然而,历经风雨而且付出了惨重的代价,20世纪中国的文化建设却并没能取得预想的成就,这,应该说是无可置疑的。回眸中华民族的百年历程,从19世纪的"门户开放"到20世纪的"改革开放",或者是由于自身衰老腐朽,弱不禁风,在西方列强的炮火下被迫开门揖盗,或者是由于自身体弱多病,主动寻医问药,"别求新声于异邦"。然而,建设现代化的政治强国、经济强国、文化强国,却始终是其中贯彻始终的世纪追求。遗憾的是,自20世纪之初,文化建设的问题就根本没有得以展开。变法与宗法、维新与守旧、革命与改良、问题与主义、君宪与共和、科学与民主、启蒙与救亡……种种矛盾彼此纠缠交错,而五四精神则可以视为对于这一切的根本解决。这一点,我们可以在五四精神的主题词中看到。这就是反帝、反封建、科学、民主、个性解放。20世纪中国的文化道路、任务、前途,也借此而得到规定。不难看出,20世纪中国的文化建设之成功在于此,20世纪中国的文化建设之失败也在于此。

简而言之,20世纪中国的文化建设之失败,在于缺乏"思想启蒙"这必不可少的重要一环。所谓思想启蒙是指文明的教化。综观世界各国的现代化进程,从愚昧、野蛮、迷信、恐惧中解放出来,应该说,是传统社会向现代社会转型的关键环节。它意味着从"自然经济"逐渐转向"市场经济",从"人的依赖关系"逐渐转向"以物的依赖性为基础的个人独立性"。具体来说,从社会的角度,是从"群体本位社会"到"个体本位社会",从人类文明的角度看,是从前资本主义文明模式到资本主义文明模式。而从文化的角度而言,则是对于人的独立性,对于商品意识、科学意识、民主意识的强调,是从禁欲主义到世俗主义、从愚昧主义到理性主义、从专制主义到民主主义。其中,理性的觉醒,则是关键中的关键。正是在此意义上,康德才把思想启蒙概括为:"在一切事情上都有公开运用自己理性的自由。"然而,在中国却并非如此。中国的思想启蒙并非以商品经济为基础,而是直接从政治上加以认同。因此,不论是思想启蒙的实质,还是思想启蒙的前提、思想启蒙的结果都完全不同。这样,每每以文化革命始,但却以政治革命终,把文化问题当作政治问题来解决,就成为20世纪中国的必然归宿。文化的阳关道因此而被转换为政治的独木桥,精神问题也因此而被归结为政治问题。思想启蒙这必不可少的重要一环因此而令人痛心地被遗失了(这一点,事实上在近代改良主义者那里就已经发现,所以章太炎才会感叹:"中国今日之人心,公理未明,旧俗俱在。")。

更为严重的是,当19世纪的中国接触及西方的思想启蒙运动之时,正是西方的启蒙时期结束,以及思想启蒙从宁馨儿转而成为狼外婆之时(实际上,所谓"93年恐怖"就已经意味着启蒙逻辑的逆转)。西方资本主义文明的缺憾,例如异化、物化,也已经开始逐步地显现出来。于是,以东方的道德理想主义、审美主义批判西方发达国家的物欲横流,把反帝与反对高度发展的西方文明(同时,又把反封建与反对自己民族的文明历史)混同起来,就成为20世纪中国的某种选择。结果,波普尔在《开放社会及其敌人》一书中提醒的极权主义与审美主义的联姻,在20世纪的中国就以绵延几十年为害甚为惨烈的"极左"的方式表现了出来。毛泽东曾经对外宾说,斯大林式的专制在英法美这样的西方国家是不可能发生的。之所以如此,关键正在于启蒙与未曾启蒙的区别。与此相同,在同样没有经过启蒙的洗礼的德国,作为法西斯主义的发源地,反启蒙、反现代性的审美主义思潮造成的深重的灾难也正说明启蒙的不可或缺。不幸的是,中国此后的历程也如此。由于科学精神、民主精神、自由观念在中国根本没有扎根,科学成了现代迷信,民主成为"大鸣大放",自由成为"和尚打伞无法无天"。最终出现的"文化大革命",更是与科学、民主、自由无关,而完全是践踏科学、民主、自由的结果。因此,我们并没有从旧的愚昧走向新的文明,而是从旧的愚昧又走向了新的愚昧。对此,除了仍旧有待我们借助"对自己理性的公开运用"去认真予以反省之外,实在也别无良方。

那么,21世纪的中国究竟应何去何从?在我看来,关键是要寻找真正属于自己的文化主题。事实上,21世纪的中国,同时面临着从前现代化到现代化和从现代化到后现代化这样两个截然相反的主题。所谓从前现代化到现代化的问题,包括市场经济、现代科技、工业化以及人的尊严、民主、自由,等等,意在改变传统的人身依附,使个人获得前所未有的独立;而所谓从现代化到后现代化的问题,则包括全球问题、人的物化问题。具体来看,它包括,人与自然之间关系的异化:这主要体现为自然中的"人化"与全球问题的矛盾。人与社会之间关系的异化:这主要体现为社会中的"人化"与"物化"的矛盾,例如社会对人的发展的扭曲,人与人之间关系的异化,等等。在这里,人与人之间的关系被异化为金钱的关系。最后是人与自我之间关系的异化:它意味着自我的失落。显而易见,面对从前现代化到现代化和从现代化到后现代化这样的双重难题,正是后发的现代化国家所无可逃避的命运。我们固然不能把未存在的思想启蒙宣布为已经过时的或者根本不应存在的,但也不能因为反对发展中国家普遍存在的以道德理想主义、审美主义批判发达国家的物欲横流这一缺憾,就无视当代西方后现代主义已经早已开始的对于现代性的严厉批判。前启蒙所导致的愚昧、专制需要批判,启蒙所导致的物化、异化也需要批判。没有经过思想启蒙的现代化是不可能的,没有经过美学批判的后现代化也是不可能的。一方面,在精神领域,我们必须维护那已经被"现代性的酸"所逐渐蚀解了的人文理性、价值理性,另一方面,在社会领域,我们却要充分地发展造就了现代性的工具理性、科技理性。总之,启蒙的批判与对于启蒙的批判,这,应该就是21世纪中国的文化主题(所谓历时问题的共时解决)。

然而,反抗现代性却必须是现代性充分展开的结果,启蒙的批判也必须以启蒙的实现为前提。这又如何可能?总结百年来的经验与教训,我认为,关键是要回到文化发展的唯一坦途:中庸之道。人类文化的历史从来都是折衷的,都是奉行一种节约化的进化方式。无数思想家所竭力提倡的"允执其中"、"和而不同"、"寻求中道和选择中间"(亚里士多德)、"必要的张力"

（库恩），都是对此的提示与总结。具体来说，这里的"中庸"与中国古代的扼杀极端的"中庸"不同，它意味着以同时保持两极之间的张力并使它们互相弥补、促进的方式来发展人类文化（这意味着，发挥这两极之间冲突所造成的正功能，而避免这两极之间冲突所造成的负功能）。而不论是启蒙的批判抑或对于启蒙的批判，我们过去的失误都在于：不承认不同价值之间的不可相互通约或替代，因而简单地采取了"你死我活"这样一种消除价值多元性的做法，所发挥的，也恰恰是两极之间冲突所造成的负功能。事实上，我们不可能将一种价值还原、归并、替换为另外一种价值。对于多元价值，我们固然可以消除它们之间的矛盾、失衡，但是却无法消除它们彼此矛盾共存这一事实本身。这样，正确的选择只能是：整合。例如，通过具体内容的整合，让它们在内容上不相矛盾；通过适用范围的整合，让它们在范围上不相冲突；通过相对强度的整合，让它们在功能上不相抵触。总之，令其不再相互排斥、抵触，而是彼此互补、兼容，等等。启蒙的批判与对于启蒙的批判也是如此，本雅明曾提示说：只是因为有了那些不抱希望的人，希望才赐予了我们。在此我们也可以说，只是因为有了启蒙的批判的出现，我们才能真正地面对对于启蒙的批判，同样，只是因为有了对于启蒙的批判的出现，我们才能真正地面对启蒙的批判。因此，启蒙的批判与对于启蒙的批判，在新世纪的和谐共存，对于置身于世纪之交的我们来说，应该说，就是完全可能的。

1999年，南京

# 逃向生活

说不清究竟是从哪一天开始，当代生活中竟然开始到处回荡着这样的声音：

"我微笑着走向生活/无论生活以什么方式回敬我……"

"何不游戏人间/管他虚度多少岁月……"

"潇洒走一回……"
……

这实在是一种美学的尴尬!

我们的美学确实正在"走向生活"。然而,美学"走向生活"的结果就是"游戏人间"甚至就是"潇洒走一回"?无疑又未必然。

大凡稍稍熟悉人类美学历程的人都知道,长期以来,"生活"是一个为传统美学所根本不屑提及的话题。在传统美学,美与生活之间是一种贵族化的关系。它力主:应该对生活说"不",而对理想说"是",换言之,"生活",在这里成为"人欲横流"的对象,成为被处心积虑地要加以改造的对象,不但无法获得独立性,而且无法获得意义。在小说《组织部新来的年轻人》中就有这样的感叹:"我们创造了生活,而生活却反而不能激励我们……"在小说《人生》中也有这样的哀怨:"这样活着有什么意思。"而在马雅可夫斯基的诗篇《关于这个》中,更是把日常生活视为最为凶恶的敌人,因为它使自己变成小市民。诗人诅咒说:"这一切/像一群卑微的蚊虻/甚至/成为日常生活/散落到我们/红旗制度上"。因此,"理想在别处""幸福在别处""爱情在别处""美在别处"。"火中凤凰""锁链上的花环""彼岸世界的枷锁"以及废墟上的"蓝花"……就成为传统美学讴歌的对象。这意味着传统美学即便去关注生活,也只是因为它不再是生活中的什么平凡事物,而是具有某种特殊意义的东西的象征,具有着超出平凡现象的特殊本质。换言之,传统美学在关注生活之前,就已经存在着穿透生活现象透视生活的崇高本质的心理期待。这崇高本质是为传统美学所预设的,并且内在地决定着人们的审美。至于个人对于生活的发现,则是根本无法出现的。

显然,在特定的历史条件下,传统美学的对于生活的看法自有其历史的合理性。然而无论如何,我们今天却已经不难从中看到它的根本缺憾:对于日常生活的恐惧,以及认为日常生活必然无意义的焦虑。由此,日常生活无异一块失重的漂浮的大陆,无异所谓的"无物之阵",它的灵魂、内涵,根本就无法为传统美学所把握。这恰恰说明传统美学已经无法影响日常生活,已经成为凌空蹈虚而远离坚实的大地的美学。长此以往,难免动辄就是"人们在明媚的阳光下生活,生活在人们的劳动中变样。老人举杯,孩子们欢笑;小伙弹琴,姑娘歌唱……"最终从抒情到造情再到矫情,从而迟早会失去自身的美学活力。

也因此,在当代世界,生活逐渐浮出美学的海面,开始被视为最为真实的存在。这可以理解为韦伯所谓的"解魅化",它意味着堂皇想象的消解,神圣本质的解体,以及其日常、世俗本质的暴露。对于当代美学来说,生活并不像传统美学那样,是"竟然如此",而是"就是如此"! 为此,针对传统美学的对生活说"不",但是对理想说"是",当代美学甚至不惜激进地针锋相对地提出:也应该对生活说"是",并对理想说"不"! 在这里,"是"和"不"第一次被颠倒了过来。换言之,在传统美学,重要的不在生活得多长,而在生活得多好,在当代美学则是重要的不仅在生活得多好,而且在生活得多长。诸如"生活世界的理论"即现象学美学,"以生活为中心的美学"即实用美学,"以人的存在为中心的美学"即生存美学,都如此。其中,"原经验"(杜威)、"纯粹经验"(詹姆斯)的提出,是对人的理智、意志、情感和真、善、美尚未分化时的产物的强调,无疑体现着美学家走向生活的努力。作为形而上学的基础的充满"烦"的"此在"(海德格尔)的提出,为人类提供了一个透视生活的窗口,同样体现着美学家走向生活的努力。其中的共同之处在于:面对着日常生活的崛起,用生活的"是这样"以及生活的"是其所是"(重特殊与个别)拒绝了生活的"应当是这样"以及生活的"是什么"(重一般与抽象)等"乌托邦"和"罗曼蒂克"。结果,一方面,所谓理想不再是一个预设的终极的而且不变的点,而是体现在非终极的无穷发展过程之中,也不再是一个给定了的存在和彼岸的根本实现不了的存在,而是不断实现又不断否定的存在。另一方面,所谓生活不再是被想象出来的,而是被实实在在地度过的。事实上,正如休谟所感叹的:在事实与意义之间,在"是"与"应是"之间存在着一个逻辑上的断裂,即"是"与"应是"被偷换成了"应该"与"不应该"。这就是说,在传统美学,存在着从"是"中无法合理地推出"应是"的美学缺憾。在当代美学,这一切却可以通过生活而自然完成。

何况,我们经常发现:人们总是渴望另外一种生活,但是却总是过着这一种生活,这样,所谓的另外一种生活,事实上也只能是这一种生活。因此,如果这一种生活是荒诞的,那么另外一种生活也只能是荒诞的。而且,相比之下,为传统美学所津津乐道的某一瞬间的沉重打击倒是易于承受的,真正令人无法承受的应该是无异于"一地鸡毛"的日常生活。它使人最难以忍受,同时给人的折磨也最大。当代美学把目光投向日常生活,要提倡的正是日常生活中的诗情以及日常生活无罪的观念。在这里,美学不再与日常生活为敌,而是转而开始与日常生活为友了。某女明星为了不愧对生活,甚至把自己的自传命名为"日子"。从中,不难看出美学转型的轨迹。结果,当代美学理直气壮地宣称:生活无罪!

然而,犹如真理多走半步就会成为谬误,美学的走向生活,同样存在着一定的界限。换言之,美学的走向生活本来是针对传统美学的在生活之外为生活本身确立意义或者以外在的意义来控制生活,并且一旦达不到目的就仇视生活的做法而言,而美学要达到的目的却是为生活本身的意义辩护,为生活本身的意义立法。在这里,对于生活的美学理解,就过去从未触及的如何既不是回到传统的"平凡而伟大""拒绝平凡"但也不是简单地回到日常生活中的平庸这一重大美学课题而言,无论在什么意义上,应该说,都是一次美学的挑战。但是,令人吃惊的是,在有些人那里,这一美学的挑战却是转而干脆以"为生活而生活"的借生活来脱离意义的方式来加以解决。这些人就像一个长期离家出走的游子,长期在社会上宣讲着或者聆听着各种教义,不但不思回家,甚至已经忘记了有家。可是在某一天的早上,当他一觉醒来,却沮丧地发现:宣讲者与听众都已经一哄而散。于是,只好垂头丧气地逃回家园。这意味着,在这些人那里,并不是回到生活,而是逃向生活。在这里,恰恰为他们所忽视的是:丧失意义的日常生活与丧失日常生活的意义都是无法令人忍受的,都是一种美学的误区。

美学的尴尬恰恰由此而生。

既然外在的意义无法控制生活,于是,就连生活本身的意义也视而不见,转而为生活而生活,以丧失意义的生活为生活。结果,生活成为唯一目的,成为新的时尚。只要以生活的名义,似乎就可以无所不为。生活的艺术取代了艺术的生活,微笑地活着取代了诗意的思。"生活多美好、世界真奇妙"这类芝麻卡上的贺词,则成为最最时髦的座右铭。于是,生活成为消费的对象,一切都可以有滋有味地咀嚼。从嚼口香糖、戴博士伦、穿超短裙、着流行时装、喝新潮饮料、听流行唱片、进出特定的文化生活圈到专卖店、时装屋、精品屋、极品屋,从强调官能解放的发屋到强调味觉解放的音乐茶座到强调身体解放的酒吧、迪斯科舞厅到强调声音解放的卡拉OK厅、KTV包房、夜总会,最后到强调肉身解放的桑拿浴、芬兰浴,从人头马洋酒、CD唱碟到耐克、金利来、皮尔·卡丹、鳄鱼、佐丹奴、彪马,从金属立柱、不锈钢贴面、环形日光灯、意大利大理石到一切城市的奢侈之物(官能的靡菲斯特),从《曼哈顿的中国女人》到小品文、随笔、散文的泛滥再到展示个人生活秘史的明星自传……欲望的放纵、精神的焦虑、时髦的品味、赝品的大全、荒诞的白日梦,应有尽有。从中不难看到:人们开始了以生活为目标的有步骤、有预谋的胜利大逃亡。至于生活中的艰难困苦,则根本就毋须顾及。生活是美好的,我们大可不必怨天尤人,能怎么活就怎么活。只要在潇洒的生活中享受生活的乐趣,就是一切。这方面,王朔的小说《顽主》中的一段话颇具代表性:"我们可以忍受种种不便,并安适自得,因为我们知道没有完美无缺的玩艺,哪儿都一样,我们对别人没有任何要求,就是我们生活有不如意我们也不想怪别人,实际上也怪不着别人。何况我们并没有觉得受到亏待,愤世嫉俗无由而来。达则兼济天下,穷则独善其身,既然不足以成事,我们宁愿安静地等着地老天荒。"于是,"换一种活法""没有钱万万不能""生活总是美丽的""游戏人生""娱乐人生""跟着感觉走""潇洒走一回""玩的就是心跳""过把瘾就死"甚至"我是流氓我怕谁"……这一系列蛊惑性与破坏性都堪称强烈的口号就纷纷应运而生。

令人失望的是,以逃向生活的方式重返生活,不但没有解决美学所面对的意义与生活之间的内在焦虑,而且反而加剧了这一焦虑。

逃向生活的实质是逃避自我。作为现代人,置身现代社会,扣住时代的脉搏,与时代同步,甚至超前地去引导时代,应该说,是人们的共同向往。然而,逃向生活,却只是简单地去拼命追赶着变来变去的生活,以自己的不落伍作为能够追赶上生活的标志。其中,生活的真正内涵以及生活与自己的内在关系,却很少有人认真地予以反省。流俗的广告术语"不同凡响"最为典型地说明了人们多么狂热地需要表现出自己与众不同,尽管他们之间实际上几乎毫无差别可言。而对生活的小心翼翼的道谢,对于生活的介入的无能,则深刻地说明了其中的自我的丧失。爱默生说:快乐是一种能力,一种智慧。生活也是一种能力,一种智慧。在生活中人类主要不是被爱的过程,而是施爱的过程,最为重要的也不是生活态度,而是生活能力的问题。倘若只是关心如何被生活所接受,如何博得喝彩,是极为危险的。因为生活的本质是给予而不是索取。丧失自我,就根本谈不上给予。

以时尚为例,逃向生活的最为重要的途径就是把握时尚。"时尚中人",是逃向生活的根本标志。然而,时尚的关键在于走极端,在于拒绝复制。其中最为重要的是"合时"而不是"合适"。而且,只有在做给别人看时时尚才有意义。因此追逐时尚者命中注定是无法自主的,是既无个性但又总在模仿别人的人。对于逃向生活的人来说,这无疑是一个令人沮丧的发现。因为所能追赶到的,永远是时尚的背影。英国散文家阿狄生谈到他认识一个绅士,极爱赶时尚,但是因为一次感情上的失败而终于对时尚服装心灰意冷,从此不再变换衣服的式样。可是后来他惊奇地发现,在短短几年中,他一直穿着的衣服式样竟然流行了六次。而且,对于时尚的不知疲倦不加选择的追逐,所能得到的也只是不满足与无边的匮乏。获得时尚会厌烦,无法获得时尚会不满,为被时尚认可会兴奋,为无法得到时尚的认可会沮丧,这是追逐时尚的必然结果。由此我们看到,一味追赶时尚,正是一种丧失自我的典型表现。在其中,人们离家出走,在街头狂奔,为了不被社会所冷淡,为了向人们证实"自己是什么或者拥有什么",不得不不断地重新重塑自我的形象,不得不躲藏在时尚里以获得某种安全感,与时尚同喜同悲同生同死,共同承担责任也共同推卸责任,为此甚至可以像蛇一样地蜕皮而毫无吝惜之情。结果,不再单纯为内心而生活,也丧失了自己对自己的判断能力、选择能力,而一味地从别人的眼睛中来看自己,就成为唯一的选择。

因此,逃向生活充其量也只是某种平庸的小聪明,它所导致的正是文化的腐败。从表面上看,它在教人活得快活些、幸福些、轻松些、潇洒些,但实质上却是人类神经的过于正常甚至麻木不仁。是对自我的放逐,而不是对自我的恪守。"我微笑着走向生活/无论生活以什么方式回敬我","仰首是春/俯首是秋/月圆是画/月缺是诗"。于是,人类的任何罪孽和谬行,在它看来都是可以原谅的,既然生活命中注定是不"幸福"的,何妨干脆改变自己的心理方式以适应现实。歌德在《少年维特的烦恼》中剖析说:"比如谈恋爱,一个青年倾心于一个姑娘,整天都守在她身边,耗尽了全部精力和财产,只为时时刻刻向她表示,他对她是一片至诚啊。谁知却突然出来个庸人,出来个小官僚什么的,对他讲:'我说小伙子呀!恋爱嘛是人之常情,不过你也必须跟常人似的爱得有个分寸,喏,把你的时间分配分配,一部分用于工作,休息的时候才去陪爱人。好好计算一下你的财产吧,除去生活必须的,剩下来我不反对你拿去买件礼物送她,不过也别太经常,在她过生日或命名日时送送就够了。'——他要听了这忠告,便又多了一位有为青年,我本人都乐于向任何一位侯爵举荐他,让他充任侯爵的僚属,可是他的爱情呢,也就完啦,倘使他是个艺术家,他的艺术也就完了。"[①]确实如此。丧失自我的生活绝不是生活。在选择、苦难、命运面前甘之若饴,处处表现出自己的逗乐、健忘、知足、闲适、恬淡、幽默,"跟着感觉走",相对于俄狄浦斯的自残、安娜·卡列尼娜的自杀、贾宝玉的出家,这一切虽然明智但却绝非正确的选择。庞德曾经大声疾呼:人类要当心自己的子孙变成虫子。对于已经忘记了人类自身的高贵血统的逃向生活者,这疾呼实在算不上是耸人听闻。

逃向生活的实质也是逃避意义。清算以生活之外的意义来控制生活的做法,并不意味着就可以不去追问生活之中的意义,就可以转而以生活来取代意义。这无疑是一个误区。就像日出使得黑夜的存在有了意义一样。认为人类只有摆脱了理想乌托邦才能够走向真正的生活,其本身就导致了另外一种乌托邦:生活乌托邦。换言之,因为"善"的虚伪,人们便开始嘲弄一切的善;因为"真假"的颠倒,人们便干脆拒绝一切的真假评判;因为无法达

---

① 歌德:《少年维特的烦恼》,杨武能译,人民文学出版社1990年版,第11页。

到理想的乌托邦,人们就义无反顾地抛弃了理想的乌托邦。生活本身便丧失了问题与深度。其结果,是以逃向生活的方式逃避思考、逃避解释、逃避意义,使生活变得无从思考、无从阐释、无从理解。生活中的无意义的焦虑也因此而日益严重。这说明面对社会转型,人们往往既自信而又空虚。否定旧的价值准则,很自信;寻找新的价值准则,很空虚。既然建设不起新的价值准则,只好以消费、享乐的价值准则代之。因为人们在探索中可以得不出任何结论,却可以得出一个没有结论的结论。即追求某种价值是可疑的、虚妄的。"山上有一棵小树,山下有一棵大树,哪一个更高,哪一个更大?"找不到答案!于是,人们便一齐高喊:"我不知道!""我不知道!"接着,"跟着感觉走","潇洒走一回","感觉"至上,"潇洒"至上,就顺理成章地成为虚无主义的温柔乡、自慰器,成为当代生活的主旨。然而,很多人甚至不愿意去设想,在其中是否存在一种极其可怕的东西。那就是对最可珍贵的生命的一种不负责任、一种虚无主义。要知道,"感觉""潇洒"无疑是对生活的还原,但却并非生活的全部。一旦把它强行抬高到衡量一切的最高价值的地步,一旦把它炒得发紫,多元的价值生活就又一次地被扼杀了。人们被笼罩在一个"感觉""潇洒"的圈套之中,沦落为可怜的"套中人"。而且,无论如何,"感觉""潇洒"之类毕竟只是走向"自由"的开始,却绝对不是自由本身。它是一种肤浅。我们只能在它是走向"自由"的开始这一背景下肯定它。但假如它永远停留在这一层面,就必然会成为一种"媚俗"、一种"游戏",成为一种对"自由"的逃避。而且,就当前的实际情况来看,"感觉""潇洒"也确实正在成为人们精神的空虚、无聊的避难所,成为人们慢性吸毒的遁辞。生命中有很多东西是有重量的,像金钱、美女、酒池、肉林……它不像灵魂、自由、价值、温情、爱、美那样没有重量,但后者却更有可能把人压垮。这是一种生命中的不可承受之"轻",也是在生活中往往要逃避的不可承受之"轻"。我多次强调过,对于神圣的东西要有敬意,因为它最脆弱同时也最重要,一旦失去了它,人类无法生存,正是出于对人类的逃避心理的警惕。试想,倘若离开了意义的高峰,西西弗斯岂不是也只能面对着石头无所事事?空洞的内心,平庸的尘世,安枕于价值判断之外,以取消价值判断的方式逃向生活,丧失了殉道的神圣,为自己的无利无害无弊的位置而沾沾自喜,不惜在意义的废墟上举办生活的盛大狂欢节,其结果,就是超越与麻木的等同!

逃向生活的实质还是逃避生活。美的东西,并不都是鲜花。在生活中,本来就应该是酸甜苦辣并存的。因此,在"微笑"着走向生活之外,闻一多先生才更为激赏那种庄周、东方朔式的"狂笑"着走向生活。在此意义上,微笑着走向生活,实际上只是在微笑中退出生活,退出意义,退出自我。例如痛苦,人们往往畏惧痛苦,然而痛苦正是生活的真实写照。不知道疼痛,又如何知道自己是否活着? 生活的目标并非是为了给谁一个惊奇,不是为了证明什么,更不是为了与谁赌一口恶气。所以惠特曼才会说:"我这样做一个人,已经够了。"罗素也说:伟大的人、伟大的作品往往都会在你刚刚接触他(它)时产生一种乏味感,经常回避乏味感而不断追求有趣的人最终必将成为一个真正乏味的人。在生活面前,也是如此。然而,在逃向生活的人们看来,生活却只能是花团锦簇,至于其中的严峻,则可以视而不见,或者诗意地加以点化。这未免令人愕然。其结果,是把自己自由地交给了不自由。在真正的人齐赴"生死之劫"时,有些人竟然成群结队地逃向生活。这,实在是一大悲剧。

一味潇洒、轻松的人生并非真正的人生。以三毛为例,她在医院的最后一句话是对护士说的:"不要叫醒我。"这实际上也是她一生的写照。但生活中真的只有轻松、潇洒吗? 我们知道,生活中的真正的潇洒、轻松是根本就意识不到潇洒、轻松。这正如叔本华所提示的:身体的最好的状态是你意识不到它的存在。如果意识到它,那肯定就是出问题了。三毛的时时潇洒、一味潇洒,也如此。或许,这只是一种自觉、善意的欺骗? 既欺骗自己,也欺骗别人。但是,这欺骗又如何可能? 潇洒、轻松固然是来自争取自由的焦虑的消失,然而,还是否产生再没有什么可以争取的焦虑? 在此意义上,生活被庸俗化为一张宣传画。在其中,人们产生的是一种只有吸毒才会出现的病态的兴奋,在虚伪的忙碌、奔波中激动,在"朝三暮四""朝四暮三"中徘徊,一会这样,一会那样,但是偏偏就是现在无事可做,也不去做。由此而产生的,是一种因为生活的僵化、惰性、陈腐而出现的矫情。它体现的是生命存在的蜕化、闲散、懒惰、流浪和无根状态。而它所得到的,充其量也就是一场"庸俗的市侩的戏剧"(赫尔岑),也就是"回头试想真无趣"!

在这里,最为重要的是:勇于承当命运,承当一切。在这方面,欧文·斯通的凡高传记《渴望生活》,给我们以深刻的启示。对于真正的生活来说,最为重要的不是"竟然如此",而是"就是如此"!人本来就"在生活中",这是一个最为沉痛的事实,也是一个必须接受的事实。因此最为神秘的不是生活的"怎样性"(最为重要的也就不是追问生活的"怎样性"),而是生活的"这样性"(最为重要的也就只能是追问生活的"这样性")。生活就是这样的。生活只是如其所是,在此之外,一切都无法假设,也不应假设,一切都呈现为自足的本然性,作为一个离家出走而且绝不回头的弃儿,生存只能被交付于一次冒险。你无法设想别的世界与别的生活方式,因为你只有这样一个世界和这样一种生活方式,只拥有现在、此生,而别无其他选择。这就是当代美学所常常强调的:生活是人类的唯一拥有。陶渊明在《归田园居》中感叹过"误落尘网中,一去三十年",但在当代美学看来,在"尘网中"的人类就完全不是"误落",而是只能如此。生活不是碰巧强加给人类的,而是就是如此、只能如此、必须如此。但是人类的"在生活中"这一事实,却必须由人类的"走向生活"来揭示。在这一"走向"之中,通过不无偏激地把生活绝对化而直接把生活的如是性绝对化为唯一性,生活因而才被建立起来。因此意识到人什么也没有,只有立处,却仍旧直面此刻,承领此刻,直面当下的痛苦,承领生活的"如其所是",人生就被赋予了意义。这,应该就是海德格尔说的人的"被抛入性"。因此,逃向生活,就是绝不回避人当下的此在的受动性,而毅然在生活中承领生活,直面天命,甘愿忍受无归无居的漂泊。因此,假如说传统美学是"我喜欢这",当代美学则是"就是这"。尼采说的:"我认为人类所具有的伟大性是对命运之爱:一般人无论在未来、过去或永远都不应该希望改变任何东西。他不但必须忍受必然性,并且,他没有任何理由去隐瞒它——在面对必然性时,所有的理想主义都是虚假的——但他必须去爱它……"维特根斯坦说的:"(哲学)就是让一切如其所是。"而海德格尔说的:"让人从显现的东西本身那里,如它从其本身所显现的那样来看它。"应该说,就是这个意思。里尔克说的:"我们最好把大地的一切当作故乡,即使是痛苦也包括在内。""让每一个人按自己的方式死去,生过、爱过然后死去。""有何胜利可言,挺住意味一切。"尤奈斯库说的:"只能打一场不可能取胜的仗。"应该说,也是这个意思。切斯特曾经借"风中的树"诗意地比喻说:

> 每一种优美地弯曲的事物中,必定存在着反抗,树干在弯曲时是完美的,因为它们企图保持自己的刚直。刚直微曲,就像正义为怜悯所动摇一样,概括了世间的一切美。万事万物都想笔直地生长,幸好这是不可能的。

毋庸讳言,"笔直地生长",这只有在逃向生活的幻想中才存在。幸而,这是不可能的。真正的生活只能够"弯曲"而并非"笔直"地存在着,但也正因为如此,它才得以概括了当代"世间的一切美"。

因此,真正的走向生活并非一场虚无主义的冲动,也并非对于人生的价值与意义的否定。它所展现的不是出世空心,而是入世决心,不是逍遥顺世,而是逆世进取,不是以无为求得无不为,而是以无不为求得无为。蒂利希称之为"存在的勇气",确实如此(而逃向生活所缺乏的正是"存在的勇气",它以逃向生活来逃避生活)。沈从文先生曾以自己的人生经历描述云:

> 我想起"历史"。一套用文字写成的历史,除了告给我们一些另一时代另一群人在这地面上相斫相杀的故事以外,我们决不会再多知道一些要知道的事情。但这条河流,却告给了我若干年来若干人类的哀乐!小小灰色的渔船,船舷船顶站满了黑色沉默的鱼鹰,向下游缓缓划去了。石滩上走着脊梁略弯的拉船人。这些东西于历史似乎毫无关系,百年前或百年后皆仿佛同目前一样。他们那么忠实庄严的生活,担负了自己那份命运,为自己、为儿女,继续在这世界中活下去。不问所过的是如何贫贱艰难的日子,却从不逃避为了求生而应有的一切努力。在他们生活爱憎得失里,也依然摊派了哭,笑,吃,喝。对于寒暑的来

临,他们便更比其他世界上人感到四时交替的严肃。历史对于他们俨然毫无意义,然而提到他们这点千年不变无可记载的历史,却使人引起无言的哀戚。①

在这里,找不到"游戏""娱乐""潇洒""心跳",也无从"过把瘾就死",然而,却处处渗透着"存在的勇气"。谁又能说,这,不是真正的生活和真正的走向生活?!

1997年,南京

## 关于目前的高校学术管理制度的答记者问

京剧大家杜近芳告诉丁晓君,当年她拜师时听到的第一句话是,王瑶卿先生问她:你是想当好角儿,还是想成好角儿?王瑶卿先生解释说:当好角儿很容易,什么都帮你准备好了。成好角不是,要真正自己付出一定的辛苦,经历一番风雨,你才成为一个好角儿。

关于目前的高校学术管理制度,也涉及我们每一个学者是要"当好角儿"还是要"成好角儿"。

应该说,上面这个故事,就是我对目前的高校学术管理制度的基本看法。不过,我早已经是"桃花源中人","不知有汉,无论魏晋",因此,本来是不想公开发言的,可是,迫于"无奈",面对媒体采访,还是只好讲了几句。谨记录如下:

目前的学术制度几乎为所有人所诟病,但是,几乎所有人也都知道改也难!

我的看法是:

---

① 沈从文。载《大公报·文艺副刊》1934年6月,第74期。

第一,目前的学术制度并非一无是处,比如,在理工科就会效果尚可,但在文科,尤其是人文科学则效果较差。总的来看,目前的学术制度在奖勤罚懒方面是有效的,也有利于"汰劣",可是它的重大失误却在"汰优",从长远看,会使学术发展越来越平庸。

第二,鼓励去拿项目是对的,但是也要鼓励不去拿项目但却同样认真从事研究的人,因为他们为国家节约了大量费用,认为获奖是重要的学术评价标准也是可以的,但是不能作为唯一标准(何况中国的评奖过程还不太正常),其他如同行评议、专家评议、社会美誉度等,也应该给予同等的承认。

第三,在申报项目、获奖与自己的学术工作相对一致时,选择参与,否则,毅然选择放弃;在晋职晋级与自己的学术工作相对一致的时候,选择参与,否则,毅然选择放弃;在目前的学术制度与自己的学术工作相对一致之处,选择配合,在相对不一致之处,毅然选择放弃!奴隶是建不成金字塔的,学术奴隶也是建不成学术金字塔的!

第四,我不奢望改变目前的学术制度,但是我建议,可以在任何的评价标准之外(项目、获奖、核心期刊),增加一个特别通道:允许那些不想被项目和获奖束缚的人,去申请特别评审。

最后,我其实很少去关注目前的学术制度,也无意去批评,我只想在学术研究中做一个真实的自己、快乐的自己、倾尽全部心力去为学术而工作的自己,而从不要求自己去过分关注任何的"额外福利",有之不拒,无之也不戚。因为在学术研究中确实条条道路都通罗马,但是,尽管这条道路最笨,然而,在我看来,也许它距离罗马最近!

2010年,南京

## 严重的问题是教育富人

今年是我国改革开放三十周年。最近我在讲课或者作报告的时候,经常会提出一个问题:这三十年里,你们最熟悉或者最喜欢的一句话是什么?结果我发现,很多人都不约而同地选了这一句——"让一部分人先富起来!"确实,这句话对中国的影响实在是太大了。在这句话的鼓舞下,很多中国人作为"一部分人"也确实"先富起来"了。这当然是一件好事,不过,"先富起来"的"一部分人"的表现,却不让人满意。相当数量的"先富起来"的人,并非"仓廪实而知礼节",竟然是"饱暖思淫欲",包二奶、超生、赌博、联手黑社会。

由此我想到了一个亟待关注的问题:中国"先富起来"的一代人,必须学习做富人。

"富人",看起来是一个经济的概念,但事实上还是一个社会的概念,更是一个文化的、人的概念。我经常说,"富"而不"贵",那只是"土豪",而不是什么"富人"。真正的"富人"必须是"富"而且"贵"。这里的"贵",就是有文化、有品位、有境界。

什么才是"富"而且"贵"呢?我们来看两个例子:

一个是巴菲特,他是世界第二大富豪,他捐了310亿美元给盖茨基金会,而没有像中国的很多富人那样,把钱留给自己的儿女,或者去大肆挥霍。在他看来,市场经济只是"赢家"的天堂,它根本没有办法解决所有"输家"也就是穷人的问题。要解决穷人的问题,就只能靠"赢家"的道德自觉,靠"富人"主动为社会重新分配财富。

西方在出现两次财富高峰的同时,也出现了两次慈善高峰,第一次是卡耐基和洛克菲勒时代,第二次是盖茨和巴菲特时代,这绝不是偶然的。我要说,这就是"富"而且"贵"。在很多中国的富人看来,只要合法赚钱、合法纳税,就是对社会的贡献,这其实是不够的。真正的富人必须是"拼命挣钱、拼命省钱、拼命捐钱",美国政府每年的财政总收入,有9%来源于富人的慈善捐款。中国呢?国家财政收入中每年富人的捐款连0.1%都不到,捐款的富人不过1%。

再看一个例子,泰坦尼克号的沉没。对于它的沉没,我们似乎更关注文学家杜撰的爱情故事,却忽视了船上欧洲富人的所作所为。这些人个个富可敌国,却没有一个人提出非分的救生要求,更没有人通过贿赂的方式上救生艇以逃生。生死关头,真正显现"富贵"本色。

我并不是说中国"先富起来"的那"一部分人"身上都存在问题(而且,其中也确实不乏真正的民族精英),但确实有相当一部分富起来的人是有问题的。问题究竟出在什么地方呢?我认为,这与中西方的富人所置身的不同社会背景有关。西方的多数富人是随着社会的发展,随着文化水平的提高、经营能力的提高和市场能力的提高而正常致富的,所以,他们当中没有一个人不知道,他的致富是因为他的道德自觉,也是因为他的文化水平,更是因为他的社会责任感。当他致富以后,他对自己的要求不但不会降低,反而还会提高。在中国就不同了。中国的相当一部分富人是靠社会的转型——例如双轨制、炒股票、房地产——一夜暴富的。也就是说,往往并非靠创造财富而成为富人,而是靠"分配财富""转移财富"而成为富人。对他们来说,究竟应该怎么样去做一个富人,对不起,事先根本就没有想到,只是不"仁"而富而已。事后呢?自然也根本不会去想。什么"回报社会"?什么以更高的道德自觉、更高的文化要求和更强的社会责任感来要求自己?他们统统不知道,也不想知道。结果是富而不义,甚至是为富不仁。

由此,我想起上个世纪50年代毛泽东说过的一句很著名的话。他说:"严重的问题是教育农民",现在,在改革开放三十年的今天,我们是不是也应该大声呼吁:严重的问题是——教育富人。

2007年,南京

## 没有爱,就没有市场经济

一场震惊华夏的"三鹿事件",短短数天之内,就已经波及"伊利""蒙牛""光明""圣元""古城""雅士利"等几十家国内知名乳制品企业,而且从婴儿奶粉产品波及到液态奶产品,再波及到雪糕、奶糖、蛋糕等衍生乳制品,人们不禁在问:中国乳业怎么了?"中国制造"怎么了?

有人说,三鹿事件的警示是不法分子唯利是图;也有人说,三鹿事件的警示是无良奸商利欲熏心;还有人说,三鹿事件的警示是因为行政机构监管不力,可是,在我看来却又"都是"但是又"都不是"。因为,问题远非如此简单。事实上,这一切仅仅是冰山的一角。有老师在课堂提问学生:李白为什么"停杯投箸不能食"?学生答:害怕是"毒米"。老师又问:李白为什么"举杯消愁愁更愁"?学生答:因为喝的是"假酒"。这当然是个笑话,但是也是一个让所有的人都笑不出来的笑话。想一想大米里的"石蜡",火腿里的"敌敌畏",咸鸭蛋、辣椒酱里的"苏丹红",火锅里的"福尔马林",银耳、蜜枣里的"硫磺",木耳里的"硫酸铜",不难发现,严重的问题在于:投毒的恶性互动已经开始导致了整个社会的彼此投毒——不少人、不少厂家、不少部门都为了谋求私利而不惜对"他者"投毒,可是,"他者"却也在同时向自己之外的人、厂家、部门投毒,"我"当然不吃自己生产的奶粉,可是"我"却又在吃"他"生产的大米,又在享用"他"生产的咸鸭蛋、辣椒酱;而"他"虽然不吃自己生产的大米、咸鸭蛋、辣椒酱,但是却在吃"我"生产的奶粉。在我看来,这才是三鹿事件所带给我们的切肤之痛、永远的痛。

那么,我们怎么会竟然走到这样一条彼此投毒乃至变相的自我投毒的绝路上来?要知道,这些彼此投毒者事实上很可能就是我们身边的朋友、熟人,甚至很可能就是我们的亲人,他们固然是在奶粉里"投毒",可是,他们也同时在大米、咸鸭蛋、辣椒酱里"中毒"。因此,沿用传统的"寻找替罪羊"的思路,是无法真正找到问题的症结更无助于问题的解决的。我们必须转换思路。而且,一旦转换思路,我们就会发现,真正的问题存在于市场经济进入中国之后所出现的严重的"水土不服"。

我们知道,市场经济的最根本的特征就在于一种"信息的不对称",也就在于一种彼此之间完全无从把握的"囚徒困境"。因此,贪婪、无情、奸诈、欺骗的机会是始终存在的,也因此,彼此投毒乃至变相的自我投毒的可能也是始终存在的。而在一个成熟的市场经济社会里,贪婪、无情、奸诈、欺骗之所以必然是一种为所有人所不齿的负面现象,彼此投毒乃至变相的自我投毒之所以无从肆意泛滥,最为关键之处在于:在市场经济的背后,还存在一只"看不见的手"。这就是人性的底线和爱的准则。因此,支撑他们勤奋工作的力量恰恰是来自人性的底线和爱的准则,而市场经济的大厦也正是建立在人性和爱这块牢不可破的基石之上。在"信息的不对称"的市场经济的"囚徒困境"背后,必然存在着一条为人们所普遍认同和恪守的不言而喻的"潜规则",这是人性的规则、爱的规则。任何突破人性底线、践踏爱的准则的市场行为都会遭到整个社会的唾弃和放逐。这是无论市场竞争如何激烈西方社会也始终能在良性轨道上运行的根本保障,这也是无论西方人对个人利益的追逐如何急迫也都绝对不敢肆意侵害他人利益的人性保障和爱的保障。

可是,中国的市场经济就不同了,在引进西方的市场经济的同时,我们却没有及时建立为市场经济所必需的人性底线与爱的准则。因此,我们的市场经济只是无爱的市场经济——这无异于一座建筑在沙堆上的"大厦";而我们的市场经济的"潜规则"也不是人性的底线和爱的准则,而是——没有规则。结果,没有"潜规则"的市场竞争,自然也就只有一种结果,那就是——无所不为,无法无天。而彼此投毒乃至变相的自我投毒的那样一种可能之所以在许多成熟的市场经济社会都没有转为现实,但是偏偏在中国却迅即就转为现实,道理也就在这里。

这样来看,三鹿事件的警示就根本不在于这些天来已经为人们所频频提及的那些不法分子、无良奸商的出现(当然,对他们的惩治也是非常必要的),而在于为市场经济所必需的人性规则与爱的规则的亟待建立。要知道,在市场经济社会,爱虽然不是万能的,但是,没有爱却是万万不能的。因为——没有爱的市场经济要比计划经济坏一百倍,没有爱的市场经济就必然会走上彼此投毒乃至变相的自我投毒的绝路!

2007年,南京

## 为什么"仓廪实"而没有"知礼节"

"仓廪实而知礼节"是中国圣者传下来的一句古训,也代表了中国人的一个理想。可是,这些年来,我却越来越相信另外一句中国老百姓的俗话:"饱暖思淫欲"。

我这样说,大概已经不用再举什么例子来证明了吧?"智者千虑,或有一失,愚夫千计,亦有一得",中国的圣者就是这样令人尴尬地输给了平头百姓。因此,值得讨论的倒是为什么会"仓廪实"而不"知礼节"。要弄清楚这个问题,我想,就必须首先去弄清楚"仓廪实而知礼节"的前提。俗话说,"光脚的不怕穿鞋的""狗急跳墙",在机会成本多和风险成本小的时候,人们无疑有可能不去选择蝇营狗苟、偷拐骗抢的做法。孟子说的"(民)无恒产,因无恒心,苟无恒心,放僻邪侈,无不为已",大概就是这个意思吧。可是,这里还存在着一个前提,却往往被国人所疏忽。那就是必须保证没有人去居心不良地利用机会成本与风险成本,更没有人去铤而走险。例如,如果有人利用自己手里的机会成本高这一优势,在"仓廪实"之后继续去欺骗他人以谋取更大利润呢?如果有人利用自己面临的风险成本比较小而在"仓廪实"之后继续去甘冒更大的风险以行骗呢?那导致的结果自然就不是"知礼节"了,而是离"知礼节"越来越远了。我要说,这正是我们在中国当下所看到的财富越多而精神没有随之提升反而趋向堕落的不堪一幕。举个例子,中国人喜欢说"铜臭气",为什么呢?还不是因为自古以来而且尤其是在今天目睹了太多太多的人在"仓廪实"之后的变本加厉的贪婪、无情、奸诈、欺骗的结果吗?

西方的历史确实让人们看到了"仓廪实而知礼节"。为什么呢?因为他们是倒过来的,不是"仓廪实而知礼节",而是"知礼节"而"仓廪实"。马克斯·韦伯在《新教伦理和资本主义精神》中的发现,就是有力证明。先有"新教伦理"所孕育的资本主义精神,后有资本主义市场经济的出现;先有"新教徒",后有资本家。他们很多是在"为信仰而工作",这保证了他们不但在创造财富的时候能够恪守诚信,不损人利己,而且保证了在获得了财富以后也依旧能够如此。而高登·雷丁(Gordon Redding)在《华人资本主义精神》中则谈到了他的一大发现:华人创业的动机都往往是出自一种不安全感。我们知道,市场的最根本的特征就在于一种"信息的不对称",也就在于一种彼此无法完全信任的"囚徒困境"。因此贪婪、无情、奸诈、欺骗的机会是始终存在的,并且,这种机会往往会因为"仓廪实"而增加,而不会因为"仓廪实"而减少。如果一个人不是"为信仰而工作",而是在为"安全"而工作,那他就会永远不"知礼节",因为在没有"安全"的时候他要去不择手段地得到"安全",而在有了"安全"以后,他又要不择手段地去防止自己的"安全"的失去。我们有些企业家在成功以后仍旧不"知礼节",仍旧是不择手段,他们中有不少人在跟我谈到这种情况时,都是用的"身不由己"这个说法,可是,为什么会"身不由己"?还不是由于对"信息的不对称"以及彼此无法完全信任的"囚徒困境"所可能导致的"安全丧失"的莫名恐惧?

由此可见,目前我们所遭遇的"仓廪实"而不"知礼节"实在不是偶然的。事实上,当国人自觉或者不自觉地都把进入市场经济说成是"下海"和"挣钱"时,就已经在向我们暗示着今天的一切了。看来,尽管没有市场经济是万万不能的,但是,市场经济也绝不是万能的。缺少礼仪、缺乏信仰的市场经济不会是个好市场经济。

2007年,南京

# 给春节一个"快乐"的理由

"旧历的年底毕竟最像年底",鲁迅在《祝福》中说的这句话,可以引起所有中国人的共鸣。"最像年底",其实也就是说:它的"年味儿"特别浓。可是,现在却没人能够否认,如今的"年味儿"好像是越来越淡了。以去年为例,有媒体以"今年春节过得到底怎么样?"为题做了一项调查,结果竟然有48%以上的人回答"很辛苦";另有一家媒体更是花费大半个版面刊登了这样一则组合报道,叫作"春节何时成了'辛苦'的代名词?";有人把春节归纳为——"探亲节""访友节""请客节""送礼节";有人这样总结如今的春节——"过年比上班累,花钱比平时多,身体比以前差"。为此,甚至有专家忧心忡忡地提出了一个口号:"保卫春节!"春节需要"保卫",由此不难看出:春节的"年味儿"在某些方面真的是越来越淡了。

遗憾的是,春节的"年味儿"并不会因为"保卫"就此永垂不朽或者青春常驻。因为,春节的"年味儿"原本就来自现实生活本身,也只能来自现实生活本身。事实上,春节曾经是中华民族最大的快乐,也是一种发自内心的快乐。这,无疑首先与春节本身所禀赋的时间记忆密切相关。在过去,除夕夜是一年之中唯一的"辞旧""迎新"的时刻,它当然会为所有的人带来快乐和希望。而今我们似乎更习惯把对"辞旧迎新"意义的关注重心放在公历1月1日这一天,到了春节,这原本"辞旧迎新"的期望已经淡了。同时,"过年"又是一种乡土中国的快乐方式,它源自熟人社会,或者叫作"亲情社会"。在春节的各种"走动"中,人们往往同步地处理着自己在家庭(家族)生活中的人际关系和在社会生活中的人际关系。"亲朋好友"就是与其共同生活又共同工作的群体。过年虽然忙碌劳累,却是"累并快乐着"的。然而,随着中国现代化和城市化进程的深入,在城市的陌生人社会模式下,家庭小型化带来的直接变化是：人们在春节中突击处理的亲友关系与人们在日常生活中主要处理的社会关系已经基本无涉。结果，春节期间调节社会人际关系的现实目的也就淡出了视野。它导致的正是："累却并不快乐着。"

春节的越过越累，也与长久以来我们的"移风易俗"有关。要知道，人类的节日是与假日不同的。假日是个省略号，是用来休息的；节日却是个感叹号，是用来狂欢的。一般都必须具备四个要素：传说或者故事、核心的人物（例如灶王爷、圣诞老人等等）、完整的程序、浓郁的气氛。因此，节日不但无法"科学"，而且往往是"非理性"的。例如，祈福、许愿、狂欢，这些看似非理性的活动和元素恰恰是"年"文化的重头戏，它直接给人们带来了兴奋和快乐。放鞭炮、贴年画、写春联、打年糕、猜灯谜、送迎灶王爷……这些仪式和道具也丰富着过"年"的每一个细节。传统的中国人为了将自己的快乐和期待淋漓尽致地表现出来，用腊月初八至正月十六，共三十九天的时间来"过大年"！"吃过腊八饭，就把年来办"，"二十三祭灶关，二十四扫房日，二十五糊窗户，二十六蒸馒头"。那种一步一步地逼近春节的"倒计时"的感觉，那种让人一天天兴奋起来的感觉，当下的我们怕是再也无福体会了，而这一切恰恰就是"年味儿"之所在，也是过年的快乐之所在。

结果，我们在春节里少了"年"的快乐，少了对于"年"的快乐的期待，也少了产生过年的快乐的要素和道具。例如，在过去的十年里，鞭炮在一些城区是被禁放的。但是，没有了鞭炮的春节还能够叫作春节吗？这就好像一篇文章，没有主题，没有人物，没有修辞，这样的文章还有什么可看的呢？看这样的文章谁又能够快乐呢？

而现在最重要的，则是给春节一个快乐的"理由"，让我们的春节能够真正快乐起来。

在这方面，我认为最迫切需要去做的起码有两点：首先，我们应该更加关注"过"节这一过程，而不要只着意"春节"这一结果，把"春节"真正"过"起来，让春节的每一分钟、每一个细节都有事做，有乐趣。例如可以试着去重新拾起那些散佚在岁月中的春节传统：给灶神嘴上抹蜜，写春联，放鞭炮，贴窗花，包饺子，炸春卷，等等。总之，"春节"不应该仅仅是被标点为记号，拉伸成直线,或剥夺成单调的一天、七天、十六天或三十九天的时间概念,而应该是有着丰富内容的过程。

其次,我们应该更加关注春节中所蕴含的"情",而不要仅仅去关注春节这件"事"。春节应该回归它本来的面目——亲情。亲情就是传统"春节"中一切活动、仪式、要素、道具背后共同的快乐源泉。确实,亲友关系与人们在日常生活中主要面对的社会关系已经基本无涉。可是,不也正是因此,其中的"亲情"才更加纯粹、更加美好吗?亲情确实已经不是万能的了,但是,没有亲情却仍旧是万万不能的。因此,我们更有必要让"春节"回归"亲情"这一主题,从而让那些春节里的传统活动——拜年、串门、压岁钱、年夜饭等等,不再只是"我应该"做的事,而成为"我乐于"做的事。春节当然不等于吃饺子,然而一家人聚在一起包饺子、吃饺子却确实能够让每一个人都真切地感受到春节的"快乐"。在这方面,《白毛女》里那根令人难忘的"二尺红头绳",是不是应该给我们以有益的启示?

2007年,南京

## 情人节,还是"情人劫"?

春节刚过,情人节又到了。每年的2月14日,众多的青年男女还有越来越多已经上了一定年纪的夫妻们,总会激情洋溢地行动起来,或给心仪之人送上鲜艳的玫瑰花,或与爱人眷侣共享美味的烛光晚餐,或制造一二奇特浪漫的情境以表达自己对所爱之人的深情。

在这一天,我们感受到的,是爱的温馨。

可是,与此同时我们也逐渐嗅到了一些与情人节的本来之意不相吻合的气味。越来越多的人开始发现,也开始感叹:情人节已经开始不再是情人节,而是"情人劫"了。在节日的背后,最最重要的"爱"竟然逐渐被劫持了。

情人节,开始只有"情"而没有了"爱",甚至,不但没有了"爱",也没有了"情",而只剩下了赤裸裸的"钱"。

一个触目惊心的事实是:在情人节这一天,"爱",偏偏距离有些人不是最近,而是最远。

情人节,当然应该是情人之间的节日,而情人无疑应该以健康、阳光的"爱"作为基础。可是,我们在情人节里却看到了大量的无"爱"之情。更令人瞠目的是,情人节甚至还变味成了"捉奸节"。据南京一家调查公司透露,情人节前夕他们接到了三十多个婚外情调查业务,调查的内容几乎一致:情人节时自己的老公究竟在跟谁约会?而且,与往年这种婚外情调查主要集中在2月14日情人节当天不同,现在他们的大部分业务都集中在2月13号情人节前一天,或者2月15号情人节后一天。有人因此宣称,2月13日可以又被称作某些人的另类节日。就这样,一个"爱"的节日在有些人那里变成了"情"的节日,甚至变成了一场猫捉老鼠的游戏。在情人节,收获的不是爱,而只是"情",而且,即便是"情",也并非"专情",而是"滥情"。我很担心,情人节会不会成为每一个正派人士为避嫌疑而不得不闭门躲避的一天?

还有另外一种情况,也是我们在情人节里所频繁看到的。这就是情人节不但没有"爱",而且也没有了"情",而只剩下了赤裸裸的"钱"。

我不想危言耸听地说情人节已经在无数商家的蓄意炒作下充满了铜臭味,但是情人节的铜臭味越来越浓,却已经是一个无可争辩的事实了。情人节已经被商家劫持。当然,在情人节日来临之际,为自己所爱之人送上一些温馨的礼品,这无可厚非,而且也理所当然。可是,不少商家却在恶意引诱奢靡消费之风,商品价格一路攀升。平常3元一枝的玫瑰卖到30元;平常50元一盒的巧克力卖到150元。结果,本来物以稀为贵,人以情为重;黄金有价,情义无价,而爱情更是无价。一句衷心问候,一句体贴话语,一束花或一张卡,都能够表达心中的那份爱意,可是现在却成了一场挥霍的比拼。情人节成了一个节日消费的陷阱,不仅掏空了爱情,而且也掏空了钱包。

由此我想到了一个节日生态的保护问题。现在,我们已经意识到了自然生态需要保护,文化生态需要保护,精神生态需要保护,其实,节日生态也需要保护。

随着社会生活的发展,我们国家的节日文化也在不断调适甚至重新建构着。在这中间,当然也并不排除我们因时制宜地引进西方的节日。情人节,就是改革开放以来我们引进的一个西方的节日,一个"舶来品"。必须承认,情人节确实是人类一大成功的创造,是一个表达美好爱情的载体,而我们引进的情人节,也无疑是顺应了当今世界各种文明交融的必然趋势,这是无可厚非的。在美国,纽约州不也将中国的农历大年初一定为全州的法定节日吗?可是,当情人节被引进到中国之后,我们也需要注意,万万不可以"滥情"和"铜臭"来加以亵渎之。我们应该去为这个节日储蓄一点儿美的东西、爱的东西、光明的东西和温暖的东西,从而使得这个节日在进入中国后,为它注入更加健康、更加美好的中国特色与民族内涵。

然而,这也并非轻而易举,必须注意到的是,节日本身就是一种文化。我有一种感觉,西方节日注重精神内涵,注重协调的主要是人与人的关系,而中国传统节日则稍嫌务实,注重协调的是人与自然的关系。回头想一想,从端午节、中秋节到春节,哪一个节日不是与饮食有关?而在接受西方的节日文化之时,我们无疑还缺乏一种具有现代感的节日文化的自觉、节日意识的自觉。以情人节为例,如果没有真挚美好的情感灌注其中,它的出现与一脉相传是根本无法想象的。

看来,我们除了引进西方的洋节之外,我们还要积极地培养节日文化、节日意识,就情人节而言,则是还必须关注爱的文化、爱的意识,爱不是万能的,但是没有爱却是万万不能的。否则,情人节逐渐蜕变为"情人劫",就并非绝无可能。

2007年,南京

# 从"南京文学"到"文学南京"
## ——在文学中重新发现南京

被评选为"文学之都",是世界对南京的肯定,也是未来对南京的期许!南京,是一片被文学家深耕过的沃土,也是一座被文学作品播种过的城市。多年以来,我始终固执地认为,打开南京的方式无疑形形色色,但是,最为主要的只有两个:第一个,是秋天,季节一入金秋,南京就会美成了"金陵";第二个,则是文学。

圣维克多山不过是一座丘陵,位于法国南部塞尚家乡的附近,但是,在塞尚的名作《圣维克多山》问世之后,就成为一座名山。为此,法国美学家杜夫海纳曾经追问:"谁教我们看山呢? 圣维克多山不过是一座丘陵。"同样,克伦堡不过是一座城堡,位于丹麦西兰岛北端,但是,玻尔在访问时曾对海森堡说:"凡是有人想象出哈姆莱特曾住在这里,这个城堡便发生变化,这不是很奇怪吗? 作为科学家,我们确信一个城堡只是用石头砌成的,并赞叹建筑师是怎样把它们砌到一起的。石头、带着铜锈的绿房顶、礼拜堂里的木雕,构成了整个城堡。这一切当中没有任何东西能被哈姆莱特住过这样一个事实所改变,而它又确实被完全改变了。突然墙和壁垒说起不同的语言……"那么,谁教我们看城堡呢? 克伦堡不过是一座城堡。

那么,谁教我们看南京呢? 南京不过是一座城市。可是,一旦借助文学的打开方式,我们就会神奇地发现:南京,在"发生变化"。南京"确实被完全改变了。突然墙和壁垒说起不同的语言……"遗憾的是,过去我们对此缺乏深刻的洞察。更不要说,尽管我们逐渐在"经济GDP"之外也逐渐关注到了"绿色GDP"等等,但是,始终未能关注到"文化GDP"乃至"文学GDP",更没有意识到借助"文化GDP"乃至"文学GDP"去开发快乐、挖掘幸福。未能意识到文学才是南京崛起的"精神高地",也才是南京发展的"发动机",更才是南京成功转型的"秘密武器"。

正是因此,南京"文学之都"的命名来得恰如其时。犹如那句"芝麻开门"的秘语,它为南京打开了一座巨大的藏宝洞,是古老南京的再定义、再拓展、再赋值,推动着南京的文学走向文学的南京。意大利小说家卡尔维诺指出:"城市不仅培育出艺术,其本身也是艺术。"城市"培育出艺术",这很容易理解,城市"其本身也是艺术",则难以理解,然而,却又必须去理解,这是因为,恰恰就在这里,蕴含着让一座城市真正得以"看上去很美"的全部奥秘。确实,南京之所以为南京"其本身也是艺术"。"画桥三百映江城,诗里枫桥独有名"(高启);"山以贤称,境缘人胜。赤壁,断岸也,苏子再赋而秀发江山;岘首,瘴岭也,羊公一登而名重宇宙"(王恽)。必须看到,南京也是因此而真正得以"成市"。

然而,南京在这方面的工作却亟待破题。而且也还存在关系不顺、效率不高、管理不力、结构不优、机制不活、投入不足、实力不强、布局不合理等诸多问题,也还没有上升为城市发展战略、上升为立市之本。为此,我们必须在文学中重新发现南京,并且对"症"开出"药方",完善领导机制、工作机制、政策导向机制、投融资机制,推动南京从传统的低附加值的原生资源利用开发的"资源拉动"型城市生产模式转向现代的高附加值的对资源进行资产转换的"品牌扩张"型城市生产模式,文学立城,文学建城,文学强城,文学筑城,文学兴城,让文学南京成为城市提升的新资源要素,成为城市高附加值增长的内在灵魂,成为城市可持续性发展的强大支撑,成为城市创意文化的"孵化器";让文学南京"秀发江山""名重宇宙",昂首进入"独有名"的世界名城。

而且,其中点、线、面的有序铺开无疑极为重要。例如,在"面"的层面,要有高瞻远瞩的理想目标与未来定位——《南京市"文学之都"品牌战略》,包括指导思想、基本原则与总体目标,而且要区分长期、中期与近期。在"线"的层面要有收放自如的发展路径与操作方式——《南京市"文学之都"行动纲要》,例如"文学之都"与"一带一路"文化交流行动纲要、"文学之都"

与南京城市形象传播行动纲要、"文学之都"与城市文化空间规划行动纲要、"文学之都"与城市文化创意产业行动纲要……在"点"的层面要有可以操作而且具体翔实的项目菜单与工作框架——《南京市"文学之都"发展规划》，例如，从纵向的历史时间轴、横向的城市空间轴，周密布局，真抓实干，"景语"和"情语"诗意结合，让南京成为文学史实的直观呈现，成为镶嵌在大地上的不朽的文学史诗，成为一部中国文学历程的微缩景观。

总之，天降大任于南京，南京也理应不辱使命。南京不可能做到最大最强，但可以追求最优最美、最文学、最艺术。

昔日罗马帝国的创始者奥古斯都曾经自豪地对后人说："我最大的贡献是留下了一个大理石的永恒之城。"未来，我们也会为后人留下一座文学的永恒之城。

经济，曾经让南京变得强大。文学，必将让南京变得伟大。

倘如此，应该是南京之幸！

2019年，南京

# 关于"城市精神"
## ——答《新华日报》记者问

**问**：潘老师，您是著名的战略咨询策划专家、著名的美学专家。曾经长期担任南京大学城市形象传播研究中心主任、南京大学企业形象研究中心主任，还同时长期兼任澳门特别行政区政府文化产业委员会委员，在城市形象设计与策划领域卓有成就。那么，现在能否请您简单告诉我们，什么是城市精神？

**答**：人最需要的是灵魂，城市也是如此。灵魂的塑造，说到底，是一种精神的塑造。因此，"城市精神"，就是城市灵魂的呈现。它所书写的，应该是城市的底蕴、城市的韵味、城市的品位，也是一个城市对于自己所肩负的历史使命的高度自觉。当一个城市不满足于普通的物质繁荣或成就，而是进而想到自己应该承担的历史责任的时候，我们就说它有了一种精神，有了一种追求。

世界之大、历史之久、城市之多，不计其数，不过，真正令人难以忘怀的，必然是具有独特精神的城市。也许城市被一毁再毁，或早已荡然无存，但城市精神却连绵不衰。例如，雅典的伟大在于雅典精神的伟大，罗马的永恒也离不开独特的罗马精神。因此，国有国魂，城有城魂，城市精神，是一个城市区别于其他城市之所在，是一种社会、历史、文化的积淀；它从社会、历史、文化上升到了更高一个层次，是一种与城市同命运、与市民同呼吸的精神力量。

事实证明：目前国家与国家的竞争正在转化为城市与城市之间的竞争，而城市与城市之间的竞争则正在转化为文化与文化之间的竞争，也就是"城市精神"与"城市精神"之间的竞争。也因此，城市发展固然需要壮观的高楼、便捷的交通和优美的绿化环境，但是，"城市精神"才是城市崛起的"精神高地"，也是城市自身的"发动机"。一座城市所呈现的，不应该仅仅是靓丽的"外貌"，更应该是内在的"灵魂"，不应该仅仅是耀眼的"成就"，更应该是诱人的"魅力"。不是"物质"，而是"精神"，才是真正能使城市硬件"硬"起来，也能使城市形象靓起来的"秘密武器"。假如说，城市是一页神奇的乐谱；城市精神，就是跳动的音符。

**问**："城市精神"在城市建设中的重要作用是什么呢？

**答**：城市精神是城市发展的动力之源、方向之舵、品位之衡。离开了它，繁华就会变成浮华，甚至，浮华就会成为浮尘。所以，斯宾格勒才会说："将一座城市和一座乡村区别开来的不是它的范围和尺度，而是它与生俱来的城市精神。"列宁也才会说：城市是人类精神文化活动的中心。

没有形象的城市就没有个性，没有个性的城市就没有灵魂，没有灵魂的城市就没有内涵，没有内涵的城市就很难在激烈的竞争中取胜。"城市精神"，就是城市的根本内涵。例如，现在人们谈论比较多的是环境美，可是，它毕竟只是城市的外在美；精神美，才是城市的内在美。外在的环境美，只能吸引人们的目光;内在的精神美,才能真正留住人心。这个内在的精神美,就是"城市精神"。也因此,我们经常说:希望我们的城市"可望、可游、可行、可居",其中,最根本的是"可居";"可居",需要的正是"城市精神"。

**问**:"城市精神"建设中最重要的是什么?

**答**:"罗马不是一天建成的",城市精神的发展,很多东西也都起着重要的作用,但是,其中,最重要的,是文化建设。

在城市发展当中,文化的作用日益凸显,而且已经成为当今的共同趋势。回首千年,城市建设有着自身的发展历程。农业时代的城市是为神和君主而存在,所谓城市,也无非就是放大了的"庙"和"宫殿"。工业时代的城市是为机器设计的,所谓城市,摇身一变,又称为放大了的"厂房"。当今之世,城市开始为人而存在,体现的是"以人为本",成为人的精神家园。这样,文化的内涵也就日益引起高度的重视。

城市作为人类社会空间结构的一种基本形式,是人类文化发展的平台,也是人类文明进步的视窗。通过这个"平台"和"视窗",展示的是自己最美好的劳动成果。而重视城市的文化特色建设,提升城市的文化品位,以文化品位来塑造城市形象和展示城市精神,以文化氛围来凝聚市民人心,推动城市的可持续发展,恰恰正是当今城市发展中的成功经验。

例如,物质的城市化与文化的城市化可以以弓与弦来比喻:把物质的城市化比作弓,把文化的城市化比作弦,把城市建设比作箭,无疑,城市的竞争力来自它们的相互作用。弓和弦品质越好,搭配越恰当,所形成的力越大,城市建设之箭射得就越远,城市的竞争力也就越大。

换言之,城市发展必然要经历一个从"形态文明"到"功能文明"再到"素质文明"的转换。所谓"形态文明",主要表现在城市的形体和外貌层面。这就是城市的"硬体"建设和市民的行为举止。所谓"功能文明",主要体现在城市管理和服务两个方面。所谓"素质文明",主要指市民的思想境界、精神品格和自我修养。它是城市整体文明的基础。而"素质文明"的建设,正是城市文化建设的根本,也正是"城市精神"建设的根本。

因此,对于一座城市而言,经济决定地位,文化决定品位;文化多么发达,城市就多么发达;文化能够走多远,城市就能够走多远。文化,已经而且仍将深刻影响着一座城市发展的进程,已经而且仍将改变着一座城市的命运。文化,必须成为城市发展中的新资源要素,成为统筹城市的经济、社会各项发展的灵魂,成为城市可持续性发展的强大支撑。

问:关于"城市精神"建设,您最想说的是什么?

答:晨曦初露中出现的全新的"城市世纪",呼唤着一个"城市精神"建设时代在行色匆匆中步履坚定地到来!而我们的城市的生命力、创造力和凝聚力也从来没有如此充沛旺盛,从来没有如此令人振奋。动感十足,活力四射。思想一旦冲破了牢笼,迸发出的必然是惊人的能量。因此,对于"城市精神"的再确认,就必将包含着对于"城市精神"的新探索,这,意味着我们对自己置身其中的城市的更高程度的认同与自我期许!

罗马帝国的创始者奥古斯都曾经自豪地对后人说:"我最大的贡献是留下了一个大理石的永恒之城。"当城市的航船从长江进到入海口之时,人类也必须及时转变观念,不再凭眼睛和经验辨认航道,而要学会用罗盘,学会看航海图,学会掌握潮起潮落的规律,一句话,学会从传统的船老大变为现代的船长,从而为今后的城市建设开辟一条"无障碍通道"。也因此,我们从现在起就要为历史性时刻的到来做好充分准备。这种准备,既是物质的,又是精神的,在某种意义上,后者甚至更为紧迫。这是因为,构成一座城市的全部魅力,正在于这座城市的精神品格,它虽是无形的,却比有形的物质设施,影响更深远、更广泛。

因此,不妨再重复一下我经常说的一句话:经济的迅速发展,可以使城市变得强大;城市精神的成功建设,则必将使城市变得伟大。

2017年,南京

## 城市与乡愁:一种关于成长的生命美学

一

中世纪的德国有一句谚语:"城市的空气使人自由。"作为人类的伟大创造,城市,一直都是人类的骄傲。然而,随着城市的发展,城市自身也出现了诸多的问题,城市的空气也开始使人不再自由。遗憾的是,对此,尽管人们大多感同身受,但是,除了异口同声地加以诟病,至今都很少有人能够加以深入地剖析与阐释。

确实,迄今为止,我们国家的城市建设已经到了一个白热化的地步。根据联合国开发计划署发布的报告,中国只用六十年的时间就实现了城镇化率从10%到50%的过程。到2030年,中国城市化率更是将达到70%。"中国的城市化与美国的高科技发展将是影响21世纪人类社会发展进程的两件大事。"新凯恩斯主义代表人物、诺贝尔经济学奖得主斯蒂格利茨甚至如此加以评说。

然而,过快的城市发展也引发了普遍的"乡愁"。

一般而言,乡愁意味着"思乡"。中国人一登高就望远,然后就是视线内卷,就是"思乡",所谓"日暮乡关何处是?烟波江上使人愁"。不过,现在的乡愁则更多地开始意味着对于城市的否定。它的提出,就是意在与城市的"城愁"对看,是一个与城市之间的"相看两不厌"的概念。在古代,是在"田园将芜胡不归"与"滚滚红尘长安道"之间的"旧国旧都,望之畅然"。在今天,则是乡村与城市互相之间的再发现。金主完颜亮听说了宋代词人柳永的《观海潮》里面写的"三秋桂子,十里荷花",就萌发了"城愁","遂起投鞭渡江之志",于是就提兵打进了内地。而城市人也常说:乡村是"30亩地一头牛,老婆孩子热炕头",乡村人则常说:城市是"楼上楼下电灯电话"。这也是彼此的"乡愁"与"城愁"。

也因此,不论是因为城市而萌发的"乡愁"还是因为乡村而萌发的"城愁",其实都只是意在唤起对于自身的自省,而绝对并不意味着乡村或者城市的绝对美好,所谓"唯有门前镜湖水,春风不改旧时波"。例如,在鲁迅那里,其实就是两个鲁镇,鲁迅怀念鲁镇,这是鲁迅的鲁镇;但是他的玩伴闰土却一定对鲁镇有着巨大的不满,这是另外一个鲁镇。所以中国人才会说:"梁园虽好,此地不可久留。"所以西方的马克思也才会说:"从纯粹的人的感情上说,亲眼看到这无数勤劳的、宗法制的、和平的社会组织崩溃、瓦解,被投入苦海,亲眼看到它们的成员既丧失自己的古老形式的文明又丧失祖传的谋生手段,是会感到悲伤的;但是,我们不应该忘记,这些田园风光的农村公社不管初看起来怎样无害于人,却始终是东方专制制度的牢固基础。它们使人的头脑局限在极小的范围内,成为迷信的驯服工具,成为传统规则的奴隶,表现不出任何伟大和任何历史首创精神。"[①]

也因此,因为城市而诱发的"乡愁"并不意味着乡村建设就不存在问题,如果真去乡村生活,起码的卫生条件都不具备,还喝不上放心水,也许会即便是短短三天都住不下去。至于把乡村的保护理解为到处去建设"农家乐",并且以此作为乡村的象征,那更是匪夷所思。

同样,因为城市而诱发的"乡愁"也并不意味着城市建设就到处都存在问题,在茅盾的《子夜》里,一个乡村的老太爷一进城就一命呜呼。在话剧《霓虹灯下的哨兵》里,一个淳朴的士兵刚刚进城,霓虹灯的炫目多姿竟然就让他目眩神迷。周而复的小说《上海的早晨》更加醒豁,从书名就可以看出是出于对于城市的夜晚的反感;老舍的《龙须沟》,则代表着我们对于丑恶城市的改造……然而,这一切也未必都是真的。作为人类进步的伟大容器,城市的历史地位毕竟必须肯定。

其实,城市问题的自省也许往往是由于"乡愁"而起,但是,倘若要把城

---

[①] 《马克思恩格斯选集》,第1卷,人民出版社1972年,第67—68页。

市搞好,却完全不是只需简单地把乡村的生活经验、乡村的审美经验搬进城市就可以因此而轻易解决。这是因为城市是人类文明的一个全新进展,恩格斯在讨论人类的文明的定义时,就列举了文字、军队、国家机器和城堡。芒福德也说:城市是文化的容器。斯宾格勒说得更绝对:世界的历史是城市的历史。也因此,城市的建设与乡村的建设有着根本的区别。例如,乡村往往是自然先于人性,是以自然来表现人性,遵循的是血缘关系;城市却是人性先于自然,是以人性来彰显自然,遵循的是契约关系。乡村是植物形态的,是自养型的,强调的是把根须深深扎在地下,永远原地不动,仅仅依赖光合作用以汲取营养;城市却是动物形态的,是他养型的,类似动物,要喝水,它就跑20里去找水,要吃山羊,它可能会跟踪几天几夜,追逐百里。换言之,乡村是母亲,要求人们倒退回去,重返子宫;城市是父亲,带领着人们奋勇向前,去不断追求未知。在这个意义上,在回答人类为什么会创造城市的时候,古希腊的人才会说:城市是一个可以邂逅陌生人的地方。这就是说,只有城市的诞生,才展开了人类自身的人性的全部的可能性,然而,也正是在这个意义上,我们又要说,人类因为城市而遭遇的问题事实上又完全都是人类自身的人性全部展开以后所碰到的新问题。

## 二

换言之,因为"乡愁"而引发的城市问题,应该是城市自身的问题,可以称之为:"城痛。"

这是一种因为城市丧失了自由的空气而导致的疼痛。

具体来说,这"城痛"首先体现为:隐性政治学,也就是意识形态叙事。当下决定城市命运的,无疑都并非城市的居民,甚至也不是城市的研究者、规划者和建设者,而是暴发户和领导者。前者的话语规则是"谁的钱多,谁说了算",可以概括为"听开发商的"。这是一种金钱意识。后者的话语规则则是"谁官大,谁说了算",可以概括为"听上面的"。这是一种封建意识。多年来,我们的城市建设就是辗转反侧于这两者之间。在这个意义上,城市无异于"千年土地百代主",不断地演绎着权力转换和话语转换。"普天之下,莫非地产,率土之滨,莫非楼盘。"其间的利益分配、地租增值、地租差价、地租垄断……使得城市成为一座金山,遗憾的是,淘金者却不是城市的主人、城市的居民。

其次,这"城痛"还体现为:"看上去很美"事实上却很丑的丑陋意识。

无疑,在城市建设中,这个问题才更加重要,也更加学术。其实,或许很多开发商、很多城市领导者也都有心要把城市搞好,然而,却实在是有心无力。因为不但他们说不清楚城市的哪些空气是不自由的,哪些空气是自由的,而且即便是美学家们也大都说不清楚。例如,无疑没有任何人会反对扮靓城市,可是,究竟怎样才是真正的扮靓城市?却无人知道。通常的做法,则往往是"大而无当""美而无当"的以丑为美。一座城市"看上去很大""看上去很美",到处都在盲目模仿西方的景观设计、西方的罗马柱、西方的巴洛克式屋顶……还有所谓的景观大道,更不要说触目可见的幢幢政府大楼、超大广场,以及其上所覆盖着的花费了极大工本大力引进的国外的名贵花草树木……其结果,就是我们的城市被连根拔起,就是我们的城市离人性越来越远,也离美越来越远。"城市让生活更美好",这是上海世博会的口号,可是,至今为止,我们仍旧尴尬地发现,这一切离我们竟然如此遥远。城市能不能让我们的"生活更美好",其实,这至今还仍旧是一个问题。

而且,无论是城市的陷入了隐性政治学、意识形态叙事,还是陷入了"看上去很美"事实上却很丑的丑陋意识,其实也都是悖离了自由的必然结果。城市中一旦没有了自由的空气,也就没有了城市本身。城市之为城市,只能是也必须是为了人的,只能是也必须是"以人为目的"。也因此,城市之为城市,必须要无条件地维护人的绝对权利、人的绝对尊严,这里的"绝对",意在强调人的自然权,这是一种人之为人的基本权利,任何的政治、意识形态、金钱利益都绝对不允许凌驾于其上。在这个意义上,城市就必须被真实地还原为人类自由生命的象征,必须被真正地还原给人本身。马克思说:人只有凭借现实的、感性的对象才能表现自己的生命。那么,谁才是人的"现实的、感性的对象"呢?这个人的"现实的、感性的对象"正是城市(当然还不仅仅是城市)。

在这个意义上,意大利小说家卡尔维诺指出的"城市不仅培育出艺术,其本身也是艺术",就十分值得我们注意。"培育出艺术",很容易理解,"其本身也是艺术",则难以理解。然而却又必须去理解,这是因为,恰恰就在这里,蕴含着让一座城市真正地得以洋溢着自由的空气、得以"看上去很美"的全部奥秘。

其实,"其本身也是艺术",恰恰正是一座城市不仅仅是"房屋",而且还应该是"家"的根本原因。人们常说:"金窝银窝不如自己的狗窝。"在这里,"金窝银窝"当然是指的表面上"看上去很美","自己的狗窝",则是指的真正的"看上去很美"。其中的根本差别,就是"房屋"与"家"的根本区别,也就是"城市"与"家园"的根本区别。城市之为城市,最为关键的,不是存在着无数的高楼大厦,而是因为它们都同时就是我们的家园。海德格尔不就转述过赫拉克里特的看法?当别人对他的居住条件表示轻蔑和不理解的时候,他却说:这里诸神也在场。海德格尔并且解释说:"只要人是人的话,他就住在神的尽处。"[1]在这个意义上,城市,就是一本打开的人性学,一本打开的美学。而在我们去判断它的空气是不是让我们自由的时候,以及去判断在什么意义上"房屋"才不仅仅是"房屋",而且还是"家","城市"不仅仅是"城市",而且还是"家园",我们要去思考的,则是这个城市中的一切的一切是不是都让我们乐于接近,是不是都让我们乐于欣赏,是不是都让我们乐于居住。凡是"乐于"的,就是"家"与"家园",凡是不"乐于"的,就并非"家",更并非"家园",而只是"房屋",甚至是"墓园"。

由此,美学才真正进入了城市,城市,也才真正催生了一种关于成长的生命美学。

## 三

在这个意义上,因为城市而催发的关于成长的生命美学无疑应该是一

---

[1] 海德格尔:《海德格尔诗学文集》,成穷、余虹、作虹译,华中师范大学出版社 1992 年版,第 379 页。

部巨著。然而,倘若限于篇幅,我们又可以借助芒福德的提示加以简明扼要地阐释。如前所述,芒福德曾经说过:"城市是文化的容器。"然而,值得注意的是,芒福德又曾经立即加以补充说明:"这容器所承载的生活比这容器自身更重要。"无疑,这句话恰恰道破了因为城市而催发的关于成长的生命美学的全部内涵。简而言之:作为文化的容器,城市之为城市,必须是人的绝对权利、绝对尊严的容器,必须是自由的容器。

这意味着,作为文化的容器,城市之为城市,首先必须是:"有生命的。"

任何一座城市,如果它希望自身不仅仅是"房屋",而且还是"家",那么,就一定要是尊重人的,而要尊重人,就必须从尊重自然开始。这就是我所谓的"有生命"。现在的诸多城市的景观大道、城市广场等等,"看上去很美",但是为什么却偏偏不被接受,其原因就在于:当我们接受一个城市的时候,必须从尊重人的权利与尊严开始,而尊重人的权利与尊严,则必然要从尊重自然的权利与尊严开始。这不是所谓的泛泛而谈的"天人合一",而是说,城市的生命和人的生命、自然的生命都是一致的。我们要尊重人的生命,就要从尊重自然的生命开始。卡尔松发现:"我认为假如我们发现塑料的'树'在审美上不被接受,主要因为它们不表现生命价值。"其中蕴含的,就正是这个道理。再如很多城市都在搞绿皮城市,都到处去铺草坪,可是,到处去铺草坪的结果,却恰恰就是城市的土地没有办法呼吸。这当然不能说是对于城市的尊重。须知,要尊重人的权利就必须从尊重我们脚下土地母亲的权利开始。而这也正是现在我们开始提倡海绵城市的建设的原因。所谓海绵城市,其实也就是让城市的土地得以透气。

进而,湿地作为城市之肺,当然不允许去填埋;海岸、江岸都是江河的保护线,强行去把它们弄成沿江大道也就十分可笑;海湾,堪称城市之魂,又有什么必要非要去建跨海大桥?至于水泥城市,那更是频频为人们所诟病,因为土地的渗水功能因此而消失。

由此我们会想到:20世纪70年代的英国的科学家詹姆斯·拉夫洛克为什么会提出著名的"盖亚定则"。"盖亚定则"又称"地球生理学",是以大地女神盖亚来比喻地球,强调地球其实是一个有生命的机体,它时时刻刻在通过大地植被接受阳光,并且借助光合作用产生养分,去哺育万物,同时也不断排除废物,以维持自身的健康。也因此,他还提示:千万不要由于环境污染而导致地球母亲的不健康,导致地球母亲的病患。而城市建设中的动辄无知地"三通一平"的种种"看上去很美"其实却很丑的做法,则恰恰是从背离了自然的生命开始的。由此,自然没有了生命,城市也因此而没有了生命。

再者,人们可以没有绘画、音乐、电影而照旧过得很好,但没有屋顶的生活却无人过得下去。大自然本来就是人类的生存环境,但自然本身却毕竟并非"为我"的,也是以其自身为圆心的,因而对人而言无疑全然是离心的、消极的。给了人类屋顶的城市就不同了,它建构的是"为我"的环境,这就要使得城市之为城市,必须要成为向心的、积极的空间。例如埃菲尔铁塔,正是它的存在,才使得巴黎不再是一片在地面延伸的空间,不再匍匐在地上,而是通过对高层空间的占有而站立了起来。至于城市的存在,就更是如此了。本来,"城"的本义只是围绕着城市的军事防御建筑,是应防御需要产生的。它是生存于其中的人们的一个保护性的盾牌。犹如说服装是个体皮肤的延伸,城市则是人类群体的皮肤的延伸。过去我们把自己从头到脚包裹在衣服里,包裹在一个统一的视觉空间中,城市也如此。波德莱尔不是也原想为他的诗集《恶之花》取名为"肢体"? 可见,在他心目中,城市也正是人类肢体的延伸。

因此,传统的中国城市固然形态各异,但是一般都是一个三维的封闭空间,这应该是其共同之处。在这方面,中国的"墙"给我们留下了深刻的印象。从城市的墙(其实长城也是一道城墙,中国最大的城墙)到单位的墙再到家家户户的墙,它们用一道道立面切割着平面,构成一个又一个三维的封闭空间,这使得城市就类似于一个套着无数大大小小的匣子的特大匣子。然而现代的城市却与之不同。它借助于四通八达的道路,无限地向四周延伸,从而把一道道墙都拉为平面。没有了深度,从而也就没有了神圣、庄严、秩序,代之而来的是交流、沟通、平等。有机的生命节奏被破坏殆尽,取而代之的是无机的生命节奏。向心的城市转换为离心的城市。当然,国际化的大城市因此而诞生,但是,无穷无尽的困惑也因此而生。

如前所言,所谓农村,意味着一种"植物性"的生存,意味着在特定地理环境中自然而然地生长起来,然而,城市却一开始就与此背道而驰,它是被以虚拟的方式先想象出来然后再建筑起来的。因此,它一开始就是人为的。只是由于条件的限制,传统的城市最初还并没有完全与特定的地理环境隔离开来,也还与周围的农村保持着一种和谐的鱼水关系,也就是说还保持着一种有机的生命节奏。然而现代的城市却不复如此。首先,从高度的角度看,它从二维切割转向了三维切割。传统的城市仅仅对地面进行水平的二维切割,我们说"贫无立锥之地",这里的"立锥之地"正意味着对于地面的占有,以及对于地面的依附。而靠占有地面来表现意义,也正是传统城市的一大特征。然而现在的城市却不再利用地面,变成了三维切割。于是,城市就仅仅以高度取胜,"欲与天公试比高",成为现代城市的一大特征。于是,就像现代人的完全与传统的分离,现代的城市与地面的联系也越来越少。而且,人造环境、人造温度、人造白昼(电灯)的出现,更使得它越来越多地脱离了自然,自然条件的限制也越来越不起作用。当然,人类因此而得到了极大的自由,但是,人类与大自然整个生物链、生物系统之间的和谐关系,也从此一去不返。

其次,从广度的角度看,只有农业文明才与特定环境密切相关。例如农民与土地、渔夫与河流、牧人与水草、猎户与山川,难怪亚当·斯密会说:土地是财富之母。可是进入工业时代之后,一切都走上了全球化的不归之路,城市与近郊、城市与乡村、城市与附近的相邻城市之间,都没有了必要的关系。近郊、乡村、相邻城市所提供的资源也已经不再像过去那样为它所必需了。现在,城市已经转而与全世界彼此吞吐、勾连,链接而为一个巨大的网络系统,通过交通运输、信息交流,为自身所必需的资源、能源、食品、消费品、物品——都被超空间、超时间地吸取过来——吃的是美国肯德基,穿的是法国名牌服装,用的是日本照相机,戴的是瑞士手表,这正是当今在城市中所看到的真实一幕。甚至,由于信息化的出现,人们的生存不但与自然环境无关,而且与城市环境也无关了。物质性生存向信息性生存转型,人们从城市中心蜂拥而出,转而移居于郊区。于是,一个颇有趣味的现象是,主宰城市文化中心的人反而不住在城市,生活在城市中心的反而是一些流浪者、打工者等等。这样,如果打一个比方的话,应该说每一个大都市都是一个网络化的存在,类似中国结,处处无中心而又处处是中心;也类似洋葱,一片一片地剥到最后,竟然什么都没有。"如七宝楼台,眩人眼目,碎拆下来,不成片段"。由此,城市之为城市,也就必然会成为无根、悬空的城市,随之而来的弊端显而易见。例如,它使得我们竟然生活在一种已经完全与世界同步的梦幻之中,"东方的巴黎""中国的威尼斯"之类的美称,就寄托着我们的白日梦幻。遗憾的是,它却又仅仅是白日梦幻,不但华而不实,而且还会一朝梦醒。

更为严重的是,我们因此而丢失了作为人类命脉的有机的生命节奏。传统的建筑往往与城市的内涵有着内在的关联,然而现在林立的高楼却到处拔地而起,建筑与环境之间、建筑与建筑之间"老死不相往来"。以建筑的外观为例,传统的建筑不乏温馨的氛围,挑檐、线脚、墙饰、雕梁画栋,尽管只是装饰,却都不难达到一定的表意、叙事效果,并且使得建筑与环境、建筑与建筑乃至建筑与人之间,都趋近于和谐,而现代的建筑外观却把这一切一笔抹去,留下来的就是一个个互相之间毫无关联的单体,建筑自身的表意、叙事成分通通都没有了,犹如现代的孤独个人。在这个意义上,一位西方建筑师把美国曼哈顿的杂乱无章的建筑比喻为一首快节奏的爵士乐,这实在是独具慧眼。确实,所有的现代建筑事实上都正是"一首快节奏的爵士乐"。同时,由于现代的建筑与城市的内涵不再有任何内在的关联,城市也因此而丧失了特有的韵味。过去的建筑无不有着自己的历史、文化的脉络,从主干道到小道,再从小道到小巷,哪怕是从小道再拐进甬道,我们都不难发现其中的同中之异,以及异中之同,仿佛一部完整的交响乐,挟裹着主旋律,既层层推进,又峰回路转,更曲径通幽,相互配合,彼此衬托,令人百"听"不厌。而现代的城市却以冷冰冰的功能分区覆盖了这一切。在不同的功能分区的背后,没有了意义、韵味、温馨,城市的深度也相应消失,内在的有机层次亦荡然无存,一切都完全是肆意而为、随意而为、率意而为。例如市民的住宅,由于都是批量居住,以至彼此之间的唯一区别就是号码,因此只能称之为"居"而不能称之为"家",每一个人都无非是被支离破碎地悬在空中,被搁置在火柴盒里。人们经常说,在城市生活很累,也经常说,在城市生活需要寻根,道理就在这里。

其次,作为文化的容器,城市之为城市,也必须是"有灵魂的"。

一个尊重人的绝对权利、绝对尊严的城市,一定还是一座有灵魂的城市。如前所述,作为人的绝对权利、绝对尊严的容器,自由的容器,城市必然是一个象征的存在,必然是一个象征结构甚至必然是一座象征的森林。这应该就是恩格斯在希腊雕塑面前很自由而马克思在罗马天主教堂面前却很压抑的原因。无疑,这所谓的象征,其实就是城市的"灵魂"。只是,这"灵魂"并非开发商的或者是领导者的"灵魂",而是市民的灵魂,因此也是自由的灵魂。因此,当汉代的萧何断言"非壮丽无以重威",当骆宾王发现"不睹皇居壮,安知天子尊",就"断言"与发现的都并非市民的灵魂、自由的灵魂,而只是皇家的"灵魂"。还有学者指出:中国的故宫等建筑的三段空间都是空间横向排列;左中右连接,以长边为正面,人自长边进入室内。这也就是说,人是在一个很长的进深轴上不断向前深入,越深入,就距离人间越远,而空间神秘感也就越强。无疑,在这样的空间的折磨下,一旦走到尽头,对神的五体投地也就是必然的了。可是,我们再看看西方的建筑,它的三段空间是纵向排列;前中后连接,以短边为正面,人自短边进入。这无疑体现着对于人的尊重。由此我们看到,即便是建筑的空间的进深很短或者建筑的空间的进深很长,都并不简单,都隐含着一种不同的价值取向:是尊重人的绝对权利、绝对尊严,还是不尊重人的绝对权利、绝对尊严,足以一目了然,那么,再扩大到整个城市,它的尊重人的绝对权利、绝对尊严还是不尊重人的绝对权利、绝对尊严,也必须引起关注。

正是在这个意义上,当法国作家雨果大声疾呼"下水道是城市的良心"的时候,我们就看到了市民的灵魂、自由的灵魂这良心,确实,雨果所谓的"良心",正是城市之为城市的灵魂。也因此,我们的城市才绝对不允许离开发商越来越近,却离市民越来越远;不允许离官员越来越近,却离百姓越来越远;不允许离欲望越来越近,却离精神越来越远;不允许离金钱越来越近,离自由却越来越远。

而这也正是当前诸多城市所大力推行的所谓"绿化、美化"为人诟病之处。这些推行者往往以为他们是在突出展示性、标志性、纪念性,是在践行美,然而,殊不知他们这种对于视觉美的追捧恰恰是"以丑为美",是把所谓的"绿化、美化"不适当地提高到了反生态、反人性的地步。例如,他们往往不惜以"绿化、美化"为名,甚至剥夺了下岗工人在城市摆摊的权利。可是,其实这是毫无道理的。城市作为文化的容器,并不是只能容纳某种单一的东西,而且也必须是方便于所有人的生存的。城市不仅仅是开发商的、领导者的城市,而且还是普通百姓的城市,也是残疾人、病人和流浪者的城市,后者的生存权利与尊严也必须尊重。像雨果的《巴黎圣母院》,就描写了巴黎的乞丐国,它无疑也是城市的组成部分;像百老汇的音乐剧《猫》,就也是对于城市多种声音的包容。显然,为了"绿化、美化"而去人为强调"整齐划一",强调展示性、标志性、纪念性,以致不惜贬低、藐视人的生存权利与尊严,使得城市成为无聊苍白的摆设,正是丧失了灵魂的城市的典型表征,因此,也就根本无美可言。

最后,作为文化的容器,城市之为城市,还必须是"有境界的"。

这是一座"城市的空气让人自由"的最高准则,也是一座城市在其自身的生命历程中的最终关怀。

无疑,作为人类生存的环境,城市是十分重要的。雨果说,人类没有任何一种重要的思想不被建筑艺术写在石头上。罗丹说:整个我们的法国就凝聚在巴黎圣母院大教堂上,就像整个希腊凝聚在帕提侬神庙中。而北京的三千条胡同,我们也完全可以把它们看作三千张字画、三千段故事。可是,我们当前所处的环境,尽管都已经不再是千年一律,但是却都已经变成了千篇一律,都已经被麦当劳化、时尚化。动辄宣称"几年大变样",目标则是毫无例外地"新""奇""最""快"……当然,这与我们当前的生活态度息息相通。由于充斥其中的是一种"不知今夕何夕"的赶路意识、赶时髦心态,就像电脑的不断升级,每个人都时时处处疲于奔命,都置身"生死时速"的"一日游"之中。生活成为支离破碎的世界,不再具有任何的完整性、稳定性、永久性,人与现实、人与社会、人与人之间一次性的合作与一用用过即扔的交际成为时髦,不要质的深度,只要量的广度,大量、频繁而又只及一点不及其余,迅速建立联系又迅速摆脱联系,"聊天"取代了"谈心",际缘取代了血缘与业缘,横向联系取代了纵向联系,这使得当代人无法维系于过去,而只有维系于未来,最终就只能成为无根的寄居人、失家的行乞者。于是,城市也就从"家园"变为"驿站",而且更使得城市转而成为"城市奇观""城市秀"中的陪衬。所谓的城市建设,也成为一场彻头彻尾的时装表演。置身这样的城市,往往会有一种不知身在何处的时光倒错的感觉。高速公路、高架桥、地铁线、地下城、大型超市、摩天大厦、精品屋、快餐店,这一切都使人恍若就在纽约、巴黎。而且,为了建成现代化的城市,不惜无休无止地追赶时尚,不断地修补、改建、包装。在这当中,不难看出城市建设者在城市建设中的一种欲行又止、遮遮掩掩、缺少通盘打算的时尚化心态。大家都在搞城市建设,我也搞,大家都起楼、架桥、挖洞、拓路,我也照此办理,你有什么我就要有什么。只要旧房可以拆,就造一片新楼;既然树可以砍,就拓宽为一条新马路;哪儿是城市门户,就架一座高架桥;何处是市中心,就立一座雕塑。总之,根本无视城市的优势与劣势,只是以最短的时间,最简捷的手段,最直截了当的方式,追求一步到位,立即见效。于是,我们就只能面对着一座座躁动的畸形城市,它们犹如一个巨无霸式的现代怪物、一个被时尚制造出来的城市畸象。在追赶城市时尚的道路上,面目日益模糊,特征日益丧失。越来越缺少亲切感,越来越缺少舒缓的情趣与美感,越来越缺少对于城市的温馨感觉,压抑、烦躁、冷漠、开始充斥着我们的城市。显然,这一切非但不是为城市赋予意义,而是在无情地剥夺着城市的意义。

　　须知,城市,作为人类与现实发生关系的一种手段,一个中介,其根本目的必须也只能应该是无限地扩大人类自由生命的可能性。也因此,作为一个象征物,作为象征的森林,城市之为城市,也无疑必然是一座自由象征的森林。它是人类自由生命的异质同构,也是人类自由生命的象征。而当一座城市能够充盈着自由的空气之时,也一定就是这座城市最终成了一个充分尊重人的绝对权利、绝对尊严的想象空间、意义空间、价值空间之时。此时此刻,这座城市就不仅仅只是"房屋",而已经是"家";不仅仅只是"城市",而已经是"家园"。于是,犹如我们时常会说,这个人有了"人味",有了"人样",这个人是"人"(区别于我们有时会痛斥某人不是"人"),现在,我们也会说,这座城市终于有了"城味""城样",也最终成了"城市"。

还回到芒福德的发现:"这容器所承载的生活比这容器自身更重要。"无疑,正是因为城市"这容器承载"了人类的全部自由、全部权利、全部尊严,因此,它才有生命、有灵魂,也才犹如人的最终"成人",它也才最终得以"成市"。

而这,当然就是一座城市的最高准则与最终关怀,也就是一座城市的无上"境界"。

(根据2017年12月18号在北师大北京文化发展研究院举办的"都市与乡愁"高峰论坛的大会发言整理)

# "挟媒体以令大众":传媒时代的文化消费与旁观

世界进入了传媒时代,借助于媒体以操纵文化,也因之而成为一大时髦。

为此,我们不得不被迫生活在一个"炒作""策划""主持""包装"……的文化氛围之中。美丽动人、八面玲珑的主持人,纵横天下、颐指气使的制作人,文韬武略、高深莫测的策划人,指点江山、激扬文字的撰稿人,翻手为云、覆手为雨的娱乐记者……一夜之间,纷纷从潘多拉魔盒中破"盒"而出,争相粉墨登场。当然,在媒体时代,这些角色的存在是不可或缺的。其原因在于:在媒体时代,知识分子、专家、学者关于当代文化的思考与当代社会之间存在着某种明显的不相对应、某种深刻的内在紧张。这种不相对应与内在紧张必须通过种种中介去加以转换。那些主持人、制作人、策划人、撰稿人、娱乐记者……的作用恰恰就在这里。他们类似于一个文化输送过程中必不可少的变压器。然而,我们也必须看到,尽管媒体并非洪水猛兽,但是却具备了成为洪水猛兽的一切可能,因此,那些主持人、制作人、策划人、撰稿人、娱乐记者……一旦肆无忌惮地随意越位,甚至时时以人类文化的代言人自居,就难免会"挟媒体以令大众",充当"媒体的帮忙与帮闲",上演一出出文化的闹剧。

这,无疑是文化的末路。回首人类文化的历程,曾经出现过鲁迅所总结的"官的帮忙与帮闲""商的帮忙与帮闲""大众的帮忙与帮闲"三种畸变,并且引发了人类的长期而深刻的反省,然而,"媒体的帮忙与帮闲",应该说,却是20世纪所出现的文化的最新畸变。它腐蚀着人类社会、人类文化的根基,亟待予以深刻的反省。

借助于媒体以操纵文化,换言之,"挟媒体以令大众",充当"媒体的帮忙与帮闲",与人类文化自身的畸变密切相关。20世纪,商品化、技术化征服了人类生活的每一个角落,人类社会的两个最后的堡垒——大自然与文化生活,也不攻自破。资本逻辑、市场逻辑、商品逻辑、技术逻辑,侵吞着人类的文化生活。这,就是法兰克福学派所谓的"文化工业"的诞生。而在这当中,最为集中的表现,就是消费逻辑。消费逻辑是当代消费社会的产物。它意味着:一方面,商品的交换价值从商品的使用价值中分离出来,另一方面,商品的消费价值也从商品的使用价值中分离出来。最终,商品的消费不再是为了使用的需要,而是为了消费的需要。这就是我所经常强调的"商品制造需要"(传统社会是"需要制造商品")。而消费逻辑一旦渗透进入人类文化,就不能不导致人类文化从其实质内容中抽离出来,成为一种满足消费需要的、与所指无关的一种能指。这样,文化产品的制造者竟然成为一个表演者、旁观者,自己不再真实地参与其中,制造也只是为了出卖,只是为了获得最大的交换价值。于是,值此之际,就人类文化自身而言,人们所关心的已经不再是文化产品的质量、文化产品与人类生存的关系、文化产品在人类精神生活中的重大意义之类的问题,而是文化产品的制造怎样才能做到制造、批发、销售、消费一条龙,文化产品是否可以批量生产,文化产品是否可以有效地加以控制,文化产品是否可以成功地加以销售之类的问题。因此,遵循资本逻辑、市场逻辑、商品逻辑、技术逻辑,寻求大量制造、销售文化产品的可能性,并且以文化产品的最大流通为目标,就成为当代"文化工业"的根本抉择。

显而易见,在这个方面,20世纪炙手可热的宁馨儿——媒体恰恰起着重大的作用,占据着关键地位。假如说,在20世纪之初,当人类的一切尤其是精神生活尚且没有被商品逻辑彻底渗透,媒体还能够或多或少地自觉去发挥让公民参与公共生活的公共论坛作用,那么,现在情况就完全改变了。既然媒体的受众同时就是文化的消费者,而且是一个单方向的消费者、被动的消费者,既然媒体的制作者同时也不再是文化生活的参与者,而是文化生活的旁观者,那么,利用媒体所提供的这一机遇去诱惑大众的文化消费,岂非顺理成章,又岂非文化人大发横财的千古难逢的"良机"?

我们在传媒时代所看到的,正是这样的一幕。在媒体中被不断"翻新""炒作""策划""包装"的,正是上述那没有所指的能指。它们的最大特点,就是根据消费逻辑的需要,借助于媒体而予以批量生产。或标新立异,或哗众取宠,或指鹿为马,或发号施令,或高谈阔论,或巧言善辩,或故作高深,或道貌岸然,总之是唯恐天下宁静,唯恐天下不乱。但是究其实质,却全无固定的立场,而是完全出于某种实用主义、功利主义、机会主义的考虑,意在为消费者提供某种普遍需要的小点心,鲜甜、可口、绵软、易于消化。而对于那些可以使得胃口变得坚强起来的东西,则通通被不屑一顾地予以拒绝。这样,从表面上看,它对任何问题都能够抢答、发言,甚至随时都可以大做翻案文章、大肆炒卖热点,然而,充其量却只是牺牲种种问题的内涵的种种复杂性,满足于制造一些毫无意义,但是却容易被接受并且附有简单答案的文化产品。因此,形形色色的文化问题不但没有随着它的回答而解决,而且反而更加复杂了。

至于媒体从业者本身,问题就更其严重了。他们的文化身份的从参与者转变为旁观者,导致了人类文化的某种难言的尴尬。我们知道,运用知识进行思想,是知识分子的全部追求。也因此,所谓知识一旦离开了思想,就成为一种知识操作,从此毫无价值可言。赫尔岑说得何其精辟:这些进行知识操作者处于反刍动物的第二胃的位置,咀嚼着早已被反复咀嚼过的食物,充其量只是爱好咀嚼而已。进而言之,我们也可以说,他们只是一只雄视阔步的火鸡,而绝不可能是一只雄鹰。而媒体从业者身上所存在的重大偏颇也正是如此。在横行天下的媒体之中,他们中的相当一部分人干脆摇身一变,不再是为人类文化的发展而借助于媒体,而就是为媒体而媒体,竭尽全力为媒体服务、辩护,甚至以媒体之心为己心,以媒体之意为己意,不惜"挟媒体以令大众",成为其中的一个不可或缺的演员、一个招摇过市的明星。可以预期,只要有媒体的存在,就会有这类人的存在,而且,他们的地位还会不断上升,大红大紫。然而,尽管这些人大量泛滥成灾,但是除了一身奴颜媚骨之外,对于人类文化的发展却根本就于事无补,更不要说,在他们身上,还缺乏一种最最起码的自我反省之心。戴安娜事故现场的一位摄影记者说:"我们完全没有责任,因为这只是生活游戏的一部分。"请看,这,就是他们!

　　结果,在媒体的时代,人类的文化尽管确实可以称得上高度繁荣,甚至足以使我们夜夜笙歌,日日酒醉,享尽荣华,然而,也必须看到,正是在媒体的时代,人类的文化又日益沦入一种极度的浅薄。为人们所熟知的具有深度之文化世界消失了,文化的超越性消失了。一切都成为平面。文化停止叙述,文化成为娱乐。文化成为茶余饭后的猎奇消遣,风花雪月中的无聊闲适。文化不再创造世界,而是消费自身,结果,大众文化成为大众操作,文化作品成为文化用品。而且,由于它的目的无非是设法刺激、操纵消费者的消费需要,从而促成文化产品的批量消费,贯彻其中的只是一种美妙的虚拟、一种美梦的编织,其奥秘在于诱惑大众梦中望梅止渴(甚至连梦都不是自己的),而实际上大众在其中满足的只是意淫,而且不幸而"淫"的是自己,因此,倘若任其"横行"下去,无异于对未来的犯罪,世界会转而成为"小国",大众也会转而成为"寡民",最终也就只是一种对于大众的全息抚摸,不但破坏了文化生态,成为毫无意义的文化垃圾、文化泡沫和虚伪做作的社会噪音,而且会导致"精神的苍白""精神的堕落""精神的蜕变""精神的崩溃"。唯一的结局必然是：精神的虐杀与自戕。

韦伯曾经耸人听闻地追问：何人才有资格把手放在历史舵轮的握柄之上？置身媒体时代，我不能不强调指出：这实在是一个亟待回答的追问。当然，我们不能因为在那些主持人、制作人、策划人、撰稿人、娱乐记者……身上出现了重大失误就转而根本否认他们的存在。事实上，那些主持人、制作人、策划人、撰稿人、娱乐记者……只要不肆无忌惮地随意越位，还是有其积极的意义在的。不过，实事求是地说，那些主持人、制作人、策划人、撰稿人、娱乐记者……确实又并非有资格把手放在历史舵轮的握柄之上者。因此，在媒体的时代，时时刻刻对他们的所作所为保持高度的警觉，并且在必要的时候，对他们的所作所为予以必要的限制与批判，就不能不是媒体时代的必然。

然而，现在的问题是，我们是否还有足够的力量去做到这一切？

1995 年，南京

## 走出了"大红灯笼"模式的奥运开幕式

从来就有所谓"开幕式成功则一届奥运会就成功了一半"的说法，因此总导演张艺谋才会有"难于拍电影 100 倍"的感叹。也或许就是出于这个原因，很多的人都十分担心这次开幕式会让人失望，也还很有些人在等着看张艺谋的笑话，不过，自从张艺谋担纲此事，其实我就从来没有认为这次开幕式会让人失望，因为这次选择张艺谋做总导演实在是非常明智的，他的全部经历都告诉我们，在中国，他无疑是最最适合担纲开幕式总导演的人选。因为他本来更为擅长的就是"谋"，而不是"艺"，加上国家的鼎力支持，所以，他当然有可能不会太成功，但是，却肯定不会失败。

刚才看了张艺谋导演的奥运开幕式，我觉得我的看法还是正确的。我当然没有把握断言这次的开幕式会赢得所有人的赞美,但是,我毕竟已经有把握说:这次的开幕式绝对没有失败。

看过以前的几届奥运开幕式,我觉得,尽管每一届都独具风采,但是,却存在着一个共同的特点,就是必须借助本民族的核心元素,并且从中去挖掘世界性的内涵,再辅之以奥运精神的阐释,然后,再通过现代化的手段,从而,最终令世界一夜惊艳。显然,在这个方面,张艺谋有着完全的优势。看看他导演的电影、申奥短片以及雅典奥运闭幕式上的《中国印:舞动北京》,应该不难发现,喜欢选用传统文化元素,例如红色,例如大红灯笼,例如二胡演奏,例如京剧,再比如中国武术、秦始皇兵马俑,等等,是他一贯的擅长。何况,在这次的开幕式里,他的这一特长还有了酣畅淋漓的发挥。

张艺谋真是生逢其时!千载难逢的特殊机遇给了他一个难得的展现平台,而他也牢牢地抓住了这个机遇,并且,也能够在这个展现平台上大显身手。平心而论,应该说,这次的开幕式确实称得上是一场中国人为整个世界提供的饕餮大餐。在这样的一个特定时刻,中国为世界所提供的已经绝对不仅仅只是一种"惊喜",而完全应该已经是一次"惊艳"。具体来说,美轮美奂的色彩表达,应该说是已经发展到了极致,而现代科技的声光化电多技术,更是起到了锦上添花的作用,在"鸟巢"里掀起了一波又一波的高潮。

相对而言,我更喜欢开幕式的开场。日晷元素的引进把倒计时的气氛一下子就推向了高潮,尽管这个倒计时的数秒显然是误差了几秒钟,可是仍旧给人留下了深刻的印象。

其次是2008人缶阵的惊艳亮相,夸张的肢体语言和规模宏大的背景把中国传统文化形象地传达给了全世界。

更令人拍案叫绝的是那29个巨大的脚印。从永定门、前门、天安门、故宫、鼓楼,沿着北京的中轴线,它缓缓走向奥运会主会场。显然,它象征着第29届奥运会的艰难历程,更象征着奥运会在一步步走进中国、走进北京。在我看来,这应该是这次开幕式的最佳创意了。

当然,给我留下深刻印象的,还应该是那个小女孩演唱的《歌唱祖国》。我相信这是一个会令所有人都被深深感动的瞬间。这是一个美好的瞬间!

长期以来,有很多人都在力主以《歌唱祖国》来取代《义勇军进行曲》,作为我们的国歌,对此,我不想发表意见。可是,我不能不说,在这个小女孩的清脆的童声里,我真正感受到了这首歌曲的魅力。

综上所述,我觉得这是一场走出了"大红灯笼"模式的开幕式,是中华民族的美丽画卷,也是中华民族的华彩乐章。张艺谋能够交出这样一份答卷,无疑是不负众望,也是无愧于国家与人民的。当然,瑕不掩瑜,如果非要说几句站着说话不腰疼的话,那我就要说,这场开幕式也还是有一些不足之处的。

首先,必须要谈谈对于开幕式主题歌的看法。因为我知道,这个问题是无法回避的。可是,让我怎么说呢?确实,这首歌曲很美。它的美在于:单纯。这应该是一种非常高的境界,也应该是一种非常难以企及的境界。当时我一边在听就一边在想,如果是以童声来唱,那一定会成为绝唱的,也一定会让人当场流泪。也许,这就是中国古老的宫、商、角、徵、羽五个音级的魅力?而且,我当时也在猜测,选择这首歌曲的用心一定是想出奇制胜。既然过去的历届的主题歌都是大气磅礴,那么我们为什么不转而走"单纯"一途呢?可是,有两个问题却是必须要加以考虑的,一个,整个的开幕式都是五彩缤纷,也都是熙熙攘攘,现在的主题歌却突然如此反其道而行之,那,就一定要此时无声胜有声,也一定要压得住。那么,这首歌是否做到了呢?我持怀疑态度。还有一个,体育盛会的主题歌毕竟有它的特殊要求,大气磅礴的歌曲无疑也容易先声夺人,例如《手拉手》,例如《亚洲雄风》,可是目前这首歌曲究竟是否适合体育盛会的特殊要求呢?我也还是持怀疑态度。

点火仪式是历届开幕式的焦点,也是必须出彩的地方。我个人觉得这次的点火仪式还是颇具创意的。与1984年太空幻想、1992年惊艳一箭、2000年水中取火相比,我们这次应该也毫不逊色,不过,如果冒昧地去挑毛病的话,那我要说,李宁被吊在空中的时间毕竟是太长了一点,如果能够压缩一半,我觉得可能会更加精彩。过犹不及,几乎是绕场一周了,其间又没有什么变化,最初的新鲜已经很快就让位于厌倦了。这一点,我觉得可能是策划不周之处。

再比如说，用木偶表演京剧，这可能是一个失误。因为场景太小了，时间也短，结果木偶与京剧的神采都没有展现出来。

再如，整个的表演太局限于地面了，没有了立体方面的展现，这可能是过分拘泥于画卷的感觉了。其实，画卷应该成为一种"神似"，真的不需要太写实，更不需要被它束缚住的。

还有，就是有点虎头蛇尾。开头尽管是不错，可是后面就跟不上了，缺乏一些更为高潮的东西。设想一下，其实本来"舞龙"表演之类，应该是一个可圈可点的必选项目的。不知道为什么没有选择?!

最后，还有一个小缺憾，就是焰火用的次数太多了，几乎已经成为演出的标点符号了，动辄拉出来用一下，可惜，次数多了以后它就不灵了，因此我们的焰火甚至不如悉尼奥运会开幕式那次的焰火那样，能够让人眼睛一亮。

还有一个亟待讨论的问题。我不敢说我想的就一定对，可是我还是想一吐为快。

在我看来，这次的开幕式明显地存在着琐碎、零散的问题，没有一个内在的最为令人震撼的精神命脉。我在看开幕式的时候就在想，这是为什么呢？后来我知道了，原因就在于：没有能够更为深刻地把握内在的主题。其实，突出中国的传统元素无疑是对的，但是，一定要去挖掘其中的世界内涵，一定要用中国元素去讲一个世界性的故事。遗憾的是，张艺谋尽管走出了"大红灯笼"模式的狭小藩篱，可是却没有走出中国元素的束缚。试想一下，发源于希腊文明的奥运会历经29届的艰难，最终走向的是哪里呢？中国文明。而在世界的希腊、印度、中国这三大文明里，它恰恰意味着希腊文明与中国文明的历史性握手。再试想一下，六百年前，在郑和航海之后，我们的古老民族就永远地关上了大门；一百七十年前，是从1840年开始的我们古老民族的与西方文明的被动对话；三十年前，我们的古老民族则终于开始了与西方文明的主动对话，而这一届的奥运会意味着什么呢？它应该是我们民族在中西文明的历史性对话中为自己所建构的最高大也最引人瞩目的精神地标！

由此出发，就不难弄清楚，这次的开幕式的前半场无疑思路十分清楚，无非就是展现中国文化的灿烂辉煌,可是,后半场却没有了神韵,没有了内在的命脉,为什么呢? 就是因为没有把握住中国文化与西方文化的对话这一精神命脉。结果,就没有了根本的精气神儿,也没有了讲述一个全人类都能够听得懂的故事——"同一个世界、同一个梦想"——的可能,更因此,也就从根本上丧失了一次非常难得的向全世界讲述我们这样一个古老民族对于奥林匹克的根本精神的独特理解的机会。

顺便说一句,开幕式演出的名字叫作"美丽的奥林匹克",可是,"张艺谋们"在什么地方讲到了"美丽的奥林匹克"(他们只讲了"美丽的中国文化")呢? 没有啊,那么,为什么竟然会出现这样一种完全跑题的情况呢? 其中的原因,在看了我前面的文字以后,应该不用我现在再来赘言了吧?!

2008 年 8 月 9 日凌晨 1 时,南京

## 十年后的回眸:再说"塔西佗陷阱"

最近几年,我在 2007 年出版的《谁劫持了我们的美感——潘知常揭秘四大奇书》(学林出版社 2007 年版、2016 年再版)中提及的"塔西佗陷阱"持续热议!

其中,国家领导人在 2014 年的讲话中的正式提及,以及后来被列入我们党、我们国家要着重避开的"三大陷阱"之一,更是令它炙手可热。而且,就在我撰写本文的时候,又看到在我们国家影响至高的紫光阁微博也已经在讨论它。

另一方面,又必须说,十九年中,尽管已经引发了大量的对于它的讨论,但是,却也确实存在着相当的误导、误解。例如,把它表面化为公信力的问题,或者庸俗化为政府公关、媒介应对问题,等等。还有,就是对于提出这一定律的误导、误解,例如,有人就认为,提出这一定律其实并不重要,随便一

个人都可以做到,例如,他本人就可以轻易地从司马光的"马光曰"那里借鉴并提出几十个定律,如此等等。

这样一种情况,无疑就使得长期以来始终保持沉默的我本人无法再继续沉默下去,也不得不打破沉默并参与到持续至今的热烈讨论中来。

首先,当然是要回答"塔西佗陷阱"的提出是否轻而易举的问题。我知道,个别人之所以要这样说,无非是要否定提出者本人的学术贡献。可惜,对于学术贡献的问题,最为重要的却是学术成果的影响社会的深刻程度,而这所谓的影响却是一个有目共睹的事情,无疑并非个别人所可以轻率评价的。何况,倘若没有提出者在2007年的提出,在当今的中国,应该是还没有"塔西佗陷阱"这个定律的出现;其次,塔西佗是生活在公元55年左右的人,迄今已经将近两千年,但是,"塔西佗陷阱"却是2007年才被提出,两千年左右的时间,全世界毕竟始终都没有人提出过"塔西佗陷阱"这个定律,塔西佗自己也从来没有说过"塔西佗陷阱"这五个字。由此来看,现在在中国能够提出这个定律,而且被公认、被引起热议,应该说,无论如何,都应该被视作当代中国给予当今世界的一个贡献!

而且,即便个别人出于自己的种种考虑,无论如何都固执地坚持否认上述贡献,那也没有什么关系。那么,他自己不妨就出来做个示范,不妨也从两千年前的名人那里借鉴一句话,来提出一个"陷阱"、一个定律试一下?或者,干脆就从九百九十八年前的司马光那里借鉴一句"马光曰",来提出一个"陷阱"、一个定律试一下?

事实上,只要稍加考察,就会发现:十年前,我在提出"塔西佗陷阱"的时候,并不是简单地对塔西佗的原话加以引用,而是存在着一个从"现象"到"定律"的提升、提炼,使其从一种人生的感叹深化为一个政治学、政治传播学的定律。其次,还存在着一个从"词语"到"话语"的演进。本来,塔西佗的话只是一种可以表达不同内涵的词语,但是"塔西佗陷阱"却并非如此。它已经有了某种理论的支撑,也已经成为某种价值观念的体现。

也因此,针对有人认为"塔西佗陷阱"的发明权应该属于塔西佗的说法,著名出版人、上海学林出版社前社长、《谁劫持了我们的美感——潘知常揭秘四大奇书》一书的责编曹维劲先生就曾经公开回应过："人们常说,自然科学家的贡献应该是以他们的科学发明来衡量。其实,对于人文社会科学家的贡献,也应该如此去衡量。如同发明一个学科、一种科学理论一样,发现与概括出一个科学定律,同样也应该被视为一个重要甚至重大贡献。可能有人会认为,既然是塔西佗讲的话,贡献应该是塔西佗的。这里须分清塔西佗原话与'塔西佗陷阱'的区别。这类似于著名的'马太效应'。'马太效应'出自圣经《新约·马太福音》一则寓言:'凡有的,还要加倍给他叫他多余;没有的,连他所有的也要夺过来。'但是,学术界则把'马太效应'的提出与命名归功于美国科学史研究者罗伯特·默顿。罗伯特·默顿归纳的'马太效应'为:任何个体、群体或地区,在某一个方面(如金钱、名誉、地位等)获得成功和进步,就会产生一种积累优势,就会有更多的机会取得更大的成功和进步。鉴于同样的道理,将'塔西佗陷阱'这一政治学定律的概括、提出与命名归功于中国学者潘知常,在我看来,这应该是顺理成章的。"(曹维劲:《"塔西佗陷阱"是塔西佗发明的吗?》,《解放日报》2017.8.19.)

何况,还必须指出的是,"塔西佗陷阱"能够成为一个国家、民族对于历史与未来的深刻洞察,无论如何都不是塔西佗的那句话本身所能够体现的。在"塔西佗陷阱"之中,已经加进了对于人心向背、对于公权力等的深刻剖析,更加进了对于历史与社会的大量实证剖析,必须强调,倘若没有这些,那么两千年前的塔西佗本人的那句名言的起死回生无疑是不可想象的,"塔西佗陷阱"的提出无疑是不可想象的,"塔西陀陷阱"的进入国家领导人的视野、进入国家的战略决策也无疑是不可想象的。

具体来说,在引用塔西佗的原话的前后,我对于"塔西佗陷阱"就同时已经下过两个定义。第一个:"在专制社会之下的中国社会、中国政府就是一个贪污、腐败的社会和政府,不贪污、不腐败就不可能发财。何况,'升官'就是为了'发财','争权'也就是为了'夺利'。皇帝如此,官员如此,所有的人都如此。所以,在这种情况下,中国就出现了一个我把它称为'塔西佗陷阱'的怪现状。"这个定义,是我在引用塔西佗的原话之前就指出的。它意味着:一个社会,第一,假如它的政府是一个贪污、腐败的政府,而不是站在人民的根本利益一边；第二，假如它的"皇帝"、"官员"以及"所有人"都"升官"就是为了"发财"，"争权"也就是为了"夺利"，而从不考虑共同的根本利益；"在这种情况下"，社会"就出现了一个我把它称为'塔西佗陷阱'的怪现状"。无疑，这样的一个定义，已经根本不是塔西佗的那句话所可以涵盖的，而且，它即便是被放在十年后的今天，也还仍旧是基本正确的。第二个定义，则是在引用了塔西佗的原话之后才下的，我指出：所谓"塔西佗陷阱"，指的是任何政府一旦"从根本上逆历史潮流而动，不惜以掠夺作为立身之本的时候，这个政府不论做好事和做坏事，其结果最终也都是一样的，就是：乱世"。应该说，这个定义，已经根本不是塔西佗的那句话所可以涵盖的，而且，它即便是放在十年后的今天，也还仍旧是基本正确的。

其次，要回答的是："塔西佗陷阱"何谓？

在我看来，简单而言，所谓"塔西佗陷阱"，应该是指的任何政府、任何领导人，作为公权的代表，必须代表人民的根本利益，也必须紧跟时代大潮，否则，就会丧失民心，就会怎么都不行，就会无论怎么努力、无论怎么夙兴夜寐，最后都仍旧以失败告终。

显然，在这里，人心向背，才是最根本的问题。"得人心者得天下，失人心者失天下"，就是这个意思。至于当下被很多论者片面关注的"公信力"问题，其实只是"塔西佗陷阱"所涉及的表面现象，也只是失去人心的必然结果。

由此，我们必须说，2014年的时候，国家领导人对于"塔西佗陷阱"的把握无疑是十分深刻的。

而就我自己而言，在2007年正式提出"塔西佗陷阱"这一定律的时候，所关注的，主要是公信力背后的公权力，主要是人心向背。也因此，当时我所侧重的，也是"公权""公天下""公共权力失范、公共产品匮乏、公共社会萎缩""利益共同体"等重要问题。而且，对于这些问题的讨论，都并非只言片语，而是《谁劫持了我们的美感——潘知常揭秘四大奇书》（而且书中的文章都是在网上广泛流传的）这本书中的相当多的篇幅。现在来看，显然如果我当时不是用一本书中的大量篇幅来讨论，并且完全把这个问题阐释清楚了，后来"塔西佗陷阱"也就不会被逐渐注意到，更不会形成热点。

具体来说,正如我在《谁劫持了我们的美感——潘知常揭秘四大奇书》中所揭示的:类似怎么都不行以及无论怎么努力、无论怎么夙兴夜寐最后都仍旧以失败告终这类的现象,在中国古代社会实在是屡见不鲜。"分久必合,合久必分""其兴也勃焉,其亡也忽焉""播下的是龙种但是收获的却是跳蚤""兴,百姓苦,亡,百姓苦",都是对于这类现象的描述。洪武十八年(1386年),朱元璋也曾经不禁感慨:"朕自即位以来,法古命官,布列华'夷'。岂期擢用之时,并效忠良,任用既久,俱系奸贪。"以致,他悲怆之极地发出绝世浩叹:"我欲除贪赃官吏,奈何朝杀而暮犯?"这则可以看作是为这类现象所提供的具体注脚。

在这个意义上,这类现象就类似物理学中所谓的"黑洞"。根据现代广义相对论的描述,在宇宙空间中存在着一种质量相当大的天体,也就是黑洞。黑洞是由质量足够大的恒星(25倍太阳质量以上)在核聚变反应的燃料耗尽死亡后,核心物质发生引力坍缩而形成。黑洞的引力场是如此之强,引力势更如此之深,就连光也逃逸不出来。无疑,"塔西佗陷阱"其实就是这样的黑洞。遗憾的是,人们往往对此一无所知,甚至早已心如古"阱",不惜坐"阱"观天,或者落"阱"下石,有的已经泯然堕落为市"阱"小人、市"阱"之徒、市"阱"无赖,有的站在陷阱的边沿却不思蜀,有的"坐阱观天"竟然茫然不知。

"塔西佗陷阱"的关键,是公信力背后的公权力所导致的人心向背。这意味着:国家政权的公共属性不容忽视。国家之为国家,必须要为所有人提供象征着公平和正义的公共产品。比如说,政治要廉洁,法律要严明,教育要平等,医疗要保证,住房要透明……而且人人都能够平等地享受。起码,所有的人都要上得起学、看得起病、住得起房、死得起人。而这就必须固守两大原则:其一,是"帕累托改进"(Pareto improvement)的原则,亦即当个别人利益增加时,所有的其他人的利益不能受到损害;其二,是"卡尔多改进"(Kaldor-Hicks improvement)的原则,亦即少数人富起来的同时如果出现了多数人穷下去的状况,国家就必须强迫少数人拿出一部分收入来,给多数人以补充。

至于相反的情况,则是公权力的萎缩甚至丧失。公权力成为了一家之禁脔,并且独私一人一姓,这就是所谓的"家天下""私天下":"以我大私为天下大公",而且,"始而惭焉,久而安焉"(黄宗羲:《明夷待访录》)。于是,公共权力失范,公共产品匮乏,公共社会萎缩。吏治腐败,司法腐败,社会腐败,制度腐败;穷者越穷,富者越富;少劳多得,多劳少获,劳而不获;起点不公,机会不公,规则不公,结果不公……百姓无辜被鱼肉,自由、平等、公义则无处可寻。结果,所有的人都开始对自己的"劳"与"获"无限困惑:"多劳"竟然没有"多获","少劳"竟然"多获","多劳"竟然"不获","不劳"竟然"而获"。当此之时,毫无疑问,"塔西佗陷阱"就会应运而生。政府无论做好事和做坏事,其结果最终也都是一样的。

那么,何以一旦失去了人心,一旦丧失了公权力,就怎么都不行以及无论怎么努力、无论怎么夙兴夜寐最后都仍旧以失败告终?在我看来,则主要是因为:

首先,是必然导致权力中心,而权力中心的反面,则是公平正义的消失。"升官"是为了"发财","争权"也是为了"夺利",皇帝如此,官员如此,所有的人都如此,结果,则是权力支配一切,对权力的信任、对人治的信任超过了对于公平正义的维护。于是,"重门击柝,以待暴客。""弦木为弧,剡木为矢,弧矢之利,以威天下。"(《易·系辞下》)强权和暴力成为了统治手段,流汗不如流血,发展不如暴力,既然巧取豪夺更加有效,全社会也就没有人再想埋头从事生产创造。

而且,因为公权的萎缩已经切断了所有的发展机遇,因此也极大地提高了所有的发展成本,同时,公权的萎缩也完全敞开了暴力的通道,因此也最大地降低了暴力的成本,这使得所有的人都意识到:发展的成本最高,暴力的成本最低。结果,暴力就成为这个社会能够"活着"乃至"快活"的唯一的通道。因此,唯一的生存途径就是:全社会的所有人员都设法组成不同的获利集团,以便放大自己的力量,以求在"一人之天下""一姓之天下"中分一杯羹。换言之,作为草根,我自己显然根本无法与统治集团利益相争,可是一颗汗珠摔八瓣的辛勤劳作,也无非只是为自己进一步地被盘剥制造理由,那更得不偿失。于是,要想生存,可行的方式就只剩下一个:我也可以效法统治者,也可以以各种各样的方式结成小集团,然后利用手中掌握的公共权力或相对稀缺性的资源,去合法地掠夺或者伤害社会与他人,并且借助这种方式来获利。显然,这无异于在社会这艘大船即将沉没的时候挺身而出,不惜以凿沉这艘大船的方式来渔利,但是却又丝毫不去顾及这艘大船本身的死活。例如,我们在《水浒传》中就看到:大宋王朝派了16个中上层军官去围剿梁山,可是他们却没有一个不投降的,忠于朝廷的人竟然是零。再看看书中出现的朋友结义、主仆组合、兄弟搭档、夫妻合伙、家族联手的形形色色方式,其中可曾有一个知道国家利益、人民利益为何物吗?他们唯一关注的就是自己能够不受他人的伤害但是却可以伤害他人。结果,整个社会就形成了一个"黑洞",借用黄仁宇在《万历十五年》中深刻剖析的:"在这个时候,皇帝的励精图治或者宴安耽乐,首辅的独裁或者调和,高级将领的富于创造和习于苟安,文官的廉洁奉公或者贪污舞弊,思想家的绝对进步或者绝对保守,最后的结果,都是无分善恶,统统不能在事业上取得有意义的发展,有的身败,有的名裂,还有的人则身败而兼名裂。"而一旦进入这种"黑洞"状态,"明君"与"昏君"的区别也就毫无意义,"清官"与"贪官"的区别也毫无意义,大宋最终的坠入"塔西佗陷阱",也就成为必然。

权力中心,使得皇帝这个中国社会的掠夺者从来就不关心社会财富的生产与再生产,也不关心社会财富的交换,而只关心社会财富的分配与再分配。可是,究竟掠夺到什么程度才是社会所可以承受的?究竟掠夺到什么程度才不至于导致"土崩"和"瓦解"的乱世?应该说,这实在是一个再高明的政治家也无法回答的问题。一方面,是皇帝及其家族的"欲壑难填",皇权的权力是无限权力,专制社会是一个无限政府,他们的掠夺欲望是没有办法克制的,只有不断地去满足;另一方面,则是百姓的民不聊生。战国人李悝在魏国主持变法时,曾算过一笔账,这笔账在中国历史上非常有影响。一夫挟五口,种田100亩,亩产1.5石,计150石。可是,具体的开支是什么呢?李悝接下来又列出了一份开支表:租税,十分之一,15石,剩余135石;口粮,每人每月1.5石,全家全年90石;衣服,每人每年300钱,全家全年1500钱,折合粮食50石;祭祀,每年300钱,折合粮食10石。结果,开支缺口为15

石。(《汉书·食货志》)当然,不同时代、不同地区的情况各有不同,但是,说当时的百姓生活水平大体是在15石上下浮动,我想,应该是可以接受的。这样,问题也就十分明确了。掠夺得少了,皇帝及其家族无疑绝对不能接受,可是,掠夺得多了,百姓又明显无法承受。何况,如果只是皇帝及其家族的横征暴敛,那么,危机毕竟还是可以预测的,因此也是可以预防的。而中国社会的危机的不可预测以及无法预防之处在于:在中国,这个所谓的横征暴敛恰恰是所有人对所有人的横征暴敛。这就是说,在中国历史上所有的人都意识到了一个事实:抢劫资源、掠夺社会资源,是唯一的生存选择。它的成本最低,利润最高。掠夺社会资源而不是想办法生产社会资源,是这个社会成本最低、利润最高的方法。这样一来,所有人就成为了所有人的吸血管,但是所有人却通通不是所有人的输血管;所有人也就成为了所有人的绞肉机,但是所有人却通通不是所有人的生长机。显然,这样的社会的灭亡,应该是指日可待。

其次,是囚徒困境。公权力的丧失,还必然导致全社会的高度的利己主义(而不是个人主义)的出现。当此之际,所有的人不论被动抑或主动,都将进入所谓的"囚徒困境"。也因此,就必然导致所有人的不得不进入的"双输""全输"的结局,导致全社会的逆反馈和逆淘汰的恶性循环的出现。这种情况下,不论好人或者坏人,都会被拖入残酷无情的"利益最大化"的血腥漩涡。它使得每一个人都不得不以也必须以最坏的恶意来推测别人。我不择手段和先下手为强只是因为担心你不择手段、担心你先下手为强。但是你不择手段是因为什么呢?恰恰是因为担心我不择手段,因为担心我先下手为强。难怪《红楼梦》中的探春会发现:"咱们倒是一家子亲骨肉呢,一个个不像乌眼鸡,恨不得你吃了我,我吃了你!"也难怪《红楼梦》续书中的林黛玉会宣称:"不是东风压倒西风,就是西风压倒东风。"那么,退出这种"囚徒困境"呢?无疑绝无可能。因为在公权力丧失之后,任何人想退出都是不可能的。退出竞争就意味着死亡和毁灭。因为你没有地方可躲。所有的人都是"先下手为强",都是"防人之心不可无",都是把别人视为自己潜在的敌人和未来的敌人,所有的人也绝对不会相信你的退出,而只会固执地认定为"卧薪尝胆"。这样一来,任何人也就只有坚定不移地一条路走到黑,坚定不移地通过不断使坏来战胜对手和保存自己,绝对不能允许别人追求利益的最大化,并且绝不回头。

我们所看到的所谓的"团伙"或者"一盘散沙"状态,就是这样出现的。正如司马迁总结的:"天下熙熙,皆为利来;天下攘攘,皆为利往。"结果因为利益各自不同,1+1+1+1+1+1竟然<1,甚至等于零。本来,团队建设是要1+1+1+1+1+1>6,甚至大于10,可是,这就需要通过利他来利己,需要与人为善,需要把"我"变成"我们",需要协同共赢,需要竞合,但是,现在却一切都无从谈起。这就正如兰西奥尼在《团队协作的五大障碍》中发现的:团队协作的瓦解的程序是缺乏信任——惧怕冲突——欠缺投入——逃避责任——无视结果,其起点,就是缺乏信任。每个人都"卧榻之侧,岂容他人酣睡"的结果,就必然是:相互欺骗、相互投毒。于是,我得你失、我失你得,我全得你必然全失,我全失你必然全得的相互猜忌、拼抢,就只能导致全社会的一次次的血腥洗牌、一次次的沉入深渊。它的残酷程度,我们可以以《诗经》里那令人毛发悚然的八个字来形容:"高岸为谷,深谷为陵。"

再次,是高成本运行。《红楼梦》中的探春曾经感叹:"外头看着我们不知千金万金小姐,何等快乐,殊不知我们这里说不出来的烦难,更利害。"(第七十一回)这句话总结得十分经典!公权力的丧失所导致的权力中心和囚徒困境必然还会导致全社会的高成本运行,以及与之相应的最低回报。这与正常社会的低成本运行与最高回报恰成反比。这是因为,在权力中心和囚徒困境情况下,每个人都会觉得"太累"。确实,每个人都在以最坏的恶意推测别人,都在勾心斗角,都在你争我夺,都在拉帮结派,都在结党营私。为了最大限度地谋求个体的生存机遇,没有谁能够保全清白之身,没有人可以保全干净之手,每个人都各怀鬼胎,各谋私利,都不惜诉诸阴谋,诉诸背叛,诉诸投机,诉诸所有能够想象得到的无耻的方式,处处都是战场,事事都是武器,人人都是敌人,时时都有阴谋,刻刻都有罪恶,天天都在为了避免"后下手遭殃"而"先下手为强"。不管是"治人"者,还是"治于人"者,置身其中的,全然是所有人对所有人的排斥,所有人对所有人的嫉妒,所有人对所有人的怨恨,所有人对所有人的争斗。《水浒传》在写刘高陷害花荣一章的结尾写过两句诗:"生事事生君莫怨,害人人害汝休嗔。"这意味着:被人害者往往又是害人者,所有人在一定意义上都是罪犯,都是同谋,都是覆灭的根源所在。这样,尽管他们的表现有所不同,但是那只是因为他们所处的位置不同而已,尽管他们都以为丧钟不是为他而鸣,但是,其实丧钟却恰恰是为他们所有人而鸣。于是,所有人的天赋,所有人的精力,所有人的时间,所有人的财产,所有人生命创造的能力,都在这种互相猜忌的内耗中被虚掷,被浪费,争斗的结果则是满盘皆输。

而从社会的角度来看,苛政猛于虎、十羊九牧、层层加码、税外加税、费外有费,以及所有人为了保护自己的利益而额外设置的种种与邻居为壑的关卡,叠床架屋的政府机构,人浮于事的办事规则,名义百出的政出多门,搞不完的章、跑不完的路、叫不完的申请、进不完的门、求不完的情……就是这样出现的。甚至"宰相门前七品官"。于是,社会运行成本高到了令人咋舌的地步,正常状态下,挣一百块钱就可以用九十块钱来投入再生产,但是现在却挣一百块钱必须用九十块钱来维持社会的运行,这样一来,社会发展就成为"坏的社会发展"。而且,社会也因此而失去了对于危机即将到来的应有的敏感。一时,这高成本其实也无异于扬汤止沸,最终,这个"坏的社会发展"迟早将会踏入万劫不复的境地。

综上所述,"塔西佗陷阱"的最终结果,一言以蔽之,可以称之为:零和博弈。用通俗的话说,就是无论如何努力,最终的结果都早已命中注定,那就是:归零!这就是《尚书》中说的:"时日曷丧?予及汝皆亡!"也是《红楼梦》中的探春预言的:"可知这样大族人家,若从外头杀来,一时杀不死的,这是古人曾说的'百足之虫,死而不僵',必须先从家里自杀自灭起来,才能一败涂地!"(第七十一回)无疑,"自杀自灭"的结果,必然是,也只能是:"一败涂地!"

泰坦尼克号的设计师在遇难前曾经抱歉道:"我没能为你造一艘足够坚固的船。"借用这句话,我们现在则可以说:"塔西佗陷阱"最终所导致的,正是再也无法为社会"造一艘足够坚固的船"。

还要说明的是:关于"塔西佗陷阱",很多人都祝贺说:这是南京大学百年来自"实践是检验真理的唯一标准"之后的又一次引起国家领导人乃至全国各界高度重视的一项人文社科成果,因此,它如何如何。对此,我完全不以为然。长期以来,我对借助重大项目、科研奖励以及领导批示来包装自己的做法,一直颇有非议。因此,我也不会特别看重国家领导人乃至全国各界高度重视这类的事情。在我看来,学术的标准就应该是学术自身的,没有必要借助外力。当然,也必须实事求是!有所发现就是有所发现。重要的贡献,是显而易见的。2017年6月8日,国务院研究室副主任韩文秀在长安讲坛上发表《"四个陷阱"的历史经验与中国发展面临的长期挑战》报告,其中就曾经评价说:与其他几大陷阱相比,"中等收入陷阱""修昔底德陷阱""金德尔伯格陷阱"等都有相应英文表述,都是西方人的发明。不同的是,"塔西佗陷阱"只有中文表述,外文中没有对应的概念。因为它是中国人的发明。对此,韩文秀副主任认为:"中国学者作出这种概括有其道理,具有原创性,开了风气之先。如果在国际上被广泛接受,则可以看作中国学者对于社会科学世界的话语体系的一个贡献。"在我看来,这个评价倒是十分恰如其分。还有,清华大学孙立平教授也曾经评价过:"这是一个真问题。"

须知,当今中国学界的几乎全部的学术话语往往都是"舶来品",也都是西方原创性学术成果的消费者,而缺乏自己的学术话语,无疑,这也正是西方学者往往指责"中国不会生产思想"的一个理由。这就正如约瑟夫·奈所言:"我们可以创造能够在全世界进行传播的词汇和理念,这样的'实力'就可以称作'软实力'",在信息时代,"话语成为软实力的货币"。显然,我们国家还缺乏这样的"货币"、这样的"软实力"。而且,在能够贡献出自己的学术话语之前,中国也没有可能成为真正的大国。而一个国家在世界学术话语的版图中所占的位置的大小,也正是判断这个国家的文化软实力大小的标志。这意味着一个国家的学术话语权。一个国家当然不需要学术话语的霸权,但是却需要相应的学术话语权。为此,我们亟待去抢占世界学术的制高点,亟待去掌握学术话语的主动权,也亟待去打破西方的学术话语的霸权。在这方面,"塔西佗陷阱"的应运而生,无疑是一个令人鼓舞的开始,也是我们国家、我们民族的文化自信的具体象征。

第二,关于"塔西佗陷阱",还有个别人则存在着误解。在他们看来,"塔西佗陷阱"是针对当代中国现状的,并且因此而提出:"塔西佗陷阱"解释不了当代中国的现状。这无疑并不正确。其实,"塔西佗陷阱"根本不是针对当代中国的现状而提出的,它针对的是古今中外的人类历史的某一特殊阶段、特殊状态。正是因此,它才被人们逐渐公认为是一个由中国人提出的定律。当然,改革开放的当代中国显然并不属于这一特殊阶段、特殊状态。而我在提出"塔西佗陷阱"的时候,也主要是针对中国历史上的短命王朝、历史兴废,而从来没有针对当代中国。这也就是说,"塔西佗陷阱"对于当代中国,主要是一种警醒作用、警示作用、提醒作用。因为当代中国无疑并未置身于"塔西佗陷阱"之中。

但是,另一方面,也不能因此就否定"塔西佗陷阱"的学术价值以及提出"塔西佗陷阱"的重要意义。因为,尽管在当代中国"塔西佗陷阱"并不存在,但是在古今中外的人类历史中,"塔西佗陷阱"却毕竟屡屡存在。而且,正如国家领导人所警示的:为了避免"霸王别姬"的出现,我们现在频繁提及"塔西佗陷阱"出现的危险,应该也是完全必要的。由此看来,国内目前频繁讨论的"塔西佗陷阱",也主要是在"避开"的意义上,是在强调不要落到"霸王别姬"的意义上。而且,我们当今也恰恰置身于从"挨打"的时代到"挨饿"的时代再到"挨骂"的时代的一大转换,值此之际,如何牢牢把握话语权,毕竟也确实是当今亟待解决的严峻问题。

第三,还有必要指出,我曾看到有个别学者指责"塔西佗陷阱"是在用西方话语来解释中国的现实,并且认为这是一种"食洋不化"的做法。对此,我要强调的是,他根本就没有弄清楚,"塔西佗陷阱"针对的是古今中外的人类历史的某一阶段、某一时代,也是在解释世界的某一阶段、某一时代。而我们中国无疑也在人类历史之内,在世界之内(例如中国古代社会的兴衰,就在其中),因此,在总结全人类、全世界的某一历史规律的时候,我们当然可以借助于中国话语,但是,无疑也可以借助于西方话语。衡量的标准,是看它是否有足够的概括能力,在这个方面,"塔西佗陷阱"虽然是借助了西方话语,但是,它的概括能力无疑早已被雄辩的事实证明了,是完全足以胜任的。

第四，尽管在提出的"塔西佗陷阱"的时候我把思考的重点放在了"公权力为什么会失去公信力"的问题之上，但是，对于"公信力"，我也给予了相当的关注。这在《讲"好故事"与"讲好"故事——从电视叙事看电视节目的策划》(中国广播电视出版社 2007 年版)、《怎样与媒体打交道——媒体危机的应对策略》(中国广播电视出版社 2008 年版)、《公务员与媒体打交道》(中国人事出版社 2010 年版)、《你也是新闻发言人》(中国人事出版社 2011 年版)等我所主编的研究成果中可以看到。而且，读者不难看到，在时间上也都是早于 2011 年在国内逐渐开始的关于"塔西佗陷阱"、关于"公信力"的讨论的。但是，因为在我看来所谓"塔西佗陷阱"所涉及的主要应当是政府与人民的关系，是"人心向背"的问题，而不是媒体所津津乐道的"公信力"问题，因此，关于这个方面的思考，在这里，就不去详述了。

第五，我必须强调，对于"塔西佗陷阱"，事实上直到 2017 年我才开始出面回应。何以如此？当然是因为对于那些学术界外的热情反应，我认为自己根本没有必要为之所动。可是，现在事情已经到了自己都实在安静不下来了的地步，因此，如果一定要我对"塔西佗陷阱"的引起热烈关注说一句感想，那么，我要说的是：我为自己没有因此而花费纳税人的一分钱而自豪。相对于那些花费了纳税人几十万乃至上百万的项目而言，"塔西佗陷阱"的影响告诉了我：真正的学术发现究竟是来自何处。顺便说一句，对于那种在拿项目之前就信誓旦旦地保证自己会做出什么发现的做法，"塔西佗陷阱"的影响无疑也是一个讽刺！例如，我二十八岁的时候提出了生命美学，但是当时根本就不知道它会怎么样，只是因为它是发自内心深处的，因此就大胆地说了出来，仅此而已。可是，借助范藻教授登录国家图书馆的查询结果，却不难看到：在随后的三十三年里，生命美学在国内已经有众多学者参与了讨论，三十三年中，这些学者们一共出版了 58 本书，发表了 2200 篇论文(2014 年林早副教授在《学术月刊》也曾经撰文做过类似的介绍)。应该说，这绝对是我三十三年前的时候所根本无法想象得到的。在那个时候，我所想到的，仅仅是"言自己所欲言"。再如我在近十年中的对于《红楼梦》的关注，我一直也认为只是因为自己的想法是发自内心深处的，因此就大胆地说了出来，仅此而已。但是，2016年在著名的今日头条文化频道依据全国六亿电脑用户的大数据调查中，我却被评为全国关注度最高的五位《红楼梦》研究专家之一。应该说，这绝对是我十年前的时候所根本无法想象得到的。在那个时候，我所想到的，同样仅仅是"言自己所欲言"。"塔西佗陷阱"的问题也是如此，当时我仅仅因为自己的想法是发自内心深处的，是感动了我自己的，因此，就大胆地说了出来，仅此而已，所谓"事了拂衣去，深藏身与名"。至于别的什么什么，我真的从来就没有想过；尤其是今天所产生的广泛社会影响，那在当时也是根本无法预测的。我不知道，这样一点点体会，是不是可以算得上是一点学术研究的心得与发现呢？我只能说，各位自己去想，我在此不予置评。

2017年，南京

# 第四辑

## 时尚掠影

## 南京的伤感

前不久,看到南京被某媒体评为"最伤感的城市"。南京究竟是不是一座"最伤感的城市"?对此,我暂时不想发表意见。但是,我必须承认,对于南京的伤感,在我,却实在是由来已久的。

我不是南京人,但是,客居南京近十年,却逐渐爱上了这座城市。我喜爱南京所禀赋着的深厚的文化底蕴:南朝的陵墓石刻、隋代的舍利古塔、明朝的鼓楼钟亭、明清的帝宅园林,还有碧波荡漾的秦淮河、一圈把城市包围起来的虽然残破却基本上完整的墙垣(这是历史赋予南京的最大礼物),作为最后一个汉人王朝的开国君主的陵寝的明孝陵,作为结束封建帝制的中国民主革命的先行者孙中山的陵寝的中山陵……可惜,也就是在这十年里,我也逐渐萌生了一种对于南京的伤感。为了建成现代化的城市,南京这几年一直在不断地追赶时尚,不断地修补、改建、包装。其中,当然不乏大手笔与成功之作。例如台城的重构,例如汉中门市民广场的建设,例如静海寺的修复,例如警世钟的捐铸。然而,令人抱憾之处也所在皆是。例如破墙开店,例如二十四桥的修建,例如鼓楼隧道(有人甚至开玩笑说:下雨时洗车的最好去处就是鼓楼隧道)与高架桥,例如砍树扩路,例如城市道路公路化(城市交通有什么必要追求风驰电掣的感觉呢),例如树上缠灯(白天一看,真是活丑)……其中,新街口更是时常令人掩面而去并且最不忍再睹之处。孙中山,这本该让人仰望的伟大人物,却站在一块被大款富婆们从高楼大厦的茶色玻璃后俯视,也被平头百姓从天桥上俯视的街心这样一个局促一隅。而你无论从新街口的哪个方向走,想在马路上骑车或坐车体会一种接近伟人的感觉,目光也只会弹射在四座贴满广告花里胡哨的天桥上。在这当中,不难看出南京的在城市建设中的一种欲行又止、遮遮掩掩、缺少通盘打算的时尚化心态。大家都在搞城市建设,我也搞,大家都起楼、架桥、挖洞、拓路,我也照此办理,你有什么我就要有什么。只要旧房可以拆,就造一片新楼;既然树可以砍,就拓宽一条新马路;哪儿是城市门户,就架一座高架桥;何处是市中心,就立一座雕塑。总之,是无视城市的优势与劣势,以最短的时间,最简捷的手段,最直截了当的方式,追求一步到位,立即见效。于是,我们就只能面对着这样一座躁动的畸形的南京城。它确实不再是千年一律的城市,但却沦落为千篇一律的城市。

我有时甚至会想:在某种意义上,南京现在是否已经成为一个巨无霸式的现代怪物、一个被时尚制造出来的城市畸象?在追赶城市时尚的道路上,面目日益模糊,特征日益丧失。显然,这一切非但不是为南京赋予意义,而是剥夺了南京的意义。时尚化的南京,越来越缺少亲切感,越来越缺少舒缓的情趣与美感,到处都可以看到人们紧张的生存状态,到处都可以看到一种杂乱、无头绪的状态。市民们逐渐失去了对南京的温馨感觉,逐渐失去了对南京的起码的热切关注,压抑、烦躁、冷漠,开始充斥着这座城市。遥想当年,我读《儒林外史》,每每为南京和南京人的文化气魄而称奇。其中记载,两位挑着粪桶卖粪的南京挑夫曾互相商量说:今天的货卖完后喝口水,然后就上雨花台看落照去。一位文人闻言后叹曰:菜佣酒保都有六朝烟水气。试问,有谁能不为这样的南京、这样的南京人而自豪!

可是,雨花台上的"落照"而今安在?南京人身上的"六朝烟水气"而今安在?

1994年,南京

## 生活在别处

"生活在别处"——捷克著名作家昆德拉的这句名言,无疑也可以借用来表达人们购买别墅时的心理状态。

年少时同学好友在一起说笑,经常会开的一个玩笑就是把"别墅"故意说成"别野(墅)",现在想来,尽管那个时候对于"别墅"为何物实在是若明若暗,但是"别野(墅)"这两个字却实在传神。别墅之为别墅,其实真的就是"别"与"野"的二位一体。所谓别墅,谁都知道就是"另一套房子"也就是"第二居所"的意思。然而,它却绝对不能是"第一套房子"或者"第一居所"的重复,不能是"第一套房子"或者"第一居所"的简单放大(例如客厅无穷大,卧室无穷大,等等)。这意味着,它绝对不能是日常生活空间的重复,而必须是日常生活空间的转换,这,就是所谓的"别"。《新唐书·王维列传》说:"别墅在辋川,地奇胜,有华子冈、欹湖、竹里馆、柳浪、茱萸沜、辛夷坞,与裴迪游其中,赋诗相酬为乐。"显然,"赋诗相酬为乐"的诗意空间已经完全不同于日常生活的空间。中国古人所赞誉的"被鹤氅衣,戴华阳巾,手执《周易》一卷,焚香默坐……待其酒力醒,茶烟歇,送夕阳,迎素月","江山之外,第见风帆沙鸟、烟云竹树"以及"夏宜急雨,有瀑布声;冬宜密雪,有碎玉声;宜鼓琴,琴调和畅;宜咏诗,诗韵清绝;宜围棋,子声丁丁然",更是这一"赋诗相酬为乐"的空间的写照。至于"野",则意味着不能是日常物理空间的重复,而必须是日常物理空间的转换,曹植《梁甫行》云"剧哉边海民,寄身于草野";《晋书·谢安传》说"土山营墅,楼馆林竹甚盛",或者傍水,或者依山;《宋书·谢灵运传》干脆说"修营别业,傍山带江,尽幽居之美","傍山带江"都有了,而且是"尽幽居之美"的必不可少的前提,这就是别墅的日常物理空间的转换。

因此,从表面看,不能排除由于别墅无疑是一种稀缺资源,而物恰恰以稀为贵,因此成功人士往往以之作为身份、品位、地位的象征。在此意义上,人们常说,买的不是别墅,而是身份、品位、地位。这当然不无道理,传统的"我思故我在"的时代已经转变为"我买故我在"的时代,因而"购买"也已经成为人们的身份、品位、地位的一种辨认方式、区隔方式,购买别墅者因此而完全可以通过自己的购买行为来建构他人和社会对自己的认同,也建构自己对于自己的自我认同,并且在这种双重认同中获得满足。尽管,别墅本身实际并改变不了一个人的真实身份,但它却可以构成他人和社会对自己的认同,拥有 House 与拥有 Villa,又岂可同日而语?联想到传统社会人们是"从物到符号"的思维,而当今已经是"从符号到物"的思维,应该说,这一切也并非全无道理。

然而,这还仅仅只是表象,其实,在身份、品位、地位的背后,是心灵领地的占有。成功人士的买别墅,也不仅仅是买身份、品位、地位,而更是买心灵的自由。人所共知,在当代中国,从社会学的角度讲,从对自我身份的认同、对所属群体的归属感,以及对特定价值和独特资源的认可(例如权利资源、智力资源、劳动力资源、土地资源、经济资源、武力资源)的角度来考察,应该说,成功人士所隶属的所谓中产阶级显然还正在成长、壮大之中。但是从消费的层面而言,在当代中国,应该说,确实已经出现了一个新的中产阶级(阶层),它包括企业家、歌星、球星、制作人、技术专家、部分高级知识分子、部分高收入的个体户、部分海归人士、外企中高级人员、部分国企的管理者、部分银行人员等等。这些人在当代中国并非最有钱者、最有地位者,也并非最有权者,但却确实是最为成功者。当代中国市场经济社会中消费权的开放性与社会地位群体方式的封闭性,使得他们更多地在消费方式上与西方中产阶级相趋近,而且更多地去在消费方式上体验在现实社会中所无法获得的自由感觉。

这样一种消费方式可以称之为"中产阶级趣味",更形象的说法则是:"白领趣味。"它来自一种超前的消费想象。掌中宝手机的广告声称:"身份不同,需求不同。"就正是着眼于这一群体。这就是所谓"中产阶级"或者"白领",他们是我们这个时代的消费偶像、时尚生活方式的示范者、日常生活意识形态的承载者,换言之,所谓人生,就其根本内涵而言,无疑必然包含着与时下社会的对抗性质,包含着生命的渴望、精神的郁结以及一种悲天悯人的终极关怀。因此,往往与心满意足、知足常乐之类的舒适无法对应。这一点,我们在历史上已经屡有所见。克莱夫·贝尔在《文明》中就说:"雅典人的思想和感情生活极其丰富而多样,但他们的物质生活连体面都顾不上……文艺复兴时期豪华富丽、宏伟壮观的东西有的是,但人们对生活的舒适从未用心。舒适的生活是伴随中产阶级的出现才出现的。"[①]确实,在文化

---

① 克莱夫·贝尔:《文明》,商务印书馆1990年版,第43页。

发展的进程中,成功固然是一件好事,然而它同时也意味着代价。最大的失败也就莫过于成功。这一点,我们可以在西方的贵族身上看到:他们的生活条件越是优越,就越是要付出沉重的代价。战争、动乱……一切的突然灾难来临之际他们无不必须奋勇当先。这正如社会学家帕雷托的那句名言所概括的:历史是贵族的坟墓。而中产阶级并非传统意义上的贵族,他们只是社会的附庸,没有政治权力、没有根本立场、没有独立地位、没有历史责任……正是这一切,造就了他们的自我与社会之间的虚幻意识。而他们的选择,则是在失去重心的世界中无忧无虑地去诗意生活,而且放弃与社会之间的任何对抗。甚至,不去承载太多太重的情感,也不去付出太多太重的代价,而是自觉保持一种面对现实的驯服的退让姿态,刻意追求快活、轻松、潇洒、闲适、恬淡的生存策略。特里·伊格尔顿指出:"占支配地位的意识形态,如果不恰恰是在其他各阶级心目中造成一个统治阶级自我经验的似是而非的形象,它怎么能指望继续存在下去?"①而"中产阶级"或者"白领"的职责正是成功地虚构这样一种"似是而非的形象",毫无疑问,他们成功地做到了这一点。

  而这也就是成功人士购买别墅时的更为深层也更为隐秘的真实心态。问题与身份、品位、地位有关,但是并不仅仅与身份、品位、地位有关,更为重要的是心灵领地的回归。领地意识是连动物也禀赋的,何况是人。在这些成功人士,别墅就是对美好生活的向往、对自由岁月的憧憬和对时尚消费的追求,并且是自身最为深层的欲望、意愿的完美表达。虽然无法征服现实,但是可以守望心灵,别墅,就是这守望的象征。尽管,这只是一种符号消费,只是一种虚拟的生活,但是,"虚拟"也未尝就不是一种真实。我们知道,所谓"虚拟"不但有其"好像是,但毕竟不是"的含义,但是更有"实质上的"含义,它区别于"实际的",但是却与"实际的"有着类似性和替代性的关系。我们知道,《牛津高阶英语学习词典》就是这样阐释"虚拟的"(virtual)一词的:实质上的,但尚未在名义上或正式获得承认。当代大师鲍德里亚在剖析时

---

① 特里·伊格尔顿,参见王逢振主编:《最新西方文论选》,漓江出版社1991年版,第472页。

尚生活时也是在这个意义上使用"虚拟"一词的，而这也正是成功人士购买别墅时的心理动机。他们购买的是一个生活梦想、一块心灵领地。是高于生活的生活、"实质上的"的生活，也是比生活更加生活的生活，是现实中所没有也不可能有的，但却是梦想中所渴望有而且必须有的。倘若 House 是现实的，那么 Villa 就是理想的；倘若 House 是散文的，那么 Villa 就是诗歌的；倘若 House 是物质的，那么 Villa 就是精神的；倘若 House 是住的，那么 Villa 就是玩的。倘若在 House 里只能做凡人，那么在 Villa 里则是赛神仙。

也因此，成功人士的购买别墅就并不只是对于现实生活的逃避，而是对于理想生活的追求。别墅生活实际是成功人士真实生活的开始。成功人士的对于别墅的某些在生活功能之外的另类功能的追求（因此任何别墅都需要一个适应新生活方式的、具有新空间体验的全新的高质量的设计），对于别墅的低密度与高私密性的追求，对于别墅的享受郊外阳光、呼吸清新空气的追求，对于别墅的文化属性的追求（只有文化才是别墅的出生证），都无不与此相关。而我的一些朋友在住进别墅以后，几乎毫无例外地都乐于充当私家花园的园丁，道理也在这里。有少数人，别墅是给保姆买的，也是给家里的狗住的，他自己则从不莅临，则实在不能算是别墅的知音。只能生活在心灵里的成功人士，是把自己的心灵投射成为别墅。别墅生活，因此而成为成功人士心灵生活的全面展现。试想，又有谁会去花巨资换回一堆无法做梦的建筑躯壳，尽管这个建筑躯壳也被取名为"别墅"？也是出于这个原因，某些盲目追求唐装、中国结、仿古一条街这类伪民俗文化的"富家大院版"，或者被人们所普遍诟病的那种"笨重的混凝土坡屋顶、溜薄面砖贴成的'青砖房'、胡乱堆砌的'苏州园林'"，或者只是生硬地贴上"院""间""堂""坊"一类中国字眼儿的中国式别墅，像风靡一时的"欧陆风情"潮流中的石膏希腊柱、大卫、维纳斯像与"堡""邸""滩""谷"等洋名儿一样，并不真正具备美学的魅力。

当然，还有更为重要的，就是成功人士的购买别墅所期待的还是一个开放的圈子、开放的人群、开放的生活方式。人们注意到，欧洲古典美学别墅特别提倡密度适中，其中的深层原因，就在于特别强调私密的需要与人际交往的需要之间的张力的存在。而中国别墅的"围合"定势则必须打破。因为一个院子被所有的人共享,看来看去看到的都是墙里风光,其结果自然是:无法做梦,也无梦可做。我的一个博士生在他的博士论文中介绍说:德国的社会学界在20世纪90年代尝试以新的概念例如"社会生活圈""生活组合""生活风格""生命历程"等来取代阶级、阶层等传统的思考。布迪厄甚至根据这种"社会空间的相似位置",以及由"相似消费实践"导致的"相似性情倾向",将阶级定义为:具有相同习性的生物个体的集合。而且因此认为,不是客观的物质利益的一致构成阶级,而是同一种习性制造了阶级。别墅也在以自己的社会圈子制造着"阶级"。而成功人士的购买别墅也恰恰因为他(她)正是这一社会圈子的渴望者。在西方,我们常常看到的是,在别墅中居住的可能人数很少,也就是自己家的两三口人,但是这个家庭却会常常举办各种聚会,并且以此来享受邻里的交流、朋友的沟通。无疑,这才是别墅的知音。而在国内,我看到有人声称:住别墅就应该是养四条狗,就应该是天天和朋友在一起,无疑,这才是别墅的知音。

别墅不同于"第一套房子"或者"第一居所"之处,就在于它是诗意的栖居之所,是梦想开始的地方,对于别墅的主人而言,别墅永远是一种诗意的存在,永远是一种成功梦想的诗意传达。"生活在别处","别处"是诗,"别处"有梦,而别墅,就是这"在别处"的"生活"的见证,或者,就是这"在别处"的"生活"本身!

1998年,南京

## 速配的时代

这是一个速配的时代。

明确地意识到这一点,应该说是在最初观看台湾的大型婚恋谈话节目

《非常男女》的时候。一对对素不相识的青年男女,竟然在电视上凭借几个莫名其妙的问题就速配成对,这实在令人吃惊!爱情何其神圣,可是在当代青年的眼中竟然也可以"作秀",可以速配。看来,尽管人类的寿命在变长,但是在当代社会,似乎人们已经越来越不耐烦,已经越来越不习惯于等待——哪怕是生命中的十分必要的等待。连美洲的一种鸟,求爱时还知道要先以一系列的舞步、小步快跑来取悦于对方,但是现在人连这个也懒得做了,干脆就来他个速配。当然,我们的生活已经出现了巨大的变化。没有了"鸿雁传书",没有了"红袖添香",也没有了"碧海青天"。试想,有了电灯,谁还会去"剪烛"?有了手机、长途电话、飞机、高速公路,谁还会去"折柳"?因此,在言情小说中,过去是"日久生情",在第一页中已经认识,在第100页中却还没有拉拉手,现在却是在第一页中刚刚认识,在第二页中就已经上床。更不要说现在的懒于画眉毛的有快速眉毛贴,懒于钓鱼的有快速钓鱼竿,懒于疗养疾病的有速效胶囊,懒于下厨房的有速食食品,懒于进学校读书的有人才速成培训,懒于爬山的有快速缆车,个子太矮的有快速电子增高器,耐不住等待的也有特快专递和高速列车……平心而论,这一切都有其不可或缺之处。简单说来,就是可以省出时间干更有意义的事情,干自己想干的事。但是,我不能不说,这样一来,人类的既美好而又丰富的文化感觉也就被彻底地摧毁了。速配的东西肯定缺乏积累,而文化感觉却是需要长期积累的,否则就会流于肤浅。山长水阔,才会有离愁别恨;"日日思君不见君",才会使简单的"重逢""邂逅"大放异彩。遥想当年,我们的古人生活得何等优雅、何等从容:西窗剪烛、香囊暗解、罗带轻分、折柳相赠、灞桥伤别……相比之下,我们今天就生活得实在是太不细致、太粗糙、太寡趣了。无论干什么都是心急火燎的,不吃就不吃,要吃就要一口吃出个胖子来。这样一来,一切都无非是例行公事,还有什么意思可言?更不要说,还有一些人竟然会用摇头水、罂粟粉、可卡因注射剂去速成快乐呢!

  因此,我们是否应该扪心自问:在这个速配的时代,我们究竟是生活得更快乐了,还是更不幸了呢?

1994年,南京

# 非常的年代

最近几年,"非常"竟然大出风头。"非常男女""非常周末""非常时尚""非常隐私""非常可乐""非常之旅"……所有的在时尚炒锅中爆炒之物都争相以"非常"作为最佳佐料。前几天路过南京的新街口,偶然一瞥,四个大字赫然在目:"非常鞋城"。我的天,连"鞋城"也时髦起来了。

不能不承认,我们已经进入了一个"非同寻常"的年代。令人神往的爱情何其神圣,然而在电视上却成为可以调侃、可以表演的东西。甚至,一队队的帅哥靓女联袂而来,也根本不是为了红杏出墙,而只是为了过一把瘾、做一回"非常男女"。紧张工作之余的双休日,为了寻觅意外刺激、赚取"非常收获",人们也一反常态地忙碌于跻身形形色色的娱乐节目:场内与明星同场做戏、场外拨打电话参与、当场抢答抢购、终场摇奖抽奖,过起了"非常周末"。……回头想想,长期以来,人类往往习惯于"正常",也习惯于躲避"正常"的反面——"反常",但却始终不屑于"非常"。所以西方的蒙田才会心满意足地说"不含奇迹的人生是最合宜的人生",中国的禅宗也才要时时提醒云"平常心是道"。然而现在一切却通通都乱了套,"非常"的旗帜竟然高高飘扬。比较一下传统的庙会、社戏、投壶、猜谜、划拳、品茶、养鸟、游山、玩水、琴棋书画,没有人会怀疑,今天的赛马、蹦极、飞车、博彩、吞玻璃、有奖销售、有奖收视、有奖彩票、冒险游戏、"绝对隐私"、阴森的娱乐城,以及吉尼斯大全中向人展示的最长的指甲、最长的头发、最长时间的吻、最长时间的舞蹈、最大的面包,实在只能称之为"非常"的批发炒卖。再看看那个越飞越高的小燕子,一个公然把"床前明月光"的诗句篡改为"抬头看老鼠,低头见蟑螂"的假格格,偏偏就一夜之间炙手可热。这,应该也是"非常"的魅力。相比之下,温文尔雅的紫薇就实在太"正常"了,只适合放在殿堂中慢慢欣赏、品味,难以进入寻常百姓之家。

可惜的是,尽管"非常"非常火爆,而且也不乏积极的意义,例如,可以部分地满足人们的娱乐生活,但是也确实存在着根本的虚假。在当代生活中,"正常"竟然变成"反常","非常"偏偏成为"正常",这本身就不尽正常。然而,倘若生活中没有了生生死死的爱情,只有经历,没有了流芳千古的崇高,只有故事,没有了绕梁三日的审美,只有娱乐;倘若在生活中人们不再关心谁比谁高大谁比谁高尚,不想承担沉重,不愿付出痛苦,而且不再苦苦期待,也不再卧薪尝胆,意义、理想、抱负、追求都被淡化,无疑就只能走向"非常"。美好的生活被从深刻的思想、艰苦的劳作中抽离出来,转换为一种偶然的东西、极端的东西、异类的东西,等同于奇遇、奇观、冒险、投机、博彩、刺激、狂欢、放纵,扭曲为"开心地笑一次""换一种活法""跟着感觉走""潇洒走一回""玩的就是心跳""过把瘾就死""不求天长地久,只求一朝拥有"……美国作家厄普代克有一部著名的小说,名字叫作"兔子,跑吧",置身"非常"之中的人们,就恰似那只无时无刻不在恐惧万分地奔跑的兔子。到处都是机遇,到处都是陷阱,不知道往哪里奔跑,也不知道何时能够不再奔跑。于是,最大的痛苦就是奔跑,最大的快乐也就是奔跑。"非常"中人也是如此,他们在"非常刺激"的频繁期盼中寻求庇护和麻醉,其实是意在通过疯狂盲目的自我放纵以放逐真正的自由。说到底,无非就是以表面的全能掩饰内在的无能,以生活、娱乐中的能够无所不为掩饰工作、事业中的难以有所作为。于是,在对于"非常"的追逐中,他们同样在拼命地奔跑。在奔跑中,他们躲避着现实;在奔跑中,他们也逃避着自由!

这样,我们不能不问:置身"非常"的年代,我们究竟是非常强大、非常开心,还是非常脆弱、非常寂寞呢?

1994年,南京

## 想起了冬妮娅

闲时与几位朋友聊天,谈及当下的美容狂潮,彼此都不禁谈"美"色变。于是,朋友们不约而同地都想起了年轻时代的青春偶像——冬妮娅。那个距离车站一俄里的静静的活水湖,那个美丽的少女,那个躺在花岗石岸边的低洼的草地上看书的冬妮娅……说来也怪,这个捧着本书出场的女孩,丝毫不加粉饰,更无任何的张扬,然而却不但打动了保尔,而且也打动了苏联与中国的整整一代的青年。"令人回味无穷的美丽姑娘",告别的时候,朋友们仍旧这样感叹着。

然而,在当代社会,冬妮娅怎么就无处可觅了呢?《诗经》上说:"出其东门,美女如云。"而现在不必"出其东门",但是却处处"美女如云"。在人流如潮的超市中到处浮现着貌比天仙的姑娘的美丽的笑脸,在尘土飞扬的街道上也到处闪耀着身穿超短裙的女孩的白嫩鲜亮的长腿,随时可以大饱眼福。难怪人们会不无惊诧地发现:男人的一半是女人,女人的一半是美人。然而,她们却美得那样浮躁、那样时髦、那样张扬,没有人会为她们茶饭不思、寝食难安,也没有人会为她们生生死死、肝肠寸断。当年保尔第一次遭遇冬妮娅,就被她手中的书本所吸引,两个情窦初开的青年男女,"好像是老朋友似的",倾心畅谈,"谁也没有注意到已经坐了好几个钟头了"。现在呢?一见尚可,倾心不易,能够交谈几分钟不倒胃口就已经万幸了,谁还敢于奢望在其中会遭遇到今天的冬妮娅?

何况,冬妮娅是在湖边,而当今的美人却在美容院;冬妮娅是在恬静地看书,当今的美人却是忙于在血肉之躯上"刀耕火种""大动干戈"。苛刻点说,当代社会里"美女如云",其中的奥秘,并非在于女性的普遍提前进化,而在于女性都已经成为经过特殊处理的技术产品,都已经成为"特殊材料制成的人"。过去人常言："上帝免费造人"，"千金易得，美人难求"。然而，现在却是根据钱包的大小决定美人的等级。人们也常言，男人只死一次，女人却要死两次。第一次是美貌的死亡，第二次才是躯体的死亡。但是现在女性的把镜自叹：臀部太宽，大腿太粗，乳房太小，腰太高，腿太短……都已经算不了什么，只要有钱，就通通不难改造。结果，我们所看到的当代美人，竟然连眼、眉、鼻、唇、额、脖、锁骨、肩胛骨、胸、腰、臀、腿、足，都被精心修理得"面目全非"。费雯丽为追求肥臀纤腰，做过骨盆扩充术，玛丽莲·梦露为追求腰肢纤细，摘了两根肋骨。美国军事工业局的一项统计十分有趣：如果美国女性摆脱她们浑身披挂的"盔甲"，就可以省下28000吨钢，为国家再造两支战舰。仅此一例，不难推想，全世界的女性在忍受种种痛苦甚至行动不便去对被男性判决为不完美、不性感的身体进行美化和艺术加工的过程中所付出的艰辛努力。

然而，当代的"美女如云"，悲剧也在于此。既然士别三日就可以刮目相看，那么谁又会去走"冰冻三尺"的老路？反正梅花之香不再自苦寒中来，那么谁还会再闻鸡起舞？冬妮娅的美是文火慢慢清炖出来的，其中含蕴着一股浓浓的书卷气，力透纸背渗透而出的是文化余香。而现在的美人却不然，不要幻想她们会与你上演《上邪》，也不要幻想她们会像朱丽叶、祝英台那样跟你上演生生死死的故事（她们只有经历，没有故事），更不要设想她们会有林黛玉那样的葬花雅趣、冬妮娅那样的懒散风韵。在她们身上，散发出来的顶多也就是一股浓浓的香水味。相对于冬妮娅的恬淡文雅，当代的美人只能称之为靓妹；相对于冬妮娅的令人回味无穷，当代的美人更是美得毫无想象力，完全是风中的玩具。有人说，三流的化妆是容貌的化妆，二流的化妆是精神的化妆，一流的化妆是生命的化妆。冬妮娅与当代美人之间孰优孰劣，借助此言岂非一目了然？

泰戈尔说："女人，你曾用美使我漂泊的日子甜柔。"因此，我们不能不想起冬妮娅！

1994年，南京

## 瘦身的陷阱

目前,瘦身的时尚风行天下。随便翻阅报纸,偶然看看电视,假日逛逛商场,瘦身药、瘦身茶、瘦身胶囊、瘦身秘方、瘦身食品、瘦身器具、瘦身俱乐部……诸如此类的广告就会铺天盖地一股脑儿地涌入眼帘。

然而,令人困惑不解的是,那些想方设法、处心积虑热衷于瘦身者,却大部分都无论如何也说不上过分肥胖。何况,从美学的角度来看,瘦与美也并不等同。赵飞燕固然貌比天仙,杨玉环不是也倾国倾城?还有薛宝钗,她的美丽不也恰恰就在丰腴、圆润?再说,柔软的肌肉组织正是女性形态的一大特征。女性身体的25%是脂肪,而男性的脂肪却只有15%。这是因为,人类长期过着食物来源极不稳定的生活,而女性无论是怀孕还是生产,都无法离开营养,女性的皮下脂肪就正是储藏营养的大本营。当然,这无疑会使女性的身体较为丰满。但是这不但并非坏事,而且正是女性美之所在。人类的早期艺术《奥林多夫的维纳斯》,就是一个肥胖的裸妇。中国唐代的丰肌秀骨,也是对于女性的身体丰满的推崇。再从电影美学的角度看,在20世纪五六十年代,以《罗马假日》中的奥黛丽·赫本为代表,确实出现过从丰满肉感的美转向纤细身材的美的潮流——甚至连脸部的化妆也注重纤细的感觉,但是很快就转向了新的审美潮流,事实上也没有简单地把纤细身材与美完全等同起来。

这样看来,瘦身时尚本身就是一个误区、一个陷阱。在男性社会中,女性的躯体不是自己的,而是社会的。人们常说:男人看女人,女人看被看的自己。瘦身时尚正是如此。在传统社会,女性处于完全被男性供养的地位,而女性的肥胖正是男性显示富有的标志,也使得男性对于多子的要求成为可能。因此,以胖为美,显然是可以被男性所接受的。在当代社会,女性有了相对独立的地位,不过这相对独立又往往主要由女性性特征的突出来体现(所谓"女性挺不起胸,又怎么抬得起头")。瘦身的要求正是对于性特征突出的要求。既要"瘦"身又要"隆"胸,就是如此。至于那些想方设法、处心积虑热衷于瘦身者,却大部分都无论如何也说不上过分肥胖,则完全是瘦身时尚的恶性循环之使然。国外多伦多大学做过一项研究,其结论为:女性阅读常有纤细广告模特出现的杂志,会使她们的自尊心大减。在研究中,专家邀请了118名大学女生做测试,其中一半给她们看一系列在流行杂志上刊登的关于理想身型的广告,连续一周后,要她们回答关于对自己体态满意程度的问题。出人意料的是,连续一周阅读关于理想身型的广告的女性答案十分一致,都对自己的体态十分不满。看来,正如人们发现的:女性怎么瘦也不算瘦,男性怎么有钱也不算有钱。过去瘦身的楷模只是左邻右舍,而现在瘦身的楷模却是全世界最最标准的美丽女性。试想,这样加以反复比较的结果,对于每一个女性来说,除了瘦身,还能有什么选择?看来,在当代社会,女性经常感叹:肥胖是女性美的"癌症"。确实是这样。但是,其中的"癌症"病因却不是生理的,而是文化的。

这使我们联想到,物理学中有所谓"正反馈效应",现在的瘦身时尚所延续的,正是这样的"正反馈效应"。在瘦身时尚中,人们的瘦身欲望呈倍数迅速增长。就像看了广告以后,你才发现自己身体缺钙,于是就去买某某药片;你才发现头皮屑是决定终身大事的问题(这会影响恋爱),于是就去买某某洗发水;你才发现你的精神不振与营养失衡有关,于是就去买某某口服液。正是在瘦身时尚中,你才发现自己的胸部大小、身材胖瘦都出现了问题。于是,就名为主动实为被动地走上了艰苦而又漫长的瘦身征程。也因此,瘦身的陷阱实际上又是消费陷阱。瘦身时尚恰似欲望的催生剂,本来这欲望就是商家利用全世界最最标准的美丽女性作为楷模激发出来的,然而在不断的消费中又被商家利用全世界最最标准的美丽女性作为楷模进一步加以激发,如此循环不已……遗憾的是,最终的结果,却并非瘦身目标的实现。因为全世界最最标准的美丽女性之所以是瘦身楷模,正因为她是"唯一"的、不可企及的(不妨回顾一下西方女性主义者的反瘦身名言:"世界上只有 8 位女性是顶尖模特,其余 30 亿都不是")。已经有太多太多的事实告诉我们,瘦身时尚的最终结果,只能是导致种种心理疾病。例如,只要吃得稍微多一点,就会不断地内疚、紧张,最终与厌食症有染。美国著名女歌星卡本特,不就是由于深陷瘦身陷阱之中而死于厌食症?

从"瘦身"开始,以"陷身"告终,卡本特之死,值得所有深陷瘦身时尚之中的女性警醒!

1994 年,南京

## 我们是女孩

台湾的大型婚恋谈话节目《非常男女》,一直引起我的关注。因为,从中可以找到很多社会、文化方面的话题。例如,台湾青年的文质彬彬、不温不火,相比大陆青年在同类节目中所表现出来的浮躁做作、十分功利,就非常值得注意。再如,从第一期开始,我还十分吃惊地发现:那些台湾女青年,哪怕已经是三十多岁,也毫无例外地口口声声地宣称"我们女生"。更值得注意的是,这一说法,近年来似乎已经迅速蔓延到大陆。"我们女孩子"这类说法,在女青年中似乎也越来越普遍。记得一次看电视,一位女嘉宾在讨论电视剧《武则天》时,竟然说"武则天这个女孩子",闻言,我不禁大惊失色。

不过,事后想想,这种说法似乎也并非毫无根据。据学者研究,大多数的动物,都是雌的比雄的大,但是进入文明社会之后的人类却恰恰相反,时时处处都要强调女性的纤弱、小巧。哥特式小说中最动人的句子就是:"她抬起头,看看他的眼睛。"这是在形容女性的小巧。而果戈理声称:"淑女轻盈得像气球一样。"在文学作品之中,我们也常常看到以水来比喻女性,例如,柔情似水,或者以相对于对男性多用高山、大海、钢铁作喻,对女性就多用柳、花、玉、草作喻,例如"拈花惹草",其中突出的正是花为人"拈"、草被人"惹"的一面,这是在强调女性的纤弱。在当代社会,这一点更其突出。像《北京人在纽约》中的郭燕,王启明可以拿她作砝码,甚至在失意之后公然去找妓女,但她失意之后却只能躲在屋里喝闷酒。再如近年来女性流行服装向窄、短、小的方向发展,闹市中身穿肚脐装、短裙、背着双肩背包的做小女人状的女人到处可见。人们习惯于把这种窄、短、小的服装称为"薄型",所谓"短得露脐,瘦得贴身"。它使得一位成熟女性看上去像个发育不成熟的甚至可以称之为稚弱的豆蔻年华的女孩。在流行歌曲中就更为常见。只要稍稍回顾一下,就不难想起,在其中,女性面对男性的挑战,正如人们总结的:或者苦苦哀求、痴痴纠缠(别走、别离开我),或者反复回忆以自我抚慰(当初、曾经),或者毫无意义地质问并不在场的对方(为什么),或者哀怨自怜(怎么可以这样对待我),或者假借美好的情景以逃避现实(如果,也许,但愿),或者一再表示后悔(早知道),或者自暴自弃(我完了)……显而易见,其中流露出来的仍旧是一种顾影自怜的女孩心态。

说起来实在令人难以置信,在当代社会,一个成熟的女性竟然要天天刻意做女孩状,看来,女性在当代社会要求得生存也实在不易。比任何一个男性社会时期都要沉重的种种压力,使得她们的内心始终处于高度的紧张状态。"我们是女孩",正是上述自身内心焦虑状态的宣泄和强烈应激反应的代偿。在女性身上,是男性欲望的伸张,男性压抑女性,女性压抑自己。女性的权利往往是被剥夺、被追求、被呵护、被赏玩、被抛弃的。举一个极端的例子,在同性恋当中,装扮男性的那个会被严惩,装扮女性的那位承受的惩罚则要轻得多。当代社会也是如此,它似乎更容忍女性的撒娇、流泪、哭泣,但是却不容忍女性的逻辑、理性、抗争。因此,在当代社会女性的武器也不是成就、文凭,而是楚楚可怜、弱不禁风。更为引人瞩目的是,女性为了更有效地进入男性社会,甚至不得不蓄意扭曲自身,忸怩作态地"活给别人看"。在当代社会,由于少女所承受的压力要远远低于生理成熟的女性,因此,以女孩自居也就顺理成章。例如,流行时装的以"薄型"出现,无疑就体现着女性在当代社会的自爱自怜、孤苦无助并且渴望被垂怜、被关爱的心态(而男性此时也会在救助"薄型"女性的冲动中得到一种快感)。有时,我甚至会想,类似于在传统社会中女性的那双被蓄谋美化的装饰性的小脚,在当代社会,女性也在蓄意突出着自己身上的女孩味。遗憾的是,这女孩味中却没有了妻子味、母亲味,更不要说事业味、工作味。

然而,为当代女性所忽视了的,却恰恰是:在当代社会,男人们之所以彪悍勇猛,绝对不是因为他们天生高大强壮,却只是因为美丽的女性都是跪着的!

1994年,南京

## 走出男性的目光

前不久,看到一条消息,说是国际排联做出一项新规定:要求女运动员在比赛时不得再穿长袖上装,女球员的短裤必须要紧贴腰部,裤脚必须要斜向大腿两侧,并且最好是穿"一件头"的运动衣。消息一出,非议四起。人们公开批评说这是在以女性的性感作为"卖点",但国际排联却毫不退让,并对巴西等五支"违规"的球队分别予以三千美元的罚款。

比赛就是比赛,然而现在却要同时把比赛变成女性自身的性感魅力的展示,这实在是闻所未闻。联想到当代文化对于女性的在"瘦身""挺胸""化妆""美容"方面的强烈要求,我不能不说,这个消息给女性带来的实在不仅仅是一种"规定",而且是一种真实的处境。确实,在当代社会女性之所以受到种种特殊的关注,与当代社会的审美被人为地分裂为看与被看、主动的男性与被动的女性密切相关。一般而言,在当代社会女性形象无处不在,并且占据了视觉的中心位置,以致有西方人半开玩笑地说:当代社会的人们,艳福超过口福,尽管为怕发胖而不敢多吃,但却可以多看。然而,也正是在这"被看"与"被动"之中,女性被神不知鬼不觉地剥夺了自身的根基。像"原本"的消失一样,真实的女性也消失了,这无疑是一种对于女性身份的令人痛心的"篡改"。针对这一状况,萨特的情人波伏娃说:"女性不是天生的,而是生成的。"这实在是精辟之见。也因此,在当代社会,女性虽然走出了封闭的世界(例如家庭、村庄、地球),却仍旧走不出男性的目光——她完全一无所有,只是某种被男性目光所凝视的"奇观",而且,只有成为凝视(甚至窥视)的对象,她才有价值。而且,越是被成功地观看,就越是有价值。换言之,正是男性的目光的认可,使得女性们有了所谓"成功"的感觉。女性既是审美之中男性"惊鸿一瞥"的欣赏对象,又是审美之外男性"目不转睛"的欲望对象。百看不厌,秀色可餐(当然,对女性的剥夺,同时也就是男性对自身的剥夺,这暂且不论)。这,既是女性自身进入当代的确证,也是女性尊严在当代受到嘲讽的确证。这样,所谓女性的自由、独立、自主也就完全要依赖于男性的存在。女性本身并非一个主动的主体,而是一个主动的客体,一个没有所指的能指,其主要的功能也只是作为男性欲望的承担者。于是,真实的女性身份就这样被篡改了。那些所谓的大众(男性目光)情人,例如以塑造"怪僻女性"著称的嘉宝、以塑造"睿智女性"著称的赫本、以塑造"政治女性"著称的褒曼,都无非是因为成功地投男性所好而倍受青睐。那么,那些"事业的成功者""女强人"又怎么样呢?她们尽管确实在男性社会中挤占到了一个席位,但却仍旧算不上完全的成功。因为她们的悲剧,其实并不开始于她们的勇于与男性的竞争,而是早在她们无法面对女人之为女人的时候就已经开始了。实际上,一个作为女人的女人,一个在生命意义上可以称为女人的女人,不应像男性那样以女性自身作为媒介,而应从自己的性别出发,去开拓女性自身的人性内涵。假如不是如此,就难免会陷入一种男性误区(以为男性的生存方式就是人的生存方式),女人的生命体验就会变成关于话语权利以及关于在男权中心"虎口夺食"争夺生存空间的生命体验。看来,在当代社会之中确实是女性无处不在,但是在当代社会之中又确实是女性意识几乎处处不在。这样,我们不得不这样地予以提示,目前,当代女性当然还不可能走出性别的困境,但是,却有可能也必须在困境之中保持女性意识的觉醒。

结论是,当代的女性要求得自身的解放,首先就要走出男性的目光。或者,换句话说,当代的女性离女性意识有多远,离自身的解放就有多远!

1998年,南京

## "痿哥"来了!

"伟哥"来了!

自去年始,关于"伟哥"的传闻日甚一日。"'伟哥'出现了"——"'伟哥'正在接受药检"——"'伟哥'开始登陆港、台"——"中国的'伟哥'已经到货"……加上报刊中大量的关于"伟哥"的报道,书店里《我是"伟哥"》等书籍的风行一时,一时间,"伟哥"成为全世界男性津津乐道的话题。当然,作为一项医学发现,"伟哥"的诞生对于那些因为阳痿而无法享受男女之乐的男性而言,无疑是一件好事。然而,令人吃惊的是,关于"伟哥"的谈论竟然远远地超出了医学的范围(例如并未局限于阳痿患者的范围),进入了日常生活之中。确实,似乎没有哪种药品能够像"伟哥"这样,超出医学的领域而引起全世界男性的关注。那些嗲声嗲气地吟唱着《心太软》的男性,那些在事业、工作、家庭中被碰撞得狼狈不堪、力不从心,在大大小小的失意、挫折中自怨自怜的男性,那些在缠绵的叹息、矫情的眼泪、自虐的举止中挣扎的充盈着脂粉气的以"奶油小生""男生"自居的男性,一下子都从引人瞩目的集体精神疲软中解脱出来。似乎,"伟哥"的诞生可以使他们重振对酒当歌、大江东去、金戈铁马的雄风,可以使他们从莱昂纳多式的"大男孩"再次成为史泰龙式的"猛男"。遗憾的是,这一切都只是幻觉。事实上,对于"伟哥"的热衷只是精神上处于阳痿状态的男性自身的焦虑心态所致。在男性中心的社会,权利的发射中心无疑是男性,然而,也正因此,对于这种权利的丧失的焦虑(一种心中挥之不去的"去势"感),男性也就远远地大于女性(因此,男性的焦虑往往会被转化为全社会的焦虑)。在社会急剧转型的时期,就尤其如此。这样,犹如女性往往正是缓解焦虑的代用品,犹如男性往往通过对女性的剥夺来达到对自身的拯救(他的焦虑正是在女性的投怀送抱与百依百顺中才得以化解消融),现在,"伟哥"也成为缓解男性焦虑的代用品。正是通过对于女性的重新占有、获取、征服,男性才得以自欺欺人地面对内心的匮乏、焦虑、紧张,得以重返现实社会。可惜的是,这一切都全然只是幻觉,一切一切都没有丝毫的改变。何况,在全世界形形色色的并无阳痿之虞的男性对于"伟哥"的诞生所流露出来的某种欣慰的、跃跃欲试的心态(起码是热衷于谈论)中,我们还体味到一种与女性之间的在情感交流方面潜存着的隐忧。这些精神上处于阳痿状态的男性,根本无法在精神上与女性对话,更不要说酣畅淋漓的情感交流了,因此,为了证明自己的雄风犹在,除了在肉体上借助于科学技术使自身更加强大之外,也实在别无良策。这样,在席卷全球的"伟哥"热之中,除了某种"去势"的抑郁,某种阉割的恐惧,某种软弱的心态之外,总之,除了男性精神的阳痿之外,我们实在再也看不到什么积极的东西了。

——"伟哥"来了,不,是"痿哥"来了!

1994年,南京

## 无病呻吟

某校学生社团编辑了一部作品集,承蒙信任,专门送了我一本。闲来翻翻,突然有了一个发现。在这些不免稚稚的作品中,竟然充满了伤感、伤心、幽怨、愁绪……一掬多愁善感的伤心泪水,似乎就是其中的主题。可是,这一代人在情感上的潇洒自如、简单明快不也是早就为世人所知吗?难道,在当代社会,无病呻吟也成为一大时髦?

在传统社会,无病呻吟被不屑一顾。在人们的眼中,有病与呻吟是一致的,只有有病呻吟才是合情合理的。换句话说,呻吟是一种奢侈,只有有病时才能享用。前些年,当年的知识青年到处写回忆文章,并且在现在的青年人面前大肆炫耀,就是一个有病呻吟的例子。在这些当年的知识青年看来,现在的青年人根本就没有呻吟的权利。如果一定要呻吟,就肯定是无病呻吟。看来,身体健康也未必就是好事,起码,就从此失去了呻吟的权利。不过,如今想想,这,好像也没有什么道理。呻吟为什么就一定要与疾病有关系呢?母猪哼哼,又有什么理由,哼哼就是哼哼,哼哼就是理由。同样,呻吟就是呻吟。不一定非要有什么理由。而我们在当今的青年人中看到的,正是这样一种为呻吟而呻吟,所谓无病呻吟。随便听一听那些红透中国的流行歌曲,"伤心是一种说不出的痛""阳光之中找不到我,欢乐笑声也不属于我。从此我只有独自在黄昏里度过,永远没有黎明的我""你的谎言像颗泪水,晶莹夺目却让人心碎。花瓣雨,飘落在我身后"……像爱情歌曲,人们公认它大多是蓝调的,充满了"心痛""感伤",多愁善感、浪漫虚幻、生生死死、清清纯纯。至于一些青年人常常挂在嘴边的说法,就更具深意了。例如:"十六岁的花季""多梦季节""我被青春撞了一下腰",这一切,本来都应该是隔岸观火者的观察,而现在却被青年人自己道破。这说明当今的青年不但在与自己的真实情感体验相隔离的状态下大肆渲染着自己的多愁善感,而且还在津津有味地旁观、欣赏着自己的多愁善感。过去是"为赋新诗强说愁",现在却是"不赋新诗也说愁"。无病呻吟,已经成为当今青年人的生存方式。

然而,无病固然可以呻吟,但是,有时候呻吟本身却又有可能就是一种病。当今青年人的多愁善感,其实还是因为生活中的缺少情感。在生活中,他们已经与死去活来的爱情、高山流水的友情、相濡以沫的亲情绝缘。而无病呻吟则是一种代偿。生活中越是简单,想象中就越是浪漫,生活中越是无情,想象中就越是矫情。就像为浮躁、空虚、无聊而浮躁、空虚、无聊,以至于一方面不惜借助电梯、汽车来帮助行走,另一方面又天天早上满头大汗地跑步;一方面不惜花费大把的钞票去享受营养丰富的食品,另一方面又想方设法去减肥瘦身……如此循环往复,乐此不疲。无病呻吟也是如此,本来没有一个名正言顺的理由,却仍旧大呻特吟,为呻吟而呻吟,无疑正是出于玩味呻吟的需要。因此过去是"不以物喜,不以己悲",现在却是表演"悲""喜"、展示"悲""喜"。而且,悲也并非"痛不欲生",而是"否极泰来","喜"也不是"喜从天降",而是"乐极生悲"。《涛声依旧》的伤感一改《枫桥夜泊》的思乡,《纤夫的爱》的滥情也一改《丁都护歌》("吴牛喘月时,拖船一何苦?")的劳苦,《小芳》中虚假的忏悔、《中华民谣》中"人生能有几回合"的言情表演,就更是如此了。结果,呻吟成为一种愉悦表演。一切的一切都不再来自情感本身,而是来自对于这种情感的旁观、游戏与吟唱。这样,尽管当今青年人丧失根基的漂泊,借助情感的幻象而得以支撑,在生活中无法企及的东西,在呻吟中也得以企及。但是,谁又能说,无尽地翻唱这一切之日,不就是不断地丧失自由之时?

无病呻吟,当今青年人情感夜泊的枫桥!

无病呻吟,当今青年人情感表演的陷阱!

1999年,南京

## 高雅的赝品:所谓"中产阶级趣味"

在当代中国,伴随着对于"中产阶级"的呼唤的日益甚嚣尘上的,是对于某种"中产阶级趣味"的大肆鼓吹。这,就是对于所谓白领文化或曰中产阶级文化的提倡。

我并非经济学家也并非社会学家,关于为某些人所津津乐道的中产阶级,我无话可说。然而凭借着一点常识,我愿意相信,在中国,中产阶级的诞生是至关重要的。因为在中国,更为多见的是作为"旧社会最下层中消极腐化的部分"的"流氓无产阶级"(马克思语)。这些人赤条条无牵无挂,有奶就是娘,阴险、自私、恶劣、冷酷,喜欢乱中取利、浑水摸鱼,擅长破坏,却不擅建设。因此,在当代中国来一点"费厄泼赖",甚至不再是"费厄泼赖应当缓行",而是"费厄泼赖"应当先行,应该说,都是可以理解的,也是必须的。

然而,说到"中产阶级趣味",或者所谓白领文化或曰中产阶级文化,就不然了。以西方为例,所谓"中产阶级趣味"或者所谓白领文化或曰中产阶级文化的出现,所导致的,就并非文化的繁荣,而是文化的衰亡。具体来说,事实上,中产阶级只是社会的附庸者,他们没有私人财产,没有根本立场,没有独立地位,没有理想和信仰……正是这一切,造就了他们的自我与社会之间的虚假意识。而他们的选择,则是在失去意义的世界中不带信仰地生活。这正如赫尔曼·黑塞在《荒原狼》中所刻画的:"'中产阶级气质'作为人性的一种存在状态,不是别的,是一种均衡的尝试,是在人的行为中,在无数的极端与对立中谋取中庸之道。"他并且举例说,圣贤与酒色之徒是人类的两个极端,彼此存在着尖锐的对立,而中产阶级却既不会成为圣贤也不会成为酒色之徒。总之,是貌似高雅,实则庸俗,毫无激情,而且放弃与社会之间的任何对抗,热衷于玩弄所谓"时尚竞赛"之类的新式游戏。在当代中国,情况似乎更为复杂。在当代中国,从社会学的角度讲,从对自我身份的认同、对所属群体的归属感,以及对特定价值和独特资源的认可(例如权利资源、智力资源、劳动力资源、土地资源、经济资源、武力资源)的角度来考察,应该说,所谓中产阶级还正在成长、壮大之中。但是从消费的层面而言,在当代中国,应该说,已经出现了一个新的中产阶级(阶层),它包括企业家、歌星、球星、制作人、技术专家、部分高级知识分子、部分高收入的个体户、外企中高级人员、部分国企的管理者、部分银行人员等等。这些人在当代中国并非最有钱者、最有地位者,也并非最有权者,但却是最成功者。当代中国市场经济社会中消费权的开放性与社会地位群体方式的封闭性,使得他们更多地在消费方式上与西方中产阶级相趋近。因此,他们往往与轿车、名表、名酒、化妆品、时装、保龄球、高尔夫球、酒吧、精品屋、舞厅、美容院、白领杂志为伴,甚至刻意与百姓的日常生活相区别。百姓喝青岛啤酒,他们就喝 XO;百姓逛百货,他们就进精品店;百姓听卡带,他们就听 CD……在此意义上,严格地说,他们应该是一个超前的消费群体。掌中宝手机的广告声称:"身份不同,需求不同。"就正是着眼于这一点。然而,从貌似高雅、实则庸俗,毫无激情,而且放弃与社会之间的任何对抗,热衷于玩弄所谓"时尚竞赛"之类的新式游戏而言,中国的中产阶级却是与西方的中产阶级完全一致的。

不难想象,这样一种"中产阶级趣味"一旦进入文化,文化的正当性就转而被享乐的正当性无情地予以取代。我们知道,所谓文化,就其根本内涵而言,无疑必然包含着与时下社会的对抗性质,包含着生命的渴望、精神的郁结以及一种悲天悯人的终极关怀。因此,往往与心满意足、知足常乐之类的舒适无法对应。这一点,我们在历史上已经屡有所见。克莱夫·贝尔在《文明》中就说:"雅典人的思想和感情生活极其丰富而多样,但他们的物质生活连体面都顾不上……文艺复兴时期豪华富丽、宏伟壮观的东西有的是,但人们对生活的舒适从未用心。舒适的生活是伴随中产阶级的出现才出现的。"确实,在文化发展的进程中,高度的适应固然是一件好事,然而它同时也意味着高度的限制。最大的失败莫过于成功。生活条件越是优越,就越是要付出沉重的代价。这正如社会学家帕雷托的那句名言所概括的:历史是贵族的坟墓。(也因此,阿德勒的"自卑导致超越"的著名理论,对于我们考察文化的发展规律,有着重要的意义。)

然而,在所谓"中产阶级趣味"或者所谓白领文化或曰中产阶级文化那里,我们看到的,正是心满意足、知足常乐之类的舒适。在日常生活之中,在强大的现实面前以种种无奈为前提,不肯承载太多太重的情感,也不肯付出太多太重的代价,自觉保持一种驯服的协调姿态,追求快活、轻松、潇洒、闲适、恬淡,当然可以说,并不失为一种聪明的生存策略。但是这对于人类文化而言,却是绝对不可想象的。因为假如我们对此予以默认,就意味着把自己自由地交给了不自由,卑微地躲进象牙之塔而有意无视生活的严峻,甚至不惜竞相比矮,不惜排列成一系列逐节矮化的多米诺骨牌。显而易见,这样一来,最终倒下的,当然就绝不是骨牌,而是人类不屈的、高贵的灵魂。因此,所谓"中产阶级趣味"或者所谓白领文化或曰中产阶级文化,无非就是强迫文化必须向平庸的生活认同,例如要求艺术必须被稀释为"交往的艺术"

"讲演的艺术""生活的艺术""爱情的艺术"等等,而在这一切背后的,则是人类创造能力的迅速衰退和人类文化精神的胜利大逃亡。尼采之所以批评素以绅士文化著称的英国人根本不懂得"创造的力量和审美良知",并强调"人类并不努力追求快乐,只有英国人才努力追求快乐",道理正在于此。(尼采的这一看法在德国颇具代表性,德国法西斯由于憎恶人类文化的平庸而走上另一极端,就与此看法有关。)

必须指出,人类20世纪文化的酿成普遍的精神困境,恰恰就与所谓"中产阶级趣味"或者所谓白领文化或曰中产阶级文化直接相关。我们知道,享乐主义应该说是古已有之,然而,为什么只有在20世纪才会将整个人类导向精神的深渊?原因正在于:传统的享乐主义并没有表现为一种文化形态,更没有成为一种根本的文化精神。而在20世纪,所谓"中产阶级趣味"或者所谓白领文化或曰中产阶级文化却使之成为现实。从此,享乐主义竟然得以以文化的形态表现出来,而且是以为人们所垂涎三尺的所谓"中产阶级趣味"或者所谓白领文化或曰中产阶级文化的形态表现出来。最终,人们十分吃惊地发现,在传统社会,固然会拒绝文化、咒骂文化,但是却不会消费文化。而现在,所谓"中产阶级趣味"或者所谓白领文化或曰中产阶级文化却开始消费起文化。结果,人类文化实际上就被异化为一种享乐文化。这一点,在西方已经表现得十分明显。正是由于所谓"中产阶级趣味"或者所谓白领文化或曰中产阶级文化的影响,作为西方资本主义诞生之思想基础的新教伦理才被一种享乐主义所取代、驯化。西方文化因此而失去了根本的支撑点。这,正如丹尼尔·贝尔所感叹的:"中产阶级的生活方式已被享乐主义所支配,享乐主义又摧毁了作为社会道德基础的新教伦理"。[①] 也因此,《资本主义文化矛盾》一书的作者才毫不留情地把所谓"中产阶级趣味"或者所谓白领文化或曰中产阶级文化称为:"真正的敌人""最坏的赝品""势利者的游戏""时髦的娱乐"。

值得一提的是,对于所谓"中产阶级趣味"或者所谓白领文化或曰中产

---

[①] 丹尼尔·贝尔:《资本主义文化矛盾》,三联书店1989年版,第132页。

阶级文化，目前仍旧未能引起人们的警惕。更为严重的是，甚至还有不少人仍旧以能够进入其中为荣。赫尔曼·黑塞在《荒原狼》中就曾感叹："绝大多数知识分子、艺术工作者……被束缚于中产阶级这个沉重的母体星球上"。书中的荒原狼就曾以鄙夷的口吻谈道：一位年轻教授"年复一年地干他的工作，读文章写评论，探讨中东神话与印度神话的内在联系，而且把此视为乐事，因为他相信自己所干的事情的价值，他相信科学，他是科学的仆人，他相信纯知识的价值，知识积累的价值，因为他相信进步，相信发展"。联想到西方知识分子问题专家爱德华·希尔斯指出的：在当代社会，知识分子的社会道德水准在普遍、急剧地下降，其原因，就在于过分的"专业化"而放弃社会责任。应该说，这并非毫无道理，而从国内目前的国学热、为学术而学术热之中，也可以看到这一点。那种在"茴香豆的'茴'字的四种写法"一类研究成果中自我陶醉的享乐心态，那种围绕着核心期刊、科研项目、社科获奖、学术职称……而展开的种种研究，是否已经把我们从生活之水中打捞起来，制成了鱼干，并且永远地晾晒在学术之岸上？是否已经戕害了我们的学术性灵以及创新意识？是否已经造就了我们的"谬种流传，误人不浅"的平庸人格？我们经常感叹：假如人们随便开个馄饨摊、烧饼铺，收入就可以大大地超过院士、教授，那么社会的整个价值体系肯定就已经危在旦夕了。那么，假如人文学者们只是满足于埋头制造学术著作，但却丝毫不去顾及这些学术著作是否会对整个社会的价值体系的建构产生应有的积极影响，只是仍旧秉持着甘坐"冷板凳"的古训，但却丧失了"以天下为己任"的为民族乃至人类"铸魂"，亦即为民族乃至人类的价值体系的重建贡献力量的"热心肠"，那么社会的整个价值体系是否同样也肯定是已经危在旦夕了？记得，孟德斯鸠面对蒙田的著作，曾经大为感慨地说："在大多数作品中，我看到了书写的人；在本书中，我看到了思想的人。""思想的人"，在我看来，这无疑应当是当代知识分子的天命。

那么，我们应该何去何从？为了节约篇幅，不妨再引几段赫尔曼·黑塞在《荒原狼》中说过的话："与中产阶级的、有道德的、学者的世界彻底告别，是荒原狼的一次全胜……我跟我以往的世界和故乡别了……我无法再忍受这种温文尔雅、虚伪、欺骗、彬彬有礼的生活。""少数离去的人成了极端分子,并以令人敬佩的方式毁灭,他们是悲剧人物,其数目是很少的。""只有那些最坚强的人才能冲破中产阶级的土壤气氛而达到宇宙空间去。"是否应该这样说:"冲破中产阶级的土壤气氛而达到宇宙空间去",这,就是我们唯一的选择?!

1999年,南京

## 纸上的卡拉OK

对于目前大行其道的"小女人散文",我们可以把它称为纸上的卡拉OK,或者用笔唱的流行歌曲。

在我看来,在某种意义上,这些"小女人散文"的价值类似话梅、瓜子、口香糖,不能充饥,也无营养,但是却可以消磨时间。它的出现,迎合了当代美学的对传统美学的意义、深度的消解。传统的散文往往是写一种"大丈夫"的心态,抒发的是国家、民族的豪情,例如杨朔、刘白羽的散文。现在却转向了写一种"小女人"的心态,是以平面的姿态对传统散文中的深度加以消解,去对普通人的生活加以观照与还原。因此,它有其存在的意义。然而,目前无论是在"小女人散文"的撰写者还是评论者那里,都出现了一种人为地加以抬高并且避而不谈它的根本缺憾的倾向,这则是"小女人散文"的一种误区。事实上,它的根本缺憾是极为明显的。

从作品本身而言,所谓"小女人散文"无非是从一个极端走向另外一个极端。如果说过去的文学作品过于强调深度、意义,那么现在"小女人散文"就干脆放弃了深度、价值、意义。因此它披挂的语言外衣再精致、漂亮,也不过是满篇漂亮的废话。(它与林语堂的生活散文也不同。在后者,日常生活只是能指,对于现代性的关注却是所指。)它的立足点从过去对意义的消费转向对语言的单纯消费,变成为语言而语言,更是一种公开的媚俗。而它所导致的最终结果,也正是使散文丧失了应有的美学品格,并且流于平庸、无聊。

而从作者的角度讲,所谓"小女人散文"的出现则是经济发展、繁荣之后的特定现象。经济的发展、繁荣造就了一批"金屋藏娇"的"太太"们。这些"太太"们往往是经济上没有负担,也不再需要面对社会上日益严峻的竞争,并且开始退回家庭。然而正是在这一背景下,她们又会产生一种特有的少女心态,我称之为"少妇聊发少女狂"。与琼瑶、席慕蓉、三毛一样,她们没有什么深刻的东西需要思考了,就非常地怀旧、非常地多情。于是开始百无聊赖地用一种少女的情态在社会中编造诗意以期丰富自己的生活。在这个意义上,可以说,她们代表了大陆的某个写作阶层。她们以笔去寻找生活中的趣味,这种寻找具有浓烈的刻意色彩。这类作品从表面上看好像是要回到真实,并与传统美学中的虚伪的东西进行决裂。但是生活在本质上却是气象万千的。我们不禁要问:所谓生活的真实性本身就包含着艰苦卓绝的一面,比如困惑、忧患、焦虑。这些难道就不真实了吗? 将复杂的人生中痛苦失败的一面化解掉,而单纯地描写所谓平静琐碎的生活感受,其结果,就不能不充斥着琐屑的小女人心绪。据说在上海竟然有大学教授以能背诵《美人肩与美人背》这类散文为荣,我对这位大学教授的美学趣味只能表示怀疑。因为散文中涉及的美学知识相当肤浅简单。如果如此这般就是写出了生活的真实、写出了美,我认为实在是一种有意识或无意识的自欺与欺人。实际上,只要随便翻阅一下,就不难发现这些作品处处浸透着的一种小女人的非常庸俗的自鸣得意。有评论家赞颂在这些散文里"树很直,石头很光洁",似乎唯独她们才写出了真正的树和真正的石头,但是树、石头多有不同。比如有些石头就相当媚俗,只供掌中把玩,但石头中也不乏在狂风巨浪中傲然挺立的礁石;公园里的树当然很悦目,但泰山顶上的十八棵青松,不是更为令人敬仰吗?

最后,就读者来说,则只是一种小市民趣味的宣泄,在某种意义上,甚至是对读者中不健康心理的迎合。有评论家说这些"小女人散文"是对市民趣味的迎合,这并不准确。市民趣味代表的是一个整体,所谓"小女人散文"只是对其中的小市民的趣味的迎合。这一点,可以解释为什么"小女人散文"在广州发源地并不受欢迎,但是在上海却大受欢迎。上海所存在的小市民趣味是有目共睹的。这主要体现在缺乏坦荡的心胸,善打小算盘,自私自利,对生活中无聊的东西津津乐道,对不劳而获充满幻想和迷恋。这无疑是一种不健康的生活趣味。与此相应,"小女人散文"主要表现的也是一种不健康的生活趣味。总之,所谓"小女人散文"混淆了平常与平庸的界限。散文固然可以从崇高转向平常,但却绝不能从崇高转向平庸。在这里,平庸与平常之间不能等同起来。平庸是对日常生活的不全面的理解,而真正的生活则是平常的。这是一种有艰难有困苦有牺牲有眼泪的平常,也是一种有温情有闲适有家长有里短的平常,就像生活中有"东西",也有"南北",我们固然可以爱东西,但是我们同样也不能忘记南北,而且同时也要爱南北。在我看来,这,才是一种健康的正常的创作心态,一种健康的正常的审美心态。

1994年,南京

## 明星:世俗的神话

这是一个"明星"辈出的时代!

遗憾的是,在这个时代,人们对"明星"往往所说甚多,然而却偏偏所知甚少。例如,人们总是想当然地把"明星"与"成功者"等同起来,实际大谬不然。大多数的"成功者"都并非"明星",这恐怕应该说是一个不争的事实。那么,何谓明星?所谓明星,应该称之为:一种现代工业社会制造出来的大众心灵深处的乌托邦梦想的对应物,一种超级的消费符号。不幸而生存在一个技术文明大肆泛滥的时代,这实在是大众的大痛与大悲!……神祇悄然隐去,人们须臾不可或缺的意义也随之而悄然隐去。然而,无意义的困惑却又毕竟是人们所无法承受的。于是,区别于少部分精英人士的直面深渊、承担虚无,所谓"受国之垢,是谓社稷主;受国不祥,是为天下王"(老子),芸芸大众却只有乞求文化工业的种种努力,借助于文化工业所虚拟的神祇,以便再次与意义相通。这个神祇,就是明星。这样,尽管明星已经不同于传统社会中的神祇,已经具有了人的身份,可触、可闻、可嗅、可及,然而却仍旧具备着神祇的品格,换言之,仍旧是一个半神。他(她)为所欲为,无所不能,光芒四射,潇洒自如。通过他(她),大众才得以寻觅到一线微弱的精神之光,得以重返那不可或缺的精神避难之所,得以时时重温令人心醉神迷的白日梦幻。在此意义上,甚至可以把明星称为:世俗的神话。

然而,明星之为明星,其作用却毕竟有限。一旦人为地把这一作用普遍化、绝对化、唯一化,问题就会发生根本的转移。其结果是:不但作为明星的每一个人,其内心世界、私人生活会在现实生活的压迫下严重变形,形成巨大的心理压力,以至于内在的挣扎、焦灼的困惑都非常人所可以理解,所失去的自由也要远比获得的自由要多,而且就大众而言,那些作为超级消费符号而被包装得十分精美的明星的被追逐,从表面上看起来是进入一种积极的生命活动,实际上却恰恰是走向一种心灵的逃避——逃避社会的责任、自由的选择、意义的追寻,一味停留于此,就会演变而为一种"幻想型人格",其结果,就是走向自由的反面,走向对于自我的欺骗。考虑到这些对于明星只会仰视不会平视更不会俯视的大众在当代生活中已经比比皆是,我想说,其中出现的问题的严重程度实在已经令人触目惊心!

更为严重的是,这一过程在现代工业社会中几乎是完全不可遏止的。我们知道,由于意义的事实上的缺席,明星作为意义的代言、符号,也难免其虚假的根本一面。这样,大众对于明星的满足就必然只是瞬间的,在瞬间之后,必将是更大的空虚,于是只有进而再去追求新的满足,并且在对于明星的无限的消费中寻求心灵的平静,而现代的文化工业为了满足大众的这一心理需求,也必须无限地制造出新的明星供大众消费……一边是无限的消费,一边是无限的制造,如此循环不已,"明星"辈出,也就必然在人为地掩饰着虚无的同时不断制造着更大的虚无。最终,我们的时代也就必将日益走向虚假、轻浮、懒惰、消极,走向毁灭。

这真是一个巨大的悲剧。因此,面临"明星"辈出的时代——
人们啊,你们要警惕!

1994年,南京

## "明星私生活的脱衣舞"

时下,明星出书,堪称一大时髦。而明星因为出书而出丑,更堪称一大热门话题。

其实,明星们也真是辛苦。这些或者因为表演,或者因为唱歌,或者因为主持节目……而出名的角色,在忙碌之余竟然愿意放弃休息时间,食不思味,夜不能寐,为出版事业再做贡献,实在应该表彰。而且,哪怕是这些人只是在娱乐行业大出风头之后,还企图在读书界再"火"一把,来它个锦上添花、青史留名,也无可挑剔。可惜的是,正如人们所看到的,在明星出书的时髦中,为明星们所始料不及,尽管个别明星确实因此而更加出名,更多的明星却偏偏是因此而大大地出丑。这实在令人困惑。不过,仔细想想,也实在事出有因。实际上,在当代社会,明星出书本身,根本就并非什么积极的现象。它意味着:在当代文化之中"我们"对写作的优先权已经不复存在,剩下的,只有"我"。于是,个人故事、个人叙事、个人写作甚至商业炒作就应运而生。换言之,阅读已经丧失了严肃性,成为一种时尚,成为一种片段的、没有深度的平面的好奇。另一方面,生活中越是缺乏奇迹,明星的生活就越是有可能成为奇迹的补充(所谓"奇观")。结果,明星的生活因此而恰恰具备了哗众取宠的可能。明星出书,就成了一大时髦。

这样,说穿了,明星出书,无非就是明星私人空间的一次公开展示、商业展示。准确地说,可以称之为:明星私生活的脱衣舞。而其中的全部微妙之处,全在于似脱非脱、脱而不脱、不脱而脱……显然,个中的技巧极难掌握。

而且,明星出书的全部"卖点",实际上又恰恰与是否"脱"得彻底密切相关。"脱"得越彻底,"卖"得就越多,否则,就什么也不是。而众多的明星们为了满足少数读者的某种"窥探欲",口口声声以"坦率""真实"自诩,不惜把他们的那些卑屑不堪的东西甚至是灵魂中的那些阴暗的东西和盘托出,自觉地"脱"得赤身裸体,不惜来个自我大暴露、自我大曝光,道理在此。结果,这些明星或者在书中自吹自擂,一味自我赞美,自己给自己往脸上贴金,或者在书中泄私愤、图报复,指桑骂槐地攻击他人,或者甚至在书中大谈自己离了几次婚,挣了多少钱,出了多大名(作为一个艺术明星,本来应该更多地展示自己的艺术实践,作为读者,希望更多地了解的本来也只是他们的艺术实践),竟然津津乐道自己的"时时刻刻追名逐利"的座右铭,把自己的淘金梦、淘名梦,像肥皂泡一样地吹向世界,公然把人生的价值混同于挣大钱、出大名,混同于潇洒走一回的世俗喧嚣和极端利己主义的原始欲望,一会儿为能追名逐利而兴奋,一会儿为不能追名逐利而沮丧,一会儿是明星,一会儿是富婆,以致连自己都被各种角色弄得面目全非、方寸大乱……既出尽了风头,也出尽了丑。

由此看来,明星出书作为一个众明星们丢盔弃甲、身败名裂的"滑铁卢",实在就是必然的。何况,不同于学者的因为出书(精品)而出名,明星的出书往往是因为出名而出书。因此尽管有名书就必定有名人,但是有明星却未必有名书。试想,这些明星都是因为表演、演唱、主持节目……而出名,当然也就都不是因为写书而出名。对于他们来说,不要说写作水平,恐怕连文通字顺和不错字连篇都难以做到,可是,偏偏一旦被"出名"冲昏了头脑,竟然又不自量力地打起了出书的主意,这样,就更加难免会捉襟见肘,大丢其丑了。(像某著名节目主持人那样"丢丑"之后竟然大发明星脾气,甚至只准自己公开出书却不准别人公开批评,就更是活丑。)

跳"私生活的脱衣舞",本来就算不上什么高雅之事,加上姿势又十分难看,就更是令人啼笑皆非了。为此,忍不住要奉劝一句:玩这种"过把瘾就死"的游戏,实在太危险了,众明星们,何苦非要如此呢?

1994年,南京

# 谁是帕帕拉奇？

在意大利电影 *La Doice Vita* 中，有一位专门追踪名人，拍摄秘闻、艳情照片的人物，叫帕帕拉索。后来，随着越来越多的明星被这类人物所披露出来的关于自己的秘闻、艳情而弄得身败名裂，人们就把新闻界专门追踪名人拍摄秘闻、艳情照片的人称为帕帕拉奇（帕帕拉索的复数），甚至认为帕帕拉奇就是"一种象征谋杀者的同义词"。

近一段时间，谢津的自杀，黎明与舒淇的纠葛，王菲与窦唯的情变，在报刊上被炒得沸沸扬扬。联想到昔日的翁美玲、陈百强、乐慧、陈宝莲的"自杀"，尤其是联想到戴安娜的"香消玉殒"，人们又开始了对媒介的遣责。在他们看来，媒介正是那个侵犯明星的隐私权的、谋杀明星的帕帕拉奇（当年戴安娜的弟弟就曾指责媒介是杀手）。然而，问题似乎远没有如此简单。因为记者无非应报刊老板的要求，而报刊老板则无非为了读者的口味。不妨试想，现在热衷于对媒介大加指责者，有多少同时正是往日那些热衷于通过媒介消费明星的公众？记得在当年的戴安娜事件中，对于这种情况，人们就已经有所察觉。众多的哀悼戴安娜者同时就是热心于购买街头小报"窥探"其生活秘闻者。为此，国外某报编辑甚至说："昨天的读者们热衷于看到戴安娜与多迪接吻的照片，今天他们流下了鳄鱼的眼泪。"在此意义上，必须指出，不但是媒介，而且包括公众，实际上都是帕帕拉奇。

事情还不仅止于此，我认为，还有必要指出，事实上，那些在媒介、公众视线中被屡屡"窥探"的明星自身，同样也是帕帕拉奇。所谓明星，事实上正是被媒介、大众与明星自己共同炒作的。这些男男女女并不比公众更伟大，更高尚，更有学识，但是他（她）们凭什么偏偏能够出尽风头，享尽风光？无非因为他（她）们与媒介、大众一起共同把自己炒作为消费社会的超级明星和大众欲望的体现者(戴安娜葬礼上的挽歌,是从大名鼎鼎的影星玛丽莲·梦露葬礼上的挽歌变通而来,从中不难看到她们作为明星这一共同特征)。作为新闻自由的受惠者,明星们正是通过媒介向公众频频亮相(包括在精心策划下披露自己的隐私)。然而,媒介又不肯完全站在明星一边,否则,无疑就会明显地暴露出合谋欺骗公众的嫌疑,同时,媒介又会为公众的贪得无厌的"窥探"欲望所驱使。因此,媒介又会常常越过明星的伪装,去报道明星们的那些真正的而且是不想为人所知的隐私。所以有人才会用 1200 mm 超长焦距望远镜头在一公里外拍摄戴妃的穿比基尼泳装晒太阳的照片,有人才会偷拍那张获利 300 万美元的戴妃与多迪度假的照片,也有人会夸张地说:"即使戴安娜跑到月亮上去,英国摄影者也会用天文望远镜把她拍下来。"黎明一再感叹:"好像我们在这个圈子里工作很难有隐私权。"但是他却忘记了,既然已经蓄意使自己成为公众人物,成为明星,公众也就同时对他具有了完全的"知情权"。因此,成也媒介,败也媒介。明星固然可以通过媒介大出风头并获利,但是同时也可能因为媒介而大触霉头。这,正是作为明星所必须付出的代价!这样,我们是否可以说,明星因为媒介而身败名裂,事实上也正是明星与媒介、大众合谋的结果。结论是:不但是媒介、公众,而且是明星自己杀死了自己。明星自己就是帕帕拉奇。

那么,究竟谁是帕帕拉奇?正是媒介、大众、明星本人。换言之,我们每一个人都是帕帕拉奇!(某男某女的身败名裂,竟然使得所有的人都有了"杀手"之嫌,当代文化的弊端由此可见。)而且,假如我们无法拒绝这个庸俗的时代,那么,我们也就根本无法拒绝帕帕拉奇!

1998 年,南京

# 卡拉未必 OK

不知从何时开始，卡拉 OK 突然红遍了整个中国。夜幕降临之后，每个城市的街道上鳞次栉比的卡拉 OK 厅都涌动着形形色色的人群。几万条五音不全但却偏偏声音洪亮的嗓子，骚扰着逐渐沉睡的城市，直到午夜之后，才会逐渐曲终人散。谭咏麟在《卡拉永远 OK》中唱道："不管笑与悲，卡拉永远 OK。"难道真是如此？

卡拉 OK 能够红遍中国，当然不会纯属偶然。事实上，正是卡拉 OK，才有可能通过简单、轻松的方式把愉悦带给每一个人。在当代社会，随着闲暇时间的增加，人们不但要求知、求美，而且要求乐。在这方面，卡拉 OK 显然是最为可行的娱乐方式。再者，在当代社会，日益孤独、空虚，人与人之间的交流也日益贫乏，而卡拉 OK 却是人与人之间情感沟通的最为有效的方式。另外，现在人们也不再希望把任何人当作上帝，而是希望自己被承认、尊重，卡拉 OK 正是这样一种展现自我的方式。任何人都可以在其中大显身手，体验"我是歌手"的愉快。很多人的遥不可及的明星梦，在此一夜而圆。

不过，另一方面，卡拉又简直不 OK 到了极点。从表面看，每个人的演唱都颇具水平，然而，其中的内在奥秘却并不在于人们真的具备了高超的演唱艺术，而是在于它给人们以表面上的积极姿态，并使人们大受诱惑。它制造了一种强调个人的假象，用自娱、自乐、自我表现来诱惑歌者。人们往往为敢于突出自己而自豪，但机械化的电子设备，已经预先肯定了你所要肯定的一切，对银屏透出的声音和画面的暗自模仿更被自我欣赏所掩盖。而且，在这里，原来的集体的宣泄变成了个人的自娱的宣泄，精英式的精神折磨或文化悲剧式的深度体验转化为一种非常刺激的幻想体验，从而被顺理成章地转化为一种十分愉快的自我控制。而且，更为重要的是，卡拉 OK 实际上还意味着某种技术的异化。其中闪耀着的,是技术的金属光芒。中国美学强调,"丝不如竹,竹不如肉",然而卡拉OK却反其道而行之。因此,且不说很多人的演唱都是"把自己的欢乐建立在别人的痛苦之上",都是翻来倒去地表演别人玩剩下的玩意,只是自我感觉的"掌声响起来",事实上却是可恶的"夜半歌声";也且不说其中的歌曲数量十分有限,真正高水平的歌曲(例如美声歌曲),由于难度大,在卡拉OK之中往往毫无地位。我们只要看看它所导致的艺术的泛化,所导致的使歌曲步下歌坛(以质量的下降为代价),就够令人忧患的了。何况,它尽管给人们以表面上的积极姿态,使人们大受诱惑,但事实上,却只是艺术品的一种促销措施,是一个二度创作的东西。其中的唱者只是一个批量生产者,一个自欺欺人者。卡拉OK制造的强调个人,以及用自娱、自乐、自我表现来诱惑歌者,也是一种假象。人们往往为在卡拉OK中能够突出自己而自豪,但机械化的电子设备,已经预先肯定了你所要肯定的一切;音调要高要低,悉听尊便;嗓子无论好坏,可以修饰美化;是否会读五线谱、数拍子,也无关紧要;至于对银屏透出的声音和画面的暗自模仿更被自我欣赏所掩盖。似乎每个人都可以平等消费,都是一个潜在的消费者。但每个人在多大程度上追求的是他自己?其实追求的只是一种完美的技术。最终,原来的集体的宣泄变成了个人自娱的宣泄,精英式的精神折磨或文化悲剧式的深度体验转化为一种非常愉快的幻想体验。

看来,卡拉未必OK!

1994年,南京

## 电视节目:挣扎在低俗与通俗之间?

[主持人:《解放日报》记者　龚丹韵
嘉　宾:潘知常(南京大学国际传媒研究所所长、新闻传播学院教授、

博导）

新闻背景：近日，广电总局叫停《第一次心动》节目，赢得舆论一片美誉。《中国青年报》一份网络调查也表明，超过95%的人认为当下电视节目有低俗化倾向。

取悦大众、吸引眼球可以说是电视的立命之本，但怎样才能摆脱"低俗"，似乎成了它的永恒难题。]

**龚丹韵**：作为美学研究专家、节目策划人，您是否也觉得时下的电视节目低俗？

**潘知常**：应该说存在某种低俗化倾向，但从量上看未必多，只是负面影响比较大。我觉得问题的关键在于"通俗"与"低俗"之间把握的失衡。自20世纪以来，与传统的口语媒介、书面媒介不同，电视等新媒介甫一出现，就与大众密切相连，它不再是贵族精英的文化产物，改变了大众感知现实的方式，成为了解世界的中介。因此，它生下来就必然倾向"俗"，不俗不足以承载向"大众"传播的功能，俗是它的特点，而非缺点。只是俗还有"通俗"与"低俗"之分，俗同样可以俗出文化，俗出美学，俗出品位，不必只能是拳头、枕头、噱头。我们需要做的是区分两者，不是一网打尽。事实上，现代社会变化之快捷、结构之复杂，使人们难以撇开大众传媒去感知世界，也就不可能把通俗本身驱逐出境。

**龚丹韵**：在后现代语境中，连美丑的界限都能被质疑，我们又如何界定传媒内容是通俗还是低俗？

**潘知常**：一个很简单的界定标准——不能视丑为美，视美为丑，混淆两者。有人常以美丑无标准来为自己辩护，其实毫无说服力。电视媒介并不涉及很高的美学问题，它涉及的只是道德底线、职业底线和美学底线。观众对叫停《第一次心动》普遍支持，由此可见触犯底线，是普通大众都具有的辨别能力，现在的媒体人并非不知，而是蓄意不为。以为不低俗恶搞，娱乐节目就吸引不了观众，控制不了遥控器。

这样的心态，完全是对观众的误判。不可否认，电视无法附庸风雅，通俗是电视的安身立命之本，因为它面对的大多数受众，不是知识分子，而是

"知道分子"和"常识分子",但观众在任何时候都绝对不应是"低俗分子"的代名词!

**龚丹韵**:换言之,如何带领人们玩得有文化,有美感,是大众传媒需要解决的新课题?

**潘知常**:是的,有一种说法:继20世纪"和平"与"发展"之后,21世纪还需面对的第三大课题,就是娱乐。经历了几个世纪,人类的审美活动,已从高高在上的神圣感,回归到日常生活。正视世俗社会,追求平凡人的幸福,倾听自己内心的渴望,这些理念在一定程度上,得到了价值的恢复。由此诞生的大众文化,也不承担思想家的重任,而是以轻松面目出现。娱乐,日渐成为生命质量的重要组成部分。

但是,娱乐也要有文化含量。如何让人开心地笑一次、健康地笑一次,本身就是极富难度的严肃课题,考验着媒体人的业务水平。遗憾的是,大多数电视媒体人还缺乏相应的文化准备,没有水平做出有美感的娱乐节目,只好以弱智媚俗、撒娇撒泼、土得掉渣的低俗恶搞来替代。这并不是幽默。长此以往,既获得不了大众认可,也是在玩火自焚。这方面,电视人不妨借鉴出版界的发展经验。改革开放初期,出版界也不知通俗为何物,误以为就是色情八卦,频频触犯道德底线,而现在,市面上能够发现越来越多通俗却富有意味的畅销书籍。我常对媒介人说,"做节目"为什么要用"做"这个字眼?这意味着它本身包含着劳动当量,娱乐节目不是简单的生产,它需要挖空心思,尽力体现美学眼光和水平。

**龚丹韵**:"收视率为万恶之源",也有不少人把电视的低俗化倾向,归咎于冷酷的资本逻辑。

**潘知常**:要"重"收视率,但不能"唯"收视率。电视本来就是工业文明的产物。只有技术更替,迈入工业社会之后,人类能够批量复制、生产和销售文化产品,大众文化的传播才成为可能。产品的"大众性""通俗性"也必须经由市场才能得到验证。如果说这就是"资本逻辑",那我觉得它其实很好,一点也不"冷酷"。离开经济的支撑,撤除资本逻辑和消费逻辑,大众文化本身就成了无源之水、无本之木。

不可否认,与商业拥抱的大众文化,在难以遏制的利益冲动面前,很有可能滑向低俗,不再关心精神生活的意义,更侧重于如何成功销售、大量批发。但同时,正因为集体用脚投票,它也可能更注意倾听多数人的心声,捕捉平凡生活的每一个闪光。收视率,即吸引眼球,未必要以低俗的方式,也可以通俗获得认可,并且是更为长久的认可。

除非我们退回到前工业文明,否则大众文化与商业的结合,根本无从回避。与其耿耿于怀,不如换个思考角度:资本只是工具,只是一把双刃剑,关键还在于人的主动选择。

**龚丹韵**:如此说来,作为警醒,禁令也在情理之中,为何效果却不被看好呢?防止大众传媒的低俗化倾向,我们究竟该做些什么?

**潘知常**:必要的限制和批判,是媒体时代的必然。但它毕竟只是市场时代的引导方式而非主导方式。最最重要的,还是娱乐节目市场本身完全成熟。对低俗节目的反感,我想大家都是一致的。防止低俗化倾向,有两件事很重要,其一是培养更多能做出美味节目佳肴的"巧妇",更多真正会娱乐、懂业务的电视人才。其二,就是慢慢构造一个全民健康娱乐的氛围。我希望幽默文化能够在中国生根发芽成长,中国的文化传统一贯比较沉重,缺乏幽默和娱乐美学的土壤,为此,我们先要学会健康的笑,开心的笑,美学与文化的笑,只有这样,才能真正推动娱乐文化的成熟,走向"通俗"而非"低俗"。

2007年,上海

# 荧屏创新:宽容"山寨化",避免"山寨风"

[主持人:《解放日报》记者　柳森

嘉　宾:潘知常(南京大学国际传媒研究所所长,新闻传播学院教授、博导)

"山寨"一词,源于广东话。自从被用来指本土 IT 业通过模仿世界领先产品设计,将名牌手机迅速平民化的现象,便成为当前最流行的语汇之一。如今,这股"山寨风"也以相近的方式在荧屏上攻城掠寨——根据墨西哥版《丑女贝蒂》改编的"国内首部季播剧"《丑女无敌》,虽然粗糙,但问世后却形成一个"骂得多播得火"的收视"奇观",被大众冠以"山寨剧"的"雅号";一些与明星本人仿佛一个模子里"刻"出来的"山寨明星",不再局限于以往的"模仿秀",而像明星一样演出、代言……]

**主持人**:透过"山寨风",有人看到了跟风、速成,有人看到了平民化、本土化改造,有人看到了影视创意的贫瘠。作为一名专攻大众传媒研究的学者,您如何评价目前荧屏上的这阵"山寨风"?

**潘知常**:用时下流行的"山寨"一词来形容这种现象,的确非常神似。但更确切地说,"山寨化"只是众多荧屏创新方式中的一种。由此而生的"山寨剧""山寨明星"就像当下的"山寨手机",外观有点土,工艺比较糙,浑身都是模仿的痕迹,却能满足一些群体的趣味和需求,且不失为当前中国影视产业一条可行的发展路径。毕竟,荧屏创作不同于单纯的文艺创作,它属于文化产业,它创作的是"产品"而不是"作品"。因此,必须考虑观众的好恶,也必须考虑自己被一次性消费的特性,创新的成本不能过大,否则就无法回本。此外,国内影视产业是在全球文化产业日趋成熟的背景下成长起来的,属于后发的地域。在我看来,起码出于这两个方面的原因,导致了"山寨化"的出现。

**主持人**:但是,走"山寨化"的道路就一定能成功吗?

**潘知常**:要后发制人、反败为胜、自我突围谈何容易,"山寨化"成为不得不采取的方式之一。文化产品的创新避免不了高成本、高风险,又难以在一夜之间长成大树,这就势必导致一些制作单位为求生存、为降低失败风险,谋求一些低成本而又万无一失的办法。既然,国外"原版"的成功已被实践所证明,那么,走"山寨化"的道路虽然未必能够保证必定成功,但毕竟能够保证必定不败。而"必定不败",对于从事文化产业的人来说,或许正是最大企盼。"血本无归"是谁都不愿看到的啊。

**主持人**：但影视创作像"山寨剧"那样，既能遵从商业运作规律，又能让老百姓喜闻乐见，就算完成任务了吗？

**潘知常**："山寨化"之所以还能赢得不错的收视率，并为人们所津津乐道，在于它生动纯朴、平易近人，暗合了当下中国民众日趋生活化、通俗化的审美取向，以及在匆忙行进之余借文娱产品缓释压力、与周围人保持交流互动的心理需求，体现了"一寸小，一寸巧"的中国智慧。以往人们大都以为只有创造才是生产力，但事实证明，模仿得好也是生产力。"山寨化"的成功启示我们，"从零开始""从头再来"当然是原创，但"卷土重来""旧瓶装新酒"又何尝不是原创呢？

在文化产业的创新中，我特别提倡"成功是成功之母"的理念。因为，"七分旧，三分新"也可以是精彩的原创。在文化产业原创上，试验 666 次才最终成功的精神固然可嘉，却不合实际。当然，"山寨化"最多只是众多荧屏创新方法中一个小小的"生长点"，决不能等同于荧屏的整体创新。毕竟，我们的文化产业还应有自己的雄图，不能都小打小闹，也不能总小打小闹。只有能够真正对时代风尚有所观照，能够温暖和滋养人们精神世界的作品，才是真正经得起历史沉淀的标志性产品。

当然，创新的道路可以有很多条，可以是"强强战略"，比成功者更成功；可以是"空隙定位"，在别人尚未开垦的领域大显身手；也可以是"跟进方式"，参与到成功产品的上下游开发中，力求左右逢源。这类似于餐饮业的"一鸭几吃""一鸡几吃"，别人确实很成功了，可是他们来不及或者不屑把自己的成功挖掘干净，那么，我们就可以乘胜追击，把潜力发挥到极致，创制它的"中国版""地方版"或"山寨版"等等。

**主持人**：其实，从全球范围来看，影视剧、综艺节目的"翻版"现象相当普遍，甚至可以说是一种创造收视热点的有效方式。像《丑女贝蒂》，在全球有 10 多个版本。近年来，好莱坞也翻拍了一些中国作品，比如美国版的《无间道》，也取得了不错的票房。在您看来，"山寨化"创作，如何才称得上一种积极而高明的"本土化"？

**潘知常**："山寨化"是"游击战"，而不是"正规战"。因此，要做到积极而高明的"本土化":第一,内容可以"山寨化",但出身一定不能"山寨化"。拥有合法版权是任何再创作的底线。第二,要善于在"原版"的基础上做"加法"和"减法"。也就是说,根据本地的实际情况、受众的审美偏好与接受能力,顺利对接。

但对于"山寨化"的未来,我个人并不怎么看好。它再创新的空间其实有限,后劲也不大。本土文化产业若要谋求更加长远的发展,"山寨化"只能是"十八般武艺"中的一种,而且还是其中不太重要的一种。从这一点来看,荧屏创作可以"山寨化",但切不可刮"山寨风"。"山寨化"若一味沉溺于倚赖原版,甚至跨越底线,为"山寨"而"山寨",使"山寨化"沦落为"山寨风",并且将"山寨化"与创新等同起来,那么,它的失败与被人们所不屑、唾弃,应该很快就能够看到。

2007年,上海

## 传统文化短视频:"冷"传统文化的"热"传播

当视听媒体邂逅互联网,几乎是一夜之间,我们竟然不胜欣喜地发现:早已隐身江湖的传统文化,现在却再一次与我们在抖音中不期而遇。

借助视听媒体与互联网以传播传统文化,严格而言,我自己应该也是一个受惠者,我讲的《红楼梦》,在喜马拉雅上有粉丝765.7万,我讲的《水浒传》在蜻蜓FM上也有粉丝192.2万。至于抖音,我也已经并不陌生:当时,我在清华大学参加了"短视频时代的知识普惠——短视频与知识传播高端论坛",谢维和、李强、胡智锋、陈昌凤、胡百精等著名教授在这次论坛的上半场做了精彩的大会发言,而在这次论坛的下半场,我则负责主持了与抖音大V们的对话,与戴建业教授等五位抖音大V共话抖音的过去、现在与未来。当然,也因此,我才有机会发现:借助传统文化短视频,长期沉寂的传统文化开始"抖"了起来！原本"高冷"的传统文化开始变得亲切宜人。昔日的"冷"传统文化，而今偏偏被"热"传播，传统文化的"旧时王谢堂前燕"，正在"飞入寻常百姓家"。

然而，也存在遗憾。对于传统文化短视频，深入的研究与清醒的反思毕竟不尽及时，也并不深入。因此，当我看到武汉大学媒体发展研究中心与字节跳动平台责任中心合作发布的《抖擞传统：短视频与中国传统文化研究报告》，更是不胜欣喜。而且，还深受启迪。

在我看来，传统文化短视频在传播传统文化中最让人"眼前一亮"的，就是让传统文化从"可读"到"可见"。"看得见的传统文化"，成为一大特色。过去有某火锅的广告曾宣称"好吃看得见"；也有流行歌曲曾唱到"爱要叫你听见，爱要叫你看见"。但是，博大精深的传统文化却往往是"看不见""听不见"的。而今抖音借助于竖屏的沉浸式视听体验，得以让传统文化"好吃看得见"，得以"叫你听见""叫你看见"。"以正视听"，从来就是人类文化"名正"方能"言顺"的第一步，抖音在传播传统文化方面厥功至伟，原因就在这里。确实，"百闻不如一见"，更遑论"形象大于思想"。人类的"雅俗共赏"从来就是从"有目共赏"而来的。人类通过视觉来触摸世界，必须说，这是进步而不是退步，传统文化也因"可见"而有了温度。康德说"让想象力有机会作诗"，伽达默尔说"使形象达到表现"，在过去，我们只能说，这一切都是梦想，而在今天，我们却必须说，这一切已经都不难梦想成真。

除了传播特色，传统文化短视频在传播传统文化中最让人"怦然心动"的，是传播内容的短小精悍。也许，对于习惯了长篇大论的高头讲章的大学教授来说，十五秒乃至一分钟实在是太短太短。但是，传统文化短视频却在其中演出了一幕幕波澜壮阔的活剧。首先，"短"是一件好事，正是因为"短"，用户才意识不到时间的悄然流逝，视频切换也才实现了无缝对接。所以，人们才自称"刷抖音"，而不是"看抖音"。其次，西方美学家屈尔佩提出过：在审美过程中，"抽象移情"之外还存在"具体移情"。"短"，导致的就是审美过程的"具体移情"。因此，不但可以以"短"见长，而且还更可以"点"到为止。再者，从长形式到短形式，抖音以"点"传播传统文化，事实上也符合现代人的媒介消费习惯。碎片化的传播环境、碎片化消费时间,都呼唤着"越短越美""短就是美"。何况,依据算法推荐机制,唯其短,才能够使得人们各得所需、各有所获、各美其美。当然,最后,还必须"短就是精"。传统文化短视频,就类似传统文化的"微言大义",抑或传统文化的课外答疑,其真正意义,在于它是传统文化琳琅满目的绚丽长廊的一个导游,意在展示其中的亮丽风景与知识点。因此,"短",只是手段;"精",才是目的。"点"到为止的目标,必然也只能是以"短"见长,意犹未尽。

在传播特色与传播内容之外,传统文化短视频在传播传统文化中最让人"耳热心跳"的,则是传播方式的"有声有色"。从静态到动态,从单一感官到视听结合,从平面到立体,娱乐性、多感官、强互动……抖音对于传统文化的展现可以说是十八般武艺全数登场。传统文化"道不远人"的世间性意外地被呈现了出来,一度被"去生活化"的对于传统文化的误解也因此得以澄明,并且也因此而得以回归"生活"本身。文化的传播效果更是因此而被最大化,不仅"身临其境",而且以"身"示范,更兼"手把手"言传身教,耳闻目睹,绘声绘色,传统文化因此而生动具体,活灵活现,传统文化传播的森严壁垒也被成功破解。而且,传统文化短视频还使得大众参与文化创作的门槛被极大降低,每个人都可以参与到传统文化的生产和传播之中,传统文化的生产关系因此而发生变化。传统文化的图谱被极大延展;传统文化的版图被充分丰富,传统文化的边界也被全面拓展。由此,抖音传播传统文化的短视频呈现短时井喷,并且成为现象级产品,就全都并不意外。

当然,就传播传统文化而言,传统文化短视频还并不完美。例如,它的扁平化传播就不利于传统文化的深度拓展,这一点,即便是我在喜马拉雅和蜻蜓FM上开讲《红楼梦》和《水浒传》的时候就已经颇有感受,何况是只有十五秒或者一分钟时间的传统文化短视频了。不过,正如清人龚自珍在《己亥杂诗》中所说:"九州生气恃风雷,万马齐喑究可哀。我劝天公重抖擞,不拘一格降人材。"传统文化曾经"万马齐喑",因此早就时时呼唤着轰天"风雷",而今"天降抖音",传统文化也毕竟借此而再一次"抖"了起来!因此,在这里,真正重要的是"不拘一格",尺有所短,寸有所长,无论如何,传统文化短视频毕竟事关科技创新、社会进步与文明传承,同时,传统文化短视频也毕竟事关传统文化的命运,兹事才真正体大,为此,即便付出再大的努力也理所应当,而且,我们都责无旁贷。

2018年,南京

## 涂鸦:另类的青春话语

  城市就像一本生活的笔记,五味俱全,声色俱茂。"涂鸦",就是这本笔记里一页另类的插画。

  涂鸦(Graffiti),是指在墙壁上涂写的图像或文字。一般认为,它最早出现于20世纪60年代的美国,与奇装异服、街舞、HIP&HOP(街头说唱)、MC(唱白)、滑板、街头篮球等并列为"街头文化"的几大元素。而其中,涂鸦又尤为特别:它诞生于城市社会边缘青年之手,经过多年的发展,竟然走出了名不见经传的街头巷尾,不仅开始逐渐摆脱它游荡于法律边缘的"地下"身份,而且登堂入室地进入了公共社会的视野,开始跻身拍卖行和艺术画廊,甚至走向世界,成为一种先锋艺术的形式,为越来越多的人所了解,所接受。

  在涂鸦文化蓬勃发展的近几十年中,最负盛名的作品当数柏林墙涂鸦了。"柏林墙"本是20世纪东西方"冷战"关系的政治产物,但同时,它还见证了一段璀璨多姿的涂鸦艺术史。因为柏林墙建成后,墙外的东德居民被严禁靠近它,墙内的西德政府却毫不设防,西德公民与外国观光客可以任意与之"亲密接触"。于是,当这一面交织着压抑与渴望、承载着历史与未来的长墙静穆地肃立在世人面前时,就自然而然地激发起人们心中关于自由、民主、和平、尊严与爱的思考,因而,在"柏林墙"伫立的几十年里,来自世界各地的人们将自己的种种美好愿景投射在这面一度堪称"世界之最"的长墙上,他们之中既有国际知名的涂鸦大师,也有笔迹青涩的青年学生,还有更多置身墙外,却心系墙里的普通市民。经年累月,在冰冷的高墙上竟呈现出一幅绚丽多彩的大众艺术风情画,成为20世纪现代艺术的代表作。而涂鸦艺术正式成为现代艺术表现形式之一,其中,柏林墙涂鸦也功不可没。

最终,钢筋混凝土修筑的柏林墙没能成为某些人以为的钢铁防线,在历史滚滚的车轮面前,作为政治壁垒的"柏林墙"倒掉了,可是,作为涂鸦艺术里程碑的柏林墙却是永恒的。

即便如此,长久以来,关于"涂鸦是不是艺术"的争论却从未停息过。其实,这与人们对"涂鸦"现象的文化定位不够明朗有关。严格地来说,"涂鸦"所代表的,是一种特殊意义上的文化;涂鸦文化是一种青年亚文化现象。所谓亚文化,是指一种反叛或背离主流文化的文化。它的最大特征就在于:并不全盘否定主流文化,或者说,它并不去实际地反抗主流文化,只是在符号象征的层面上夸张它与主流文化的差异,并且蓄意让这种夸张通过故意忽略主流文化的某些方面同时又刻意突出另一些方面的方式去完成。其结果往往是对社会主流文化采取一种虚拟反叛的立场,但又不是实际反抗的立场。无疑,"涂鸦"就是这类青年亚文化"反叛"但不"反抗"行为的典范。

而"涂鸦"作为青年人另类的"反叛"表达方式,它最重要的特征则可以概括为:与城市争空间和与主流文化争夺话语权。

所谓"与城市争空间",也就是说它无所不用其极地抢占着最典型也最廉价的城市空间——无所不在的"墙"。最初的涂鸦,只出没于偏僻的街巷和废弃房屋的断壁残垣上;后来,发展到一切城市建筑物的墙体;再后来,"涂鸦"深入到了城市的各个角落,各种正式的与隐形的"墙"都成为"涂鸦"的乐土,比如地铁车厢,比如汽车内壁,甚至高档轿车的车体、车窗,等等。而这也恰恰是"涂鸦"最过激以及招致公共社会最激烈否定声音的地方。其实,自从"涂鸦"诞生的那一天起,关于"涂鸦是不是污染"的争论就和它是不是"艺术"一样备受关注。美国报界曾经形容纽约的涂鸦密集地带布朗克斯"就像原始人的聚居地";英国国会曾在2003年通过一项反社会行为法案以对付"涂鸦";而至今在许多国家和地区,未经墙体所有人批准的"涂鸦"行为,仍然是不被法律所宽待的。不过,即便如此,"涂鸦"仍然是城市青年乐此不疲的表达方式,那么,为什么城市的青少年非如此"另类"地表达不可呢?

事实上,"涂鸦"与城市争夺空间的本质就是青年向社会争取话语权。在城市中,青年往往因为自己在政治、经济或在公共权利上的暂居弱势感到压抑或焦虑,快节奏、高效能、模式化运作的城市对于困惑越来越多、被关注却越来越少的青年人来说,太冷漠了。而这,也就是城市青年不惜徘徊在社会法律与道德边缘也要铤而走险把"涂鸦"进行到底的原动力。空间就是权力。这些富于表达欲望,急切期待被倾听和被关注的年轻人或年轻的艺术家,正是希望借助"涂鸦"这种与城市激烈争夺空间的极端表达方式,发出属于自己的声音,表达自己对社会的看法,并且宣泄自己压抑已久的情绪。因此,对于"涂鸦"爱好者来说,"墙=话语权"。

由此看来,武断地将"涂鸦"判定为城市污染或者精神垃圾,毫不客气地宣布"'涂鸦'是垃圾必须清除"的观点实际上是一种成人社会的自私偏见,在这一点上,如何在不影响市容的情况下,给予涂鸦爱好者以适当的张扬个性、表达美好理想或愿景的空间,才是城市的管理者应该重视和认真思考的问题。

此外,"涂鸦"文化的另一大特征就是与主流文化争出位。与各国政府对"涂鸦"管束严格形成鲜明对比的是,"涂鸦"文化不仅没有从此在人类的文化中销声匿迹,反而愈挫愈勇,漂洋过海,乃至风行全球,不可否认的事实是:涂鸦,已经成为城市青年追逐的时尚焦点。它张扬,张扬得甚至有一点儿放肆;它叛逆,叛逆得敢于当面嘲笑主流文化;它躁动,所有的"涂鸦"无一例外地告诉你它是多么不安于壁,跃跃欲出;它奔放,每每你看到墙有多大,字就有多大的炫目。"涂鸦"时,你会觉得,画它的那颗心,一定比墙更大,比色彩更热烈。虽然"涂鸦"的形式是安静的,可是"涂鸦"的表现绝不安静,那些夸张的、变形的、炫目的、怪诞的图像与字母无一不在声嘶力竭地呐喊,虽然你可能看不懂它画的是什么,虽然你可能听不清它究竟在喊些什么,可是,你一定懂得它的情绪,焦躁的、愤怒的、忧郁的、百无聊赖的、无可奈何的、激情飞扬的、狂飙突进的……而且,你一定会被"涂鸦"的情绪所感染。

而事实上，涂鸦就是这样的一种东西：它代表青春的声音，传递青春的情绪；它并不准确，甚至指向不明；它并不高深，甚至流于浅薄；就像男孩子暧昧的口哨，就像女孩子怪异的尖叫。可是，其实它们并不想告诉你什么，而只想用这种与成人的、成熟的主流文化截然相反直至挑衅权威的方式来宣喻自己青春生命的真实存在。显然，"涂鸦"是青年的自我展现，它们展现的不是能力，也不是思想，而是肆无忌惮的青春本身。

因此，在城市这本生活的笔记里，在它庄重简单的底色上，每一天都会记满许多故事，长短不一，笔迹各端，有的细密齐整，有的信手拈来，而"涂鸦"则是笔记中一帧另类的插画。在我看来，开放的现代城市就应该是这样一本"笔记"，也应该宽容不同风格，鼓励公众参与，兼容并包，兼收并蓄，致力于打造文化表达和情感沟通的最佳公共空间。也因此，如何把"争议"变成"创意"，让"涂鸦"成为风景，这对于现代城市的管理者来说，是课题，也是机遇。

读城亦如读书，唯有精彩不止一处，美丽不止一页，才能令人常读常新，百读不厌。仔细想想，在"涂鸦"的背后所蕴含的，难道不应该是这个道理？

2010年，澳门

## 触摸城市的灵魂
——对于城市雕塑的一点期望

有人说，我国的城市雕塑在几十年内就在数量与体量上达到甚至超过了西方城市雕塑的水平，但是在我看来，即便真的如此，也仍旧无法掩盖在质量上大多是"城市垃圾"这一事实。至于那些少量还说得过去的城市雕塑，也大多充其量只是缺乏意境和联想而且与城市精神与文化无涉的"概念性雕塑"和"标签性雕塑"，千篇一律，毫无个性，或者像一件放大了尺寸的小品,或者像一堆拼凑的破铜烂铁,或者画蛇添足,或者喧宾夺主,顶多也只能称之为滞后的城市"补丁"、城市"累赘"。犹如"鸡肋",食之显然无味,弃之却又可惜。称之为一种"视觉污染"、一种"审美侮辱",应该丝毫不为过分。

事实上,美的城市雕塑无疑应该是一个城市的精神文明的象征,也应该是一个城市的文化品位的标志。它点"石"成"金",画"龙"点"睛",折射出一个城市的风采与神韵。提及"鱼美人",我们不能不想起神奇的哥本哈根;提及"自由女神",我们不能不想起遥远的纽约;提及"埃菲尔铁塔",我们也不能不想起美丽的巴黎。它使我们更深地理解了所在的城市,甚至更真实地触摸到这些城市的灵魂。考虑到作为城市的一张"文化名片",城市雕塑作品一旦放进公共空间,就会强迫公众去关注、接受,我要说,触摸城市的灵魂,必须成为我们思考城市雕塑的基本美学原则;触摸城市的灵魂,也必须成为我们根治城市雕塑的"视觉污染"的基本美学原则。

因此,城市雕塑作品的成功关键在于深刻具体地体现所在城市的本质特征。历史背景、地域特征、城市精神、城市文化都应进入其中,成为城市雕塑作品创作背景。而城市雕塑作品应与这一切和谐相融,得当、得体、得法。最终,不仅传达美好的视觉形象,而且阐释城市特征,表现城市文化,彰显城市品格。

这,就是我对城市雕塑的一点期望!

2004年,南京

# 第五辑

## 美学散记

## 关于"羊"的美学采访
### ——《东方文化周刊》的羊年"大家访谈"

1.《说文解字》中将美的字源解释为：羊大为美。由此羊和美牢不可分，惹得汉字们纷纷来求"在一起"，于是便有了祥、鲜、洋、善等，似乎只要和羊沾亲带故，便会美好起来？

**答**：是的，这是因为羊与中华民族的日常生活关系密切。羊被人类驯化大约在6000—11 000年前，距今9000—7800年前的河南贾湖先民就已经有了羊。当然，这很可能还是野生的。不过，也可能已经是家畜，而且，羊的肉、乳、皮、毛是我们的列祖列宗的重要的衣食用品，同时，因为羊距离日常生活更近，因此，对羊的感受就不仅仅是味觉感受和视觉感受，而且还是精神感受。这样，羊，也就渗透到了中华民族生活的各个方面。炎帝姓姜，就与羊有关。另一个大名人伏羲，"羲"中也有羊字。东汉时期许慎编了中国第一部字典《说文解字》，其中收入的羊部字，有28个；20世纪80年代编的《汉语大字典》，收录的羊部字有200多个。

2. 中国当代知识界在美的起源问题上，流传着两种观点：一种认为"羊大为美"，一种认为"羊人为美"，认为分别体现了感性之美、自然之美和理性之美、社会之美。您持哪种观点？

**答**：这两种观点都代表了不同时期人们对于美的感悟与思考。"爱美之心，人皆有之"，但是，也"爱美之心，人才有之"。早年的人类并没有美的感念，但是，他们对于那些在生活中自己所乐于接近、乐于欣赏的东西与自己所不乐于接近、不乐于欣赏的东西有着深刻的体察，于是，就像我们今天往往把美女作为美的代表一样，他们也会将羊作为美的代表。因为"羊"和"鱼"一样，在食物中都是最鲜的。鲜，是人类在生命进化中所把握到的对于生命进化最为有益的对象,是人类所乐于接近、乐于欣赏的东西,随之,再以"羊"象征那些在生活中自己最乐于接近、乐于欣赏的东西,于是,就有了"羊大为美"。至于"羊人为美",则不是将羊作为感性的象征,而是作为精神的象征,是在以羊为图腾的对象身上所看到的美,它同样象征着那些在生活中自己所乐于接近、乐于欣赏的东西,不过,这些自己所乐于接近、乐于欣赏的东西不再是感性的,而已经是精神的了。

3. 近人马叙伦提出"羊女为美"。许慎《说文解字》云:"媄,色好也,从女,从美。"也就是说,中国古代人的"美"的观念本源于观赏有姿色的美女。这种说法有道理吗?

**答**:这种说法与上面两种一样,也代表了不同时期人们对美的感悟与思考。区别在于角度不同。前面两种看法,是从感性与精神的角度,而这种看法,则是从性的角度,不过,跟前面一样,在性的选择中,容貌美丽其实正是身体健康的表征,与"鲜"最为有益于身体健康一样,因此,不但在与之结合的时候会激发生命的激情,而且也为彼此的孩子的身体提供了有益的保证,所以,同样也是人们所乐于接近、乐于欣赏的东西。这样,与"羊大为美""羊人为美"一样,"羊女为美"所道破的,仍旧是人类审美活动中呈现出来的秘密。

4. 为什么中国许多文物取材于"羊"?是因为"羊"字描绘出了中国的最基本的美学轮廓吗?

**答**:这可能还是因为羊与我们民族的密切接触。我们民族可以说是"龙的传人",不过,那指的是社会生活的某一个方面,如果从社会生活的另外一个方面,也可以说我们民族是"羊的传人"。我们列祖列宗最早的职业,可能就是一个"放羊娃",家中有羊,"喜洋洋";饭桌上有羊,"美洋洋"。例如"羡",其中就有羊,是人被馋得望着羊直流口水的样子。而且,羊还被用于进献、祭祀、巫术,遍及生活的众多方面。因此,文物中多取材于羊,也就不奇怪了。

5. 《说文解字》解释说:"美,甘也。从羊从大,羊在六畜主给膳也。"甘为甜义,说的是口舌之乐。中国人最初的审美意识是起源于味觉吗?

答：羊，最大的特点就是"鲜"。在生命进化中，"鲜"与"腐"相对，"鲜"的东西有助于生命健康、生命进化。直到今天，新疆的烤羊肉串、兰州的手抓羊肉、西安的羊肉泡馍、内蒙古的烤全羊、北京东来顺的涮羊肉、成都的羊肉汤锅、苏州的藏书羊肉、重庆的烤全羊等也还是脍炙人口。而中国人的审美意识中十分强调羊，也正是因为中国人的审美意识恰恰是从口舌之乐加以提升和总结的。应该说，中国是世界上最重饮食的国家之一了。对此，西方学者曾经给予高度的评价："毫无疑问在这方面中国暴露出来了比其他任何文明都要伟大的发明性。"联想殷周青铜容器的仪式功能大多是建立在饮食功能之上，联想在"三礼"中几乎没有一页不曾提到祭祀中使用的酒和食物，应该说，如果说西方人的审美意识是起源于性意识，那么，中国人的审美意识就确实是起源于味觉。

6. 在中国的审美历程中，"美"什么时候脱离了具体的感觉，脱离了功利，实现了超越，成为一种精神性的象征，成为真正的"美"？

答：从春秋战国时期开始。第一个真正比较合乎美学要求的定义，应该是伍举的："夫美也者，上下、内外、小大、远近，皆无害焉，故曰美。"（《国语·楚语上》）一反过去，伍举偏偏不"以土木之崇高、彤镂为美"，而要以"上下、内外、大小、远近，皆无害焉"为美，以"施令德于远近，而小大安之"为美，甚至以"服宠"为美，这意味着"德义"取代了声色味的感官享受，在中国成为美的内涵。当然，为我们所更加熟悉的，是孔子的定义——"里仁为美"，还有孟子的定义——"充实之谓美"，以及老子的定义——"天下皆知美之为美，斯恶已"，这都意味着脱离了具体的感觉，脱离了功利，实现了超越，成为一种精神性的象征，成为真正的"美"。

2015年，南京

## 爱如空气

中国的一位演员曾经唱过一首歌,题目也很令人感动:"爱如空气"。

遗憾的是,由于文化传统的不同,我们中国人似乎已经养成了一种习惯,那就是,一方面本能地怀疑对方是否值得去爱,一方面怀疑爱究竟是否真有力量。这些年,我在很多高校都做过报告,只要我讲到爱,很多学生的表情一定是疑惑的,个别的已经上到了博士的学生甚至还曾写文章与我讨论。在他们看来,如果他不是一个好人,那么,我凭什么要爱他?或者,他们还会问:爱真的有力量吗?人真的有必要必须与爱同在吗?再说,我就算天天奉献爱,可是,好人往往吃亏,往往会被坏人利用啊。

对于上述问题,可以从三个方面来回答:

第一,必须坚信,只有爱才是最有力量的力量。

上述困惑,我认为首先与对于爱的力量的怀疑有关。那么,怎么去打消这些人的顾虑呢?我还是来讲一个故事吧。

西北地区特别干旱,因为缺水,95%的树苗在种下去以后都无法成活,怎么办呢?这是一个很难解决的难题。后来,有一个学者就出了一个很好的主意。他说,我们可以这样来做,用一个塑料袋,里面装上水,然后在每一个树苗的根部都放上一个装满了水的塑料袋。这下子,95%的树苗竟然都存活了下来。为什么呢?原来,因为附近有水的存在,树苗就因此而豪赌一把,它想,我的附近还有水,我还要坚持,或许,明天我就能得到水了,结果,它就活下来了。你们看,这个例子是不是非常精彩?

同样的说明,也经常出现在文学大师的笔下。例如,陀思妥耶夫斯基就曾经借《卡拉马佐夫兄弟》中的佐西马长老之口说:

  一个人遇到某种思想,特别是当看见人们作孽的时候,常会十分困惑,心里自问:"用强力加以制服呢?还是用温和的爱?"你永远应该决定:用温和的爱。如果你能决定永远这样做,你就能征服整个世界。温和的爱是一种可畏的力量,比一切都更为强大,没有任何东西可以和它相比。①

  为此,叶芝甚至疾呼:"什么时候我们能责备风,就能责备爱。"可是,我们有些人却往往去责备爱。例如,去责备爱没有力量。其实,一切都恰恰相反,在我们的生命中,唯有爱,才是最有力量的。爱唤醒了我们身上最温柔、最宽容、最善良、最纯洁、最灿烂、最坚强的部分,即使我们对于整个世界已经绝望,但是只要与爱同在,我们就有了继续活下去、存在下去的勇气,反之也是一样,正如英国诗人济慈的诗句所说:"世界是造就灵魂的峡谷。"一个好的世界,不是一个舒适的安乐窝,而是一个铸造爱心美魂的场所。实在无法设想,世上没有痛苦,竟会有爱;没有绝望,竟会有信仰。面对生命就是面对地狱,体验生命就是体验黑暗。正是由于生命的虚妄,才会有对于生命的挚爱。爱是人类在意识到自身有限性之后才会拥有的能力。洞悉了人是如何的可悲、如何的可怜,洞悉了自身的缺陷和悲剧意味,爱,才会油然而生。它着眼于一个绝对高于自身的存在,在没有出路中寻找出路。它不是掌握了自己的命运,而是看清人性本身的有限,坚信通过自己有限的力量无法获救,从而为精神的沉沦呼告,为困窘的灵魂找寻出路,并且向人之外去寻找拯救。

  在这方面,安徒生的故事颇具启迪。

  有一天,安徒生在林中散步,他看到林子里长了许多蘑菇,就设法在每一只蘑菇下都藏了一件小食品或小玩意儿。第二天早晨,他领着守林人的七岁的女儿,一起来到了这片树林。正如他所预料的,在蘑菇下出乎意料地

---

① 陀思妥耶夫斯基:《卡拉马佐夫兄弟》(上),人民文学出版社1981版,第477—478页。

发现了丰富多彩的小礼物,小女孩的眼睛里出现了难以形容的惊喜。于是,安徒生告诉她,这些东西都是地精藏在那里的。"您欺骗了天真的孩子!"一个知道了真相的神父义正词严地指责道。可是安徒生却回答:"不,这不是欺骗,她会终生记住这件事的。我可以向您担保,她的心决不会像那些没有经历过这则童话的人那样容易变得冷酷无情。"

当然,许多美好的东西都只是黄粱美梦。但是,梦之为梦,并不都是虚幻,它对人一生的深刻影响很可能反而是真实而且深刻的。

其次,必须坚信,只有爱才是人生最大的财富。

上述困惑,我认为还与对于人必须与爱同在有所怀疑有关。那么,怎么去打消这些人的顾虑呢?我还是再来讲一个故事吧。

中央台的主持人张越曾经采访过一个医生,这个医生的职责是临终关怀,这也就是说,他所见到的濒死的人是最多的。于是,张越就问到:人在临死时都是什么状态呢?这个医生说,你真的无法想象,那简直是太可怜了,有哭的,有闹的,有砸东西的,有一声不吭的,有想方设法要自杀的,简直是惨不忍睹。张越又问,那有没有临终时候十分快乐的呢?医生说,当然也有。张越马上就追问了:那你能不能告诉我,什么样的人死的时候会快乐呢?是男人?是女人?是生前当大官的?是生前很有钱的?医生说,都不是,真实的情况是,凡是在一生当中给别人爱最多的和得到别人爱最多的人,他临死的时候,就最快乐!

我觉得,这是一次非常精彩的采访,也是一次含金量非常高的采访,很多很多我一直无法讲清楚的道理,在这次的采访里,都已经讲清楚了。其实,与这次的采访有关的,还有一篇小说,是托尔斯泰的《伊凡·伊里奇之死》,小说讲的是一位高官,得了重病以后,却无论如何都不甘离开人世。后来,有人就给他出主意,说你去主动地奉献爱吧,果然,他这样做了以后,去世的时候竟然就非常快乐。显然,托尔斯泰讲的也是同样的道理:爱是最大的财富。

最后,必须相信,爱是对自己的最高奖赏。

上述困惑,我认为还与对于爱能否得到应有的回报有所怀疑有关。那么,怎么去打消这些人的顾虑呢?我还是先来讲一个故事吧。

《芝加哥论坛报》儿童版"你说我说"栏目的主持人西勒·库斯特一直面对一个难题,经常有小孩给他写信,询问他说:"上帝为什么不奖赏好人,为什么不惩罚坏人?"也就是说,你说要爱所有的人,尤其是要爱不可爱的人,要爱坏蛋,可是,谁来表扬我们呢?为此,这个编辑也很发愁,怎么样才能够把他们说服呢?后来,这个编辑意外地有了答案。有一天,他去参加一个年轻人的婚礼,牧师主持完婚礼以后,接下来的环节应该是新郎和新娘互换戒指,可是他们太兴奋了,也可能是太紧张了,竟然错误地把戒指戴在了对方的右手上,这个时候,牧师表现得很幽默,他说,右手已经够完美的了,你们还是用它们来装扮你们的左手吧。

这个编辑说,他听到这句话,立刻茅塞顿开。"右手成为右手,本身就非常完美了,再没有必要把饰物再戴在右手上了。"意思就是说,你奉献爱,本身就已经是最完美的了,非要社会肯定你吗?非要别人看见吗?别人如果看不见,历史如果没有证明你,你的爱就不存在了吗?比如,在两个人争斗的时候,你先放手,你先退出,确实别人都会耻笑你,说你懦弱,说你失败,可是,你就真的失败了吗?其实,上帝已经表扬过你了。一个爱人者能够成为爱人者,这本身就已经是上帝对于自身最高的奖赏,那么,即使是因为爱"坏人"而失败了,那又有什么关系?于是,他就写了一篇文章,《上帝让你成为好孩子就是对你的最高奖赏》。

《圣经》有言:"爱里没有惧怕。"确实,因为爱是唯一不需要回报的奉献,所以才要去豪赌。既然坚信爱最终一定会胜利,那么,又何必非要去期待来自任何地方的嘉奖呢?倘若只有通过得到嘉奖才能够有爱的信心,那这个爱就早已经不是爱了,而只是交换。在西方,苏格拉底之死与耶稣之死是最为重要的文化事件。当时的法庭对苏格拉底做了错误的判决,可是他反而坦然接受,没有逃避,也没有反抗,为什么呢?我们中国人对此可能会很难理解,可是,西方人就不会。因为苏格拉底的主动就死其实是一个文化的隐喻,意味着苏格拉底以及西方人看重的都不是现实法庭的审判,而是上帝的终极审判。苏格拉底相信,在上帝那里,自己一定是会被宣判无罪的。既然如此，又何惧之有呢？套用前面的话来说吧，上帝已经嘉奖过我了，我又怎么会在意现实法庭的是否嘉奖呢？何况，由于我的对于爱的坚持，人类的美好理想得到了维护，更何况，爱也是一定会胜利的，那么，我站在爱的一方，与爱同在，不就已经是最大的快乐、最大的嘉奖了吗？还有什么快乐、什么嘉奖又能够超过这个快乐、这个嘉奖呢？因此，"爱里没有惧怕"！

2010年，澳门

## 王国维的"俨有释迦、基督担荷人类罪恶之意"

人们都说，有两对帝王生平很相似。一对是杨广和陈后主，他们都以好音律和荒淫而误国，所以李商隐说："地下若逢陈后主，岂宜重问《后庭花》。"还有一对，就是李后主和宋徽宗。他们两个，应该称得上是隔代知音。两个人都是"做个名士真绝代，可怜薄命为君王"！一个是阆苑仙葩，一个是美玉无瑕；一个是天才的诗人，一个是一流的画家；一个是"金错刀"，一个是"瘦金体"；一个是"违命侯"，一个是"昏德侯"；一个好佛，一个好道。有人说，宋徽宗是李后主转世，据说宋徽宗的父亲神宗在他出生之前曾在秘书省看到李后主的画像，"见其人物俨雅，再三叹呀，而徽宗生。生时梦李主来谒，所以文采风流，过李主百倍"。如果从两个人的相似度非常之高的角度来看，我认为，这个传说还是颇有道理的。何况，他们两个人还都是俘虏，都客死于异域。而且，应该说宋徽宗的下场比李后主还要悲惨，他做了外民族的俘虏。可是，当两个人都从美学的角度来反省这段历史的时候，我们却不难发现，宋徽宗远远逊色于李后主。

我们以宋徽宗的《燕山亭·北行见杏花》为例，这是宋徽宗的最后一篇作品，也是徽宗词作中最为优秀的代表作：

裁剪冰绡,轻叠数重,淡著胭脂匀注。新样靓妆,艳溢香融,羞杀蕊珠宫女。易得凋零,更多少无情风雨。愁苦,问院落凄凉,几番春暮？凭寄离恨重重,这双燕何曾,会人言语？天遥地远,万水千山,知他故宫何处？怎不思量？除梦里有时曾去。无据,和梦也新来不做。

这首词是宋徽宗在1127年被掳后北行途中,看到燕山杏花开放而有感而作。清人朱孝臧编的《宋词三百首》,开篇就是这一首。不过,我认为这主要是因为宋徽宗的地位使然。如果非要较真,完全以美学标准来考察,那必须要说,这首词还确实是非常一般的。可是,看一看宋徽宗所遭受的人生苦难,那可是真的要超过了李后主的几倍的。李后主固然是在不惑之年肉袒出降,被押解汴京,两年多的时间,在那里以泪洗面,42岁生日时被宋太宗赵光义鸩杀,时值七夕,真可谓惨矣。但宋徽宗呢？46岁时,1127年,宋徽宗和儿子连同皇后、太子、公主、嫔妃及诸王宗室眷属三千余人被金人押解北上,辗转流徙的地点包括燕京(北京)、中京(内蒙古宁城西大明城)、上京(内蒙古巴林旗南)、韩州(辽宁昌图县北八面城东南)、五国城(黑龙江依兰),前后八年,直到客死异域。那么,按照中国人的说法,应该是"国家不幸诗人幸",宋徽宗又是艺术名家,完全有理由写出不朽名作的,可是,事情的结果竟然偏偏不是这样。

不妨来具体看一下宋徽宗在"北行"中是怎样去"见杏花"的。杏花,是一个客观对象,但有时也是一个审美对象。我在上美学课的时候经常说：杏花之类的客观对象在成为审美对象的时候所显示的并不是自身的价值而是那些能够满足审美者自身需要的价值。因此,一个人高兴的时候才会发现鲜花也喜笑颜开,一个人不高兴的时候也会发现鲜花竟愁眉紧锁。鲜花,其实就是审美者的心胸与心态的一面镜子。由此,我们来观察宋徽宗所"见"的杏花,不难发现,在杏花的背后折射的,仍旧是宋徽宗的帝王心态；在流徙途中看到盛开的杏花,然后联想到春暮,于是又联想到自己的苦难,最后,自然而然地触发故国怀思。如此写来,诗则诗矣,但是,却实在难称佳作。因为,我们每一个人都不会感同身受,都不会触发自身的情怀,而只会作"壁上观"地叹一声"可怜"！但是，毕竟又与我们何干?! 更何况，即便是这样一点"帝王心态"，竟然还是温柔敦厚、扭扭捏捏地通过什么"胭脂匀注"、什么"艳溢香融"、什么"羞杀蕊珠宫女"写出来的，读之使人觉得格格不入。设身处地地想一想，假设你是一代帝王，假设你昨天是骄奢淫逸的，假设今天早上突然城池被攻破了，假设你现在就被押到囚车上，一路押到令人尴尬的北方，这个时候，你也看到了杏花，请问：你会怎么想呢？我想你一定会想：杏花就是我人生的象征，然后，你一定会去发感慨，会联想到所有人都有可能面临的人生失败，于是，种种感伤不由倾泻而出。结果，你所"见"的杏花就成为永远的杏花、不朽的杏花。但是，宋徽宗所"见"的杏花却不是，它仍旧只是一朵普通的杏花、平常的杏花。

可是，李后主就完全不同了。就以在俘虏生涯所"见"的鲜花为例，李后主也"见"到了"林花"，可是，他是如何去"见"的呢？"林花谢了春红，太匆匆。无奈朝来寒雨晚来风。　　胭脂泪，相留醉，几时重？自是人生长恨水长东。"(《相见欢》)在其中，你是否"见"到了宋徽宗的忸怩作态？李后主情真意切的感情像火山一样，一喷就倾泻而出。"林花谢了春红"，何等率真！还需要什么"裁剪冰绡，轻叠数重，淡著胭脂匀注"？这个时候，"林花谢了春红"就是无限哀伤的心情的写照。由此，"太匆匆"的生命感叹、"无奈朝来寒雨晚来风"的生命无常，一下子就呈现在眼前。更何况，人生的感伤还不仅仅如此，"胭脂泪，相留醉，几时重？"眼中所"见"的"林花"已经、正在、即将消逝，而且，永远都不会再回来了，因此，"自是人生长恨水长东"。你看，就是"林花"这么一个形象，却成为人生的象征，成为永远的林花、不朽的林花。宇宙间的生命如此地短暂无常，又如此地多灾多难！这怎么能够不让人为之涕泪长流?!

我们再看李后主的《虞美人》，与宋徽宗的《燕山亭·北行见杏花》一样，它同样是李后主平生的最后一篇作品，同样是绝笔之作，然而，它就偏偏成了不朽之作：

春花秋月何时了，往事知多少？小楼昨夜又东风，故国不堪回首月明中！雕栏玉砌应犹在,只是朱颜改。问君能有几多愁?恰似一江春水向东流。

李后主也是一个亡国之君。978年8月13日(七夕)就在他的生日那天,因为与自己的家人唱自己的这首新词《虞美人》,触怒了宋朝皇帝赵光义,他下令将其毒死。就是这样,他生于七夕,也死于七夕,年仅42岁。当然,历史学家都评价他是"有愧江山",可是,我却要评价他为"无愧词史"。王国维先生也断言:从李后主开始,中国文学的"眼界始大"。我们仅仅就看看他的这首词,应该就确信,确实如此。同样的苦大仇深,到了李后主这里,却完全转化为一种人生的深刻反省,个人的苦难被提升为一种人生的洞察。

试看全词,是从困惑开始,但是却以答案结束。恒定如斯的宇宙与无常多变的人生,古今人类,一下子就被完全网罗在这令人感伤的悲感之中了,一方面是从"何时了""又东风""应犹在"入手,写宇宙之永恒,另一方面却是自"往事知多少""不堪回首""朱颜改"切入,写人生之无常。再加上"小楼昨夜又东风"之亘古如斯和"故国不堪回首"之短暂易逝的比较,"雕栏玉砌应犹在"之亘古如斯和"朱颜改"之短暂易逝的比较,从宇宙自然开始,然后是人世,最后是物事,三重的强烈对比,使得永恒与无常所形成的人生的无限感伤隐现其中。在这里,帝王的失意感伤没有了,任何一个人,都可以从中找到自己。最后,前面六句逼出了达到高潮的结尾两句:"问君能有几多愁?恰似一江春水向东流。"它涵盖了全人类之哀愁,谁能够说这样的感伤不属于自己呢?无疑,这就叫作不再仅仅"自道身世之戚"!

可是,如同乾隆皇帝,也如同赵匡胤、朱元璋、黄巢,现在的问题又回到了宋徽宗的身上,难道宋徽宗就不想让他的诗歌不朽吗?难道宋徽宗就没有倾尽全力地去努力过?结论无疑不应该是这样!

那么,李后主比其他的帝王诗人词人究竟多出了什么?王国维先生曾经总结过:"后主之词,真所谓以血书者也。宋道君皇帝《燕山亭》词亦略似之。然道君不过自道身世之戚,后主则俨有释迦、基督担荷人类罪恶之意,其大小固不同矣。"无疑,这里的"大小固不同",不但对于宋徽宗是有效的,而且对于乾隆皇帝、赵匡胤、朱元璋、黄巢也是有效的,对于他们而言,存在的问题都是一致的,所谓的"小",就"小"在"不过自道身世之戚",而李后主的"大"则"大"在哪里呢?结论显而易见:"俨有释迦、基督担荷人类罪恶之意"。

"俨有释迦、基督担荷人类罪恶之意",这,就是李后主比其他的帝王诗人词人多出了的东西!

2010 年,澳门

## 陶渊明的《饮酒(其五)》

一个是陶渊明的《饮酒(其五)》:

结庐在人境,而无车马喧。
问君何能尔?心远地自偏。
采菊东篱下,悠然见南山。
山气日夕佳,飞鸟相与还。
此中有真意,欲辨已忘言。

对陶渊明,我非常佩服,我觉得,这个人真的是很不简单,我经常讲,陶渊明从来没想到他竟然能出名,他身边的人也没有觉得他能够出名。他死了以后,在开追悼会的时候,悼词里讲,他曾经是县级领导干部,等等,但是,却偏偏没有提到他的诗歌,可见,当时他的名气是很小的。但是,过了五六百年,经过苏轼这些人一抬,从此在中国那可真是独步一时,冠绝千古。你们看看他的《桃花源记》,300 多个字,就把中国人的隐秘心态都写出来了,真是大师啊,简直太厉害了,就好像艾略特一首诗把西方人的心态写出来了一

253

样,这就是人们都很熟悉的那首《荒原》,中国却是"桃花源"。中国人动不动就往后跑,总是想重回母亲的子宫。而西方人动不动就往前跑,他知道前面是坟墓是荒原,他还是要往前跑。

不过,我最喜欢的,还是陶渊明的这首诗。"结庐在人境,而无车马喧",这是大家都很熟悉的诗句,一开头,就是一个非常从容、非常淡然的心态,这个心态恰恰就意味着:他和大自然打交道,是没有盘剥之心的,也是没有占取之心的,更是没有征服之心的。那么,他为什么能够做到,而我们却做不到呢?第一个关键是"心远",他说我是用一个很淡然的心态来置身于我周围的世界。什么意思呢?我们有很多人的心都很"近",也很"热",有雄心,有机心,有凶心,有野心,要改天换地,要气壮山河,但是陶渊明不是,他的心很远,也就是说,他是用在精神上站立的胸襟来看待他周围的空间,结果,他就很意外地看到了很多别人从来都看不到的东西。

第二个关键,则是"见"。"采菊东篱下,悠然见南山"。很多人说,这个"见"一定要把它想象成是"现",就是呈现的现。其实陶渊明用的是古代汉语的用法,就是说,他在采菊累了的时候,漫不经心地抬起了头,于是,南山就撞入了眼帘。所以,这个时候的南山是"现",是自然而然呈现出来的,不是"何处寻行迹",采菊累了,找找有没有美丽的景色用来陶冶一下自己,休息一下自己,人家陶渊明没这样写,采菊的时候是自然而然的,看见南山也是自然而然的。所以古人经常猜测,这个地方能不能用"望"呢?悠然"望"南山?一定不行!因为"望"是一个主动的"何处寻行迹"的心态。古人又猜测,这个地方能不能用"看"呢?也不行,因为"看"还是一个主动的"何处寻行迹"的心态,总之,一定要用"见",也就是说,这是不得不看,这是无意间一抬头那个南山自己涌现过来的。

第三个关键,应该是"佳"。其实,仔细品味一下,就会发现,"佳"是什么却没说,试想,山气日夕"艳"、山气日夕"亮"、山气日夕什么什么,我们可以想象去用一个很重的词,或者去用一个更艳丽、更有颜色或者更什么的词,但是,如果用这样的词,那就证明同大自然的关系不是最融洽的,陶渊明的诗为什么会成为万世之楷模呢?就是因为他在这里面是不用心的,或者说他是不用力的,他是完全和大自然融为一体的,所以,叫"山气日夕佳",简单地说,用我们今天的话说,就是:山上的景色挺好看。你们会说,这也能算诗吗?你们一定会说,山上的景色气象万千,山上的景色琳琅满目,这不是更好吗?可是,这恰恰说明:你动心了,你在焦灼地"何处寻行迹"。而陶渊明就太不同了。他竟然淡然地说:"景色挺好""我抬头一看,景色挺好的"。

我们中国有八个字,非常著名,叫作:"落花无言,人淡如菊。"这是中国人最为神往的境界。一个成熟的男人、女人,都一定是"人淡如菊"的,那样一种从容,那样一种淡然,会给你一种深刻的感动。麦穗成熟的时候,头一定是垂下来的,人也是这样。陶渊明以及陶渊明的诗歌,就是这个方面的楷模。可惜,我们现在连"何处寻行迹"都做不到,我们现在能够做到的,偏偏最多的只是你"争"我"抢",惭愧惭愧,惭愧之至!

2010 年,澳门

## 王羲之的《兰亭诗》

2007 年,我去绍兴做报告,陪我的人问,你要到哪儿去看看呀?我说,首先要去兰亭。为什么一定要去呢?因为王羲之在这个地方写下了千古传颂的文章。那一年,应该是王羲之的 50 岁,"五十而知天命",王羲之就是这样。有些人就是怎么都做不到"人淡如菊",身上烟火气特别浓,特浮躁,一颦一笑就被人看出来了。可是,王羲之不同。在王羲之的身上,我们可以看到陶渊明的那种精神风范。

那一天,是 41 个人在兰亭聚会,每个人都写诗抒怀,但是,是否注意到其中的一个很有意思的现象?这 41 个人的诗,谁现在还背得上来一句呢?为什么呢?这里面一个很关键的原因,就是所有的人都没有王羲之在精神上站得那么高,所有的人在精神上显然都没有做到"人淡如菊",所以虽然他们也写诗,也说话,但是却都没有传递出人类的那样一种最伟大的心灵感受,这样一来,他们的声音很快地就风流云散了。但是,王羲之写的序,我们就偏偏记住了。《兰亭诗》字并不多,但是写得非常令人感动。你们看看这几句,到现在为止也是中国人最好的人生感悟,他说:

  大矣造化功,万殊莫不均。
  群籁虽参差,适我无非新。

  大千世界生命流动,所有生命都有自己的生命节奏,这个生命节奏和人类的生命节奏是一样的,太阳每天都是新的,生命每天都是创造的,我生活在这样一个其乐融融的友好的美丽世界里,一切的一切虽然是参差不同,但是更息息相通,所以,"适我无非新"。

2010 年,澳门

## 张岱的《湖心亭看雪》

张岱的《湖心亭看雪》很短:

  崇祯五年十二月,余住西湖。大雪三日,湖中人鸟声俱绝。是日更定矣,余拏一小舟,拥毳衣炉火,独往湖心亭看雪。雾凇沆砀,天与云、与山、与水,上下一白。湖上影子,惟长堤一痕,湖心亭一点,与余舟一芥,舟中人两三粒而已。
  到亭上,有两人铺毡对坐,一童子烧酒,炉正沸。见余大喜曰:"湖中焉得更有此人!"拉余同饮。余强饮三大白而别。问其姓氏,是金陵人,客此。及下船,舟子喃喃曰:"莫说相公痴,更有痴似相公者。"

这个作品很短,然而,在雪天中独往湖心亭看雪的这样一种人生的风雅,却实在令人引为知音。比如说在南京,我就建议,当大自然飘下第一场雪花的时候,一定要上紫金山去看满城飘雪;当南京撒下第一场春雨的时候,一定要去玄武湖荡舟。那个时候,生命就会有一种被清洗一新的美丽感觉。张岱的感觉也是这样,细细回味,他的这几句写得多棒,"天与云、与山、与水,上下一白。湖上影子,惟长堤一痕,湖心亭一点,与余舟一芥,舟中人两三粒而已"。注意,在文章里,他的视线是逐渐退缩的,开始时看见的是"上下一白",灰蒙蒙的一个偌大空间,这个时候你就会体会到张岱这个人的眼光与胸襟,那一定是很博大的。在中国美学中,能够物大我亦大、物小我亦小的眼光与胸襟就是博大的。可是接下来,你会发现当张岱置身在逐渐向他靠拢过来的大自然的时候,他自己也开始了物小我亦小的变化。"影子"是"痕","湖心亭"是"点","舟"是"芥",到了人,那就仅仅只是"两三粒而已"了。你们看,这是不是一个在大自然里特别融洽地生活于其中的人,一个在精神站立起来了的人?而且,在这里面我觉得更有意思的是,他最后还说,他到了湖心亭,发现有两个人已经先到了。他们也像他一样,一看下雪了,就冲到湖心亭去赏雪了。难怪划船的人会说,人家都说你这个人"痴",原来还有比你还"痴"的啊。当然,这个"痴"不是真的"痴",而是融入自然之中的一片爱美之心。

2010 年,澳门

## 沙梅的金蔷薇

我们来讲一个禅宗的公案故事,禅宗里有个大师叫百丈怀海,他出家以后每天什么事也不干,每天就跑到大雄峰上坐着,就这样,坐了一辈子。后来,有人就问他,你每天最喜欢的事情是什么呀?他说:"独坐大雄峰!"可是,这样的"独坐大雄峰"有什么意思呀？当然有意思,这就是他的快乐人生！确实,仔细想一想,很多人与大雄峰之间都不存在对话和理解的求生存的意义的关系,地主老财手里有大雄峰的契约,是大雄峰的实际的拥有者,他很自豪地说:大雄峰是我的！你敢说不是吗？他手里是有官府发的文凭的啊。但是,现在有谁因为大雄峰而知道某一个地主老财呢？大雄峰已经被转手了多少个人,有谁记得大雄峰的那些转手者呢？还有那些农民,他们每天在大雄峰上劳动,汗珠摔八瓣儿,起早晚归,披星戴月,但是当他们生命消失的时候,他们的生命还存在吗？不存在了。可是,百丈怀海就坐在那没动,但是,却用诗歌给大雄峰压上了韵脚,用音乐给大雄峰加上了旋律,用绘画给大雄峰填上了颜色,用灵魂给大雄峰赋予了意义。结果,他与大雄峰同在,他像大雄峰一样永远活着。

从百丈怀海的"独坐大雄峰"我们看到,不是对于外部世界的追逐、企求、占有、利用,不是面对那个普遍陷入计算、交易、推演的可见的外部世界,也不是对于世界的求生存的关系,而是恬美澄明的对于世界的求生存的意义的关系,才是精神的站立,也才是生命的不朽。

因此,人是活在为人生赋予意义的过程中的,我们的人生实际上就是对人生不断的理解,每个人都不能只活在履历表里,在哪儿上幼儿园,在哪儿上中学,在哪儿上大学,在哪儿工作,在哪儿退休,除此以外,就一生什么都没有了,那有什么意思呢？我们一定要把自己的人生活成一首诗,活成一部小说,活成一幅画,活成一首乐曲,从这个角度看,怎么样才能使人生永恒呢？就是要为自己的生命命名。而且要不断地为自己的生命命名。美好的东西是可以积攒的,意义也是可以积攒的。有一句俗话,人们的感情是"喝酒喝厚了,赌博赌薄了"。为什么这样说呢？就是因为在喝酒中情感会因为敞开心扉的交流而加深理解,会逐渐地被积攒起来。这里的"厚",其实也是一种永恒。因为,它是永存心中的,不会再随时间的流逝而消失。

文学艺术的创作就更是这样了。中国的王履在《华山图序》中说过:"苟非识华山之形,我其能图耶？既图矣,意犹未满,由是存乎静室,存乎行路,存乎床枕,存乎饮食,存乎外物,存乎听音,存乎应接之隙,存乎文章之中。

一日燕居,闻鼓吹过门,怃然而作曰:'得之矣夫!'遂麾旧而重图之。"什么叫作"得之矣夫"呢?就是因为不断地"存",不断地积攒。这是一种为生命的命名,文学艺术的创作,无疑就来自这一命名。而西方的里尔克也说过,他为什么要写诗呢?就是要赋予生命一种意义。"不管外部多么广阔,所有恒星间的距离也无法与我们的内在的深层维度相比拟,这种深不可测甚至连宇宙的广袤性也难以与之匹敌。如果死者,以及那些将要来到这个世界上的人需要一个留居之处,还能有什么庇护所能比这想象的空间更合适、更宜人的呢?在我看来,似乎我们的习惯意识越来越局促在金字塔的顶尖上,而这金字塔的基础则在我们心中(同时又无疑在我们下面)充分地扩展着。从而我们越能看到我们进入这个基础,我们就越能发现自己融进了那种独立于时空、由我们的大地赋予的事物。最广义地说,这就是世界性的'定在'。在他们眼中,一幢'房屋',一口'井',一座熟悉的塔尖,甚至连他们自己的衣服的长袍都依然带着无穷的意味,都与他们亲密贴心——他们所发现的一切几乎都是固有人性的容器,一切都丰盛着他们人性的蕴含。"(转引自海德格尔《诗人何为》)不难看出,这也是一种"独坐大雄峰"。

《金蔷薇》——现在也翻译成《金玫瑰》——的第一篇《珍贵的尘土》,讲的也是这个问题。人类为什么要创作?创作的本来含义是什么?《珍贵的尘土》就是回答这个问题的。

巴黎有个清洁工叫沙梅,早年的时候,他是个士兵,在墨西哥战争的时候,他得了很重的热病,团长跟他说,你还是回国吧,顺便把我的女儿带走。团长的女儿才八岁,在带她回国的路上,沙梅给她讲了很多故事,其中最让人感动的,是金蔷薇。这是一朵能够给人带来幸福的金蔷薇。当时,小女孩特别感动,情不自禁地问沙梅:有没有人会送我一朵金蔷薇?后来,沙梅把小女孩交给了团长的亲人,自己在巴黎找了一个工作,做清洁工,多年以后,说起来也真是人的宿命,一次不期然的邂逅,把他与那个小女孩又拉到了一起。现在,那个小女孩已经成了一个美女,沙梅一下子就爱上她了。没有想到的是,这个小女孩还是念念不忘那朵金蔷薇,并且跟他说:"假如有人送给我一朵金蔷薇就好了!""那便一定会幸福的。我记得你在船上讲的故事。"

于是,沙梅就决定要送她一朵。可是,他这么穷,又怎么可能呢?后来他就想到,自己做清洁工的地点,是在巴黎的一条手工艺作坊街上,这条街是专门打造金银首饰的,在每个金银首饰的作坊里,每天都会有一些金银的粉末落到灰尘里,沙梅想,我每天把灰尘扫到我家来,然后晚上我连夜拿筛子去筛,把里面的金银粉末筛出来,天长日久,不是就可以打造一朵金蔷薇送给自己的意中人了么?于是,他就每天都这样去做,最后,终于把金银粉末积攒到能够打造一朵金蔷薇了,可是,他却痛心地得知,这个女孩已经跟着男朋友远走美国。最后,他伤心而死。

这个故事非常深刻。人类为什么要创作呢?人类为什么要审美呢?人类为什么要歌颂人类的很多美好的事情呢?人类又为什么要抨击那些不美好的事情呢?巴乌斯托夫斯基讲的故事告诉我们,我们所有的作家,所有的审美活动,都无非就是在人世的尘土里去积攒那些金银的粉末:

每一个刹那,每一个偶然投来的字眼和流盼,每一个深邃的或者戏谑的思想,人类心灵的每一个细微的跳动,同样,还有白杨的飞絮,或映在静夜水塘中的一点星光——都是金粉的微粒。

我们,文学工作者,用几十年的时间来寻觅它们——这些无数的细沙,不知不觉地给自己收集着,熔成合金,然后再用这种合金来锻成自己的金蔷薇——中篇小说、长篇小说或长诗。

沙梅的金蔷薇,让我觉得有几分像我们的创作活动。奇怪的是,没有一个人花过劳力去探索过,是怎样从这些珍贵的尘土中,产生出移山倒海般的文学的洪流来的。

但是,恰如这个老清洁工的金蔷薇是为了预祝苏珊娜幸福而做的一样,我们的作品是为了预祝大地的美丽,为幸福、欢乐、自由而战斗的号召,人类心胸的开阔以及理智的力量战胜黑暗,如同永世不没的太阳一般光辉灿烂。

雨果说过:"爱一个人就是要使他透明。爱是唯一能占领和充满永恒的东西。"沙梅的金蔷薇就是爱的结晶,它让沙梅透明,也让世界透明。

而文学艺术也是这样,美是爱的结晶,也是最高的爱,正如罗曼·罗兰描述的:"最高的美能赋予瞬间即逝的东西以永恒的意义。"犹如沙梅的金蔷薇,文学艺术也是爱的积攒、美的积攒。它在人生的粉末里坚持不懈地筛选,把其中的爱与美积攒下来。文学艺术,就是爱的粉末、美的粉末。在审美活动中我们为什么可以在精神上站立起来呢?就是因为它使得我们生活在永恒的世界里,生活在意义的世界里。爱与美是永恒的,因此,谁积攒的爱与美越多,谁就将永恒。在这个意义上,陶渊明、杜甫、曹雪芹等等,都无非就是沙梅,都是一个人类世界的清洁工,他们把人类世界的灰尘中的金银粉末都积攒下来,使自己透明,也使世界透明。

2010 年,澳门

# 旅游:找回过去的自己,也找回未来的自己

## 一

从 1982 年大学毕业并且在大学工作以后,我的专业就与美学有关。一开始,我的专业完全是美学,后来,美学也是我的专业之一。因此,出版美学专著,对于我来说,已经是一件毫无悬念的事情。

可是,尽管如此,我却还是要说,出版一本跟旅游有关的美学专著,却还是颇为意外。

回头想想,应该还是在 2002 年前后,北京的一家出版社的编辑曾专程到南京来,约我写一本旅游美学方面的教材。在反复考虑之后,我约了上海的一位教授,两个人一起合作撰写这本书。遗憾的是,后来这位教授临时退出,这样一来,事情就无法继续下去了。至今深感遗憾的是,这本书当时甚至已经进入了图书市场的征订。因此而给那家出版社带来的损失,令我至今也深感歉疚。而且,从那以后,虽然我在从事战略咨询策划专业工作的时候,还仍旧从事过不少旅游领域的咨询策划项目,例如南京鼓楼区的十年旅游行动纲要、连云港海州区的旅游发展战略、南京紫峰大厦 72 层观光层的

可行性策划,等等,但是,关于旅游美学,却一直就没有再次涉及。

然而,一次事出意外的旅游,却让我与旅游美学再次结缘。

2011年7月,我曾到喀纳斯——新疆的喀纳斯一游。跟以往的很多次的旅游一样,这一次的旅游也不是出于事先的谋划、预谋,而是由于一次意外的邂逅。

那一次,我本来是应克拉玛依市的邀请,去为他们的市民大讲堂做报告。可是,我这个人平时遇到一些不太重要的事情往往不太喜欢动脑子,而宁肯糊涂一些。例如,很多地方请我去做报告,我都往往搞不清楚远近,往往是坐在接我的车上才知道,哇,竟然要五六个小时才能够到,非常辛苦。那一次也是,一开始,我是一口就答应下来了,可是,答应以后,事到临头我却又后悔了,原来我只知道新疆的克拉玛依"在那遥远的地方",但是却并不清楚地知道到底有多遥远。我在地图上一看,不得了了,从我遥远的东南一隅的澳门再到那遥远的西北一隅的克拉玛依,正好是从祖国的"边疆"到"边疆",沿着一条对角线横穿了整个中国,实在太远了,中途还要转机,也确实辛苦,所以事到临头我就后悔了,想尽办法推托,反正是不想去了,为此,不得不改了一次时间,可是,事到临头却还是不想去。后来,克拉玛依那边倒是很有诚意和耐心,也很有办法,他们提出了一个非常美妙的理由,他们说,潘老师,你来吧,讲完以后,我们请你去喀纳斯玩几天。不用说,当时我立即就动心了。因为喀纳斯名气实在太大了,大到你根本就不可能对它说"不"。于是,就在七月份的时候,我欣然上路。

喀纳斯本身我这里就不说了,以后有机会我再跟大家聊。记得我在微博上发过一条关于它的感想:喀纳斯的美由此可见一斑。在这里,我只想说说一路的见闻与感想。那次克拉玛依政府方面是把我安排在一个旅行团里面。坦率说,这个旅行团的待遇不是很好,住宿也一般。不过,我的目的是游览喀纳斯,待遇差点那就差点吧。可是,晚上在喀纳斯脚下的一次住宿可真是把我吓到了。在我的记忆里,我觉得,应该说,那天晚上是我多年以来最狼狈的一天。导游跟我说,不好意思,今天晚上你可能要委屈委屈。什么委屈不委屈呢?我是当过知识青年的人了,什么委屈没有见过呢?结果到了晚上才知道,二十几个人一个房间,更厉害的是早上起来,漫山遍野都是游客,刷牙的,吃饭的,登车的,就像打仗一样,也像逃难一样。当时,我突然就想到,我这些年一直在做美学的普及工作,却存在着一个重要的缺憾,那就是太文学了。

最近看到一个美学爱好者自发为我做的一个网站,上面给了我三个定位:生命美学的创始人、爱的布道者、在全国和电视上普及美学知识的美学教父。褒奖得有些过了,但是,对于我的工作的描述还是准确的。不过,我突然发现,我的在全国和电视上普及美学知识也有一个不足,那就是往往更多地是从对于文学作品的阐释出发。当然,从文学作品出发也没有什么不对,可是,假如人家根本就不看书或者很少看书呢,那不是就没有办法了吗?实际上,这个忧虑也正是我近年来的一大困惑。可是,在喀纳斯脚下,我突然就有了答案:现在看书的人越来越少,可是,旅游的人却越来越多。既然如此,那么,我的普及美学知识的工作为什么就不能转而从旅游开始呢?

接下来的见闻,就让我的想法更加坚定了。

在旅游的时候,导游往往如影随形。可是,有人仔细考量反省过导游的工作吗?无疑很少,其实,我过去也没有去关注过。可是这一次因为想到了从旅游出发去普及美学知识的事情,因此,也就对于导游的对于景点的介绍格外敏感。

这下子,我才发现,导游们的问题还真的非常严重。简单说,他们是看到什么山就说,你看那个山像什么;看到一块石头,就更是循循善诱,你们看,它像什么?例如到了胡杨林,我本来以为这次可以从美学的角度介绍一下。

我们知道,胡杨在新疆是最美丽的树,我印象最深的是它的"三个一千年",即活着一千年不死,死后一千年不倒,倒后一千年不朽,所以你去看胡杨林的时候,你就会从这个角度去向它学习,会觉得它是你精神上的镜子。什么样的镜子呢?比如说,一个人看到胡杨林的时候,他觉得胡杨林是他精神上的朋友,他也像胡杨林在精神上一样坚忍不拔。我们所有人在看到胡杨的时候,可以把自己学习上的理想代入进去,可以把自己爱情上坚贞的追求代入进去,可以把自己和逆境抗争的意志代入进去,总之,我们应该从这个角度来接近胡杨,让胡杨成为我们心灵的镜子,显然,这是人们喜欢胡杨、喜欢胡杨林的根本原因。但是导游带着我们看什么呢?她问:你看这棵胡杨长得像什么,那棵胡杨长得像什么,游客们一旦语塞答不上来,导游就会开心地说,这都看不出来?!像变形金刚呀。

仔细想想,不难发现,这样的导游真的很有问题。由此我联想到,熙熙攘攘的游客往往都是带个照相机,不论到了什么景点,一概都是挤过去为自己拍照,拍照完以后,则继续上路。我真弄不明白,这些游客们为什么如此自恋,不论到了哪里,一概都是只为留下自己的倩影。就像孙悟空,要到处留下"到此一游"的证据。可是,现在我有一点懂了。这与导游们把旅游"导"得一点美学都没有了密切相关。我过去说过,本来文学是最有魅力的,可是被我们语文老师一讲,就把学生"讲"得越来越不爱文学。现在,旅游应该也是最有美学的,可是,被导游一讲,却也同样令游客越来越不会旅游。

当然,我们也不能过于去对导游求全责备。事实上,我在前面所提到的状况更与我们当前的爱旅游但是不懂旅游的大背景息息相关。有一首流行歌曲,叫作"旅行的意义",是陈绮贞演唱的,歌词是:

> 你看过了许多美景
> 你看过了许多美女
> 你迷失在地图上每一道短暂的光阴
> 你品尝了夜的巴黎
> 你踏过下雪的北京
> 你熟记书本里每一句你最爱的真理
> 却说不出你爱我的原因
> 却说不出你欣赏我哪一种表情
> 却说不出在什么场合我曾让你动心
> 说不出离开的原因

你累积了许多飞行
你用心挑选纪念品
你搜集了地图上每一次的风和日丽
你拥抱热情的岛屿
你埋葬记忆的土耳其
你留恋电影里美丽的不真实的场景
却说不出你爱我的原因
却说不出你欣赏我哪一种表情
却说不出在什么场合我曾让你分心
说不出旅行的意义
你勉强说出你爱我的原因
却说不出你欣赏我哪一种表情
却说不出在什么场合我曾让你分心
说不出旅行的意义
勉强说出你为我寄出的每一封信
都是你离开的原因
你离开我就是旅行的意义

  对于这首流行歌曲,可能年轻人会理解得更深刻一点,因为流行歌曲本身就是属于年轻人的。而从我的理解看,它讲的就是一个年轻人喜欢旅游却不会旅游也不懂旅游。旅游,本来是可以让他学会爱的,可以学会爱别人,也可以学会被别人爱,但是他却不然,到处旅游的结果是反而不会爱了,反而失去了自己的恋人。

  推而言之,旅游而白花了银子的,旅游而白费了精力的,旅游而一无所获的,应该是大有人在吧?"白天看庙,晚上睡觉"的旅游者也定当不在少数吧?既然如此,我于是就想:那我为什么不来涉足旅游?为什么不从旅游来与读者谈谈美学?

  那一年的九月,我正好要在南京审计学院开美学选修课。作为南京审计学院的客座教授,我每年需要为该院的学生上四十个课时的选修课。于是,我立即给南京审计学院的教务处打电话,提出就上"旅游美学"。

课程的效果出乎意料地好,甚至还有同学把我全部的授课内容都录了下来,并且转给了我。于是,我把录音拿到电脑店整理了出来。记得当时我在微博上还提到过此事。没有想到,原本素昧平生的××出版社的生活编辑部主任×××看到以后,立即就给我发了了评论,说她愿意在她供职的出版社出版此书,这无疑让我更受鼓舞。于是,在这个录音记录稿在我手里放了大半年以后,终于在2012年的暑假里下定了决心,要把它修订改写出来,正式加以出版,以便更好地向大方之家征求意见,也希望更多地跟游客们分享我的旅游心得。

## 二

说到旅游,实在是林林总总,千头万绪,那么,从哪里讲起呢?

让我们从一个令人无限困惑的问题开始——

为什么要旅游?

我在前面说过,现在看书的人越来越少,但是旅游的人却越来越多。本来,问"为什么要旅游"和问"为什么要读书"应该是同一个问题。古人不是说"读万卷书,行万里路"吗? 我也经常对我的学生说,"学历"和"阅历"是同等重要的。可是,说到旅游,人们似乎更加容易接受。前几天,我一个朋友的孩子中考结束了,她就说,她要奖励他出去旅游一次。请问,有谁听说过奖励孩子再读几天书的呢? 包括我在内的几乎所有人,也还都有一个想法,就是都幻想在老年的时候周游世界。可是,是否认真想过,其实这是一个充满了悖论的幻想? 前半辈子拼命挣钱拼命攒钱,后半辈子却拼命花钱,花在什么上面呢? 旅游! 一辈子辛辛苦苦所打拼的钱,都被挥霍在了路上。当然,也有人幻想在老年的时候就坐在家里饱读诗书。我有一个朋友就是这样想的。但是,却毕竟是极少数,绝大多数的人还是愿意选择去周游世界。

当然,也许就是出于这个原因,关于为什么要旅游,人们似乎就更加愿意回答一些,而且也回答得更加真实一些。

不过,看看人们的回答,你会发现,也实在是五花八门。我随意在网络上下了一些回答,我们来一起看看——

因为不去会死

因为需要休息

因为需要给心灵放假

因为生活需要不断地更新

因为想开眼界

因为路在那

因为想要新的感觉

因为远方总有一种莫名的吸引在召唤我

因为可以快乐地减肥

因为可以在另一个城市装逼却没人认识

因为要让生活变得更有趣味

因为喜欢在陌生的地方乱晃

因为想感受孤独

因为想看清这个世界

因为想享受自我

因为喜欢在路上的感觉

因为在一个地方待腻了

因为会很开心

因为可以静静地想些事情

因为不高兴

因为想去看不同的人,感受不同的生活

因为喜欢

因为远离

因为想要有一段不一样的人生

因为期待艳遇

因为只有走出去才知道家在哪里

不难看出,相对于"为什么读书"的回答,人们对"为什么旅游"的回答要轻松得多,也真实得多。然而,毕竟要说,却也随意得多。

在我看来,"为什么旅游"的答案无疑与上述的回答都或多或少有关,但是,上述的回答却也都并不准确。

那么,我们究竟是为了什么而旅游呢?

请允许我从反对旅游的看法讨论起。

还有人反对旅游吗?相信很多人闻言都会瞪大眼睛,表示极度怀疑了,怎么可能?竟然有人还反对旅游?但是,天下之大无奇不有,确实,还真的有人就反对旅游。而且,还反对得有理有据。

例如,大名鼎鼎的李敖就是其中之一。

据李敖自己说,他从不旅游,而且他还有一套理论,叫"反旅游论"。他说,有一个英国文人叫约翰逊,他的学生包斯威尔邀他一起去爱尔兰的都柏林玩,约翰逊拒绝了,而且还撂下一句话:"那地方值得看,可是,不值得跑去看。"就是说,其实拿个明信片看看就行了。他还说,有一个著名的法学家王宠惠先生,虽然在留学时见过许多外国的风景,但从来不去旅行,他也说过一句话:"看看照片就好了,跑去看干什么?"李敖宣称:这两个人对他影响很深。

李敖说,干吗要旅游,如果想了解一个地方,我完全可以利用各种逼真、生动、详细的幻灯片、电影片,各种旅游的书,而不必亲自跑去看。想一想,这似乎也有点道理,比如说,《人猿泰山》的作者写非洲的人猿泰山,但他从来没有去过非洲,最有意思的是李敖,李敖写《北京法源寺》,也从来没有去过法源寺。所以,李敖说,你们喜欢旅游,我不喜欢。我看看图像就行了,否则会太累。

李敖说的也自成一说:"你们会笑,你们喜欢游山玩水,会说你李敖没有去过,没有身临其境。所以我认为那种口口声声说我一定要亲自到那个地方才过瘾的人太笨了。天下名山胜景这么多,你一样一样都要亲身到那个地方才过瘾,才觉得不虚此行,我认为你这样来取得人生的经验,太慢了,太笨了,太累了,不好。……为什么呢? 人类的本领就是应该取得间接的经验嘛。我要做过汉奸,才知道汉奸什么感觉,我要做过妓女,才知道妓女什么感觉,你这种人太笨了嘛。你的想象力在干什么? 为什么不动动你的想象力呢? 所以我看到一个名山胜水的时候,看到那个风景的时候,我会用各种资料来汇合我的想象,我可以天马行空构成我的想象。人若没有这种想象力,不能够做任何的文学活动。为什么? 太笨了。……所以我认为,不是没有去过就不了解,你照样可以了解它,并且可以用很奇怪的方法去了解。"

以明十三陵为例,李敖说:"举个例子。我没有去过北京附近明朝皇帝的坟,叫作明十三陵的地方。这个是定陵,明朝万历皇帝的坟。我没有去过。我看过他的照片,万历皇帝比较神气。当万历皇帝的坟被打开的时候,一世之雄的皇帝变成一个骷髅,肋骨都一条一条地露出来,这个靴子还在,看到没有? 如果我李敖千辛万苦到了十三陵,往下面走下去,冷得要死,阴气沉沉的,我看得到这张照片吗? 我看不到,为什么,因为万历皇帝的棺材被毁掉了,他的尸体也被红卫兵给毁掉了,现在没有了。日本观光客到了定陵看到的都是假的,真的已经没有了。我李敖那么笨吗? 为什么我要跑去看假货? 告诉各位,想象力就是这么重要。……我李敖感兴趣,可是我不需要去,我找来各种文献资料,能够比真正身临其境的人看到的还多——只要我加上点想象力,我看到的更多,我了解的更多。我看那些定陵的报告,对我而言,花一两个小时我可以吸收到的东西,比我身临其境去看知道的还多、还快,我为什么那么笨,非到现场去看?"

李敖这么说,自然有他的道理,但是,却完全不正确。因为是把旅游错当成了一种学习,因此,他才觉得既然是学习,我干吗要亲自去? 我也可以通过间接的知识来学习呀。然而,旅游是行万里路,不是读万卷书,行万里路自有行万里路的道理,绝对不是躲在家里查资料就可以弥补的。记得林语堂先生曾经写过一篇散文,叫作"论躺在床上"。他说,躺在床上最快乐,你可以无穷无尽地想象,而且没有任何困难。南朝宋有个画家叫宗炳,他也发明了一种旅游的方法,叫作"卧游"。不过,他们都是把这个看作旅游的补充,是到老了实在行不了万里路了,到那时候怎么办呢?那就在家里用想象的方法来回忆那旅游的美好吧。因此,归根结底,旅游不是学习,不仅仅是为了增长见识,开阔眼界,因此,旅游是必须在路上的,也是必须上路的。否则旅游就不是旅游了。

当然,也还有另外一些人,他们天天在外奔波,应该说,是已经在被迫旅游,但是,他们却从来没有意识到这是在旅游。比如说,人们在工作中可能要到处出差,但是,他们却很难将在外出差与旅游联系起来。例如我在南京大学教的那些学生,我在澳门科技大学教的那些学生,他们将来大多是要做记者的,也就是说,是要四处奔波的。可是,这是旅游吗?他们一定不会这样说。比如说,领导交代他去苏州采访一个案件,回来要赶紧发稿。苏州,人称天堂啊,可是,他可能想都顾不上这么想。到了苏州就赶紧采访,赶紧写稿,一回南京,就会有人找他要稿子了。显然,他确实到苏州跑了一趟,但他却根本没想到:这是旅游。

法国有一个人类学家叫列维-斯特劳斯,他常常去非洲做田野调查,后来写了一本书,叫"忧郁的热带",谈的是非洲人的生活状况。这本书被称为"对人类了解自身具有罕见贡献"的杰作。可是有人却评论说:"这是一本结束一切游记的游记。"而列维-斯特劳斯本人在开篇第一句话也说:"我讨厌旅行,我恨探险家。"

这还不算,他甚至说,每当拿起笔来,叙述他的探险经历时,都因一种羞辱和厌恶之感而无法动笔。他是这样说的:

> 每次我都自问:为什么要不厌其烦地把这些无足轻重的情境,这些没有重大意义的事件详详细细地记录下来呢?一个人类学者的专业中应该不包含任何探险的成分……
>
> 我们到那么远的地方去,所欲追寻的真理,只有把那真理本身和追寻过程的废料分别开来以后,才能显出其价值。为了能花几天或几个小时的时间,去记录一个仍然未为人知的神话,一条新的婚姻规则,或者一个完整的氏族名称表,我们必须赔上半年的光阴在旅行、受苦和令

人难以忍受的寂寞……这样做值得吗?

显然,尽管置身美丽的非洲,列维-斯特劳斯却好似完全沉浸在工作状态之中的。对于他的工作态度,我们必须表示足够的敬意。可是,如果因此而就对旅游不屑一顾,对那些同样去了非洲但是却不是为了工作而是为了旅游的人不屑一顾,那就有点偏颇了。

列维-斯特劳斯挖苦说:"描写亚马孙河流域、西藏、非洲的旅游书籍、探险记录和摄影集充斥书店,从这类旅游书籍里,我们到底学到了什么呢?我们学到的是:需要几个旅行箱;船上的狗如何胡来;在东拉西扯的小插曲里面夹进一些老掉牙,几乎是过去五十年内出版的每一本教科书中都提到的片段的知识;这些陈旧的片段知识还被厚颜地(其厚颜的程度,却也正好和读者的天真无知相互吻合)当作正确的证据,甚至是原创性的发现来献宝。"

坦率说,这就是列维-斯特劳斯的不对了!

当然,我完全理解列维-斯特劳斯的心态。因为我也有类似的体验。我一直是国内一些电视台的顾问,其中,也包括海南电视台。有一年我去海南电视台策划节目,工作节奏实在是太紧张了。一下飞机,是与台领导见面、吃饭叙谈,一大早,就要往台里赶,一进去,就是一屋子人,台长们和我坐在第一排,后面就是编辑部主任、制片人、主持人、记者,各个频道各个节目组的头头脑脑都坐在那儿。工作开始后,每一个节目放五分钟,要命的是,放完以后别人都很轻松,可是我却万分紧张,因为只要节目一放完,我就要上去评点。就这样,两天节目一路评点下来,我可真是一点都没有敢分心。令人吃惊的是,到了临走的那天早上,海南台的车送我去飞机场。车一开出宾馆,我才诧异注意到:原来刚一出宾馆,旁边就是美丽的海岸线。可是,在头两天台里的车接我去工作的时候,我竟然完全没有注意到这美丽的海岸线的存在。

我相信,这也是列维-斯特劳斯在工作中的状态。这无疑是一种非常值得提倡的工作状态。但是,如果因此而以偏概全,因此而否定旅游,那就太不应该了。因为,即便是本身就在美丽的大自然中工作,在工作之余,也还是需要旅游的。在这里,亟待进行的,是心态的转换——从工作的心态转换为旅游的心态。清代的一位湖南籍的女孩子写过一首让人颇受启迪的诗歌:"侬家家住两湖东,十二珠帘夕照红。今日忽从江上望,始知家在图画中。"她所说的"今日忽从江上望",就是心态的转换——从工作的心态转换为旅游的心态。

到这里,我知道,不论是李敖,还是列维-斯特劳斯,都必定迫不及待地要发问了:为什么要旅行?

下面,我就尝试着来回答这个问题。

## 三

首先,旅游就是为了"离开"。

张爱玲是我所推崇的作家,她的著名小说《半生缘》里面有一句话,非常精彩:"太剧烈的快乐与太剧烈的悲哀是有相同之点的。"什么相同之点呢,张爱玲的发现非常有意思:"同样需要远离人群。"我一直觉得,这也是对为什么要旅游的一个很好的阐释。

旅游的原因当然非常复杂,但是如果简单归纳一下,其实也很简单,无非就是因为开心或者因为不开心。中国的国庆节和劳动节都成了旅游黄金周,可以作为开心的例子。不开心而因此要旅游的例子也很常见。有一个考我的博士的考生,复习得很努力,但是最终还是没有考取,尽管她事先已经有心理准备,因为南京大学的博士很难考,一般是十比一,有一年是将近二十个人无一录取,可是,成绩一旦下来,她还是无法接受。那天她到南京大学来复查分数,出了南大校门就失踪了,三天以后才又出现。她给我打电话说,潘老师,明年我还要考。我问她说:你先告诉我,这三天你去哪了?她说:我当时夺校门而出,就泪流满面。于是,就直接奔火车站买了张票去了安徽某地,去旅游了三天。

由此我们发现,旅游能够导致"离开",这可能是"为什么要旅游"的一个重要的要素。

可是,李敖就不愿意"离开",因此他"反旅游";列维-斯特劳斯也不愿意

"离开",尽管他已经"离开"了,已经进入了大自然,可是,他却完全没有意识到。他仍旧是处在通常的工作状态。

显然,不变的生活状态,是李敖和列维-斯特劳斯反对旅游的一个根本原因。在他们看来,生活永远就是一种状态:工作(学习)。因此,他们也就从来都不会有任何的离开的感觉。然而,实际上生活状态是多维的。所谓世界一、世界二、世界三的说法,就可以理解为生活的不同状态。那么,如果引申一下,不难发现,生活状态的改变,或许应该是"离开"的更为准确、更为深层的含义。

这个生活状态的改变,在宽泛的意义上,或者说,通俗地说,就是:"宣泄"。在教室里时间长了,要出去在校园里走走;犯人在监牢里关的时间长了,要在外面"放放风"。旅游也如此。一个人在熟悉的环境里待得久了,也要去一个新鲜的地方去寻求一下刺激。例如,我看到有个作家就讲,"旅游就是艳遇"。确实,坦率地说,很多小男生旅游就是为了艳遇,一上飞机、火车,就希望旁边坐着一个梦中女孩。当然,还真有不少人遇到过这种情况,但我也要强调,这种概率不是很高。可是,在这里值得我们注意的是,为什么人一旦离开了自己熟悉的环境以后,就会暗自希望有艳遇。艳遇,我们把它扩展一下,其实它就是一种新奇的经历,新的生活状态。每个人一旦改变了自己的生活状态,就会对新的生活状态充满了渴望。艳遇,就是对新的生活状态的渴望。

当然,如果只是追求刺激、宣泄,那人们的旅游无非也就是互换位置而已。你从一个你待腻了的城市到别人待腻了的城市,别人从一个别人待腻了的城市到你待腻了的城市。就好像别人到南京来,我却说,南京有什么意思,我要到你的城市去。也像乡村人喜欢到城市旅游,城市人喜欢去乡村旅游一样,而且,大家都会彼此真诚地夸奖对方的家乡"真美"。

在这个意义上,其实旅游的事情也并不严肃,为了放松,为了好玩,为了拍照片,为了赏美景,为了品美食,为了看美女,或者什么也不为什么……都可以去旅游,也都无可指摘。

不过,严格地说,生活状态的改变还有其更为深刻的意义,那就是:看待生活的新角度。

昆德拉有一句名言"生活在别处",这句话用来理解旅游为什么首先就意味着离开,是最合适不过了。生活在任何状态中的人总会自觉不自觉地幻想另一个状态,总认为现在的状态是不理想的、不满意的,而"别处"的状态才是更好的。打个比方,就像宠物狗被拴在家里久了就总想跑到外面撒欢,而流浪狗在外面流浪得久了却总是会梦想过去那根曾经拴过它的链子。人们之所以频繁外出旅游,其实也就是要经常去别处看看。亨利·米勒说:"我们旅行的目的地,从来不是个地理名词,而是为了要习得一个看事情的新角度。"旅游所带给我们的,就是一个新角度。就像前面我介绍过的那个湖南的女孩子的诗歌里面讲的"今日忽从江上望"。

有人说,他是怎么变成"驴友"的,要感谢两个人,一个是三毛,还有一个是余秋雨。我个人认为,这话不无道理。而三毛有一句话很形象,她说:"远方有多远,请你告诉我。"那么,远方有多远呢?对三毛而言,其实真是走多远有多远的和有多远走多远的,是没有尽头的。在三毛,远方就代表着"生活",远方就代表着更加美好的状态。因此,她才时时刻刻踏上去"别处"的旅行,也才时时刻刻接受着远方的诱惑。

其次,旅游还是为了"找回自己"。

说到旅游,人们首先想到的一定是"离开",可是,为什么一定非"离开"不可呢?原来,恰恰是这种"离开"的状态才往往是更真实的生活状态,也往往是选择"离开"的旅行者真正想进入的生活状态。因此,旅游不仅仅要"离开",而且更要"到达",要"到达"自己的旅行目的地。当然,这个旅行目的地与旅行社讲的那个旅行目的地不同,它更多地指的是精神的归宿、理想的生活状态,是回归、皈依。

在日常生活中,因为我们想要的太多,早已"目迷五色",魂不守舍,然而,这些"想要的"却往往并非我们真正"需要的"。我们总是在为失去的东西而痛心,为得不到的东西而懊恼,也总是在担忧着已经得到的东西的得而复失,但是,却也因此而往往不懂得珍惜真正的幸福。因为我们在一个斤斤计较的生存环境里已经习惯于不再用心去感受这个世界——感受这个世界的美好与善意。我们所关注的,只有自己那一亩三分地,只是那蝇营狗苟的蝇头小利,我们经常说自己"变得现实了",其实,这正是我们每个人对于自己与现实媾和的一种情愿或者不情愿的默认。

然而旅游的"离开"却使得这一切开始成为不可能。

当我们离开了自己所熟悉的城市,身后一点点远离我们而去的,又岂止是自己的单位、街道、职务、身份,而且是自己的盔甲、角色、面具、关系,就好像蚕在破茧,蟹在脱壳……曾经必须服膺的各种各样的错综复杂的关系、曾经必须屈从的形形色色的自己早已倒背如流的规则,逢场作戏,言行不一,虚情假意,一切的一切都远去了……

那些在日常生活中每每被我们忽视了的东西,就会悄然而来。

哲学家经常说:我们接触的世界都只是"存在者",但是,真正的真实却是每个存在者背后的"存在"。柏拉图说,可以把它叫作"理念";亚里士多德说,可以把它叫作"实体";康德说,可以把它叫作不可知的"物自体"……其实,在他们的描述中这个"存在"还是太复杂了。其实,对于每个旅游者来说,"存在"是真真切切地存在着的,因为它触手可及。它是每一个旅游者的"遭遇"。

当我们置身大自然,置身那个没有被命名、没有被概念、没有被理论、没有被文本、没有被摄影、没有被理解、没有被解释、没有被符号的大自然,奇迹,在转瞬之间就发生了,牢笼突然被打开,单位、街道、职务、身份、盔甲、角色、面具、关系统统不复存在,但也恰恰就在这个时候——我们遭遇了"存在"。

由此,我们也就从"离开"、从"生活状态的转换",开始涉及为什么要旅游的第二个要素了。

试想,当一个人跳离开日复一日的圈子之后,当他置身于一个陌生的场景下、陌生的处所里,往往会出现什么样的状况呢?反而更容易看清楚自己,或者说,反而更容易找回真正的自己。前面的湖南女孩的诗歌里说:"始知家在图画中",也就是找到了真正的自己。

前面我已经说过"生活在别处",现在看来,在一定意义上也可以说:"自己在别处",因此,要找回自己,就必须旅游。

我终于明白了,旅行就是去远方找回自己。

从这个角度,我就特别想到一个比方,就是坐飞机。我特别关注坐飞机跟坐火车的不同感受。坐火车,所有的人都有感受;坐飞机,很多人也有感受,特别是第一次坐。我有一个同事,他跟其他学校的一个女教师出去,那个女教师是大家公认的美女。后来有次吃饭,我们就开玩笑地问,你们两个上次一起坐飞机,有没有什么"艳遇"啊?那个女教师幽怨地说,反正以后再也不跟这家伙出去了。后来我们就又逼问:怎么了,有什么艳遇了?她告诉我们说,跟他坐飞机不可能有艳遇,他一上飞机两只眼睛就发直,手一直抓着前面的椅背,直到下了飞机,他才开口跟我说话,你们看看,他个男子汉竟然就吓成那样。确实,坐火车谁都敢坐,而且心地坦然,可是一旦坐飞机,很多人心里就多少有点恐惧了。但是当你习惯以后,你上飞机以后再看天空,再看大地,你的感受就完全不同。

20世纪有个画家第一次上飞机,再俯看大地,他吃惊地发现,原来大地可以像一个个小方块一样地存在。可是你如果在地平面上去看,那你就永远也看不到。所以旅游就像坐飞机,飞机让我们脱离了自己生命的空间,去换一个空间感受世界,而这种脱离了自己的生命空间,去换一个新的空间去感受生命,实际上就是我们生命存在当中的一个顿悟的契机。只有这样,我们才能"会当凌绝顶,一览众山小"。用这样的方式,我们才能真正认识自己。比如说中国的水墨画,或者大家叫国画,现在不能叫了,为什么呢?大家发现全世界各个国家都有国画,这就说不清楚,那怎么办呢,就叫中国画。过去中国人中医也不叫中医,叫"国医",后来发现原来西方也有医术医生,人家是西医,我们就叫中医。大家知道,清朝才有国歌,开始中国人一直以为只有中国一个国家,后来才知道全世界还有那么多国家,直到发现英国、法国等都比我们强大,我们才承认。中国直到清朝才有国歌,国歌诞生离清朝灭亡还有几天呢,你们知道这个历史故事吗?国歌诞生离清朝灭亡还有六天,就是刚有国歌,大清王朝就灭亡了。所以你想,我们是怎么认识自己呢?就是因为离开。

就是因为离开以后,我们到达了一个新的领域,我们才会认识清楚自己。所以我们一定要想象,当我们离开的时候,就好像坐飞机一样,各种各样的不足,各种各样的习惯了的思维,各种各样的习惯了的观念就因此而开始脱离了,于是,我们开始认识到了一个新的世界。

在这个方面,写作《小王子》的作者圣·埃克苏佩里给我们以启迪。他有两个身份:飞行员和作家。这两个生涯相映生辉,相辅相成。从《南方邮件》到《小王子》,他写作了十六年,一共完成了六部作品,很有意思的是,没有例外,都是在空中去写作的结果。他把自己在高空云海中的独特感受带入了文学创作,堪称"蓝天白云的耕耘者"。而且,睿智的蒙田死在床上,激情的莫里哀死在舞台,浪漫的拜伦死在战场,那么,他——圣·埃克苏佩里就该死在空中。可是,为什么一定是在天空,四千米的天空,这就因为,在他看来,只有空中才会出现的种种感受:俯视感、恐怖感、超越感、升华感,才会给他的人生感悟以极大提升。所以,他才彻悟:人生的秘密,只有用心才看得见,本质的东西光用眼睛是看不见的。

圣·埃克苏佩里的选择让我想起了卡尔维诺说过的一句话:"为了回到你的过去和寻找你的未来而旅行。"这句话绝对精辟,过去在读加缪的《局外人》的时候,就曾经注意到其中的一句话:只有昨天与明天这样的字眼,才具有一定的意义。为什么会这样?关键就在于:它们之所以具有一定的意义,就是因为它们在日常生活中都是已经被忽略了的,可是,如何去找回它们呢?今天如果要我给出一个答案,那么我会说,最为便捷的方式,就是旅行。因此,"为了回到你的过去和寻找你的未来而旅行",这也完全就是我在谈到旅游的时候所想说的。

## 四

讨论了为什么要旅行,当然并非问题的结束。因为我们尽管知道了为什么要旅行,但是,却一定仍旧心存困惑,那就是:旅行,当然是"为了回到你的过去和寻找你的未来",然而我们却无法反过来说,"为了回到你的过去和寻找你的未来"就只有通过旅行。

例如,旅行之所以能够让你"回到你的过去和寻找你的未来",是因为"离开",可是,我们也完全可以不"离开",如果我们的心灵足够强大,那么我们也完全可以就在原地不动地"放下屠刀,立地成佛",就像很多人也禀赋神圣的信仰,但是,却从不频繁出入教堂。因为,这里的"离开"毕竟只是内在的生活状态的转换,这种生活状态的转换,是完全可以像"大隐隐于市"那样,完全通过自身的生活状态的调整来实现的。

那么,为什么一定要通过旅行?或者,为什么非旅行不可?

原因就在于:绝大多数的人的心灵力量毕竟不够强大,还毕竟要借助于一种强大的外在的力量,而旅行就正是这样一种强大的外在力量。也正是因此,人们才找到了旅行这样一种特定的方式。

那么,旅行之为旅行,它的强大力量安在?

这就要说到本书的主题——旅行与美的关系了。

在日常生活中,我们都有类似的体会:要看清自己的容貌,最为简便的方法,就是照镜子。可是,我们是否想到,美丽的大自然,它的最大功用,也恰恰相似于一面镜子——人性的镜子、灵魂的镜子?而旅行之为旅行,它的奥秘就在于:可以让我们借助美丽的自然山水找回自己。我在前面介绍过捷克斯洛伐克的米兰·昆德拉的话——"生活在别处",而且补充说,其实,"自己也在别处",那么,这个"别处"又在哪里?就在美丽的自然山水之间。

为什么会如此呢?具体的原因,我会在后面的某一讲里面详细讨论。在这里,我只提示其中的一点,那就是:人之为人,他的最为根本的生命追求,往往是难以通过语言来表达的。因此,就往往需要把它与外部事物的一些特征联系在一起,需要把它投射在视觉图像上,使其客体化。于是,最为内在的生命追求就会呈现在外在事物之中,那些最令我们喜爱或者厌恶的东西,似乎就直接呈现在外在事物中。同时,还有另外一种更为普遍的情况,就是在长期的旅行活动中,人们已经逐渐能够把某种外在事物与自己的某种最为内在的生命追求对应起来了。"登东山而小鲁,登泰山而小天下",就可以理解为特定的外在事物对某种自己的某种最为内在的生命追求的呼唤。比如,许多景点都有一些被人们普遍认可的故事,华山的劈山救母、普陀山的观音不渡东瀛、三峡的神女、昆明石林的阿诗玛、桂林山水的刘三姐、西湖的白娘子与许仙,其实都起着特定的外在事物对于自己的某种最为内在的生命追求的呼唤的作用。因此,犹如我们不辞辛苦地去"找对象"其实也就是为了找到自己的那另外一半儿,我们不远万里地去旅行,其实也是在"找对象",其实也是为了找到自己的那另外一半儿。所以,人们往往误以为旅行的原因是"先睹为快",其实,旅行的真正原因是"不睹不快"。

就是这样,人们在旅行中把自己喜爱的东西变成可以看、可以感觉的东西,并且陶醉于其中。在古代,曾经有两个禅师一起讨论问题。第一个禅师说了一大套自己对于人生的理解的大道理,后来,轮到第二个禅师时,他忽然看到池子里边有一株荷花开了,于是就说:"时人见此一枝花,如梦相似。"清朝的大诗人袁枚看到桂林的独秀峰,同样也是如此表述:"青山尚且直如弦,人生孤立何伤焉。"

在中国的旅行者当中,最早把这个道理想清楚的,是唐朝的柳宗元。

先搜索一下他的简介:

柳宗元(773—819),唐代文学家、思想家。字子厚,河东(今山西永济县)人,世称"柳河东"。永贞元年(公元805年),柳宗元积极参加以王叔文为首的政治革新活动,失败后被贬为永州司马。在永州长达十年,后虽奉召回京,旋即又被贬为柳州刺史,世称"柳柳州"。他的《永州八记》是山水游记的代表作,他是唐宋散文八大家之一。有《河东先生集》(刘禹锡编)、《柳河东集》(明人辑注)传世。

柳宗元有著名的《永州八记》,第一篇,叫作"始得西山宴游记",国人都很熟悉。不过,散文的题目有点太古代汉语了,通俗地说,散文的题目是这个意思,他对于旅行的快乐的发现是从对于西山的美的发现开始的。

为什么从对于西山的美的发现才开始呢?柳宗元在唐永贞元年,即公元805年的时候,被贬到永州,在贬到永州之前有六个月的时间,他在政治上很得意,但很快他就被打下来打回了原形,很惨。六个月的得志、风光,却要付出一生的代价,从三十三岁开始,柳宗元一生再没有走过好运,最多也就是柳州刺史,柳宗元的日子真可以说是度日如年。

很有意思的是,柳宗元是如何解脱的?看历史人物,其实这是一个特别值得关注的看点。因为倒霉的其实并非柳宗元一个,在我们眼里,在文学史上十分风光的不少人,苏轼、欧阳修、柳宗元,等等,其实一辈子都是倒霉蛋儿。柳宗元如此,苏东坡也如此,苏东坡一生中只在首都干了很短的时间,就被赶出来,被打成我们今天叫"反革命分子"的这样一种角色,他究竟有多惨呢?皇帝甚至在全国到处立碑,宣称苏轼等人千秋万代永远是"反革命",永世不得翻身。而且,苏轼是被流放到海南。现在到海南是快乐旅行,我们到三亚旅游有多开心啊,那个时候可不是,流放到海南其实就是煎熬,政治生命也彻底完蛋了。因此,我们必须去关注,这些我们民族历史上最最聪明的人士,是怎么过的这一关?这几乎是等于要重新投胎一次,是要在死里去逃生的啊。

柳宗元就很不容易,他的死里逃生十分艰难。被贬到永州后,他什么都不干,他觉得当个小官根本没什么意思,于是就每天在这个小县城附近的山里跑来跑去,宣泄自己的愤懑不满。我前面说过,张爱玲说一个人最快乐的时候和最不快乐的时候一定都想离开,现在,最不快乐的柳宗元他也想离开,心情实在太痛苦了,怎么办呢?他到处跑来跑去,到这儿看看,到那儿看看。他前前后后花了四年的时间,希望解脱自己。整整四年,相当于一个读大学本科的时间了。在四年里,柳宗元把永州附近的山水都看遍了,他在《始得西山宴游记》里专门讲过,他在西山跑了四年,到哪儿都不快乐,于是,到了哪儿他都把自己灌醉,他说自己是"施施而行,漫漫而游"。就是说,他因为心情很烦闷,到哪都是心事重重的样子,"恒惴慄",希望能通过游奇山异水来聊以忘忧,可惜,"风波一跌逝万里,壮心瓦解空缧囚",尽管"幽泉怪石,无远不到",以至"凡是州之山有异态者,皆我有也",但是却始终没有能够得以解脱。

幸而,到了这一年的9月28号,柳宗元突然在山水中大彻大悟了。

这一年的9月28号,他和往常一样出去散心,突然,就有了令人意外的发现。当他"坐法华西亭,望西山"时,"数州之土壤"尽收眼底,西山,一下子在眼前涌现出来。所谓,"而未始知西山之怪特"。他发现,它是任何地方都无法相比的,这高峻的西山,让人想起卓尔不群的人格。柳宗元他从来没有在大自然里快乐过,但是今天不同了,他说今天看到西山我还是想喝酒,把自己灌得大醉,"引觞满酌",但是真的很快乐,过去他都是醉而归,今天在西山是醉而不想归,醉而不归,因为他在西山的身上第一次看到了人生的意义。由此,作者意识到,西山之游才是真正游览山水的开始,以往的游览算不上真正的游览。今天,他才真正知道了旅游的快乐。

在《始得西山宴游记》的结尾,柳宗元特别写到,这一年是元和四年,这一天,是9月28号。

后来,柳宗元在写了《始得西山宴游记》也就是"得西山后八日"又写的《钴鉧潭记》里感叹:"孰使予乐居夷而忘故土者,非兹潭也欤?"也就是说,是谁让我忘记了那些痛苦,乐于在这居住呢,是不是就是这个小水潭呢?这里,就是我的精神故乡啊。

我必须要说,元和四年,是柳宗元的旅行元年,也是每一个中国人的旅行元年。

旅行中为什么会有一种强大的力量推动着我们每一个人回到自己的过去和寻找自己的未来?道理就在这里。

**什么是旅游呢?** 其实旅游就是回到自己的过去和寻找自己的未来。我们可以想象一下,没有人不旅行,可是为什么柳宗元在永州的旅行就是全中国有史以来最值得关注的呢?关键就在于:他发现了旅游的奥秘。他到什么地方旅游,都是要在那里去寻找自己的"对象",去寻找自己的好朋友。《永州八记》记载的,就是他在永州找到的八个最知心的好朋友,换句话说,柳宗元是在永州的山水身上找到了自己,发现了自己。当然,为此他花费了四年的时间。四年里他看什么都不好看,为什么呢?就是因为他没有把山水当成他的朋友,而把山水当成了他发泄私愤的地方,直到有一天他发现他对面的西山特别卓绝,特别出类拔萃,特别卓尔不群,特别脱俗,他突然发现那座山多好啊,就像自己一样,自己所孜孜以求的,不就是做一个特立独行的人吗?所以他一下子发现了旅游的真谛,其实旅游就是在山水身上找到自己。他在那座山上突然发现:这就是我,然后他就一下子知道了,原来,这就是旅游。

## 五

说到这里,以我这样一个以美学为专业的高校教授的身份,为什么也要涉足旅行问题,也要从旅行的角度来与读者谈美学,理由也就非常地充分了。

因为与美密切相关,所以,旅行并不简单。法国诗人阿兰说:"对消沉焦虑的人,我只有一个建议,往远处看!只有眼睛自由了,精神才是自由的。"但是,"眼睛自由"又谈何容易?!天空是天文学研究的对象,但是也是天使的天空;宇宙是宇航员遨游的天地,也是上帝的宇宙。值此时刻,我们的知识、修养已经远远不够了。因为,它们统统都会输给时间!而能够带给我们"眼睛自由"的,只有美学。

从旅行与美的关系中,我们深刻地发现旅行,其实就是我们和世界建立一种精神联系的纽带。俄国有一个作家托尔斯泰说过:"随着年岁的增长,我的生命越来越精神化了。"西方还有个大作家,叫纪伯伦,他也说:"不做自己灵魂的朋友,便成为人们的敌人。"当然,我们也可以通过阅读来建立这个精神纽带,但是阅读毕竟是有所不足的,所以,我们还必须通过旅行。我们只有做大自然的朋友,才可以使得我们的生命越来越精神化。古人都说,读万卷书,行万里路。读万卷书,很容易理解,行万里路呢?其实应该是指精神的行走。它的最大意义,就在于大自然的对于心灵的唤醒、对于精神的启蒙,以及心灵的对于大自然的呼应、精神的对于大自然的愉悦。因此,爱喝咖啡的法国人喜欢说,我不是在喝咖啡,就是在去咖啡馆的路上。那么,其实我们也可以模仿说,我不是在书房,就是在旅行的路上。身体或者思想,必须有一个是在路上的。这就叫作"读万卷书",就叫"行万里路"。

但是,并不简单的旅行,从表面看上去,却又似乎非常简单。每一个人都会有一种错觉,似乎世上没有什么是比旅行更加简单的了。有一本书叫"孤独星球",可能很多人都知道,它被称作背包客的"圣经""宝书",书里就说,现在不论到什么地方去,都可以给你弄一本旅游指南,告诉你什么地方要去参观一下,什么地方买东西便宜,为此,《孤独星球》的作者们在书里写了一句话:"当你决定了上路的时候,旅行中最困难的部分已经过去了。"对于这句话,我有点不以为然。在我看来,当你决定上路的时候,旅行中最困难的部分其实还没有过去。为什么这么说呢?因为尽管你已经决定了上路,但是却还存在着很大的问题,因为上路并不能保证你能够真正地得以旅行。比如,东南亚海啸的时候,被卷走了几万人,中国的国家旅游局一查,发现中国人一个都没少,死伤者大多是欧美人。为什么?因为欧美人习惯穿着泳衣在沙滩上晒太阳,海啸一来就都被卷走了,而中国人被卷走的却没有,因为中国人都是拍张照就走掉了,都被导游忽悠着去买东西去了,结果当然是保住了自己的性命。但是,由此也暴露出,中国人其实还不会旅行。

旅行之为旅行,无疑并不简单。

在《故园风雨后》里面,画家查尔斯遇到了一个颇具挑衅意味的问题:为什么非画不可?为什么不干脆买一个相机把眼前的东西照下来呢?画家的回答是这样的:"因为相机只不过是一个没有意识的机器,只能记录下某一刻的事物,并不意味着可以唤起那一刻的情绪、感情。而一幅画呢?尽管画面不能很完美,却能够达到一种感情的表达,比如爱的示意,而不仅仅是一种重复。"

这个颇具挑衅性的问题在旅行中也同样存在。在旅行中,我们的眼睛应该是"相机"抑或应该是"画笔"?在旅行中的"眼睛自由"中,是存在着"一种感情的表达"的,比如"爱的示意";在旅行中的"眼睛自由"中,并不存在某种"仅仅是一种重复"的东西。遗憾的是,我们在面对旅行的时候,我们在置身旅行的时候,往往都轻而易举地就放过了这个问题,也疏忽了这个问题。原因就在于,旅行所带给我们的感觉实在是太简单了,简单到我们竟然都误以为在它的背后不存在任何的奥秘。

在这方面,旅行的特点与饮食很有几分相似。饮食,似乎张口即可,简单得不能再简单了。可是,很多人都是吃了一辈子也还是不会"吃"。

吃中是有文化的,吃中也是有秘密的。就以吃辣椒为例吧,我祖籍湖南醴陵,天下无人不知,湖南人嗜辣如命,可是,我从小就不吃辣椒。家里为了

283

迁就我,开始每天先把菜盛出来一点给我留着,然后才开始放辣椒。后来,因为太麻烦,他们慢慢也就不吃辣椒了。多年以来,我一直以为,是自己天生不能吃辣椒。后来,才发现是与自己从小生长在北京,身体内没有对于辣椒的需要有关。在日常生活中,我们往往会误解,以为是因为某某食物好吃,我们才喜欢吃它。其实大错特错,事实是因为这个食物吃了对我们有好处,符合我们的内在需要,所以我们才特别喜欢吃它。就好像旅行,我们对于大自然的赞美,其实并不是仅仅来自大自然本身,而是更多地来自我们的内在需要。凡是为我们所赞美的,都是我们所乐于接受的,乐于接近的,乐于欣赏的。西湖和黄山之所以比其他的河流与山峰更美,也是因为西湖和黄山的形象更能够体现我们的生命需要,是我们更乐于接受的,更乐于接近的,更乐于欣赏的。

还回到饮食中的嗜辣问题。这个问题看起来简单,但是其实很不简单。古人言,食色,性也。作为第二味精,辣椒为国人所喜爱,其实与在冬季日照少、湿润而寒冷的地区生活有关。嗜辣,往往是寒湿之地的首选。例如江西、湖南、贵州、四川、湖北南部、河南南部、安徽南部。针对"湿、寒"因素,配料需有"辛、热"属性。"辛"主发散,能祛湿,而"热"能驱寒。而这,当然非辣椒莫属。很有意思的是,实际上辣椒从西方传入后首先进入的是长江下游,即所谓"下江人",最早吃辣椒的在江浙、两广,但是,最终却并没有兴盛于江浙、两广,却在长江上游、西南地区流行起来。原因恰恰就在于辣椒不适宜于阴虚火旺者。而江浙、两广虽是湿润之地,却恰恰不是"寒"而是"热"之地。因此这里最终也就没有成为嗜辣之地。

由此入手,来解释我这样一个在北京长大的孩子为什么始终不嗜辣,无疑就更为合理一些。遗憾的是,因为我在这方面实在不善于学习,是"吃"了半辈子才"吃"出来的这样一点体会。因此,饮食之为饮食,看起来简单,却实在是并不那么简单。与此相应,不难想象,在旅行中,我们也面临着诸如此类的很多很多的问题,它们同样看起来简单,但是却实在并不那么简单。遗憾的是,也许我们旅行了一辈子,甚至可以号称"旅行达人",但是,对其中的奥秘一无所知。

而且，我的关于辣椒的体会还不止于此。回想一下，我虽然一直不嗜辣，但是后来偶然遇到辣椒，却也不是完全无法应对。剁椒鱼头、火锅之类，我还是毫无畏惧的。但是，前几年去了一次四川南充，是去为干部做危机应对方面的报告，连续吃了几天川菜，对辣椒几乎是到了望而生畏的地步，最后一天，我在饭桌上基本上是做了做样子，每次都是回去以后再跑到麦当劳、肯德基去偷偷再吃。对此，我也长时间百思不得其解。嗜辣地区里面，江西、湖南、河南南部，我都是去过的，非常辣的饭菜也都领教过，我当然是不喜欢，但是却也没有因此而望而生畏。为什么到了四川吃了几天，就再也不敢碰辣椒了呢？后来，我才弄清楚，原来专家的研究已经发现，在中国，在嗜辣口味方面，存在三个不同地区：首先是长江上中游辛辣重区，包括四川（含今重庆）、湖南、湖北、贵州、陕西南部等地，辛辣指数在 151 至 25 左右。其次是北方微辣区，东及朝鲜半岛，包括北京、山东等地，西经山西、陕北关中及以北、甘肃大部、青海到新疆，辛辣指数在 26 至 15 之间。第三个是东南沿海淡味区，江苏、上海、浙江、福建、广东等，辛辣指数在 17 至 8 之间。而且，即便是在第一个地区，辛辣程度也还是不同。四川人的指数在 129，湖南人的指数为 52，湖北人的指数为 16。回头想想，为什么我在湖南、湖北都吃得了辣椒，到了四川就败下阵来，也就非常清楚了。原来，四川的辛辣指数高达 129 啊。

这一点，与对于旅行中的客观因素的了解异曲同工。在旅行中，我们都会为玫瑰花而陶醉，但是我们却都不会为狗尾巴草而回首，我们都会千里迢迢去游览黄山，可是，我们却不会涉足自己家门前的山丘。王禹偁的《东邻竹》说："东邻谁种竹，偏称长官心。月上分清影，风来惠好音。低枝疑见接，进笋似相寻。多谢此君意，墙头诱我吟。"王安石的《南浦》也说："南浦东冈二月时，物华撩我有新诗。"为什么竹子就可以"诱我"？为什么物华可以"撩我"？试问，倘若对此毫无了解，我们的旅行又如何可能？！

关于旅行中的例子，后面我会举出很多很多。因此，这里不妨暂且就还是根据有关资料介绍，以饮食中的辣椒为例，来谈谈饮食中的客观因素问题。

在中国,嗜辣地区,其实也只是三分天下有其一。因为气候干燥地区的饮食特色为咸,气候湿热地区的饮食特色为甜,气候潮湿地区的饮食特色才为辣。因此,客观上就形成了北咸、东南甜、西辣的区分。

再看辣椒自身所独霸的辛香用料的舞台,辣椒传入中国约四百年后,这种洋辛香用料很快就红遍全中国,传统的中国民间三大辛辣调料花椒、姜、茱萸均风光不再。花椒的食用,基本上就仅仅限于花椒的故乡四川盆地了,茱萸在中国饮食辛香用料的舞台上基本风光不再,姜的地位也整体萎缩。可是,仔细想想,也确实是有其客观原因的。先看胡椒,胡椒对气温具有严格的要求,因此胡椒的纬度属性非常鲜明。从全世界看,胡椒种植区的年平均气温大致在25℃~27℃,月平均温差不超过3℃~7℃。而从我国来看,尽管栽培地区已扩大到北纬25度,但是,地域的局限还是明显存在。因此,虽然胡椒的作用与辣椒相似(但刺激性较小,在"辛、热"方面并未超过辣椒),但是胡椒的纬度属性极大地限制了它自身在中国的菜桌上的广泛流行。其次再看芥末,从"辛"的强烈程度看,芥末(大辛)明显高于辣椒(辣辛)、胡椒(辛)、生姜(甘辛)和大蒜(甘辛),而从"热"的强烈程度讲,辣椒(大热)、胡椒(热)都高于芥末(热),但是芥末(热)却高于大蒜(温)和生姜(微温)。由此我们发现,芥末是"大辛、热",无疑更加适宜于"大湿、寒"的环境。但是,在中国,北回归线以南的地区虽然属于大湿地区,却不是寒冷之地。而该区域的其他地方对应的虽是寒地区,却又不属于大湿地区,所以,在中国没有大湿而寒的地区,因此,芥末在中国地区也就难以存身。相应地,倒是与中国临近的岛国日本,属于大湿地区,而且大湿而寒,所以,芥末大兴。为什么芥末源于中国却兴盛于日本?其实这也是命中注定。最后看生姜,它的特性是"甘辛、微温",显然,与辣椒的"辣辛、大热"属性相比,在寒湿之地无疑也不具强劲的竞争力。

饮食中的嗜辣的例子,就先举到这里。希望读者能够理解,我是因为要避开后面即将展开的对于旅行的讨论,才转而以饮食为例,当然,我更希望通过对饮食的讨论能够讲清楚我在后面的讨论中要谈到的全部内涵。简单地说,旅行与美的密切相关让我们意识到,在这个话题的背后,有着无穷的奥秘。非常可惜的是,对此,我们过去所思所想所说的都太少太少了。

而这,也就正是一个美学教师所应当去涉足而且也必须去涉足的领域。

事实上,旅行与美的密切相关使我们意识到,旅行之为旅行,涉及的绝不仅仅只是自然地理、文化地理,它涉及的还有"精神地理""美学地理"。在旅行者的眼中,除了知识科普和风情揽胜意义上的"物质风光",还更应该有充盈着精神感受和灵魂喜悦的"精神风光"。风景不能只是一个"物",一个地理存在,一个物象奇观,它还应该是旅行者的审美发现。大自然也不能仅仅是地理信息,还应该是精神信息;不能仅仅只存在客体表达,更应该还存在主体表达。在旅行中,心灵不能被闲置,它首先应该受到真诚的邀约。因为,对于旅行者来说,真正重要的也不在于看到了什么,而在于看到什么之后的想到什么。

例如,人们都说:"湖南人不怕辣,贵州人辣不怕,四川人怕不辣,湖北人不辣怕。"无疑,很多人都满足于这样一种貌似彻悟的总结,甚至觉得自己对国人的嗜辣已经有所了解。其实,比较一下我在前面对于湖南人、贵州人、四川人、湖北人之间的辛辣指数的介绍,就会知道,所谓的"不怕辣""辣不怕""怕不辣""不辣怕"是何等空洞无物!联想我们的旅行,其实也存在着"不怕辣""辣不怕""怕不辣""不辣怕"之类的空洞无物的感悟,所到之处,往往只会泛泛称之为"美",但是也往往无法再多赞一词。因此,对于所到之处的所见所闻,对于我们在旅行中所面对着的种种奥秘,仅仅是知其所然但是却不知其所以然。

可是,在旅行中我们面对的偏偏不仅仅是所然,而且更是所以然。在旅行中,我们的心灵游弋千古,去时代的地平线以外探寻,去光阴的深处化缘,生命的自由度和容积率因此大大丰富,不再是一张纸,而成为一本书。古人云:"夫天地者,万物之逆旅也;光阴者,百代之过客。而浮生若梦,为欢几何?古人秉烛夜游,良有以也。况阳春召我以烟景,大块假我以文章……"在这里,"阳春"与"大块"固然令我们感动,但是,"阳春"背后的"烟景"是什么?"大块"背后的"文章"又是什么?却是我们在旅行中所必须回答的。

而这,也正是本书所希望去回答并且亟待去回答的。

287

在本书中,我希望提供的,是一种新文本,一种有精神维度的旅行思考。我希望做到的,是思考在旅行中不再流失。

下面,让我们开始……

(本文为拟出的《旅游美学》的前言,后来该书因为出版社对于销售市场没有信心而未能出版。)

2010年,澳门


## "一切放下"与"一切提起"

魏晋美学对于诗性的人生的发现,在中国美学中有着重大的意义。

遗憾的是,很少有人能够意识到这一点。相比之下,他们更注意"意象"的孕育、"畅情"的诞生……在他们看来,只有这一切,才在中国美学中产生着深刻影响,因而意义重大。但是,果真如此吗?答案是否定的。

为什么呢?原因就在于对中国美学的根本精神缺乏了解。

我已反复强调:中国美学研究本来就是一项异常困难的工作,考虑到它所面对的不同文化背景下的种种审美发生学的事实,对于它那"异常困难"的程度,就越发不容掉以轻心。但不少研究者偏偏"掉以轻心"。在相当长的时期内,他们机械地照搬西方美学的模式,把中国美学的价值取向同样说成是"美""美感""艺术"。近年来,在中西文化比较的热潮中,人们逐渐发现了中西美学间的差异。于是,旧的流行观点不再流行,新的流行观点破门而出了。这就是:认为中国美学是以意象为中心的。然而,对于这种新的流行观点,我却一直持怀疑态度。在我看来,它与旧的流行观点有区别又无区别。要说有区别,是因为它采用了中国美学本身的术语,较之过去也更为贴近中国美学的实际;至于无区别,则在于它虽用"意象"取代了"美""美感""艺术",却仍然未能超出西方美学的模式。这就是,"美是人的本质力量的对象化"。

所谓"美是人的本质力量的对象化",其核心观点可以表述为:美是人的本质力量的凝固。因此,审美活动无非是对外在的对象的观照,并且因为在外在对象身上看到了人的本质力量而产生审美愉悦。其作用向度表现为外在化、客体化;其意义通过生命活动的结果显示出来;其目的则是进入美的彼岸世界(可以是"形象""典型",也可以是"意象")。不难看出,这一看法显然是借助于西方文化背景下的审美发生学的事实构筑而成,但在人类其他文化背景下,是否存在着同样的审美发生学的事实呢?如果没有,这一看法能否成立似乎就要大打折扣了,起码是要把它限定在非常有限的西方美学的范围内使用,而不允许它在跨文化的美学范围内去无限制地使用。

而在中国美学研究中,主张中国美学的中心是意象的学者,恰恰疏忽于考虑不同文化背景下的审美发生学的不同,也不去考虑某一看法的适用范围,而是把中国美学研究中"异常困难"的程度简单化,盲目地用"美是人的本质力量的对象化"来对中国美学加以诠释。但实际上,在中国美学中实在很难看到这种情况。只要稍加回顾,就不难发现:事实上,在中国美学看来,"美是人的本质力量的非对象化"。其核心观点可以表述为:美是人的本质力量的自我实现。因此,审美活动并非从对外在的对象的观照开始,而是从生命活动的转化、提升开始;其作用向度是内在化、主体化;其意义是通过生命活动的过程显示出来的;其目的则是栖居于审美活动之中。

至于意象,由于中国美学反对把世界对象化,当然也反对把世界意象化,因此,又怎么可能以"意象"为中心去编织自己的全部理论构架乃至体系呢?有些研究者会说,但中国美学也确实经常讨论"意象"问题呀。不错,是经常讨论,但那只是在外在的中国文艺美学的层次上的讨论,而且是在亟待自身消解(转为一种意境)的前提下的讨论。视而不见层次上的差异,无疑就会造成失误,加之以视而不见前提的规定性,就更是造成失误。何况,从中国美学而不是从中国文艺美学的角度来看,关于美的外在对象,不但根本算不上中心,而且反而处处遭到贬责。

具体来说,尽管中国美学并不否认外在对象的存在,也并不否认"人情必有所寄,然后能乐"。正像袁宏道在致李子髯的一封信札中指出的:"髯公近日作诗否？若不作诗，何以遣此寂寞日子？人情必有所寄，然后能乐，故有以弈为寄，有以色为寄，有以技为寄，有以文为寄。古之达人，高人一层，只是他情有所寄，不肯浮泛虚度光景。每见无寄之人，终日忙忙，如有所失，无事而忧……"而其中的真谛，正在于"对象化"与"非对象化"的深刻分野。庄子曾经对"适人之适"和"自适之适""无适之适"、"射之射"和"无射之射"做过出色的剖解。其中的"自适之适""无适之适"和"无射之射"也指的是中国美学意义上的审美活动，指的是生命自身的转化、提升。

至于中国美学对审美活动的讨论，更是服膺于上述的深刻分野。

陶石篑指出："知道者有所适无所系，足乎己也，殆将焉往不足哉？今夫川岩之奇，林薄之幽，是逸者所适以傲夫朝市者也。耽耽焉奇是崇而惟虑川岩之弗深；幽是嗜而惟忧林薄之弗邃，斯未免乎系矣。凡系此者，不能适彼；必此之逃，而彼是傲，是系于适也。以适为系者，其不能适也乃等。"（《也足亭记》）苏舜钦指出："返思向之汩汩荣辱之场，日与锱铢利害相磨戛……不亦鄙哉！噫！人固动物耳，情横于内而性伏，必外寓于物而后遣，寓久则溺，以为当然，非胜是而易之，则悲而不开。惟仕宦溺人为至深。古之才哲君子，有一失而至于死者多矣，是未知所以自胜之道。"（《沧浪亭记》）这里的"以系为适"和"以适为系"，"寓久则溺"和"自胜之道"，可以看作庄子美学的注脚。而且，前者以具体的外在对象为目标，它的整个生命的安顿、自由都维系于此。然而，一旦超出这一目标，生命的安顿、自由便会震撼动摇、崩溃瓦解。后者则没有具体的外在对象作为目标，它涵融全部生命，致力于对生命的开拓、涵养，使被尘浊沉埋着的生命得以超拔、扩充。因此，它比前者更具有本体意义。

由上所述，我们看到，中国美学所谓的审美活动，并非一种对象化的活动，而是一种非对象化的活动；也并非一种活动的结果，而是一种活动的过程、一种自由生命的展现。也正是因此，中国美学所瞩目的，就不是对象化意义上的意象，而是非对象化意义上的诗性人生。显然，中国美学的价值取向可以由此得以说明，魏晋美学对于诗性人生的发现的重大意义，也可以由此得以说明。

以陶渊明为例，作为后世中国美学公认的楷模，他的成功恰恰是由于能够把审美活动成功地融入生命全过程。这一点，在后人的评论中，似已成为共识。例如，有人曾拿他与柳宗元、白居易相比较："子厚之贬，其忧悲憔悴之叹，发于诗者，特为酸楚。悯己伤志，固君子所不免，然亦何至是，卒以愤死，未为达理也。乐天既退闲，放浪物外，若真能脱屣轩冕者；然荣辱得失之际，铢铢校量，而自矜其达，每诗未尝不着此意，是岂真能忘之者哉，亦力胜之耳。惟渊明则不然，观其《贫士》《责子》与其他所作，当忧则忧，遇喜则喜，忽然忧乐两忘，则随所遇而皆适，未尝有择于其者，所谓超世遗物者，要当如是而后可也。"（蔡启《宋诗话辑佚》下卷）还有人则直接赞誉云："靖节忽然躬耕，忽然乞食，忽然出仕，忽然便归，日出携壶采菊，日入随鸟投林，抹倒一切世故造作，真道学人。"（《静居绪言》）显而易见，陶渊明之所以成为楷模，恰恰因为他并非以"力胜之者"，而是"抹倒一切世故造作"，"随所遇而皆适"。而这也正是中国美学瞩目的所在。

因此，可以认为，正是对于诗性人生的关注，构成了中国美学的中心。这导致中国美学的方方面面，无不围绕着诗性的人生而展开，也导致中国美学毅然以诗性人生的实现，作为中国人的安身立命之地。明人徐世溥在回答"龙门昌黎，安身立命在何处"这一重大问题时，指出："窃观古之作者，莫不期于自达其性情而止，要以广读书、善养气为本。根柢至性，原委六经，所以立命；贯穿百氏，上下古今，纵横事理，使物莫足碍之，所以安身也。子长之《自叙》，退之之《答翱书》，其致可概见矣。如必曰某处为龙门所安身，是即非龙门；某处为昌黎所立命，是即非昌黎矣。"可见，与时下的美学看法不同，中国美学是反对"必曰某处"为安身立命之地的。实际上，"亦如米元章所谓如撑急水滩船，用尽气力，不离故处"（《答钱牧斋先生论古文书》），这"故处"，就正是非对象化的审美活动。

因此，中国美学强调人们要"一切放下"，完全置身生命过程之中，啜饮生命之泉。陶石篑说："自古至圣大贤，亦不过于世出世间之事，放得下，淡得尽耳。"（《与友人》）施德操说："既有会意处，便一时放下。"（《北窗炙輠录》）张大复指出："世间万法，惟心所造，增一分忧煎，长一分荆棘，拴缚太紧,即血脉亦不得流畅;何论治病,就搦管时,亦未必有滔滔汩汩,一泻千里之势。他日仕宦,更安得有横槊赋诗气象耶?愿以兄意告之,一切放下,但从山水明秀处,纵目快心,饱玩云物……"(《与瞿元初书》)

不过,"一切放下"又并非一味虚无。"一切放下",只是针对外在目标而言,实际上针对内在人性的不断生成而言,又可以说是:"一切提起。""只缘见此道理不透,所以一向提掇不起","非全放下,终难凑泊。然放下正自非易事也。"(朱熹)王龙溪指出:"只有开脱起来,那才能凝聚,但又只有凝聚起来,那才能开脱。朱熹指出:"大抵思索义理到纷乱窒塞处,须是一切扫去,方教胸中空荡荡地了,却举起一看,便是觉得有下落处。"(转引自程兆熊:《大地人物》,台湾久大文化股份有限公司1987年版,第185、126页)于是,"撒手悬崖,披襟一笑,偏又"回地一声,泰山失足";一切空空,偏又一切凸显;一切寂寂,偏又一切繁生。一片光明,和融莹彻,充塞流行,无所亏蔽。一念微明,常惺常寂,不疾而速,不行而至。归寂而能寂。唯寂,则万化归身;求仁而得仁,唯仁,则乾坤在手。可风虎龙云,可轰轰烈烈,可风流云走,可一念万年。最终,成就了非常之人,非常之事,非常之功,非常之关切,成就了"万古兴亡手",成就了"乾坤造化人"。

已死之夫,不可复阳;已死之心,必可复得。但另一方面,改造一个世界并不难,安顿一个人生则千难万难,非对象化的审美活动堪称大本领、大手腕、大修养、大心肝、大担当、大魄力。而中国人又是怎样地醉心于这大本领、大手腕、大修养、大心肝、大担当、大魄力呵。袁中道称之为道隐:"惟心休而不假物以适者,隐为真隐。""自汉以后,以道隐而自适其穷者,一邵子耳。邵子洞先天之秘,观化于时,一切柴棘,如炉点雪,如火销冰,故能与造物者为友,而游于温和恬适之乡。彼惟不借力于物,而融化于道,斯深于隐者也。"(《赠东粤李封公序》)这正是江进之在称道白居易、苏东坡时所说的"无处非适,无往非得,兹石浦所为寤寐想象,冀旦暮遇焉者也"(《白苏斋册子·引》),也正是王夫之慷慨陈辞的"能兴":

能兴即谓之豪杰,兴者,性之生乎气者也,拖沓委顺,当世之然而然,不然而不然,终日劳而不能度越于禄位田宅妻子之中,数米计薪,日以挫其志气,仰视天而不知其高,俯视地而不知其厚,虽觉如梦,虽视如盲,虽勤动其四体而心不灵,唯不兴故也。圣人以诗教以荡涤其浊心,震其暮气,纳之于豪杰而后期之以圣贤,此救人道于乱世之大权也。(王夫之《俟解》)

就是这样,魏晋美学所发现的诗性的人,给中国美学以决定性的影响。它使中国人瞩目于具体而又单纯的生活,瞩目于人生的诗化。生命活动不再被看作本身毫无意义的、企达光辉理想的必经之途。人活着,也不再是为了一个令人鼓舞的目标。最为真实、最为美好的东西,不再是理想、目标的实现,而是生命过程的焕然一新。而在后世的中国的禅宗美学中,这也正是它所强调的"随处为主"。一僧问:"心住何处即住?"师曰:"住无住处即住。"问:"云何是无住处?"曰:"不住一切处,即是住无住处。"问:"云何是不住一切处?"曰:"不住一切处者,不住善恶、有无、内外、中间,不住空,亦不住不空,不住定,亦不住不定,即是不住一切处。只个不住一切处,即是住处也。"(《大珠慧海语录》上卷)生命活动不允许有固定的住处,否则,就会被限制、拘束、囚禁以至扼杀,最终失去绝对性。而一旦"随处为主",生命就一变而为愉快的旅游,"如游山,一步一步上去,历过艰难,闪跌几次,方知荆棘何以刺人,危险何以惕人,幽奇何以快人,转折何以练人。渐渐登峰造极,方得受用。今一见山麓,就要飞至山顶,山顶之上,又往那走? 此皆不明之故也。"(《简米仲诏》)于是在一步一步的旅程中,单位时间内的审美体验增加了,生命力得到了正常的发挥。恰似优美的生命咏叹调,每一个音符都闪耀着一星灼目的生命火花,每一支旋律都含孕着一股浓郁的生命情调,每一个乐章都流淌着一种灿烂的生命境界。生命虽然仍是原来的生命,却又处处闪烁着夺目的异彩。

诗性的人生意味着一种生存态度、人生态度。它是中华民族关于生命活动的一种本体论的选择。也因此,诗性人生不仅仅属于道家(在这方面,人们津津乐道的是李白、司空图、苏轼等等),而且属于儒家。只有弄明白这一点,才有可能深刻理解诗性人生的进步意义。

须知,"仁"在孔子的心目中,本来就是一个既内在又超越的终极价值。它一方面是"天道"的超越而又内在化,下贯而为人们生命中的东西。所谓"天生德于予"(《中庸》讲的"天命之谓性"更为形象),因而是"天所与我,我固有之,人皆有之"的东西;另一方面又是人的生命中所开拓、呈现出的内在而又超越、上升而与天道相合的东西,所谓"下学而上达"(《易经》讲的"与天地合德"更为形象),因而是不断努力才能拥有的东西。由上而下是来,由下而上是往,一来一往,成就了既超越又内在的生命之道。这样,孔子就最终避开了西方式的外在化的终极价值,而把终极价值安放在人们心灵之中。这终极价值是永恒的、无限的,人们在有限的一生中不可能达到它,但由于它是安放在人们心灵之中的,因此又是可以部分地、不完善地加以实现和不断趋近的。孔子说:"君子去仁,恶乎成名?君子无终食之间违仁,造次必于是,颠沛必于是。""士不可以不弘毅,任重而道远。仁以为己任,不亦重乎?死而后已,不亦远乎?"这正是讲的人对于"仁"的永恒趋近、体现。"仰之弥高,钻之弥坚;瞻之在前,忽焉在后","仁"就是这样永远在人们的追求之中,同时又在人们的追求之外。在这方面,徐复观的发现令人深省:

> 一方面是对自己人格的建立及知识的追求,发生无限的要求。另一方面,是对他人毫无条件地感到有应尽的无限的责任。再简单说一句,仁的自觉的精神状态,即要求成己而同时即成物的精神状态。此种精神状态,是一个人努力于学的动机,努力于学的目的。同时,此种精神落实于具体生活行为之上的时候,即仁的一部分的实现;而对于整体的仁而言,则又是一种功夫、方法,即所谓"仁之方"(《雍也》)。仁之方,也即某一层级的仁。(徐复观《中国人性论史》)

在这个意义上,"仁"显然不是一个实在的目标,而是一种人生的境界——一种以无心为善的方式去实现善、以无心为类的方式去实现类的境界了。正是在这个意义上,"仁"又成为中国美学所追寻到的终极价值、精神家园,又促成了中国美学的本体论的自觉。

以杜甫为例。研究者往往赞誉他的忧国忧民,但却很少意识到:这忧国忧民恰恰出之于他的诗性人格。相比之下,倒是一位古人更有识见:"王介甫只知巧语之为诗,而不知拙语亦诗也。山谷只知奇语之为诗,而不知常语亦诗也。欧阳公诗,专以快意为主;苏端明诗,专以刻意为工;李义山诗,只知有金玉龙凤;杜牧之诗,只知有绮罗脂粉;李长吉诗,只知有花草蜂蝶,而不知世间一切皆诗也。惟杜子美则不然,在山林则山林,在廊庙则廊庙,遇巧则巧,遇拙则拙,遇奇则奇,遇俗则俗,或放或收,或新或旧,一切物,一切事,一切意,无非诗者。"(张戒《岁寒堂诗话》)"世间一切皆诗也",这真堪称一片澄明之境。何以至此?当然离不开杜甫的诗性人生。因此,在杜甫身上,不难看到儒家对诗性人生的巨大贡献。

不过,犹如陶渊明的以道家精神从事儒家业绩,在儒家美学,诗性的人生也更偏向"颜子之乐"而并非"曾点之乐"。"昔颜氏乐其乐而忘其忧,身如附蜕,家如据槁,人欲之累尽矣,故孔子以为不可及而贤之。若夫曾晳异于三子,则其乐可以名言,而知德者可勉而至也……身之显晦,用舍而已,以舜、文王之急士,终不能毕用而无遗;孔子尝一用于鲁,流离困厄,遂至终老……(曾)点之甘服闾里而自安于不用,亦岂忘世也欤!浴沂舞雩,近时语道之大端也……今公久于侍从,劳于方岳,退而休之,无所复议,而能以点之乐者自乐也。手植拱把,以俟干霄;沼沚微澜,如在江汉,草根木丰,察荣悴之态,而风雩雨露之教日新而无穷。至于西山之崖,南浦之滨,舟车去来,禽鱼翔泳。无不各得其得,而又能以点之乐者同乎物而乐也。然则性命道德,将为公归宿之地乎!与娱耳目,快心意者远矣。虽然,犹有待于物,点之乐也;无待于物,颜氏之乐也。"(叶适《叶适集·水心文集·卷十·风雩堂记》)

这就是说,从陶渊明开始,中国美学正式开拓出的诗性人生,正是一种高出于"犹待于物"的曾点的"无待于物"的颜子的人生。而且,这里的"颜子"其实已经不再是被孔子所阐释的那个"颜子",而是被儒道共同阐释的那个"颜子"。

请看朱熹的阐释:"程子谓:'将此身来放在万物中一例看,大小大快活。'又谓：'人于天地之间,并无窒碍,大小大快活。'此便是颜子乐处。这道理在天地间,须是直穷到底,至纤至悉,十分透彻,无有不尽,则于万物为一,无所窒碍。胸中泰然,岂有不乐?"(《朱子语类》第三十一条)这里的诗性人生显然就已经不是被道家阐释过的诗性人生,而是被儒道共同阐释过的诗性人生。

1993 年,南京

## "一个人的爱情"

  我的朋友陷入了一场前所未有的情感困惑。一个春天的晚上,他邀我在酒吧畅饮。我知道,对于他来说,畅饮肯定只是一个即将开始的故事的序曲。果然,在酒酣耳热之后,我听到了这样一个故事。
  "我和她真正是一次邂逅。准确地说,是一次猝不及防的'遭遇'。尽管两个人都长期生活在一个城市,尽管双方也都有着一些共同的朋友,而且,尽管双方在自己的领域也可以说都是佼佼者,然而,彼此却甚至连听说对方这样的机会都没有碰到过。即便是第一次见面,也完全是一种偶然,因为见面的实际意义事实上已经不复存在,两个人都是不情愿地去赴一个明知事实上已经没有什么意义的然而却又早就约定了的饭局。但是见面的结果,我只能说,感谢上帝!那次见面,我们就竟然热火朝天地从下午一直聊到了次日凌晨。一句话,与她的邂逅,让我不能不想起普希金的那首著名的《致凯恩》：

    我记得那奇妙的瞬间,
    你出现在我的面前,
    犹如昙花一现的幻影,

犹如纯洁之美的精灵。

她，就是我的'凯恩'！"

我说："读普希金的这首著名的《致凯恩》，我一直很想知道的是最终普希金送给美丽的凯恩的礼物是什么。当然，这已经是一个永远不再可知的隐秘。那么，你是否送给了她什么礼物？"

"我的爱情！"

"结果呢？"

"是我们两个人在长达两个月的时间内的疯狂。我们每天都在一起，无话不谈，而且是一谈就是十几个小时。最有意思的是，一次我们从上午一直谈到晚上我要去工作的前十分钟，然后，就是飞快地打车，就是气急败坏地冲进公司，——当然，工作本身的质量不会受到影响，在这种激情的推动下，只能做得更为精彩。有意思的是，工作结束后，一回到家里，我们就又迫不及待地开始在电话上交流，直到清晨三点。"

"现在呢？"

"仍然非常好。"

"不对，既然如此，你为什么要来找我倾诉呢？"

"确实，我们之间也存在着某种从一开始就让我困惑不已的问题。那就是我们始终无法同步。你知道，我是一个性情中人，是一个只要能够燃烧就不惜毁灭一切的人。而她却是一个十分克制的女性。说起来你根本无法相信，我们几乎是从邂逅伊始就确立了恋人关系，而且我们都相信我们命中注定是这种关系，但是我们却至今几乎连手都没有碰过。不是我不想，而是她不愿意。她明确表示，在相当一段时间内，只能把关系保持在纯粹的情感方面。你知道，在这方面，我绝非一个保守的人，也经常会为自己的生命编造一些美丽的故事。但是，对于这种事先划定界限的做法，我从来没有遇到过。一切都在按照恋人的方式进行，但却处处划定界限。每每想到这一点，我就会有一种莫名的隐痛，甚至会有一种受骗的感觉。为此，我甚至会平生第一次失态。在一次宴会上，我根本就不知道自己到底喝了多少酒，总之是几年来第一次酩酊大醉,而且竟然会毫无顾忌地为了她而号啕大哭……"

"我知道喜欢你的美丽少女很多,你这次会如此失态,肯定是情到深处了。"

"是的,我无法用语言来表达我对她的欣赏。总之,能够在她的目光中生活,在我,是一种从未有过的快乐。这样说,或许是最准确的语言。"

"那你为什么还不满足?"

"她的这种十分地节制,对我是一种莫名的伤害。我并不觉得某些身体上的接触有多么'雷池'。我甚至觉得如果在情感交流中少了这一切,事实上就根本无法深入下去,也无法持久。例如,尽管我们之间的感情十分融洽,但是在下意识里我却总是无法相信我们之间真的存在着情感上的血肉联系。你根本无法想象,在这两个月中我是怎么'热恋'的。举个例子,每天来往于我和她之间(只相隔三里地),仅仅打车的钱,我就已经花了一千多块。更不要说为了她的一个经营项目,我干脆几乎花费了我的全部时间。我的一切都毫不留情地搁置了。可是,只要一停顿下来,我的心中就会出现一丝隐隐的疑惑:她真的爱我吗? 我为什么总是不能真实地感受到她的爱?为什么她甚至只肯跟我在一起工作,却连谈谈感情都不肯花费时间呢? 要知道,我只是因为感情的需要才会与她去一起工作的啊。有时候,我甚至会将心比心地想象,如果是我的一个项目,她会抽出这么多的时间来帮助我吗? ……这是一种非常折磨人的困惑。我为它起了一个名字,叫作:春天的困惑。"

"你是不是有点怀疑你的付出是否值得了?"

"是的,为了弄清楚这一点,我经常彻夜难眠,而且有时会在深夜独自坐在酒吧一瓶又一瓶地喝啤酒,当然,我绝对不会再喝醉,理由只有一个,她不准我再喝醉。更令我害怕的是,我明显地感觉到自己甚至很可能会故意去变坏。美国有一本书,叫作"人对抗自己"。其中说每个人的内心中都有某种故意以相反的方式来自我伤害的东西,过去我不太相信,现在我真是心服口服。在某一个瞬间,我唯一的念头就是要'堕落''放纵'。当然,我并不是去多角恋爱,不但从人格上我不会这样去做,而且说实在的,爱上她以后,我也很难再爱上别人了。她的智慧、温柔以及与我之间的默契，绝非那些花季少女所可以取代的。'曾经沧海难为水'，就是这样。我这样放纵自己，实际上只有一个理由，就是想实实在在地感受到对方对我的'热恋'（这一切在其他女孩身上真是太多了）。只有我自己知道，我是在跟谁赌气。"

"你走投无路了？"

"是的。"

"你想听听我的看法？"

"是的。"

"首先，我要真诚地祝福你，你终于找到了一个可以跟你真正地走过一段甚至是一生的人生旅程的优秀女性。我感觉，她是真正地爱着你的，而且在用一种天长地久的方式。在这方面，她比你要更成熟。她完全知道怎样用一种正确的方式去维护自己所珍爱的东西，也完全知道怎样避免因为任性、放纵、率意而不经意地丢掉了自己所珍爱的东西。当然，她首先为感情限定'雷池'，这可能令你难以接受，但也确实存在着某种程度上的患得患失。但是我仍旧要说，她没有错。每个人只能用自己的方式去爱别人，作为她这样一个极为优秀的女性自然不能例外。在这方面，你应该尊重她的选择，而且给她以时间。如果她对你的感情是真诚的话，相信她会在适当的时候，给你以满意的回应。但是，你必须学会等待！

"现在，有些充满诗意的字眼已经被以非常轻率的方式玷污了，甚至被磨损得破旧不堪。打开电视看看，'某某火腿肠，是某某肉联厂向您奉献的一片爱心'，这就是人们常说的爱心。还有那个什么《爱的奉献》：'爱是人类最美丽的语言，爱是正大无私的奉献'，明明是正大集团在做广告，却偏偏要奢谈什么爱心！神圣之所以神圣，就在于它不可以随便被我们说起。《摩西十诫》中的这样一条你肯定十分熟悉：'不可妄称耶和华上帝的名字，因为妄称耶和华的名的，耶和华必不以他为无罪。'像谈论萝卜、青菜一样去谈论爱情，不正是对爱情的最大的不忠吗？当然，我不是说你的所做所为是在亵渎神圣的爱情。恰恰相反，我完全相信你在其中所倾注的全部真情。这种能够让一个人在一刹那间把他一生中孜孜以求的东西都看得突然毫无分量的

东西,不是爱情,还能是什么?而且,我十分欣赏你的'燃烧',因为它正是生命中的最可宝贵的东西。泰戈尔说得多么动人:

火对自己说:
'这是我的花朵,
也是我的死亡!'

"再拿火和木材打个比喻,火当然是蕴藏在木材之中的,不点燃木材,你怎么能够看到木材的生命之光呢?

"能够'燃烧'真是一种幸福。不过,一场空前美好的情缘在给你带来巨大的幸福的同时,偏偏又带来了难言的困惑。这是为什么?我想,原因不在于对方的与你不同步。'燃烧'是很容易做到的事情。情到深处,她也会如此的。因此,你们之间的不同步并不在这里。那么,在什么地方呢?我认为,在于你尽管有着许多感情的邂逅,但是却只有在这一次才真正遇到了一个黄金搭档,一个真正懂得感情的人。你的困惑来自你在爱情方面的不尽成熟。客观地说,她的选择中确实存在着患得患失的成分,这给你带来了某种伤害。因为在这种感情中谁都不希望看到对方的留有余地,尤其是在你倾情而出的时候,对方的有所保留肯定会给你一种中了'美人计'的感觉。不过,这毕竟是她的问题,是她的不成熟,要靠她自己逐渐成熟起来并且去加以克服。我要说的是,在你的选择中就不同样存在着某种患得患失的成分吗?实际上也同样存在。因为你的所有困惑都在透露出一个信息,你担心你的付出没有回报。当然,就目前而言,你的付出确实回报甚微,但这不是我所讨论的问题。我要告诉你的是,真正的爱情是不会考虑回报的。它就是付出。确实,性不是人类的本质,否则男女之间发生的爱情就会不存在对象的选择性了。这一点你处理得很好,换了别人,是很难接受在自身完全付出的情况下却仅仅满足于与对方保持一种纯情感交流这样一种方式的。不过,你是否想过,仅仅有爱情、有'燃烧'就够了吗?昆德拉在评价伏契克时曾批评他说,他已经被宠出了需要人们关注的脾性,因为他非常害怕无人喝彩。你在爱情上也时时期待着恋人的喝彩。在这方面,你是被宠坏了。说得更远一点,这一点,应该说也是中国男性的通病。在历史上,中国的男性对女性更多的往往不是呵护之情,而是儿子对母亲的那种剥削性的情感,更多的是男性的被爱而不是施爱。而真正的爱却只是施爱。再推广一点说,中国的男性和女性在爱情方面往往有两种弊病。不是良心发现,就是斤斤计较,这其实都是伪爱,尽管最具欺骗性。它们的共同之处不在于能够感动别人,而在于能够感动自己,使自己相信所爱是可信的,真诚的。然而,这毕竟不是爱,而是一个人用以驱除爱的缺乏(因斤斤计较而生)或者是自己对另外一个人的负疚感(因良心发现而生)而产生的自我保护、自我欺骗的方式。例如《雷雨》中的周朴园就是如此。"

"你能不能说得更清楚一点?"

"房龙说过,所有的不宽容都来自恐惧,来自不自信。你的不宽容也来自恐惧,来自不自信。反过来说,爱情的宽容来自自爱(而不是自恋)。生活中这样的例子就太多了。那些爱情方面的施虐者或者受虐者,大多是一些不能自爱者。而不爱自己者,当然也不会有能力去爱别人,更有甚者,这些不能自爱者往往在毁灭自己的同时也在毁灭着别人。然而实际上,除了自己,没有别的太阳会照亮你生命的航程,也没有别的太阳会照亮你爱情的历程,哪怕是你的情人。在这方面,简·爱是个最为突出的例子。她之所以要毅然选择远离罗切斯特,就是为了要维护自己的精神尊严,'我就在这儿立定脚跟'。'这儿'就是她的精神尊严。而在那个著名的希腊神话中,俊秀少年在水边爱上了自己的倒影,以致失足溺死,对此,人们总是不无贬义,但是在神话中这少年为什么变成了一丛在清波中摇曳绽放的水仙? 这正是我所说的'自爱'。因此,这实在是一丛美丽的水仙,一丛从此可以与自己的清影日夜相守的水仙。由此,我倒宁肯说,爱是一种能力,而不是一种意图。正如《新约·哥林多前书》中评价的:真正的爱,就是'恒久忍耐''恩慈''不自夸''不计较他人的恶','凡事包容,凡事相信,凡事盼望,凡事忍耐'。这样的爱,不但会激发起对方的生命活力,而且会反转过来激发起自身的生命活力。你还记得冰心的这样一首诗吗?

> 我曾梦见自己是一个畸零人,
> 醒时犹自呜咽,
> 因着遗留的深重的悲哀,
> 这一天中,我怜恤遍了人间的孤独者。
>
> 我曾梦见自己是一个畸零人,
> 醒时犹自呜咽,
> 因着相形的浓厚的欢乐,
> 我更觉出了四围的亲爱。

我甚至想说,这实在是千古绝句。真正的爱情,就应该是这样的境界。"

"看来,我的患得患失在于不知道在爱情中什么是真正的得,什么是真正的失,因此才产生了种种困惑。"

"是的,实际上对方已经给了你很多。但是你被宠坏了,因此根本就看不到对方向你抛来的绣球,更不要说伸手去接了。泰戈尔的诗歌你还记得吗?

> 我的情人没有来,
> 但是她的抚摩在我的发上,
> 她的声音在四月的低唱中,
> 从芬芳的田野上传来。
> 她的凝注是在天空中,
> 但是她的眼睛在哪里呢?
> 她的亲吻是在空气里,
> 但是她的嘴唇在哪里呢?

'但是她的眼睛在哪里呢?''但是她的嘴唇在哪里呢?'你如果领悟了这一

点,你将最终完全得到你所心仪的这位美丽女性,在两个人的爱情中,你将是这场神圣爱情中的王者。"

"如果我最终没有完全得到我所心仪的这位美丽女性呢?"

"这是一个我一直回避与你讨论的问题。因为我始终认为这是一个只有你们双方才能够回答的问题,甚至是只有用一生才能回答的问题。但是我相信对方的聪慧是足以完全把握你的一切的。你自身的价值她完全能够看到,而且会比那些美少女们看得要深得多。你对情感的真诚,她也完全可以感觉到。你是这样优秀,她没有理由会忽视你的存在以及你对她的感情。何况,你在这场情感遭遇中还在不断地提高你自身。这是一般人所难以做到的,也肯定是她所乐于看到的。因此,我有充分的理由相信,你最终是会完全得到你所心仪的这位美丽女性的。不过,即使是最终没有完全得到你所心仪的这位美丽女性,那也不要紧,因为你面对的将是一场不再是两个人共同参加的更加神圣的爱情。在这当中,由于学会了'自爱'而将使你自己的人生得以大大丰富,因此,你将仍旧是这场更加神圣的爱情中的王者。"

"什么样的爱情?"

"一个人的爱情!"

2000年,南京

## 怎样在美学上去反省"南京大屠杀"

众所周知,希特勒以及二战时期的日本侵略者,他们无疑在道德上是恶的,但是,我们应该怎样去在美学上深刻地批判这样一种道德上的恶,才可能真正地战胜这样一种道德上的恶呢?最为常见的做法是去大量地甚至不惜夸张地展示他们的道德上的恶,杀人如麻、心如蛇蝎,等等,例如中国的关于"南京大屠杀"的影片,就都是如此。然而,这无疑是极为肤浅的,在美学上也是失败的。

为什么这样说呢？我们不妨先来看一首诗：

暮江平不动，春花满正开。
流波将月去，潮水带星来。

你们一定都知道，《春江花月夜》是唐诗的压卷之作，我经常说张若虚这个人活得真值，当然，我们并不知道他究竟写了多少首诗，反正就凭这首诗，他就已经青史留名了，学者公认，不论唐诗有多少首，反正这一首肯定是排名第一，是压卷之作。可是，你们仔细看看刚才我给你们看的这首诗，你们发现了没有，《春江花月夜》里面的意境，在这首诗里已经都完美地表现出来了。因此，这首诗确实堪称精彩。但是，你们知道这首诗的作者是谁吗？隋炀帝。呵呵，我看见你们的眼睛都已经瞪大了，是的，就是那个罪恶昭著的隋炀帝。中国历史上有两大暴君，一个是秦始皇，一个就是隋炀帝。关于他的恶，我们就不要去讲了吧？可是，我必须要讲的是，起码在这首诗里，隋炀帝还是非常可爱的。你们想想，如果是一个天生的坏人、百分之百的坏人，他能看见这么可爱的自然环境吗？能看见这么可爱的春江花月夜吗？不可能。我在前面已经讲过了，一切的美都是审美者的心灵投射啊。因此，如果仅仅从一个作者的角度去考察，我们不难发现，隋炀帝的内心一定是充满了诸多生命的渴望。当他看见大自然的时候，他一定也像我们一样，有一种息息相关、惺惺相惜的美好感觉。可是，就是这样一个与我们一样有着美好感觉的人，为什么却作了那么多的恶呢？我们的讨论，不妨就从这里开始。

你们还记得我曾经讨论过的"自由地为恶"与"自由地为善"吗？其实，人并非十恶十丑，也并非十全十美，每个人的身上都有上帝的一半，也有恺撒的一半；有超越的一半，也有堕落的一半。人是一个未成品，或者距离"完美"更近，或者距离"完丑"更近，但是，却绝对不会等同于"完美"或者"完丑"。而且，在人的身上也并不存在"非此即彼"，而是"亦此亦彼"，或者说，不存在"非美即丑"，而是"亦美亦丑"。那么，为什么会出现隋炀帝这样的人呢？无非是不同于在其他许多人的身上天使的东西会表现得更多一些,而在他的身上,偏偏是魔鬼的东西表现得更多一些——或者是表现得太多了一些。

究其原因,则无非是在能够自由为善或者自由为恶的时候,隋炀帝选择了恶。而且,何止是隋炀帝。我们每一个人都可能会如此,只不过自己没有这样的为恶的机会与条件而已。要知道,太多太多的"坏人",其实也只是为了能够在他(她)置身的恶劣环境里苟活下去,有的人或许是为了捍卫自己的尊严,有的人或许是为了争取自己的利益,当然,也不排除还有一些人是在以自己为圆心而去"巧取"或者"豪夺",从而铸成了千古之恨,成为人们所说的"坏人"。

当然,这一点在中国人来说是很难理解的。因为在中国是没有自由为恶与自由为善的概念的,每个人都喜欢把自己比喻为一面镜子,一切都是外在环境之使然,因此,所有的罪恶都可以不负责,所有的成绩也不是自己的,而是党和人民的。而西方却不同,存在着自由为恶与自由为善的基础,每个人都喜欢把自己比喻为一面"探照灯",一切都是自己作为,当然也就必须自己负责。当然,这样一来,有些人就会选择自由地为恶,其中的原因在于,他不是看不到自己的恶,而是他以为自己能够弥补这个恶。这是一种牺牲别人来换取自己的安全的恶,也是一种在不安全中希望自己安全、在不重要中希望自己变得重要的恶。当然,最终的结果是,他因此而更不安全了,也更不重要了。不过,为恶的人在当时往往是恰恰看不到这一点的。因为凡是为恶者都一定以为自己是可以控制局面的。

西方文化往往会认为,人的堕落是因为人的骄傲。权力的骄傲,知识的骄傲,理性的骄傲,道德的骄傲,精神的骄傲,这是一种"最后之罪"。隋炀帝就是如此。我们可以想象一下,当一个人坐在统治者的宝座的时候,他所有的思维、所有的选择一定是要根据他的位置来决定的,人们不是经常说吗,屁股决定人脑。而我过去已经谈到,我们中国的历史有一个最大的特点,就是抢椅子。十个人抢九把椅子,两个人抢一把椅子,谁抢到了坐下以后,他的名字就叫作"皇帝"。可是,问题是你坐下以后,你还得给人家板凳坐,结果人家一圈一圈围绕着你的,也都在时刻准备着抽空把你拉下来,重新开始抢椅子的游戏。这样一来,任何一个统治者,不论是在上台之前还是在上台以后,就都丝毫不敢懈怠了。中国有一句话叫:卧榻之侧,岂容他人鼾睡。其实,准确地说,卧榻之上,自己首先就不能酣睡。你一睡,别人就把你从龙椅上斩落下来了。那么,怎么办呢?只有先下手为强,你怀疑谁,就先把他杀掉,而且满门抄斩,株连九族乃至十族,只有这样才能保证自己的安全。而且,一旦抢到了椅子,那就马上骄奢淫逸地享受啊,为什么呢?除了这个,自己提着脑袋打拼到今天,也没有别的报偿了呀,何况,明天等待着自己的是什么还不知道呢。所以,任何一个人,屁股只要坐在这个位置上,他就一定是残忍的。一定是一个我们所谓的坏人。因为,他"不得不",他"欲罢不能"。怎么办呢?他只能用这个办法来保护自己。当然,在这个过程中,有的人会表现得更恶一些,例如隋炀帝,还有一些人可能表现得不那么恶,但是,却没有人不恶,否则,他就不可能坐在那把龙椅上。就是这样。

也正是因此,在隋炀帝的身上,如同在古今中外的所有的坏人身上一样,我们所看到的,不是恶,更不是恶贯满盈,而是可怜。你们发现没有,在所有的文学作品里,越是大师的文学作品,里面就越是没有坏人。你们可以做一个最简单的判断,如果在哪个人的作品里你一眼就看见了坏人,那你就可以很简单地做个判断,这肯定不是经典作品,肯定不是大师的作品,为什么呢?当从审美活动去观察人生的时候,如果这个人的人生是失败的,如果这个人是个道德上所谓的坏人,我们因此而会引发思考的也只是:他也是一个人,上帝也给了他一次机会,可是,为什么结果却偏偏竟然是这样?苏联有一个作家写了个剧本,叫作"幼儿园",其中有个小男孩,是个流浪儿。苏联在二战时期有很多流浪儿,因为父母都上战场了,孩子也就没有人管了。这个小男孩也是这样,为了谋生,他参加了一个小流氓团伙,到处无恶不作,但是后来他良心发现,就想退出来,可是,他刚刚这么一说,流氓团伙的小头目——其实也就是十多岁,就拿枪对着他,扬言要杀死他。这个时候,一声枪响,但是,死的不是这个小男孩,而是那个流氓团伙的小头目。原来,是一个小女孩——流氓团伙的小头目的情人,开枪打死了他。这个小女孩在开枪之后,就抱着流氓团伙的小头目的尸体放声大哭。这个小男孩非常困惑,因为,如果他是坏人的话,那把他打死以后应该非常快乐啊,如果他是个好人的话,那就不应该把他打死呀,可是这个小女孩呢,一方面是把他打死,一方面却是放声大哭,于是,他就过去问她:你又要杀他,又要哭他,那他是个什么人呢?小女孩说:他是一个可怜的人!

学者赫克介绍说:在俄罗斯,"老百姓,没有称呼罪犯的字眼,只是简单称呼他们为'不幸的人'"。这确实是一个非常可贵的美学传统,事实上,仔细想一想就会知道,任何一个人,天生都是不想做坏人的,可是,他为什么还一定要做?在这里,就存在着一个"不得不"、一个"欲罢不能"。为什么"不得不"呢?为什么"欲罢不能"呢?我还举一个很极端的例子吧,任何一个女生,如果落到了潘金莲的地步,她敢保证自己做得比潘金莲更好吗?站在局外人的角度,我们可以说,潘金莲这个不该做,那个不该做,但是反过来,我们设身处地想一想,如果自己落到潘金莲的地步,该县第一美女,偏偏嫁给了该县第一丑男,不但没有任何的生存空间,而且又千不该万不该遇到了一个小叔子,是该县第一英雄,一下子就把她的青春欲望全都勾出来了,可是却又遭到了拒绝,那个时候,你说她能怎么办呢?千不该万不该,潘金莲又是一个个性特别强的人,也是一个绝不可让人的人,其实,潘金莲和武松倒真是特别适合的一对,潘金莲的性格,你想想武松就知道了,那就是个女武松啊,结果,当然潘金莲心里就特不平,她特别要出气,她就要证明给武松看,也证明给自己看,武松你这个第一英雄看不上我,那还有本县第一大款会看上我的,结果,就有了一根晒衣杆引发的血案。说实在的,这根晒衣杆真的是砸中了潘金莲的痛处。我们有一首歌,叫"我被青春撞了一下腰",潘金莲其实也是可以说是被"心痛"撞了一下腰。后面的错误,就由不得她潘金莲了。无非是用一个更大的错误掩盖一个较小的错误的过程,直到杀人。可是,对于一个县城的妇女来说,她又能如何呢?潘金莲的歌唱得很好,可是,当时也没有"超女"大赛呀,潘金莲很美丽,可是,这恰恰是她的灾难。在那样的环境里,或者,她驯服接受,或者,她铤而走险。所以,潘金莲真的很可怜,她不得不坏,而且——还欲罢不能!

文学大师陀思妥耶夫斯基告诫我们,在文学创作中,我们应该关心的不是谁是坏人,而是坏人为什么会成为坏人。这句话说得真的很好。

希特勒的问题也是如此。过去我还看到过一二十幅绘画作品,有风景,有人物,而且,风景画的水平明显超过了人物画,当然,绘画的水平不算很高,但是,也看得出来,画者是经过了一定的绘画训练的。那么,这个画者是谁呢?希特勒。其实,最早的时候,希特勒只是一个艺术爱好者,可是,却没有被任何的艺术院校录取,他这个人很自闭,也不太愿意跟外界交流,但是,他的内心深处却有一种特别强烈的希望被外界认可的心理冲动,现在,这冲动一旦被拒绝,就导致了他的巨大心理创伤。他因此而认为这个国家很糟糕,并且发誓要改变这个国家,甚至,要改变整个世界,要在人类的大地上画一幅最新最美的图画。于是,忽然他仿佛发现自己的才能应该是在政治上,"1918年11月9日,我已下决心做个政治家!"(希特勒《我的奋斗》)

因此,追究希特勒的道德品质是没有意义的。西方有一本很著名的书,《第二次世界大战的起源》,你们应该看一看,作者说,希特勒是谁?希特勒是所有的最普通的德国人当中的一个,这,就是希特勒。大家知道,德国把法国打下以后,希特勒做的第一件事是什么?他把德国的所有的亲纳粹的艺术家都请到法国,去参观法国的城市建设,参观法国的艺术,他说我们德国一个城市要按法国的一种艺术风格去加以改造。这个细节是非常值得我们注意的啊。因此,他在人类的历史上永远应该被钉在耻辱柱上,这是毫无疑问的,但是在美学上,我们也亟待对他予以彻底地揭露与否定,他也永远应该被钉在美学的耻辱柱上。

接下来,我就要谈到对于日本侵略者的美学批判的问题了。其实,对于日本侵略者的美学批判与对于希特勒的美学批判有其一致性,因此,我不妨就接着对于希特勒的美学批判往下讲。

关于日本侵略者,似乎是中国文学艺术家心中的"永远的痛"。到现在为止,还没有看到有哪位文学艺术家能够过得了这一关。我们在他们的作品中看到的,永远是恶魔一般的日本侵略者,仿佛他们天生就是坏人。可是,这样的形象却无疑并不真实,因为这些日本侵略者其实也只是一些大孩子,与中国的大孩子在本质上也没有什么区别。那么,同样是一些大孩子,这些日本的大孩子为什么到了中国以后就竟然会如此凶残、暴虐呢?

真正的答案要到德国和日本的国情本身去寻找。

在这方面,我们要特别关注两个原因,第一个原因,德国在一战的时候是受害者,也就是说,他被伤害了,结果,就导致了一种特别强的小团体的抱团与复仇的意识。其实,这种情况,我们在生活里也会见到,有些弱者被伤害以后,会变得特别敏感,特别想复仇。中国不是一句著名的话"楚虽三户,亡秦必楚"吗?为什么赵虽三户,亡秦不必赵呢?想过吗?为什么晋虽三户,亡秦不必晋呢?想过吗?就是因为楚国觉得在秦楚相争的过程当中,楚国是被伤害的。因为在战国争雄的时候,最有可能得天下的,就是秦和楚,而且,楚比秦更有希望,但是,楚国的国王却被秦国骗去杀掉了。所以,楚国当然觉得特冤。所以,"楚虽三户,亡秦必楚"。德国在一战的时候,也受到了伤害,因此,这个民族本来就特别想找到一个报仇的机会。至于日本,在甲午海战的时候,日本人是受益者。日本本来在世界上是没有任何地位的。它是个弹丸小国,本来没有可能去伤害别国,但是很凑巧,甲午海战的时候,日本第一次跟中国交手,竟然就把中国打得落花流水,从此驯服地追随了中国上千年的日本就觉得,我现在终于可以扬眉而且可以吐气了。我们一定要知道,有的时候,弱者并非真正的弱者,弱者一旦有了泄愤的机会,他比强者更强,你不要以为,弱者他的心理也弱,弱者的心理能量一定更强,强者的心理能量才弱,其实你看,强者他会手下留情,弱者得手后,你还听说过会手下留情的?所以,很多强者他的心理能量事实上是弱的,他没有,他宣泄得很好啊,但是弱者的心理能量往往是极强。结果,日本的强国野心就开始了。

第二个原因,德国和日本都是从封建割据的状态刚刚解脱出来,不像其他国家,封建割据的状态早就消失了,给他人以自由,给敌人以自由,也已经成为常识。但是德国和日本不行,因为他们都是出自那种非常闭关锁国、非常狭隘的小团体状态。在他们的眼睛里,小团体内的人才是人,其他团体里的人都是动物。大家知道,德国过去分裂为小君主国一百多个,所以,他的小团体的意识极强。日本也是一样,也是长期在封建割据生存,小团体意识也极强。当然,这无疑是一种极为狭隘的群体道德,也是军国主义和纳粹主义的心理根源。干吗不能够"两害相权取其轻,两利相权取其重"?干吗不能学会把更多的空间让给对方,包括让给我们的敌人?干吗不能学会平等对话、求同存异?其实日本也是失败在这里。日本人觉得,你们中国已经不行了,你们以后应该像我这样去发展。希特勒在德国上台后,他也是这样说,他说,我要给全世界带来幸福,犹太人都是坏的,我把他们都杀了,这个世界就美好了。所以,这些日本人大孩子才很可能在家里连杀一只鸡都不敢,可是到了中国却疯狂地杀人啊。

西方人有一句名言,千年易过,德国纳粹的罪孽难消。我要说,千年易过,日本侵略者的罪孽同样难消。因为,这还需要我们的相当高的美学水平才可以做到啊。

而西方的文学艺术作品恰恰就是着眼于此。比如说,托尔斯泰的《战争与和平》,写了一个根本对打仗不懂的人,彼埃尔,结果,偏偏是他,一眼就看出战争的问题了。《辛德勒名单》,写了一个对法西斯一窍不通的人,他就是想做生意,结果,也偏偏是他,一眼就看出战争的问题。为什么呢?因为他站的角度是人的角度,他立刻就发现,你希望干什么你干去就是了,可是你为什么要强迫别人也干呢?而且,你要活,别人也要活,你又有什么权力可以以别人的生活方式不合你意,你就要把人家杀掉呢?"给自己的所爱以自由",也"给自己的所不爱以自由",要知道,这才是真正现代的观念。所以,里尔克才说:"我只能为爱护所有人,而不能为反对一个人而战斗。"可是德国纳粹和日本的侵略者却偏偏不知道爱护所有的人,而且公然为反对所有的人而战斗。

很能够说明问题的,是我过去看的一部电影:《八音盒》。电影写的是一个德国纳粹军官在战后逃跑了,到了一个很小的国家躲着,后来,犹太人把他找到了,但是,却没有证据证明他就是那个纳粹。他们只好请他的女儿帮忙,去找这个纳粹的证据。这个女儿也很有文化,她说,如果他是战犯,我一定要把他检举出来,但是我不相信。为什么不相信?她说,我的父亲是最仁慈的父亲，也是最仁慈的外祖父，这样的人怎么可能去杀害别人呢？没有办法，犹太人就把分散在全世界的那个集中营的幸存者全找来，一个个给她现身说法地讲。其中讲到一个例子，这个纳粹军官早上出来以后，就坐在集中营门口，让士兵在操场上埋一把刺刀，刺刀尖冲上，然后就随心所欲地挑选人出来，在刺刀上面做俯卧撑，可是，谁也不是永动机啊，因此，做俯卧撑的结果，就是被刺死。结果，他的女儿最后不得不开始怀疑，于是，她就开始在家里去找证据，最终，在八音盒里面找到了他父亲的纳粹军官证。

你看，这个故事简单吧？可是，却非常深刻。一个人，他对他的亲人可以无限地无微不至地去关怀，但是对不是他亲人的人，却可以比动物还残忍。这就是我们人类的狭隘。日本侵略者也是一样，两个日本人跑到南京，突然在城口相约，你从那边杀过来，我从这边杀过去，看看最后到底谁杀人更多，可是，他们很可能过去连鸡都没杀够一百只呢。其实，原因就在于，他们认为在他们的圈子之外的都不是人。因此，在他们杀中国人之前，是他们的狭隘的眼光先杀死了他们自己啊。

而美学的法庭、美学的审判的力量也恰恰就在这里。设想一下，在人类之初，一定是自由地为恶的人最多，所以梅里美才会发现：人们总是天然地喜欢坏蛋，而且，越是不值得爱的坏蛋就越是会被人去爱，他的结论是：因为人之为人，其实更接近于坏蛋，但是后来人们逐渐发现，还是"两害相权取其轻"为好，因为我这么坏下去，他也这么坏下去，你还是这么坏下去，最终，谁都无法受益，而且，也只是一场零和博弈，社会也发展不起来，而总是要被归零。例如，中国的24个朝代，就是24次的归零，如果不是这样，那我们的社会不知道要繁荣文明多少倍啊。那么，我们能不能不用这样一种极为"浪费"的步调前进呢？于是，大家就逐渐用对话的办法来商量：我们能不能都克制一点自己的坏，都退让一点空间出来，你给我一个发展空间，我也给你一点发展空间？大家注意，这就是群体道德的开始。后来，还有更聪明的人，他一下子就想清其中的道理了，他们说，那我们从面对面的对抗干脆转向背靠背的对话呢？如果我们都转过身去共同面对爱呢，那是不是人类就有了最大的发展空间呢？其实，这就是宗教的贡献了，尤其是基督教的贡献了(当然,宗教也有狭隘的时候,例如十字军东征),而审美活动也恰恰就是着眼于此,它充分展现了以小恶去取代大恶乃至以不恶去消解恶的人类发展趋向,并且给你一个谈判桌,给你一个对话的舞台,给你一个爱的拥抱。显然,一旦我们学会了不但在伦理法庭审判着德国纳粹和日本侵略者的"恶",而且也能够在审美法庭上审判着德国纳粹和日本侵略者的"丑",那么,我们也就最终在美学上战胜了德国纳粹和日本侵略者。

2010年,澳门

# 我爱故我在
## ——新轴心时代的价值重构

(本文为作者在浙江大学举办的一次学术雅集上的主题发言)

上午的空气有点凝重。昨晚我们一起吃饭的时候,似乎是生活在这个世界的边缘,十分轻松,是"不可承受之轻",但是今天上午一开会,氛围陡然就改变了,好像整个世界都由我们掌控,俨然是"不可承受之重"了。陈昌凤教授关注的是在高技术时代我们还剩下什么可以属于人的东西,因为毕竟我们还得活着,作为人,毕竟我们还要思想。黄玉顺教授讲到的,也是对当代世界的应对,王杰教授同样提到了马克思的深刻思考——以改变社会关系的方法来改造社会。当然,氛围的改变和希望对于世界的掌控都不是偶然的,尽管角度不同,表达也各异,但是,事实上却是殊途同归,这就是都在试图直面这个世界,也试图给出自己的负责任的回答。

我自己也是这样。浙江大学的这个会议,去年我就有幸参加了,发言题目是"到信仰之路——'新轴心时代'的价值建构"。在发言中我想说的是:置身这个世界,我们所应有的回应是什么。至于答案,上次我也做出过回答。这就是:在当代世界,信仰不是万能的,但是,假如没有信仰,却又是万万不能的。而且,跟各位报告一下,今年我在人民出版社出版了一本55万字的新著——《信仰建构中的审美救赎》,它可以看作我上次的发言《到信仰之路——"新轴心时代"的价值建构》的全本,也可以看作我上次的发言《到信仰之路——"新轴心时代"的价值建构》的补充。那么,在此基础上,今年的会议我还可以再讲些什么呢?无疑,顺理成章,仍然应当是我自己关于信仰建构这个大目标的有关思考,也仍然应当是我自己对于"新轴心时代"的价值建构的回应。也因此,这次的会议我准备进而谈一下自己对于信仰建构的核心——爱的建构的一点看法,期望引起关注,更希望引起讨论。

当然,也许有朋友会说,倘若上次我所提出的"信仰建构"的问题还是为了引出对于审美救赎的关注,那么,这次的对于"爱"的问题的思考是否已经超出了我所从事的专业——美学的范围?也因此,我的讨论不妨就从关于美学自身的思考开始。

各位都知道,早在1985年,那个时候还只有二十多岁,我就开始"固执"地提倡生命美学,犹如弗洛姆所说:"数千年前,上苍向一个小部落说,'我把生命和死亡、祝福和诅咒放在你们面前——你们选择了生命。'这也是我们现代人的选择。"[①]显然,这也是我的选择,也是生命美学的选择。令人欣慰的是,历经种种艰难、种种磨难,无论去怎样评价生命美学,但是,在三十四年后的今天,我毕竟可以说,生命美学面对的确实已经不再是提出得"对"与"错"而是贡献"大"与"小"的问题了。"沉舟侧畔千帆过,病树前面万木春。"生命美学已经成年!

而要说到生命美学,我的具体想法始终都是一贯的,三十四年中没有过变化。生命美学的名称,是因为当年要面对的是李泽厚先生的"实践美学",其实,准确地说,它应该被称为情本境界论的生命美学或者情本境界生命论的美学。我审美故我在,是它的主旋律。生命即审美、审美即生命,与"因生命而审美"、"因审美而生命",则是它的主题。当然,当年我提出这一切的时

---

① 弗洛姆:《健全的社会》,欧阳谦译,中国文联出版公司1988年版,第373页。

候,还像今天坐在后排的那些研究生们那样年轻——也许比他们还要年轻,因为当年我只有二十八岁。不过,生命美学固然有自己的"不变",但是也还毕竟应该与时俱进。古人说:"笔墨当随时代",其实,美学也必须如此!那么,在信仰建构以及"新轴心时代"的价值建构这个大目标下,生命美学的下一站应该是走向哪里呢?当然,如果不去审慎思考的话,现成的回答就是向下走:走向艺术、文化、生态、生活、身体……在这个方面,今天在座的王杰教授无疑应该十分熟悉。我跟王杰教授是相识了好多年的朋友,他在南京大学工作的时候我们是住上下楼,经常在散步的时候就碰着了。王杰教授很清楚,我们美学界一般选择的就是这样的向下走的策略,也许,我们可以称之为:泛美学化。但是,今天我要说的是,我的想法有所不同。美学的走向艺术、文化、生态、生活、身体……当然都很重要,我也并不反对。但是,在我看来,美学所亟待走向的,却不是这些,也就是说,不是向下走,而是向上走,这意味着:应当走向的,是哲学。换言之,在我看来,回归哲学,才是美学之为美学的必然归宿。这是因为,其实艺术、文化、生态、身体……尽管都与美学有关,但是却都并非美学自身逻辑的必然。哲学则不然。只要我们回顾一下为什么几乎所有的大哲学家都是以美学作为必然归宿,但是却很少是以艺术、文化、生态、身体……作为必然归宿,就不难猜想,哲学,只有哲学,才与美学存在着逻辑的必然,也才是美学之为美学的必然归宿。遗憾的只是,几乎所有的大哲学家都意识到了这一问题,但是,却很少有美学家能够清醒意识及此。例如,在中国,在这个方面最为清醒的,是李泽厚先生。因此,尽管我跟李先生一直都是争辩的对手,而且即便是在他九十高龄宣布封笔之际,也还是没有忘记对生命美学予以严厉"拒绝",但是,我却十分认可李先生的美学——哲学的思考路径,因为,三十四年里,从情本境界论的生命美学或者情本境界生命论的美学到"万物一体仁爱"的生命哲学,生命美学也是毅然这样去选择、这样去做的。

在我看来,走向哲学,无疑正是美学的必然。美学的深化必然导致哲学的出现,而能够深化美学的哲学也才是真正的哲学。

首先,在我看来,哲学作为人类生存意义的价值追问,是严格区别于伦理学的对于善的追问、经济学的对于利的追问、宗教学的对于神圣的追问、政治学的对于正义的追问以及人们在日常生活中的对于幸福的追问的,相比之下,在这当中,唯有哲学才是正面而且直接地去追问价值本身。由此不难发现,借助审美之维,恰恰可以正面而且直接地去追问价值问题。遗憾的是,在这个方面,我们的哲学研究还始终存在着非哲学化的倾向。在历史上,哲学曾经以科学、道德、宗教的面目出现过,在西方,是哲学从真出发;在中国,是哲学从善出发。哲学研究的科学化、道德化与宗教化屡见不鲜,或者侧重于合规律性,或者侧重于合目的性,不是以美入真,就是以美为善,然而,始终被遗忘了的,却是合规律性与合目的性的统一,也就是从美出发。其实,哲学的真正面目,恰恰应该是美学。真正值得期待的,也正是哲学研究的美学化。而且,求真活动、向善活动都只有在审美活动的基础上才会成为可能。也因此,只有审美活动才具备本体论地位。换言之,审美活动是出于人、同于人、为了人的活动,尽管与求真活动、向善活动并列,但是却不是人的活动的一个层面的活动,而是人之为人的本体性的活动。这就是我说的"我审美故我在"。也因此,对于审美活动的研究也就不是哲学研究的一个方面,而是哲学研究的根本。

在这个意义上,哲学的美学化,亦即美学中的哲学问题就成为一个重要的研究领域。它为哲学研究提供了一个特殊的视角,使我们得以更加深刻地理解哲学,也更加深刻地理解人。生命美学经常强调的所谓"在审美活动中隐含着解决哲学问题的钥匙"、所谓"哲学研究的审美维度"、所谓"从审美维度去理解哲学",也都是对此的呼吁。由此,我们回想一下康德的将审美判断力作为整座形而上学大厦的基石,谢林的将艺术哲学作为哲学的拱心石,叔本华、尼采提倡的以艺术作为"生命的形而上学",海德格尔提倡的"诗意的思"去拯救哲学,杜夫海纳提醒我们去关注的美学对哲学的主要贡献,伽达默尔提醒的要在艺术经验中确证"解释学的真理",以及杜威所呼吁的"艺术即经验",就会恍然大悟。而且,我自己也在1997年就出版了《诗与思的对话——审美活动的本体论内涵及其现代阐释》(上海三联书店),其中的主旨,就是对于美学中的哲学问题的初步思考,也就是通过"诗"与"哲学"的对话,从审美维度出发重建哲学。"只有诗配享有与哲学和哲学运思同等的地位。"①海德格尔的告诫,也就是我在二十二年前的所思所想。

　　再联想一下我在其他场合谈到的生命美学的从现象学的本体维度到存在论的价值维度的转进,就会更加清楚。竹内敏雄指出的:"现象学方法虽然适用于对美的现象本身做精密的解析,却不足以说明人生中美的根本意义,使人类本来的'形而上学的要求'得到满足。现象学美学向存在主义方向发展是必然的。"②而我也多次指出,就国内的后实践美学而言,例如超越美学与生命美学,同为现代主义,是其中的共同之处,但是,超越美学主要是现象学的,生命美学却主要是存在论的。由此来看,走向哲学,就不但是美学的必然,而且尤其是生命美学的必然。因为生命美学恰恰是介于美学与哲学之间的,其中既包含了哲学中的美学问题,也包含了美学中的哲学问题。盖格尔在《艺术的意味》中说过:"与美学相比,没有一种哲学学说,也没有一种科学学说更接近于人类存在的本质了。它们都没有更多地揭示人类生存的内在结构,没有更多地揭示人类的人格。因此,对于解释全部存在的一部分来说,对于这个世界的人的方面来说,与其说伦理学、宗教哲学、逻辑学,甚至心理学是核心的东西,还不如说美学是核心的东西。"③我要说,对于美学而言,无疑正是如此,而对于生命美学而言,无疑则是尤其如此。

　　其次,走向哲学,无疑也正是新轴心时代的必然。

　　由此就又回到了这次会议的主题——新轴心时代的价值建构。

　　当然,首先要提及的是"新轴心时代"与"轴心时代"的区别。所谓"轴心时代",可以称之为人类的第一次"精神化"。关于"新轴心时代",目前学术圈的看法不太一致。在我看来,不论是否存在新旧之分——刚才黄玉顺教授也在追问这个问题,人类关于轴心时代的故事都要重新讲一遍。因此,也有人称之为"全球时代"(阿尔布劳),或者"第五文明时代"(以电脑技术为标

---

① 海德格尔:《形而上学导论》,熊伟等译,商务印书馆1996年版,第26页。
② 参见《马克思主义文艺理论研究》编辑部编选的《美学文艺学方法论》上册,文化艺术出版社1985年版,第138页。
③ 盖格尔:《艺术的意味》,艾彦译,华夏出版社1999年版,第194页。

志,麦戈伊)。这一切,当然是根源于"新轴心时代"的特殊背景,这就是:虚无主义的莅临。众所周知,19世纪的问题是"上帝死了",20世纪的问题是"人死了"。由此,"我们从何处来?我们是什么?我们向何处去?"在20世纪也就统统成为了严峻的问题。这就是所谓"虚无主义意味着,最高价值的自行贬黜。"[1]它是一种现代之后的特定现象。在过往的将"最高价值"绝对化之后,虚无主义则是将"虚无"绝对化。而且,一旦"虚无"被绝对化,它也就成了绝对的否定,成了关于"虚无"的主义。当然,这是一种完全错误的逻辑倒置、否定性的逻辑倒置,蕴含着深刻的逻辑错误,但是,也折射出现代化进程中的某种内在困惑。潘尼卡称之为"多元论困境",池田大作称之为"负面重力"。换言之,在将"虚无"绝对化之后,也就成了关于"虚无"的主义。在此基础上,即便没有新轴心时代,那么也应该存在轴心时代的2.0版。这也就是说,"轴心时代"和"新轴心时代"都是人类的故事,只不过是人类把这个故事讲了两次。一次是人跟上帝讲,一次是人跟自己讲。它意味着人类对于生命意义、生命价值的第二次反省。而且,过去的反省是建立在人与神的对话基础上,其核心是"上帝";而现在则转换为人与人的对话,其核心是"爱"。也就是说,在上帝死了以后,人类必须把自己的故事重新讲一遍,人类必须学习自己解决自己的困惑。

具体来说,其中存在三个重要转变:首先是从世界史的思考转向全球史的思考,这意味着过去只是自在的,而现在却已经是自觉的。轴心时代,从雅斯贝斯开始,人类意识到世界有世界史,但是过去中国却一直没有这个概念,所谓"全世界"完全就是中国。但是,现在的"新轴心时代"提出的已经不是世界史,而是全球史,也就是说,人类对于"人类共同体"的关注已经从"自在意识"到了"自觉意识"。结果,进入了多元互动,欧美不再是中心,中国文化不再是"外缘他者",而成为"对等他者",甚至成为"轴心他者"。其次,从非技术的思考转向技术化的思考。这个问题刚才陈昌凤教授已经提及,在"轴心时代",人类的故事是用非技术的语言去讲述的,而在"新轴心时代",人类的语言却是用技术的语言来讲的。最后,是从彼岸的神性的宗教的思考转向此岸的人性的诗性的思考。过去用神性的语言去讲述人类的故事,是彼岸的讨论,是人与上帝的对话。但是"新轴心时代"却是用人性的语言去再一次讲述人类的故事,它是此岸的讨论。

也因此,从"轴心时代"到"新轴心时代",有两个核心概念就是我们必须把握的:第一个核心概念叫作"上帝",也可以把它叫作理性或彼岸,或是道德。总之,就是过去我们所看到的对于哲学的理性化的讨论、道德化的讨论、宗教化的讨论,等等。第二个核心概念,应该叫作"爱"。? 也正如达芬奇所疾呼的:"只有爱才是世界的钥匙。"总之,必须从"上帝"走向"爱",当然,这也就是走向"我爱故我在"。

无疑,这一切都是根源于对于人类的自由的思考。只不过,过去关于这个问题的讨论是建立在宗教的基础之上的,是以神性的方式理解"自由",而今天则要转向人性的方式,是以人性的方式去理解"自由"。当然,这都是拜虚无主义的时代所赐,我们本来是人,却无法像人那样活着。为什么会如此?又为什么要如此?虚无主义时代使得每一个人都成为工具,成为角色性的存在、对象性的存在。世界也因此而成为"它"—"他",合称为"他者",但是,却都不是"你"。然而,人无论如何却都不是工具,他可以是角色性的存在,也可以是对象性的存在。但是就其本质而言,却必须是也只能是超越这一切的存在,也就是自由的存在。因此,亟待重返自由。如果把人仅仅当作工具对待,也就否定了人的自由。康德说:人是目的。昭示着我们的恰恰就是这一点。

进而,自由的觉醒必然伴随着爱的觉醒。这是因为,爱,正是守于自由而让他人自由。爱是自由的觉醒的必然结果。由此我们才得以理解弗洛姆的思考:"实现人的精神健全依赖于一种迫切的需要,即同他人结合起来的需要。在所有的现象背后,这种需要促成了所有的亲密关系和情感,这些在最广泛的意义上可以称之为爱。"① 也得以理解马克思所说的,"我们现在假定人就是人,而人同世界的关系是一种人的关系,那你只能用爱交换爱,只能用信任交换信任,等等。""假定人就是人",就是对于"自由"的假定。它意味着:我们必须重建哲学,必须重建一种"以人的方式理解人"的哲学,而这

---

① 弗洛姆:《健全的社会》,欧阳谦译,中国文联出版公司1988年版,第28页。

也就意味着：在爱的基础上重建哲学。或许，我们可以把它称为第二次的人道主义的革命——爱的革命。

然而，值得注意的是，由于爱内在地靠近人类的根本价值，也内在地隶属于人类的根本价值，因此，并不是任何一种文化都有着机会均等的研究契机，而是只有中国文化与古希腊文化、印度文化有得天独厚的优势。必须看到，尽管世界上有形形色色的文化，但是，并非所有文化都具有世界性影响，都有机会参与创造人类的历史，并且因此而具有世界史的意义，在这个方面，中国文化与古希腊文化、印度文化都并非人类文化的因变量，而是人类文化的自变量，因此也就都禀赋着得天独厚的优势。例如，我们都很熟悉，"你要别人怎样待你，你就要怎样待人"，这是西方提出的可以称之为以肯定性、劝令式的方式来表达的"爱的黄金法则"；而"己所不欲，勿施于人"，则是以否定性、禁令式的方式表达的中国的"爱的黄金法则"，而且，还比西方早提出了五百多年。具体来说，在印度的宗教，尽管是多神教，但是却孕育了"慈悲"的思想。在西方，基督教提出了"博爱"，基督教是一神教，在其中人与上帝是自由者与自由者的关系，尽管上帝的自由是绝对的，人的自由只是有限的。正如黑格尔所说："只有在基督教的教义里，个人的人格和精神才第一次被认作有无限的绝对的价值。"威廉·巴雷特在论及基督教的历史贡献的时候曾经断言"这个转变是有决定性的"。奥古斯丁之所以在四主德即智慧、勇敢、正义、节制之外又提出了信仰、希望和爱，原因就在这里。由此，它孕育了"博爱"的思想。中国的哲学就是生命哲学，也是生命的学问。而且，不同于西方和印度都得往往以生命为负，在中国，是以生命为正。首先是孔子，提出"仁者人也"。《论语·里仁》曰："苟志于仁矣，无恶也。"仁就是人，人也就是仁。而且，"仁者爱人"。不过，这毕竟只是中国哲学的第一站，所谓先秦诸子时代的传统万物一体论。第二站，是在宋代道学思潮中出现的新形态的万物一体论。其中最为引人注目的，是多了一个"仁"。所谓"万物一体之仁"。这堪称是宋代新儒家的一大贡献。

例如张载，他率先提出了仁者的大生命观："天地之塞，吾其体；天地之帅，吾其性。民，吾同胞；物，吾与也。"不过，却还没有把"一体"与"仁"联系起来,也没有把"视天下无一物非我"与"仁"联系起来。程颢的"万物一体之仁"的重心则开始发生悄悄的偏移:以天下万物一体为爱的共同体。到了王阳明,则再次从客体向主体偏移,走向了人之为人的情感呈现的"仁"。

由此,孔子的"天下归仁"到了王阳明,成为了天下归于吾人,"归仁"说和"万物一体"说被结合了起来。尽管仍旧是万物一体共生,但是,现在的万物一体已经不是一般意义上的万物一体,而是必须以仁为基础的万物一体了。而且,更为重要也更为关键的是,这里的"仁"已经并非伫立于我—它之间、我—他之间,而是伫立于我—你之间了。

这样,不论是"博爱""慈悲"还是"仁爱",也就都可以归结为:爱!13世纪的神学大师安多尼在每次讲学时候都会以此作为开场:"学问若不转向爱,有何价值?"其实,我们也可以把这句话作为"新轴心时代"的开场。

也因此,爱,始终也是我所提倡的。多年以来,在生命美学的建设中,我会时常提及所谓两个"美学的觉醒"——"信仰(爱)的觉醒""个体的觉醒"。早在1991年,我就提出:"生命因为禀赋了象征着终极关怀的绝对之爱才有价值,这就是这个世界的真实场景。""学会爱,参与爱,带着爱上路,是审美活动的最后抉择,也是这个世界的最后选择!"后来,我进而意识到:"'带着爱上路'的思路要大大拓展",因此,我又出版了专著《我爱故我在——生命美学的视界》(江西人民出版社2009年版)。之所以念兹在兹,当然是因为我的对于在爱中所蕴含的作为最大公约数与公理的共同价值的觉察。

它意味着:以尊重所有人的生命权益作为终极关怀,也以尊重所有物的生命权益作为终极关怀。并且,以尊重为善,以不尊重为恶,因此,超出于工具性价值去关注作为人的目的性价值、作为物的目的性价值,就是其中的关键之关键。同时,把世界看作自我,把自我看作世界,世界之为世界,成为一个充满生机、生化不已的泛生命体,人人各得自由,物物各得自由。人,则是其中的"万物灵长""万物之心",既通万物生生之理,又与万物生命相通,既与天地万物的生命协同共进,更以天地之道的实现作为自己的生命之道。从而,去提倡爱,提倡为爱转身,其实强调的是一种"获得世界"的方式。正如西方的《圣经·新约》说的:"你们必通过真理获得自由";也正如陀思妥耶夫斯基《卡拉马佐夫兄弟》中的佐西马长老说的:"用爱去获得世界"。

当然,这一切也并不容易。因为我们所面临的巨大困惑在于:亟待把彼岸的哲学变成此岸的哲学,也就是把彼岸的"仁爱""博爱""慈悲"变成此岸的"爱"。在这个方面,费尔巴哈的工作给予我们以深刻的启迪。他力图在无神的基础上重建爱,把宗教世界归结于世俗基础,无疑十分成功。但是,他没有注意到的是,"在做完这一工作之后,主要的事情还没有做。""主要的事情"何在?就在于"对宗教的批判是其他一切批判的前提","只有对自然力的真正认识,才把各种神或上帝相继从各个地方撵走"。但是,在"自然力"之后,更重要的是,还应该是对于"精神力"(无神的信仰、爱)的思考。而且,现在要做的,无疑正应该是:揭示"精神力"结构的秘密——爱的"精神力"结构的秘密。正是因此,马克思才会提示我们,要"力求把信仰从宗教的妖术中解放出来"。人之为人的不可让渡的尊严、权利过去是借助上帝来变相呵护的,现在则直接由人自己来出面呵护了。而且,"因宗教而有爱"的西方是从"非宗教"走向爱,宗教并不永恒,但是,爱永恒。宗教只是爱的载体,爱是高于宗教的。"因伦理而有爱"的中国则是从"非伦理"而走向爱。总之,人是自然的一部分,但是在人自身也还有超出自然的部分。这超出自然的部分无疑不能用自然的方式来表达,而只能用精神的方式去表达。正如卡西尔所说:"人的本质不依赖于外部的环境,而只依赖于给予他自身的价值。"这"自身的价值",必须是自己规定自己,而不应是他物规定自己,也必须是超越作为他物规定的感性,必须是来自精神的自我理解,来自对于自身的精神的反思。它当然也必然就是:爱!

西方学者蒂利希指出:爱是人生的原体验。弗洛姆也说过:"爱,真的是对人类存在问题的唯一合理、唯一令人满意的回答。法国哲学家巴迪欧呼吁:"捍卫爱,这也是哲学的一个任务。"吕克·费里则提示:"爱将成为我们所有人无条件相信的唯一价值。"显然,爱,是哲学的主旋律;哲学,是爱的多重变奏。在此基础上,重建人类的爱的巴别塔,其实也就是重建人的新哲学。源于此,相对于李泽厚的"人类学历史本体论"的哲学观,1991年我就提出了"万物一体仁爱"的生命哲学(简称"一体仁爱"的生命哲学)。"我爱故

321

我在",是其中的主旋律(为此,2009年,我甚至曾经以"我爱故我在"作为我的一部专著的书名,参见我的《我爱故我在》,江西人民出版社出版,2009年)。爱即生命、生命即爱与"因生而爱"、"因爱而生"则是它的主题。而且,它并非西方的所谓"爱智慧"与智之爱,而是"爱的智慧"与爱之智。并且,在我看来,这也正是历史所昭示于我们的一种打开世界的中国方式。

而这也就再一次地回到了美学,尤其是回到了生命美学。

一般而言,哲学是"纯粹的思",宗教是"超验表象的思",诗(审美、艺术)是"感性直观的思"。它们都体现了"时代精神的精华""文明的活的灵魂"的"自觉"与"觉醒",也都体现了人类之爱。只是,过去西方主要是以宗教是"超验表象的思"的形式去体现,中国主要是以哲学的"纯粹的思"的形式去体现(当然,在中国始终没有哲学的"纯粹的思",而是伦理哲学的不太"纯粹的思")。然而,在新轴心时代,生命的、诗性的维度正在取代理性的、逻辑的维度;诗性思维正在取代理性思维、道德思维、宗教思维;诗性生存正在取代理性生存、道德生存、宗教生存;诗性拯救正在取代理性拯救、道德拯救、宗教拯救。与此相应,在"人与神"的时代,是以神为中心,通过宗教,传播的是上帝救赎的福音;在"人与人"的时代,是以人为中心,通过审美与艺术,传递的是审美救赎的福音。值此之际,"诗人也像哲学家那样,试图对整个生活作真实的解释。"[1]于是,美学也就必然会走向了对于爱的建构,走向了哲学。

因此,不论是从美学的必然,还是从新轴心时代的必然,从美学回到哲学——回到对于爱的思考,不难看出,也就都是必然的必然。

最后,我要说——

1923年,陈寅恪先生在《冯友兰〈中国哲学史〉下册审查报告》中写道:"佛教经典云:'佛为一大事因缘出现于世。'中国自秦以后,迄于今日,其思想之演变历程,至繁至久。要之,只为一大事因缘,即新儒学之产生及其传衍而已。"而熊十力不但把释迦牟尼的出现慧眼独具地称为"一大事因缘出

---

[1] 库恩:《美学史》上卷,夏乾丰译,上海译文出版社1989年版,第10页。

世",还曾勉励他在中央大学任教时的弟子唐君毅等人云:"大事因缘出世,谁不当有此念耶?"王夫之也曾自题座右铭云:"吾生有事。"

而今,为"爱"辩护,构建呼唤爱、捍卫爱的新哲学,也"为一大事因缘出世"。

因此,"谁不当有此念耶?"

哲人有言:陀思妥耶夫斯基的作品"相信的是人类灵魂的无限力量,这个力量将战胜一切外在的暴力和一切内在的堕落,他在自己的心灵里接受了生命中的全部仇恨,生命的全部重负和卑鄙,并用无限的爱的力量战胜了这一切,陀思妥耶夫斯基在所有的作品里预言了这个胜利"。

毫无疑问,人类的审美与艺术已经"预言了这个胜利"——爱的胜利!

不难预见,在不远的将来,哲学,也必将承担起自身的天命,也亟待去"预言了这个胜利"——爱的胜利!

因此,"谁不当有此念耶?"

因此,"吾生有事"!

在"新轴心时代"的价值重构中,从美学回归哲学,回归爱,这,应当就是我们的"大事因缘"!

谢谢!

2019年11月6日,杭州,西湖畔

## 构建呼唤爱、捍卫爱的新哲学
——"西湖秋色"学术雅聚的学术人物专访

尊敬的潘知常教授,您好!非常感谢您百忙之中参加我们浙江大学的"西湖秋色"学术雅聚,并接受我们的学术人物专访。

请您就以下几个问题谈谈您的观点,谢谢!

1."新轴心时代"的提法在世纪之交成为国际学界讨论的热点,国内尤其以汤一介先生为著。这一提法理论上接续德国哲学家雅斯贝尔斯1949年的观点而来,您对这些提法和理论有何评论?您怎样理解我们这个巨变时代的文化?

**潘教授**:关于新轴心时代,目前学术圈的看法不太一致。在我看来,不论是否存在新旧之分,人类关于轴心时代的故事都要重新讲一遍。因此,即便没有新轴心时代,那么也应该存在轴心时代的2.0版。它意味着人类对于生命意义、生命价值的第二次反省。而且,过去的反省是建立在人与神的对话基础上,其核心是"上帝";而现在则转换为人与人的对话,其核心是"爱"。也就是说,在上帝死了以后,人类必须把自己的故事重新讲一遍,人类必须学习自己解决自己的困惑。具体来说,其中存在三个重要转变:首先是从世界史的思考转向全球史的思考,这意味着过去只是自在的,而现在却已经是自觉的;其次,从非技术的思考转向技术化的思考;最后,是从彼岸的神性的宗教的思考转向此岸的人性的诗性的思考。正如柏拉图所提示的:"谁若不从爱开始,也将无法理解哲学";也正如达芬奇所疾呼的:"只有爱才是世界的钥匙"。总之从"上帝"走向了"爱",走向了"我爱故我在"。

您说的"爱"能否做一个具体的解释?

**潘教授**:爱是自由的觉醒的必然产物。自由的觉醒必然伴随着爱的觉醒。

人不是别人达到目的的手段,而永远只是他自己的目的。因此,不允许自己被别人当作手段,也不允许把别人当作手段。真正的爱就是维护自由并且让他人也自由。我爱自己,同时也能够把他人当作自己去爱。换言之,只有我能够把他人当作我自己那样去爱,我才做到了真正地爱自己。马克思说:"我们现在假定人就是人,而人同世界的关系是一种人的关系,那么你就只能用爱来交换爱,只能用信任来交换信任,等等。"因此,西方学者蒂利希才指出:爱是人生的原体验。这也就是说,爱是人之为人的根本体验。你是一个人?那你就一定会与爱同在。你要像一个人一样去生活?那你也就一定要与爱同在。爱,是对于人类社会人类生命的"在"或者"不在"的终极关怀。保罗说:"我活着,然而不是我活着,而是基督在我身上活着。"我把这句话推演一下,"我活着,然而不是我活着,而是爱在我身上活着。"正如西方《圣经》的《新约》说的:"你们必通过真理获得自由",我把这句话再推演一下,"你们也必通过爱获得自由"。因此,陀思妥耶夫斯基《卡拉马佐夫兄弟》中的佐西马长老才会说:"用爱去获得世界"。

2. 您在1985年曾批评"冷美学",提倡构建"源于生命,同于生命,为了生命"的"新美学"。请问,您如何看待"新美学"与新轴心时代价值传播的关系?是否可以说,新美学就是一种"新轴心时代的价值传播"?

**潘教授**:生命美学当然是"新轴心时代的价值传播"。我在1985年提出生命美学的时候,就是因为注意到了实践美学的冷冰冰的、无视生命的根本缺憾。因此,生命美学不但是美学,更是哲学——一种新哲学,在它的背后,意味着全新的价值观念的提升和转型,这就是我所说的"我爱故我在"。生命即爱、爱即生命和因生命而爱、因爱而生命,隐含于其中的是从彼岸的上帝回到此岸的人之后的第二次人类的人道主义的革命,也是人类价值观的第二次革命,我称之为"爱的革命"!因此,对于生命美学的关注,必须进而去关注在它背后的生命哲学,也必须进而去关注在它背后的价值传播。而且,必须看到,走向哲学也是美学的必然。因为哲学研究的非哲学化倾向始终都令人遗憾地存在。哲学曾经以科学、道德、宗教的面目出现过,哲学曾经从真出发(西方),哲学也曾经从善出发(中国),哲学研究有过科学化、道德化乃至宗教化,然而,其实哲学应该禀赋的面目却是美学。因此,真正值得期待的恰恰是哲学研究的美学化。这样,也就必然成为"新轴心时代的价值传播"。

是否可以这样理解:新轴心时代应该以"爱"为信仰,它是超越宗教,无关有神无神,而是以人道主义为根本的一种信仰?

**潘教授**:是的,过去是在宗教的背景上对于"信仰"的思考,现在却是要进而在"爱"的基础上的对于"信仰"进行再思考,是"无宗教而有信仰"。

什么是"无宗教而有信仰"?

**潘教授**:就是在无神的基础上重建信仰、重建爱。

在这里,无神,是必须的前提。1871年,恩格斯在一封信中说:"要知道,马克思和我本来差不多就像巴枯宁一样早就是坚定的无神论者和唯物主义者"。①请注意,"无神论者"和"唯物主义者",这两者在这里被并列了起来。显然,无神论和唯物主义两者,在恩格斯看来,必须是一身而二任的。因此,"一切宗教都不过是支配着人们日常生活的外部力量在人们头脑中的幻想的反映",②而今,这个宗教中的"幻想的反映"已经消失,"由清一色的无神论者所组成的社会是能够存在的,无神论者能够成为可敬的人"。"他宣告了不久将要开始存在的无神论社会的来临"。③ 不过,必须"注意到,在做完这一工作之后,主要的事情还没有做"。④ 那么,这"还没有做"的"主要的事情"是什么? 就是信仰的建构。恩格斯指出:"只有对自然力的真正认识,才把各种神或上帝相继从各个地方撵走"。⑤ 但是,要完成信仰的建构,"自然力"就远远不够了,还亟待"精神力"的建构,亦即信仰的建构。借用1844年马克思和恩格斯在他们合著的第一本著作《神圣家族》中所说的:揭露了青年黑格尔派和黑格尔的唯心主义"思辨结构即黑格尔结构的秘密"之后,⑥现在要做的,无疑应该是:揭示"精神力"结构的秘密。

在"爱"的基础上的对于"信仰"进行再思考,就是为了"揭示'精神力'结构的秘密"。

那么,您对于"爱"的提倡与咱们的上一次会议中您对于"信仰"的提倡应该是一脉相承的吧?

**潘教授**:是的,熟知生命美学的人都会想起,所谓"万物一体仁爱"的生命哲学涉及到我时常提及的所谓两个"美学的觉醒"——"信仰(爱)的觉醒""个体的觉醒"中的"信仰(爱)的觉醒",也涉及到我频频强调的美学研究的信仰维度、爱的维度。

---

① 《马克思恩格斯文集》第10卷,人民出版社2009年版,第362页。
② 《马克思恩格斯文集》第9卷,人民出版社2009年版,第333页。
③ 《马克思恩格斯文集》第1卷,人民出版社2009年版,第330页。
④ 《马克思恩格斯文集》第1卷,人民出版社2009年版,第504页。
⑤ 《马克思恩格斯文集》第9卷,人民出版社2009年版,第356页。
⑥ 《马克思恩格斯文集》第1卷,人民出版社2009年版,第276页。

早在1991年，我就提出："生命因为禀赋了象征着终极关怀的绝对之爱才有价值，这就是这个世界真实场景"，"学会爱，参与爱，带着爱上路，是审美活动的最后抉择，也是这个世界的最后选择！"①后来，我进而意识到："'带着爱上路'的思路要大大拓展"，②因此，我又出版了专著《我爱故我在——生命美学的视界》（江西人民出版社2009年版）、《没有美万万不能——美学导论》（人民出版社2012年版）、《头顶的星空——美学与终极关怀》（广西师范大学出版社2016年版）。同时，《上海文化》2015年分为上、中、下篇，连载了我的约五万字的论文《让一部分人在中国先信仰起来——关于中国文化的"信仰困局"》，其中，信仰的维度、爱的维度以及"让一部分人在中国先爱起来"，也是一个重要的讨论内容。随之，《上海文化》从2015年10期开始，开辟了专门的关于信仰问题的讨论专栏。2016年，发表了著名学者陈伯海的《"小康社会"与"信仰困局"——"让一部分人在中国先信仰起来"之读后感》、著名学者阎国忠的《关于信仰问题的提纲》、著名学者毛佩琦的《构建信仰，重建中华文化的主体性》等九篇讨论文章。同时，2016年3月6日，由北京大学文化研究发展中心、《上海文化》编辑部举办的"中国文化发展中的信仰建构"讨论会，2016年4月16日，由上海社科院文学所、《学术月刊》编辑部、《上海文化》编辑部主办的"中国当代文化发展中的信仰问题"学术研讨会也相继在北京、上海召开。而在2019年出版的拙著《信仰建构中的审美救赎》（人民出版社2019年版）中，对于"'带着爱上路'的思路"更是做了集中的讨论。

因此，我对于"爱"的提倡确实是与咱们的上一次会议中我的对于"信仰"的提倡完全一脉相承的。

3. 在您的文章《"以美育代宗教"的四个美学误区》中，您提到百年中国美学存在两种取向，一种取向是从蔡元培到李泽厚的实践论美学，存在着显而易见的缺憾；另一种取向则是生命美学。您认为这两种取向长期并存的

---

① 潘知常：《生命美学》，河南人民出版社1991年版，第298页。
② 潘知常：《我爱故我在——生命美学的视界》，江西人民出版社2009年版，第34页。

原因是什么？"生命美学"是否存在其缺憾？

**潘教授**：在20世纪中国美学的发展历程中，存在着两条清晰的轨迹，一条是从梁启超到实践美学，一条是从王国维到生命美学。它们之间存在着根本的差异：前者关注的是知识世界，后者关注的是意义世界；前者关注的是知识论范式，后者关注的是人文范式；前者关注的是认识论意义上的知如何可能，后者关注的是本体论意义上的思如何可能；前者关注的是"真理"，后者关注的是"真在"；前者关注的是实践，后者关注的是作为实践的根本前提的生命。在我看来，生命美学发展前景远比实践美学广阔，因为生命美学不但可以在中国美学传统中找到知音，而且可以在西方当代存在主义——现象学美学中找到知音。至于中国20世纪的百年美学更是自始至终都是以生命美学作为主旋律的。生命美学的不足，在我看来，主要是在生命哲学方面开掘还不够，还有较大的提升空间。全世界的哲学家，无论东西方，往往是从哲学走向美学，但是美学自己却没有意识到这一重大契机，没有及时走向哲学。应当说，生命美学在这个方面有着更强的生命力，因为在审美本体化或者本体审美化以及力主审美的途径（直觉、体验、想象、隐喻等）是通向本体的最佳途径等方面，生命美学本来就是素所提倡。当然，这也是我在提出了生命美学三十四年之后，适时地逐渐把研究领域转向生命哲学的根本原因。

应该如何理解您所提倡的生命美学呢？

相对于李泽厚先生的"实践美学"，我所提倡的美学，可以称之为："生命美学"。生命美学以爱为纬，以自由为经，以守护"自由存在"并追问"自由存在"作为自身的美学使命。在生命美学看来，审美活动是一种以审美愉悦（"主观的普遍必然性"）为特征的价值活动、意义活动。它是人类生命活动的根本需要，也是人类生命活动的根本需要的满足。因此，美学之为美学，就是研究进入审美关系的人类生命活动的意义与价值的美学，就是关于人类审美活动的意义与价值之学。"我审美故我在"，是其中的主旋律。生命即审美、审美即生命与"因生命而审美"、"因审美而生命"，则是它的主题。

显然，生命美学同样与我时常提及的所谓两个"美学的觉醒"——"个体的觉醒"与"信仰（爱）的觉醒"密切相关，而且，更与"个体的觉醒"密不可分。

在它看来,"个体的觉醒"意味着美学研究的逻辑前提的"觉醒"。因此,类似于海德格尔对于"此在"与"世界"的思考,生命美学也进而从"我们"与"世界"转向了"我"与世界(熊伟先生曾提示:"此在"即"我在"),转向了奠基于"我"—"世界"之上的存在论—现象学—解释学三位一体的美学。

具体来说,从生命活动入手来研究美学,涉及到人的活动性质的角度,更涉及到人的活动者的性质的角度,而就人的活动者的性质的角度来看,只有从"我们的觉醒"走向"我的觉醒",才能够从理性高于情感、知识高于生命、概念高于直觉、本质高于自由,回到情感高于理性、生命高于知识、直觉高于概念、自由高于本质,也才能够从认识回到创造、从反映回到选择,总之,才能够回到审美,所谓"我在,故我审美!"由此,生命美学的全部内容得以合乎逻辑地全部加以展开。倘若以一句话来总结,则可以叫作:"视觉的工作已经完成,现在轮到灵魂的工作。"(里尔克)

4. 您认为影视等大众文化是否应当承担大众美育的责任?

**潘教授**:影视等大众文化已经成为当代社会的主要消费方式,因此,早在1995年的时候我就写了《反美学——在阐释中理解当代审美文化》,后来又写了《大众传媒与大众文化》。我所期望的,是大众文化能够既不要"不到位"也不要"越位",而应该为提升当代的审美观念做出自己的贡献。遗憾的是,这么多年过去了,国内开始出现了扫盲(美盲)的一致呼声,显然,大众文化并没有在审美教育方面尽到自己的职责,还有待努力和改进。

其中的关键问题何在呢?

**潘教授**:影视等大众文化背后所蕴含的,是对于20世纪精神生产与消费的内在机制与文化异化之间的根本联系的深刻反省。

俄罗斯小说家叶甫盖尼·扎米亚金说过:"欧几里得的世界非常容易,爱因斯坦的世界非常艰难。然而,现在却不可能回到欧几里得的世界中去了。没有任何革命、任何异端邪说会使人感到舒适。因为它是一个飞跃,是对平滑的进化曲线的突破,突破又是伤口、疼痛。但这是一个必要的伤口:大多数人都在忍受着遗传下来的嗜睡症。不应该允许那些患有此病的人睡眠,否则他们就会进入最后的死亡之眠。"影视等大众文化的"世界"同样也

"非常艰难"。这同样"是一个必要的伤口"。

这样,作为一个研究者,一个影视等大众文化的见证人,我或许更为关心的是在影视等大众文化中出现的全新的理论课题,例如个体的审美愉悦与社会的审美共享的矛盾,以及享受生命与提升生命的矛盾,物质消费与精神创造的矛盾,或许,更为关心的还有从文化的民主化走向文化的庸俗化这一困惑,然而,作为一个思想者,一个21世纪文化的同路人,我更为关心的则是影视等大众文化中出现的关系到20世纪文化自身的世纪课题。这就是:与精神生产与消费的内在机制密切相关的文化"优化"与文化"异化",或者,在"非神圣形象中的自我异化"以及"生命中不可承受之轻"之中出现的自由意识的抗争与失落、文化本身的逍遥游与安乐死。在这当中,真实的东西与虚假的东西并存,现实的追求与虚幻的梦想共生;工具理性与价值理性、形式的合理性与实质的合理性激烈冲突……

更为引人瞩目的是:手段支配目的,形式合理性僭越价值合理性;美梦成真,甚至恶梦也能成真;闪耀着技术光芒的超前欲望汹涌而出,主体存在的精神基础分崩离析,自由的根本内涵一朝瓦解:没有了灵魂,没有了意义,没有了理想,一切只是潇洒、过瘾、开心;虚假的意识、消费的控制、颠倒的反映、欺骗的幻想、操纵的意图,欲望的叙事盛极一时;现实的矛盾、冲突都没有消失,但是被缚的普罗米修斯却不再反抗,而且在其中乐不思蜀……影视等大众文化因此而成为工具理性、形式合理性、手段、新的技术化的虚幻需要的合乎逻辑的延伸。

由此,不难看出:就对于20世纪精神生产与消费的内在机制与文化"优化"与文化"异化"的根本联系的深刻反省而言,影视等大众文化无疑是一个最为适宜的领域。

5. 在新一轮的科技变革和社会发展中,中国文化可以做出怎样的独特贡献? 为此,您对做好中国文化建设和传播工作有哪些建议?

**潘教授**:在新的发展中,中国文化有其不可取代的重要地位,因为中国文化与古希腊文化、印度文化一样,都不是人类文化的因变量,而是人类文化的自变量,因此在形形色色的文化中并不是所有文化都具有世界影响,也并不是所有文化都参与创造人类的历史并且因此而具有世界时代意义。可是,因为内在地靠近人类的根本价值,也内在地隶属于人类的根本价值,中国文化有着极为重大的特殊意义。因此,找到一种打开世界的中国方式,将是中国文化对社会发展的重大贡献。

6. 您如何评价新科技发展对文化精神和信仰体系的冲击?展望未来,人类文明的价值共识之形成是否会由中国及其传统主导?原因何在?

**潘教授**:新科技对人类精神的冲击引人瞩目。在我看来,它首先有其积极的意义,因为,它不但极大地拓展了人类精神的曾经被遮蔽的诸多领域,而且极大地激发了人类精神的自我反省。当然,它也有其缺点,这就是,在它背后所隐含的抽象的理性的思维方式和价值观念。至于中国文化是否可以主导世界,答案当然是否定的,因为这本身就是一种错误的提问方式,当今世界应该追求的是"各美其美,美美与共",也应该追求的是"求同存异""和而不同"。

其中的缺点,您能否说得更具体一点?

人类总需要一种"非如此不可"的东西。"沉重"或者"轻松",在人类文化的历程中无疑就是一种"非如此不可"的东西。对它而言,现实生活永远并非"就是如此",而是"并非如此"。而且,对于生活,它永远说"不",而对理想,它却永远说"是"。世界、人生都犹如故事,重要的不在多长,而在多好。这,就是它的坚定信念。俄狄浦斯的自残,安娜·卡列尼娜的自杀,贾宝玉的出家,泰戈尔的主人公的拆骨为柴,高尔基的主人公的燃心为炬,以及"理想在别处"、"幸福在别处"、"爱情在别处"、"美在别处"、"火中凤凰"、"锁链上的花环"、"彼岸世界的枷锁"、废墟上的"蓝花"和"重如泰山"与"轻如鸿毛"的对比,则正是这一文化的写照。因此,我们可以称之为:神圣文化。其根本特征,则是:"非如此不可"的"沉重"。

然而,进入20世纪,这种"非如此不可"的"沉重"却逐渐被"非如此不可"的"轻松"所取代。对它而言,现实生活永远不是"并非如此",而是"就是如此"。而且,对于生活,它永远说"是",而对理想,它却永远说"不"。世界、人生都犹如故事,重要的不在多好,而在多长。这,就是它的坚定信念。因此,我们可以称之为:物性文化。其根本特征,则是:"非如此不可"的"轻松"。

由此,人类文化经过20世纪的艰辛努力,一方面消解了"非如此不可"的"沉重",另一方面却又面对着"非如此不可"的"轻松";一方面消解了"人的自我异化的神圣形象"(马克思),另一方面却又面对着"非神圣形象中的自我异化"(马克思)。这"非神圣形象中的自我异化",这(发展到极端的)"非如此不可"的"轻松",就正是新科技对人类精神的冲击的必然结果。

7. 请从您的学术立场出发,为新科技时代的文化建设提供若干条共同价值观。

**潘教授**:我们应该从基督教的"博爱"、印度教的"慈悲"与中国传统的"仁爱"基础上加以提升。它意味着"以人的方式理解人",意味着维护自由而且让人自由。一方面,它体现为"你要别人怎样待你,你就要怎样待人"的肯定性的"爱的黄金法则",另一方面,它体现为"己所不欲,勿施于人"的否定性的"爱的黄金法则"。总之,它们不再是人们熟知的所谓"爱智"与"智之爱",而是"爱的智慧"与"爱之智"。我多年来曾经反复说,这是中国思想文化建构中的"大事因缘",为爱辩护,构建呼唤爱、捍卫爱的新哲学,就是中国思想文化历程中的"大事因缘出世"。明清之际的王夫之曾自题座右铭云:"吾生有事"!其实,为爱辩护,构建呼唤爱、捍卫爱的新哲学也正是"吾生有事"!

2019年,杭州

# 后美学时代的生命美学建构

## 访谈人:向杰

**向杰**:潘老师,您在百忙之中抽出时间接受访谈,我深感荣幸。在这里,首先,我要祝贺您的新著《走向生命美学——后美学时代的美学建构》(中国社会科学出版社2021年版)的出版。这应该是继《生命美学》(河南人民出版社1991年版)、《诗与思的对话——审美活动的本体论内涵及其现代阐释》(上海三联书店1997年版)等专著之后您就生命美学的又一次系统发声。我从一些朋友那里获悉,美学界都很关注这本近七十万字的大书。现在,您能否先就这本书的内容做一个介绍?

**潘知常**:这本新著约七十万字。是对于我所提出的百年中国现代美学的第二个"哥德巴赫猜想"的回答。第一个"哥德巴赫猜想",我称之为百年中国现代美学的"第一美学命题"——"以美育代宗教",为了回答这个问题,我专门写了一本六十万字的专著《信仰建构中的审美救赎》(人民出版社2019年版),《走向生命美学——后美学时代的美学建构》则是对于百年中国现代美学的"第二美学问题"——"生命/实践"的回答。这是百年中国现代美学的第二个"哥德巴赫猜想"。

简单说,这本新著立足于我提出的"万物一体仁爱"的生命哲学,坚持美学的奥秘在人——人的奥秘在生命——生命的奥秘在"生成为人"——"生成为人"的奥秘在"生成为"审美的人,坚持"生命视界""情感为本""境界取向",并且以"爱者优存"区别于实践美学的"适者生存",以"自然界生成为人"区别于实践美学的"自然的人化",以"我审美故我在"区别于实践美学的"我实践故我在",以审美活动是生命活动的必然与必需区别于实践美学的以审美活动作为实践活动的附属品、奢侈品,从生命美学的背景转换、研究对象、当代取向、提问方式、理论谱系、何谓与何为,以及生命美学与生活美学、身体美学、生态美学、环境美学的异同等层面,做出了系统阐释,是改革开放新时期较早诞生的美学新探索——生命美学自身的深度思考与开拓创新的集中展示。

**向杰**:生命美学起步于1985年,迄今已经三十六年了。为此您也有过许多论著去加以阐释。那么,如果给您最短的文字的话,您会怎么介绍新著中关于生命美学的基本构想呢?

**潘**:生命美学出现于1985年,是新时期以来第一个破土而出并逐渐走向成熟的美学新学说。生命美学意在建构一种更加人性,也更具未来的新美学。在生命美学看来,美学对于审美活动的关注不同于文艺学对于文学问题以及艺术学对于艺术问题的关注。它是借美思人,借船出海,借题发挥,是借助于对于审美活动的关注去关注"人"。因为,美学的奥秘在人—人的奥秘在生命—生命的奥秘在"生成为人"—"生成为人"的奥秘在"生成为"审美的人。或者,自然界的奇迹是"生成为人"—人的奇迹是"生成为"生命—生命的奇迹是"生成为"精神生命—精神生命的奇迹是"生成为"审美生命。再或者,"人是人"—"作为人"—"成为人"—"审美人"。而且,生命美学坚持"生命视界""情感为本""境界取向",因此,相对于实践美学(1957,李泽厚),也相对于超越美学(1994,杨春时)、新实践美学(2001,张玉能)、实践存在论美学(2003,朱立元)……生命美学(1985,潘知常)的思考可以浓缩为四句话:1."自然界生成为人"(实践美学是"自然的人化");2."爱者优存"(实践美学是"适者生存");3."我审美故我在"(实践美学是"我实践故我在");4.审美活动是生命活动的必然与必需(实践美学认为审美活动是实践活动的附属品、奢侈品)。它包含了两个方面:审美活动是生命的享受(因生命而审美,生命活动必然走向审美活动);审美活动也是生命的提升(因审美而生命,审美活动必然走向生命活动)。

**向杰**:现在国内有实践美学、后实践美学、新实践美学的说法,我在您的新著中看到,您似乎对此颇有异议,而且明确地持不赞成的态度?

**潘**:我在新著里没有使用国内流行的所谓后实践美学、新实践美学之类的分期术语。因为这两个概念十分混乱而且经不起认真的推敲。比如,生命美学是1985年出现的,1991年就已经出版了《生命美学》(河南人民出版社),但是后实践美学却是在1994年才出现的。早在九年前就已经问世的生命美学如果硬要放进后实践美学,那么,后实践美学为什么是从1994年开始,而偏偏不是从生命美学出现的1985年开始?何况,同样被列入后实践美学的体验美学(王一川),却是在1988年就已经出现了,也是远远早于1994年的。而且,新实践美学的出现从时间上说被认为是在晚于后实践美学的2001年,可是,邓晓芒提出的新实践美学却是在1989年,远远早于后实践美学出现的1994年,也远远早于新实践美学出现的2001年。同时,后实践美学与实践美学是外部的区分,类似于汉代与唐代的区分;实践美学和新实践美学却是内部的区分,仅仅类似汉代的西汉与东汉的区分。因此,如果再囫囵吞枣地使用下去,必将制造出许多的混乱,更会给后来的美学史学习者、研究者带来不必要的麻烦。在新著中,我本着尊重任何学说、学派的"首创"价值的立场,严格根据出现的时间排序,统一称之为:实践美学(1957,李泽厚)、生命美学(1985,潘知常)、超越美学(1994,杨春时)、新实践美学(2001,张玉能)、实践存在论美学(2003,朱立元)……

**向杰**:您是1985年开始提倡生命美学,杨春时先生则是1994年开始提倡"超越论美学"。我发现,他讲"主体间性"讲得很多,但是,他本来可以从"主体间性"顺理成章地也像您一样去讲到"爱"的。但是他却始终没有讲到"爱",可是,您在新著中却对"爱"予以大力弘扬。这是因为什么?

**潘**:"超越论美学"的问题我倒是没有想过。我猜测,也许是因为"超越论美学"主要是现象学的,"生命美学"则主要是存在论的。"超越论美学"建构的主要是主体间性超越论美学,"生命美学"建构的,却主要是情本境界论生命美学或者情本境界生命论的美学(终极关怀的美学)。生命美学的不同选择,可以参见日本美学家竹内敏雄的看法:"现象学方法虽然适用于对美的现象本身做精密的解析,却不足以说明人生中美的根本意义,使人类本来的'形而上学的要求'得到满足。现象学美学向存在主义方向发展是必然的。"[参见《马克思主义文艺理论研究》编辑部编选的《美学文艺学方法论》(上),文化艺术出版社1985年版,第138页]而且,生命美学的提出是与生命哲学的提出同步的。我所提倡的生命哲学正是"万物一体仁爱"的生命哲学。也因此,生命美学与生命哲学之间其实是"因爱而美"与"因美而爱"的关系。这样,在我而言,与杨春时先生不同,生命美学也就无疑是必须从爱出发,也以爱为归宿的。

**向杰**:您在新著中提出了"生命为体,中西为用"的思路,而且对生命美学与中国古代生命美学、中国现代生命美学以及西方现代生命美学之间的因缘都做了详细论述。而且,还专门提到了生命美学与马克思美学的关系。这有点出人意外,因为一般都认为生命美学与马克思美学之间的内在因缘并不明显。

**潘**:这种看法其实是错误的。我所提出的生命美学与马克思美学直接有关。具体来说,生命美学是从马克思的《1844年经济学哲学手稿》"接着讲"的。一般认为,马克思的《1844年经济学哲学手稿》尽管是以"人的解放"为核心,但是却也隐含着人文视界与科学视界、人文逻辑与科学逻辑亦即人道主义的马克思主义与唯物主义的马克思主义、人本主义的马克思主义与科学主义的马克思主义的不同指向。其中的后者,经过《德意志意识形态》乃至《资本论》,已经形成了马克思所谓的"唯一的科学,即历史科学"。可是,其中的前者却被暂时剥离了出来,也至今都还亟待拓展。它意味着与"历史科学"彼此匹配的"价值科学"的建构。而且,犹如作为"历史科学"之最高成果的《资本论》的出现,而今也无疑期待着作为"价值科学"的最高成果的出现。换言之,生命美学并不直接与马克思的实践唯物主义历史观、政治经济学和科学社会主义相关,而是直接与前三者所无法取代的马克思的人学理论相关。人不仅仅是实践活动的结果,还是实践活动的前提。离开实践活动来研究人固然是不妥的,但是,离开人来研究实践活动也是不妥的。人是实践活动的主体,也是实践活动的目的,实践活动毕竟要通过人、中介于人。人的自觉如何,必然会影响实践活动本身。没有人就没有实践活动的进步,因此马克思指出:"个人的充分发展又作为最大的生产力反作用于劳动生产力"。(转引自韩庆祥:《现实逻辑中的人——马克思的人学理论研究》,北京师范大学出版社2017年版,第44页)何况,实践活动的进步又必然是对人的肯定。这就是所谓的"以人为本""人是目的"。因此,从实践活动对于人的满足程度来评价实践活动的进步与否,也是十分必要的。人,完全可以成为一个独立的研究对象。它所涉及的是:人性、人权、个性、异化、尊严、自由、幸福、解放,"我们现在假定人就是人"、"通过人而且为了人"、"作为人的人"、"人作为人的需要"、"人如何生产人"、"人的一切感觉和特性的彻底解放"、"人不仅通过思维,而且以全部感觉在对象世界中肯定自己"以及区别于"人的全面发展"的"个人的全面发展"……毫无疑问,在这条道路的延长线上,恰恰就是生命美学的应运而生。通过追问审美活动来维护人的生命,守望人的生命,弘扬人的生命的绝对尊严、绝对价值、绝对权利、绝对责任,这正是生命美学的天命。令人遗憾的是,所谓实践美学却恰恰不在这条道路的延长线上。

**向杰**:从您的论述来看,我还有一种感觉,就是您心目中的美学与时下的文艺学、艺术学存在着明显的差异。

**潘**:确实是的,长期以来,最容易出现的就是把美学研究与文艺学研究、艺术学研究混同起来。其实,如果说后者是"学科",那么,前者则是"学问"。而且,其实真正有生命力的美学都是来自哲学教研室的哲学家,而从来就不是来自美学教研室的美学家。例如康德、叔本华、尼采、海德格尔、阿多诺、马尔库塞等。伊格尔顿就关注到了这一奇特现象。在《美学意识形态》里,他一再提醒我们:"任何仔细研究自启蒙运动以来的欧洲哲学史的人,都必定会对欧洲哲学非常重视美学问题这一点(尽管会问个为什么)留下深刻印象。"[①]至于其中的原因,他也曾经指出:"美学对占统治地位的意识形态形式提出了异常强有力的挑战,并提供了新的选择。""试图在美学范畴内找到一条通向现代欧洲思想某些中心问题的道路,以便从那个特定的角度出发,弄清更大范围内的社会、政治、伦理问题。"[②]这也就是说:对于美学的关注,不应该是出于对于审美奥秘的兴趣,而应该是出于对于人的解放的兴趣,对于人文关怀的兴趣。借助于审美的思考去进而启蒙人性,是美学的责无旁贷的使命,也是美学的理所应当的价值承诺。美学要以"人的尊严"去解构"上帝的尊严""理性的尊严"。过去是以"神性"的名义为人性启蒙开路,或者是以"理性"的名义为人性启蒙开路,现在,却是要以"美"的名义为人性启蒙开路。这样,关于审美、关于艺术的思考就一定要转型为关于人的思考。美学只能是借美思人,借船出海,借题发挥。在这个意义上,美学其实就是一个通向人的世界、洞悉人性奥秘、澄清生命困惑、寻觅生命意义的最佳通道。

**向杰**:我看到您在新著《走向生命美学——后美学时代的美学建构》(中

---

① [英]伊格尔顿:《美学意识形态》,王杰等译,广西师范大学出版社1997年版,第1—3页。
② [英]伊格尔顿:《美学意识形态》,王杰等译,广西师范大学出版社1997年版,第3、1页。

国社会科学出版社2021年版)后记中说:"生命美学因此也就不是人们所习惯的围绕着文学艺术的小美学,而是围绕着人类生命存在的大美学,是审美哲学与艺术哲学的拓展与提升。因此,生命美学也是未来哲学。它要揭示的,是包括宇宙大生命与人类小生命在内的自组织、自鼓励、自协调的生命自控系统的亘古奥秘。"

**潘**:对,生命美学不再是"小美学",而应当是"大美学"。美学与人的解放,才是它的主题! 荷尔德林曾经决定,要把自己的哲学书信命名为"审美教育新书简"。我觉得,在一定意义上,对于生命美学,应该也可以这样命名。

**向杰**:这样一来,我就明白了。近二十年,我看到您主要是在两条战线左右开弓:一条战线是关于名家名作的美学思考,出版了《谁劫持了我们的美感——潘知常揭秘四大奇书》《红楼梦为什么这样红——潘知常导读红楼梦》《我爱故我在——生命美学的视界》《头顶的星空——美学与终极关怀》《潘知常美学随笔选》……其中涉及了《三国》《水浒传》《西游记》《金瓶梅》《聊斋》《红楼梦》,李后主、杜甫、海子、王国维、鲁迅,还有《哈姆雷特》《悲惨世界》《日瓦戈医生》……等名家名作。还有一条战线是关于当代文化的批判,出版了《大众传媒与大众文化》《流行文化》《新意识形态与中国传媒》,还主编了专著《传播批判理论》(再加上1995年出版的《反美学》),显然走的是法兰克福学派的道路。现在来看,应该也都是出自"大美学"的成熟思考。

**潘**:是的,美学研究亟待走出美学原理写作的老套路,在这个方面,海德格尔与法兰克福学派给了我们以深刻的启迪。

**向杰**:今后在这个方面是否还有新的写作计划?

**潘**:有! 关于《红楼梦》的美学研究,是我的梦想,百年前,王国维先生曾经写了《红楼梦评论》,开辟了《红楼梦》研究的正确道路。可惜,因为没有经过"新红学"的洗礼,过去"接着王国维讲"时机尚不成熟,现在完全不同了。新红学走过了百年历程,也推出了自己的代表作,例如周汝昌先生的代表作《红楼梦新证》,例如冯其庸先生的代表作《曹雪芹家世新考》。我认为,新的鸿篇巨制,必定只能在走出"旧红学""新红学"的"后红学"研究中才能够应运而生。而"后红学"的研究,其实也就是"接着王国维讲",而这正应当是美学家责无旁贷的责任。因此,我想在这个方面做些努力,集中的体现,就是打算写一本专著:《红楼梦评论》。

**向杰**:我理解,这应该是一个十分重要的工作。无论实践美学,还是新实践美学、实践存在论美学,或者是主体间性超越论美学,还大都仅仅是原理性质的讨论,却都始终没敢尝试着借助自己的研究成果去阐释审美实践,尤其是阐释名家名作与当代文化。在这个方面,您确实勇气可嘉!

**潘**:马克思在其名作《路易·波拿巴的雾月十八日》中曾引用一句著名的古谚语以呼唤革命者的行动:"这里有玫瑰花,就在这里跳舞吧!"生命美学的建构是否成功,过去就已经频繁在前面提及的两条战线上去加以检验了。现在也只是继续在计划中的新著《红楼梦评论》中去加以检验。因此,《红楼梦评论》也应该是我今后的生命美学研究工作的一个极为重要的组成部分。

**向杰**:我看到2016年今日头条频道根据全国6.5亿电脑用户调查"全国关注度最高的红学家",您被排名第四。这当然是对您的红学研究成就的肯定!现在您有了这样一个写作计划,确实令人欣慰。现在这个计划已经开始了吗?

**潘**:正在积极准备。因为在完成了新著《走向生命美学——后美学时代的美学建构》之后,我一直在日夜兼程写作这本书的续集,预计篇幅也会在七十万字左右,明年10月交稿。这本新著的书名是:"我审美故我在——生命美学致敬未来"。一看书名,你应该就会猜到,这本书其实是接着《走向生命美学——后美学时代的美学建构》讲的。或者说,《走向生命美学——后美学时代的美学建构》关注的是"美学问题",《我审美故我在——生命美学致敬未来》关注的是"美学的问题";《走向生命美学——后美学时代的美学建构》关注的是"什么是美学",《我审美故我在——生命美学致敬未来》关注的是"美学是什么"。因此,关于美学自身的诸多问题,例如"审美活动为什么""审美活动是什么""审美活动如何是"以及"审美活动怎么样"……都会在《我审美故我在——生命美学致敬未来》中深入讨论。也许可以这样说,

《走向生命美学——后美学时代的美学建构》与《我审美故我在——生命美学致敬未来》,就是我在近四十年中关于生命美学的思考的一个阶段性的总结。而在此之后,也就是明年10月以后,我就将开始《红楼梦评论》的写作。

**向杰**:看来话题又回到了您的新著《走向生命美学——后美学时代的美学建构》这个本次访谈的中心内容。相信美学界的朋友都会十分开心,原来在这部新著之后,您还将推出它的续集,这确实是个好消息!《我审美故我在——生命美学致敬未来》,书名就很有诱惑力,而且又是煌煌七十万字,实在是值得期待。我预祝您一切顺利,也期待着先睹为快!

**潘**:谢谢!

2022年,南京

# 当代中国生命美学的历史贡献
## ——关于生命美学的对话

**余萌萌**:潘教授好!首先祝贺您七十二万字厚重新著《走向生命美学——后美学时代的美学建构》(中国社会科学出版社2021年版)的问世。据我所知,这本书出版后引起了各界的关注,也已经陆续有新华通讯社、人民日报网、央广网、中国新闻社、腾讯网、知乎网、今日头条等国家级媒体,以及江苏台荔枝新闻网、江苏经济新闻网、江南时报网、扬子晚报紫牛新闻网等省级媒体,还有南京日报紫金山新闻网、龙虎网等市级媒体做了专门报道。国家著名刊物《中华英才》还刊发了专门的访谈。而且,据我所知,这本书也是您对生命美学的长期探索的一个总结。那么,您能否先介绍一下在当代中国的关于生命美学研究的有关情况?

**潘知常**:生命美学是当代中国美学中的一个重要学派。它出现于1985年。国内一般以我在那一年发表的一篇题为《美学何处去》的文章作为生命美学问世的标志。相对而言,可以说,生命美学是改革开放以来较早诞生的一个美学学派。生命美学立足于"万物一体仁爱"的生命哲学,把生命看作一个由宇宙大生命的"不自觉"("创演""生生之美")与人类小生命的"自觉"("创生""生命之美")组成的向美而生也为美而在的自组织、自鼓励、自协调的自控系统,以"自然界生成为人"区别于实践美学的"自然的人化",以"美者优存"区别于实践美学的"适者生存",以"我审美故我在"区别于实践美学的"我实践故我在",以审美活动是生命活动的必然与必需区别于实践美学的以审美活动作为实践活动的附属品、奢侈品,其中包含两个方面:审美活动是生命的享受("因生命而审美",生命活动必然走向审美活动);审美活动也是生命的提升("因审美而生命",审美活动必然走向生命活动)。也因此,生命美学,区别于文学艺术的美学,可以称之为超越文学艺术的美学;区别于艺术哲学,可以称为之审美哲学;也区别于传统的"小美学",可以称之为"大美学"。它不是学院美学,而是世界美学(康德),它也不是"作为学科的美学"而是"作为问题的美学"。以"美的名义"孜孜以求于人的解放,是生命美学的基本特征。

令人欣慰的是,三十七年的时间里,"生命美学"从被命名(在中国美学的历史上,过去从来都没有出现过"生命美学"这四个字,是我第一次提出的)到发展壮大,而今已经根深叶茂,不仅已经拥有了由散居于全国各高校的数十位专家教授所组成的学术队伍,例如潘知常、王世德、张涵、陈伯海、朱良志、成复旺、司有仑、封孝伦、刘成纪、范藻、黎启全、姚全兴、雷体沛、杨薖琪、周殿富、陈德礼、王晓华、王庆杰、刘伟、王凯、文洁华、叶澜、熊芳芳等等,以及古代文学大家袁世硕先生与哲学大家俞吾金。尽管生命美学1985年问世以后还出现了超越美学(1994)、新实践美学(2001)、实践存在论美学(2004)……但是若从学术队伍的能够超出师承、门派,则确实是除了实践美学之外,还暂时只有生命美学可以做到。其次,而且也已经陆续出版了上百部左右有关生命美学的学术专著,国内关于生命美学主题的论文也已经有了2000多篇。就数量而言,也仅次于实践美学。同时,生命美学的发展还得到了刘再复、周来祥、阎国忠、王世德、劳承万等著名美学家的肯定。因此,对于生命美学,我们可以这样概括:昔日辉煌,来日可期!

**余萌萌**:您所提出的美学被称为生命美学,显然,"生命视界"在其中起着无可取代的根本作用。那么,应该怎样去理解您所提出的"生命视界"呢?

**潘知常**:美学的追问方式有三:神性的、理性的和生命(感性)的,所谓以"神性"为视界、以"理性"为视界以及以"生命"为视界。在生命美学看来,以"神性"为视界的美学已经终结了,以"理性"为视界的美学也已经终结了,以"生命"为视界的美学则刚刚开始。过去是在"神性"和"理性"之外来追问审美与艺术。"至善目的"与神学目的是理所当然的终点,道德神学与神学道德,以及理性主义的目的论与宗教神学的目的论则是其中的思想轨迹。美学家的工作,就是先以此为基础去解释生存的合理性,然后,再把审美与艺术作为这种解释的附庸,并且规范在神性世界、理性世界内,并赋予以不无屈辱的合法地位。理所当然的,是神学本质或者伦理本质牢牢地规范着审美与艺术的本质。现在不然。审美和艺术的理由再也不能在审美和艺术之外去寻找,这也就是说,在审美与艺术之外没有任何其他的外在的理由。生命美学开始从审美与艺术本身去解释审美与艺术的合理性,并且把审美与艺术本身作为生命本身,或者,把生命本身看作审美与艺术本身,结论是:真正的审美与艺术就是生命本身。人之为人,以审美与艺术作为生存方式。"生命即审美","审美即生命"。也因此,审美和艺术不需要外在的理由——说得犀利一点,也不需要实践的理由。审美就是审美的理由,艺术就是艺术的理由,犹如生命就是生命的理由。

这样一来,审美活动与生命自身的自组织、自鼓励、自协调的深层关系就被第一次发现了。审美与艺术因此溢出了传统的藩篱,成为人类的生存本身。并且,审美、艺术与生命成为了一个可以互换的概念。生命因此而重建,美学也因此而重建。也因此,对于审美与艺术之谜的解答同时就是对于人的生命之谜的解答;对于美学的关注,不再是仅仅出之于对于审美奥秘的兴趣,而应该是出于对于人类解放的兴趣,对于人文关怀的兴趣。借助于审美的思考去进而启蒙人性,是美学的责无旁贷的使命,也是美学的理所应当的价值承诺。这意味着:否定了人是上帝的创造物,但是也并不意味着人就是自然界物种进化的结果,而是借助自己的生命活动而自己把自己"生成为人"的。审美活动,是人类小生命的"自觉"的意象呈现,亦即人类小生命的隐喻与倒影,或者,是人类生命力的"自觉"的意象呈现,亦即人类生命力的隐喻与倒影。因此,生命美学强调:美学的奥秘在人,人的奥秘在生命,生命的奥秘在"生成为人","生成为人"的奥秘在"生成为"审美的人。或者,自然界的奇迹是"生成为人",人的奇迹是"生成为"生命,生命的奇迹是"生成为"精神生命,精神生命的奇迹是"生成为"审美生命。再或者,"人是人"—"作为人"—"称为人"—"审美人"。并且,以此为基础,生命美学意在建构一种更加人性,也更具未来的新美学。

**余萌萌**:众所周知,在西方美学史上,生命美学也是一个非常重要的美学学派,其中的叔本华、尼采,都是中国的学人们非常熟悉的,那么,应该怎样去理解您所提出的生命美学以及当代中国的生命美学与西方的生命美学之间的关系呢?

**潘知常**:在西方,生命美学是从19世纪上半期开始破土而出的。不过,有人仅仅把西方的生命美学称为一个学派,其中包括狄尔泰、齐美尔、柏格森、奥伊肯、怀特海等人,或者,再加上叔本华和尼采。我的意见则完全不然。其实,它应该是一个美学思潮,包括:叔本华和尼采的唯意志论美学,狄尔泰、齐美尔、柏格森、奥伊肯、怀特海的生命美学,弗洛伊德的精神分析美学,荣格的分析心理学美学,如果把外延再拓展一些,还可以包括海德格尔、雅斯贝尔斯、舍勒、梅洛-庞蒂、萨特和福柯等为代表的存在主义美学,以及以马尔库塞、弗洛姆等为代表的法兰克福学派美学,当然,还有后现代主义美学中的身体美学。

**余萌萌**:这个名单几乎涵盖了西方近现代的相当大一部分的哲学家、美学家了,蔚为壮观。不知道在这当中,谁的思考更应当引起我们的重视?

**潘知常**:当然是尼采!尼采的美学思考,无疑是最为值得注意的。因此,我一直都特别强调对于"尼采以后"的美学转向的关注。在我看来,事实上,尼采美学就是西方现代美学的"百门之堡",也是西方现代美学的"凯旋门"。正如巴雷特所指出的:"如果人类的命运肯定要成为无神的,那么,他尼采一定会被选为预言家,成为有勇气的不可缺少的榜样。""哲学家必须回溯到根源上重新思考尼采的问题。这一根源恰好也是整个西方传统的根源。"对此,我们倒不妨倾听一下埃克伯特·法阿斯的告诫:"艺术本身最终已经被一种非自然化的艺术理论毒害了,那种理论是由柏拉图,经过奥古斯丁、康德和黑格尔直到今天的哲学家们提出来的。"幸而,"只有尼采作为一种仍然有待阐述的新美学提供了一个总体的框架,事实上这个总体框架正通过当代科学家以及像我自己一样得益于他们的发现的批评家们的努力而出现。"①而且,正是因为尼采的出现,在他以后,西方美学才最少开拓出了五个发展方向,例如,柏格森、狄尔泰、怀特海等是把美学从生命拓展得更加"顶天";弗洛伊德、荣格等是把美学从生命拓展得更加"立地";海德格尔、萨特、舍勒等是把美学从生命拓展得更加"主观";马尔库塞、阿多诺等是把美学从生命拓展得更加"社会";后现代主义的美学则是把美学从生命拓展得更加"身体"。当然,其中也有共同的东西,这就是生命的概念被提升到了中心地位。因此,斯宾格勒才会在《西方的没落》中说:我们作为后来者的成功,无非是"把尼采的展望变成了一种概观"。当然,尼采的美学思考无疑做得还十分不够,这就正如海德格尔所指出的"尼采美学的问题提法推进到了自身的极端边界处,从而已经冲破了自己。但美学决没有得到克服,因为要克服美学,就需要我们的此在和认识的一种更为原始的转变,而尼采只是间接地通过他的整个形而上学思想为这种转变做了准备。"在他那里,"最艰难的思想只是变得更为艰难了,观察的顶峰也还没有被登上过,也许说到底还根本未被发现呢。""只是达到了这个问题的门槛边缘,尚未进入问题本身中。"②

**余萌萌:** 看来尼采的美学思想确实十分重要!据我所知,从 1902 年 10 月 16 日梁启超在《新民丛报》第 18 号发表的《进化论革命者颉德之学说》一文中第一次向国人介绍尼采开始,尼采美学对于中国的影响,也已经一百二

---

① [加拿大]埃克伯特·法阿斯:《美学谱系学》,阎嘉译,商务印书馆 2011 年版,第 25、34 页。
② [德]海德格尔:《尼采》上卷,孙周兴译,商务印书馆 2014 年,第 155、22、22 页。

十年了。这无疑象征着西方生命美学"在中国"也已经一百二十年了。那么,您所提出的生命美学以及当代中国的生命美学与西方的生命美学存在什么共同之处呢?

**潘知常**:当代中国的生命美学与西方的生命美学之间的共同之处十分明显。简单说,他们都认为:生命,是美学研究的"阿基米德点",是美学研究的"哥德巴赫猜想",也是美学研究的"金手指"。同时,他们也都认为:"我审美故我在"。天地人生,审美为大。审美与艺术,堪称生命的必然与必需。也因此,以生命为视界,以直觉为中介,以艺术为本体,也就成为中西方生命美学的共同追求。而且,其实当代中国的生命美学与西方的生命美学都并不难理解。在西方,它是"上帝退场"之后的产物,在中国,它则是"无神的信仰"背景下的产物,也是审美与艺术被置身于"以审美促信仰"以及阻击作为元问题的虚无主义这样一个舞台中心之后的产物。外在于生命的第一推动力(神性、理性作为救世主)既然并不可信,而且既然"从来就没有救世主",既然神性已经退回教堂,理性已经退回殿堂,生命自身的"块然自生"也就合乎逻辑地成为了亟待直面的问题。随之而来的,必然是生命美学的出场。因为,借助揭示审美活动的奥秘去揭示生命的奥秘,不论在西方的从康德、尼采起步的生命美学,还是在当代中国的生命美学,都早已是一个公开的秘密。也就是说:对于美学的关注,不应该是出于对于审美奥秘的兴趣,而应该是出于对于人的解放的兴趣,对于人文关怀的兴趣。借助于审美的思考去进而启蒙人性,是美学的责无旁贷的使命,也是美学的理所应当的价值承诺。美学要以"人的尊严"去解构"上帝的尊严""理性的尊严"。过去是以"神性"的名义为人性启蒙开路,或者是以"理性"的名义为人性启蒙开路,现在,却是要以"美"的名义为人性启蒙开路。这样,关于审美、关于艺术的思考就一定要转型为关于人的思考。美学只能是借美思人,借船出海,借题发挥。在这个意义上,美学其实就是一个通向人的世界、洞悉人性奥秘、澄清生命困惑、寻觅生命意义的最佳通道。

**余萌萌**:在美学界,您所提出的生命美学以及当代中国的生命美学与西方的生命美学存在的共同之处一直为学者们所关注,但却也始终都没有被讲清楚。您今天亲自出场,应该是一个权威的解释了。可是,随之而来的也是更为人瞩目的问题就是,除了共同之处之外,您所提出的生命美学以及当代中国的生命美学与西方的生命美学之间还一定存在着不同之处吧?

**潘知常**:是的!首先我们必须看到,在中西方,对于美学的定位有所不同。在西方,美学一直都是辅助性的学科,从宗教时代到科学时代,都只是宗教与科学的附属品,而且主要是着眼于文学艺术的阐释。所以又主要是被称为"艺术哲学"。但是在中国却不同,生命美学在中国有着深厚的传统。自古以来,儒家有"爱生",道家有"养生",墨家有"利生",佛家有"护生",这是为人们所熟知的。因此,中国的源远流长的古代美学其实就是生命美学,这是为所有学者所公认的。而且,它始终都是作为一门主导性的学科而存在的。蔡元培先生发现:在中国是"以美育代宗教",其实,在中国也是"以美育代科学"。因此,在中国美学始终都并非西方那类的以关心文学艺术为主的"小美学",而是以关心"天地大美"、人生之美为主的"大美学"。不过,但是正如我刚才所说,在最近的一二百年,西方从康德、席勒、尼采、海德格尔、马尔库塞……开始,在漫长的从"神性"为视界出发、立足神学目的或者从理性视界出发、立足至善目的去追问美学之后,在宗教退回了教堂之后,也在科学退回了课堂之后,西方学者毅然走向了一种从生命视界出发、立足生命活动本身的美学追求。美学也逐渐超越了文学艺术,开始走向了对于密切关注人的解放的"大美学"。他们开始认定:审美活动是人类生命活动的必然与必需。也因此,在"高技术"的时代,也就亟待作为"高情感"的审美作为必要的弥补与补充。而在中国,百年来则连续出现了几次"美学热"。中国的学者从王国维、宗白华、方东美、朱光潜直到当代的生命美学,都始终孜孜以求于美学与人的解放这一美学的根本目标。因此,也就与西方美学近一二百年的取向殊途同归,并且意外地在"生命美学"这一世纪焦点上出现了彼此可以对话、共商的美学空间。"美学地看世界",成为了中西方美学的共同视角。陈寅恪先生曾经感叹:"后世相知或有缘",而今看来,确实如此!

**余萌萌**:看来,从历史的角度来看,西方美学只是西方现当代美学中的一个重要学派,而当代中国的生命美学却堪称中国自古迄今的元美学。西方的生命美学是西方在近一二百年的一个全新美学探索,但是您所提出的生命美学以及当代中国的生命美学的追求却是贯穿了中国美学的全部艰难探索的沧桑历程。

**潘知常**:正是这样!更为重要的是,伴随着时代背景的巨大转换以及研究思考的日渐深入,当代中国的生命美学也必然会有自己的美学贡献。

具体来说,西方的生命美学,从康德开始,尽管都关注到了"审美拯救世界"这一命题,也都意在将审美视作推动世界发展的重要的动力。但是首先,西方生命美学较多关注的只是美学的批判维度,却都忽视了美学的建构维度。他们没有意识到:对于审美的普遍关注,是因为在宗教时代、科学时代之后的美学时代的莅临。一个以美学价值作为主导价值、引导价值的"美学时代"正在姗姗而来。时代的最强音已经从"让一部分人先宗教起来""让一部分人先科学起来"转向了"让一部分人先美学起来",而且,也已经从"上帝就是力量""知识就是力量"转向了"美是力量"。这是宗教的觉醒、科学的觉醒之后的第三次觉醒:美的觉醒!从"信以为善"到"信以为真"再到"信以为美"。现在,已经不是"美丽",而是"美力"。而且已经进入了"扫(美)盲"时代,亟待"全世界爱美者联合起来"。因此,西方生命美学尽管十分重视美学与生命的关联,但是就美学的意义而言,却毕竟仅仅意识到美学的在行将结束的科学时代的救赎作用,但是却未能意识到美学在即将到来的美学时代的主导作用、引导作用。因此他们对于美学的关注也就只能是天才猜测,而无法落到实处。例如,尽管卡西尔已经知道了人是符号的,而且形成了一个次第展开的文化扇面,但是却只是将各种文化形态平行地置入其中,却未能意识到在这个次第展开的文化扇面中还始终存在一种主导性、引导性的文化。再例如,未能注意到宗教文化作为主导性、引导性的文化的宗教文化时代,科学文化作为主导性、引导性的文化的科学文化时代。因此,也就忽视了当今正在向我们健步走来的美学文化作为主导性、引导性的文化的美学文化时代。关键是要回答:美学的主导价值、引导价值是什么?与此相应,西方的生命美学对于美学在即将到来的美学时代的主导作用、引导作用也就关注得不够,而这却恰恰是我所提出的生命美学以及当代中国的生命美学的理论探索的重中之重。

其次,西方生命美学因此未能去进而关注美学所建构的世界是什么。西方生命美学较多关注的只是美学的批判维度,例如法兰克福学派就自觉地以美学为利器,去批判资本主义社会,批判理性至上,批判技术霸权,并且孜孜以求于"艺术与解放"的提倡,但他们却没能意识到,美学不仅仅要关注对于当下的批判,而且还要关注对于未来的构建,因此未能去关注美学的"按照美的规律来建造"的建构维度。例如,伊格尔顿就关注到了这一奇特现象。在《美学意识形态》里,他一再提醒我们:"任何仔细研究自启蒙运动以来的欧洲哲学史的人,都必定会对欧洲哲学非常重视美学问题这一点(尽管会问个为什么)留下深刻印象。"[①]至于其中的原因,他也曾经指出:"美学对占统治地位的意识形态形式提出了异常强有力的挑战,并提供了新的选择。""试图在美学范畴内找到一条通向现代欧洲思想某些中心问题的道路,以便从那个特定的角度出发,弄清更大范围内的社会、政治、伦理问题。"[②]对此,我经常强调,在西方美学历史上,值得关注的往往是哲学家的美学而不是美学教授的美学。但是,我们也必须看到:这条"通向现代欧洲思想某些中心问题的道路"在西方生命美学的探索中却始终晦暗不明,于是,"从那个特定的角度出发,弄清更大范围内的社会、政治、伦理问题"的目标也就随之而落空了。但是,令人欣慰的是,从"小美学"走向"大美学",从对于文学艺术的关注转向对于人的解放的关注,立足于美学时代来重新阐释美学之为美学的意义以及美学在当代社会所禀赋的重要的价值重构的使命,正是我所提出的生命美学以及当代中国的生命美学所作出的重大贡献。换言之,关键是要回答:美学时代是一个什么样的时代? 是从"宗教地看世界""科学地看世界"转向"美学地看世界"。类似孔子呼唤的"天下归仁",现在亟待"天下归美"。沃尔夫冈·韦尔施在《重构美学》中曾经谈到他自己的美学探

---

① [英]伊格尔顿:《美学意识形态》,王杰等译,广西师范大学出版社1997年版,第1—3页。
② [英]伊格尔顿:《美学意识形态》,王杰等译,广西师范大学出版社1997年版,第3、1页。

索:"本书的指导思想是,把握今天的生存条件,以新的方式来审美地思考,至为重要。现代思想自康德以降,久已认可此一见解,即我们称之为现实的基础条件的性质是审美的。现实一次又一次证明,其构成不是'现实的',而是'审美的'。迄至今日,这见解几乎是无处不在,影响所及,使美学丧失了它作为一门特殊学科、专同艺术结盟的特征,而成为理解现实的一个更广泛、也更普遍的媒介。这导致审美思维在今天变得举足轻重起来,美学这门学科的结构,便也亟待改变,以使它成为一门超越传统美学的美学,将'美学'的方方面面全部囊括进来,诸如日常生活、科学、政治、艺术、伦理学等等。"①这其实也是我所提出的生命美学以及当代中国的生命美学的所思所想。而且,在这个方面,我所提出的生命美学以及当代中国的生命美学始终都在直面"我们称之为现实的基础条件的性质是审美的",直面"美学丧失了它作为一门特殊学科、专同艺术结盟的特征",直面美学与人的解放之间的密切关联,在"审美思维在今天变得举足轻重起来"的时代,担当起了时代领航者的光荣使命。同时,我所提出的生命美学以及当代中国的生命美学已经"成为一门超越传统美学的美学,正在将'美学'的方方面面全部囊括进来",因此而开始的对于美学在当代世界所导致的重构自然、重构社会、重构生活、重构自我的"价值重估",无疑也弥补了西方生命美学的一个"价值真空"。

**余萌萌**:这应该是从逻辑的角度来看您所提出的生命美学以及当代中国的生命美学与西方的生命美学之间的不同之处,确实,经过您的一番解释,您所提出的生命美学以及当代中国的生命美学的历史贡献,也就十分清楚了。或者说,我们不仅看到了您所提出的生命美学以及当代中国的生命美学与西方的生命美学之间的"美美与共",而且也看到了您所提出的生命美学以及当代中国的生命美学与西方的生命美学之间的"各美其美"。看来,过去人们对于您所提出的生命美学以及当代中国的生命美学的理解是

---

① [德]沃尔夫冈·韦尔施:《重构美学》,陆扬等译,上海译文出版社2002年版,第1页。

有点过于肤浅了。

**潘知常**：是的！尼采曾经说：我的时代还没有到来！生命美学也曾经是如此。尽管西方近现代的大哲学家从谢林、康德、席勒……开始，都在不遗余力地呼唤美学，但是后来建构的却大多仍旧是所谓的学院美学、文学艺术的美学、小美学，本来，一个即将莅临的全新的大时代所"播下的是龙种"，但是，美学的建构却远远未尽如人意，可谓"收获的却是跳蚤"。在过去的若干年中，生命美学也未能扭转乾坤。不过，在我看来，现在，生命美学的时代已经到来！这是因为，人类已经从"轴心时代"、"轴心文明"进入了新"轴心时代"、新"轴心文明"。在马克思去世的1883年，德国哲学家雅斯贝尔斯出生了。他在1949年出版的《历史的起源与目标》正式公布了"轴心时代"、"轴心文明"的哲学命题，而且从此声名鹊起。在他看来，公元前800至公元前200年之间，尤其是公元前600至前300年间，是人类的"轴心时代"、"轴心文明"。"轴心时代"、"轴心文明"发生的地区大概是在北纬30度上下，就是北纬25度至35度区间。这段时期是人类文明精神的重大突破时期。在轴心时代里，各个地域都出现了伟大的精神导师——古希腊有苏格拉底、柏拉图、亚里士多德，以色列有犹太教的先知们，古印度有释迦牟尼，中国有孔子、老子……他们提出的思想原则塑造了不同的文化传统，也一直影响后世的人类社会。毋庸置疑，在这当中，美学也应运而生，并且起着至关重要的作用。不过，我们又毕竟要说，人类的"轴心时代"、"轴心文明"更具体体现为人类的宗教时代与科学时代。美学在其中只是起着辅助的作用。在这当中，"救世主"的观念十分重要。或者是上帝，或者是理性，或者是"上帝的人"，或者是"知识的人"，总之根本模式都是一样的，都是必须有一个彼岸。人们发现：在宗教的时代，主导的是"神造论"，是人文理性对于人的自然的征服，也就是对于"内在自然"的征服，因此需要的是遏制人类的欲望。美学之为美学，并没有自己的立足之地，而是服从于遏制人类的欲望的这一"神造论"的需求。进而，在科学的时代，主导的转而成为"构成论"。"上帝死了"，既然如此，人类亟待去做的只是处理人与自然的关系，因此，亟待要用科学去征服"外在自然"，也就是亟待以工具理性征服"外在自然"。因此需要的是释放人类的欲望。值此之际,美学之为美学,同样没有自己的立足之地,而只是服从于释放人类的欲望的这一"构成论"的需求。由此,美学的二元论、美学的唯物唯心之争……诸如此类,也就一目了然了。它们其实都是人类的"轴心时代"、"轴心文明"、人类的宗教时代与科学时代的内在要求。也因此,生命美学地在西方迟迟未能出现,也就不难解释了,这无疑是因为"轴心时代"、"轴心文明"以及西方的宗教时代与科学时代所导致,美学在其中毕竟只起着辅助作用。而生命美学在中国的始终如一,则也正是因为,尽管同处"轴心时代"、"轴心文明",但是中国的宗教时代与科学时代却始终并不截然鲜明。始终都是"无神的信仰"、"无科学的技术"。美学也就可以借机发挥较大的作用。但是,进入新"轴心时代"、新"轴心文明",一切就都完全不同了。在"又一个轴心时代"、"又一次轴心巨变"中无疑会导致"规范观点和指导性价值的重新定向"。① 显而易见,在人类无法完全地把握自身的生命之时,两极化的片面形式无疑是必然的,一方面,人的本性被肢解为神性,另一方面,人的本性又被肢解为物性,或者,世界是精神的,或者,世界是物质的。因此首先是宗教时代,宗教"是人的生活无可争辩的中心和统治者"、"人生最终和无可置疑的归宿和避难所"②。其次是科学时代,科学"是人的生活无可争辩的中心和统治者"、"人生最终和无可置疑的归宿和避难所"③。然而,"作为一个整体的人类文化,可以被称作人不断解放自身的历程。"④随着"人不断解放自身的历程",而今美学成为"人的生活无可争辩的中心和统治者"、"人生最终和无可置疑的归宿和避难所"。最为根本的,必然是宗教和科学不再是其中的两大支点,"生命",成为了其中的唯一支点。在这个方面,德国学者科斯洛夫斯基提出的"轴心时代"、"轴心文明"的"技

---

① [美]大卫·雷·格里芬编:《后现代精神》,王成兵译,中央编译出版社1998年版,第135页。
② [美]威廉·巴雷特:《非理性的人》,杨明照译,商务印书馆1995年版,第24页。
③ [美]威廉·巴雷特:《非理性的人》,杨明照译,商务印书馆1995年版,第24页。
④ [德]恩斯特·卡西尔:《人论》,甘阳译,上海译文出版社2013年版,第389页。

术模式"以及新"轴心时代"、新"轴心文明"的"生命模式",就特别值得关注。① 前者,是背离生命、疏远生命的"轴心时代"、"轴心文明",后者,则是回到生命、弘扬生命的新"轴心时代"、新"轴心文明"。天地人成为一个生命共同体、一个生命大家庭。过去被长期放逐的"内在自然"与"外在自然"也都回归自身,都成为"自然界生成为人"、为美而生并向美而生的必然与必需,也都成为人之为人、世界之为世界的组成部分。于是,美学也就十分重要,并且成为了时代的主导。所以,德国学者沃尔夫冈·韦尔施发现:"第一哲学在很大程度上变成了审美的哲学"。② 当然,这也就是我所提出的生命美学。生命美学,正是在新"轴心时代"、新"轴心文明"应运而生的美学,也正是为人类的"美学时代"保驾护航的主导价值、引导价值的建构。

**余萌萌**:谢谢潘教授!过去看到海德格尔对于"今日还借'美学'名义到处流行的东西"也就是美学教授所从事的美学的鄙夷,看到尼采对于美学对于时代的主导价值、引领价值的弘扬以及对于"重估一切价值"乃至"价值翻转"的关注,看到马尔库塞对于生命哲学、生命美学的深刻反省:"社会批判理论没有概念可以作为桥梁架通现在与未来。"③据我了解,不少人都不太理解,今天听您一说,才开始有点理解了。"谁终将声震人间,必长久深自缄默;谁终将点燃闪电,必长久如云漂泊。"对于生命美学而言,尼采的诗句确实预言得十分精彩!那么,在您的新著《走向生命美学——后美学时代的美学建构》出版之后,您今后的工作又是什么呢?

**潘知常**:目前我正在写作《走向生命美学——后美学时代的美学建构》的续篇《我审美故我在——生命美学论纲》,字数也在七十万字左右。在我看来,人类进入新"轴心时代"、新"轴心文明"之后,新"轴心时代"、新"轴心文明"——生命模式,美学时代——生命美学——中华美学,它们事实上彼

---

① 参见[德]彼得·科斯洛夫斯基:《后现代文化》,毛怡红译,中央编译出版社1999年版,第79页。
② [德]沃尔夫冈·韦尔施:《重构美学》,陆扬等译,上海译文出版社2002年版,第71页。
③ 转引自王治河等:《第二次启蒙》,北京大学出版社2011年版,第15页。

此也就成为了一个东西。为此,我要在新著《我审美故我在——生命美学论纲》中继续讨论生命美学的有关问题,借助海德格尔所谓的"哲学的合法完成",在我看来,从《走向生命美学——后美学时代的美学建构》到续篇《我审美故我在——生命美学论纲》,我所着眼的,也是"美学的合法完成",是从生命美学走向新"轴心时代"、新"轴心文明"乃至美学时代。在此之后,从明年开始,下一步的工作,则是出版彩图版的百万字、上下两卷的《中华美学精神》,是从中华美学走向新"轴心时代"、新"轴心文明"乃至美学时代。显而易见,新"轴心时代"、新"轴心文明"乃至美学时代,都给了我们的古老中华美学以一个凤凰涅槃的大好时机,在这里,美学的未来主题——"万物一体仁爱"的"自然界生成为人"——也是中华美学昔日孜孜以求的主题,因此,我们不但可以从美学走向新"轴心时代"、新"轴心文明"乃至美学时代,而且还可以从中华美学走向新"轴心时代"、新"轴心文明"乃至美学时代。

**余萌萌**:期待您的新著的问世!谢谢!

**潘知常**:谢谢!

# 1984年,我第一次见到李泽厚先生

其实,我第一次见到李泽厚先生,不是在1984年。

上个世纪60年代,我家曾经居住在北京的和平里九区一号。当时,李先生的家也是住在这里。我家在第一排,李先生家在第二排。简单说,从我家的后窗正好可以看到李先生家的前窗。不过,那个时候我只有七八岁,应该是只知道谁是"李叔叔",不知道什么是"实践美学"。

离开北京、离开和平里九区一号,是1965年的岁末。再一次回去,已经是1984年的6月。作为郑州大学中文系的一名年轻教师,刚刚结束了在北京大学哲学系美学教研室的一年半进修,也刚刚回到学校,可是,因为接受了创刊《美与当代人》(后来改名为《美与时代》)的任务,为了能够得到李先生的支持,我又一次回到了北京。

那一天,实在是颇具戏剧性!和平里九区一号,在我是再熟悉不过的。因此,我一进小区就直奔李先生家,可是,敲了几下门,却发现没有人回应。沮丧之余,站在楼道口,一时没有了主意。这个时候,却发现又来了一个中年男人,也是径直就去敲李先生的门。自然,也是没有人回应。于是,我就凑上去搭讪。一问方知,原来是跟李先生同一个研究室的聂振斌先生。聂先生,我过去没有见过,但是早就拜读过他的大作。于是,我就乘机拉着他,站在楼道口,聊起了我们即将创刊的《美与当代人》。就在这个时候,我前面所说的"戏剧性"发生了!因为,聊着聊着,我突然发现李先生家的窗户里面有人悄悄拉起窗帘的一角在向外窥视。于是,聂先生和我又去敲门。应声而出的,正是裹着睡衣的李先生。

那天,聂先生坐了一会儿就先行离开了。那天,整整一下午的时间,李先生跟我畅谈美学……

那天的访谈发表在《美与当代人》的创刊号上。其中的内容也被节选收入了李先生的随笔集——《走我自己的路》。

后来的事情还有很多,例如,我的反省实践美学的处女作《美学何处去》,也是发表在《美与当代人》的创刊号上,也就是从1984年开始,我走上了与李先生所力主的实践美学背向而行的道路;例如,后来李先生曾经六次公开批评过我所力主的生命美学,甚至在他的封笔之作中,还是断然把我所力主的生命美学列为他最终也无法接受的三种美学主张之一……当然,三十六年来,我所力主的生命美学也在一点一点地长大。1991年,我出版了生命美学的奠基之作——《生命美学》;1994年,超越美学、生命美学对于实践美学的质疑席卷全国;直到2021年,我还推出了自己的一本"与李泽厚先生的对话"的72万字的专著——《走向生命美学——后美学时代的美学建构》……

然而,其实这一切都并不重要。

重要的是李先生在1984年所给予我的深刻影响。1984年,我第一次见到李泽厚先生。我一直觉得，中国人的黄金岁月——20世纪80年代的宝贵精神，也就是在那一年，被李泽厚先生传递给了作为一个年轻学子的我。

20世纪80年代，那是一个以梦为马的年代；1984年，更是连天空都是蔚蓝的。

那一年，《南方周末》在广州大道中289号创刊，创始主编左方说：有可以不说的真话，但绝不说假话。那一年，"走向未来丛书"开始由四川人民出版社隆重推出。

那一年，24岁的余华在《北京文学》上刊发了他的处女作；那一年，25岁的陈凯歌推出了他的处女作电影《黄土地》；那一年，陈佩斯和朱时茂第一次在春晚登场，表演了《吃面条》。

同样还是那一年，14岁的山西汾阳少年贾樟柯看到了《黄土地》，他告诉自己：以后我就干这行了；那一年，刚从北大英语系毕业的俞敏洪开始留校任教；那一年，北京歌舞团的小号演奏员崔健第一次组建了自己的乐队……

1984年，也是一个真正有美学的时代——简单、纯粹、真诚；激情与探索共存，开放与进取同行。美学的朗朗天空，星光灿烂，五彩斑斓。

那一年，李先生的《美的历程》作为"美学丛书"的一种，又在中国社会科学出版社再一次出版；那一年，李先生写就了著名的"批判哲学的批判（康德述评）"修订再版后记，以及名篇《孙、老、韩合说》《秦汉思想简议》；那一年，李先生还为后来名扬四海的《青年论坛》写下了《创刊寄语》。

那一年，李先生也把一个懵懵懂懂的美学青年领上了美学大道。

而今，李先生已经离开了我们。我想说的是，事实上，1979年前后无疑是实践美学的鼎盛时期。1982年以后，李先生所引领的"美学热"就已经开始盛极而衰。1983年高尔泰开始高扬"感性动力"、扬弃"理性结构"，标志着实践美学的盛极而衰的开始。后来的生命美学（1985）、超越美学（1994）、新实践美学（2001）、实践存在论美学（2004）……无疑也是顺势而生。现在，实践美学也只是美学百花园中的艳丽夺目的一朵。实践美学一统天下的局面早已不再。

因此，没有李泽厚的时代，只有时代的李泽厚。

但是，无论如何，作为80年代之子，李先生都是那个时代的骄傲，李先生也引领着那个时代。

由此我想到，仍旧是在1984年，那一年，李先生在家乡的报纸《湖南日报》上，发表了散文《偏爱》。他说："我宁肯欣赏一个真正的历史废墟，而不愿抬高任何仿制的古董。"无疑，李先生也是不屑于被后人抬高为"仿制的古董"的！因此，在面对李先生身后的种种誉美之词，我要说：从浩劫中率先苏醒、从异化中重返人性的李泽厚，思想自由奔放的李泽厚，新时代弄潮儿的李泽厚，始终呼啸着创新开拓的李泽厚……则正是我从1984年见到李泽厚先生之后就始终都存在着的对于他的"偏爱"。

北岛在《波兰来客》感叹："那时我们有梦，关于文学，关于爱情，关于穿越世界的旅行。如今我们深夜饮酒，杯子碰到一起，都是梦破碎的声音。"

在大师已经远去的时刻，美学，不会死亡，美学，更不会成为"破碎的声音"。这，应该是我们作为20世纪80年代美学传人的使命，也应该是我们作为李先生的美学传人的承诺！

谨以此，痛悼李泽厚先生！

2021年11月3号初稿，上海讲学旅途
2021年11月7号定稿，南京，卧龙湖，明庐

# 迟到的感谢

前一段看到《四川文理学院学报》常务副主编范藻教授的一篇文章，题目是"生命美学：崛起的美学新学派"。文章介绍：近年来，收录于中国知网期刊数据库的生命美学主题论文计近700篇，潘知常、封孝伦、范藻、黎启全、陈伯海、朱良志、姚全兴、雷体沛、周殿富、陈德礼、王晓华、王庆杰、刘伟、

王凯、文洁华、叶澜、熊芳芳等教授、专家撰写的生命美学主题专著也近40本,还有一些硕士、博士,都将生命美学的研究作为学位论文的撰写选题。

坦率说,因为已经十五年没有参加过美学界的活动,对于上述情况,我一直是不太清楚的。不过,从1985年到现在,三十年过去了,从来无人组织,却逐渐有了这么多的学者都在不约而同地研究生命美学,这无论如何都是一件好事。据我所知,这些年来,美学界在基本理论的研究上也颇有斩获,涌现出若干美学新说。可略有遗憾的是,这些美学新说的研究者,大多是提倡者本人,还有就是他们的学生,师门之外,却极少有撰文公开响应的支持者。现在,生命美学的研究能够超越师门的局限,吸引那么多的来自四面八方的学者参加,而且形成了那么多的专著与论文,应该说,从20世纪到现在,百年之中,除了实践美学,还没有第三种美学新说可以企及,确实可喜可贺。

何况,即便是实践美学的研究,与生命美学的研究相比,还是略有不同。它崛起于20世纪50年代,到了20世纪的90年代,一般的支持者就都大多是以从"离经(实践美学)叛道(实践美学)"开始的"新实践美学""实践存在论美学"的名目出现了。然而,生命美学的研究却不但始终如一,例如,《学术月刊》2014年专门刊发了一组介绍生命美学最新成果的文章,《贵州大学学报》《四川文理学院学报》2015年专门开办了"生命美学研究专栏",而且就起步的时间而言,还要远远早于实践美学。还在20世纪初,就有王国维的"生命意志"、鲁迅的"进化的生命"、张竞生的"生命扩张"、吕澂的"情感发动的根柢"就在"生命"、范寿康的美的价值就是"赋予生命的一种活动"、朱光潜的"人生的艺术化"、宗白华的"生命形式"、方东美的"天地之美寄于生命"等等。当然,学术研究的价值评判无法以人多人少和延续时间长短作为标准,不过,无论如何,倘若说生命美学延续的时间长于实践美学,而且,在百年美学研究中生命美学的研究团队的人数众多,应该说,也无疑都是无可置疑的事实。

不过,生命美学研究也并非一帆风顺。当然,也正是出于这个原因,多年以来,任何一点来自国内著名美学家的私下的或者公开的支持,就实在太弥足珍贵。

在这方面,王世德先生的热情支持,给我留下了深刻的印象。

我与王世德先生的相识,是在20世纪的80年代,那个时候,我还在中原的郑州大学工作。1985年初,我在《美与当代人》(后改为《美与时代》)上,发表了自己的第一篇提倡生命美学的习作:《美学何处去》。可是,不要说当时恰逢实践美学一言九鼎之时,即便是想一想当时的我还完全是一个初出茅庐的"牛犊",那篇文章所遭遇的一切,就已经可想而知了。可是,1987年,我去成都的四川师范大学开会的时候,第一次见到了与会的王世德先生(也就是在这次的会议中,我还结识了王教授的两位高足:封孝伦、薛富兴),令我意外的是,对于我的浅见,他却给予了我极大的鼓励。这鼓励的弥足珍贵,应该说,对当时的我而言,是无论怎样评价都不过分的。

然而,更为令人感动的是,1989年,就在那个多事之秋,王世德先生又力排众议,全力支持他的硕士研究生封孝伦(后为贵州大学常务副校长)完成了自己的硕士学位论文《艺术是人类生命意识的表达》。而今回首往事,我想说,没有相当的理论勇气与敏锐的学术眼光,这样的题目,在那个特定的年份,无疑是早在开题阶段就会被保护性地无情"枪毙"掉的。

现在学术界在提及生命美学的时候,往往会首先提及我和封孝伦两人。可是,是否有人设想过:如果没有王世德教授的极大鼓励,我和封孝伦的研究探索是否在当年就已经戛然终止,就已经胎死腹中?倘若果真如此,那么,后来的一路延续至今的生命美学研究是否会因此而起码少了两个最为坚定、最为执着的急先锋?无疑,即便是在三十年后的今天,这还是一个有点让人不太敢去设想的问题。

王世德教授对于生命美学研究的支持还不仅仅是我和封孝伦两人,在2002年,我还注意到,他又热情地为范藻教授的新著《叩问意义之门——生命美学论纲》写了评论,而且明确表态说:"我赞同和欣赏新提出的生命美学观这一美学思潮。""我赞同和欣赏生命美学这样的美学观和审美思潮。"

王世德教授对于生命美学研究的支持还不仅仅是一时的,而是一贯的。2015年,我也注意到,他在《贵州大学学报》的第一期中,又发表了《喜读封孝伦新著〈生命之思〉》。这一次,他仍旧明确表态说:"我很赞同生命美学论"。

古人云:"吹尽狂沙始到金。"斗转星移的当今学术界,不少人已经把拿到项目的多少、获奖数目的多少、核心期刊发表论文的多少作为评判学术研究的标准。"著书"却不"立说",在现在的学术界已经见惯不惊了,人们也早已不以为平庸,反以为光荣。"著名"却不"留名",某些学者在当下的学术活动中地位显赫,但是在悠久的学术历史中却难寻踪迹,这或许也会成为未来的一个学术景观。可是,我却始终固执己见。在我看来,起码对人文科学来说,对于研究成果的最高评判标准,只能是"出思想"。也因此,我始终认为,在中国当代的美学界,就美学的基本理论研究而言,实践美学的提出(不仅仅是李泽厚先生,还有刘纲纪先生、蒋孔阳先生等等)以及后实践美学的问世(存在美学、生命美学等等),还包括其他一些美学新论的首创,才是当代中国美学研究中最值得关注的成就与贡献(当然,这里论及的只是"最值得关注",因此,绝不意味着对于任何的认真的美学研究成果的不敬)。"尔曹身与名俱灭,不废江河万古流",不妨大胆想象,将来在历史中终将沉淀下来的,必将也首先就是这些成就与贡献,可是,就像当年"小荷才露尖尖角"的实践美学也曾经历经磨难,最初的生命美学更是曲折多多。也因此,三十年后的今天,尽管生命美学所取得丰硕的成果已经无人可以随意否认,生命美学研究所形成的百年美学研究中的学术团队也以人数众多著称,可是,我却经常私下反思,这一切,倘若没有王世德先生的大力支持(当然,也不仅仅是王世德先生一人的支持,高尔泰、刘再复、周来祥、阎国忠、陈望衡、劳承万等诸多著名美学家的支持也令人难忘),又会如何? 我也经常在自问:对于王世德先生(当然,也包括高尔泰、刘再复、周来祥、阎国忠、陈望衡、劳承万等诸多著名美学家),在三十年后,我们是否还欠了一声由衷的感谢?

就在上个月,我专门赴成都看望王世德先生。其间,欣闻王世德先生的文集即将付梓,而且也已经有了校样。成都南京相距遥远,消息获知太晚,已经无法专门撰文详谈多年拜读王世德先生美学论著的体会,但是,无论如何,也要借机表达自己三十年来的一个夙愿。

机不可失! 仓促之间,唯一的良策,就是临时撰此短文,并力争能够放到文集之末。一则,是为祝贺凝聚了王世德先生一生心血的文集的出版;二则,就是为了对王世德先生真诚地道一声:感谢!

这是迟到了三十年的"感谢",但是,仍旧盼望王世德先生能够听到。

尊敬的王世德先生,祝愿您身体健康,也祝愿您再出佳作!

2015年,急就于国庆假期中

# 永不落幕
## ——在柯军龚隐雷夫妇讲座之后的点评发言

大家好!

你们都已经知道,在这次我们南京大学美学与文化传播研究中心举办的"全国高校美学教师高级研修班"上,在各位著名专家讲座之后,我一般都是不做点评的。这是因为在各位听课的时候我要频繁处理各种事情,还要出去到大厅接一下刚刚赶来的后面即将授课的著名专家们,因此,我担心因为没有全程聆听而无法做出恰如其分的点评。

可是,在柯军、龚隐雷夫妇来作讲座之前,事情却有点变化。

你们都已经知道,这几次会议的"大管家"余萌萌是我的太太。她虽然担任我们美学研究中心学术活动的主任,但其实也就是一个"义工",从来没拿过一分钱,对中心的工作也大多都是处理日常事务,而且从来不去干涉我这个主任的各项决策。可是,昨天晚上却有点不同。在我空下来的时候,她突然直视着我,并且很认真地跟我说:你明天要不要讲两句?这一下,我立即觉得事情有点严重了!"义工"竟然要干涉主任的工作了。可是,我也马上就明白了她的意思。因为即将到来的讲座一定最少也会成为两个高光时刻。其一,于私而言,它一定会是我和柯军老师,以及我们家和柯军老师家多年友谊的高光时刻,于公而言,柯军老师夫妇从未联袂讲座过,这次为我的事情却破了例。这也是他们讲座生涯的高光时刻。为此,我无论如何也应该出来说几句感谢的话。其二,萌萌也一定是猜测到了今天柯军老师夫妇的讲座一定会十分精彩,也一定会成为我们这届"全国高校美学教师高级研修班"的高光时刻。我知道,萌萌的意思是要我出来狗尾续一下"貂",以便把现场的气氛再提升一下,也让弥足珍贵的高光时刻延续得更加长久一点!

感谢萌萌的善意提醒,而且,我在心中也暗自接受了这个建议。不过,我之所以接受这样一个建议,还有一个更加深层的考虑,这就是:柯军老师作为一代昆曲大家、蜚声海内外的"大武生",已经进入了"素颜"的境界。老子说:"为道日损。损之又损,以至于无为。"可是,"素颜"的柯老师与"素颜"的昆曲,却可能会给今天聆听讲座的各位老师带来一定的困惑。毕竟,有"颜色"、有"腔调"的柯军老师也许更加容易理解一点。可是,"损之又损,以至于无为"的柯军老师却反而难以理解。为此,也许需要我在最后做一点还原的工作。或者说,是为柯军老师今天的讲座作一个必要的注释。

我跟柯军老师是三十年前就认识的,那时候,我们都是江苏省青年联合会的委员,而且,在其中他要更加"青年"一点,是小弟弟,应该是 25 岁。我一直都记得,他经常说,一定要振兴昆曲、复兴昆曲。我至今都对他说话时的坚定眼神印象深刻。而且,我还记得,为了表示对昆曲的敬意,在我们去唱卡拉OK的时候,他甚至从来都是静静坐在一旁,但是却绝不开口。"为昆曲而生"的心态跃然眼前,当然,这很符合我的"为美学而生"的心态。于是,我们也就成为了相知甚深的好朋友。

当然,还有一句话,是藏在我对柯军老师的印象背后的,这就是:"夜奔"!

我一直觉得,与柯军老师认识了三十年,在我心目中,让他一举成名的,是林冲的"夜奔",可是,为他的拼搏、奋斗、顽强跋涉打上引人注目的底色的,也是"夜奔"!

"夜奔的柯军",这就是我印象中永远不变的柯军老师!

始终在探索,始终在前行,没有什么头衔、获奖可以阻挡他的步伐,也没有什么选择可以取代他对于昆曲的深情……柯军老师就是昆曲,昆曲也就是柯军老师。我经常说,学术界一定要把"以学术为生"与"为学术而生"的两种学者区分出来,因为那些"以学术为生"的学者早已经把学术场污染成了学术名利场。而只有那些不要工资也愿意为学术而工作、倒贴钱也愿意为学术工作的学者才代表着学术的未来,也才是学术界中的"最可爱的人"!柯军老师也是这样!柯军老师,也是昆曲界中的"最可爱的人"!

也因此,我想说,在今天的讲座中我看到了三个"夜奔"——

首先是在昆曲的背后我看到了"夜奔"的中国。今天柯军老师——当然还有龚隐雷老师——的讲座,让我们看到的绝不仅仅是昆曲,而且还是昆曲所隐喻着的中国。作为百戏之祖,我们必须看到,柯老师借助昆曲给我们展示的是一部百折不挠、愈挫愈奋的中华民族的历史画卷。在昆曲的背后,是民族的喜怒哀乐、悲欢离合。例如他所提及的《哀江南》曲子。这是《桃花扇》结尾《余韵》中的一套北曲。曲子写的是教曲师傅苏昆生在南明灭亡后——也就是1645年左右的时候——重游南京的所见与思。当时,他走到了南京的大行宫,思及汉民族政权在传统社会中的最后的崩塌,因此而发出了一声最后的叹息:"眼看他宴宾客,眼看他楼塌了!"而自己能够去做的,也仅仅是"诌一套《哀江南》,放悲声唱到老"。再例如柯老师刚才提到的《顾炎武》。在我看来,顾炎武最为恰切的身份应该是一个"遗民"——"文化遗民"。他,还有他的战友黄宗羲、王夫之,所面对的,是汉民族政权的"随风而逝"。从此,在传统社会,汉民族再也没有能够回到领军地位,直到大清王朝的灭亡。也因此,他们直面的都是"亡天下",而不是"亡中国"。我们知道,"亡中国",是"肉食者"的事情,可是,在"亡天下"的问题上,却是"肉食者鄙,未能远谋"。为此,顾炎武才喊出了惊天地、泣鬼神的民族最强音:"天下兴亡,匹夫有责!"总之,正是昆曲在昭示着我们:在一项项王冠落地的背后,在"兴,百姓苦,亡,百姓苦"的背后,是"夜奔"的中国、艰难探索的中国、不懈追求的中国、我们心目中的最"可爱的中国"(方志敏)!

其次,是在中国的背后我看到了"夜奔"的昆曲。在中国,如果要问什么最能够代表中国,我想大家的回答一定是:昆曲与书法。这样说,当然不仅仅因为昆曲从一诞生就流淌着"清赏""高雅"的高贵血统,不仅仅因为昆曲的表演是360度没有死角,也不仅因为昆曲的语言"功深熔琢,气无烟火,启口轻圆,收音纯细",甚至也不因为白先勇先生评价的"昆曲无他,唯一美字",而是因为昆曲中所蕴含的中华美学精神的一线血脉。例如,我们知道,两百多年前,《红楼梦》里的林黛玉"素习不大喜看戏文,便不留心",可是,"偶然两句吹到耳内,明明白白,一字不落,唱道是:'原来姹紫嫣红开遍,似这般都付与断井颓垣。'林黛玉听了,倒也十分感慨缠绵……又听唱道是:'良辰美景奈何天,赏心乐事谁家院。'听了这两句,不觉点头自叹,心下自思道:'原来戏上也有好文章。可惜世人只知看戏,未必能领略这其中的趣味。'……"请注意,小说写她当时的表现是"不觉心动神摇",是完全沉浸进去,"亦发如醉如痴,站立不住,便一蹲身坐在一块山子石上,细嚼'如花美眷,似水流年'八个字的滋味。"当然,这只是昆曲放射光芒的一个瞬间,但是,这却又是昆曲最为璀璨的一个瞬间!在这里,我想提示各位的是:"原来昆曲也有好文章",我们在昆曲中看到的,是中华民族的灵魂史诗。"为情而生,为情而死",这正是"夜奔"中的昆曲以血泪凝聚而成的一瓣心香。在这个意义上,昆曲的探索,也正是"夜奔"的中华美学精神的结晶。

最后是在昆曲与中国的背后我看到了柯军老师的"夜奔"。因为是多年好友的缘故,我当然熟知柯军老师以及隐雷老师的很多故事。他为昆曲所付出的诸多努力,他为昆曲所奉献的全部青春,他为昆曲所吃尽的全部辛苦……都历历在目。尤其在过去的相当长的一段时间里,为了昆曲,他甚至连养家糊口的钱都筹措不够。为了装修房子,隐雷老师只能用自行车前的小筐和后座去搬运装修物品,而且一想到亟待偿还的贷款,就彻夜辗转难眠;为了艺术,柯军老师少年时不惜天天累得尿血,但是成年以后,却只能靠给人刻章去谋生……可是,我们何尝看到过他的退缩——从来没有。说到昆曲,他的眼神永远是坚定的,也永远是爱恋的,更永远是无所畏惧而且光芒万丈的!我知道,这应该是柯军老师的"夜奔"!而且,每当我想到改革开放以后成长起来的那一代年轻人,就总是暗自在想:其实又何止是一个"夜奔"的柯军老师?我潘某人不也是在"夜奔"着吗?那是一个有梦的年代,也

363

是一个盛产"追梦人"的年代。因此,"夜奔"的柯军老师所代表的,应该是整整一代的中国青年——"夜奔"着的中国青年!

这,就是我要告诉各位的三个"夜奔"。

而在三个"夜奔"的背后,就是我希望各位所看到的柯军老师以及在他内心深处有着无上荣光的昆曲。现在的他是已经完全"素颜"了,"事了拂衣去,深藏功与名",可是,只有"绚烂之极"才能够"归于平淡",因此,如果不知道他的"绚烂",又怎么能够读懂他的"平淡"呢?因此,请柯军老师还有隐雷老师务必要原谅我在讲座最后时刻的饶舌。也许,结友三十年,却仅仅才饶舌一次,这,应该是你们可以原谅我的饶舌的一个理由?

最后我要说的是,我刚才看到柯军老师在课件上写了"谢幕"两个字,昨天晚上在陪柯军老师吃饭的时候,他也无意中说到过"谢幕"。我知道,这一定是柯军老师的偶一为之。"谢幕"?这哪里是柯军老师的口吻?三十年前的柯军老师不是这样,其实,三十年后的柯军老师也不会是这样。我跟柯军老师是永远的朋友,我家跟柯军老师家也是近邻,我相信,从过去到现在,再从现在到未来——到永远的永远,我能够看到的柯军老师——我们能够看到的柯军老师都必然是,也一定是:永不落幕!

谢谢!

2022年1月23日上午,南京,状元楼大酒店

# 第六辑

## 学海拾贝

# 关于阅读
## ——答《图书馆报》记者问

[《图书馆报》,由中国出版集团主管、新华书店主办的面向全国图书馆发行的周报,是图书馆界唯一的纸质媒体。《名家访谈》栏目,是该报的著名栏目。]

**问**:您从事的主要是美学研究,我看到很多的介绍都称您为国内生命美学学派的领军人物、生命美学学派开创者,那么,什么是美学呢?您能否简单地跟读者们分享一下?

**答**:美学是研究进入审美关系的人类生命活动的意义与价值之学、研究人类审美活动的意义与价值之学。我所主张的生命美学,也是因为把进入审美关系的人类生命活动的意义与价值、人类审美活动的意义与价值看作是美学研究中的一条闪闪发光的不朽命脉而得名。不过,这样的介绍对于普通的读者而言是有点太学术化了,那么,我也可以说得简单一些:"爱美之心,人皆有之",美学,就是对于人类的"爱美之心"的研究。人类对于美的追求,就有如人类对于阳光、水分与空气的追求,阳光、水分与空气从表面来看,都不值钱,但是,却须臾不可或缺,人类对美的追求也是一样,有些人会说,"美有什么用?不能吃,也不能穿",但是,美对于人类却同样须臾不可或缺,美学,就是对于人类的对于美的追求的研究。

**问**:我看到2016年在今日头条文化频道的全国6.5亿用户大数据的调查中,您名列"关注度最高的国内五位《红楼梦》研究专家"(排名第四)。您曾在上海电视台、江苏电视台、安徽电视台和南京电视台讲过《红楼梦》,在全国各地也经常讲《红楼梦》。在您心目中,《红楼梦》有何特殊之处?

**答**:英国诗人奥登在悼念爱尔兰伟大的诗人叶芝时曾经说过:"疯狂的

爱尔兰将你刺伤成诗(Mad Ireland hurt you into poetry)。"对于《红楼梦》,我们也可以说:疯狂的中国也将曹雪芹"刺伤成诗"、"刺伤"成《红楼梦》。《红楼梦》,是中国的国书,中国的众书之书。它是爱的圣经、文学宝典、灵魂史诗。它是《红楼梦》,也是"中国梦"! 西方的一个学者荷尔德林在与歌德谈话后感叹说:在他身上"发现如此丰富的人性蕴藏,这是我们生活的最美的享受"。在《红楼梦》里面,我们也"发现如此丰富的人性蕴藏,这是我们生活的最美的享受"。而对于司汤达的小说《红与黑》,爱伦堡曾经说过:"假如没有这本书,我真难以想象,伟大的世界文学或我自己渺小的生命是怎样的。"对《红楼梦》,我也经常这样说:"假如没有这本书,我真难以想象,伟大的世界文学或我自己渺小的生命是怎样的。"

问:关于《红楼梦》,您已经出版过《〈红楼梦〉为什么这样红——潘知常导读〈红楼梦〉》(学林出版社2008、2016年版)、《说〈红楼〉人物》(上海文化出版社2008年版)、《职场红楼》(文汇出版社2010年版),请问您近期还有关于《红楼梦》的新的普及读物出版吗?

答:下一步,我会在喜马拉雅上免费开讲《红楼梦》,讲座的名字叫"潘知常说《红楼》",每天三十分钟,一百天,共分四个板块:说红楼品人生,说红楼话青春,说红楼论情爱,说红楼看社会。这是从《红楼梦》看人生、青春、爱情、社会,也是从人生、青春、爱情、社会看《红楼梦》。讲述的方式,则是从"阅读"红楼到"悦读"红楼。其中贯穿的,是关于经典名著《红楼梦》的深度感悟,也是关于人生、青春、爱情、社会的深刻理解。我期望这个长达一百天的讲座,能够对《红楼梦》爱好者、文学爱好者、美学爱好者有所帮助。同时我会修订《〈红楼梦〉为什么这样红——潘知常导读〈红楼梦〉》,将其扩充到五十万字左右,并且易名为:"《红楼梦》为什么这样红——《红楼梦》美学精神"。

问:您对阅读的理解是什么? 您喜欢读哪类作品?

答:古希腊图书馆的大门的告示就在提示读者:他们进入了一个治愈灵魂的地方。我认为读书,就是为了遇见更好的自己。对于阅读,我经常说:阅读成就人生。阅读不能改变人生的长度,但可以改变人生的宽度和厚度;阅读不能改变人生的起点,但可以改变人生的方向和终点。阅读,让我们学会看待人生,从此多了一份"宽容",所谓"有眼光";阅读,让我们学会对待人生,从此多了一份"包容",所谓"有头脑";阅读,让我们学会善待人生,从此多了一份"从容",所谓"有胸怀"。"有容乃大",让我们成就人生!也因此,我经常在全国各地开讲座,进行"劝学""劝读"。回想一下《红楼梦》,贾宝玉遇到林黛玉时迫不及待地问的第一个问题是什么?"妹妹可曾读书",而我们每一个人在遇到朋友的时候,也应该像过去常问"今天,你吃了没有"一样,去问"今天,你读了没有"。遗憾的是,如今很多人的灵魂都正在挨饿。鲁迅说:用秕糠养大的一代青年是没有希望的。无疑,不读书的"一代青年"也是"没有希望的"。

至于我自己,除了专业的书以外,我愿意读的,以历史与思想类的经典著作居多。

问:关于阅读,您对读者最想说的是什么?

答:关于阅读,其实是由三个问题组成的:"好读书"——"读书好"——"读好书"。一般人关注的只是第一个问题:"好读书"。其实,这是非常不够的。在阅读的过程中,最最重要的问题,应该是"读好书"。西方学者布罗姆说过:莎士比亚与经典一起塑造了我们。确实,只有经典著作才能够塑造我们。因此,并不是随便读点什么都能算是阅读的。开卷也未必有益。书,确实像人们所形容的那样,是"山",是"海",但说不定却是"刀山火海"。到了2005年,我国出版图书的数量就已经是1949年前所有书的总和:19万种。2005年以后,更是很快就达到了史无前例的22万种,甚至更多。因此,在读书中不但要学会"从薄到厚",更要学会"从厚到薄"。北京大学的著名学者金克木曾经写过一篇文章《书读完了》,说的是历史学家陈寅恪曾对人言,他少时见夏曾佑,夏对他感慨:"你能读外国书,很好;我只能读中国书,都读完了,没得读了。"他当时很惊讶,以为夏曾佑老先生是老糊涂了,可是,等到自己也老了,才觉得有道理,他说:中国古书不过是那么几十种,是读得完的。这个故事讲的,就是要"读好书"。总之,要读人类五百年前和五百年后都要读的那些好书。

问:您对书本阅读与数字阅读的观点是什么?有人说:阅读已死,是否如此？

**答**：根据全国国民阅读调查的结果，我们国家国民阅读率连续六年持续走低，我们的国民有阅读习惯的仅占5％左右。而从我在日常生活中的观察来看，应该说，这个调查也确实是可信的。

现在的情况是，有文化而不阅读的人在增多，有空闲而不阅读的人在增多，有金钱而不阅读的人在增多，阅读的整体层次在急剧下降，许多人对"阅读社会""读书人口"等概念仍旧很陌生，庞大的"不读书人口"更是令人震惊。一直以来为我们所推崇的"读书破万卷"的阅读习惯也正在受到前所未有的挑战与冲击。更具挑战意义的是，前不久，微软总裁比尔·盖茨在微软战略客户峰会上发表演讲，甚至宣称："人们将会从传统的纸张阅读完全转移到全新的在线阅读。"比尔·盖茨真是语出惊人，他的言下之意无疑是："印刷已死！"而且，因为"印刷已死"，随之而来的自然是："阅读已死！"难怪有人会慨叹："能静下来读一本书，简直是一种奢侈。"

可是，这毕竟并非真实。因为，人类不死，阅读就不会死；文化不死，阅读也不应该死。美国全国艺术基金会公布的一项让人很受启发的调查告诉我们：喜欢阅读的人参观博物馆、听音乐会的可能性比其他人多好多倍；喜欢阅读的人做义工和参加慈善工作的可能性也几乎是其他人的三倍；而喜欢阅读的人参加体育比赛和文艺活动的可能性则几乎是其他人的两倍。我很喜欢这个调查。因为，它告诉我们：阅读，不论你去怎样理解它，但是它都会改变我们的一生，这却是一个不争的事实。"阅读"与我们如影随形，尽管在改变我们的人生长度的时候阅读无能为力，但是在改变人生的宽度和厚度上阅读应该是游刃有余的。是的，阅读无法改变我们的人生的起点，但是，我们却没有理由不去相信，凭借阅读，我们完全可以来改变自己的人生的终点。

而且，早在1970年，联合国教科文组织第16届大会时就确立了"阅读社会"的概念，而在"终生学习"已成为所有人们的共识的今天，终生阅读也势必成为所有人的共识。因此，我呼吁对于阅读的关注，更呼吁对于阅读的呼吁。

阅读当然不是万能的，但是，没有阅读却是万万不能的。

因此，"阅读已死"当然不是事实，真正的事实是——阅读永恒！

问：关于"阅读"，您还想跟读者说些什么？

答：我还想借这个机会就当前社会的阅读问题发表一点意见。

早在1970年，联合国教科文组织16届大会就提出了一个口号，叫"阅读社会"。现在，我特别想说，要建立阅读社会，我们最少要去做两件事。

第一件事，是培养阅读习惯。有些家长经常会问我们这些做老师的：什么样的孩子有出息？什么样的孩子没出息？是考试成绩吗？是天天头悬梁锥刺股？其实，其中最最关键的是良好的学习习惯。所谓阅读习惯，就像我们每个人的卫生习惯，比如饭前要洗手，这就是所谓的卫生习惯。其实，阅读，也存在着是否有习惯的问题。遗憾的是，我看到，有关部门刚刚做了一个调查：我们国家的国民阅读率连续六年走低，我们国家的国民有阅读习惯的仅仅占5%。我要强调，在阅读的问题上，结论十分简单，只有具备了良好的阅读习惯者，最终才会脱颖而出。美国的罗斯福总统夫人就说，她是每天用15分钟去阅读的，这样下去，一个月就可以读完一到两本书，一年就可以读完二十本书，一生呢？就可以读完一千本以上。无疑，她正是得益于良好的阅读习惯。

第二件事，我认为我们应该营造一个勤于阅读的氛围。我们一定要让这个社会奉行一个信念，什么信念呢？喜欢阅读者，被尊敬；不喜欢阅读者，不被尊敬。遗憾的是，我们现在没有这个环境，商人忙赚钱，学生忙考试，市民忙上班，工人忙做工，农民忙种田。我认为，这真是我们当今社会的一个最大的损失。

西方的著名作家伍尔芙说过一段话，我很喜欢："我有时会这样想，到了最后审判时，上帝会奖赏人类历史上那些伟大的征服者、伟大的立法者和伟大的政治家——他们会得到上帝赏赐的桂冠，他们的名字会被刻在大理石上而永垂不朽；而我们，当我们每人手里夹着一本书走到上帝面前时，万能的上帝会看看我们，然后转过身去，耸耸肩膀对旁边的圣彼得说：'你看，这些人不需要我的奖赏。我们这里也没有他们想要的东西，他们只喜欢读书.'"在这里,我也想对所有的读者说,我们,也"只喜欢读书"。

问:最后,请为读者推荐几本书,并简单写一句荐语。

答:第一,《论语》,因为它是中国人的君子宣言,也是中国的大丈夫宣言。

第二,《红楼梦》,因为它是中国人的袖珍祖国,不读《红楼梦》,就不是一个合格的中国人。

第三,《鲁迅全集》,因为它是中国文化从传统走向现代的桥梁。鲁迅的终点,就是我们再次出发的起点。

2017年,南京

## 朝圣者的灵魂史诗
——《天路历程》序

面前的这本书,在西方已经家喻户晓,但是,在中国却还鲜为人知。

当然,并不是因为中国没有这类跋山涉水历经艰难而最终到达天国或是西天的宗教题材的文学作品。例如,《西游记》在中国就广为人知,而且名列明朝的"四大奇书"和清朝的"四大名著"。在当代,也是再版之最,发行之最,读者人数之最,改编戏曲、电影、电视剧之最。不过,《西游记》所关注的仅仅是"奉旨取经",只是把地上的工作搬到天上,但是,工作还是工作,不但天上的神仙像地上的官员一样勾心斗角行贿受贿,而且取经者也按照地上的标准以对待天上的诸神,例如,因为武功的高低不同,孙悟空对玉帝只是唱个大喏,但是对如来却"低头礼拜"。至于取经者团队,也完全是地上的全套的"敌后武工队"建制的照搬,面对工作中的"八十一难",他们自有"七十二变"来应付裕如,外加"法宝""法身"(合称为"法力"),还有金箍棒、钉耙、僧杖,几乎是"武装到了牙齿"。因此,透过神话的外衣,我们看到的,还是往日十分熟悉的《三国》《水浒》类的"该出手时就出手"的征战场面与暴力传奇,事实上与"天国""西天"或"宗教"无涉。可是,《天路历程》就不同了。尽管它在中国也曾经被翻译为《圣游记》,以与《西游记》对应,但只要稍加翻阅,就会立即发现,两者其实完全不同。倘若中国的《西游记》写的是一个从猴性到人性的"成人"故事,那么,《天路历程》写的则是一个从人性到神性的"成神"故事。跋山涉水历经艰难而最终到达天国是《天路历程》的全部内容,从"灵魂救赎"着眼的"该怎么办才能得救"是全书的核心,"如何百折不挠地在天路上勇往直前,直到走进荣耀的辉煌",则是全书描述的重点。显然,这应该是一部全新的为中国读者所完全不熟悉的先知之书,也应该是一个全新的为中国读者所完全不熟悉的跋涉在灵魂旅程上的朝圣者的故事。

在《天路历程》的背后潜在着的,是一个为中国读者所十分陌生的灵魂维度。

一般而言,在人性不是什么的层面,中西方是基本一致的。这就是:人性都不是动物性。因此,衣冠禽兽,行尸走肉,为中西方所共同不齿。但是,在人性是什么的层面,中西方却并不一致。在西方,在基督教文化的影响下,更多地强调的,是人与神的对话,是人性中的神性,也就是缪勒在《比较宗教学导论》中揭示的"它使人感到有无限者的存在"中的"无限者"。[①] 在基督教看来,要现实本性"自然而然"或者"顺其自然"地生长为超越本性,绝无可能。人或者匍匐为虫,或者疯狂为兽。因此,他性启示、神性启示就异常重要。而且,只有透过现实本性的"山穷水尽",才能够迎来"无限者"莅临的"柳暗花明"。此时此刻,灵魂维度则必然会应运而生——这是一个被英国宗教学家约翰·希克称为第五维度的维度。无疑,班扬在《天路历程》中所孜孜以求的,也正是这个作为第五维度的灵魂维度的存在。

但是,就中国文化而言,关于人性是什么,却与西方文化不同,它更多地强调的,是人与动物的不同。所谓"人之所以异于禽兽者几希"(《孟子》)。人之为人,其实并不高于人,而只是高于常人。因此,只是"人圣",而不是

---

① 缪勒:《比较宗教学导论》,陈观胜等译,上海人民出版社 1989 年版,第 11 页。

"神圣",也不是"为人由神",而是"为仁由己"(孔子)。于是,"蓦然回首,那人却在灯火阑珊处",只要"放下屠刀",就可以"立地成佛"。正如毛泽东所说:"六亿神州尽舜尧"。明清时代,我们也常听闻:"满大街都是圣人"。这样一来,在任何时候,中国人也就都不必去向绝对至善的上帝敞开自己,也不必去以绝对至善的上帝为标准来审判自己、忏悔自己,亟待去做的,是在"失败是成功之母"的原则下的认真总结经验教训,是后悔,或者,是认错(而不是"认罪")。由此,灵魂维度也就全无必要,是否"修齐治平""兼济天下",则是衡量"成仁"与否的根本标准。无疑,《西游记》为什么要写"奉旨取经",孙悟空为什么是一个"行者"(而不是"信者"),我们为《西游记》谱写的主题歌为什么竟然是"敢问路在何方,路在脚下",道理也就在这里。

具体到宗教,中国特色的宗教,所奉行的往往是"无神论的唯心主义"。一千三百年前的六祖惠能所创建的南禅,所推进的,就是一条中国特色的宗教道路——"无神的唯心"。在佛教进入中国之前,"佛"不是人,而是"神"。但是在佛教进入中国之后,在惠能那里,"佛"却只是"心"。这也就是说,没有人会是"神",但是,却人人都有"心"。于是,也就凡有"心"者就都可以成佛,这就是所谓"众生是佛"。因此,每个人都原本就是"佛",无需"成"也,只是我们自己把自己跟"佛"分开了,所以才要去"成佛",而只要意识到自己就是"佛",也就不需要去"成"了。于是,所谓"佛",就只是一个滚滚红尘中的"觉"(悟)者。当你意识到原来的所有人生问题都不需要去解答,因为它们根本就不是问题,于是,你就成为了一个"觉"(悟)者。显然,在这里存在着的,是"心"的维度,而不是"神"的维度,同样,也是"心"的维度,而不是"灵魂"的维度。

在西方的基督教中却截然不同,它奉行的,是"有神论的唯心主义"。"上帝的存在是人的自由的特许状,"别尔嘉耶夫这样说道。[1] 詹姆斯也强

---

[1] 别尔嘉耶夫:《精神王国与凯撒王国》,安启念等译,浙江人民出版社2000年版,第21页。

调,"直接由心到心,由灵魂到灵魂,直接发生在人与上帝之间",①是它的根本特征。人完全是一个信仰的动物。因此,人永远高出于自己,永远是自己所不是而不是自己之所是。人不再存在于有限,而是存在于无限;不再存在于过去,而是存在于未来。由此,人类的生命意识得以幡然觉醒。人之为人,也由此得以被激励着毅然转过身去,得以不再经过任何中介地与最为根本的意义关联,最终目的与安身立命之处的皈依直接照面。精神、灵魂,被从肉体中剥离出来,作为生命中的神性、神圣而被义无反顾地加以固守。当然,这无疑也就意味着灵魂维度的诞生。

在此基础上,对于西方文学作品中作为第五维度的灵魂维度的隔膜,在中国的读者,就都是在意料之中的了。而且,在这个方面,即便是鲁迅也未能免俗。西方的但丁和陀思妥耶夫斯基,不就被他公开列为自己"虽然敬服那作者,然而总不能爱"的"两个人"?② 他在阅读《神曲》的时候,不就感叹:"那《神曲》的《炼狱》里,就有我所爱的异端在。仅仅读到一半,"不知怎地,自己也好像很是疲乏了。于是我就在这地方停住,没有能够走到天国去。"③ 而在阅读陀思妥耶夫斯基的作品的时候,鲁迅不也"废书不观"?④ 当然,《天路历程》也同样如此,很多的中国读者也往往是"不知怎地,自己也好像很是疲乏了。于是我就在这地方停住,没有能够走到天国去",也往往是"废书不观"。难怪一位日本学者会说:东方学者最难理解西方文化的是两件事:西方对待宗教的态度,西方对待女性的态度。显然,中国人也是如此。

必须指出,为中国读者所十分陌生的对于作为第五维度的灵魂维度的关注,恰恰正是《天路历程》的精华所在。

这一点,我们即便从作者身上都能够看到。

我们知道,《西游记》的作者吴承恩所信奉的是"三教合一"的宗教观,而

---

① 詹姆斯:《宗教经验种种》,尚新建译,华夏出版社2005年版,第17页。
② 《鲁迅全集》,第6卷,人民文学出版社1981年版,第411页。
③ 《鲁迅全集》,第6卷,人民文学出版社1981年版,第411页。
④ 《鲁迅全集》,第6卷,人民文学出版社1981年版,第411页。

且,《西游记》也直接与宗教相关,可是,从吴承恩把《般若波罗蜜多心经》称为《多心经》(第十九回、第三十二回、第四十三回、第九十三回),就不难推测,吴承恩的宗教知识其实有限。因为《般若波罗蜜多心经》里面的"般若"是智慧,"波罗"是彼岸,"蜜多"是到达,把"蜜多"拆开,组成怪诞的《多心经》,这无疑是一个常识性的错误。当然,这在中国也没有什么关系。因为宗教本身实在并不重要。在吴承恩那里,它其实只是从事创作的素材而已。而且,这正象征着:他所面对的,仍旧只是"心性之家",而不是"神性之国",也仍旧只是"心"的维度,而不是"灵魂"的维度。但是,《天路历程》的作者约翰·班扬(1628—1688)就不同了。他是一个虔诚的基督徒,而且是一个"一本书主义"的基督徒。因为出身低贱,也因为文化有限,终其一生,他只读过《圣经》,也只读《圣经》,其他的伟大作品,则一概都没有接触过。而且,从1660年到1672年,他因为"无照布道","秘密聚会和搅乱民心"而遭遇了十二年的牢狱之灾。然而,正犹如同样曾经身陷牢狱之中的波伊提乌斯的写出了《哲学的慰藉》、莫尔的写出了《纾解忧愁之对话》、雷利的写出了《世界史》、陀思妥耶夫斯基的写出了《死屋手记》,也犹如西方的著名电影《肖申克的救赎》中的安迪的历经十九年牢狱之后的大彻大悟,班扬也因此而得以寻觅到"通向生命的门"的路径。《天路历程》的写作,就是一个确凿的证明。

对于作为第五维度的灵魂维度的关注,在班扬的《天路历程》作品中,就看得更加清楚了。

因为关注的是作为第五维度的灵魂维度,因此,《天路历程》探求的始终是生命的终极意义、根本意义,也始终是生命的精神之美、灵魂之美。对于它来说,灵魂的生活才是唯一的生活。也因此,它所面对的,是灵魂的探险、灵魂的绝境、灵魂的蜕变、灵魂的炼狱、灵魂的凸显,总之,灵魂的无限广阔被第一次加以展开。它所开启的,也是灵魂的法庭;发动的,更是灵魂的战争。灵魂的演练、灵魂的拷问、灵魂的皈依,自我在自为主角、自己突围中"抉心自食",甚至,不惜在无路之路中开辟通向天国的必山之路。

在这个意义上,《天路历程》完全可以被看作是灵魂历程。我们看到,作者喜欢在梦境的框架内不断地提示说"我在梦中看到了……"。在这里,

"看",应该是作品中的一个重要隐喻。它提示从有形的现实世界向无形的灵魂世界的穿越。书中的朝圣者还发现:"我快要被自己身上这沉重的包袱给压垮了。""我担心背上的包袱会使我沉沦到坟墓以下的地方,甚至还会坠落到地狱中去。"因此,"只要能够解除我背上的重负就行。"而为了要做到这一点,则又必须要"背对整个世界"。"当我做那些自以为是最好的事情的时候,其实我已经做了最坏的勾当。"这样,也就转而"羡慕一个更美的家乡,就是在天上的家"。为此,而"凭着信心奔走天路",为此,而"相信灵魂能够得救"。

而要读懂《天路历程》,则要务必记住:其中的内容统统都不是"转喻"的,而完全都是"隐喻"的。灵魂看不到摸不着,只能在隐喻中显现出来,因此,在阅读中也要善于透过字面意义去把握背后的隐喻意义,这意味着:小说中的文字都告别了字面的内涵而显现出全新的意义。这也提示着:如果不去以自己的全部灵魂孤注一掷,则灵魂中沉睡万年的风景自然也就无法唤醒。

例如,《天路历程》中的天路客在跋山涉水中所经历的,其实就是悔罪、皈依、信主、得救的四个阶段。而这也正是基督教典籍中记载的一个人的灵魂在拯救之路上的全部历程。

然而,作为一个中国读者,对于这一切却可能比较陌生。我们知道,在基督教,原罪,被界定为人与上帝的区别,也被界定为人与动物的区别。因此,人之为人,无法被假设为善,也无法被假设为恶,而必须被假设为自由。也因此,与中国读者所十分熟悉的所谓"三不朽"(立功、立德、立言)不同,基督教推崇的,是灵魂不朽。而这"灵魂不朽",则必然来自自由信仰,而不是"被"信仰。既然人间、人性已经沦为赎罪的炼狱、灵魂净化所、未来灵性生活的预修学堂乃至寓所、客栈、涤罪所,沦为天国的一个叛逆的省份,置身其中,或者匍匐为虫,或者疯狂为兽,要"自然而然"或者"顺其自然"地生长而为神性或者企及灵魂不朽,已经绝无可能,于是,也就只有再次叛逆,才能重返天国。

在这里,最为重要的,是所谓"罪责"。为中国读者所较为熟悉的,是"罪恶"，为中国读者所较为不熟悉的，却是"罪责"。而在基督教文化中，"罪责"却偏偏成为关注的核心。作为信仰的动物，人之为人，应该是一种完全出于自由意志的选择，一种把自己的意愿完全置于自己意志的决断之下的结果，可以自由地去为恶，也可以自由地去为善，这是人的伟大之处，但是，也正是人的全部"罪责"之所在。这意味着：每个人都完全就是他自己的一切行动的唯一原因。因此，每个人也必须完全承担起他自己的一切行动的唯一"罪责"，而绝对不允许推诿给社会或者他人。而这也当然就是《天路历程》中的天路客在跋山涉水中所经历的"皈依、信主、得救"必须从"悔罪"开始的原因。

再如，天路客在奔走天路的过程中所遇到的各色人等，其实也都隐喻着灵魂旅程的林林总总。像愚陋、懒惰、自恋、刻板、虚伪、胆怯、疑虑，这其实正是我们人性中的种种负能量的存在，再像善意、晓谕、警醒、审慎、机灵、敬虔、慈悲、守信，这其实又正是我们人性中的种种正能量的存在。还有，像水性杨花、亚当第一、色欲、猎艳、骄纵、贪婪、傲慢、自负、虚荣、羞愧、扯臊、恨善、嫉妒、痴迷、马屁精，无疑是我们须臾也无法与之共存的人性陋习，还有，像沾光、变卦爵士、趋炎附势爵士、巧嘴爵士、世俗先生、恋钞先生、吝啬先生、虚荣心先生、疑心女士、怯懦先生、猜疑先生、罪孽先生、失魂灵先生、无知先生、短暂先生，则是我们照见我们人性丑陋的一面面镜子。

地点也如是。从毁灭城、纵欲城、美丽宫、快乐山、屈辱谷、死阴谷、艰难山，经浮华镇、巧嘴镇、贪欲县、敛财镇、钱财岗、芳径园、愉悦山、谬误山、警戒山、清晰山，过自夸庄、背信城、迷失地、粗俗镇、实在乡、疑惑寨、无桥之河，直到最后进入天国之城，只要我们把这一切想象成灵魂的必经之地，其中的谜中之谜也就不难破解。

当然，《天路历程》的第一部与第二部又有不同。在第一部，主要是基督徒的独自上路，展示的是必不可少的朝圣者的独自面对上帝的灵魂旅程。第二部却是一幅以女基督徒为核心的爱的群像。妇幼老弱各异，性格经历不同，但是，却彼此守望，展示的是人们齐心合力共赴天国的盛景。

总之，《天路历程》隐喻着人类灵魂的大彻大悟，它把人之为人的无限本

377

质和内在神性揭示了出来,人的神性在这里具有了绝对的意义。灵魂,被从肉体中剥离出来,和上帝建立起一种直接的关系。于是,最终也就得以通过对于上帝的信仰而升华了人的存在,使人获得了新的精神生命。个人是自由者,上帝也是自由者,既然如此,每个人就都是自己的目的,而且无需借助任何中介就可以与另一个自由者——绝对、唯一的上帝邂逅。于是,每个人都是首先与另一个自由者——绝对、唯一的上帝邂逅,然后才与他人邂逅。这样,个人与上帝之间的关系也就无条件地成为了个人与他人之间关系的绝对前提。自我、个人的存在,也就成为了最高目的与不可让渡的价值与尊严。正如别尔嘉耶夫所指出的:"很久以前,基督教曾完成一场伟大的精神革命,它从精神上把人从曾经在古代甚至扩散到宗教生活上的社会和国家的无限权力下解放出来。它在人身上发现了不依赖于世界、不依赖于自然界和社会而依赖于上帝的精神性因素。"[1]也因此,在阅读《天路历程》的时候,不妨将天路客所遭遇的各色人等以及所跋涉的方方面面,都看作我们自己的人生遭际与人生旅途。要透过天路客看到我们自己,也要透过我们看到天路客。而伴随着天路客的走完全部的天路历程,我们的心灵也无形中随之承受了一次神圣的洗礼。

当然,《天路历程》的隐喻手法也曾经引起过质疑。当年,还在班扬刚刚出狱的时候,还在朋友们传阅《天路历程》第一部的时候,就曾经激起了褒贬不一的争论。争论的焦点,正是班扬的隐喻手法。认为这部作品晦涩难懂、枯燥无味的,不乏其人。可是,班扬却坚定认为:自古迄今,无数先知都是借助这一手法以揭示真理。班扬说,"我发现在许多方面,我运用的方法和《圣经》相仿","这种手法使真理彰显,如同白昼一般灿烂明亮"。事实也确实如此,1678年初,《天路历程》的第一部付梓,立即获得了巨大的成功,受到读者的热烈欢迎,而且,在八年以后,1684年《天路历程》第二部付梓之时,第一部竟已经再版了九次,实在令人叹奇。

---

[1] 别尔嘉耶夫:《精神王国与恺撒王国》,安启念等译,浙江人民出版社2000年版,第34页。

正是因此，班扬的《天路历程》才最终突破了民族、种族、宗教和文化的界限，三百多年来，被人们奉为"人生追寻的指南"，被誉为"英国文学中最著名的寓言"。而且，班扬的《天路历程》也得以与但丁的《神曲》和奥古斯丁的《忏悔录》并称为西方最伟大的三部宗教体裁文学名著。迄今为止，已有二百多种译本、数千个版本问世，成为除了《圣经》以外流传最广、翻译文字最多的书籍，甚至，被誉为西方的"第二部圣经"。

至于《天路历程》的中译本，流传较广的，曾经是谢颂羔先生和西海先生的两个译本。

而王汉川博士 2007 年在中国工人出版社推出的《天路历程》的中译本，更是得到业内同仁和广大读者的肯定、赞赏和喜爱，不但是目前所有汉语译本中发行量最大、读者群最广的版本，而且兼容并蓄了上述两个译本的优点。译笔信实传神，风格清新晓畅，意准、境达、文通、句顺，既生动再现原作的风格特征、感情色彩和社会文化氛围，又尊重原文和汉语的表达习惯，形成了朴实典雅、优美明快的鲜明风格。尤其是充盈全书的多达九百余条的注释，无疑是锦上添花之举。我们知道，《天路历程》第一部、第二部分别从《圣经》中引用了 160 个和 94 个比喻，而且，《天路历程》里的对话也绝大部分都来自《圣经》，或者是直接引用，或者是间接的引语，以致西方学者哈里森竟会说："《天路历程》之于《圣经》如同晨鸟的鸣唱之于黎明。"因此，如果没有详尽而且翔实的注释，不熟悉《圣经》的中国读者也确实难以领会其中的深意。也因此，王汉川博士的注释实在是善莫大焉。

尤其令人欣慰的是，据我所知，王汉川博士的这个译本还已经进入了多位博士、硕士研究生的研究视野，并且在他们的学术论文中多有涉及。

为此，在这里，我要对王汉川博士的辛勤工作表示由衷的感谢。

遗憾的是，尽管王汉川博士所翻译的《天路历程》一直是我经常翻阅的书籍之一，而且也一直被我列入为学生所开列的美学必读书目之中，但是，我与王汉川博士却始终没有见过面。2011 年前后，在澳门科技大学人文艺术学院做学院的管理工作的时候，我也曾经几次邀请他来学院任教，并期待着在那里与他见面，而且，当时他也热情应允，可惜，由于种种原因，最终却

379

始终未能成行。

不过,对于王汉川博士,我却并不陌生。

我知道,他上个世纪80年代在山东大学和中国艺术研究院学习,90年代在美国俄亥俄大学获得博士学位。此后,他长期生活在美国(其间,曾返回他的母校山东大学担任过一段时间的特聘教授),从事了大量中美文化的交流工作,现为汉诺威传媒研究院院长。

我还知道,把《天路历程》译介到中国,是他的一大心愿。为此,他倾注了大量的心血。

因此,对于他再鼓余勇,又历经几年精心修改,为我们在华夏出版社竭诚推出的《天路历程》的修订版,我亟待先睹为快,并且乐于奔走相告,为他大力宣传。

回首当年,班扬曾经在自己的《天路历程》里充满信心地慷慨而言:"走吧,我的小书,到天涯海角去!"

我猜想,王汉川博士一定是班扬的异邦知音。否则,他为什么会孜孜以求地要将《天路历程》介绍到"天涯海角",介绍到中国?

更何况,这本"小书"也"到"得正是时候。

时值改革开放三十余年后的今天,在中国,一方面是传统文化的全面复兴,一方面又是对于西方文化的渴望。它的到来,将会使得我们得以更加深入地去了解西方的文化。

因此,我愿意期待:借助于王汉川博士的推动,《天路历程》,在中国一直鲜为人知的局面一定会被改变。

《天路历程》,将不但来到中国,而且,还将走进我们的心灵!

2015年8月26日,南京大学

## 关于《美的历程》

美和艺术,是人类千百年来的共同追求。雨果说:"没有艺术,人类生活便会黯然失色。"席勒说:"啊!人类,只有你才有艺术!"然而,千百年来的美和艺术却早已失落在斑驳陆离的历史深处,它的历程又在何处可寻?每当我想到这一点,就会想起一部20年来吸引了无数读者的学术名著——《美的历程》。

20年前,李泽厚这个名字和《美的历程》这本书都是一大时髦。当时的读书青年,对此应该说是无人不知,而且大多耳熟能详。尤其是在文科大学生当中,这本书更是被争相传阅,先睹为快。作者那飞扬恣肆的思路、见微知著的洞察、潇洒漂亮的文笔等给人们留下了深刻的印象。那人面含鱼的彩陶盆、那古色斑斓的青铜器、那琳琅满目的汉代工艺品、那秀骨清像的北朝雕塑、那笔走龙蛇的晋唐书法、那说不完道不尽的宋元山水画,还有屈原、陶潜、李白、杜甫、曹雪芹等的名篇巨作,《美的历程》中所展示的这一切,在刚刚进入改革开放时代的读者眼中,无异于一座令人流连忘返的艺术博物馆。实际上,《美的历程》就是一座纸上的令人流连忘返的艺术博物馆。它使我们直接触摸到我们这个文明古国的心灵历史,并且为在其中凝结、积淀下来的民族精神的火花而眼花缭乱!我的一位朋友,是77级的文科大学生。他告诉我,他当时向他的恋人推荐的第一批书目中,就有《美的历程》。我的另外一位朋友,也是77级的文科大学生,现在是一所名牌大学的知名教授,他在谈到自己当时挑灯夜读这本著作的情景时也说:"这本书给我的最大的震撼就是,没想到学术著作竟然可以这样写!""但开风气不为师",《美的历程》确实使得一代人的眼界大开。这位知名教授今天所取得的学术成就,有谁能说与20年前的阅读往事没有必然的联系?

令人高兴的是,从初版的1981年到现在,《美的历程》这本书仍旧被列为书店中的一大畅销书。不但多次再版重印多达几十万册,而且有英文、德文、日文、韩文版等多种译本问世。书中提出的诸如原始远古艺术的龙飞凤舞、殷周青铜器艺术的"狞厉的美"、先秦理性精神的"儒道互补"、楚辞汉赋以及汉画像石的"浪漫主义"、"人的觉醒"的魏晋风度、六朝唐宋雕塑、山水绘画以及诗词曲的审美三品类、明清小说、戏曲由浪漫而感伤而现实之变迁等重要观念,直到今天也仍旧为人们所交口称颂。这使我们想到,《美的历程》,作为一本20年来的学术必读书,其实已经成为我们无数青年人奋勇攀登学术高峰时的一级必不可少的学术台阶。而且,这20年来的一代又一代的读书青年们的阅读《美的历程》本身,不就是一次漫长而又风光无限的"美的历程"吗?

一位西哲说过,一切历史都是当代史。历经20年的风风雨雨,《美的历程》这本书也已经融入中国当代的阅读史,并且不断地被后来者的阅读所激活,焕发出新的青春。不过,过去的《美的历程》,尽管版本不少,但是毕竟都只是薄薄的一本小册子。只有文字,没有图片,这作为一座纸上的艺术博物馆,无疑是一大遗憾。好在现在这一遗憾已经有所弥补,今年3月,广西师范大学出版社出版了一部图文并茂的插图珍藏本《美的历程》,其中收入了200多幅珍贵图片,它们与书中的内容相得益彰,集阅读与欣赏于一身,为这本书增色甚多,哪怕是早年已经熟知这本书的读者,再读此书,也仍旧会爱不释手,浮想联翩。

20年后重读《美的历程》,让我们对"学术经典"这一令人崇敬的现象感触良多。20年来,国内出版的学术著作多如过江之鲫,然而,大浪淘沙,至今已经大多无处可寻,其中的一些,甚至早已成为学术垃圾。但是《美的历程》尽管只有薄薄的十几万字,却一直为读者所无法忘怀,并且常读常新。其中的原因何在?创新!学术研究贵在创新。学术著作最忌平庸,更忌粗制滥造的泡沫文化。真正的学术经典,一定会是创新之作。《美的历程》之所以至今仍旧可以脍炙人口,予人启迪,就在于它的创新。20年前,学术界还充盈着种种学术禁锢,刚刚走出"文革"阴影的一代学人尚心有余悸,犹如惊弓之鸟,但是《美的历程》却以它非凡的探索精神,勇敢地领风气之先,并且以它一系列的学术新见给当时的学术界带来了强烈的震撼。例如书中提出的"积淀"说,至今仍旧是学术界津津乐道、争论不休的一个热门话题。再如"儒道互补"说,也至今仍旧为学术界所沿用。再进一步,所谓创新,所体现的是一种真正的智慧——学术的智慧。为此我们应该说,真正的学术经典为我们所提供的已经不再是某种知识,而正是某种智慧。知识可以被超越,但是智慧却永远无法被超越。而且,也正是因为它无法被超越,因此才成为一部代代读者百读不厌的学术经典。

只有创新,才能使得学术的生命之树长青。这就是20年来的《美的历程》所给予我们的最为深刻的启迪!

2001年,美国,布法罗

## 高小康《大众的梦》序

仿佛是一夜之间,我们这个刚刚涉足工业文明的古老国度,一旦从睡梦中醒来,竟突然不无尴尬地发现:自己已面临着以都市流行为特征的大众文化的地毯式轰炸。几乎没有人能够否认,作为当代中国社会的一个神秘的入侵者,这种"大众文化"所掀起的那种轩然大波,那种世纪风云,霎时间便迫使中国社会这一巨大时空实体失去了往日的平衡。

这情景确乎令人惊诧。大众文化一开始还只是零星地、羞怯地在"娱乐"的名义下被举擢而出。然而,很快这种局面就被轻而易举地改变了。不仅仅是武侠小说、言情小说,也不仅仅是西部片、武打片、娱乐片、爱情片、警匪片、生活片,还有令人眼花缭乱的广告、录像、流行歌曲、摇滚乐、卡拉OK、游戏机、迪斯科、劲歌狂舞,还有像袜子一样被频繁更换、忘却的流行歌星、影视明星、体育明星,等等,几乎渗透社会的每一个角落。与此同时,一直占据着统治地位的精英文化,则被困窘万分地挤出了世人的视野。于是,一个在西方世界早已唇枪舌剑多年而在我国却头一次碰到的大困惑,摆在面前:应该怎样看待大众文化?人们焦灼着、探索着,争辩着,寻觅着。推崇者与诅咒者不屑于共事,钟情者与憎恶者挥拳相向,津津乐道的与充耳不闻的、跃跃欲试的与半推半就的、从中渔利的与逃之夭夭的等这一切使刚刚诞生的大众文化领域成为躁动不安、旋转多变的万花筒般的世界和无序状态,神秘莫测的迷乱星空。

就我而言,对于大众文化,倒并不主张全盘否定,一笔抹杀。作为商品社会的主要消费形式,大众文化是完全应该被理直气壮地加以提倡、推广和保护的。尤其是在我们这样一个几千年来一直以"存天理、灭人欲"为天职的国家,更应该这样去做。而且,大众文化有明显的教育意义,固然应该提倡、推广和保护;即便没有明显的教育意义,只要它为大众所欢迎而且是无害的,就应该提倡、推广和保护。马克思、恩格斯讲得何其令人信服:"并不需要多大的聪明就可以看出,关于人性本善和人们智力平等,关于经验、习惯、教育的万能,关于外部环境对人的影响,关于工业的重大意义,关于享乐的合理性等等的唯物主义学说,同共产主义和社会主义有着必然的联系。"(《神圣家族》,人民出版社1982年版,第166页)或许我们这样一种文化传统的国家需要"很大的聪明"才能够承认"享乐的合理性"?但毕竟应该予以承认。道理很简单,大众正是通过这些东西实现了一种心灵的无言而诡秘的默契:灵魂的焦灼和骚乱被温柔地抚慰,埋藏心中的早已安然萎缩了的梦又一次不同寻常地上演,蒙尘多年、喑哑无声的生命琴弦突然间被一只冥冥之手拨响,内心世界中无数琐细、纤弱、难以启齿的东西,瞬间汇成愉悦的生活旋涡……苍白的生命因此充溢了绿色的希望,试问,这又有什么不好呢?

不过,我也并不赞成对大众文化全盘肯定,一味叫好。在我看来,大众文化又毕竟只是人类文化中较为通俗、较为低级的一种,只是"享乐的合理性"的满足。人民所亟待满足的绝不仅仅是"享乐的合理性",除此之外,还有很多方面和更高的方面。何况,在满足"享乐的合理性"的过程中,大众文化还掺杂了大量虚假的成分。在大众文化身上,仍然残留着原始文化的丑陋的胎记。它所修葺的是图腾寺庙,它所编选的也只是世俗神话。它用流光四溢的媚眼,机智地引诱着大众文雅地堕落,并且通过白日梦的方式,有步骤地造就着大众欣赏能力的退化。而大众对接受它则充溢着胁迫性、被动性、屈辱性,一味沉浸其中,难免成为一个不自觉的吸毒者。这吸毒者只有倚仗大众文化所编造的梦幻世界才能聊以度日,宁可承担一无所有的灵魂空虚,也不愿涉足真实生活的生命悲怆。在这个意义上,大众文化尽管为"享乐的合理性"提供了一种快乐,一种幸福,一种真实,一种审美,但假如不对之加以引导、提高,相反却放任自流,甚至听任它肆意越过边界侵吞"精英文化"的领域,把"精英文化"赶入枯鱼之肆,却又难免不会成为一种伪快乐、伪幸福、伪真实、伪审美。要知道,大众文化所加于人类的,毕竟只是一种浅薄的世俗、传统的观念,毕竟只是一种生命中的不可承受之"轻"。

遗憾的是,大众文化与大众之间,起码从表面上看来是那样鱼水难分、水乳交融、相得益彰、彼此互补,这使得很少有人能够既出乎其外又入乎其中地对之加以考察,以至于有人不无调侃地宣称:对之拥有观察视角的似乎只有知识者,一方面,作为大众的一部分,知识者同样与大众文化有着千丝万缕的联系;另一方面,作为人类的良心,知识分子又有义务对大众文化保持着清醒的洞察。这使我联想到,大众文化的崛起,应该引起那些有历史使命感和社会良心而又禀赋着一定知识准备的知识者的关注,将之摄入自己的研究视界。也正是因此,当我看到小康兄的新著《大众的梦》时,实在难以抑制内心的喜悦。他受业于名师,有旷世高致,在嚣烦冗琐中能极逍遥之趣,在美学和中国美学领域,与我有共同的爱好。现在,凭借自己广博的学识,他进而涉足大众文化的领域,通过对中国当代大众文化的符号特征的精辟分析,去揭示其中蕴含着的社会文化和心理内涵。明窗净几,一盏香茗,尽日快读,获益匪浅。顿觉红尘十丈之外,生出一片清凉世界。

在本书中,作者勾勒出当代文明中理性精神与原始的心理需要之间的矛盾,揭示了当代大众文化现象的消费性与符号特征背后的非理性社会心理——对孤独与厌烦的逃避。在作者看来,大众文化实际上是当代文明社会中的图腾崇拜。

作者在书中还进一步对各种重要的大众文化现象——明星崇拜、广告、畅销书等等进行了分析，指出其深层的文化意义，并从感知觉特征的角度描述了当代大众文化的泛视觉化倾向，这些研究具体而微地对当代大众文化进行了透视和剖析，使人们司空见惯习以为常的事物显示出深蕴其中的社会心理内涵，从而促使人们产生一种文化反省的自觉。

作者对大众文化符号的分析是实证的、生动的描述性分析，又是深入灵魂的心理分析，同时更是一种深刻的哲学分析。在作者笔下，大众的趣味时常与种种深藏的心态被剥笋般从不同角度不同层次揭示出来，给人以启迪。

通观全书，不难觉察作者内心深处的痛处与隐忧。在他看来，当代大众文化的深层蕴含着一种反古典理性精神的非人本倾向。这倾向在满足人们的无意识需要的同时使文明的发展产生着令人不安的蜕变。更不难察觉到作者的一种独一无二的开拓，这是一种智力和勇气的双重开拓。在这当中，有非常的眼光，丰富的材料，精细的剖析，充溢的才华……当然，作者并没有提供一种最后的、终极的答案，这或许是因为对学术问题的讨论并不存在最后的、终极的答案。但他却提供了一种发人深省的智慧，一个让人徜徉其中的精神的乐园，不难想象，当读者捧一卷书在手，如与智者彻夜做抵膝谈，款款然、惓惓然，将会乐如之何！

于是，作为本书的第一位读者，我写了上述文字，是为序。

1992年，南京

## 张燕《现代传媒设计教程》序

认识张燕女士，是在省内的几次美学会议上。她的热情、直爽、谦逊、勤奋，尤其是克服种种困难而锲而不舍地执着于学术研究的精神，给我留下了深刻的印象。后来,逐渐又知道她在中国漆艺等应用美学研究方面已经取得了相当的成绩,并且在教学工作中也锐意探索,受到学生的欢迎。现在,经过几年的艰苦努力,她又将自己的学术研究的领域,拓展到与现代设计美学密切相关的广告设计、企业形象设计领域,并且即将出版自己的第三部著作——《现代传媒设计教程》,我由衷地为她所取得的新的学术成果而高兴。

从美学的角度,应该说,设计美学以及与之密切相关的广告设计、企业形象设计领域是一个全新的天地。20世纪以前,美学家们还往往把人类的审美活动局限在艺术美的领域。不要说设计美,即便是自然美、社会美,也都是被不屑一顾的。这一点,我们从黑格尔的名著《美学》中不难看到。之所以如此,原因固然是多方面的,但究其根本,则无非是因为商品性、技术性(尤其是媒介性)被审美活动长期地拒于门外。在传统社会,由于物质生产与精神生产的分工,造成了物质享受与精神享受的分离,同时也造成了审美活动与商品活动、技术活动(尤其是传播媒介)的分离,简而言之,可以称之为"动脑"和"动手"的分离。对此,恩格斯早就提出批评:"在所有这些首先表现为头脑的产物并且似乎统治着人类社会的东西面前,由劳动的手所制造的较为简易的产品就退到了次要的地位;……迅速前进的文明完全被归功于头脑,归功于脑髓的发展和活动。"而马克思也提示我们,要注意传统社会"高傲地撇开人的劳动的这一巨大部分"(即物质生产)这一根本缺憾。不难看出,在这当中,审美活动只能通过艺术活动的方式被突出出来,因此自然美、社会美乃至设计美的被"高傲地撇开",无疑就都是必然的。

进入20世纪,情况出现了根本的变化。我们看到,审美活动与商品活动、审美活动与技术活动(尤其媒介活动)在人类历史上第一次携手并进,开始了全新的美学历程。这是一个不折不扣的美学扩张的时代。传统的美与艺术的外延、边缘不断被侵吞、拓展,甚至被改变。美可以是任何东西,而且可能是任何东西。这样,就必然导致美与商品、美与技术、美与传媒、美与科学、美与管理、美与广告、美与包装、美与劳动、美与交际、美与行为、美与环境、美与服装、美与旅游、美与生活的相互渗透等,导致商品美、科学美、技术美、管理美、新闻美、广告美、包装美、劳动美、交际美、行为美、环境美、服装美、旅游美、生活美等的诞生,企业形象设计的出现,美容、化妆的风行,人体、容貌的备受关注,优美景观的成为艺术,橱窗装潢、霓虹艺术、时装表演、健美比赛、艺术体操、冰上芭蕾等的风行于世,美学就是这样一下子结束了自己传统的高傲与偏见,从传统的茧中脱身而出,成为一只飞向街头巷尾("艺术就在街头巷尾")的飞蛾,一只"飞入寻常百姓家"的"旧时王谢堂前燕"!

出现上述变化,显然与当代社会的巨大转型有关。其中,市场经济高度发展条件下物质需求、物质享受本身随着社会的发展日益与精神生产、精神享受彼此融合,并越来越蕴含着美学含量,是一个重要原因。这使得生活本身必然要把自身提高为审美活动,走上生活审美化的道路。所谓"食必常饱,然后求美;衣必常暖,然后求丽;居必常安,然后求乐"。物质生活的改善,精神生活的充实,必然导致生活质量的提高,导致商品活动、技术活动(尤其是传播媒介)与审美活动的日益融合,也必然导致对审美活动的追求。结果,生活成为一门艺术,或者说,被提高为艺术。另一方面,在物质生活水平高度繁荣之后,又需要审美活动的对于生活的方方面面的美化,审美活动的应用性因此被提上日程,无疑也是一个重要的原因。这又使得审美活动必然要把自身降低为现实生活,走上审美的生活化的道路。我们看到,在结束了"身上衣裳口中食"的简单生活之后,现在人们纷纷开始美化自己,美化生活,并且通过审美的生活化来更大程度地解放自己。其结果,就是人人都开始从美学的角度发现自己,开垦自己;发现生活,开垦生活。

设计活动的美的被发现,例如广告设计、企业形象设计,无疑与上述当代社会的巨大转型密切相关。不过,由于设计活动的美的特殊品格,它的应运而生又有其特殊的原因。其中,最为值得注意的,就是当代社会自身的从生产社会向消费社会的转型。在工业社会的初期,只有生产才是重要的,消费被排除在外。现在生产与消费被认为是同样重要的,而当代社会也因此而被经济学家、社会学家命名为"消费社会"。所谓消费社会,简单地说,是一个以生活必需品以外的消费为主的社会。在消费社会,不再是过去的需要造成商品,而是商品造成需要,消费本身也不再是有限的,而成为无限的。

人们的消费行为从一种经济行为转向一种文化行为,而且,不是以商品本身为消费对象而是以个性化的商品为消费对象,甚至是以过剩的消费即为消费而消费作为消费对象(在此意义上,我们甚至可以说,当代社会的"消费"是以"浪费"来维持的)。这样,为了使自己的商品、企业在众多的商品、企业中脱颖而出,备受消费者的青睐,商品的形象、企业的形象如何,就成为人们在消费活动中所关注的焦点。人们都有这样的体会,在没进百货商店之前觉得自己目前并不需要什么商品,而在进百货商店之后,却发现自己开始需要其中所有的商品,无疑,这是把未来的虚拟的需要变成了当前的迫切需要。然而,为什么竟会如此?显然与商品的形象、企业的形象的魅力直接相关。而商品的形象、企业的形象的魅力,则无疑是来自人们的设计活动。松下幸之助之所以会在1951年就提出"今天是设计的时代",撒切尔夫人之所以会在80年代大力强调工业设计的重要性甚至超过她的政府工作,临近世纪末,世界上的许多著名报刊之所以把"广告形象设计""企业形象设计"推举为下个世纪中最为热门的职业之一,而许多的从事广告设计与企业形象设计者之所以信奉"不做总统就做广告人"这句名言,道理就在这里。

当然,从事广告设计与企业形象设计也并不容易,尤其是在当代中国,这更是一个极为陌生的领域。而张燕女士的《现代传媒设计教程》一书的价值,也恰恰就在这里。这本书详尽地介绍了广告设计与企业形象设计的由来与发展,以及广告策划、广告图像图形设计、广告文案设计、广告字体设计、广告色彩设计、广告版面设计、广告媒体设计、各种传播媒体,以及企业形象设计的开发流程,基础设计系统的设计,应用设计系统的设计、导入与管理,等等,加上所附的丰富多样的设计范例与图例,对于每一个初入广告设计与企业形象设计之门的人(尤其是大学生)来说,无疑会有极大的帮助。因此,我相信,张燕女士的《现代传媒设计教程》的出版,对于普及广告设计与企业形象设计的知识,对于推动广告设计与企业形象设计的教学,对于培养和造就大量的广告设计与企业形象设计人才,一定会起到积极的作用。

1998年,南京

## "吾生有事"
### ——《中天而立集——廖彬宇先生诗词暨名家手迹文章鉴赏集》序言

〔廖彬宇,又名周易玄,1986年生于贵州,学者。华夏文化促进会驻会主席、国际易学联合会荣誉会长。四观书院、四为堂、四知书屋(四知读书会)、《经世致用》杂志创办人。先后受聘为中国人民大学特聘教授、北京大学研究员、北京师范大学特聘教授、中国社会科学院特聘研究员、南京师范大学研究员、南京艺术学院特聘教授、广西大学国学易经研究院名誉院长等。〕

乙未年第一次见到彬宇先生,心里立刻就想到的是范仲淹见到张载时说的那句话:"一见知其远器。"我相信,如果范仲淹见到的不是张载,而是彬宇,他仍旧还会这样说。

那一年,彬宇先生29岁。

那一年,适逢曹雪芹诞辰300周年,京都的曹雪芹纪念馆和上海的上海图书馆都热情地邀请我去讲座。记得我是先去的北京,计划讲座结束后就立即飞上海。而就在去京都的曹雪芹纪念馆讲座之前,经北京四观书院的副院长、老朋友王一先生的引荐,我先抽空去北京四观书院做了一次讲座。也因为这次讲座,我第一次见到了彬宇先生。沉稳、聪颖、智慧、大气,而且早就已经名动天下:1986年出生,年少退学,但是却不是外出打工,而是志在高远。闭门苦读,孜孜以求。19岁开始撰写《国学旨归》,26岁完成,共七册,二百万字,冯其庸先生、成中英先生、刘大钧先生等诸多大家都给以热情鼓励与积极评价。28岁,又开坛京都,主四观学院。升堂论道,学子云集。应该说,这更实属不易! 遥想当年,天才少年王弼曾经"自为客主数番",更曾经"一坐人便以为屈",这使得世人为之叹奇,确实,尽管自古英雄出少年,但毕竟更多的只是有志不在年高。果真要"自为客主数番"、要"一坐人便以为屈",还是需要深厚的国学功底的。所以,学人们往往会说,对于人文学者而言,60岁才是青春。孰料,"自为客主数番""一坐人便以为屈",不仅古代的王弼做到了,年轻的彬宇也不仅心向往之而且亦步亦趋紧紧跟上,也开始做到了。

而今,距离第一次的相识已经过去了五年。彬宇先生已经34岁,也已经荣任华夏文化促进会驻会主席、国际易学联合会荣誉会长,更已经学业精进。我们之间,也时有联系。四年前,我的长篇论文《让一部分人在中国先信仰起来》在国内引发讨论,北京学者的讨论会是借彬宇先生的四观书院的宝地召开的;同样是四年前,华夏文化促进会换届,彬宇先生荣任华夏文化促进会驻会主席,我也忝列华夏文化促进会的顾问,因此曾一起与会;三年前,华夏文化促进会国家文化战略与发展研究院成立大会暨彬宇先生《平心平天下》新书发布会,我也曾经前往祝贺……彼此之间的了解越来越多,对他的敬佩也在与日俱增。

接下来,当然就要说到最近的交往,也就是眼前的这本《中天而立集——廖彬宇先生诗词暨名家手迹文章鉴赏集》了。承蒙彬宇先生不弃,我得以先睹书稿为快。细读之后,我发现,对彬宇先生的了解,借此而愈发细致入微了。记得熊秉明先生在评价潘天寿先生的作品的时候曾经吃惊地发现:"我不曾见过潘天寿先生,但是,我觉得很认识他。他的作品,我觉得每一点、每一笔都注入全力,都凸显真诚、刚毅、正直博大的品格。与其说我在画中看见花卉、木石、山川,毋宁说我看见'他在'。"我要说的是,在彬宇先生的书稿里,我看见的,也正是——"他在"。

彬宇先生年少成名,翩翩少年,堪称一代传奇。但是,对于他所走过的道路,我相信很多人都像我一样,有点若明若暗。但是,在他的诗歌里,我们却不难清晰地看到他的人生历程。《庚辰岁自行愿文》,写于2000年,时年14岁,显然,那时的他已经壮志凌云,八斗奇才傲天下。三更火、五更鸡,挥毫书奇志、仗笔写华章的卧读岁月令人怦然心动,油然而生的是"吾十有五而志于学"之慨。正如李贺诗歌所吟诵的:"少年心事当拏云,谁念幽寒坐呜呃。"《壬午岁山居吟》写于2002年,时年16岁,但是,"独卧山房竹下风,夜观宇宙探鸿蒙"。"素书一卷"在手,更宏愿在心:"愿将性命穷坟典。"对比一下很多人的16岁,不得不说,人之所以"能",是源于相信"能"。没有比脚更远的路,没有比人更高的山!《癸未岁雨后踏春》,写于2003年,时年17岁;《癸未岁伏生授经有作读书吟七绝》,也是写于2003年,时年17岁,可是,年少的彬宇先生已经"不钓鲈鱼只钓鳖",而且已经深味"亿万藏书遗后世,千秋功业尽为尘"的奥秘。披星戴月、含英咀华、山高不厌攀、水深不厌潜、学精不厌苦的彬宇先生恍如就在眼前。北宋的胡瑗,被称作宋初三先生之一,自幼"以圣贤自期许","攻苦食淡,终夜不寝。一坐十年不归。得家书,见上有平安二字,即投之涧中,不复展,恐忧心也"。我猜想,这场景应该也可以移用于当年的彬宇先生。当然,最引人瞩目的,是《甲申岁退学吟古风》《甲申岁退学自励怀七律》,诗歌写的是彬宇先生的毅然退学。2004年,时年18岁,"为问狂澜谁力挽,天生砥柱峙中流。他年紫阁光传统,振世英才不胜收。"这无疑是彬宇先生一生中最为浓墨重彩的一笔!年纪轻轻,却如此坚毅果敢,如此不计得失,其担当,其格局,其心胸,其气魄,实在令人敬佩景仰,而且,以传承与弘扬中国传统文化为己任的彬宇先生跃然纸上……总之,瓦雷里读到里尔克的诗歌后曾经感叹:"我在他身上发现了一个人,我熟悉他这个我们世上最柔弱、精神最为充溢的人。"这是瓦雷里在里尔克的诗歌中发现的"他在"。而我也在彬宇先生的诗歌里发现了彬宇先生的"他在"。这"他在"令人感动,更催人奋进。正如罗丹在看到法兰西大教堂的两根秀美的石柱时所感叹的:"我的灵魂的青春又苏醒过来。"我要说,读了彬宇先生的诗歌,同样,我的——我们的"灵魂的青春又苏醒过来"了。

更何况,在彬宇先生的书稿中,我所看见的"他在"还不仅仅是一个自幼就立志高远的哲人,而且还是一个才华横溢的诗人。确实,只要读过彬宇先生的诗歌,就不能不惊叹于它的汪洋恣肆,雄奇激越,想象丰富,诗风飘逸;师古而能化古,食古而不泥古,融哲理性、艺术性于一体,集真性情、新发现于一体……可谓青春与行旅同在,思想与时代相连,言志与咏怀共存,豪放与婉约相融。俨然日月星辰之上、山川湖海之间的一曲独特的风雅之音,吟之神清气爽,品之令人难忘,赏之余味悠长……不过,还不仅仅如此,因为我发现,彬宇先生在诗歌中所呈现的,其实还并非一般意义上的一个才华横溢的诗人,而是一个哲学家诗人,或者一个诗人哲学家。他自己就一再说道:"故诗集哲学、美学、大道之学于一身,为雅言雅教也。""吾华族自古以来倡导诗教精神",而且,"先能为诗,后能成事。欲为大人,先做诗人"。我体会,这其实恰恰就是彬宇先生的独到感悟。哲思就一定是枯燥的吗?哲思就仅仅是在概念的王国信步漫游、流连忘返的吗?诗人亟须独有的气质,这已经众所周知,其实,哲人更加亟须独有的气质。恰如尼采所说是"生命成了问题","我们从哪里来?我们到哪里去?我们是谁?"这无异一个生命魔圈。因此,然后才会有哲思,也才会有诗歌。哲思与诗歌本来就是一体,是双生子。没有哲思,诗歌只能是吟风弄月、顾影自怜;没有诗歌,哲思也只能是三段论推理的概念机器。庄子、王阳明、尼采、海德格尔的哲思中有诗,陶渊明、苏轼、但丁、歌德的诗歌中也有哲思。更何况,哲思对于变中之不变,瞬息中之永恒的把握,往往也亟待借助于诗。因此,只有那些带着泪水与欢笑去感受与思考的人,才是真正的哲人。津津乐道于几块概念积木的把玩,其实与哲人无缘。法国哲学家寓哲理于小说,德国浪漫派哲人寓哲理于诗歌,中国的哲人的哲思更一定最富有诗意,道理就在这里。

因此,在彬宇先生的诗歌中,我们看到的"他在",首先,是一个哲人的行吟。

叶赛宁说:"我们在大地上只过一生。"彬宇先生也说:"人感天地之大美而有诗。""江山恒壮美,我辈复登临。"因此,在中华的胜景中,他踽踽独行,摩挲历史的鬓角,自由自在地徜徉。或者,在缅怀中遣怀绵长心绪,或者,在遥想中掇拾历史琐闻,或记野史,或谈见闻,或书行旅……咏文王(《戊子岁于安阳咏文王七律》)、咏玄奘(《丙戌岁玄奘吟古风》)、咏王阳明(《乙酉岁咏阳明先生五律》)、咏张载(《丁酉岁咏张子七律》)、怀曾文正公(《甲申岁集古五律怀曾文正公》)、怀左宗棠(《甲申岁怀左宗棠七律》)、怀彭玉麟(《甲申岁怀彭玉麟》)、秋山揽胜(《丙戌岁秋山揽胜吟七律》)、梧桐山居(《丁亥岁梧桐山居吟五律》)、武当之巅(《戊子岁武当之巅七律》)、珞珈山行(《丙申孟夏武汉大学珞珈山行吟古风》》……山水间含孕岁月的赠予,风云里洞见心灵的风景。哲人的行吟的心路历程历历在目,感情一泻千里,想象毫无顾忌,语言不羁流畅,洋溢其中的,是人生中最最高尚而又纯洁的享受。因此,诗歌,成了彬宇先生的生命的自救,因为,彬宇先生把生命活成了诗歌。

同时,在彬宇先生的诗歌中,我们看到的"他在",其次,还是一个行吟的哲人。

刘义庆《世说新语·言语》中说:"卫洗马(卫玠)初欲渡江,形神惨悴,语左右云:'见此芒芒,不觉百端交集……'"此"不觉百端交集"的"芒芒",唯有以诗歌言之。这就是王羲之所慨叹的:"寓目理自陈。"在彬宇先生的诗歌中,一览之余,会发现写的都是身边琐事,但是,这其实也是一个学人的正事,也"理自陈"于其中。宋代大哲程颢就曾经告诫:不要"强生事",并且"心要在腔子里",因此,他甚至喜欢看鸡雏。再联想张载的喜欢听驴鸣、周敦颐的窗前杂草不除……再联想朱熹做周敦颐《像赞》曾赞誉的"风月无边,庭草交翠",我们会发现:这里的不要"强生事"、这里的"心要在腔子里",指向的正是诗的人生,也是人生的诗。写于2015年的《乙未岁四观经世自胜吟》,时年29岁。是年,冯其庸先生以"忘年交"的身份为彬宇先生题写了他生命中的最后两幅字——"四观书院""经世致用",简称"四观经世"。彬宇先生有感于冯老题字,创作了此诗。他告诉我们:"海到无边天作岸,山登绝顶我为峰。古来自胜皆强者,功不唐捐上九重。""山登绝顶我为峰",这其实是常见的冥思,但是,彬宇先生却另有洞见,他巧借"自胜"二字,别开洞天:登临绝顶的自己其实也仍旧还是一座新的高峰,也还期待着继续的全力攀爬。而且,"何处是归程,长亭连短亭"。推而广之,彬宇先生的"观雪"(《壬午岁观雪吟七绝》)、"咏琴"(《癸未岁咏琴七绝》)、"咏棋"(《癸未岁咏棋七绝》)、"咏画"(《癸未岁咏画七绝》)、"咏易"(《甲申岁卜算子·咏易》)、"咏鸡"(《乙酉岁咏鸡七律》)、咏松(《庚子夏咏松七律》)等也每每如此。字里行间凸显而出的,都是一个真正的"哲人":为思而快、为思而乐,为思而生而不是以思为生……相比之下,再回头来看一看某些"教授""学者"的诗歌,我则不能不说,有点苍白得可以。这是因为当他们矫揉造作地大呼"惊奇"时,其实根本就没有触及存在的秘密,更没有任何灵魂的悸动。"必然"这个墨杜萨已经把他们都通通化为了思想的石头。

最后要说的,是"中天而立集"这个题名。彬宇先生为自己的诗集命名为"中天而立",在我看来,无疑是大有深意。一查即知,中天是天文学上当行星、恒星或星座等天体在周日运动的过程中所经过的一个点,时之该天体恰恰经过当地子午圈的时刻。换言之,也就是该天体在最高点的位置,也是该天体最接近天顶的时刻。《列子·周穆王》曰:"王执化人之祛,腾而上者,中天乃止。"诗哲杜甫《后出塞》诗五首之二曰:"中天悬明月,令严夜寂寥。"显然,它袒露出彬宇先生的宏大志向。古人云:诗言志,确有之也。历经千帆,彬宇先生偏偏归来仍旧少年。在《癸巳岁继圣吟七律》中,27岁的彬宇先生就曾经慨然而言:"世事功名不必论,且将壮志付弘深。穷推易理明天道,敷衍人情契圣心。造化千般终有数,诗书万卷未为沉。先王道统谁相继,五百年来自可寻。"其中的"先王道统谁相继,五百年来自可寻",堪称已经把彬宇先生的心迹剖白得一清二楚。我要说,这也是我最为看重的地方。1300年前的惠能、500年前的王阳明、300年前的曹雪芹,是我在后期中国社会中的最爱。其中,王阳明起于贵州,实非偶然。他困居的贵州,曾被称为"疫疠之地"。然而,贵州却也不容小觑。孟子云:五百年必有王者兴,其间必有名世者。阳明先生正是起于贵州。令人不能不产生联想的是,迄今已经又足五百年之数。中华文化之复兴,无疑也殷殷有待于彬宇先生及众多同道者。我深知,彬宇先生对此铭记于心。

1923年,陈寅恪先生在《冯友兰〈中国哲学史〉下册审查报告》中写道:"佛教经典云:'佛为一大事因缘出现于世。'中国自秦以后,迄于今日,其思想之演变历程,至繁至久。要之,只为一大事因缘,即新儒学之产生,及其传衍而已。"而熊十力不但把释迦牟尼的出现慧眼独具地称为"一大事因缘出世";还曾勉励他在中央大学任教时的弟子唐君毅等人云:"大事因缘出世,谁不当有此念耶?"

王夫之也曾自题座右铭云:"吾生有事。"

也许这个提示本身就是多余的,但是我还是要说,彬宇先生起步于易学,这其实绝非偶然。要知道,全部北宋的哲学,其实也就是易学。易学的"生生不已",开启了中国思想的康庄大道,但是,却又并非结束。"生生不已"固然可贵,但是,"生生不已又如何可能"?无疑正是一个更加严峻的课题。前面提及的魏晋玄学的王弼之所以能够超迈众生,正是因为他能够以"无"为心、以"生成"为心。不过,这还并非结束。由此,再去看北宋程子的"自明吾理",才会洞悉"重估一切价值"何以成为此后一代又一代哲人的宿命。显然,正如贝莱克所说:"我们先扬起尘土,然后抱怨自己看不见。"也正如莎士比亚所嘲讽的:"充满了声音和狂热,里面空无一物。"我们亟待去做的,过去是,现在也仍旧是,给中国哲学以思想的尊严,就犹如海德格尔所曾经给予尼采的思想的尊严。

思想的道路还很遥远,因此,"为一大事因缘出世";因此,"吾生有事";因此,"谁不当有此念耶"?

谨以此,寄厚望于彬宇先生!

谨以此,与彬宇先生共勉!

2020年岁末,于南京卧龙湖,明庐

## 灵魂的盟誓
——齐宏伟《叫醒装睡的你》序言

记忆中的宏伟似乎永远被定格在了二十岁。

那一年,初入大学校门的他在遥远的齐鲁平原给我写信。字里行间,我看到的不是一个鲜衣怒马的翩翩少年,而是一个大山的儿子,一穗野麦子。"我在美丽的南京大学等你!"在畅谈之后,我在信中这样告诉他。

后来的他,果然如约而至。不过我必须要说,这其实与我的一纸邀约并不相关。现在看来,倒似乎更应该说,是出于一场冥冥中的灵魂的盟誓。

而且,这场灵魂的盟誓又何其壮观?!一边,仅仅是他,另一边,却是历史、文明、宗教,是满脸沧桑的沂蒙山。

灵魂!为灵魂而生,也为灵魂而思考,而写作。我相信,那时的宏伟应该就已经颖悟于心。

至今记忆犹新的是,初入南京大学,作为比较文学的研究生,本来是来旁听我的"中国古代美学研究"研究生课程的他,曾主动承担了一次在课堂上分享他学习禅宗美学体会的课堂讨论。而今回想起来,他当时讲过些什么,都已经十分模糊了。但是,正如鲁迅先生在《华盖集·忽然想到(四)》中说过的:"先前,听到二十四史不过是'相斫书',是'独夫的家谱'一类的话,便以为诚然。后来自己看起来,明白了:何尝如此。历史上都写着中国的灵魂,指示着将来的命运,只因为涂饰太厚,废话太多,所以很不容易察出底细来。正如通过密叶投射在莓苔上面的月光,只看见点点的碎影。"期望在中国历史的字里行间寻觅到"写着中国的灵魂,指示着将来的命运"的所在,寻觅到中国文化的心灵的所在,我想,应该就是我组织那次课堂讨论的初衷,也应该是他积极参加那次课堂讨论的初衷。

后来的故事,他已经回忆过无数次了。从禅宗美学,他进而走向了一个更为广阔的空间,走向了与上帝的拔河。而我,也走向了头顶的星空。

但是,令人欣慰的是,他还是他,他所思考的也还是它——灵魂。

尤其是最近十年,他声誉日隆。对于他的赞扬与褒奖我也时有所闻。最常见的评价,是称他为当代不可多得的灵性作家。而我,也许是"灵魂的盟誓"的缘故,喜欢在私下称呼他为:当代中国的灵魂搬运工、灵魂赞美者与灵魂清道夫。

无需掩饰,我是十分赞同这样的宏伟的。这不仅因为我所提倡的生命美学指向的也是人类生命的灵魂,不仅因为我希望生命美学应该像康德的美学那样"建立自己人类的尊严",像席勒的美学那样"把肉体的人按到地上",像尼采的美学那样重新赋予灵魂以生命。而且还因为他的灵魂书写确实是从根本上刷新了当代中国的汉语写作,是灵魂写的书,也是写给灵魂的书。他让汉语充盈着灵魂的呼喊、灵魂的呼吸、灵魂的足迹、灵魂的脉动、灵魂的气息……

记得有一位西方的美学家曾经这样评价著名的《葬礼进行曲》：在乐曲里，"全世界都抬着棺材"送行，"全人类的灵魂"都被抬着，径直送上天堂；记得被"疯狂的爱尔兰""刺伤成诗"的叶芝也曾经赞美他所阅读过的名师名作是"教我灵魂歌唱"；还记得罗曼·罗兰一直都在关注着的人类"灵魂的香味"……那么，是否可以说，灵魂书写，其实这本来就必须是书写之为书写的应有之义？！由此，倘若再回想一下奥登在《悼念叶芝》一诗中所说的："在他岁月的监狱里/教自由人如何赞颂。"我们就会懂得：凡是期盼自己能够活得更高贵、更伟大、更美好、更有尊严的渴望，都是灵魂的渴望，都是在"教自由人如何赞颂"，都是把"全人类的灵魂"送上天堂，都是"教我灵魂歌唱"，都是在寻觅人类"灵魂的香味"……当然，对于宏伟的灵魂书写，也应该作如是观！

不过，也有不同。在很长一段时间里，在他的书中，我比较多地看到的是：与上帝的拔河。而现在，我发现，在他的书里，却开始了与上帝的和解——甚至，是和好。

就以面前的这部新著为例。

记忆中"知我者谓我心忧，不知我者谓我何求"的宏伟不见了，取而代之的，是关注点点滴滴的日常生活、柴米油盐的宏伟，是开始关注类似史铁生在《灵魂的事》中所说的那些"灵魂的事"的宏伟。字里行间，是灵魂在路上，也是带灵魂上路，或者，是让灵魂再飞一会儿……总之都是灵魂在他生活中行走的故事：时而"细嗅蔷薇"，时而"跟朱熹一起喝茶"，时而"来场说走就走的旅行"，时而"回应呢喃"，时而"以'高贵的闲暇'参与孩子的成长"，等等，是带最深之爱，做最小之事；怀出世之心，行入世之路。时时处处学会学习、学会生活、学会做人、学会爱……他似乎是在追随叶芝，"在生命之树上为凤凰找寻栖所"，"靠耕耘一片诗田/把诅咒变为葡萄园"，也似乎是在致敬陀思妥耶夫斯基，终其一生念念不忘地去"培养起自己的花园"。但是，正如大卫·埃尔金斯的由衷感言："当我们被一首曲子打动，被一首诗感动，被一幅画吸引，或被一场礼仪或一种象征符号所感动时，我们也就与灵魂不期而遇了。"不得不说,当我们被宏伟的新书打动,我们也还是在"与灵魂不期而遇"。

谁又能够说,"灵魂的事"就不是灵魂的盟誓?西方有个著名的故事,说的是在一个污浊的小河沟里很多的小鱼都活不下去了。大人们看了一下,然后遗憾地说,鱼太多了,救不过来了,只有随它们去吧!可是,有一个孩子却不是这样去看的,他把一条鱼捧到大海里,然后说,这条需要活;继而,又把一条鱼捧到大海里,又说,这条也需要活……当然,这样去做,很多人都会不习惯,因为他们只喜欢干大事。明明自己的门庭都还没有扫,可是却天天张罗着要去扫天下。而且每每以为善小而不去做,或者不屑做。然而,往往为他们所忽视了的是,其实世界的改变就是从这一点点的爱的践行开始的。与灵魂的结盟也同样是如此。其实我们更应该去做的,就是劈骨为柴,燃心为炬,去为灵魂做证,也为灵魂的未能莅临而做证。犹如台湾诗人痖弦所说:"观音在远远的山上,罂粟在罂粟的田里。"

为此,我一直感动于英国作家西雪尔·罗伯斯的一次感动。那一次,他看到了一个小女孩留在墓碑上的一句话:"全世界的黑暗也不能使一支小蜡烛失去光辉。"我猜想,西雪尔·罗伯斯的感动一定是来自对他所钟爱的写作的联想。在感动中,他也一定是想说:写作的理由,就正是来源那永远不会"失去光辉"的"一支小蜡烛"!

宏伟的书也是"一支小蜡烛"——永远不会"失去光辉"的"一支小蜡烛"!

与其诅咒黑暗,不如赞美光明;与其诅咒黑暗,不如点亮蜡烛。这不是"心灵鸡汤",而仍旧是:灵魂的盟誓!

就恰似 T. S. 艾略特在《四首四重奏》中所吟咏的:"跫音在记忆中回荡/沿着未曾踏过的旅途/通往我们从未打开过的门/进入玫瑰园/我的话/也是这样在你心中回响。"

2020 年 7 月 25 日,南京卧龙湖,明庐

# "教我灵魂歌唱"

## ——熊芳芳《语文审美教育 12 讲》序

现在回想起来,应该是在十几年前的事情了,那是在一次为南京的中学语文教师所做的讲座。我一开始就说到,对于语文老师,我"有一种特殊的亲切之感"。因为,在我的成长过程中,语文老师,似乎是命中注定,也似乎是冥冥中的庇护,竟然是一直都在伴随着我——从小学到初中,再到高中,我的班主任都是语文老师。而且,其中有几位,自身也就是散文作家或诗人。当然,也许就是因为这个原因,我一直认为,语文教学,在我的生命历程中实在是至关重要的,也实在是不可取代的。进而,由此我更认为,语文教学,在每个人的生命历程中都实在是至关重要的,也实在是不可取代的。因为,它是人生中不可或缺的关于尊严、关于自由、关于审美的一课。后来,这次讲座被收录在我的《我爱故我在——生命美学的视界》一书(江西人民出版社在 2009 年出版),题名为:"文学的理由——我爱故我在"。

可是,也存在着小小的遗憾。事情发生在我为女儿语文课的辅导之中。也许是因为语文教学一直都是我生命历程中的重要支持,还因为我自己也是大学中文系毕业,何况毕业以后更长期在中文系任教,因此在女儿的学习中,对语文教学的重视,对我而言,无疑就是不言而喻的。可是,在我踌躇满志地开始自己的辅导计划的第一天,就遭遇到了莫名的苦恼。因为我女儿的语文学习都是以标准答案和是非选择的考试为目标的。我很快就发现,自己的专业不但毫无用武之地,而且还很可能会对她的学习造成不必要的干扰。最终,我只有悻悻而退。

心有未甘的我从此开始留心于当今的语文教学。于是,我痛心地发现:现在的语文教学早已不同于以往。在某种程度上,我甚至想发一浩叹:我们的语文教学已经没有了灵魂。

可是,文学没有了灵魂,这怎么可以想象?没有了灵魂的文学还是文学吗?

应该仍旧是在十几年前的那次讲座上,我曾经冒昧地提出,关于文学何谓与文学何为,当然众说纷纭,但是,我们不妨可以为之做一个减法,把它的"何谓"与"何为"都减到无可再减的地步。因为,只有这样,我们才能够发现文学之为文学的最为根本的所在,或者,我们才能够发现文学之为文学的最后的尊严。

无疑,一旦我们这样去做,效法老子那样的"损之又损",应该立即就会发现:文学,应该是人类灵魂的歌唱。或者说,应该是人类"灵魂的香味"(罗曼·罗兰)。文学之为文学,一定是立足于人类的灵魂,也一定是从人类灵魂出发的。正是因此,龙应台才会深有体会地告诫说:文学,就是"使看不见的被看见"。什么是"看不见的"呢?当然是"灵魂"。怎样才能够"被看见"呢?当然是通过文学。这就正如大卫·埃尔金斯的由衷感言:"当我们被一首曲子打动,被一首诗感动,被一幅画吸引,或被一场礼仪或一种象征符号所感动时,我们也就与灵魂不期而遇了。"因此,正是文学,犹如"心灵的体操","矫正我们的精神、我们的良心、我们的情感和信念",也犹如"一面镜子,你在这面镜子面前能看见你自己。同时,也能知道如何对待自己"(苏霍姆林斯基)。因此,才使得人类被有效地从动物的生命中剥离而出,并且通过重返自由存在的方式,"把肉体的人按到地上"(席勒),"来建立自己人类的尊严"(康德)。这就犹如美学家对于著名的《葬礼进行曲》的评价:在乐曲里,"全世界都抬着棺材"送行,"全人类的灵魂"都被抬着,径直送上天堂。也犹如格里高利·斯科沃洛杰所引的一句古老的乌克兰谚语的告诫:"手中拿着小提琴,人就不可能做坏事。"

当然,这就是文学。也因此,我始终都很感动于英国作家西雪尔·罗伯斯的一次感动。那一次,他看到了一个小女孩留在墓碑上的一句话:"全世界的黑暗也不能使一支小蜡烛失去光辉。"我猜想,西雪尔·罗伯斯一定是想大发感慨,因为他一定是联想到了他所钟爱的文学。他一定是想说:文学,就正是这样的永远不会"失去光辉"的"一支小蜡烛"！同样,我也始终都很感动于苏联作家爱伦堡的一次感动。那一次,是他面对司汤达的小说《红与黑》的时候:"假如没有这本书,我真难以想象,伟大的世界文学或我自己渺小的生命是怎样的。"这一次毋需猜想了,在爱伦堡心目中,《红与黑》一定就是文学的象征,而且,文学也一定是再重要不过了,否则,它又何以竟然能够拯救"自己渺小的生命"?

由此,就要说到语文教育。顺理成章,既然文学是灵魂的歌唱,我们的语文教育自然也不能是别的什么,而只能是"教我灵魂歌唱"。"教我灵魂歌唱",是爱尔兰著名诗人叶芝的诗句,他把作家称为"教我灵魂歌唱的大师"。英国著名诗人奥登,在《悼念叶芝》一诗中阐释说:"在他岁月的监狱里/教自由人如何赞颂。"显然,"教自由人如何赞颂",就是"教我灵魂歌唱"。而且,只要我们知道奥登本人甚至专门把这一句话刻在了自己的墓碑上,也就不难领悟这句话的重要之至了。

遗憾的是,这一切,在我们的语文教育中,却恰恰是最为薄弱的环节。我经常感叹:在中国,传统的教育是"课堂"与"中堂""祠堂"的统一(犹如西方是"课堂"与"教堂"的统一),也就是"知识学习"与"人文教育"的统一,而在当今"中堂"与"祠堂"都已经退出了教育舞台的情况下,我们的语文教育,则亟待肩负起"课堂"与"中堂""祠堂"的使命,也就是亟待肩负起"知识学习"("课堂")与"人文教育"("中堂"与"祠堂")的使命。然而,现在的实际状况却是,我们的语文教育存在着明显的失职。由此(当然,其他各科的教育也程度不同地存在问题,因此,应该说,不仅仅只"此")导致的后果则恰恰与人们所有目共睹的现象直接相关:有知识却没有是非判断力、有技术却没有良知的精致的利己主义者已经出现。他们有知识却没有是非判断力、有技术却没有良知,都患有人类文明缺乏症、人文素养缺乏症、公民素养缺乏症……

此情此景,让我想起安东尼奥尼的电影《云上的日子》中的一个细节:几位抬尸工将尸体抬到一个山腰上之后,却莫名其妙地停下不走了。于是,雇主过来催促。工人们的回答是:"走得太快了,灵魂是要跟不上的。"那么,我们的语文教育是否也"走得太快了"？是否也亟待去反省"灵魂是要跟不上的"的问题？

同时引起我的联想的，还有爱因斯坦当年对于人类的教育现状的呼唤：我们的教育是培养"一只受过很好训练的狗"，还是培养"一个和谐发展的人"？我们是否亟待变培养"一只受过很好训练的狗"的教育模式而为培养"一个和谐发展的人"的教育模式，以及英国著名学者汤因比提倡的与"与灾难赛跑的教育"模式？显然，留什么样的世界给后代，关键取决于留什么样的后代给世界。显然，对于教育的反省，已经成为举世一致的现象。那么，与全人类的对于教育现状的反省同步，我们的语文教育是否也亟待去认真反省变培养"一只受过很好训练的狗"的教育模式为培养"一个和谐发展的人"的教育模式以及"与灾难赛跑的教育"的模式？毕竟，我们的语文教育要培养的不应该是"一只受过很好训练的狗"，而应该是"一个和谐发展的人"。

令人欣慰的是，芳芳老师的大作《语文审美教育12讲》，正是对于这个问题的及时的回应。在嘱我写序的时候，芳芳老师曾经告诉我，这是她应邀在核心期刊、全国中语会会刊《语文教学通讯》撰写了为期一年的"审美教育"专栏的结集，也是中国语文界第一部系统研究语文审美教育的专著。而我在认真阅读之后，也发现这确实是一本呼吁语文回到语文并且"教我灵魂歌唱"的佳作。

显然是有感于语文教育的现状，芳芳老师指出：审美教育本应是语文教学的核心价值，但是现在语文却被我们仅仅当成了工具，由此，我们失去的不仅仅是语文本身的价值，还有教育本身的价值，更为可悲而且可怕的是，我们最终失去的还有"人"，还有"美"。因此，芳芳老师毅然宣称："我们要经由情感走向灵魂，要从'以丝播诗'走向'巴洛克'，也就是说，从情感的熏陶走向灵魂的洗礼。"于是，围绕着"语文审美教育"，她把自己多年来从事语文教学实践的所愿、所感、所思、所为加以概括、总结，从解读审美意象、丰富审美体验、激活审美情感、文学语言鉴赏、培养审美思维、完善审美个性、提升创美能力以及文学经典审美、日常生活审美、社会生活、审美影视艺术审美等十二个方面，犹如"庖丁解牛"，上下古今，娓娓而谈，不仅见解独到，而且观念新颖,理论与实际相结合,基础研究与应用研究相结合,字里行间浸透着实践性、学术性、启迪性和前瞻性。其中,对于具体文本的剖析功力尤为深厚,既熟稔于心又博学多识,具有极强的穿透力……一读之下,我不禁拍案而叹:这实在是一份原汁原味的来自三尺讲台的审美教育报告,珍贵、真实、真诚。不难想象,她的学生在上课的时候,分享的是何等丰盛的饕餮大餐。

而且,更为重要的,在我看来,这还是一本认真研究语文如何回到语文以及如何"教我灵魂歌唱"的佳作。怀特海指出:"艺术提高人类的感觉。它使人有一种超自然的兴奋感觉。夕阳是壮丽的,但它无助于人类的发展因而只属自然的一种流动。上百万次的夕阳不会将人类推向文明。将那些等待人类去获取的完善激发起来,使之进入意识,这一任务须由艺术来完成。"但是,应该怎样去完成?无可讳言,这也仍旧还是一个严峻的问题。令人欣慰的是,芳芳老师以自己丰富的语文教学实践以及认真的研究工作,为此提供了切实可行的方案。显然,芳芳老师不仅是一个优秀的"教学型教师",而且还是一个优秀的"科研型教师""学者型教师",著书是教学的升华,著书也是教学的深化。否则,没有可能直面如此艰深的问题,也没有可能予以驾轻就熟地解决的。

值得一提的,是芳芳老师的"语文审美教育"研究与她所提倡的"生命语文"的渊源。

而今想来,我跟芳芳老师的相识,应该是在八年以前。当时,我还在澳门科技大学兼职,负责人文艺术学院的管理工作。那个时候,她的"生命语文"还在筚路蓝缕之中,很希望得到我的支持,而我也十分认可她的思考,并且逐渐了解了她从湖北荆州起步,经过江苏苏州的历练,最后成功地一路走向深圳的拼搏历程。因此,我也曾经欣然为她的专著《生命语文》写过一句封底推荐:"熊芳芳老师提倡的生命语文与我提倡的生命美学十分一致,我仔细看了她近年来的语文教学探索,非常欣赏。生命进入语文,灵魂进入语文,同时,语文也进入生命,语文也进入灵魂,熊芳芳的'生命语文'让语文真正成为语文,令人振奋,更令人欣慰。"

十分可喜的是,迄至今日,尽管只有短短几年,芳芳老师首倡的"生命语文"已经蔚为大观,不但已经陆续出版了七部专著,而且已经名动一时。现在又进而与审美教育联系了起来,堪称"生命语文"的突破,也堪称"生命语文"的细化。确实,"生命语文"要真正进入语文教育,必须借助语文审美教育。在"生命"与"语文"之间,唯一的捷径也恰恰应该是审美教育。奥登曾自陈心迹说:他的理想,就是借助于文学,"在生命之树上为凤凰找寻栖所"(叶芝)。"靠耕耘一片诗田/把诅咒变为葡萄园"。而且,终其一生,陀思妥耶夫斯基所念念不忘的,也是要"培养起自己的花园":"尘世的许多事情我们不能理解,但我们被馈赠了一种神秘的感受:活生生的与另一个世界的联系。上帝从另一个世界取来了种子种在尘世,培养起自己的花园,使我们得以与那个世界接触。我们的思想与情感之根不在这里,而是在那个世界中。"我猜想,这应该也是力主"生命语文"的芳芳老师的初心!她犹如人类的盗火者,像丹柯一样举着自己燃烧的心,引导学生前行。"语文审美教育"就是她所精心培养的"自己的花园",她的目标,无疑正是要在"语文审美教育"的"生命之树上为凤凰找寻栖所",并且,"靠耕耘一片诗田/把诅咒变为葡萄园"。

尤为重要的是,我们知道,人的成长是不同于动物的生长的。动物的生长旺期仅仅在胚胎与童年,然后,就逐渐递减。因此我们不妨说,动物的生长基本是在"子宫内完成的"。但是,人却截然不同。从零到十六岁,要经历两个生长高峰。第一个,是在出生的最初一年。在这一年里,他的大脑总量可以达到类人猿的三倍,但是,然后就是缓慢地增长,从两岁到九岁,都如此。第二个高峰,会在十岁到十六岁之间出现,而且,是过去的两倍。由此,我们不难发现,人的生长,应该是在"子宫外完成的"。文化教育,尤其是审美教育,就堪称"子宫外的子宫"——"人类的子宫"。其中,最为关键的,恰在十岁到十六岁之间。而芳芳老师每天所要面对的,就正是十几岁的风华少年。无疑,我们因此而要对芳芳老师所首倡的"生命语文"以及所孜孜以求的"语文审美教育"更加刮目相看,并且给予足够重视了。

值得回忆的,还有"生命美学"与"生命语文"的特殊渊源。熟悉我的人都知道,在学术界,我始终都在提倡的,是"生命美学"。早在1985年,在我还是一个初出茅庐的年轻大学教师的时候,我以一篇《美学何处去》开局,揭起了"生命美学"的旗帜。而今,毋庸讳言,"生命美学"已经枝繁叶茂,初具规模,而且在学术界也已经有了众多的同行者。不过,令我们所有的"生命美学"的同行者都十分开心的是,在中学语文教育的领域,我们也有幸寻觅到了自己的同行者,这,当然就是芳芳老师。"嘤其鸣矣,求其友声",芳芳老师的出现,使得"生命美学"不仅有了理论的坚实支持,而且更有了践行的先锋部队。也因此,在近年来的国内关于"生命美学"的多次讨论中,芳芳老师的每次出场,都难免会给人以"惊艳"之感。也确实是令其他美学流派的学人艳羡不已。当然,芳芳老师也确实不负众望。例如,芳芳老师在《语文教学通讯》发表的题目为"生命美学观照下的语文教育"的大作,据我所知,后来就被人大复印报刊资料《高中语文教与学》2016 年第 8 期全文转载;也被人大复印报刊资料《高中语文教与学》2017 年第 4 期的年度总结之作《高中语文教学研究 2016 年度综述——基于〈复印报刊资料·高中语文教与学〉论文转载情况的分析》,以大量篇幅专门予以介绍。不过,作为影响极大的"生命语文"的首倡者,芳芳老师又始终谦虚地把生命美学与"生命语文"联系在一起,并且认为"生命语文"一直都是在"生命美学观照下"。在我看来,这实在是生命美学的光荣。作为美学研究中一个重要流派,生命美学是迫切需要走向审美实践,也是迫切需要来自审美实践的印证的。因此,其实倒是我们所有的生命美学的同行者都应该对芳芳老师首倡的"生命语文"道一声"感谢"。因为,正是芳芳老师的来自审美实践一线的"生命语文",使得"生命美学"不仅"顶天"而且"立地",生命美学之树也因此而常青。

最后,在行文即将结束的时候,循旧例或者惯例,本来是想再讲几句勉励的话作结。可是,一向自恃"快言快语"的我却突然"语塞"。因为,此时的我,又想起了在前面提及的面对辅导女儿语文之时的踌躇……未来的芳芳老师会是一路鲜花、一路掌声吗?也许是,但是,也许不是。在从事美学研究的数十年中,我自己就曾经被人们每每问及:美学是干什么的?美有什么用?芳芳老师在走上语文审美教育的道路之后,也许同样不会那么轻而易举。也许,会从此郁郁独行;也许,等待在远方的依然是荆棘丛生。因为,而今毕竟像"教英语一样教语文"的逆流依旧波涛汹涌。何况,在循着"生命语文"的道路一路追索到了"语文审美教育"的渡口之后,芳芳老师就已经退路不再!

然而,在我看来,这也正是价值所在,其实也是命运所在!因为,"灵魂的歌唱"是不可阻挡的。

芳芳老师,狭路相逢,唯一的选择,就是不懈前行!

正如村上春树在著名的演讲《永远站在鸡蛋一边》中所说:置身"在高大坚硬的墙和鸡蛋之间","我们都毫无胜算。墙实在是太高、太坚硬,也太过冷酷了"。可是,唯一的抉择却只能是也必须是:"我永远站在鸡蛋一边。""无论高墙是多么正确,鸡蛋是多么错误,我永远站在鸡蛋这边。"

同样,中国的孔子也曾历经沧桑,四处流浪,十四年中都居无定所,然而,这又如何?与村上春树相同,孔子唯一的抉择只能是也必须是:"是有国者之丑也!""推而行之,不容何病,不容,然后见君子!"

"永远站在鸡蛋一边"!"不容,然后见君子!"这是我经常默默告诫自己的,也是我最后想与芳芳老师分享的。

在我的心目中,不论是从事美学的研究还是从事审美教育的践行,都应该是这样,也只能是这样!

谨以此,与芳芳老师共勉!

2018 年 8 月 22 日,南京

## 美丽的种子
### ——读《向着太阳歌唱》

春天的夜晚读徐传德先生主编的《向着太阳歌唱》(商务印书馆 2003 年版),心中涌动着一种无法抑制的快乐。

在人类的生命史中,青少年时期应该是一个特定的"精神发育"季节,相关的"精神营养"也应该成为某种必需,然而,遗憾的是,犹如目前我们的家长关心的只是孩子的"身体发育",我们的教育关心的也只是孩子的"知识发育",身体成人是否就同时意味着精神成人?在这个纷繁复杂的世界上,究竟如何做人?又应该做什么样的人?诸如此类带有根本性的问题,却被不屑一顾,"精神营养"的问题自然也被视若尘土。徐传德先生主编的《向着太阳歌唱》意识到了这个严重的缺憾,以他为首的数十位编者历尽艰辛,披沙见金,分18章共15个专题,选编了五百余篇最具精神营养的叙事类文章,同时,在每一章节之前辅之以意味深长的名人名言,在每一章节之后辅之以别具一格的活动建议,为青少年的"精神发育"提供了一个思想平台、道德底线、精神资源。一卷在手,无处不见编者的苦心与匠心。其中,"爱"—"美"—"公民"—"立人"四个核心理念更是贯穿始终,犹如一粒美丽的种子,在青少年读者的心中播种着美好的未来。

就从"爱"的播种来看,"青少年首先需要懂得爱"。然而,长期以来,我们的青少年却羞于谈"爱"。人心变成石头,精神变成沙漠。生活日益粗糙、肤浅,心灵日益自私、猥琐。这是国人心灵空间的一个巨大的精神黑洞,也是国人道德世界的大面积失血。因此,我们的青少年甚至很少去关心自己的心灵到底出了什么问题,他们所追逐的幸福、快乐、成功也都是廉价的。更有甚者,他们不但不为自己感受不到爱而羞愧,而且学会了感受仇恨。这样一种由于长期在冷漠、无情中所造成的自我毒化的分泌物,把一颗颗年轻的心灵包裹得密不透风。从对正义的呼喊到对暴力的赞扬、从以普罗米修斯为师到与恺撒为友,结果必将是精神的不断萎缩、蜕化,并且彻底丧失人格的尊严。而继20世纪我们在人与自然的维度为中国文化补上"科学"之维与在人与社会的维度为中国文化补上"民主"之维之后,现在在人与自我的维度我们还必须为中国文化补上爱之维,这必然是我们的唯一选择。以鲁迅式的"铁屋子"的困惑为例,鲁迅曾经为国人"如何走出"那座心灵的铁屋子而忧心忡忡并付出了毕生的努力,然而,重要的却是国人"如何走进"了铁屋子。事实上,正是我们自己心灵的冷漠、无情才铸就了这座心灵的铁屋子。只有走出我们自己心灵的冷漠、无情，才能走出这座心灵的铁屋子。鲁迅不惜肩住黑暗的闸门以放别人到光明中去，然而，每个人除了以走出自己心灵的黑暗的方式来走入光明，实在也别无其他"通幽"之"曲径"。正是因此，对于徐传德先生主编的《向着太阳歌唱》一书对"爱"的张扬，我深感欣慰。叶芝说："什么时候我们能责备风，就能责备爱。"确实如此！至于《芙蓉镇》中那句著名的台词所说的：活下去，像畜生一样活下去！则实在不敢苟同。仅仅"活下去"是不够的，我们还必须找到自身所缺乏的尊严、勇气、仁慈乃至爱心，必须找到这样一些值得我们为之生、为之死的东西，必须"有爱心"地活下去。爱，是我们走出铁屋子、走向光明的唯一途径，带着爱上路，则是我们在新世纪的唯一选择！

徐传德先生主编的《向着太阳歌唱》一书的另外一个可贵之处，是对于作为中国人的灵魂再生之源的精神谱系的追寻。鲁迅说："用秕谷来养青年，是决不会壮大的，将来的成就，且要更渺小……"这意味着他对于精神谱系问题的深刻洞察。"爱""美""公民""立人"等等，都为源远流长的中国文化素所缺乏，而五四以来，一代思想启蒙者们虽然转而"别求新声于异邦"，勇敢地从境外去借鉴资源，并且以这些资源让国人享用了百年。但是却远远不够。因为在精神实践的过程中，这一切所造成的灾难犹如它们所携裹而来的成功一样巨大。我们还没有天真过就成熟了，还没有追求过就放弃了，然而我们在相当一段时间内竟然陶醉在这种"成熟"和"放弃"之中。值得警惕的是，在不断保卫被扭曲了的精神的同时是不可能意识到精神的扭曲本身的。要真正意识到精神的扭曲，就必须超越前人，去寻找与中国人的灵魂出路有关的全新的资源。徐传德先生主编的《向着太阳歌唱》一书的成功恰恰在此。它以重建精神谱系为己任，恰似一幅庄严展开的"思想宽银幕"，传递着一种文化，也见证着一种精神。每读一遍，你就会发现自己的灵魂是多么不干净，那么龌龊，同时也会发现自己又被净化了一次，清洗了一次。

因此，我要对该书的以徐传德先生为首的编者们表示由衷的敬意。他们或许不是当今时代的风头正健的时代骄子，但却是身处这个时代而又超出这个时代的文化守夜人,他们或许也并非暴风雨来临前的海燕或者时代的鼓手,但却堪称这个时代的"爱""美""公民""立人"教育的呼唤者。俄国白银时代的诗人梅列日科夫斯基说:"迄今为止,有些人知道得太多,爱得太少,另一些人爱得很多,却知道得太少,但是只有那种将会知道得很多并爱得很多的人才可能为人类办成一点真正完美的壮举。""知道得很多并爱得很多的人",这应该就是该书的编者们。那么,我们是否也应该说,《向着太阳歌唱》一书正是编者们为青少年办成的"一点真正完美的壮举"呢?

2003 年 5 月 28 日,南京

## 徐连明新著《差异化表征:当代中国时尚杂志"书写白领"研究》跋

此书是连明在其博士论文基础上修改而成的,以一本时尚杂志为个案,对我国当前时尚流行文化展开深入分析。

值得一提的是,这一领域的专著在国内尚不多见,因而具有较高的理论与实际意义。

作者首次采用"差异"视角来对一份时尚杂志进行研究,首次运用差异挑选、差异制造、真实差异、虚拟差异、类别差异、等级差异等核心概念对我国当前时尚流行文化进行深层次解读。作者在认真梳理了国外各种流行文化理论及研究国内时尚杂志的基础上,运用社会学想象力,将时尚杂志这一研究对象处理为一个较为直观而贴切的图式:品味—物。这表明在时尚杂志中,各种时尚商品是白领品味的载体,而白领品味反过来又是时尚商品的符号价值。"品味—物"的图式统摄着全书的主要章节。例如,作为全书研究主体的第三、四、五章:第三章分别研究了时尚杂志中的品味和商品;第四章研究从物到品味这一向度,该向度体现了特定类型的商品如何在差异基础上被挑选出来,作为品味的象征;第五章则反过来研究从品味到物的向度,该向度体现了特定类型的商品一旦被赋予品味价值后,会大量地产生差异制造现象,类别化、风格化与细节化等便是其集中体现。

因此,作者采用差异视角与"品味—物"图式进行时尚杂志研究,是一种值得充分肯定和十分有益的理论探索模式。可以说,为我国的时尚杂志研究提供了一个全新的分析架构,或许也能为其他研究者提供一定的参考。

当然,也正因为其具有新意,书中的一些概念与提法尚待进一步商榷与完善,书中的分析也难免会出现某些偏颇之处,这一些都有待他在后续研究中加以深化与补充。

连明在南京大学获得博士学位,他在南京大学学习期间由我负责指导。在三年的朝夕相处中,他的勤奋好学、谦逊质朴给我留下了深刻的印象,而他的才华与学识,更令我对他的未来充满了信心。现在的这本书,只是他的牛刀小试,我相信,他一定有更大的成功在后头。

2010年,南京

## 刘芳《制造青春》序

流行文化已经覆盖了我们的生活。

这是一种以满足为需要而需要的虚拟幻想为目的的文化,也是一种造梦与圆梦的文化,一种让"美梦成真"同时也让"噩梦成真"的文化。

而今,最最无法想象的,就是去想象当下的人类倘若失去流行文化将会怎样。

然而,就学术界而言,流行文化却又堪称不速之客,天才的文化先知麦克卢汉早年担任大学教师时,就曾经不无尴尬地发现:在西方,人们往往对流行文化不屑一顾,即使是到了他所生活的时代,也没有证据可以表明,学者们已经改变了长期一贯的对之置之不理的鸵鸟政策。以至于,直到今天,哪怕我们再竭尽心力,却仍旧无法为其在学术国寻觅到一个适宜的角落。

就我而言,情况倒是有些不同。从1995年出版《反美学——在阐释中理解当代审美文化》(学林出版社)到2002年出版《大众传媒与大众文化》(上海人民出版社)、《流行文化》(江苏教育出版社),在将近十年的时间中,流行文化,都始终是我密切关注的领域。

在我看来,20世纪,既是一个自然人化的过程(以符号交流的信息世界取代实体交流的自然世界),也是一个个体社会化的过程(以等价交换原则实现人的全部社会关系),还是一个世界大同化的过程(以开放、流动的公共空间取代封闭特定的私人空间与共同空间)。在这当中,审美、文化的能力被技术化加以转换,审美、文化的本源被市场化加以转换以及审美、文化的领域被全球化加以转换,显然是关键中的关键。在这当中,技术化的介入为审美与文化提供了特殊的载体,市场化的介入为审美与文化提供了特殊的内容,全球化的介入则为审美与文化提供了特殊的领域。当然,在这一切的背后,最为集中的体现,就是"流行文化"。

而且,凭借着技术化、市场化、全球化的力量,流行文化甚至已经成为所谓的"美学意识形态"。现实作为一种"他者形象"既不被建构,也不被反映,而是在想象中被虚构、被重新定义,被不断地生产、再生产、再再生产。进而,流行文化还存在于对个体的询唤之中(个体因此而"自由地同意"成为主体),以话语权力的形式诱惑大众去默认它所提供的"美好生活"的观念是既"合情"也"合理"的,并且主动承担起被召唤者与召唤者的双重角色,从而得以完成了通过事物A来传达概念B这一看似不可能的历史使命。犹如以事物"鹿"来传达概念"马",并且"指鹿为马",流行文化也以它的在毫无必然联系的事物A与概念B之间建立必然联系的神奇叙事而成为我们这个时代的特定文化症候,并且由"革命"的时代长驱直入到"消费革命"的时代,从而,在客观上维护并且再生产着一种带有特定意识形态内涵的社会生活方式与利益格局。

因此,20世纪精神生产与消费的内在机制与流行文化存在什么根本的联系,就成为刚刚跨入新世纪的人们所必须共同关心的问题。而且,不言而喻,正是对20世纪精神生产与消费的内在机制与流行文化的根本联系的深刻反省,推动着人类文化在新世纪的健康发展,也内在地决定着人类文化在未来的发展方向。

遗憾的是,因为种种原因,在十年之后,也就是从2002年开始,我的这一研究就停滞了下来。为什么会如此?原因当然不止一个,但是,其中最为重要的,却无论如何都应该是对于实证研究、具体研究的渴望。流行文化的研究,不应该仅仅是美学的,更不应该止步于美学,而应该引进社会学的维度,引进实证的研究方法。而这,对我这样一个长期从事美学研究的学者来说,却是一个致命的先天缺憾。无疑,这也就是我之所以涉足流行文化研究十年却又从2002年开始戛然终止的重要原因。

令人欣慰的是,刘芳博士的新著《制造青春》在弥补我的这一缺憾方面,迈出了坚实的一步。

刘芳博士发现作为媒介信息最重要部分,流行文化是重塑我们的社会结构和生活世界的最重要的影响因子。流行文化,是与工业社会尤其是晚期资本主义社会高度相关的一种特殊的文化现象,它不仅依托于高科技大众传媒而具有全球化传播的特质,而且通过"赋意"的符号学特征而成为一种具有社会学意味的文化现象,对当代人的心理、行为产生了广泛和强烈的影响。在宏观上,流行文化对经济、政治、社会等一系列领域产生了巨大的影响和推动作用;在微观上,流行文化则体现为对人的心理、行为、社会交往、生活方式等方面的冲击。尤其是,流行文化通过其"社会化"的职能,成功地将其塑造的结构化的"意识形态"转化为日常生活世界中的"互动意义",从而得以"自然地""令人身心愉悦地""毫无强迫地"影响和干扰了个体最为内在的部分:自我认同。由此,一个重要的研究课题也就凸显而出。这就是作为个体对反思性的自我身份的认可与接纳的自我认同,必然不能脱离流行文化这一后现代语境的影响,尤其是青少年时期的自我认同。青少年时期是自我认同发展的关键时期,同时,青少年也是对流行文化最为敏感的群体,无疑,这就决定了流行文化对青少年时期的自我认同的关键影响。

当代青少年是在流行文化中"泡"大的一代,在一定意义上,甚至可以说,流行文化事实上就是一部"生产"青春、"制造"青春的机器,像像三十年前的一首流行歌曲中所唱的,是"我被青春撞了一下腰"。可是,犹如人们常说的,流行文化中的爱情其实都不是"爱情",而是"煽情"。其实,流行文化中的"青春"也并非真正的青春,而是被构成、被制造、被开发的。青年接受了流行文化,可是,却并不是把流行文化当作"文化"来接受的,而是把流行文化当作一种理想的、渴望的"青春"来接受的。他们不约而同地认定:只是从流行文化中才第一次找到了自己,认识了自己。因此,对他们而言,投身流行文化,就犹如投身一场无比神圣的现代的"成人仪式""青春仪式"。

然而,流行文化对于青春的隐形书写究竟是什么?流行文化又究竟是如何"生产"青春、"制造"青春的?这又毕竟还是一个令人困惑的流行文化之谜和青春之谜。我不由得想起,当年东西方在批评流行文化时候的口气却竟然又往往会不约而同。西方报刊宣传说,流行歌曲是东方无产阶级进攻西方资产阶级的"糖衣炮弹";东方报刊也宣传说,流行歌曲是西方资产阶级进攻东方无产阶级的"糖衣炮弹"。可惜,对于流行文化本身,偏偏全都一无所知。我还不由得想起,罗大佑在一首歌曲中感叹说:"是我们改变了世界,还是世界改变了我和你,谁能告诉我,谁能告诉我。"对于流行文化的"生产"青春、"制造"青春,我们是不是也会问:是流行文化改变了青春,还是青春改变了流行文化?从经验层面上,流行文化作为现代社会尤其是20世纪以来人类所面临的最重要的文化情境,对青少年的自我认同究竟会产生怎样的影响?影响的程度和状态是怎样的?这种影响的发生机制又是怎样的?作为研究者,又如何对这种影响提供一些有价值的建议?"谁能告诉我,谁能告诉我"?

而这就恰恰正是刘芳博士新著的一个突破。

《制造青春》从流行文化与青少年两者之间去探寻其内在的隐秘关联并辅之以经验研究的手段,提出了"流行文化对自我认同产生影响"这一假设命题,并从"作为一种宏观社会结构要素的流行文化"和"作为人际交往纽带的流行文化"两个层面来论证这一影响的发生机制。根据山东三个城市在校青少年的抽样调查数据,刘芳博士得出的结论是:从总体上说,当代流行文化对青少年的自我认同具有显著的影响作用。其中,流行文化通过社会化的方式,形塑青少年的自我认同。流行文化通过"类型化"和"序列化"的商业运作手段,使个体在对"物"的功能消费和"符号"的文化消费之上确认自我在社会中的位置。又通过"赋予意义"和"识别意义"的手段传达自我认同。与此同时,流行文化又通过广告、消费刺激等媒介手段,不断诱导着青少年违背现实、不切实际的自我心理期望值,这样一来,期望和现实之间的认同落差,就必然增加自我认同危机的发生率。总之,媒介流行文化在青少年自我认同发展中是"塑造者"的角色。而作为青少年重要交往纽带的群体流行文化,却在青少年自我认同发展中扮演着"颠覆者"的角色。而且,群体流行文化的广泛传播,干扰了青少年对自我确定性的认识,同时也降低了自我认同的心理需求度,因此一定程度上也消解了自我认同危机发生的可能性。

更加令我赞叹的是,借用经验研究的结果,刘芳博士不但试图对"流行文化与青少年的自我认同"研究的相关理论成果进行验证,希冀能够弥补过去学界在这一主题上缺乏实证研究的缺憾,丰富和拓展"文化与自我认同"研究以及"自我"与"社会"研究的相关理论。同时,更尝试性地提出了适合我国文化环境和青少年成长特点的"流行文化鉴别术",以达到减少青少年自我认同危机的发生与对家庭、学校、社会的青少年教育和心理辅导起到一定的实践指导作用的目的。

当然,正如刘芳博士已经意识到的那样,《制造青春》一书毕竟还是借助于小范围的经验研究来考察当代流行文化与青少年自我认同的关系问题,在数据的广泛代表性上还有着难以避免的遗憾。而且,在资料取证和测量工具的验证方面,也还存在不足。不过,相对于这本书给予我们的惊喜,这毕竟是次要而又次要的。

刘芳博士就读于南京大学。在三年的学习期间,由我担任她的博士指导教师。我记得,我们师生的第一次见面,是在她被录取以后,2009年的暑假,我应邀去青岛的某高校讲学,而她的工作单位鲁东大学,也正好就在附近的烟台市。于是,她专程赶来,并且陪同我在青岛讲学。当时,她给我的第一印象是,谦逊、朴实、热情、聪慧。后来,进入学习阶段以后,她所留给我的,也始终还是这一印象。遗憾的是,就在她入学一年以后,我应聘澳门科技大学人文艺术学院副院长(院长余秋雨教授因为事务繁忙,除了开学典礼和毕业典礼,绝少到校视事),开始了长达几年的每周一次往返南京与澳门之间的航空旅行。这样一来,尽管我们师生彼此都很珍惜每次的见面时间,而且我每周回南大上课,哪怕是本科生的课,也都会安排她去参加,但是,无论如何,我对她的指导,却毕竟少了一些。这在我是有些歉疚的。可是,刘芳博士却因此而更加努力。而现在,她的博士论文能够被国内的著名出版社——中国社会科学出版社接受出版,应该说,也是对于她的博士阶段的学习状况的一个肯定。

当然,这一切又远远不够!西方著名学者卡西尔说过:"事实的财富并不必然就是思想的财富。除非我们成功地找到了引导我们走出迷宫的指路明灯,我们就不可能对人类文化的一般特性具有真知灼见,我们就仍然会在一大堆似乎缺少一切概念的统一性的、互不相干的材料中迷失方向。"流行文化同样是人类的一笔"事实的财富",但它也确实曾经使很多学者"迷失方向"。其中的原因,就在于人们往往只注意到它是一笔"事实财富",但是却忽视了它还是一笔"思想财富"。然而,只有把流行文化从"事实财富"提升为"思想财富",对于流行文化,我们才可以说是"具有真知灼见",也才可以说已经成功地找到了"引导我们走出迷宫的指路明灯"。再进一步,假如这一探讨能够与流行文化本身的成长同步,那么,我们也才能够毫无愧色地宣称自己的思想已经无愧于这个时代,并且无限自豪地说:我们以及我们所置身的全部世界都在对于流行文化的思考中变得聪明了起来。

而要"具有真知灼见"和"聪明起来",当然还要继续地努力。

为此,我有理由寄希望于刘芳博士今后的努力,也有理由寄希望于刘芳博士的下一个未知的精彩!

2015年10月25日,南京

## 张伟博《广告平面设计》序

平面广告设计，在新闻传播学院的广告专业中是一门实用性质非常强的主干课程。近年来，因为自己所专业从事的工作之一是策划，而且在南京大学开设了策划方面的课程，同时在澳门科技大学担任访问教授时，也在教授"广告学""广告策划与创意"等课程，因此，在教学工作中也接触过一些平面广告设计方面的教材，应该说，这些教材都程度不同地给了我以启迪与教益，可是，看得多了以后，慢慢地，我也滋生了一点小小的遗憾。这就是，这些教材往往都"太自我"，都只是在图形、编排、色彩、形状、大小和肌理上"金针示人"，但是，在平面广告设计不能离开媒介而且必须依托媒介、源自媒介上，却往往避而不谈。

因此，我个人一直有一点私下的看法，在平面广告设计的教学中，设计与媒介之间的水乳融合，是一个全新的思路，也是一个全新的模式。

传播媒介，是科学技术在人类日常生活、精神生活中的直接体现。它的崛起早已是人类社会的众矢之的，始终为人类所关注，也始终为人类所诟病。有人在其中看到了蕴含着的人性的丰富，也有人在其中看到了蕴含的人性的危机。但是，无论如何，已经没有人能够自绝于传播媒介之外，却已经是一个不争的事实。

那么，应该如何去看待这一现象呢？在很多人那里，往往都是只看到了传播媒介的出现，但是，却没有看到传播媒介的影响。汽车的出现意味着什么？无非就是速度更快的马。电灯的出现意味着什么？无非就是更亮的蜡烛。电视与网络呢？也只是一种新的传播工具而已。可惜，这实在是不尽正确的。记得芒福德在《论技术、技艺与文明》里剖析过"钟表"的出现。在他看来，自从钟表被发明以来，人类生活中便没有了永恒。钟表把时间从人类的活动中分离开来,并且使人们相信,时间是可以以精确而可计量的单位独立存在的东西。于是,从14世纪开始,遵守时间的人、节约时间的人以及被拘役于时间的人,也就应运而生了。鲍德里亚的例子更为醒豁,他以"铁路"和"电视"为例分析说:铁路所带来的"信息",并非它运送的煤炭或旅客,而是一种世界观、一种新的结合状态等等。电视带来的"信息",并非它所传送的画面,而是它所造成的新的关系和感知模式、家庭和集团传统结构的改变。

可能正是出于这个原因,西方学者切特罗姆提醒我们说:人类必须时常自省:在无线电和电视、电影、留声机以及令人瞠目结舌的多样化的定期报刊出现之前,生活本来究竟是什么样子?而西方学者尼克·史蒂文森更是反复向人们提示着那个著名的"麦克卢汉的问题":传播媒介的发展在当代社会里已怎样重塑了对时间和空间的感知。

难怪莫尔斯在目睹了电报的横空出世后,会仰天而问:上帝创造了什么?

遗憾的是,上帝创造了什么?在将近一百年以后,却还仍旧是一个令人困惑的问题。在为南京大学的研究生上"传播与文化"的时候,我总是要从"作为传播""作为传播的文化"与"作为文化的传播"开始。在我看来,对于"作为传播"的关注,就是我们今天的传播学研究;对于"作为传播的文化"的关注,就是我们今天的传播批判理论研究;而对于"作为文化的传播"的关注,则是我们今天所谓的媒介影响研究。有人把它称为:媒介环境研究。这方面的学者,最初有埃里克·哈弗洛克、哈罗德·伊尼斯和马歇尔·麦克卢汉,后来有尼尔·波斯曼、沃尔特·翁,现在是保罗·莱文森、约书亚·梅罗维兹、兰斯·斯特雷特、林文刚、埃里克·麦克卢汉、德里克·德克霍夫。而就我个人而言,我特别关注而且也希望研究生特别关注的,正是"作为文化的传播"。因为,它所关注的,正是:上帝创造了什么?也就是:传播媒介创造了什么?

不过,对于"作为文化的传播"的关注,学者们的研究也仍旧有其不足。这就是过于关注"作为文化的传播"所带给人类的负面影响,而对"作为文化的传播"所带给人类的正面影响,却明显关注不够。比如说我这几年做的电视节目策划比较多,蕫声国内的《民生新闻》,我因为地利之便,是从一开始就直接参与了的,到现在,也还在继续直接参与着,可是,在着手电视策划的时候,我也一直心存苦恼,这就是我非常想更为准确、更为深刻地去了解"作为文化的电视"自身的特性,以便自己去更好地从事电视节目的策划,然而,我所看到的关于电视的书却只有两类,一类是指手画脚批判电视,一类则是就事论事教人做电视节目。可是,哪一本书告诉过我们:"作为文化的电视"问世以后,究竟给我们这个世界带来了什么。鲍德里亚说过"电视就是世界",可是,为什么"电视就是世界"?请问,又有谁告诉过我们?!

或许就是出于这个原因,我们看到了一个非常奇怪的现象,所有的人都承认传播媒介改变了世界,传播媒介就是世界,可是,往往是那些远离传播媒介的人却表现得太关注传播媒介了,他们以对于传播媒介的严酷批判来表达着自己的关注,至于那些天天置身传播媒介之中的电视人、网络人、广告人等却偏偏以他们对于传播媒介的一无所知来陈述着他们的冷漠。

其实,他们都是所谓的"媒介文盲",都是这个时代所造就的新文盲。

那些每天都在坐享传播媒介的成果但是却又每天都在慷慨激昂地批判着传播媒介的学者,我就不去说他们了吧,我还是不妨就以我们的广告人为例。从表面上看,我们的广告人确实是每天都在与传播媒介打交道。可是,他们对于传播媒介是否就真的有所了解呢?实际的结果,很可能就是八个字:视而不见,听而不闻。我们经常说,在进行平面广告设计的时候,起码要知道:广告主是谁(who),在广告作品中我们要说什么(what),我们在说给谁听(whom),我们是通过什么渠道说(which channel),以及广告主的目的是什么(what effect),可是,又有多少人真正地对于"渠道"——也就是 which channel——有一个真正的了解呢?在这个意义上,我能不能说,这些广告人已经不仅仅是"媒介文盲",而且,还几乎可以被称作"媒介文盲的平方"了呢?

令人欣慰的是,就在这个时候,我看到了张伟博老师的新著:《广告平面设计》。我不是平面广告设计圈子中人,我自己也从未从事过平面广告设计的工作,因此,我没有可能也没有条件去评价这本书的学术水平,可是,我觉得我有可能也有条件去告诉读者,恰恰就是在设计与媒介之间的水乳融合方面,这本书迈出了重要的第一步。

这本书教授的是平面广告的创意与设计,但是区别于目前国内的同类广告设计书籍的是,它没有简单地从广告作品的角度或从图形、图像的版式设计、编排的角度来编写,而是更多地关注于不同媒体导致的广告设计的不同思路。例如杂志广告和户外广告,虽然同属平面广告,但是杂志广告要求精致,要求图像要绝对清晰,能完全表现产品的品质、特色,这一点,只要看看杂志广告中的大多数化妆品广告便知道了;而户外广告则完全不同,它的要求是简洁,信息量要少,字体一定要很大,因为这与观看户外广告的受众有关,大多数户外广告的受众毕竟都具有远距离、流动性和快速浏览信息的特征。

我在前面说过,在平面广告设计的教学中,存在着一个全新的思路、全新的模式,这就是设计与媒介之间的水乳融合。而张伟博老师的新著《广告平面设计》所体现的,就正是这样的思路,这样的模式。以我个人的孤陋寡闻,这样的思路、这样的模式,或许可以称之为:媒体广告创意。

我要为张伟博老师的这一探索而表示由衷祝贺。我与伟博已经认识了多年,我知道,他是一个非常有才华、非常勤奋的青年。我也知道,他还是一个在平面广告设计领域小有成就的广告人,我还知道,前几年为了实现自己的远大抱负,他曾经负笈南下,远赴我国"广告学专业的黄埔军校"——厦门大学新闻传播学院广告专业求学于名师,攻读硕士学位。而今,伟博学成,果然是"士别三日,当刮目相看"。放在我面前的他的这部散发着油墨清香的新著,应该说,就是他近年来全部努力与收获的结晶。

在喜读新著之余,我也曾经问过伟博:为什么要写一本这样书?他激动地告诉我:这本书里的一切,都是他多年里的所思,也是他多年来的所悟。在广告实践与教学中,他有着太多太多的感受,也有着太多太多的话要说,借用一句当年恩格斯在描述语言的诞生时讲过的名言:真是"已经到不得不说些什么的时候了"。

我至今还记得,他在说这些话的时候,他的眼睛里所充盈着的坚定、执着而又自信的目光。

斯人而有斯言,我期望:大家都来听听张伟博老师——一个年轻的作者在"已经到不得不说些什么的时候"的所说出的那些"不得不说"的真知与灼见吧。

2010 年 4 月 8 日,南京

## 沈峰《第二境界》序

岁月荏苒,时光如梭。一转眼,距离 1998 年沈峰考入南京大学中文系,已经二十二年了。不过,而今回想起沈峰在学校时候的情景,却仍旧是历历在目。这当然是因为,尽管我在南京大学已经工作了三十年,但是却只做过一次班主任——就是沈峰这个班的班主任,因此,心中的记忆也就特别深刻。

当然,也有疏忽。比如,师生一场,我却一点也不知道沈峰对于中医的殷切关注。当时沈峰所在的班是作家班,而且,后来也确实陆续出了一些知名的作家。对于沈峰,在我想来,也自然应该是在朝向"中文"的道路而不懈努力前行。可是,令我所完全未曾料及的是,他却偏偏在"中医"领域脱颖而出。而且,无疑也就是出于这个原因,我迄今也还记得,第一次去他开的中医馆——明泽堂做客的时候,我实在是很有一点惊诧。

不过,惊诧之余,最终的心情毕竟还是释然。文学也好,中医也好,作为老师,作为班主任,学生的每一点进步、每一个方面的进步,都当然是一样欣喜而又欣慰。何况,在我看来,文学与中医,也还存在着内在的勾连。1985年开始,我在国内首倡生命美学,其实也深受中医的影响。我的哥哥是国内周易参同契研究领域的著名专家,20 世纪 80 年代之初,他的《周易参同契》

研究就已经颇受西方的中国科技史研究大家李约瑟的赞誉,中医更是被他视为至宝,我在他那里,也频频因此而被"洗脑"。还在28岁时候的起步之初就义无反顾地远离实践美学,而今我自己再去回想,显然也是受到了中医的影响。

再看这几年,对于国内已经成为热词的"身体美学"的研究,我也一直是呼吁要大大降温,原因也与中医的影响有关。在我看来,身体美学的拓展是无法离开生命美学的大背景的(而且,从1985年开始,生命美学也从来就没有忽视过身体维度的研究)。因为身体必须是有生命的。否则,与其称之为"身体",不如称之为"躯体""尸体"。例如只关注解剖学的医学就被称为"尸体医学",因为它把"躯体"误作生命。其实,"躯体"如果有生命,我们可以称之为"身体";如果没有生命,那就只能被称为"尸体"。"躯体"是不会生病的,只有"身体"才会生病,"身体"生病,那一定就是"生命"在生病。医学难道可以通过解剖"尸体"去了解生命吗?不可能!要知道,病灶并不是病因,而是结果。医生如果借助解剖而知道结果,也只知道去治疗结果,糟糕的效果是可想而知的。因为病因还仍旧存在,只是不断转移而已,不断跟我们玩捉迷藏而已。离开生命基础而去一味强调身体乃至身体美学,其实也类似于只去治疗结果,而不去寻找病因。然而,不是明明是生命在生病而不是尸体在生病吗?同样,我们必须牢牢记住:是生命在审美,而不是身体在审美(离开了生命,身体就是尸体)。这就类似一台电脑,"躯体"是电脑硬件,"生命"是电脑软件,所谓"美盲",究竟是"躯体"出了毛病,还是"生命"出了毛病?究竟是电脑硬件出了毛病,还是电脑软件出了毛病?身体美学如果一味在"硬件"也就是"躯体"上"上穷碧落下黄泉"地找原因,那顶多只能算是"头疼医头,脚疼医脚",却绝算不上高明。而且,电脑出现了病毒,如果只是把电脑大卸八块,在硬件里去寻找病毒,显然是无济于事的。何况,生命是一个整体,它当然是由局部构成的,但是因为"生命"的缘故,局部已经不再是局部,就好比头部的病因不一定在头,脚部的病因也不一定在脚。因此,即便是研究身体的美学,因为这个身体是必须存在着生命的,因此也还是应该叫作生命美学——或者叫作生命美学的身体美学,而即便是独自另启门户,自称为身体美学,那也应该是以生命美学作为基础的,并且以自身作为生命美学的一翼、一维。总之,是生命在审美,而不是身体在审美(离开了生命,身体就是尸体)。一旦离开了生命这个基础,就会把"身体"这个概念给搞"小"了,甚至会把"身体"概念搞没了。就身体论身体,呈现而出的是"躯体""尸体",而并非"身体"。

我注意到,沈峰的思路也大体如上。而今已经是南京中医药大学校董、澳洲中医师学会首席顾问、香港中医药科技学院客座教授的沈峰告诉我,中医理论认为人体是个整体,人与自然、社会等皆有密切相联的关系。正如狄德罗所说:"美在关系,美在和谐。"而在《黄帝内经》中,更存在着"从阴阳则生,逆阴阳则死"的道理,也阐述了要顺应"和谐之美"的深意。万物之间,变幻莫测,唯有寻找正确的位置,才能构成一个各在其位的统一,并能达到和谐。沈峰还告诉我,遗憾的是,古人们对生命本体论关注较少,更多的是去研究生命的"怎样活着",较多关注的是如何活着的问题,但是,真正的生命的学问却是:"如何活着。"

看来,沈峰还真是不简单!不但能够入乎中医,而且还能够出乎中医。由此,我立即想到:这也许就是沈峰出版这本散文集的全部理由了。从关注生命的"怎样活着"到关注生命的"如何活着",显然,沈峰再一次从"中医"回到了"中文"。由此,再去细读沈峰在这本散文集中收录的所有文字,也就不难恍然而悟。从表面看,其中收录了沈峰多年来的所思所想,例如故乡的回忆、生命的体验、生活的期望等等,但是,在细碎甚至琐碎的一切的一切背后,沉浸着的,正是从"中医"回到"中文"的沈峰对于生命的"如何活着"的深切感悟。

最后要说的是,沈峰的散文集中有一篇是回忆当年的大学生活的,其中写到了他的一位同学——贾作家。时光恍惚,其中的具体细节我这个班主任也无法一一忆及。可是,就在我为沈峰写这篇短序的时候,班上的另一个同学范芳却突然因病去世。她是中国民主同盟第九、十、十一、十二届中央委员会委员,也是民盟中央参政议政部部长。听说,她是在主持会议的时候突发疾病的。享年57岁。范芳加入中国民主同盟是我积极推荐的,那时我

423

是中国民主同盟第八届中央委员会的委员。一次,我在北京开中国民主同盟中央委员会的会议,正好范芳到会场来看我。于是,就促成了她与中国民主同盟的一段缘分。痛心万分的是,而今却已经无法相见!由此我想起,沈峰有时间的话,倒是可以多写写这方面的回忆,因为可以为岁月留下真实的印记。师生一场、同学一场,都是生命的缘分,其间有多少生命的美好、生命的邂逅……如果能够借助沈峰的生花妙笔而汇成涓涓细流,那也就真不枉师生一场、同学一场了。因为,生命因此而可以不再是"怎样活着",也不再是"如何活着",而是——"永远活着"!

2020年12月6日,南京卧龙湖,明庐

## 《〈红楼梦〉金陵十二钗图谱》序

宝玉说"女儿是水做的骨肉",可是,水是没有骨头的,正是金陵十二钗,才使得水有了骨头。

也因此,如果六朝名士是男人中的至尊,那么,金陵十二钗则是女人中的最爱。她们是天上掉下来的"妹妹",让我们这些徒有虚名的"堂堂须眉"第一次知道了"诚不若彼裙钗哉",第一次知道了"闺阁中本自历历有人"。

于是,《红楼梦》才发愿要"为闺阁昭传",因为万万不能"因我之不肖,自护己短,一并使其泯灭也"!

我猜想,这应该也是《〈红楼梦〉金陵十二钗图谱》出版的初衷。

"这个妹妹——我曾见过"!

在快读之后,我们终于也可以像当年的宝玉小哥哥那样,发一声由衷的赞叹了!

## 《生命美学：崛起的美学新学派》主编引言

中国改革开放的四十年，造就了中国的生命美学。

那是一个以梦为马的时代，也是一个真正有美学的时代。简单、纯粹、真诚；激情与探索共存，开放与进取同行。美学的朗朗天空，星光灿烂，五彩斑斓。生命美学，则恰恰就来自那个时代的永远都无法返回的岁月深处。虽不完美，但是朝气蓬勃；尽管弱小，却毕竟气质不凡……而且，四十年弹指一挥间，从生根到开花到结果，生命美学俨然已经成为中国当代美学历史进程中的一道靓丽的风景，也俨然已经成为中国当代美学历史进程中的一个"崛起的美学新学派"。

那也是一个无限神奇的时代，一个令人怀念的时代。适逢其时，郑州大学、郑州大学出版社以及郑州大学的《美与时代》杂志，都曾经助力中国的生命美学，也都与生命美学有着不解姻缘：作为生命美学的提出者，潘知常本科就读于郑州大学；在国内首倡生命美学之际，他是郑州大学的教师；他撰写的生命美学的开篇之作《美学何处去》，也发表于郑州大学的《美与当代人》(《美与时代》的前身)。同时，在《美与时代》杂志创刊之初，他也曾经兼任编辑。而且，他关于生命美学的论文集——《生命美学论稿》，也由郑州大学出版社倾力推出。

因此，或许生命美学的意义已经溢出美学本身，成为中国改革开放四十年的"光阴的故事"。在其中，能够透视一个觉醒的时代、一个欣欣向荣的时代、一个生机勃勃的时代。

为此，我们特编辑中国改革开放四十年中国内美学学者关于生命美学的部分评论文章，题名为"生命美学：崛起的美学新学派"，在郑州大学出版社的鼎力支持下，予以隆重推出。

我们感谢:包括二十一位教授、三位副教授在内的国内生命美学的研究者给予我们的信任与支持。

我们祈愿:重返昔日的美学现场,在斑驳的时光里,追忆过往;更温故而知新,立足新的美学地平线,书写美学的新篇章。

我们也坚信:当今之世,"物质文化需要"被提升为"美好生活需要","落后的社会生产"也转换为"不平衡、不充分的发展"。这意味着当我们从"新时期"进入"新时代",更加精准的经纬度已然呈现,昔日陈旧的航海图也不复有效,以"增长率"论英雄更已经成为明日黄花,值此之际,美学必将大有作为!尤其是一贯强调人的自由与尊严、强调"唯自由与爱与美不可辜负"的生命美学更必将大有作为!

谨以此书,纪念中国改革开放的四十年、美学的四十年,以及生命美学的四十年。

潘知常　赵影。2018 年

# "中国当代美学前沿丛书第一辑"总序

1994 年,巴菲特在一次股东大会上说:"Only when the tide goes out do you discover who's been swimming naked."这句话,国内一般翻译为:"只有当潮水退去的时候,才知道是谁在裸泳。"

"知道是谁在裸泳",当然也是编撰"中国当代美学前沿丛书"的目的。也因此,在筹备之初,我就写下了这样一段话:"丛书不分亲疏,不论学派,不看头衔,不比项目和获奖,一切以当代美学史上的'首创'与'独创'成果为入选标准,力争讲好中国当代美学的故事,力争描绘出经得起历史检验的当代中国的美学地图。"而在丛书的第一辑,经过多方征求意见,最终选择的则是缘起于 20 世纪 50 年代、新时期的最初十年曾经一统当代中国美学天下的实践美学,以及新时期以来涌现出来的最具创新意蕴的四家美学新学说,它们依出现的时间为序,分别是:情本境界生命论美学、主体间性超越论美学、新实践美学和实践存在论美学。为此,我要衷心感谢张玉能、朱立元、杨春时、徐碧辉等几位美学名家在百忙中的鼎力相助。

遴选的标准是"首创"与"独创",也就是"原创"。这也许会令一些人不习惯。因为相当长一段时间以来,人们已经习惯了以学会头衔、学校职务、荣誉称号、重大项目、核心期刊乃至获奖等来判断学术贡献,"著书立说"都逐渐不再是学术地位的评价标准。甚至,为了保护自己的既得利益,偶尔我们还会看到个别人明里暗里地对"著书立说"冷嘲热讽。然而,这实在是极不正常的,而且也已经阻碍了美学的健康发展。当前的"破四唯",应该说就是对此的及时反拨。美学的尊严从来都是靠独立思考、靠原创赢得的。于他人不思处思,于他人不疑处疑,反思、拷问、批判、创造,虔诚地"听",也勇敢地"说",从来就是美学之为美学的立身之本。因此,美学也就必然应该是高难度、高风险的,必然应该是"子革父命""太阳每天都是新的",更必然亟待思想的登场、智慧的登场。创造性地提出问题,创造性地解决问题,以自己的独立思考去提出问题,以自己的独立思考去解决问题,"让思想冲破牢笼",让原创的星星之火,"首创""独创"的星星之火终成燎原之势,都无疑正是美学研究中的必然与必须。在这个意义上,对于明里暗里地对"著书立说"的冷嘲热讽,则应该说恰恰暴露了原创方面、"首创""独创"方面的先天恐惧。然而,没有人能够再一次地踏入同一条美学的河流。不敢去正视这一点,就会把美学研究异变为教科书式的、流水线式的研究。如此一来,美学的眼睛不再是长在前额上,而是长在脑后了。抄标准答案,不敢越雷池半步,心甘情愿地成为美学卫星、美学流星,成为不会说话的美学哑巴,或者成为随风摇摆的"墙上芦苇",什么课题都敢接,什么课题也都能做……以至于"古人、洋人研究美学,而我们只研究古人、洋人的美学"竟俨然成为一时之风范。尤其是利用外文资料进入国内学术界的时间差去抢先引经据典,拾几句洋人的牙慧,快速制作出"一杯水加一滴牛奶"式的稀释的学术论著,这种做法更是屡见不鲜。也因此,"著名"而不"留名",也就成为一种常见的莫名尴尬。可是,作为美学大国,为什么就不能提倡自己的美学自信?为什么不能去鼓励中国的美学家发出自己的声音?为什么离开古人和洋人就不会说话甚至不敢说话?诸如此类的问题,亟待引起我们的深长思考。

除了"著书立说",还可能引起争议的,是"开宗立派"。然而,这实在是把美学常识变成了美学雷区。不知从何时开始,在中国的特定语境中,"派系""派别""某某派"都有意无意地被涂抹了一层厚厚的负面色彩,因此,"开宗立派"也就成为某种禁忌,"不立学派",甚至成为某些学者对于自己的一种自我表扬的方式。然而,这实在是出于一种对于美学作为一种人文学科的特殊存在方式的隔膜。其实,"著书立说"的极致,就是"开宗立派"。"著书立说"与"首创""独创"亦即"原创"一脉相承,"开宗立派"更是与"首创""独创"亦即"原创"一脉相承。这是因为,美学派别的存在以及美学派别之间的否定,都是美学得以存在的常态,更是美学学科成熟的标志。美学一定是有派别的,一定是各有所是、自以为是的。美学只能在派别中存在,美学派别以外的一言九鼎的美学根本就不可能存在——除非它是平庸的美学、虚假的美学、为职称项目奖励头衔等的美学。然而,号称万能公式、灵丹妙药、包治百病的美学一定是虚假的。也因此,但凡是崇尚"首创""独创"亦即"原创"的美学家都必然会发动一场前所未有的"哥白尼式的革命",也都必然会是对于另一旧派别的美学主张的颠倒,这是毫不奇怪的。"他们全都坚信,他们有能力结束哲学的混乱,开辟某种全新的东西,它终将提高哲学思想的价值。"[1]也因此,"首创""独创"亦即"原创"的美学学说以美学舞台为黑格尔所谓的"厮杀的战场",毅然认定只有自己才找到了"庙里的神",毅然认定只有自己的美学才是唯一的美学,因此而不惜互相批判、互相讨伐,都是十分正常的。而且,美学自身的自我批判也正是借助于此得以完成的。叔本华说,哲学就像一个"多头怪物",十分精彩。也因此,尊重美学派别的存在,鼓励美学派别的存在,应该被视为一种起码的也是必不可少的学术伦理。

---

[1] M.石里克:《哲学的未来》,叶闯译,《哲学译丛》1990年第6期。

何况,没有学派,必有宗派、帮派。大凡竭力反对美学派别者,往往都是在暗自庇护着自己由此而得利的公开的或隐秘的学术江湖。更不要说,在美学界,门派林立,早已是无可辩驳的事实。可是,既然门派林立是被公开鼓励的,那么作为美学发展之必然的学派为什么就不被允许?须知,学派从来都是门派的必然补充,也是门派不至于走向宗派、帮派的必然保证。门派、学派共存,才是美学界期待看到的良好局面。更不要说,派别林立,还是中国当代美学发展的基本经验与宝贵财富。在20世纪50年代,中国当代美学的发端,正是从美学四派的确立开始的。它意味着美学派别在美学科学的发展中的关键作用其实早已成为共识。无论是否使用"美学学派"称谓,美学学派的产生都显然应该是美学学科走出万马齐喑、走向百花齐放的关键性指标。这样看来,美学学科的成熟,一定首先要是美学派别成熟,舍此别无他途!因此,就美学派别而言,有,比没有好;多,也比少要好。这是一个根本问题,绝对来不得半点含糊!而且,提倡"著书",就更要提倡"立说";保护门派,也更要保护学派、流派。当然,在诸家诸说之间,都应该以尊重他者的存在作为标志。它们彼此之间是合作的关系,不应该老死不相往来。只有宗派、帮派彼此之间才会是你死我活的关系。学派之间也不是输赢、对错的关系,而是互补双赢的关系。戴着偏光镜、具有特定理论偏向,是美学派别的特征。美学派别就是一个被偏振过滤的世界,只看到了自己想看到的以及能看到的。关键是要有理有据、合理合法。自以为是地将美学学派的思考斥为"虚妄""没有价值",从而对别人的工作横加指责,以至于"光武故人"摇身一变而为"瑜亮情节",都是极为不妥的。其实,正是学派之间的反向积累、互相补足,才促成了美学学科的相对均衡的良性发展,促成了美学学科的和而不同的良性发展、弹性空间,不至于单调枯萎,不至于一家独大,因此,要宽容地对待各学派成员内部的经常性的学术互动,宽容地对待各学派为自己学派的摇旗呐喊。只要是实事求是的而非自吹自擂的,这一切就都是符合学术规范的。不必去过分解读,更不必做诛心之论。因为,"中国气派的当代美学",一定要从学派林立的中国当代美学中才能涌现出来。摆脱"唯西方独尊"和"西方美学本土化"的尴尬,乃至进入"中国美学世界化"的康庄大道,也一定要在学派林立的中国当代美学中才能够实现。

当然,美学学派从来都不是自封的。沙砾还是金子,不能靠"扯旗抱团"的办法来检验,而应该历经冲刷筛选。在这个方面,时间才是过滤器。以20世纪五六十年代美学大讨论为例,一般认为,这场讨论以朱光潜的自我批判文章《我的文艺思想的反动性》在1956年6月的《文艺报》发表作为标志,持续时间长达九年。但是,对美学四派的概括,却是等到实践美学的主要代表人物之一蒋孔阳先生在1979年写的《建国以来中国美学发展概述》一文的出现才逐渐得到了包括当事人在内的广泛认同,并且流传至今。其间,已经走过了二十三年的历程。即便是刨除"文革"时期,也已经走过了十三年的历程。再看实践美学,则甚至连自己的名字都是后人追认的(一般认为是李丕显在1981年提出的,参见他的《为建立实践观点美学体系而努力——初读李泽厚的〈美学论集〉》,载于《美学》第3卷,上海文艺出版社1981年版),这已经是二十四年以后。即便刨除"文革"的十年,也是在十四年以后。至于提出者本人,李泽厚是在2004年才接受"实践美学"这个称谓的。再看本丛书所收入的情本境界生命论美学、主体间性超越论美学、新实践美学和实践存在论美学这新时期美学新四说,它们究竟是否是新时期美学新四派,这里我暂不去涉及,但是它们都是堪称认真的学术探索,却是无可置疑的。起码,它们的问世全都已经超过了十三年,时间长的则已经三十六年,时间短些的也已经有了将近二十年。并且,它们都早已成为美学界的专有名词,有了独立的生命。可以认定,它们也都已经获得了学界"后人"的拥趸。思想的深刻、思想的闪光、思想的魅力乃至思想的穿透力,在它们之中都是显而易见的。而且,也因此,在这个方面,事后去过度猜测"开风气之先"的美学学者的"扯旗抱团"动机,显然也是不公正的。其他美学学者暂且不论,就以我本人为例,我是在1985年提出美学研究应当以"生命"为现代视界的,真正写出《生命美学》则是在1991年,距今已经三十六年。而且,只要了解当时的情况的美学界同人就都知道,在三十六年前,在20世纪八九十年代,提出生命美学而且不惜去与主流美学"对着干",是找不到人跟自己"扯旗抱团"的,而且还反倒是自谋绝路、自我隔离,意味着与项目、获奖、学术头衔、学会职务等背道而驰。更不要说,2000年以后,我本人甚至完全离开了美学界十八年之久,因此也就更谈不上"扯旗抱团"了。坦率而言,"吾爱吾师,吾更爱真理",应该是我本人一直以来的心声。我相信,这也应该是从20世纪五六十年代迄今所有勇于提出美学新说的美学学者的心声!

还需要说明的是,当下的美学界姹紫嫣红、百花齐放,应该是有史以来最好的时刻。崛起中的美学新学说甚至美学新学派也不仅仅只是我们在丛书第一辑中所收录的除实践美学之外的这四家四说,其他还有如生态美学、环境美学、生活美学、身体美学以及中外美学、文艺美学、西方马克思主义美学等等。但是,不论是就"首创"来看,还是就"独创"而论,这诸家诸说却毕竟很难出于这四家四说之右。最早完成了从一般本体论到基础本体论的转向的,毕竟是这四家四说(尽管它们内部还有时间的早晚不同),这应该是不存在争议的美学事实。中国当代的第三次美学大讨论,也主要是在这四家四说中展开的,这应该还同样是不存在争议的美学事实。生态美学、环境美学、生活美学、身体美学以及中外美学、文艺美学、西方马克思主义美学等方面的研究名家,则大多都是在这个本体论转向的影响下出现的,因此在时间上也都晚于这四家四说,而且,其"首创"和"独创"的价值也主要是在部门美学的意义上。因此,立足于尊重"首创"和"独创"这一学术史考察的底线学术伦理,也意在鲜明区别于某种以亲疏、门派、头衔、官职等为标准去"乱点鸳鸯谱"的不良做法,我们在第一辑率先收录了除实践美学之外的这四家四说。至于生态美学、环境美学、生活美学、身体美学以及中外美学、文艺美学、西方马克思主义美学等方面的研究名家,如果有可能,当然理应在后面几辑中隆重推出。

最后,再次感谢张玉能、朱立元、杨春时、徐碧辉等几位美学名家的辛勤工作,感谢江西百花洲文艺出版社执行董事章华荣先生的大力支持,也感谢各位责任编辑的积极努力。

1997年,是北京大学的百年诞辰。张世英先生曾经感叹:可惜现在北大最缺乏的是学派的建立,如果北大不仅名家辈出,而且学派林立,那才具有"大校风采"和"大家气象"。

我要说,对于美学界,这也是我们的期望:如果我们的美学界不仅名家辈出,而且学派林立,那才具有"大国风采"和"大家气象"!

是为序!

2021年6月1日,南京卧龙湖,明庐

## "生命为体,中西为用"
### ——"西方生命美学经典名著导读丛书"序言

众所周知,中国当代的生命美学是改革开放四十年中较早破土而出的美学新探索。从1985年开始,迄今已经是第三十六年,已经问世三分之一世纪。

但是,中国当代的生命美学却并不是天外来客、横空出世。我多次说过,在这方面,中国20世纪初年从王国维起步的包括鲁迅、宗白华、方东美、朱光潜在内的生命美学探索堪称最早的开拓,源远流长的中国古代美学则当属源头。同时,西方19世纪上半期到20世纪上半期出现的生命美学思潮,更无疑心有灵犀。遗憾的是,这一切却很少有学人去认真考察。例如,李泽厚先生就是几十年一贯制地开口闭口都把生命美学的"生命"贬为"动物的生命"。而且,作为中国当代最为著名的美学大家,后期的他尽管一直生活在美国,不屑于了解中国自古迄今的生命美学也就罢了,但是对于西方的生命美学也始终不屑去了解,实在令人惊叹。当然,这也并非孤例,例如,德国学者费迪南·费尔曼就发现:"就是在今天,生命哲学对许多人来说仍然是十分可疑的现象:最常听到的批判是生命哲学破坏理性,是非理性主义和早期法西斯主义。"[①]为此,他更不无痛心地警示:"如果到现在还有人这么

---

① [德]费迪南·费尔曼:《生命哲学》,李健鸣译,华夏出版社2002年版,第2页。

想问题,应该说是故意抬高了精神的敌人。"①

一般而言,在西方,对于生命美学的提倡,最早的源头,也许可以追溯到奥古斯丁的《忏悔录》。而在 18 世纪下半叶,德国浪漫主义美学家奥古斯特·施莱格尔和弗里德里希·施莱格尔兄弟在《关于文学与艺术》和《关于诗的谈话》中则都已经用过生命哲学这个概念。而且,小施莱格尔在他的《关于生命哲学的三次讲演》中也提到了生命哲学。当然,按照西方美学史上的通用说法,在西方,到了 19 世纪上半期,生命美学才开始破土而出。不过,有人仅仅把西方的生命美学称为一个学派,其中包括狄尔泰、齐美尔、柏格森、奥伊肯、怀特海等人,或者,再加上叔本华和尼采。我的意见则完全不然。在我看来,与其把西方生命美学看作一个严格意义上的学派,不如把它看作一个宽泛意义上的思潮。这是因为,在形形色色的西方各家各派里,某些明确提及生命美学的美学,其实也并不一定完全具备生命美学的根本特征,而有些并没有明确提及生命美学的美学,却恰恰完全具备了生命美学的根本特征。

这是因为,西方美学,到尼采为止,一共出现过三种美学追问方式:神性的、理性的和生命(感性)的。也就是说,西方曾经借助了三个角度追问审美与艺术的奥秘:以"神性"为视界、以"理性"为视界以及以"生命"为视界。正是从尼采开始,以"神性"为视界的美学终结了,以"理性"为视界的美学也终结了,而以"生命"为视界的美学则正式开始了。具体来说,在美学研究中,过去"至善目的"与神学目的都是理所当然的终点,道德神学与神学道德,以及理性主义的目的论与宗教神学的目的论则是其中的思想轨迹。美学家的工作,就是先以此为基础去解释生存的合理性,然后,再把审美与艺术作为这种解释的附庸,并且规范在神性世界、理性世界内,并赋予其不无屈辱的合法地位。理所当然的,是神学本质或者伦理本质牢牢地规范着审美与艺术的本质。显然,这都是一些神性思维或者"理性思维的英雄们",当然,也正如叔本华这个诚实的欧洲大男孩慨叹的:"最优秀的思想家在这块礁石上

---

① [德]费迪南·费尔曼:《生命哲学》,李健鸣译,华夏出版社 2002 年版,第 2 页。

垮掉了。"①然而,尼采却完全不同。正如巴雷特发现:"既然诸神已经死去,人就走向了成熟的第一步。""人必须活着而不需要任何宗教的或形而上学的安慰。假若人类的命运肯定要成为无神的,那么,他尼采一定会被选为预言家,成为有勇气的不可缺少的榜样。"②尼采指出:审美和艺术的理由再也不能在审美和艺术之外去寻找,这也就是说,神性与理性,过去都曾经一度作为审美与艺术得以存在的理由,可是现在不同了,尼采毅然决然地回到了审美与艺术本身,从审美与艺术本身去解释审美与艺术的合理性,并且把审美与艺术本身作为生命本身,或者,把生命本身看作审美与艺术本身,结论是:真正的审美与艺术就是生命本身。人之为人,以审美与艺术作为生存方式。"生命即审美","审美即生命"。也因此,审美和艺术不需要外在的理由——我说得犀利一点,并且也不需要实践的理由。审美就是审美的理由,艺术就是艺术的理由,犹如生命就是生命的理由。

于是,西方美学家们终于发现:天地人生,审美为大。审美与艺术,就是生命的必然与必需。在审美与艺术中,人类享受了生命,也生成了生命。这样一来,审美活动与生命自身的自组织、自协同的深层关系就被第一次发现了。因此,理所当然的是,传统的从神性、理性去解释审美与艺术的角度,也就被置换为从生命的角度。在这里,对于审美与艺术之谜的解答同时就是对于人的生命之谜的解答的觉察,回到生命也就是回到审美与艺术。生命因此而重建,美学也因此而重建。生命,是美学研究的"阿基米德点",是美学研究的"哥德巴赫猜想",也是美学研究的"金手指"。从生命出发,就有美学;不从生命出发,就没有美学。它意味着生命之为生命,其实也就是自鼓励、自反馈、自组织、自协同而已,不存在神性的遥控,也不存在理性的制约。美学之为美学,则无非是从生命的自鼓励、自反馈、自组织、自协同入手,为审美与艺术提供答案,也为生命本身提供答案。也许,这就是齐美尔为什么要以"生命"作为核心观念,去概括19世纪末以来的思想演进的深意:"在古

---

① [德]叔本华:《自然界中的意志》,任立等译,商务印书馆1997年版,第146页。
② [美]巴雷特:《非理性的人》,杨照明等译,商务印书馆1999年版,第183页。

希腊古典主义者看来,核心观念就是存在的观念,中世纪基督教取而代之,直接把上帝的概念作为全部现实的源泉和目的,文艺复兴以来,这种地位逐渐为自然的概念所占据,17世纪围绕着自然建立起了自己的观念,这在当时实际上是唯一有效的观念。直到这个时代的末期,自我、灵魂的个性才作为一个新的核心观念而出现。不管19世纪的理性主义运动多么丰富多彩,也还是没有发展出一种综合的核心概念。只是到了这个世纪的末叶,一个新的概念才出现:生命的概念被提高到了中心地位,其中关于实在的观念已经同形而上学、心理学、伦理学和美学价值联系起来了。"①

波普尔说过:"我们之中的大多数人不了解在知识前沿发生了什么。"②同样,在我看来,"我们之中的大多数人"也不了解在当代美学研究"知识前沿发生了什么"。可是,倘若从生命美学思潮着眼,却不难发现,在"尼采以后",西方美学始终都在沿袭着"生命"这一主旋律。例如,柏格森、狄尔泰、怀特海等是把美学从生命拓展得更加"顶天";弗洛伊德、荣格等是把美学从生命拓展得更加"立地";海德格尔、萨特、舍勒等是把美学从生命拓展得更加"内向";马尔库塞、阿多诺等是把美学从生命拓展得更加"外向";后现代主义的美学则是把美学从生命拓展得更加"身体"。而且,其中还一以贯之了共同的东西,这就是:从生命存在本身出发而不是从理性或者神性出发去阐释生命存在的意义,并且以审美与艺术作为生命存在的最高境界;或者,把生命还原为审美与艺术,并且进而在此基础上追问生命存在的意义。而在他们之后,诸如贝尔的艺术论、新批评的文本理论、完形心理学美学、卡西尔和苏珊·朗格的符号美学……也都无法离开这一主旋律。而且,正是因为对这一主旋律的发现才导致了对于审美活动的全新内涵的发现,尤其是对于审美活动的独立性内涵的发现。不可想象,倘若没有这一主旋律的发现,艺术的、形式的发现会从何而来。例如,从美术的角度考察的"有意味

---

① [德]西美尔:《现代文化的冲突》,引自刘小枫编:《现代性中的审美精神》,学林出版社1997年版,第418—419页。
② [英]波普尔:《客观知识》,舒炜光等译,上海译文出版社1987年版,第102页。

的形式",从文学的角度考察的新批评,从形式的表现属性的角度考察的格式塔,从广义的角度即抽象美感与抽象对象考察的符号学美学……等等。

再回看中国。自古以来,儒家有"爱生",道家有"养生",墨家有"利生",佛家有"护生",这是为人们所熟知的。牟宗三在《中国哲学的特质》一书中也指出:"中国哲学以'生命'为中心。儒道两家是中国所固有的。后来加上佛教,亦还是如此。儒释道三教是讲中国哲学所必须首先注意与了解的。两千多年来的发展,中国文化生命的最高层心灵,都是集中在这里表现。对于这方面没有兴趣,便不必讲中国哲学。对于以'生命'为中心的学问没有相应的心灵,当然亦不会了解中国哲学。"也因此,一种有机论的而不是机械论的生命观、非决定论的而不是决定论的生命观,就成为中国人的必然选择。在其中,存在着的是以生命为美,是向美而生,也是因美而在。在中国是没有创世神话的,无非是宇宙天地与人的"块然自生"。一方面,是天地自然生天生地生物的一种自生成、自组织能力,所谓"万类霜天竞自由",另一方面,也是人类对于天地自然生天生地生物的一种自生成、自组织能力的自觉,也就是能够以"仁"为"天地万物之心"。而且,这自觉是在生生世世、永生永远以及有前生、今生、来生看到的万事万物的生生不已与逝逝不已所萌发的"继之者善也,成之者性也""参天地、赞化育"的生命责任,并且不辞以践行这一责任为"仁爱",为终生之旨归,为最高的善,为"天地大美"。这就是所谓:"一阴一阳之谓道。"重要的不是"人化自然"的"我生",而是生态平等的"共生",是"阴阳相生""天地与我为一,万物与我并存",是敬畏自然、呵护自然,是守于自由而让他物自由。《论语》有言:"罕言利,与命与仁。"在此,我们也可以变通一下:罕言利,与"生"与"仁"。在中国,宇宙天地与人融合统会为了一个巨大的生命有机体。而天人之所以可以合一,则是因为"生"与"仁"在背后遥相呼应。而且,"生"必然包含着"仁"。生即仁,仁即生。

由此不难想到,海德格尔晚年在回首自己的毕生工作时,曾经简明扼要地总结说:"主要就只是诠释西方哲学。"确实,这就是海德格尔。尽管他是从对西方哲学提出根本疑问来开始自己的独创性的工作的,然而,他的可贵却并不在于推翻了西方哲学，而是恰恰在于以之作为一种极为丰富的精神资源，从而重新阐释西方哲学、复活西方哲学，并且赋予西方哲学以新的生命。显然，中国美学，也同样期待着"诠释"。作为一个内蕴丰富的文本（不只是文献），事实上，中国美学也是一种极为丰富的精神资源，不但千百年来从未枯竭，而且越开掘就越丰富。因此，越是能够回到中国美学的历史源头，就越是能够进入人类的当代世界；越是能够深入中国美学之中，也就越是能够切近20世纪的美学心灵。这样，不难看到，重新阐释中国美学，复活中国美学，并且赋予中国美学以新的生命，或者说，"主要就只是诠释中国美学"，无疑也应成为从20世纪初年出发的几代美学学者的根本追求，其重大意义与学术价值，显然无论怎样估价也不会过高。

然而，中国美学的现代诠释，也有其特定的阐释背景。经过百年来的艰难探索，美学学者应该说已经取得了一个共识，这就是：中国美学的历史实际上是一部与后人不断"对话"的历史，一部永无终结的被再"阐释"、再"释义"和再"赋义"的历史。而20世纪的一代又一代的美学学人的"不幸"与"大幸"却又都恰恰在于：西方生命美学思潮的作为诠释背景的出现。一方面，我们已经无法在无视西方生命美学思潮这一诠释背景的前提下与中国美学传统对话，这是我们的"不幸"；然而另一方面，我们却又有可能在西方生命美学思潮的诠释背景下与中国美学进行新的对话，有可能通过西方生命美学思潮对中国美学进行再"阐释"、再"释义"和再"赋义"（当然也可以通过中国美学对西方生命美学思潮进行再"阐释"、再"释义"和再"赋义"），从而把中国美学在过去的阐释背景中所无法显现出来的那些新性质充分显现出来，最终围绕着把中国美学与西方美学都共同带入富有成果的相互启发之中这一神圣目标，使中国美学从蒙蔽走向澄明，走向意义彰显和自我启迪，并且使其自身不断向未来敞开，达到古今中外的"视界融合"，从而把握今天的时代问题，解释人类的当代世界，这，又是我们的"大幸"！

由此出发，回顾20世纪，其中以西方生命美学思潮作为参照背景对中国美学予以现代诠释，应该说，就是一个最为值得关注而且颇值大力开拓的思路。何况，从王国维到鲁迅、宗白华、方东美，再到当代的众多学人，无疑也都走在这样一条思想的道路之上。他们都是从生命存在本身出发而不是从理性或者神性出发去阐释生命存在的意义,并且以审美与艺术作为生命存在的最高境界;或者,都是把生命还原为审美与艺术,并且进而在此基础上追问生命存在的意义。也因此,他们也都是不约而同地一方面立足于中国古代的生命美学,一方面从西方的生命美学思潮起步。至于朱光潜,在晚年时则曾经公开痛悔,因为他的起步本来就是从叔本华、尼采开始的,但是,后来却因为胆怯,于是才转向了克罗齐。由此,我甚至愿意设想,以朱先生的天赋与造诣,如果始终坚持一开始的选择,不是悄然退却,而是持续从叔本华、尼采奋力开拓,他的美学成就无疑应该会更大。

换言之,"后世相知或有缘"(陈寅恪),"生命为体,中西为用",在中国当代美学的历史抉择中,也就理所当然地成为了一条首先亟待考虑的康庄大道。西方生命美学思潮,是西方美学传统的终点,又是西方现代美学的真正起点,既代表着对西方美学传统的彻底反叛,又代表着对中国美学传统的历史回应,这显然就为中西美学间的历史性的邂逅提供了一个契机。抓住这样一个契机——中国美学在新世纪获得新生的一个契机,无疑有助于我们真正理解西方美学传统,也无疑有助于我们真正理解中国美学传统,更无疑有助于我们真正地实现中西美学之间的对话,从而在对话中重建中国美学传统。同时,之所以提出这一课题,还无疑是有鉴于一种对于学术研究自身的深刻反省。学术研究之为学术研究,重要的不仅仅在于要有所为,而且更在于要有所不为。每个时代、每个人都面对着历史的机遇,但是同时也面对着历史的局限。因此,也就都只能执"一管以窥天"。这样,重要的就不是"包打天下",而是敏捷地寻找到自己所最为擅长的"一管",当然也是最为重要的"一管"。西方生命美学思潮的作为阐释背景的出现,应该说,就是这样的"一管"(尽管,这或许是前一百年无法去执而后一百年也许就不必再去执的"一管"),也是我们在跨入新世纪之后所亟待关注的"一管"。这就犹如中国人接受佛教思想的影响,犹如吃了一顿美餐,而且这顿美餐被中国人竟然吃了一千年之久。其中,最为重要的成果则是佛教思想中的大乘中观学说在中国开出的华严、天台、禅宗等美丽的思想之花。因此,在比拟的意义上,我们甚至可以说,西方生命美学思潮就正是当代的大乘中观学说,也正是悟入中国思想与西方思想之津梁。

这样一来,对于西方生命美学思潮的深入了解,也就成为了当务之急。而且,"生命为体,中西为用",进而言之,中国生命美学传统与西方生命美学思潮之间的对话,在我看来,起码就包括三个层面。首先是对于西方生命美学思潮与中国生命美学传统之间的内在的交会、融合、沟通加以历史的考察,亟待说明的是:在明显不同的社会历史、文化传统、思想历程中,西方生命美学思潮何以呈现出与中国生命美学传统的某种极为深刻的内在的交会、融合、沟通?其次是对于西方生命美学思潮与中国生命美学传统之间的内在的交会、融合、沟通加以比较的研究,从而把中国生命美学传统与西方生命美学思潮各自在过去的阐释背景中所无法显现出来的那些新性质充分显现出来,做到:借异质的反照以识其本相,并彰显其独特之处。最后是对于西方生命美学思潮与中国生命美学传统之间的内在的交会、融合、沟通加以理论的考察,并由此入手,去寻求中西美学会通的新的可能性和新的道路,从而深化对于中国美学和西方美学的理解,达到古今中外的"视界融合",以把握今天的时代问题,解释我们的世界,为解决当代美学所面临的共同问题作出独特贡献。

"西方生命美学经典名著导读丛书"的出版之初衷也正是如此!

中国生命美学传统与西方生命美学思潮之间的对话无疑是一个大工程,非一日之功,也不可能毕其功于一役。为此,作为基础性的工程,我们所选择的第一步,是出版"西方生命美学经典名著导读丛书"。这是因为,只有经典名著,才是美学研究中的"热核反应堆",也只有经典名著的学习,才是美学研究中的硬功夫。这就正如费尔巴哈所说:人就是他吃的东西。因此,每个人明天所成为的,其实也就是他今天所吃下的。也犹如布罗姆所说:莎士比亚与经典一起塑造了我们。借助经典名著,中国的美学与西方美学也在一起塑造着我们。它们凝聚而成了我们的美学家谱与心灵密码。在此意义上,任何一个美学学人都只有进入经典名著,才有机会真正生活在历史里,历史也才真正存在于我们的生活里,未来也才向我们走来。

我们的具体的做法,则是选取西方的二十位与西方的生命美学思潮直接相关的著名美学家的经典名著,再聘请国内的二十位对于相关的名家名著素有研究的美学专家,为每一部经典名著都精心撰写一部学术性的导读。我们期待,借助于这些美学专家的"导读",能够还原其中的所思所想、原汁原味,能够呈现其中的深度、厚度、广度和温度,并且希望能够跟读者一起去关注这些西方的生命美学经典名著怎样提出问题(美学的根本视界,所谓美学的根本规定)、怎样思考问题(美学的思维模式,所谓美学的心理规定)、怎样规定问题(美学的特定范式,所谓美学的逻辑规定)、怎样解决问题(美学的学科形态,所谓美学的构成规定),也希望能够跟读者一起去关注这些西方的生命美学经典名著是如何去表述自己的问题、如何去论证自己的思考,乃至其中的论证理由是否得当、论证结构是否合理,当然,也还希望跟读者一起去关注这些西方的生命美学经典名著中所蕴含的思想与创见,以及这些思想与创见的价值在当今安在。从而,推动着我们当代的生命美学研究能够真正将自己的思考汇入到人类智慧之流,并且能够做出自己的真正的独创。毕竟,就这些生命美学经典名著本身而言,它们都是所谓的问题之书,也是亘古以来的生命省察的继续。也许,在它们问世和思想的年代,属于它们的时代可能还没有到来。它们杀死了上帝,但却并非恶魔;它们阻击了理性,但也并非另类。它们都是偶像破坏者,但是破坏的目的却并不是希图让自己成为新的偶像。它们无非当时的最最真实的思想,也无非新时代的早产儿。它们给西方传统美学带来的,是前所未有的战栗。在它们看来,敌视生命的西方传统美学已经把生命的源头弄脏了,恢复美学曾经失去了的生命,正是它们的天命。也因此,我们或许可以恰如其分地称它们为:现代美学的真正的诞生地和秘密。在上帝与理性之后,再也没有了救世主,人类将如何自救?既然不再以上帝为本,也不再以理性为本,以人为本的美学也就势必登场。这意味着从"理性的批判"到"文化的批判",也从"纯粹理性批判"到"纯粹非理性批判",显然,这些生命美学经典名著提供的就是这样的一种全新的美学,它们推动着我们去重新构架我们的生命准则,也推动着我们去重新定义我们的审美与艺术。

需要说明的是,长期以来,我们的西方美学研究往往是教材式的、通论式的、概论式的,当然,这对于亟待了解西方美学发展进程的中国当代美学学人来说,也是必要的,但是,其中也难免存在着"几滴牛奶加一杯清水"或者三分材料加七分臆测的困境,更每每事先就潜存着"预设的结论",更不要说那种"狗熊掰棒子,掰一个丢一个"的研究路数或者那种为研究而研究、为课题而研究的研究路数了,那其实已经是学界之耻。至于其中的根本病症,则在于忘记了或者根本就不知道西方美学研究首先要去做的必须是"依语以明义",然后,才能够"依义不依语",也因此,长期以来,我们的西方美学研究往往进入不了美学基本理论研究的视野,也无法为美学基本理论研究提供应有的支持。因为我们的西方美学研究与我们的美学基本理论研究基本上就是完全不相关的两张皮,也是两股道上跑的车。这一点,在长期的美学基本理论研究工作中,我有着深刻的体会。值得期待的是,从西方生命美学思潮的经典名著本身的阅读、研读、精读开始,而不是从关于西方生命美学思潮的经典名著的种种通论、概论开始,从"依语以明义"开始,而不是从"依义不依语"开始,也许是一个令人欣慰的尝试。维特根斯坦曾经提示我们:"我发现,在探讨哲理时不断变换姿势很重要,这样可以避免一只脚因站立太久而僵硬。"在此,我们也可以把它作为在美学研究中"不断变换姿势很重要"的一次努力,也作为意在"避免一只脚因站立太久而僵硬"的一次努力。

"生命为体,中西为用"!在未来的中国当代美学探索中,请允许我们谨以"西方生命美学经典名著导读丛书"的出版去致敬中国当代美学的未来!

是为序!

2021.6.14,端午节,南京卧龙湖,明庐

#　第七辑

## 艺海泛舟

## 情穷造化理　学贯天人际
### ——张尔宾先生画展序

我每读杜甫《赠秘书监江夏李公邕》中的名句"情穷造化理,学贯天人际",便心有所动,深感杜翁目光如炬,一语道破中国美学之独得之秘与不二法门。

美之为美,本乎天地之心,充盈生香活意,盎然天趣,欣欣不息。其神韵纡余蕴藉,汩汩不竭;其生气浩荡流淌,畅然不滞。它范围天地而不过,曲成万物而不移,恰似一曲酣畅淋漓的生命乐章,犹如一段心旷神怡的生命舞蹈,神化多方而又卷舒有致。而吾人为万物之灵,则必须驰情入幻,在饱餐生命甘怡之后,复以灵心妙手去点化这生命之美,才得以令其花香披拂,美感清新。因此,天地动能无穷,创进不已,旁通贯流于吾人,而吾人更积极奋进,洋溢扩充于天地,精神气象与天地上下同其流,而其尽性成务又复与天地相呼应,前后交奏,更迭相酬。此所谓"天开图画""妙手文章"。

"情穷造化理,学贯天人际",所言亦复如是。

我友尔宾先生,自幼生息南京。开门见山,推窗临水,山水精华,人文熏陶,酿就丹青胸臆。数十余载,十日一山,五日一水,出入传统,转益多师,博采众长,自开门户。吞吐丘壑之风华,揽写眼前之胜景,承江苏画派之正脉,得南京山水之精髓。或问:登堂入室,何处取径?曰:神闲意定,功夫诗外。我闻此言,常心存戚戚。形动情言,取会风骚之意;阴舒阳惨,本乎天地之心。夺天地之工,泻造化之秘,囊括万殊,裁成一相。此非尔宾先生之谓者谁欤?

由是以观,尔宾先生情穷造化、学究天人,过人之处,所在皆是。姑举其大者,其一为传统功力博大,其二为学识修养精深,其三为笔墨技巧高超,其四为美学品格正大清雅。浏览大作,《中国名山胜迹图》,美轮美奂;《金陵山水名胜五十景》,元气淋漓。情致空灵活泼,内容绮丽多姿,韵味饱满清新,风格雄奇摇荡。人谓其能工能写,以写成其熏陶,以工求其蕴藉。又谓其雄秀相兼,以雄显其风采,以秀增其韵致,用笔一气呵成,于洒脱中见浑芒,于粗犷中见精微,于雄豪中显韵味,于简朴中显丰厚,信然。

尔宾先生为人古道热肠,堪称谦谦君子。尽管已名播港岛,画展欧美,但仍旧不改其书生本色,文人意气。值此尔宾先生之画作再展金陵之际,书此短论,聊当介绍。览者自知,兹不一一。

2003年5月8日,南京

## 纵浪大化
### ——我读杨彦先生的画作

杨彦是一个奇人,也是一个真能以艺术为生命为灵魂的人,不但天资聪慧,而且好学不倦,善于玄思,每静室僧趺,闭户自怡,其心忘,其容寂,网罗山川于门户,饮吸无穷于自我。其更可贵的是秉性坚贞,不因困厄挫折弃其壮怀,不因荣誉赞扬忘乎所以。纵浪大化中,不喜亦不惧,这就是我印象中的杨彦先生了。

至于欣赏杨彦先生的作品,就更是一种享受了。他自称前生与造化有约,游历山川奇境,虚怀以顺有,游外以弘内,以深情冷眼,求其幽意所在,酣然饱餐天地之喜乐,怡然体悟万物之生机,以流盼的目光绸缪于身所盘桓的形形色色。与物推移,参赞化育,与天地同流,其胸襟对应着宇宙的自由活泼的生命韵律和元气淋漓的诗心,或横绝苍穹,或吞吐大荒,或饮之太和,或妙机其微,把全部身心溶解在山水之中,让生命之泉与之汩汩流淌在一起,而后得烟云供养,澄怀观道,腾踔万象,总持灵性,寄托遥深,裁成妙趣,使万象充满生香活意,蔚成绚丽图景。山水长卷是自然美的升华,嵯峨萧瑟,纯出天倪,清新之气,扑人眉宇。无论是大岳绵绵,还是小溪涓涓都是参造化之权,研象外之趣。那奇妙的运思,飞扬恣肆,变幻无穷,无疑是来源于对自然的神秘感悟。海底长卷则是心灵美的升华,旁通统贯,宏化流衍,机趣盈盈涵泳其中,其生气澎湃流延,畅然不滞,其神韵纤余蕴藉,生生不息。他自己称这长卷为"心电图"!那沉郁变化,美感丰赡,飞动摇曳,似真似幻的墨象景观,象征着胸襟中无尽的生命律动,不言而喻。这显然不是海底生物界的律动,而是人生心海的律动!只要我们联想到人类本来就来源于大海,就不难想象到杨彦先生意在从更深的生命源头探幽寻奇,捕捉那在宇宙中最幽深玄远而又弥沦万物的生命本体。正是因此,他才从自然的峰巅跃入大海的深渊,独存孤迥,胸襟洒落,与天地精神往还,纵情挥一毫,超然于自然和人文之间,开拓水墨天地的新图式,新境界。一管之毫拟太虚之本,曲尽蹈虚辑影之妙,写出胸中浩荡之思,奇逸之趣和一片空明中那金刚不灭的精粹。

庄子有言"技进于道",王羲之亦云"群籁虽参差,适我无非新",应该说,这也是我在杨彦先生的绘画中和他的人格里所看到的境界。石涛有一句话:透过鸿蒙之理,堪留百代之奇。这是石涛对中国画的期望,也是我们对杨彦先生的期望,来日,愿杨彦先生以追光蹑影之笔,写通天尽人之怀,为中国,为世界"留百代之奇",是所望焉。

1998 年,南京

# 十年一剑
## ——读林逸鹏教授新作有感

南京师范大学美术学院的林逸鹏教授是一个画家,而且用他本人的话说,他也只是一个画家,当然,像其他很多画家一样,他还是一个有远大抱负的画家,这远大抱负,就是"做一个人人认可、人人喜欢的画家",可是,命运弄人,在他还没有实现"人人认可、人人喜欢"的远大抱负之前,却偏偏因为登高一呼"收藏当代传统型书画作品等于收藏废纸"而"著名",最近,又因为高屋建瓴地提出"中国画的新精神"而"闻名"。

说来惭愧,2001年,就在国内书画界、收藏界就林逸鹏教授"收藏当代传统型书画作品等于收藏废纸"的宏论争论不休时,我并未能及时对此予以认真关注,不过,坦率地说,当我后来结识了林逸鹏教授,进而详尽了解了这场硝烟弥漫的论争的来龙去脉后,对于他的看法,我却始终情有独钟。当然,尽管林逸鹏教授的激烈态度会令他"著名",也会令他"闻名",但是未必会令他"人人认可、人人喜欢"。然而,在目前这样一种太中庸,以至中庸到是非颠倒的学术环境里,毋须掩饰,我旗帜鲜明地推崇林逸鹏教授的"激烈"。因为,以我多年的经验,凡学术和艺术的"叛徒"倒大多是真"信徒",而凡学术和艺术的"信徒"却往往是真"叛徒"。遥想当年,鲁迅先生不也曾经仰天而问:"那一叫而人们大抵震悚的怪鸱的真的恶声在哪里?"何况,在"废纸论"这样被林逸鹏教授称之为自己"从事中国画艺术实践二十多年的一份战地报告"的宏论里,任何人都不难读出,其实它首先就是林逸鹏教授自己的无边忏悔与艺术自赎。正是出于这个原因,我宁肯说,与其称"废纸论"是"一份战地报告",还不如说,"废纸论"是林逸鹏教授以一个过来人的身份为当代传统型中国画所致的一份悼词,而且,其心也痛,其情也真。

学术界有所谓的"木桶理论",其中包括"短板理论",又称"短板效应",但也有完全与之相反的"长板理论",又称"长板效应",意思是说,木桶的成功在于最长的那块板,失败则在于最短的那块板。不过,大千世界往往比一个木桶要复杂,有时候,"短板"与"长板"恰恰是统一的。中国画就是如此。几年前,我应江苏省国画院的邀请,在江苏省国画院做了一次报告——《从中国美学的抒情传统看中国画的美学空间》,那一次,林逸鹏教授也在报告现场,当时我就说过,中国画这个"木桶"其实就只有一块板,这就是抒情传统。在一定的条件下,它是导致中国画的成功的"长板",然而在条件改变之后,它又会成为导致中国画失败的"短板"。简而言之,在传统中国社会,中国传统文学艺术形成了"抒情传统"这一鲜明特色,不过,这里的"抒情"又并非美学意义的,而只是一种"中国特色",也就是说,它并非真正的抒情,而是为抒情而抒情,是抒情的抒情,或者叫作场外抒情,是置身于历史现场之外的吟咏、呻吟、感伤。因此,中国传统文学艺术的内容往往只有一个空洞的指向,不但主语是空洞的,而且谓语也只为谓语,只是自我修饰,因而完全是修辞的而非语法的,只是内容的形容词化,这可以称为"修辞学取向"。中国人经常说的玩味、品味、把玩、游戏,就都是这个意思。在这方面,最为典型的代表,无疑是中国的诗歌,它是"诗歌"泛滥但"诗性"隐匿的,犹如魏晋的人物品藻,被品藻的人物已经不再重要,重要的只是对于品藻之辞藻的欣赏。

中国画的"中国特色"也在这里,而且,甚至还尤其严重。它的抒情更是远离了现实的在场。对它来说,"物我两忘"就是"物我两无",而所谓"此中有真意",其中的"真意"也早已在"不求甚解"中烟消云散。正因为如此,中国画中的景物都已经在抒情中被从具体的时空中孤立、游离出来,绵延、广延的性质不复存在,转而成为某种心境顿悟的见证。心是纯粹直观,境是纯粹现象。自然、社会、人生都被看空了,画家之为画家,其使命也不是去亲和自然、社会、人生,而是于自然、社会、人生中亲证。犹如"一切色是佛色,一切声是佛声",一切都完全脱离了实在背景,沦为没有内容的形式,轻松、飘逸,不离不染,蜻蜓点水。再联想一下中国的园林、盆景、假山、病梅、曲松、宽袍大袖、木屐小脚、细腰柳眉,中国画的这一"中国特色"应该就不难臆测。

说到这里,再回头来看林逸鹏教授的"废纸论",答案也就非常简单而且清楚了。

中国画的成功,其实完全在于特定的社会条件。漫漫千年,它之所以能够大行其道,之所以能够"象其物宜",之所以能够为人们所"心领神会"、所"迁想妙得",无非是因为特定的社会条件使然。可是,特定的社会条件一旦不复存在,"千年一律"也就演变成为现在的"千篇一律"。当然,较之中国古代诗歌早在20世纪就已经全面退出了诗歌的主流舞台,中国画似乎是"苟延残喘"得特别顽强者。不过,这丝毫不能证明中国画存在的合理性,只能证明,由于中国画比中国古代诗歌更为形式化,正是这一"更为形式化"的特征延缓了它的衰落,因此,也才"笑"到了最后。遗憾的是,恰恰也就是这样一个时间差,导致了众多后来者的懵然不知、泥古不化。每一笔每一划都是古人,游世、玩世、虐世、弃世,没有灵魂没有尊严没有关爱没有忧心,缺乏一种被伟大的悲悯照耀着的厚重力量,"风雅"不见,只闻"颂"声,最终,质变为对生活的精致化、玩意化的闲情把玩,也沦落为林逸鹏教授所不屑的一堆"废纸"。难怪还早在1917年,康有为就曾痛心疾首道:"中国近世之画衰败极矣!""国粹国粹",却并非凡"国"必"粹",更多的情况是"国"而不"粹"。所以林逸鹏教授提示说:"弘扬祖国传统的优秀文化"并非就是"弘扬祖国的传统文化",斯言确实发人深省。

不过,在近十年的时间里,相信林逸鹏教授一定也始终面对着难言的尴尬。他毕竟是一个画家,因此,在他重炮猛轰了当代传统型书画作品之后,暂且不说当代传统型书画作品何去何从,就是同样从事着当代传统型书画作品的画家林逸鹏教授自己何去何从,也已经成为一个严肃的问题、一个不得不回答而且必须回答的问题。试想,学术的问题、文学艺术的问题,什么时候能够通过简单否定就能够得到解决?正确的方式,其实是"立而不破"。只有"立"字当头,"破"字才能全在其中。

幸而,林逸鹏教授自己也深知其中的奥秘,因此,他并没有止步于"炮轰"、止步于"破",而是从容沉潜,上下探索。并且,在蛰伏近十年之后,他又一次"破门而出",推出了《中国画的新精神》《中国画的未来之路》等宏文,同时,也一并推出了自己的最新画作。

令人欣慰的是,林逸鹏教授这次依旧是出手不凡。登场伊始,就亮出了为中国画招魂的旗帜——提出"中华民族对善与和平的理解和追求,就是未来中国画的新的艺术精神"这一全新思路,并且洋洋洒洒,进行了详尽的说明。

就我个人而言,无须掩饰,我要说,对于他的看法,就像对他的"废纸论"一样,我同样是情有独钟的,也同样是旗帜鲜明地予以支持的。当然,由于学术背景的不同,由于对中国传统美学乃至中国古代绘画的理解不同,可能会导致对于某些问题的具体看法的见仁见智,然而,将"对善与和平的理解和追求"作为中国画的新精神,却确实是一个洞见。

首先,过去我们在讨论中国画的时候,往往特别强调的是"中国"而不是"画",其实,我们更应该关注的是"画",而不是"中国"。任何一种艺术当然存在着地域特色,但是,使得任何一种艺术成为艺术的,应该是它自身的美学属性,而并非它的地域特色。中国画的问题也是这样。尤其是在全球化的今天,世界是平的,树欲静而风不止,没有哪个地区或者国家可以一百年不动摇地成为人类文明与美学精神的"钉子户"。因此,一方面固然存在着"国"而不"粹"的困窘,另一方面也还存在着尽管不"国"却仍旧"粹"的选择。这意味着,在为中国画招魂之际,绝对不能再走昔日的老路,而必须转过身去,寻找那放之四海而皆准的美学的灵魂。而现在,无疑林逸鹏教授可堪自慰,因为他已经找到了那放之四海而皆准的美学的灵魂,就是"对善与和平的理解和追求"。

其次,包括中国画在内,任何一种艺术都不能是失魂的。记得托尔斯泰就说过,在陀思妥耶夫斯基的作品里人们可以"认出自己的心灵",而苏珊·桑塔格也说过:在布列松的影片里显现了"灵魂的实体"。林逸鹏教授也认为,中国画的灵魂"如阳光,如雨水,如空气,她太平常了。也正因此,她太珍贵了",她是"每一个对人类怀有大爱之心的艺术家所自然面临的问题"。而以自身特定的方式对这一灵魂给予诠释,就正是中国画的无限魅力之所在。记得西方有一位小说家曾经为一句墓碑上的话而感动:"全世界的黑暗也不能使一支小蜡烛失去光辉。"无疑,在他看来,任何一种艺术都必须传达出这灵魂的光辉,也都必须就是这支小蜡烛——而且,必须只是这支小蜡烛。我深信,这也一定是林逸鹏教授疾呼中国画亟待走上"对善与和平的理解和追求"之路的良苦用心。

当然,更有说服力的还是林逸鹏教授的艺术实践。

蛰伏近十年,林逸鹏教授这次推出了自己的新作:《云南印象系列》《酒吧系列》《苗家女系列》《游泳系列》等。这些作品浸透着水墨的新视界——一种开放的水墨思维,他始终以"做一个人人认可、人人喜欢的画家"作为自己的远大抱负,而在这些新作中,我看到了一个全新的开始。

通观全部作品,首先给我深刻印象的,就是纵横叱咤于中西古今之间的非凡气度。

林逸鹏教授曾经以"驼背四脚朝天跌倒——两头不着地"来形容中国画目前的境遇,而且以"我们头晕了"来形容自己的心境。可是,不难欣喜地发现,他尽管"头晕",但是却并未"目眩"。在他的作品里,我们看到了无数前辈大师的身影,情感人的意境之美、清新脱俗的人格之美、充满节奏感的韵律之美,这让中国画至今仍旧鲜活的三"美",处处流淌在他的作品之中。传统中国画消极避世的阴柔之美也为现代中国画积极入世的阳刚之美所取代。另一方面,在他的作品里也明显吸取了西方现代艺术中强调视觉效果的直观性,最大限度强调绘画性,减弱情节性、文学性,因而使画面更纯粹,也使作品富有现代审美趣味的特点,从而明显摆脱了中国画在展示过程中视觉上与现代建筑难以协调的缺憾。

在这方面,始终让我记忆犹新的,还是林逸鹏教授自己所常说的那句话:"在艺术的道路上,我以创新为己任,既不做古人的奴隶,也不做洋人的狗腿。"我一直认为,在艺术的道路上,不论中国还是西方的成功经验,都毕竟只是"流",而不是"源"。真正的"源",当然还应该是生活本身。正是因此,他没有重蹈猎奇生活表象的窠臼,也没有再去"人造自然山水",更甚至是有意地远离传统题材的梅兰竹菊,而是转而去与大千世界、现实人生"零距离"。他跟我说过,2000年春天,他带领学生前往云南写生,云南碧蓝的天、洁白的云、极目千里的视野让他兴奋不已。当来到西双版纳遮天蔽日的热带雨林,化石般直插天际的巨木、百蛇缠绕般的古藤、厚厚密密树叶的间隙中射下的热带特有的火艳阳光幻化出一个万花筒般的景象、透过阳光的滴翠的树叶马赛克般镶嵌在蔚蓝的天空……这一切,让他吃惊、激动、亢奋,他感觉苍天在开启着他的心智,在向他泄露着艺术的机密……在充满激情讲述这一切的时候,在他的眼睛里,我看到了睿智而坚毅的光芒。而看一看《云南印象系列》《苗家女系列》等作品,人们一定不难发现,它们就恰恰是林逸鹏教授的艺术探索的见证。

其次,给我留下深刻印象的,则是孜孜以求于形式创新的坚韧不拔。

由于中国画的形式化程度很高,而且甚至已经沉沦于程式化、模式化,因此,形式方面的创新就尤为重要。而恰恰就是在这个方面,林逸鹏教授也付出了自己的艰辛努力。

首先来看造型,在他的作品里可以看出传统艺术中以线造型的方法的推陈出新,在视觉上则追求二维的平面性。有一些作品明显借鉴了西方现代艺术中抽象的造型方法,使得造型符号化。显然,他意在抛弃传统的程式化造型体系,既把意象造型手法推向极致,尽量使自然万物趋向符号化,但又区别于西方艺术中理性化的造型符号,而使符号趋于情绪化、精神化,因此,作品中的符号闪烁着源于大自然的炽烈情感;同时,又根据表达的需要,在各种造型手法中来回穿梭,随意即兴采用具象、抽象等造型手法,从乡土气息浓厚的《云南印象——阿诗玛》中的具象造型到《酒吧系列——渴望》的抽象造型,都不难清晰地看到这一轨迹。而且,我还要说,这种跨度很大的造型语言,甚至会让人联想起德国当代艺术大师李希特的画风。

笔墨,是中国画的独得之秘,但是时过境迁后,笔墨又成为中国画创新之路上的一个最难攻克的堡垒。在这方面,林逸鹏教授的思路大胆而果断。他毅然宣称,要对传统的笔墨加以"腹泻"、加以"归零",直接就把笔还原为笔,也把墨还原为墨。具体看他的作品,不难发现,他抛弃了千年相传的笔墨程式,但传承了传统中注重笔墨节奏和韵律的元素,融入了明代大师徐渭的大写意笔墨精神,还吸收了西方艺术中讲究画面构成的优点。他注重笔墨的视觉感受,笔墨的运用,不是根据来自传统美学范式,而是直接根据对自然、生活的感受和内心深处的艺术理念决定,情感和自我的内在精神是他的笔墨的主宰,寄托传统文人情结的书法用笔被断然摒弃,刚劲有力的直线直划以及更为写意的随手涂写却应运而生。而且,传统意义上对线条质地本身的欣赏也被画面整体强烈的感染力所取代,甚至达到了不可拆分的整体效果。果断的、大小不等的墨块与线条之间产生的节奏感取代了传统墨色的细微晕化效果,笔墨语言的创新则切断了欣赏者回归传统语言设置的情境,迫使其进入新的艺术情境之中。无疑,这一直白的语言方式更符合现代人对图像简洁明快的审美需求。

再看用色,我惊奇地发现,他的作品吸收了敦煌北魏壁画中大片大块用色的方法,也吸收了民间艺术明快强烈的用色原理,看看《酒吧系列》《苗家女系列》,就不难意识到,在这些作品的用色上,他都作出了极限性的大胆突破,在传统中国画中往往不敢用、忌用的颜色,在他的作品里却得到了随心所欲的应用。大面积鲜艳浓烈的黄、蓝、绿,肆意挥洒而又都能各得其所,艳而不俗,直接流淌着大自然原生态的清新。伫立他的画作之前,你会觉得:一股清朗之气扑面而来,可谓艳之极,也可谓雅之极。

还值得一谈的是材料的选择。看得出来,他的所有的作品所用的媒材全是地道的、传统的"文房四宝",没有添加任何其他材料。这一点无疑极具挑战性,因为目前许多中国画家都默认中国画的材料只能画传统形态的中国画,而传统笔墨也已经穷尽了原有材料的极限,然而林逸鹏教授却用自己的作品证明,没有传统笔墨的羁绊,中国画的笔墨反而会更自由、更丰富多彩、更有生命力,由此,我看到了传统媒材自身禀赋的无限的再生能力和更为广阔的前景。

林逸鹏教授的作品在艺术的创新方面的可圈可点的地方还有很多,限于篇幅,在这里我已经无法一一涉及。同时,我也不想再去过多地涉及。因为,用文字解释优秀的艺术作品往往是徒劳的。何况,在我看来,林逸鹏教授并不是一个为创新而创新的创新狂人,恰恰相反,我还要重复我在一开始所提到的那句话,他只是一个画家。而林逸鹏教授自己也经常说,创作本身就应该与女人生孩子、母鸡下蛋一样,根本用不着巧设机关,更用不着炫耀技巧,在这里,重要的是孕育。所以,最好的作品往往是在无意中流出的。当然,倘若刻意细究,那么其中无疑必有所谓的技巧,然而,真正的创作,又是一定根本不知所谓技巧所在的。因为他实际是在创造生命,因此,完全容不得半点的马虎,必须全身心地投入,而且不是"胸有成竹",而是激情在胸,不到爆发的临界点绝不动笔,一旦动笔,则必定是一个全新生命降临的开始。

当然,即便是到目前为止,林逸鹏教授也还没有停止艰难探索的步伐,也还继续跋涉在通向"人人认可、人人喜欢的画家"的远大抱负的道路上。

我们目前所看到的，还只是第一个十年，前途未可限量的他还有着自己的第二个十年、第三个十年……然而，我必须要说，他的第一个十年所获得的丰硕成果就已经足以让我们惊叹。

更何况，他的关于中国画的新艺术精神的提倡为当代中国画赋予了新的灵魂，他的富于原创性的艺术作品也为当代中国画的探索提供了深刻的启迪。因此，他在未来的更大成功，无疑也一定是可以期待的。

中唐诗人贾岛的《剑客》有诗云："十年磨一剑，霜刃未曾试。今日把示君，谁有不平事？"

林逸鹏教授，在结束本文之际，请允许我，就以此诗来为君壮行！

2011年，南京

# 觉者
## ——林逸鹏、杨培江双个展"各造其极"序

一位禅师曾棒喝"好雪片片，不落别处"；可是，还有一位禅师却曾棒喝"不捂你眼，你看什么"。

中国绘画的美学奥秘，其实就全在"捂你眼"，所谓"肉眼闭而心眼开""官知止而神欲行"，绘画之为绘画，因此也就是中国人"心眼"的对应之物。犹如中国的戏曲，在欣赏的过程中，全然不是在"看戏"，而是在"听戏"。中国的绘画，也不是在看画，而是在品味笔墨。这又犹如西方的歌剧，而并非西方的话剧，主要的不是内容，而是声音。中国绘画主要的也不是内容，而是笔墨。无疑，千百年来，中国绘画成之在兹。

但是，千百年来，中国绘画的失之也在兹。"捂你眼"背后的"心眼开"，亟待的是悟性极高的"为笔墨而生"者、但开风气不为师者，遗憾的是，更易于造就的，却是墨守成规者、坐吃山空者。无数的既"捂你眼"但却"心眼不

开"的"因笔墨而生"的画匠鱼龙混杂、泥沙俱下。中国的绘画因此被"形式化"、被"笔墨化",从千年一律到千篇一律。世界之为世界,也无非只是石涛所谓的"戏影",所谓"云烟游戏"。

唯其如此,周友功才力赞陈洪绶为:"大觉金灿",意即觉他人所不能觉,觉他人所未曾觉,觉他人所不敢觉的金光灿灿的觉者。

现在,我也要力赞林逸鹏先生为"大觉金灿",力赞杨培光先生为"大觉金灿",因为他们也同样都是觉他人所不能觉,觉他人所未曾觉,觉他人所不敢觉的金光灿灿的觉者!

他们的可贵之处,就在于尽管依旧被"捂你眼",但是却"心眼"大开。为了开掘笔墨的奥秘,既不跪拜传统,也不尾随西方,而且不是"因笔墨而生",而是"为笔墨而生",因此,也就不惜各造其极、各适其极、各享其极、各有其极。最终,千年的笔墨在他们的笔下绽放五彩,古老的中国画在他们的手中也再谱新篇。

谓予不信?请看他们的双个展"各造其极"。

金光灿灿的觉者心路,将在这里为你展开!

林逸鹏,南京师范大学徐悲鸿艺术研究院常务副院长、教授、博导
杨培江,汕头大学长江艺术与设计学院副教授、硕士生导师

2015年,南京

# "无路是赵州"
## ——观"大墨南京——赵绪成师友心作"有感

我多年从事美学研究,研究之余,每每羡慕西方大哲梅洛-庞蒂能够写出不朽的名作,以阐释自己的"塞尚之惑",也羡慕西方大哲海德格尔能够写

出旷世经典,去描述自己的"梵高之鞋"。尼采对友人说,对于一个哲学家而言,最大的乐事莫过于被误认为是艺术家。无疑,梅洛-庞蒂和海德格尔应该说是越俎代庖,干脆自己把自己"误认"为艺术家,并且以此作为"最大的乐事"。

我不敢把自己"误认"为艺术家,尽管我也私下渴慕如是的"最大的乐事"。不过,非常幸运的是,却毕竟还有被艺术家"误认"为艺术家的好运曾经青睐过我。回头想想,那已经是九年前的往事。2005年的时候,我做过两次关于以中国画的历史命运为主旨的演讲,第一次是2005年6月12日,在江苏省国画院召开的"拥抱多元创新时代,推进先进文化发展"中国画理论研讨会上,我有过一个发言——《多元创新时代与中国画创新》,作为门外汉,我发言的过程中堪称战战兢兢如履薄冰,没有想到的是,当时我的话音未落,快人快语的赵绪成先生就立即宣布,要专门邀请我,在他所主持的江苏省国画院为所有画家再做一次主题演讲,这就促成了那年我所做的关于中国画的第二次演讲——《从中国的抒情美学传统看中国画的美学空间》。那一次的讲座究竟效果如何,后来从没有人跟我提起过,因此现在我只能说:"不知道",不过,有一点我是知道的,这就是从此我有幸结识了赵绪成先生。

现在,也许仍旧是因为这样一种被艺术家"误认"为艺术家的缘分,九年后,我又受邀参与"大墨南京——赵绪成师友心作"展的筹备工作,因此,也就得以先睹为快,提前欣赏全部的为"大墨南京——赵绪成师友心作"而展出的佳作,从而得以继续"最大的乐事"。

确实,这"误认"真让人愉快,因为仅仅就我所熟悉的几位画家和他们的作品而论,就已经足够令人陶醉。例如周京新、张友宪两位先生,十年前我们就曾经愉快合作,他们的友情与他们的精湛画作也一直都给我以温暖与学术研究的滋养;又如林逸鹏先生,他曾经以"废纸论"名动画坛,但是,其实就他而言,真正应该名动画坛的,倒当属他在中国画方面的探索。在这方面,我过去曾经多次与他切磋,并且受益匪浅。当然,在"大墨南京——赵绪成师友心作"中还有其他的诸位名家,他们的画作其实我在诸多的场合也都先后不同地曾经观摩过,而且也都曾经程度不同地给我以震撼与感动。遗憾的只是,因为种种的原因,我至今也还未能与他们结识。

更让人愉快的,是这次的"大墨南京——赵绪成师友心作"展的展出方式。遥想晋穆帝永和九年,也就是公元353年,王羲之召集谢安、谢万、孙绰等四十一人"会于会稽山阴之兰亭",举行上巳节的修禊仪式,由此,《兰亭集》得以流传。其中王羲之挥毫泼墨为诗集写下的《兰亭集序》,更是独占鳌头。这次的"大墨南京——赵绪成师友心作"展,堪称再续兰亭之美,赵绪成先生登高一呼,古都金陵的诸多名家应者云集,如此的气势磅礴,是中国画全新门派呱呱落地的先声?是赵氏美学风格的大合唱?还是诸多绘画名家的呼吁中国画创新的时代宣言?值此之际,我真想说,我为自己过去没有多花时间去学习丹青之术而感到后悔莫及,否则,我岂不是也可以挥毫上阵,与诸位名画家同场献艺,并且同结丹青之好?!

在我看来,这次的"大墨南京——赵绪成师友心作"展可以被看作赵绪成先生以及他的师友们在中国画的创新方面的硕果的展示。

关于中国画的创新,赵绪成先生居功至伟。多年以来,他的不遗余力的倡导至今言犹在耳。现在,当我再一次徜徉在他的都市系列、飞天系列等鸿篇巨作前的时候,更仍旧要说:令人震撼!何况,经过多年的努力,赵绪成先生的努力已经开始结出了丰硕的果实。仔细观看这次展出的诸多画家的佳作,不难发现,展出的名称确定为"大墨南京——赵绪成师友心作",是非常有道理的。因为,在这琳琅满目的所有画作当中,其实也有其共同的特征,这就是都体现了赵绪成先生的良苦用心,也都体现了赵绪成先生的师友们的倾心探索——创新!

创新,凝聚着"大墨南京——赵绪成师友心作"展的全部美学追求!

创新,折射着"大墨南京——赵绪成师友心作"展的最高艺术成就!

也因此,躬逢盛事,我不揣浅陋,也想冒昧地略陈己见,谈谈自己看了"大墨南京 赵绪成师友心作"展的心得与体会。

首先,重要的不是中国画的问题,而是中国画问题。

百年来,古老的中国画无疑遇到了问题,但是,这问题却并非中国画的问题,而是中国画问题。犹如很多人在学画的时候都习惯于追问"这一笔怎么画",而且幼稚地以为只要解决了"这一笔怎么画"的问题,就可以解决中国画创新的问题,但是,实际上我们遭遇的问题却是"这一笔为什么要这样画""这一笔为什么不能那样画",以及"中国画为什么这样画""中国画为什么不能那样画"。否则,鲁迅先生就不会尖锐批评中国画的:"半枝紫藤,一株松树,一个老虎,几匹麻雀,有些确乎是不像真的,但那是因为画不像的缘故,何尝'象征'着别的什么呢?"更不会尖锐批评中国画甚至是"从奴隶生活中寻出美来,赞叹,抚摩,陶醉,……使自己和别人永远安住于这生活"。在我看来,中国画的创新,其实首先是要解决"何尝'象征'着别的什么"的问题、"从奴隶生活中寻出美来,赞叹,抚摩,陶醉"的问题和"使自己和别人永远安住于这生活"的问题。而这就意味着我们所遭遇到的是中国画问题,而不是中国画的问题。令人欣慰的是,赵绪成先生以及赵绪成先生的师友的画作所体现的,恰恰就是这样的探索与努力。石涛说过:"呕血十斗,不如啮雪一团。"在赵绪成先生以及赵绪成先生的师友的画作中,我所看到的,恰恰是"啮雪一团",而不是"呕血十斗"。

其次,重要的不是"中国"的问题,而是"画"的问题。

中国画的创新,人们关注的,往往是"中国",而不是"画",这就犹如,人们在强调所谓的"国粹"之时,着眼点往往是"国",而不是"粹"。然而,"国粹"之为"国粹",重要的恰恰不是"国",而是"粹"。因为,如果不"粹",那么,早晚也就会不"国"。同样,中国画之为中国画,重要的也不是"中国",而是"画"。可是,犹如我们所面对的"国"而不"粹"的困窘,对于中国画,我们所面对的,也是尽管是"中国"的但却不是"画"的困窘。而要实现的,则是"国"而且"粹",甚至是,尽管不"国",却仍旧"粹",也就是,固然必须是"中国"的,更首先必须是"画"的。世界是平的,在全球化的今天,树欲静而风不止,没有哪个地区或者国家可以一百年不动摇地成为拒绝人类美学与艺术灵魂的"钉子户",因此,中国画的创新,也无非就是为中国画能够不再成为拒绝人类美学与艺术灵魂的"钉子户"而倾尽心力。我必须说,这正是我在赵绪成先生以及赵绪成先生的师友的画作中所欣喜地看到的东西。不难猜想,在某些人看来,这次展出中的一些作品可能难免不尽"中国",但是,在我看来,任何一种艺术当然存在着地域特色,但是,使得任何一种艺术成为艺术的,应该是它自身的美学属性,而并非它的地域特色。因此,我们无疑应该从赵绪成先生以及赵绪成先生的师友的画作中受到启发:在中国画的创新中,我们更亟待关注的,应该是"画",而不应该是"中国"。而且,中国画的创新必然是因为更加趋近于"画"而真正更加趋近于"中国",也更加"中国"。

然而,这一切又何其艰难?!

早在20世纪初的1917年,康有为就曾痛心疾首道:"中国近世之画衰败极矣!"

我想问,而今百年已逝,但是,这种不但"衰败"而且"极矣"的危局已经被拯救了吗?或者,已经有所缓解了吗?

我还想问,无论如何,我们是否还应该心存期待与渴望?!

我想起了一则关于古代的赵州和尚的禅宗公案:

问:"四山相逼时如何?"

答:"无路是赵州。"

同样,在"中国近世之画衰败极矣"的"四山相逼时如何"?

在"无路"的时候,我们也有自己的"赵州"!

我相信——

有赵绪成先生,就一定不会"山穷水尽";有紧紧围绕在赵绪成先生周围的他的师友,就一定又会"柳暗花明"。

这无疑是一位值得期待与渴望的领军人物,这无疑是一个值得期待与渴望的团队!

2014年,南京

## 我看华拓先生的青绿山水作品

今人提及中国画，往往会以为就是水墨山水，其实并不尽然。这样的看法，其实只是以偏概全，甚至是一叶障目。中国画的主流当然是水墨山水，但是，这并不排除还有其他的支流，而且，中国画也并不是一个"过去时"，作为一个美学的传统，它的关键当然应该是在"传"，而不在"统"。那么，未来的中国画的主流就一定还是水墨山水吗？也一定，但是，也不一定。

其实，在中国美学史上一直就存在"先有丹青，后有水墨"的说法。而且，在中国，所谓绘画的"绘"，当然也就是指的对于色彩的关注，所以，它才会又被称为"丹青"。看看唐三彩，就应该能够想象到，在唐代以前，中国画一定也是一个色彩绚烂的时代。确实，在那个时代盛行的不是水墨山水，而是青绿山水。看看荆浩的评价：不但李思训"大亏墨彩"，而且连吴道子都"亦恨无墨"，就不难遥想当时的色彩绚烂了。当然，后来的水墨山水的大行其道也并非毫无道理，它与中国美学思想的成熟有关，也与中国画特定的绘画工具有关。无论如何，"线进色退"是一个确凿的事实。而我们常说的"绚烂至极趋于平淡"，无疑也就是对于这一事实的肯定。

可是，问题也存在着另外的一个方面。从笔到墨，把色彩从光里分离出来，而且还原为墨，然后再墨分五彩，这当然是一条正确的道路，可是，这其实也只是中国画的对于一种可能的发展道路的选择。而且，也恰恰因为他是"反色彩"的，所以也就必然走上"反绘画"的道路。这个时候的中国画，已经不是风景画，而是一个象征——宇宙精神、天地洪荒的象征。可是，绘画还是否应该首先是绘画呢？绘画是否还应该回到绘画呢？例如，它能否首先应该是风景画？遗憾的是，这个问题在很长的时间却没有人去想，结果，另外一条可能的发展道路就被疏忽了，或者说，是被搁置了。

看华拓先生的绘画,给我的最大震撼也恰恰就在这里。他只身闯入的是一片被遗忘的角落,也是一个被遗忘的宝地。一个一度濒临失传的古老画种,在他的手里开始复苏,并且焕发了全新的生命。无论如何,有"青山绿水",就应该有石青石绿,有石青石绿就应该有青绿山水。立足于此,华拓先生的全部努力就无疑是立足于不败之地。

何况,这还仅仅是华拓先生的全部努力的开始。他还远远没有止步于此。因为,问题其实非常简单也非常严峻:青绿山水的衰败也有其自身的原因。这就是它自身的仅仅止步于"随类赋彩"。因为是"随类",因此它就只是程式化的,而且,也只是"赋色"。首先,"赋彩"的美学使命,在它还根本没有开始。本来,从"色"到"彩",必然是美学的关口。色与色之间的交相辉映,以及因此而产生的"气韵"、产生的"神采",是一个必须加以回应的挑战。其次,"随类"也只是一个初步的探索,随之而来的,应该还有"随心""随情""随境",这一切,才是"赋彩"的全部展开。可惜的是,传统的中国画在这样两个方面却都根本没有真正展开,甚至还可以说,是根本就没有意识到。然而,令人欣慰的是,我在华拓先生的青绿山水里,看到了这样的努力。我不能不惊叹于华拓先生的美学眼光。

更令人欣慰的是,华拓先生的努力也并非盲目。现在我们到处可以看到一种为探索而探索、为创新而创新的绘画,在相当多的人看来,探索、创新,就是一张畅通无阻的通行证。只要是探索、创新,就可以无往而不胜,而且,只要是探索、创新,也就不允许商榷,更不允许批评。华拓先生的探索、创新当然不是这样。其实,重新回到光里,重新让色彩绚丽起来,这当然是应该的,可是,要像西方绘画,尤其是印象派绘画那样不惜进入到光里去大肆张扬色彩,却也毕竟不是水溶剂特色的中国画所擅长的,因此,守住中国画的笔墨底线,就是十分必须的。我要强调,华拓先生对此保持着清醒的美学自觉。在他的青绿山水里,一方面,色彩的饱和度被大大提升,泼彩、勾线填色、渲染等也频繁出现,但是,另一方面,笔墨尽管确实被降低到了最低的限度,但是,却也仍旧还是在底线以内,换言之,也毕竟还没有抛弃笔墨。一般认为:"他大胆地在中国山水画传统的笔墨中混合着色彩,增强色彩与笔墨的亲和度,总结了一套泼彩与填彩、浓墨与颜色相交融的独特技法,重新整合了中国山水画笔、墨、色、水之间的关系,让我们在欣赏中国传统笔墨的同时,更多地享受到色彩的亮度与纯度带来的审美愉悦。"对此,我是完全同意的。

还有一点,我注意到华拓先生的青绿山水与他的两度的长达几个月的青藏之行有着极为密切的关系。我认为,在这个方面,华拓先生也为我们提供了极为可贵的美学经验。回顾中国画的发展道路,其中,从北方到南方,以及从山走向水,无疑是一个重要的动因。这充分说明,"外师造化"在中国的绘画大师那里绝对不是一句"客套",正是烟雨朦胧的南方与南方的江河湖泊,给了中国的绘画大师"以无色胜有色"的美学灵感。而华拓先生的从南方到北方,以及从水走向山,也再次给了他与古代中国的青绿画家同样的美学灵感。在这里我要说,有很多的中国画的画家也践行"外师造化",可是他们却从来没有看到过真正的"造化",还只是沉浸在内心的世界,他们所看到的,仍旧无非还是"中得心源"。因此,他们的"造化"永远是主观的、观念的,"笔墨当随时代",在他们也无非只是随便说说而已。华拓先生当然不是。因此他看到了真正的"造化",关注一下他的作品里对于面与色块的处理,再关注一下他的作品里的高原的植被特征对于我们早就已经见惯不惊的江南的植被特征的取代,就知道他已经走得有多么远,又走得多么的成功。也因此,他从眼前的山水青绿勇敢地回到纸上的青绿山水,就无疑是必然的。

总之,哪怕仅仅就只是因为华拓先生让丹青重放光彩,我们就必须对他表示祝贺与感谢了,更何况,我们所置身的还很可能是一个让丹青重放光彩的时代,因此,我们有充分的理由期待华拓先生会不断地取得新的成功,会百尺竿头更进一步,也会给我们带来新的欣喜。

2008年,南京

# "坐绝乾坤气独清"
## ——再看华拓先生的青绿山水作品

在大学上美学课,喜欢引百丈和尚的"独坐大雄峰",借以比喻创作者坐拥乾坤、孤绝独行的审美心胸。

《古尊宿语录》卷一载:"有僧问:'如何是奇特事?'师曰:'独坐大雄峰。'"这里的"师",当然是声名赫赫的百丈和尚,这里的"大雄峰",则是百丈山主峰。《江西通志·山川略》中记载:"百丈山在奉新县西一百四十里,冯水倒出,飞下千尺,西北势出群山,又名大雄山。"

我必须说,也许是心有灵犀。当我再次面对华老的青绿山水画作,心中迅即浮现的,正是这五个字:"独坐大雄峰。"

当然,华老的画作,我已经不是初次接触。应该还是在十年前,我就曾经有幸观摩华老的画作,并且立即为其中的精彩纷呈、别开生面而感动,提笔书怀,写就了《我看华拓先生的青绿山水作品》,以志祝贺。令人欣慰的是,十年之后,躬逢"山河寻梦·华拓画展"的举办,我也有幸再次观摩华老的画作,欣喜之情,更难言表。

我这次观摩的画作约150余幅,华老介绍,都出自他近几年的创作,只有少数作品是上个世纪九十年代后期所作。徜徉其中,恍若进入岁月的长河:雪域神奇莫测、沙漠梦幻迷离、昆仑蜿蜒莽莽、云贵旖旎壮观、北国气势磅礴、江南春意盎然……题材涉猎广泛,表现形式多样,风格刚柔并济,笔墨色彩斑斓。一时之间,我仿佛看到:神姿俊朗的华老坐拥祖国山河,犹如百丈"独坐"大雄主峰,胸有千丘万壑,下笔元气淋漓。"孤绝独行"的探索心路清晰可见。

这"孤绝独行"的探索心路,首先体现为孤往的精神。

华老是"新金陵画派"的传人,"新金陵画派"的精神圭臬,在华老的画作中也确实隐显浮现。青绿山水画,人所共知,在中国传统绘画美学中,一贯不被看好。但是,我始终认为,这并非青绿山水画本身之错。2132年的中国传统社会,"将恐裂""将恐蹶"无异普遍心态。希望"兼善天下"而不得,只有退而"独善其身","据于儒,依于老,逃于禅",如此一来,以"深情冷眼"看世界的文人水墨画,就以其"荒寒清冷",也以其清幽、雅逸、疏简,以其黑白之韵格,还以其"笔墨"旨趣,而备受关注。然而,这其实并非理所应当,而只是不得不然而已。这一点往往在兵荒马乱的时代,例如五代、例如南北宋末年、例如元代、例如明末,文人水墨画则大为流行,就可见一斑。由此,在古老的中国,绘画本身的色彩表现的魅力被人为抑制,青绿山水画也被人为排斥,像明代的画家董其昌,就曾不加掩饰地指责它"其术近苦",因此而并不可学。也因此,"错金镂彩"的青绿山水画长期身处边缘,落脚民间。但是,华老却"虽千万人,吾往矣",不惜终生身历绝境,不惧长期以身历险,以"孤往"的精神,不懈探索,不绝努力,最终,让青绿山水画在自己的手中绽放出灿烂的精神之花。

这"孤绝独行"的探索心路又体现为孤高的气度。

青绿山水画的探索秘径在"色",青绿山水画的奥秘所在也在"色",在这方面,称华老是"好色之徒",应该是名副其实。因为,华老的画作就得之在"色",也成之在"色"。对于色彩的娴熟运用,无疑是华老的绝技。泼彩与填彩,浓墨与颜色相交融的技法。凝神细看,不仅张大千、刘海粟的泼彩画法依稀其中,而且钱松嵒的小青绿画法更时有所见。环境色在青绿山水中的应用,红、绿、紫、黄诸色的运用,则堪称大胆,由此,华老的画作"姿色"强烈、浓艳,但是,却又能复归于平淡。这不能不令人惊叹:善于把自己逼到山穷水尽的地步者,唯有华老;但是借助"曲径通幽"而复归"柳暗花明"者,也唯有华老。就类似金陵画派的傅抱石山水画,也神似西安画派的石鲁山水画,大开大合、气势恢宏。华老"离经叛道"的孤高的气度令人肃然起敬。

同时,华老的孤高气度,还可以从他的博采众家之长中看到。早年学习版画的经历,显然激发了华老摆脱传统设色的桎梏与束缚的勇气,西画的色彩理念,在他的青绿山水画中也被大胆引进。在以青绿作为主旋律的画作中,竟然有光怪陆离的不规则的色彩斑点,视觉效果犹如西方的点彩派。青山绿水的左邻右舍,诸如青紫山水、青墨山水、青赭山水、赭黄山水等等,华老也敞开门户,予以吞吐吸纳。其中对于生宣的借用,更是顾盼神飞。传统的程式化与装饰性,也因此而踪影全无。

华老"孤绝独行"的探索心路还体现为孤正的情怀。

华老一生淡然而处,与世无争,但是,一旦进入他的画作长廊,就立刻会体察到,华老其实也并不是"无争"。只是,他的孤帆远影,只在祖国的山水之间。也因此,我在华老的每一幅画作背后,都看到了华老自己。在他的画作中,讲述着一条河流、一座山川的一生,讲述着不同时代以及全人类的悲欢离合。我嗅到了花开的芬芳,也触摸到了树木的气息,还有山川喜悦的神态、流水哭泣的声音……我深信,华老是俗世的过客,但是,却更是天地万物的情侣。在与山川河流的对话中,华老读懂了山川河流,山川河流也读懂了华老,而且,还彼此"相看两不厌"。

人们喜欢说,用自己喜欢的方式,不泯然于众,只遵从内心真实的感受,欣然而往,度过一生。我要说,这也正是华老的画作希望告诉我们的真谛。在这个意义上,我发现,进入老年的华老或许一生也就只做了一件事,但是,却也恰恰就做对了一件事。这就是在自己的身心深处找回了山川河流,也在山川河流的深处找回了自己。华老在自己的青绿山水画中活出了自己,也完成了自己。华老常说,他不喜欢灯红酒绿,也不喜欢推杯换盏。声色犬马的人生,我猜想,应该是也为华老所完全不屑,但是,只要进入华老的画作,所有的人就一定会说,华老找到了整个的世界,也拥有了整个的世界。

于是,在再度观摩华老的画作的时候,我发现,我在重温陈子昂气绝寰宇的《登幽州台歌》,在回味柳宗元的千古绝唱《江雪》,也在经历苏轼的一瓣心香的《卜算子·黄州》。其中浸染着的,全然是中国文人特立独行、傲视群雄的"亘古孤独"。它"静寂渊默",但是,又饱含着"宇宙的深情"。

中国古代的大画家王蒙说:"坐绝乾坤气独清。"这里的"清",当然就是"只留清气满乾坤"的"清"。而这里的"坐绝",则是一种"孤绝独行"的探索心路。它是孤往的精神、孤高的气度,也是孤正的情怀。

我要说,"坐绝乾坤"的"孤绝独行"的探索心路,在昔日的峥嵘岁月中,已经伴随着华老从过去走到了璀璨的现在,无疑,它,也必将伴随着华老从璀璨的现在走进更加辉煌的未来。

2018年,南京

## 黑白木刻中的记忆与梦想
### ——张宜银先生版画作品印象

像很多人一样,我最初的关于版画的记忆,是来自鲁迅先生的大力提倡。后来,因为自己所从事的美学专业,对于版画也多有接触,于是也就慢慢知道了版画在百年的中国美术现代化进程中所扮演的重要角色,也慢慢知道了与版画有关的两场重要的艺术运动——鲁迅倡导的左翼"新兴木刻运动"和延安的"延安木刻运动",还慢慢知道了丢勒、多雷、珂勒惠支、麦绥莱勒、肯特、瓦洛东、黑克尔,以及蒙克、毕加索的名字。以我的学习心得,在鲁迅的心目中,版画应该是与汉唐艺术有着天然的契合之处,自由奔放、意气风发,这正是百年中国美术的应有追求,于是,版画就成为鲁迅先生重塑"国魂"的第一步。

遗憾的是,尽管版画也曾经辉煌过,可是,而今却堕入了莫名的困局。曾经的表现空间大大萎缩,传统的"力感"与黑白分明的美学韵味也逐渐失去了展现的舞台。无可讳言,即便是并非版画圈内人的我,也多次听到过版画家们的种种抱怨与感叹。不过,以私下的看法而论,我却并不认可这样的抱怨与悲观。因为,世间并不存在完美的艺术,只存在真诚的艺术。困局之中,至关重要的,是版画家自己是否"真诚"。所以,我至今为止更加认同鲁迅先生的看法:就每一位版画家而言,唯一应该去做的,是"都不断的奋发,使木刻能一程一程的往前走"。

也许就是出于这样的一个原因,当我看到安徽的版画家张宜银先生的作品时,心中有着由衷的喜悦。

张宜银先生是版画专业的科班出身,1964年毕业于安徽师范大学艺术系版画专业,据他的同辈人介绍,在这一届的版画班里,他的刻苦与努力有目共睹。甚至每年假期返校时,他一个人的速写作业,往往会是全班同学的速写作业的总和。而他的毕业创作版画作品《风雪检修》,也给师友留下深刻印象。也因此,毕业时的第一名的成绩,应该并不怎么令人意外。不过,阳错阴差的是,毕业之后,他并没有能够从事版画专业的工作,而是听从国家的召唤,奔波、效力于西北边疆、深圳、北京,在不同的企业,摸爬滚打了近四十年。直到2006年,解甲归田的他,才真正重新拿起已经久违了的木刻刀。也就是在2006年,版画才终于如愿成为他晚年生活的全部。

然而,让人啧啧称奇的是,熟悉版画的人都知道,在诸多画种中,版画应该算是最费时也最费力的一种艺术,因此,退休之后再去从事版画创作,无论是精力还是体力,对任何人而言,都确实是一个极大的考验。张宜银先生的过人之处恰恰在于,对版画一往情深,并且情有独钟,尽管已经77岁高龄,却依旧笔耕不辍。他不但每年都有新作推出,而且,其中还包含了相当数量的需要极大的精力与体力付出的巨幅画作。迄今,他所创作的版画作品已达近百幅。这份体力、这份痴情、这份情怀,实在让人叹为观止。

在安徽的版画圈内,大家都知道,张宜银先生堪称"重量级",当然,这是因为他的体重比较出众,也是因为他的高龄比较出众,更是因为,在从事版画创作之余,他还能够兼顾其他,兴趣盎然地举办自己的个人京剧演唱会,这就更加比较出众了。不过,即便是以他对版画的执着而论,或者是以他对版画的付出而论,无论如何,在安徽的版画艺术家之中,他也仍旧还是堪称"重量级"。一个已经年届77岁的老人,却仍旧"不断的奋发,使木刻能一程一程的往前走",这当然堪称"重量级",而且是不折不扣的"重量级",让我们景行行止的"重量级"。

当然,更多的感触,还是来自张宜银先生的版画作品本身。我必须说,在欣赏张宜银先生的版画作品时,印象最为鲜明的,是其中所奔放洋溢着的艺术感染力。这奔放洋溢着的艺术感染力犹如一团激情燃烧的烈火,毫无吞吐迟疑,更毫不修饰雕琢。以至于只要你静下心来去面对,就立即可以明显感觉。无疑,张宜银先生是真正融会贯通了鲁迅先生所教导的"大众所支撑"与"革命所需要"的金玉良言的。在他创作的时候,操纵着刻刀的,是一颗激情跳动着的、燃烧着的"年轻"心脏。刹那间,记忆被唤醒,时光在舞蹈,画面中每一根线条,都是从情感燃烧的刻刀下喷发而出的,这就使得他的作品不能不处处洋溢着一种强烈的感染力。

就以作品中的黄山系列为例。黄山,是张宜银先生版画作品中的一个"亮点"。作为名山大川,黄山的自然之美,浑然天成,历代画师,也多有关注。张宜银先生自然也是如此,他一生钟情黄山、情定黄山,更无数次坐卧黄山,徜徉其中,目收瑰丽,胸贮丘壑,黄山的云烟变化、松石情态,无不烂熟于心。也因此,他作品中的每一刀、每一块色彩,都无不浸透了对于黄山的独特感受与一片深情。《黄山云海》,气势磅礴,雍容华贵,山峦雄浑,却不失秀丽。在创作中,张宜银先生仅用黑白明暗对比,就使得黄山荡人心魄的特色跃然纸上。《迎客松》,秀美挺拔,光彩夺目,张宜银先生木刻刀下画出的松树枝叶,有质感,有力度,神态宛然。《新安江上》,更令人叫绝,朵朵浪花充分展示画家创作的细腻和功底,那占据巨幅作品主体的大片水面和浪花,竟然是来自刀刻而不是笔画,仅此一点,就让人叹为传奇。

再以巢湖系列的作品为例。巢湖,是张宜银先生版画作品中的又一个"亮点"。张宜银先生出生在巢湖的一个农民家庭,从小就显露出过人的绘画天赋。他像画痴一样,看见什么好看的一景一物,马上就会手追心慕。可是,贫寒家境,使得他无缘绘画。幸运的是,众多的好心人见他如此酷爱绘画,都劝说他应该去考美院,去从事专业的美术创作。后来,也正是在众多的好心人的不遗余力的帮助下,本来已准备参加工作的他,才终于鼓起勇气去报考了版画专业。最终,这个在巢湖之畔成长起来的农民之子,也才得以走进美术学院的殿堂。或许,也就是出于这个原因,故乡巢湖的一草一木、一景一物,都牵动着张宜银先生的心,在他的巢湖系列的作品中,也都能找到这些关于故乡的温馨记忆。

比如,反映傍晚时分渔民们满载而归、晒网抬鱼的丰收景象的《渔归》;根据在巢湖忠庙写生时看到的鱼汛前夕的渔民们在修船、备柴情形创作的《湖边拾忆》;反映人们在巢湖湖边洗衣的《昔日湖边》,以及《渔村》《渔乡》《渔歌》《百舸争流》《晚霞》等。甚至在张宜银先生的藏书票作品中,也能找到这个温馨记忆的印痕。比如《巢湖小景》4张,也足见画家对巢湖的深情、对巢湖朴实无华民间生活的喜爱、对巢湖自然之美的崇尚。

尤其值得一提的,是张宜银先生的《巢湖印相》。从画面内容和表现手法上看,该画和其他的作品略有不同,似乎在保持写实风格的同时,融入了更多的艺术加工。何以如此?其实,这还是出自张宜银先生自己的关于故乡的温馨记忆。波光粼粼,帆船点点,这就是他记忆中的巢湖。年少时,天天去巢湖湖畔写生,渔船驶入驶出,波光粼粼,帆船点点,美丽至极,蔚为壮观。年轻时的这一场景业已深深地印入脑海,而今重现巢湖帆船捕鱼的情景,这些温馨记忆无疑会立即连贯而出,荡漾在画里画外,令人无法自拔,而且会自动转换为美丽的画面。

当然,在高产量的激情创作之中,张宜银先生对于艺术的探索也从未忘怀。在这方面,张宜银先生不但真正融会贯通了鲁迅先生所教导的"大众所支撑"与"革命所需要",而且又特别真正融会贯通了鲁迅先生所教导的"万不要忘记它是艺术"。其中,最为引人瞩目的,要属对于"黑白的美学"的求索。鲁迅先生说过:"木刻终究以黑白为正宗。"黑白是世界的正反两面,而在版画之中,黑白,又成就了大千世界的纷纭万象。这一点,无疑也正是张宜银先生的独得之秘。浏览张宜银先生的每一幅作品,都不难看到,对于温馨岁月的记忆,对于美丽未来的梦想,已经成为张宜银先生心灵映像的呈现,而在传统与现代的拳拳相惜的历史节点上,"黑白的美学"则绽放着自身的光艳夺目的魅力与活力,最终,记忆与梦想,就这样被美丽而又动人地雕刻进了张宜银先生的版画创作。

更加令人欣慰的是,始终贯穿于张宜银先生的版画创作之中的,是继承和发扬新徽派版画的艺术追求。张宜银先生师从版画大师郑震先生,工作后,又机缘巧合有幸得到赖少奇、师松龄等新徽派版画大师们的指点,因此,新徽派版画的美学探索也顺理成章地深深融入张宜银先生的版画创作之中。

《瑞雪》,是张宜银先生和朋友一起去徽州屯溪采风途中,看到一群孩子在古朴房子和几棵树下看小人书,突然就迸发了灵感,然后,又加入雪景和表现除夕夜鞭炮刚放完的场景创作而成。瑞雪兆丰收,极大丰富了原有的意境。冬景中的皖南,就像《红楼梦》里赏雪的宝琴:白雪皑皑,红袍临风,寒冷俏丽,却不失温暖,别具风情。这幅画多次荣获国内外大奖,并被荣宝斋收录,无疑都不是偶然的。新徽派版画的美学乳汁,在其中隐然可见。

《秋日》也如此。树木题材是张宜银先生极其喜爱也擅长表现的,画面中的那棵千年银杏树,以徽州唐模的千年银杏为原型。银杏,最好看的时节是在春、秋时分。春天刚发芽,翠绿景色瑰丽动人;秋时,树叶呈橘黄,颜色更美。画面中,一群小学生在扫的,正是张宜银先生选取的秋日千年银杏的落叶。而且,这幅画虽不是套色,但是,以黑白表现,却格外富有生趣。张宜银先生的恩师郑震先生曾对这幅画赞誉有加,当然并非偶然。没有新徽派版画的美学乳汁的滋养,又怎么会有这幅画作?

要之,以我的初步观察,新徽派版画所擅长的中国画线条造型与古壁画、徽三雕的色调质感用色,在张宜银先生的作品中都有着极好的体现,徽派版画线条的意韵,徽派砖雕用刀的方法,使得张宜银先生的创作铁笔生花,刀刀传神,时而繁复细致,时而粗犷开阔,柔刚并济,以致往往仅寥寥几刀,人物与景物就入木三分,跃然而出。就是这样,挥洒自如,张宜银先生将直与曲的变奏、黑与白的更迭乃至具象与抽象的交融在块面与点线的结构中交替并用,轻松地完成了对于世界的叙事。这一切,让人不能不惊呼:作品在厚重拙朴中竟然能够凸显着浓郁芬芳的刀味、木味、墨味、纸味。也让人不能不惊叹:这实在是堪称黑白木刻艺术画廊中的珍品。

当然,犹如国内版画的发展与壮大还亟待进一步的艰辛努力,张宜银先生的版画创作也还存在着很大的提升与求索的空间,然而,也犹如无限的全新可能性与对现代世界的全新解读方式,赋予了版画在当代世界中的更为广大的自由,多元与经典共存的现代性为所有的版画创作者提供了广阔的舞台,张宜银先生的版画创作也同样面临着无限的发展可能与更为广大的自由。我不必讳言,在未来,张宜银先生面临的,无疑首先是版画的困局,但是,在版画的困局背后,却又首先是希望。在其中,最为难能可贵的,则应该是坚持——无畏无惧的坚持,无怨无悔的坚持。而在这方面,我和所有熟悉张宜银先生的人们一样,对他有着百分之百的信心。老骥伏枥,壮心不已的张宜银先生在过去的岁月里既然能够"都不断的奋发,使木刻能一程一程的往前走",我深信,未来的岁月,张宜银先生也仍旧会"都不断的奋发,使木刻能一程一程的往前走"。

期待着张宜银先生能够为安徽的版画艺术宝库再添佳作!

2016年,南京

## 关于"《阿凡达》现象"的答问

[尊敬的潘教授:

您好!

我们是中国人民大学新闻学院的教师与研究生,目前正在参与一个由人大与中国电影博物馆合作开展的"《阿凡达》现象"研究项目。9号晚丁汉青老师跟您短信联系过,很荣幸您能同意接收访谈提纲。您的意见将成为我们的重要研究资料。

非常感谢您在百忙之中阅读这份邮件。近期我们会跟您保持联系!我们衷心希望能在12号之前收到您的反馈意见。非常感谢!

以下是此次访谈的提纲:]

1. 您看过电影《阿凡达》吗?如果满分为100分的话,您给该片打多少分?

2.您是美学方面的专家,是否可请您从美学角度谈谈《阿凡达》有何特色?

答:我认为它是电影的默片时代、彩色时代之后的立体时代的一个标志性作品。

它的基本美学特色,我认为是"高技术与高情感"的成功融合。而且,主要是以高技术为特色,在技术上,作品实在堪称完美;而在内容方面,虽然没有像形式上那样完美,但是也基本上可以与高技术的特征彼此融洽。

3.《阿凡达》上映期间,出现了少有的"排队消费"现象,根据您的观察,您认为是什么样的因素吸引着人们争相走进影院的?

答:多种因素的吸引的结果,但是其中最主要的,毕竟是它是一部非常出色的电影。"酒香"还不怕"巷子深"呢,何况,人家有着全世界最为成功的市场营销的宣传。

4.有观众说,自己之所以去看《阿凡达》是由于周围的朋友都在谈论这部电影。您如何评价这种观影心态?

答:这无疑是一种正常的观影心态。"口耳相传",不是也可以成为一种有效的传播方法吗?

5.您认为《阿凡达》的热映会对中国电影业带来哪些影响(包括正面与负面的)?

答:我认为最大的正面影响就是让中国的那些所谓的大导演们自惭形秽。他们的水平实在有限,但是又不思进取。这一次,终于不得不宣布自己"完败"了。这是大好事。

我希望的影响,起码应该是以后我们的电影导演也花上十五年来拍一部电影,花几个月就拍一部《三枪》,现在看来,实在是一个令人羞愧的电影大跃进的很有中国特色的历史记录啊。

至于负面的影响,我看没有。如果一定要说有的话,那就是,也许有些大导演又要以人家花钱比我们多来更多地大言不惭地去"烧钱"了。

6.陆川导演看过后最为赞赏的并不是影片的技术突破,而正是其简单的剧情中所透出的情怀。您认为这部电影展现出怎样的情怀?

**答**:其实,这种在高技术基础上制作的所谓大片,是不可能有什么值得美学上大加赞赏的情怀的。陆川导演认为有,那就请他去解释好了。在我看来,这种大片无疑一定会走"共同价值关怀"的路子,美学眼光肤浅的话,或许会认为这种情怀如何如何,其实,无非还是老套子。而且,人家的关注点也根本不在这里,而在视觉奇观。那才是人家的成功所在。3D、电脑特技、IMAX,是我们必须正视的。

7. 从文化批判的角度看,《阿凡达》在中国的火爆是否算是一种文化入侵?您如何评价《阿凡达》对中国文化以及中国社会的影响?

**答**:"入侵"就"入侵"好了,并不是所有的"入侵"都是坏事。看看我们的衣食住行,请问还有什么没有被"入侵"?何以到了一部电影进来,我们就表现得如此脆弱?何况,这也许本身就是我们国人自己假设的一个问题,我们为什么就不能换一个术语:交流。文化"交流",这不就中性得多了吗?

至于如何评价《阿凡达》对中国文化以及中国社会的影响,那可真是一言难尽,简单地说,《阿凡达》又让我们回到了过去的看"西洋景"的时代。因此,起码对于中国电影,它的影响是震撼性的。

8. 在观察《阿凡达》现象时,有学者提出,要把电影变成媒介里的高端、媒介里的贵族,要拉开电影与电视等其他媒介的消费和欣赏距离,您认为这种发展思路是否可行?为什么?

**答**:可以试一下。但是,我始终觉得,不论在任何时候,"定于一尊",都是极为愚蠢的。既然有人要拉开电影与电视等媒介的消费和欣赏距离,那当然也就还可以想象,也要允许别人拉近电影与电视等媒介的消费和欣赏距离。至于谁将被历史所接受,我们不妨静候历史的裁决。

9. 有些观众认为《阿凡达》故事老套,节奏拖沓,情节漏洞大,想象力差等,但这些负面评价丝毫没有减弱观众对于《阿凡达》的观影热情,观众普遍认为《阿凡达》使用的先进制作技术为他们带来了前所未有的视觉震撼,这是否意味着技术已经超越内容,成为影响电影发展的最重要因素?

**答**:对于《阿凡达》的缺点与优点的判断,其实正是对于《阿凡达》的自身特征的判断。因为技术含量已经成为这类电影出奇制胜并且战无不胜的独

473

门武功。在这个意义上,说"技术已经超越内容,成为影响电影发展的最重要因素",是完全正确的。

让我来说得更为准确一些:让技术成为审美要素,已经成为影响电影发展的最重要因素。

而技术的美学,却恰恰是我们国家的电影的一大缺憾。从理论到实践,都如此。

## 第八辑

### 自己的书

# 《众妙之门——中国美感心态的深层结构》的后记

本书是完成于1985年的拙著《美的冲突》的姊妹篇。

这样讲,当然是因为它们都是对"在中西文化(中西美学)激烈对峙冲突的历史背景下,中国文化(中国美学)向何处去"这样一个巨大的历史提问的艰难思考的结果。不过,它们的角度又毕竟有所不同。假如说,《美的冲突》是对中西美学激烈对峙冲突的历史过程中蕴含着的内在规律,以及明中叶—"五四"中国美学的坎坷历程的探索,本书则是对中国美学本身的"千秋功罪"的"评说"。探源知流,温故知新。看上去,它虽然比前者距离上述历史提问更为遥远一些,但实际上却实在比前者距离上述历史提问更为贴近一些。我深信,细心的读者在看完全书后,同样不难得出这一结论。

当然,这里所谓的关于中国美学本身的"千秋功罪"的"评说",是一个很大的题目。不论是以作者的才、胆、识、力,还是以目前国内的研究水平而论,都是无法毕其功于一役的。因此,本书也只能选取一个特定的角度,并且主要是从历史观照而并非价值观照的角度出发,去"评说"中国美学的"千秋功罪"。迄今为止,我仍然坚信这是最为引人瞩目的角度。但我同时又要强调,这绝非唯一的角度。除此之外,当然还可以选择其他角度,例如从道家美学——玄学美学——禅宗美学——心学美学的演进历程去"评说"中国美学的"千秋功罪",就也是一个十分引人瞩目的角度。在我看来,道家美学、玄学美学、禅宗美学和心学美学,是中国美学的精华和最具启迪意义的所在。由此入手,自然不会空手而归的。

要说明的是,在《美的冲突》和本书完成之后,我的思考还远未结束。甚至应该说,才刚刚开始。目前,我正在着手新的探索,设想从正面去思考上述历史提问。对此,在《美的冲突》和本书中,尤其是在这两本书的结束语《中国美学向何处去》和《重建中国人的梦想》中,已经初步勾勒了一个轮廓。在今后的探索中,我准备把它描绘得更为细致、具体、深刻一些。当然,这并不意味着试图一劳永逸地终止上述历史提问。恰恰相反,这只意味着试图使这一历史提问更清晰地凸现出来,唤起每一个现代中国人的高度重视和相应的思考。

或许,以我个人的绵薄之力所能做到的,也仅能如是。作为一个巨大的历史提问,"在中西文化(中西美学)激烈对峙冲突的历史背景下,中国文化(中国美学)向何处去",绝非一个人所能回答。它需要几代人,尤其是几代知识分子的艰苦努力。在作为思想家的鲁迅身后,在作为文化哲学家的冯友兰、梁漱溟身后,在作为美学家的李泽厚、高尔泰身后,不是都不难看到这一艰苦努力的深沉而又坚实的足迹吗?"天不生仲尼,万古长如夜。"这是一个颇具魅力的神话,但又毕竟是过去时代的神话。尤其是意识到上述历史提问不过是当代马克思主义所面临的建设精神文明这一重大课题在中国的独特表述,不过是象征着中国人重建精神家园的焦灼追求,这种需要就越发显示出自己历史与逻辑的必然性。我虽不敏,却也愿为回答这一历史提问而毕生执着追求。

本书有幸列入"文艺心理学著译丛书",无疑是与丛书主编鲁枢元教授的支持和信任分不开的。1986年初,当我第一次跟他谈起本书的写作计划时,他就表示了极大的兴趣,并很快就决定将其列入他主编的丛书出版。对此,我表示由衷的感谢。我还要对郑州大学文科八四、八五级的许多不知名的同学表示由衷的感谢。1986年岁末,当我以"中国美学与中国文化"为题讲授本书的初稿时,他们给我以热烈的支持。其中的很多同学是坐在窗台上、地板上,甚至是站在极寒冷的走廊里听完的。我至今也没忘记他们那热情、焦灼和探求的目光。但愿他们读过本书后,还会像过去那样,把我看作他们的知心朋友。

黄河文艺出版社的编辑为本书的出版付出了大量心血,在此谨致谢忱!

1987年12月12日于郑州大学西七楼

# 还乡者说
## ——《生命美学》的后记

"我说了,我已经拯救了我的灵魂。"

然而,我真的"说了",真的"已经拯救了我的灵魂"了吗?还乡者俄狄浦斯在路途上碰到了著名的斯芬克斯的谜语,他猜出了其中的谜底。于是,斯芬克斯投崖而死。

我一直把这个故事当作一种令人深味的传奇,直到三十岁的时候,才恍然省悟,这并非一种令人深味的传奇,而是一个伟大的寓言。

每一个还乡者都会碰上斯芬克斯,因此,每一个还乡者都必然会是成功的或失败的俄狄浦斯。

这本书就是我在斯芬克斯的诘问下作出的回答。从1988年岁首到1989年岁末,花费了整整两年的时间。我愿意承认,这是我生命中最为光辉灿烂的时期,犹如穿越了黑暗幽深的思的隧道,突然被一种莫名的对生命的秘密的洞彻所包裹和溶化,我的生命变得日益清纯、透明和美丽。而现在,当我从思想的僵硬岩石中缓缓站起身来,以一种哈姆雷特般的目光重新审视着后面那刚刚艰难跋涉而走出的路径,俯瞰着眼前的大千世界,却似乎又碰上了一个新的斯芬克斯之谜:我所说的一切都是真实的吗?我所说的一切能够准确表达我这几年的所思所想吗?这实在是每一个作者都无法逃避的斯芬克斯之谜(所以佛陀才告诫世人"吾四十九年住世,未曾说一字",所以佛教徒们才提醒自己"说了佛字,赶快漱口")。何况,在这本书中,还负载着在出版学术著作十分困难之时给我以热情支持的编辑同志的殷切目光,这一斯芬克斯之谜就不能不显得更为沉重。

歌德说:"我从祭坛带来纯洁的火,我所点燃的不是纯洁的火焰。"

克尔凯戈尔说:"一个人的思想必须是他在其中生活的房屋,否则所有人就都发疯了。"

帕斯卡尔说:"生命逃逸了,我想把它写下来,可是我写下来的只是它从我这里逃逸了。"

陶渊明说:"此中有真意,欲辨已忘言。"

唉,"恋情不减终难见,徘徊至此望其门"!

1990 年 2 月于郑州大学西七楼

# 《诗与思的对话——审美活动的本体论内涵及其现代阐释》的后记

最初,并没有想到要写这样一部著作。我多次说过,"历史、理论、现状",是我在学习、研究美学时始终注意的三个方面。而贯穿其中的,则是:对话。这是因为,在我看来,在相当长的时期内,我们的美学研究往往只是盲目地置身于西方美学传统之内,只是不假思索地认同于西方美学传统的预设前提,其结果,难免满足于喋喋不休地重复西方美学传统的学术话语,却未能提出自己的为世界各国美学界尤其是西方美学界所共同关注的美学问题。然而,进入 20 世纪之后,一向以"放之四海而皆准"自居的西方美学传统事实上已经暴露出它一直讳莫如深的空间与时间维度的有限性,这就是在空间上无法合理地阐释东方(对我们而言,是中国)古代审美文化,在时间上无法合理地阐释当代审美文化。于是,转而置身于西方美学传统之外,不再在其中与某一或若干西方美学传统的派别对话,而是在其外与整个西方美学传统对话,从而在揭示西方美学传统的有限性的同时揭示中国美学传统与当代审美文化的现代价值,就成为一个当代中国的美学学者的不失为明智的选择。结果,或者侧重于"历史"维度的关于中国古代审美文化的研究,以便在与西方美学传统的对话中揭示它在空间上的有限性,或者侧重于"现状"维度的关于当代审美文化的研究,以便在与西方美学传统的对话中揭示它在时间上的有限性,因此而具备了自己的不可忽视的当代意义。毋庸讳言,这也正是我在美学研究中的一个贯彻始终的初衷。《美的冲突》对于中西近代美学发展道路的差异的考察,《众妙之门》对于中西审美心态的深层结构的差异的考察,《生命的诗境》对于中国的禅宗美学与西方美学传统的差异的考察,《中国美学精神》对于中国美学传统(而不是中国传统美学)与西方美学传统的差异的考察,是着眼于此。《反美学》对于通过当代审美文化(狭义的而并非广义的)所折射出来的当代审美观念与传统审美观念的差异的考察,也是着眼于此(因此,《反美学》这一书名类似于马尔库塞的《单面人》,是对"反美学"这一当代审美现象的批判性研究。这一点,不难从该书的副标题中看到。有人以为我在该书中提出了一个反美学的理论,这纯属望文生义的误解)。不过,必须承认,在一段时间内,我并没有意识到这一系列的研究都不但是"历史"的、"现状"的,而且是"理论"的。以至于当我在写作《生命美学》之时,仍然未能很好地把"理论"的研究与"历史"的和"现状"的研究融会贯通。只是到了90年代初,我才开始明确地意识到:实际上,"历史"的、"现状"的研究就是"理论"的研究,反过来也是一样,"理论"的研究也就是"历史"的、"现状"的研究(对这一问题的深入讨论,请参看我的论文《在对话中重建中国美学》)。罗蒂说:"差不多在我一开始研究哲学起,我就对哲学问题出现、消失或改变形态的方式具有强烈的印象——它们都是一些新的假定或新的词汇出现的结果。""我学会了把哲学史不是看作对一些相同问题所作的一系列交替出现的回答,而是看作一套套十分不同的问题。""一个'哲学问题'是不知不觉采用了那些被包含在用以陈述该问题的词汇中的假定的产物;在认真地看待该问题之前,应当先对那些假定进行质疑。"[①]显然,在这里,"理论"的研究与"历史"、"现状"的研究事实上就是同一个东西。于是,我试着开拓新的研究路子,开始用"理论"的目光重新考察

---

[①] 罗蒂:《哲学与自然之镜》,李幼蒸译,三联书店1987年版,第18页。

自己十年来"历史"的和"现状"的研究。这"考察",延续了几年之久。其间不断地写,又不断地推倒重来,也作为美学原理课程的讲义讲了十几遍,其中的困惑、艰辛,实在一言难尽。最终的结果,就是这部著作的诞生。不过,需要强调的是,本书的研究虽然是"理论"的,然而却仍旧以"历史"的和"现状"的研究为学术背景(本书中的个别内容与我过去出版的专著有所重复,原因在此)。因此,也就仍旧是一种对话,一种更高意义上的对话(因此与建立某种"体系"无关,也与时下的某些不以"历史"的和"现状"的研究作为学术背景的只以"意见"取胜的时髦理论研究无关)。正是为此,作为一种"理论"的研究,本书选择了审美活动的本体论内涵这样一个特定的为古今中外的美学所共同关注的问题去进行纵贯中西古今的美学对话。至于对话是否成功,是否在整合中西美学、古今美学上作出了自己的贡献,尤其是是否对于长期以来一直被西方美学传统压抑到边缘但却被中国古代审美文化和当代审美文化推进到中心的一系列美学范畴、概念、问题作出了令人信服的阐释,则有待专家、读者的评价。

需要说明的是,本书在进行中西古今的美学对话的同时,出于学术讨论的需要,还展开了与中国当代的种种美学观点的美学对话。这样做,并非为"对话"而"对话",而是必须如此,并且除此之外,别无选择。因为我们只能在学术界此前的美学探索的基础上把自己的美学探索引向深入,只能一方面把学术界此前的美学探索的成果作为自己必不可少的美学营养、资源加以认真汲取,另一方面对学术界此前的美学探索的局限作出冷静、客观的剖析,从而得以由此出发,开始新的美学探索。同时,也因为任何一种理论都不过是人们阐释世界的一种模式,不能被绝对化、无限化,而只能被问题化、有限化。因此,任何一种理论都是有边界的。斯宾诺莎说得好:一切规定都是否定。获得就是失去。过去我们认为,理论研究的使命就是抹杀这种边界,使它绝对化、无限化。实际上,对于理论研究来说,最为重要、最具价值的,恰恰是这一边界。边界正意味着对话的可能。有边界,才会意识到一种理论的长处与局限,也才会因为自己存在局限而被对方所吸引,因为自己存在长处而吸引对方,从而各自到对方去寻找补充,最终推动着美学学派而不是美学门派的诞生,推动着美学本身的发展。在此意义上,不难看出,本书之所以要与中国当代的种种美学观点进行美学对话,正是要找到在彼此之间都存在着的美学边界,以便更好地进行美学研究。

例如实践美学,作为当代中国美学的重要收获,实践美学事实上已经成为当代中国的美学研究中的重要学术背景。无视这一学术背景,根本就谈不上任何的学术进步。即便是我自己,也从实践美学中受益良多,并且真诚地期待着将来仍然能够从有所发展的实践美学的新成果中继续受益。然而,平心而论,实践美学又毕竟是有其特定的理论视角的。因此,尽管它擅长从发生论的角度去阐发美学之为美学的肯定性主题,擅长从"人如何产生"(实践如何可能)的角度去阐发"审美如何产生",例如对于"审美活动如何产生"(人为什么能审美)、"美如何产生"(客体为什么会成为美的)、"美感如何产生"(主体为什么会有美感),以及"实践活动与审美活动的同一性"的实践美学的考察,并且迄今仍旧可以不断地推进自己的这一角度的美学研究(在这方面,实践美学还有着极大的潜力),然而,也正是由于这一特定的理论视角的存在,又使得实践美学无法穷尽所有的美学困惑,更无法取代所有的理论视角(在本书中我之所以不去区分实践美学之中事实上存在着的各派差异,正是由于我所关注的只是它们身上所共同存在着的这一特征)。这样,就当代中国的美学研究来而言,在西方美学传统的理论视角之外(当然仍旧是在美学之中)提出自己的理论视角与在实践美学的理论视角之外(当然仍旧是在美学之中)提出种种思路各异的理论视角,事实上就只能是一个问题的两个方面。而就本书而言,在西方美学传统的理论视角之外(当然仍旧是在美学之中)提出自己的理论视角与在实践美学的理论视角之外(当然仍旧是在美学之中)提出自己的理论视角,例如,从"审美活动如何可能"(审美活动何以为人类生命活动所必需,它包括审美活动为什么、是什么、怎么样、如何是)、"美如何可能"(美何以为人类生命活动所必需)、"美感如何可能"(美感何以为人类生命活动所必需)以及"实践活动与审美活动的差异性"的理论视角,对审美活动的本体论内涵展开生命美学的考察,就事实上同样只能是一个问题的两个方面。因此,"予岂好辩哉,予不得已也"。

何况,无论如何,实践美学还毕竟只是美学中的一种,还毕竟不能等同于美学。因此,认为实践美学可以包打天下的看法,不管是出于什么动机,应该说,都是不明智的。在此意义上,国内90年代伊始的所谓"后实践美学时期",就起码表现了美学界对于美学之为美学的一种自觉意识。它意味着真正的美学进步,并不表现在把某一种美学与美学本身等同起来,并且人为地把它抬高到去包打天下的地步,而是表现在能够自觉地意识到任何一种美学都必然有其长处,同时也必然有其局限,从而自觉地从学术观点之间的对抗走向对话,自觉地从昔日的"不破不立"或"先立后破"的做法转向"立而不破",自觉地从"唯我独尊""谁胜谁负""定于一尊"的意识转向积极地维护一种"百花齐放,百家争鸣"的宽松、宽容的学术气氛。同时还意味着我们的美学不是砌"墙"而是造"桥",是让不同的美学之间走向交流,而不是让不同的美学走向对抗,是在宽容中找到一些边界,让不同的美学在边界上可以共生,而不是画地为牢让它们拼一个你死我活。也因此,我并不赞成目前的所谓"超越实践美学"的做法。因为假如实践美学只是美学中的一种,那显然无须超越也不必超越,假如实践美学等于美学,那显然无从超越也不能超越。同时,我也并不完全赞成目前的所谓"改造"实践美学的做法。因为这种做法只是在实践美学内部才是有效的,而且是积极的。但是假如从这一看法出发去看待美学研究本身,以为经过"改造"后的实践美学仍旧应该承担起包打天下的使命,并且因此而拒绝与其他的任何美学观点对话,那显然仍旧是不明智的,并且无疑与"后实践美学时期"开始的对于美学之为美学的自觉意识背道而驰。

综上所述,尽管本书的讨论对于所有对美学感兴趣的读者都是适宜的,但是对于那些对西方美学传统(以及中国当代的种种美学观点)的那些不证自明的前提以及对形形色色的为人所"熟知"但却并非"真知"的美学经典命题有所疑问并准备考虑种种新的可能性的读者,本书的讨论也许更为适宜。我知道,所有的学术著作面对的都将是理解它的和误解它的读者,甚至有时误解可能还要大于理解。因此本书的命运实在是未知的,但无论如何,我都不会为之而懊悔。因为,这本来就是学术著作的命运。"以仁心说,以学心听,以公心辨",唯此而已。

从我开始学习、研究美学到现在,二十年左右的时间内,我们的社会已经发生了令人不能不"刮目相看"的巨变。值此之际,举国瞩目的"美学热"已经永远成为历史,美学研究已经成为学术孤岛,而我的朋友们也开始了某种前所未有的两极分化:或者从美学进入社会,把美学作为"庙堂朝市之学";或者从美学退入书斋,把美学作为"荒江野老之学"。人各有志,不能强求统一,也不必强求统一。然而,我的看法却有所不同。在我看来,一方面,美学实质上是而且也应该是一门"忧生"之学而并非"忧世"之学(事实上,人文科学都是如此。伽达默尔在《赞美理论》一书中不就提示:"理论"的希腊字根是 theoria,意谓人们的一种祭神的活动),因此时代的任何巨变都并不能从根本上影响美学研究本身的存在与否。就此而言,把美学从"忧生"转换为"忧世"之学,甚至是"救世"之学、"入世"之学,在我是心存疑惑的。正是因此,尽管我也面对过从政、下海之类的机遇,但却从未改变过自己的初衷。但另一方面,美学虽然必然是"忧生"的,但是美学家却不能只是"忧生",他不但要"忧生",而且要"忧世"。历史证明,古今中外的大学者固然形形色色,但却又有其一致之处。这就是不但学问要好,而且人品要高。所谓人品要高,正意味着要有"忧世"之心,要敢于发清议、作争谏,敢于做一个苏格拉底式的牛虻(区别于某些无聊文人的做苏格拉底所不齿的麻雀),去自由、独立地介入现实。爱因斯坦之所以在纪念居里夫人时把她的社会责任感和正义感放在首位,孔夫子之所以提出"士志于道",晚明东林党人之所以疾呼"事事关心",钱锺书先生之所以在 1946 年的国统区里发表批评鼓吹"警管区制"的文章,之所以在《周报》上发表关于"和平"问题的时评……道理均在于此。看来,"忧生"之魂与"忧世"之思是无法截然分开的(诚然,正如某些人所说的,钱锺书的意义主要在于发现了学术的自身价值,鲁迅的意义主要在于发现了学术的社会价值,然而我们却实在没有必要在其中任意褒贬甚至指手画脚,因为即便对他们本人来说,学术的自身价值与学术的社会价值也是统一的)。在这个意义上,西方知识分子问题专家爱德华·希尔斯所警示的在当代社会,知识者的社会道德水准在普遍、急剧地下降,其原因,就在于过分的"专业化"而放弃社会责任,就并非毫无道理。确实,就学者而言,假如大家无视"忧世"之思的严峻却抽身躲进象牙之塔,甚至不惜竞相比矮,不惜排成一列逐节矮化的多米诺骨牌,那么,最终倒下的就绝不是骨牌,而是我们不屈的、高贵的灵魂。换言之,学者固然要坐冷板凳,但却不能没有热心肠。那么,如何走出这无异于"戴着镣铐跳舞"的美学窘境呢?在我看来,最重要的是走出"庙堂朝市"与"荒江野老"这一虚假的两极对立。实际上,美学就是美学。它既不在"庙堂朝市"之上,也不在"荒江野老"之中,既在"庙堂朝市"之上,也在"荒江野老"之中。因此,只要改变传统的心态,以既不自以为尊,也不自以为卑,既不自命清高,也不自我贬低的心态去面对美学,换言之,只要以自由、独立的"平常心"去面对美学,就不难发现:美学的出路就在脚下。而"以平常心面对美学",这或许就是我在"四十而不惑"的时候所能够作出的选择了。

随着市场经济社会的深入发展,学术著作的出版也日益艰难。有人宽慰说,这是暂时的。我非常希望如此。然而,这"暂时"假如要以十年、二十年甚至更长的时间为期,也未免令人困惑。值此之际,本书得以顺利地列入三联书店隆重推出的"三联文库"之中,实在是令人欣慰的。为此,我应当感谢三联书店为推进学术研究所作出的不懈努力。同时,上海三联书店副社长陈达凯先生对本书的出版也给以热情支持,其间的友谊弥值珍惜。为此,我也要由衷地说一声:谢谢!

1996年春于南京大学

## 《生命的诗境》的再版后记

由衷地为本书能够再版而感到欣慰。

当然,它毕竟完成于1991年那种特定的时期、特定的心境、特定的学术水平中,因此,如今回过头来看这本书,难免会有一些未尽人意之处。其中的稚嫩是显而易见的。然而,其中的那种只有青年学子才会有的勇气,也是显而易见的。为了能保持自己在学术历程中的那个歪歪斜斜但却又是真实的足迹,对本书,我没有再做修订。

我愿意承认,尽管从完成本书的1991年迄今,我又完成并出版了《中国美学精神》(江苏人民出版社)、《反美学》(学林出版社)、《诗与思的对话》(上海三联书店)等学术著作,并且在《中国美学精神》一书中,我也已经把对禅宗美学的现代阐释扩展为对中国美学的现代阐释,也对本书中所提出的一系列的问题作出了更为深入的研究,但是,对于本书,我却一直情有独钟。这是因为,本书所开始的"中国庄禅美学与西方海德格尔美学的对话"这一课题,始终强烈地吸引着我。在我看来,这无疑是一个十分重要的课题。之所以如此,无疑是有鉴于在中国美学传统与西方美学传统之间在话语谱系方面存在着的根本的差异,或者说,存在着的根本的不可通中介,在我看来,假如找不到一个为西方美学传统与中国美学传统所能够共同理解的"中介"的话,那么,不论是站在中国美学传统的角度,还是站在西方美学传统的角度,都无法成功地实现中西美学间的对话,也无法在中西美学的对话中重建中国美学。而海德格尔美学恰恰就处在这样一个十分理想的中介的位置上。它是西方美学传统的终点,又是西方当代美学的真正起点,既代表着对西方美学传统的彻底反叛,又代表着对中国美学传统的历史回应,这显然就为中西美学间的历史性的邂逅提供了一个契机。为此,我曾经在《中国美学精神》一书中感叹:"历史也许最后一次为我们提供了再一次接通中国美学根本精神的一线血脉。"同样,我们也可以说,历史也许最后一次为我们提供了再一次接通西方美学根本精神的一线血脉。抓住这"一线血脉",无疑有助于我们真正理解西方美学传统,也无疑有助于我们真正理解中国美学传统,更无疑有助于我们真正地实现中西美学之间的对话,从而在对话中重建中国美学传统。而这,正是"中国庄禅美学与西方海德格尔美学的对话"这一课题的重大意义之所在。当然,在本书中以及在《中国美学精神》中这一课题都还只是开了个头。来日方长,今后,我会就"中国庄禅美学与西方海德格尔美学的对话"展开更为详尽的研究。

本书还是我从郑州大学调到南京大学之后所写的第一本书。近年来，朋友们见到我，偶尔会提及我在本书的"跋"中所提及的禅宗的那句话："无所特善视者，特善视普世人也"，甚至还会问及我在调到南京八年后的现在是否还愿意保持着当年的那份"特善视普世人"的平常心、爱心，我的答案仍旧是肯定的。"入地两生"，确实是"不免别有一番滋味"。而我当年的宣称欲"特善视普世人"，如今看来，也实在是有一些天真、浪漫，甚至有一些"少年不知愁滋味"。况且，假如遇到禅宗的清素和尚，也或许还会批评我：以此境界，充其量也只"可以入佛而不能入魔"。然而，我想说，我毕竟是尽了"不欺之力"，至于这平常心、爱心是否能够被理解，甚至是否偏偏被误解、不理解，那并不重要，所谓"如掷剑挥空，莫论及与不及"，实在不必心存功利之念。

"待到雪消去，自然春到来。"这是禅境，也是我当下的心境！

1998年3月于南京大学中文系

## 《美学的边缘——在阐释中理解当代审美观念》的后记

在中国美学研究之外，钟情于西方20世纪的美学与文化，就我而言，似乎是一种无可逃避的宿命，一种冥冥之中的必然（或许与西方20世纪的美学、文化和中国美学的内在相通有关）。从80年代开始，我就密切关注着这一研究对象，而且像对中国的孔子、孟子、老子、庄子、陶渊明、苏轼、王阳明、李贽、袁宏道、王夫之、石涛等哲学家、美学家以及中国文化一见倾心一样，对西方的尼采、斯宾格勒、维特根斯坦、胡塞尔、卢卡契、弗洛伊德、海德格尔、萨特、杜夫海纳、伊泽尔、加缪、福科、德里达、马尔库塞、本雅明、阿多尔诺等哲学家、美学家以及西方当代文化也情有独钟(尤其是德国的一大批哲学家、美学家,在我看来,正是他们,为20世纪的西方提供了重要的思想资源)。也因此,在1992年《中国美学精神》一书交稿之后,我就转而正式着手西方20世纪美学与文化的研究(并开始在南京大学中文系开设"美学与当代文化"专题课)。1995年,我在上海学林出版社出版了《反美学——在阐释中理解当代审美文化》一书,出乎意料的是,国内读书界的反响竟相当强烈。在最初的一段时间内,几乎每天都会收到读者热情的来信。继而,国内的许多报刊也纷纷发表文章予以介绍,有些报刊还把它列入最受欢迎的学术著作排名榜。在江苏省政府的哲学社会科学优秀成果评奖中,经过专家们的严格评审,该书也榜上有名。而且,由于书肆中一再售罄,该书在一年半的时间内,也曾经连续三次印刷。当然,由于该书毕竟是国内最早涉足西方20世纪审美文化的专题研究之一,没有现成的研究成果可以参照,在研究方法上也有待逐步摸索,加之西方20世纪审美文化本身也还处于尚未最后定型的发展之中,因此,该书对西方20世纪审美文化所作的某些褒贬,学术界可能未必都持赞同的态度。为此,我也一直真诚地期望着看到对于该书的认真的、深刻的批评。在我看来,这将是对我的学术研究工作的最为珍贵的支持。遗憾的是,迄今为止,关于该书,在数十篇的介绍、评述、引用文章中,只有署名谷方的文章是明确持不赞同态度的。更遗憾的是,也许是阅读时过于草率,作者甚至没有来得及弄清楚《反美学》的具体内容,因此竟然以为该书研究的是美学基本理论,并且"提出了一个反美学的美学体系",至于文章的引文,就更完全是或者张冠李戴,或者断章取义了(参见刊载于《文艺报》1998年3月10日上的拙文)。现在,经过四年的努力,我又完成了《美学的边缘——在阐释中理解当代审美观念》,并且借此对《反美学》中未能深入探讨的尤其是未能究究的问题予以认真的探讨。显然,这本书可以看作《反美学》一书的续篇。当然,它们之间又有严格的区别。这严格的区别,正如这两本书的副标题所提示的:《反美学》是"在阐释中理解当代审美文化",《美学的边缘》则是进而"在阐释中理解当代审美观念"。而且,像过去一样,我也真诚地期待着对于此书的认真的、深刻的批评。

从美学的角度考察当代审美文化的转型与当代审美观念的转型,是一个世纪性的课题,也是一个世界性的课题。所谓世纪性的课题,是说当代审美文化的转型与当代审美观念的转型从时间上延续了整整一个世纪(《反美学》与本书在讨论问题时往往要从世纪初开始,道理在此),而从空间上则渗透到东西方的几乎所有国家,因此,完全可以称之为21世纪最为引人瞩目的美学课题。而所谓世界性的课题,则正如我已经反复指出的西方美学传统,只是在20世纪,才逐渐暴露出它的局限性,这就是在空间维度上无法解释中国(东方)的审美实践,在时间维度上无法解释20世纪的审美实践,因此,从空间角度对于中国美学传统的考察,以及从时间角度对当代审美实践的考察,并由此而展开与西方美学传统的对话,对于当代中国的美学研究来说,无疑就应该是一个世界性的美学课题,也无疑应该是最具理论价值的课题。正是因此,我才在完成了《反美学》一书之后,从1994年开始着手写作了本书。当然,这一切还远未结束。因为不论是《反美学》抑或本书,都还主要是对于西方当代审美文化的转型与西方当代审美观念的转型的考察,都还没有涉及中国当代审美文化的转型与中国当代审美观念的转型,而且,即便是对于前者的考察,也还仍旧有待充分地加以展开……因此,尽管今后我将重新回到中国美学研究领域,着手"中国庄禅美学与西方海德格尔美学的对话"这一已经酝酿、准备了十年的课题,但是,从美学的角度考察当代审美文化的转型与当代审美观念的转型,反省20世纪的人类文化,仍将是我所密切关注的课题。

类似于《反美学》一书,本书并不满足于支离破碎地去描述当代审美观念的种种现状。本书的目的是在"阐释"的基础上进而去"理解当代审美观念"(犹如在"阐释"的基础上进而去"理解当代审美文化")。原因很简单,在我看来,真正的美学研究,不应仅是描述性、介绍性的,而必须进而对研究对象所提出的问题本身加以阐释与理解。这样,就必须采取"设身处地"的方式,首先是"让……作为问题出现",其次是"在阐释中加以理解",最后是"平等地与之对话"。要真正理解一个时代或者一个美学家,必须"设身处地"地深入理解它(他)所提出的美学问题。任何一个时代或者一个美学家所提出的美学问题,都绝不会是率意之举,而肯定是其"设身处地"地全力思考的结果,否则,就根本谈不上什么美学的问题。而作为研究者,也就有必要"设身处地"地"让……作为问题出现",并且去"在阐释中加以理解"。毫无疑问,只有让美学问题自身呈现出来,并且根据这美学问题自身所提供的启迪去"在阐释中加以理解",作为研究者,才能真正进行美学研究,从而超越那种"介绍"乃至"批判"的做法。也只有如此,作为研究者,才能决定对其是同意抑或反对,或者部分同意、部分反对,从而最终"平等地与之对话"。在没有"设身处地"地全力理解一个时代或者一个美学家所提出的美学问题之前,任何的意在支持或者批判的所谓美学研究,都是无谓的和无益的,因为,在此之前,美学研究中所固有的学术严肃性就已经消失了。科林伍德在《知识的地图》中说过:"当代历史使作者感到困惑,不仅因为他知道得太多,也因为他知道的东西没有完全消化、连贯不起来和太零碎。只有在精密地、长时期地深思熟虑之后,我们才开始了解何者为本质,何者重要,才开始了解到事物如此发生的理由,这时编写的才是历史,而不是新闻。"而如何使得本书的写作不是"新闻",而是"历史",如何在本书中真正理解在当代审美观念中"何者为本质,何者重要"、真正理解当代审美观念自身"如此发生的理由",则正是本书孜孜以求的目标,至于是否达到了这一目标,则只能由读者评说。

同样类似于《反美学》一书,本书也并不满足于指出当代审美观念本身存在着种种局限,不满足于以"唯心主义""非理性主义"之类标签去为之定性。至于其中的原因,我在本书的"导论"中就已经谈到,那就是在我看来,对于西方的新思想、新思潮、新学派,至关重要的原则是学理性的理解应当先于价值性的批判。然而在某些人那里,却认为在进行了价值性批判之后,就已经尽到了介绍、研究的责任,至于是否建立在学理性的理解的基础之上,是否能够从中学到什么,尤其是是否能够借此提高美学的思维水平、是否能够借此改造美学的理论框架、是否能够借此深刻反省美学的潜在缺陷,则是从不考虑的。这种类似于狗熊掰玉米一样的学术研究,完全可以称之为中国20世纪这一百年来的学术通病。而现在,假如还有必要在此基础上再作陈述的话,那么我要说:从长期以来为我们所习惯了的那种"理论工作者"的"大批判"心态中解脱出来,把我们的研究对象当作一位够格的美学家甚至美学大师,而不是当作一个智商连我们都不如的坏孩子,至为重要。其中,坚持自己的立场,同时也理解别人的立场,严肃地对待别人严肃地提出的美学问题,无疑应该成为最最起码的学术规范。何况,长期以来,我们往往持完美无缺的标准去苛求于我们的研究对象。然而,这一切都只能够在理想之中存在。事实上,在现实的研究工作中任何人都永远无法做到这一点。因为每一个人都只能想他能想的东西,而不能想他要想的东西。在此意义上,我们不妨极端地说,在学术研究中,无错误就是最大的错误。泰戈尔说过:"如果你把所有的错误都关在门外时,真理也要被关在外面了。""真理之川只能从它的错误之渠中流过。"确实如此。这样,当我们面对当代审美观念的时候,最为重要的就不仅是指出其中的错误——这并不难做到,而是进而指出在"错误之渠"中流过的"真理之川"。在我看来,这才是我们的学术研究中所真正需要做的工作,也才真正是一种学术研究中的大智慧。我们经常感叹自己在研究对象中无法寻找到真理,究其原因,应该说,关键就在于我们不能正确地对待研究对象中存在着的错误,就在于我们至今也不懂得:宽容地对待研究对象自身存在着的错误(当然不能是无原则的),事实上就是真正地接近研究对象自身中存在着的真理的开始。

写作《美学的边缘》,存在着与写作《反美学》时同样的某种特殊的困窘。这六七年,我逐渐发现,除了那些在所有的研究工作中共同存在的困难之外,《反美学》与《美学的边缘》的写作还存在着某种特殊的困窘。首先,是叙述与评论方面的困窘。不论是当代审美文化,还是当代审美观念,其根本立场,都是反美学传统的(也是反理性主义的)。然而,作为研究者的我,根本的立场,却并非反美学传统的(而且也并非非理性主义的)。在传统与当代之间,我所坚持的,始终是一种实事求是的、辩证的学术立场。这样,在写作过程中,怎样既客观地展现当代美学推出美学新观念的思路历程(包括其对非理性主义的片面推崇和对美学传统的激进批判),同时又实事求是地、辩证地对待传统与当代的各自的贡献与局限,就实在是一种两难。为了能够妥善地解决好这个问题,竭力避免在读者那里有可能出现的两者之间的被混同(诸如把当代美学对于美与艺术的看法混同于我本人的看法),在写作过程中,我作出了种种努力。《反美学》是如此,《美学的边缘》就更是如此了。然而,由于读者的知识背景、阅读角度、美学倾向的纷纭复杂,这种种的努力是否能够完全达到预期的效果,还有待时间的检验。其次,是研究对象本身所带来的困窘。特定的时代有特定的美与艺术,当美与艺术向新的形态转型之时,最初往往只有少数人会首先感受到,并加以提倡,大多数人却会仍旧在"传统的梦魇"中沉睡,并将这少数人视为离经叛道者、哗众取宠者,必欲除之而后快。在西方,这一幕曾经反复上演。最勇敢者往往是最不幸者,尽管成仁比成功更令人尊敬。而在20世纪,这一情况表现得尤为突出。"革新不仅意味着被排挤,而且意味着受嘲弄。由此我们想到,1913年斯特拉文斯基的《春之仪式》在巴黎公演时的情形;乔伊斯先后在出版(和印刷)《青年艺术家的肖像》和《尤利西斯》时所遇到的困难;在此前,绘画界有学院派批评家对印象主义及继后的野兽派、立体派和抽象绘画的怒斥。由此上溯,我们想到1857年波德莱尔发表《恶之花》时由于其中几首淫猥诗而受审。"更有甚者,"根除现代观念一直是当今许多国家的政策"。像"希特勒的德国和斯大林的苏联,还有南非、中东、俄罗斯集团、黑色非洲的大多数国家和美洲的圣经地带。比如,南美的许多伟大作家几乎全被流放"。(参见卡尔:《现代与现代主义》)在中国,则连徐悲鸿当年也曾认为西方20世纪现代艺术"卑鄙昏聩黑暗堕落",是"吗啡海绿茵",并质问云:"今日之称怪杰,作领袖者,能好好写得一只狗否?"时至今日,中国学术界认为西方20世纪审美观念"卑鄙昏聩黑暗堕落"的,应该说也仍旧不乏其人。这样,对于正在逐渐发展、壮大的20世纪的审美文化、审美观念的研究就不但在材料的搜集、整理以及学理的研究、评价方面存在着众所周知的困难,而且在研究工作本身也存在着特殊的困窘。事实上,多年来学术界流传的"研究古代保险,研究当代危险"的说法,就已经不难使人联想到因为研究20世纪审美文化、审美观念而同样可能引致的某种特殊的困窘了。当然,对此我倒是始终十分坦然的。我深知犹如20世纪审美文化、审美观念在发展、壮大中所遭受的"排挤""嘲弄",而今在研究中所面对的困窘也恰恰是学术发展中所必须付出的代价。面对这一切,或者"愧对良心",或者"愧对妻儿",除此之外,也实在别无选择。而且,我相信,只要坚持一种实事求是的、辩证的学术立场,以客观研究而不是盲目信仰的态度面对20世纪审美文化、审美观念,最终也必将走出困窘。

郭英剑副教授代为将本书的目录译成英文,上海人民出版社的宋慧曾女士,作为责任编辑,为本书的问世付出了种种努力,对此,均理应表达我的衷心感谢。

1998年5月于南京

# 生命美学:"一大事因缘出现于世"
## ——《生命美学论稿》的后记

王夫之曾自题座右铭云:"吾生有事。"1923年,陈寅恪先生在《冯友兰〈中国哲学史〉下册审查报告》中也写道:"佛教经典云:'佛为一大事因缘出现于世。'中国自秦以后,迄于今日,其思想之演变历程,至繁至久。要之,只为一大事因缘,即新儒学之产生,及其传衍而已。"而熊十力不但把释迦牟尼的出现慧眼独具地称为"一大事因缘出世";还曾勉励他在中央大学任教时的弟子唐君毅等人云:"大事因缘出世,谁不当有此一念耶?"

在我看来,中国20世纪从王国维、鲁迅开始的生命美学思潮无疑也属"一大事因缘"。而且,我越来越强烈地意识到只有由此入手,美学才有可能真正找到只属于自己的问题,也才有可能真正完成学科自身的美学定位。

至于我与生命美学的渊源,则应该从1984年说起。1984年的12月12日,是我28岁的生日。也就在那天的晚上,在中原寒冷的冬夜中我写就了一篇美学札记《美学何处去》,后来,这篇美学札记发表在《美与当代人》1985

年的第1期上。就在这篇美学札记中,我写下了我最初的美学思考:"相当一段时间内,美学成了'冷'美学。美是不吝赐给的。但是,摆在我们面前的,偏偏是理性的富有和感性的贫困——美的贫困。""'冷'美学是贵族美学,它雄踞尘世之上,轻蔑地俯瞰着人生的悲欢离合。'冷'美学是宗教美学,它粗暴地鞭打人们的肉体,却假惺惺许诺要超度他们的灵魂。""真正的美学应该是光明正大的人的美学、生命的美学。美学应该爆发一场真正的'哥白尼式的革命',应该进行一场彻底的'人本学还原',应该向人的生命活动还原,向感性还原,从而赋予美学以人类学的意义。""因此,美学有其自身深刻的思路和广阔的视野。它远远不是一个艺术文化的问题,而是一个审美文化的问题,一个'生命的自由表现'的问题。"

当然,最初的生命美学之路并不平坦。一开始是被不屑一顾,后来是被某些"左"派人士作为"自由化"的言论予以大肆讨伐,直到1994年,借助于杨春时先生对于实践美学的公开批评,生命美学才以"后实践美学"的同路人的名义正式走上美学的前台(尽管从时间上看要比它早将近十年)。在此之后,又是连续几年的实践美学与生命美学的激烈论战。而且,迄今为止,这一论战还尚未结束。令人欣慰的是,在近期出版的几部由著名美学专家撰写的20世纪美学史中,生命美学均已被作为20世纪的"产生了较为广泛的影响"并"有其独特的贡献"的几种"美学框架"列入其中,这或许可以被看作对于生命美学的历史地位的一种肯定。可惜的是,这一切还远远不够。因为尽管生命美学已经在学术界获得了应有的地位,但是它所带来的深刻内涵却到现在也仍旧无法为人们所准确理解。例如美学与个体生命、绝望、神性、悲悯、仁慈、爱心、自由超越性、生命本体论转向、超主客关系、超知识框架的关系,以及美学与中国美学传统和西方当代美学的关系,等等,都至今也没有引起人们的足够注意。然而,离开了这一切的生命美学还是生命美学吗?我很怀疑。

之所以如此,无疑与中国人的坚硬、冷漠、黑暗、自私、粗糙的心灵有关。悲悯、仁慈、爱心之类在中国人的心灵中从来就没有孕育、滋生,更不要说开花、结果了。我们在精神上站得太低,面对欺骗、倾轧、掠夺、凌辱、残杀、罪恶等种种丑恶现象，我们只能是或者卑怯地躲避，或者无耻地参与。在长期的苦难折磨之下，我们已经丧失了爱的体验和爱的能力，尊严、高贵、正义、善良，已经被阴谋、诡计、巧取、豪夺所取代。在近代，情况尤甚。有人说，在近代历史上有两个民族的命运最为痛苦，一个是犹太人，有灵魂而没有家园，一个是中国人，有家园而没有灵魂，信然。在20世纪的世界，我们始终是一个文化上的侏儒和精神上的侏儒。在这样一种精神氛围之中，悲悯、仁慈、爱心更不可能孕育、滋生、开花、结果。而没有悲悯、仁慈、爱心，我们的心灵就永远是世界上最最恶毒的地狱，我们所看到的，也永远只是黑暗——即便有机会看到光明，那所谓的光明，其实还是黑暗，甚至是比黑暗更黑暗的黑暗。同样，没有悲悯、仁慈、爱心，我们就永远不可能理解生命美学，不可能理解中国20世纪从王国维、鲁迅开始的生命美学思潮这一"大事因缘"。

为我所深爱着的将苦难的深度与爱的深度等同起来的陀思妥耶夫斯基曾经说：我只担心一件事，我怕我配不上自己所受的苦难。而冰心则用充满悲悯的笔触为世上饱受苦难的"畸零人"绘下了一幅心灵的肖像：

我曾梦见自己是一个畸零人，
醒时犹自呜咽，
因着遗留的深重的悲哀，
这一天中我怜恤遍了人间的孤独者。

我曾梦见自己是一个畸零人，
醒时犹自呜咽，
因着相形的浓厚的欢乐，
这一天中我更觉出了四周的亲爱。

生命美学正是与这些人同在。生命美学只与悲悯、仁慈、爱心密切相关。对于那些灵魂高贵、精神健全的人来说，对于那些即使承受痛苦、担当患难也始终洋溢着人的尊严、喜悦的人来说，对于那些由衷地爱人类、爱生活的人来说,生命美学应该是与生俱来的。

就我而言,也是如此。走近生命美学,最初与其说是出于理论的学习,远不如说是出于生命的感悟。80年代初,我天天阅读的都是西方黑格尔、康德的知识论美学和中国朱光潜、李泽厚的实践论美学的著作,但是正是内在的生命感悟,使我很快就离开了他们。尤其是这几年所遇到的许多奇奇怪怪的卑鄙、龌龊,反而更使我时时与悲悯、仁慈、爱心同在,因此也反而更使我领悟到生命美学的奥秘。那个首先倾听上帝而不是谈论上帝的卡尔·巴特描述自己写作《罗马书注释》一书时的心路历程时说:"当我回顾自己走过的历程时,我觉得自己就像一个沿着教堂钟楼黑暗的楼道往上爬的人,他力图稳住身子,伸手摸索楼梯的扶手,可是抓住的却不是扶手而是钟绳。令他非常害怕的是,随后他便不得不听着那巨大的钟声在他的头上震响,而且不只在他一个人的头上震响。"(巴特:《罗马书注释》)这,也是我将近二十年中所走过的心路历程!

因此,只有悲悯、仁慈、爱心,才是生命美学的温床,也只有悲悯、仁慈、爱心,才能使平庸的美学论坛重获尊严。舍斯托夫在他的堪称临终绝唱的《纪念伟大的哲学家爱德曼·胡塞尔》一文中说:"通向生活的原则、源泉和根本的途径是通过人们向创世主呼吁时的眼泪,而不是通过那询问'现存'事物的理性。"确实如此!

展望新的世纪,生命美学还有大量的工作要做。中国美学传统的再阐释、西方美学传统的再认识、西方现代美学的再接受、当代审美实践的再考察以及美学基本理论本身的再建构……宏观的、微观的、比较的、理论的、个案的等等。本书所着眼的就是其中的一个重要方面,即美学基本理论本身的再建构,其中的着眼点则是美学的智慧。因为,在长期的美学论战之中,我发现尽管美学的种种看法可以截然不同,甚至无法通约,但是其中所体现的美学智慧却应该是共同的。那么,与其把精力消耗在种种美学看法的论战之中,不如进而探讨在生命美学的背后所体现出的深刻智慧(所以明人冯梦龙才会在所编《智囊》一书序言中说:变能穷智,智复不穷于变)。应该怎样研究美学? 美学的起点应该是什么? 美学的人学背景应该是什么? 以及美学的内在取向与提问方式又是什么？或许，这应该是推动美学进步的一种可资借取的方式？于是，就有了读者所看到的这本书。不过，我要声明，这本书像我所有的书一样，首先还是写给我自己的，"为什么一定是生命美学？"这就是我在本书中逼迫我自己来回答的一个根本问题。显然，只要所遵循的美学智慧是正确的，那么，走向生命美学也就是"一定"的。同时，出版本书，还有一个小小的但却十分重要的奢望：为了给作为西方的"大事因缘"的理性主义思潮护航，西方曾经有亚里士多德的《工具论》以及培根的《新工具论》的相继问世。这无疑是必须的。然而爱因斯坦却惊叹：中国没有这一"工具"，为什么竟然也能够深刻地思想？这"惊叹"给我们（至少是给我）以深刻启迪。离开了西方所提供的这一"工具"，生命美学将如何深刻地思想？在本书中，我也希望能够通过自己的思考，为新世纪生命美学的对于"新工具"的呼唤发出最初的呐喊。

必须说明的是，本来我并没有打算写这样一本书。近年来，围绕着"为天地补'神性'"这一中心，我日夜与中国的《山海经》《庄子》《古诗十九首》、魏晋玄学、《世说新语》、陶渊明、李煜、禅宗典籍、苏轼、李清照、李贽、公安三袁、曹雪芹、王国维、鲁迅以及西方的《圣经》、奥古斯丁、雨果、荷尔德林、陀思妥耶夫斯基、托尔斯泰、卡夫卡、艾略特、克尔凯戈尔、帕斯卡尔、索洛维约夫、舍斯托夫、别尔嘉耶夫、弗洛伊德、胡塞尔、海德格尔、舍勒、马丁·布伯、乌纳穆诺、马塞尔、蒂利希等对话，希望从上述美学历史谱系、精神资源的"一线血脉"中寻找一条重新理解美学与美学历史并叩问美学新千年的现代思路，然后准备继《生命美学》《诗与思的对话》之后再写一部有关生命美学的专著。我并且对这本书寄予着厚望。但是去年3月从美国回来后，我转入南大新闻传播学系工作，美学研究暂时成为业余，此书自然也就无法按时完成。恰在这时，我的母校郑州大学希望出一套美学方面的丛书，于是，我从已经完成的文稿中挑选了一部分，加上已经发表的一些文章，编成了这本小书（《生命的悲悯》将俟来年另行出版）。这些文稿为作为代序的《生命的悲悯：奥斯维辛之后不写诗是野蛮的》，以及《还原预设：一个美学的误区》《从庄玄到禅宗：中国美学的智慧》《中国美学的思维取向》《为美学补

"神性":从王国维接着讲》《人学背景:"人是'什么'"与"人是'X'"》《再论人学背景:"我的觉醒"与"美学的觉醒"》《三论人学背景:从自由到选择》《超越主客关系:关于美学的当代取向》《超越知识框架:关于美学的提问方式》,共十篇。其中,《生命的悲悯:奥斯维辛之后不写诗是野蛮的》《为美学补"神性":从王国维接着讲》可以作为本书乃至生命美学的导读,有兴趣的读者,不妨先从这两篇阅读。本书收入的已经发表的文章中,《美学何处去》、《生命活动:美学的现代视界》(《百科知识》1990年第8期,并作为1991年由河南人民出版社出版的《生命美学》一书的导论)是我最早的两篇提倡生命美学的美学论文,今天看来,仍旧完全站得住脚,因此一并收入。不过,《美学何处去》一文毕竟十分幼稚,因此只作为附录。《美学的困惑》一文发表于《学术月刊》1994年第12期,在发表时被编辑改为《实践美学的本体论之误》,现在仍旧把标题改了回来。至于其他的文章,则大多一仍其旧,只是为了与全书的内容相互协调,在文字上做了一些相应的改动。

希望我的妻子和女儿能够喜欢这本书。1998年,在《美学的边缘》一书的后记中我就说过:或者"愧对良心",或者"愧对妻女",除此之外,实在别无选择。而现在,为了我的"愧对",除了仍旧要说"实在别无选择"之外,我还要对她们说一声:谢谢!

当然,我还会继续不懈努力。为自己,为妻女,也为生命美学。

2002年2月28日,南京

## 《王国维:独上高楼》的后记

想说的太多,遗憾的是,篇幅毕竟有限。

进入世纪之交,围绕着"新世纪美学与信仰启蒙"这一中心,我始终关注着从曹雪芹、王国维、鲁迅开始的美学道路,并且希望由此入手,寻找一条重新理解美学与美学历史并叩问美学新千年的现代思路,然后准备继我的《生命美学》《诗与思的对话》《生命美学论稿》之后,完成一部有关生命美学的新的专著。

就在这个时候,我素所敬重的乐黛云先生来函,命我参加她所主编的丛书。于是,我选择了《生命的悲悯》中关于王国维的研究成果,整理成篇,先行付梓,是发表意见,也是征求意见,希望引起讨论,也希望引起思考。

谢谢乐黛云先生给我这样一个机遇。是乐黛云先生把我领进了中西比较美学研究的大门,我也倾尽全力地努力过,衷心希望我的这本小书不致令乐黛云先生失望!

谢谢曾任中国社会科学院文学研究所所长后旅居美国并任美国科罗拉多大学客座教授的刘再复先生、中山大学中文系教授博士生导师林岗先生、北京大学哲学系教授博士生导师阎国忠先生、厦门大学中文系教授博士生导师杨春时先生、华东师范大学中文系教授博士生导师张弘先生,本书第七章第二、三节的主要内容在《学术月刊》2003 年 10 期以《为信仰而绝望,为爱而痛苦:美学新千年的追问》为题刊出后,他们及时撰文予以热情肯定(见《学术月刊》2004 年 8 期),因而极大地坚定了我完成本书的信心与决心。

谢谢近年来在讲座中听我谈及书中基本思路的北京大学、清华大学、中国人民大学、北京广播学院、中央民族大学、上海交通大学、同济大学、中国科技大学、华中科技大学、厦门大学、东南大学、香港中文大学、香港浸会大学以及南京大学等院校的师生,他们的理解、支持、诘难、质疑,同样极大地坚定了我完成本书的信心与决心。

里尔克吟咏道:"既未认清痛苦/也没学会爱/那在死中携我们而去的东西/其帷幕还未被揭开。"(里尔克,转引自海德格尔《海德格尔诗学文集》,第 86 页,华中师范大学出版社 1994 年版)我始终以为,这是对于(从曹雪芹美学到)王国维美学的最为恰切的评价,是对于(从王国维美学到)鲁迅美学的最为恰切的评价,也是对于(从鲁迅美学到)世纪之交美学的最为恰切的评价。可惜实在说来话长,这本书只能开一个头。希望在日后的新著中能够真正有所涉及,并且能够真正把话说完。

"昨夜西风凋碧树,独上高楼,望尽天涯路!"

2004年9月于南京大学

# 《红楼》在侧,觉我形秽
## ——《〈红楼梦〉为什么这样红——潘知常导读〈红楼梦〉》的后记

《世说新语·容止》记载:"骠骑王武子是卫玠之舅,俊爽有风姿。见玠辄叹曰:'珠玉在侧,觉我形秽。'"

我经常说,这也是我读《红楼梦》时的体会。每每读罢《红楼梦》,我辄叹曰:《红楼》在侧,觉我形秽。

这当然不是夸张。

在中国,许多古代的所谓经典作品都令人尴尬,因为它们往往在具备着营养的同时也具备着毒素。哪怕是《论语》《庄子》,也都是如此;就更不要说《三国演义》《水浒传》这类的书了。这实在是一种尴尬。

令人欣慰的是,《红楼梦》终于走出了这一尴尬。

因此,对于我来说,《红楼梦》已经完全不是一部文学作品,而是一部美学宝典与人生宝典。它犹如一面镜子,照见了我的过去、现在与未来,更犹如一个窗口,让我看到了真正的美学与人生。

这本《红楼梦》为什么这样红,就是我多年以来向《红楼梦》学习的一些体会。我不敢说在这本书里会有多少真知灼见,但是,在这本书里却肯定有我的全部真诚,也肯定有我自己的关于《红楼梦》的全部所思所想。

陀思妥耶夫斯基的名著《白痴》里有一个美女娜斯塔霞,她曾对"白痴"梅斯金公爵说:别了,公爵,我第一次见到了人。

在这里,我也想说:别了,《红楼梦》,我第一次见到了"书"。

"《红楼》在侧,觉我形秽",请允许我就以这句话来结束我的后记。

## 《红楼梦为什么这样红——潘知常导读〈红楼梦〉》的再版后记

还在2008年的时候,尽管这本书才刚刚出版,可是我就隐隐觉得,它还有再版的一天。

此后的几年,我在全国大大小小的很多讲堂又讲过无数次《红楼梦》。其间,还在上海电视台、江苏电视台、安徽电视台、南京电视台做过百集左右的关于《红楼梦》的电视节目。今年4月,为纪念曹雪芹诞辰三百周年,我又与南京市委宣传部、南京电视台合作,在南京做了一场脱口秀+真人秀的讲座:"《红楼梦》为什么这样红"。在这当中,听众们对《红楼梦》的喜爱、对中国文化的喜爱以及对这本书的喜爱,就更加让我坚信,它一定还有再版的一天。

然而,我没有料到的是,这一天的到来却比我预想的要更快。

感谢学林出版社的现任、前任社长段学俭先生、曹维劲先生的大力支持。

也感谢这个呼唤着中国文化的伟大复兴的时代。

遗憾的是,因为时间仓促,这次的再版,我原本是很想把这本书再增加一些篇幅,再重写一遍的,最终,却不得不忍痛放弃了这个想法。

幸而,今后一定还有机会。

最后,我要说——

鲁迅先生在《华盖集·忽然想到(四)》中说过:"先前,听到二十四史不过是'相斫书',是'独夫的家谱'一类的话,便以为诚然。后来自己看起来,明白了:何尝如此。历史上都写着中国的灵魂,指示着将来的命运,只因为涂饰太厚,废话太多,所以很不容易察出底细来。正如通过密叶投射在莓苔上面的月光,只看见点点的碎影。"在《红楼梦》的字里行间,就"写着中国的灵魂,指示着将来的命运"。

在这本书里,我期望展示给每一位读者的,也正是"中国的灵魂"和"将来的命运"。

为此,我期待着读者朋友的关注、支持与指正。

当然,不仅仅是这本书,在我今后的工作中,通过中国文化的"密叶投射在莓苔上面的月光"与"点点的碎影",去展示蕴含于其中的"中国的灵魂"和"将来的命运",也将是我在美学基本理论研究之外亟待着手的一项工程。

为此,我同样也期待着读者朋友的关注、支持与指正。

2015 年 7 月,南京大学

## 《谁劫持了我们的美感——潘知常揭秘四大奇书》的再版前言

当被问及毕生的工作之时,海德格尔的回答是:重新阐释西方哲学。

我想说,重新阐释中国美学,也是我的毕生工作。

多年以来,围绕这个主题,我陆续出版过一系列的中国美学专著,它们是:《美的冲突》(上海学林出版社 1989 年版)、《众妙之门》(黄河文艺出版社 1989 年版)、《中国美学精神》(江苏人民出版社 1993 年版)、《生命的诗境》(杭州大学出版社 1993 年版)、《中西比较美学论稿》(百花洲文艺出版社 2000 年版)、《独上高楼——中西美学对话中的王国维》(文津出版社 2004 年版)、《谁劫持了我们的美感——潘知常揭秘四大奇书》(学林出版社 2007 年版)、《〈红楼梦〉为什么这样红——潘知常导读〈红楼梦〉》(学林出版社 2008 年版)、《说〈红楼〉人物》(上海文化出版社 2008 年版)、《说〈水浒〉人物》(上海文化出版社 2008 年版)、《说〈聊斋〉》(上海文化出版社 2010 年版)等等。

不过,区别于时下的中国美学研究,我的上述工作都主要不是描述的,而是阐释的。我所关注的,也主要的不是中国美学的流向,而是中国美学的方向。鲁迅先生说过:"先前,听到二十四史不过是'相斫书',是'独夫的家谱'一类的话,便以为诚然。"可是,"后来自己看起来,明白了:何尝如此。历史上都写着中国的灵魂,指示着将来的命运,只因为涂饰太厚,废话太多,所以很不容易察出底细来。正如通过密叶投射在莓苔上面的月光,只看见点点的碎影。"而在中国美学的历史中挖掘那些"写着中国的灵魂,指示着将来的命运"的东西,也正是我的目标。因为,在我看来,只有那些"写着中国的灵魂,指示着将来的命运"的东西,才真正属于中国美学,这就正如海德格尔的提示:真正过去的东西,一定是在未来与我们相遇。

由此出发,在多年的研究中,我发现,中国美学存在着两大美学传统。其一,是以《三国演义》与《水浒传》为代表的美学传统,它意味着一个"忧世"的美学传统,一个现实关怀的美学传统,一个按照王国维的话说是"以文学为生活"的美学传统。坦率说,它曾经是中国美学的主流。因此,这也正是王国维、鲁迅在批评中国美学的缺憾时使用了全称判断的理由与原因(因此,他们的批评甚至难免会给后人以全盘否定的印象)。但是,平心而论,它却并非中国美学的精华,所代表的,也仅仅是中国美学的流向,而并非中国美学的方向。事实上,在中国美学里还存在着一个以《红楼梦》为代表的美学传统,它意味着一个"忧生"的美学传统,一个终极关怀的美学传统,一个按照王国维的话说是"为文学为生活"的美学传统。而且,这才是中国美学的"精华",也才代表中国美学的方向。因为,它"写着中国的灵魂,指示着将来的命运"。不过,由于它并非中国美学的主流,因此就往往被中国美学的"主流"所遮蔽,或者被中国美学的"主流"所扭曲,这就是鲁迅说的:"只因为涂饰太厚,废话太多,所以很不容易察出底细来。正如通过密叶投射在莓苔上面的月光,只看见点点的碎影。"

例如,在我看来,中国美学的真正源头应该回溯至《山海经》。

《山海经》里的人物,乃是最为本真的中国人。"生日月"的羲和、"化万物"的女娲是中国的开辟女神;舞干戚的刑天、触不周的共工是中国的血性男儿;衔木填海的精卫、布土堙水的鲧禹父子是反抗命运的悲剧英雄。《山海经》写了生命的激情和拼搏,欢欣和渴慕,反抗和追求,它是中华民族真正的血性之源。遗憾的是,由于殷商之际以及秦帝国的建立这两大历史转折的出现,《山海经》这一美学源头却被无情地斩断了,被中国美学的"主流"遮蔽,或者被中国美学的"主流"扭曲,它的"底细"和"点点的碎影"也已经只能够偶有所见。

最早的,例如伯夷、叔齐,他们隐居在首阳山,不食周朝之食。为什么要如此?联想一下殷商之变,就会意识到,这正是对于从《山海经》发源的美学传统的呵护。例如他们的那首著名诗歌《采薇歌》:"登彼西山兮,采其薇矣。以暴易暴兮,不知其非矣。神农虞夏忽焉没兮,我安适归矣?于嗟徂兮,命之衰矣。"其中对于"以暴易暴"的抨击,对于《山海经》这一美源头的"命之衰矣"的感叹,以及"我安适归矣"的忧伤,至今就还令人心痛不已。遗憾的是,此后,《山海经》这一美学源头的"底细"和"点点的碎影"就变得若隐若现了。例如,在《古诗十九首》里;例如,在李后主的诗词里;例如,在纳兰性德的诗词里;例如,在《西厢记》《牡丹亭》里;例如,在《红楼梦》《金瓶梅》里。

而从美学的思想谱系的角度看,情况也是如此。在《文心雕龙》等等的所谓"主流美学"之外,《红楼梦》这一美学源头的"底细"和"点点的碎影",也已经只能够偶有所见。其中,最值得注意的,是庄子的生命美学、魏晋的个性美学与晚明的启蒙美学。

在儒、释、道之中,庄子的美学隐含着一种内在的二重性。这就是在强调人之自然时,无疑是尊重生命的,当然主要是精神的生命,庄子美学也因此而被称为生命美学。这就是庄子所强调的"道"的超越性、所强调的"以游无穷"(追求无限)、所强调的由于对于精神自由的追求而出现的"无为"、所强调的"不为物役"、所强调的"性"("马之真性"),但在强调天之自然时,人之自然就没有了,尽管仍旧是尊重生命的,但却只是肉体生命(所谓"保身"),在此意义上,庄子美学则很难被称为生命美学,而只是逍遥美学。这就是庄子对"道"的遍在性的强调、对"乘物以游心"的强调(满足有限)、对由于对于肉体自由的追求而出现的"无为"的强调、对"残生伤性""弃生以殉物"的强调、对"形"的强调、对"顺物自然而与世俗处"的强调。因此,当庄子说人应重返自然的时候,这个"自然"无疑是天之自然,它是"恬淡、寂寞、虚无、无为"的,因此,人也应是"恬淡、寂寞、虚无、无为"的,由此,就有了"形若槁木、心如死灰""吾丧我"等等人们耳熟能详的一系列言论。但是,作为天之自然的产物,人类的独特禀性,诸如人的未完成性、无限可能性、自我超越性以及未定型性、开放性和创造性,不也是一种自然——人之自然吗?人类要重返自然,不是应该重返这个人之自然吗?或者说人类不正是因为做到了"顺乎己"才最终做到了"顺乎天"吗?在这里我必须强调,其实庄子已经不自觉地注意到了这一区别,甚至提出了"任其性情之真"这样一个值得大加发挥的命题,但却又自觉地由此跨越而过,强迫人之自然也归属于天之自然。可是,"任其性情之真"这个命题作为一个重要的思想,却毕竟给了《红楼梦》美学传统以重要的理论支持。

魏晋的个体美学是《红楼梦》美学传统的重要组成部分。对于魏晋,鲁迅称之为"文学的自觉时代",确实十分精到。而魏晋个体美学的精彩,也只有晚明的启蒙美学可以媲美。它在中国美学史里第一次喊出了:"我与我周旋久,宁做我。"(殷侯)而且,儒、道所提倡的"圣人忘情",高则高矣,但与真实的人生无关;放弃对于生存意义的追寻的"最下不及情",也与真实的人生无关;真实的人生,肯定应该是钟情的人生,因此,"情之所钟,正在我辈。"(王戎)这样,审美活动无非就是"任其性情之真",魏晋的个体美学把它叫作:"畅适之一念"(宗炳),而"文章者,盖性情之风标,神明之律吕也。"(萧子显)阮籍、嵇康就是魏晋的个体美学的代表,他们的"越名教而任自然"(嵇康)的风范,至今令我们追慕和敬仰。

晚明的启蒙美学在《红楼梦》美学传统里更是不能不提。从明中叶开始,中国美学的漠视向生命索取意义的人与意义维度以及为此而采取的"骗""瞒""躲"等对策,逐渐为人们所觉察,为此,李贽迈出了关键的一步。李贽疾呼要"天堂有佛,即赴天堂;地狱有佛,即赴地狱",甚至反复强调"凡为学者皆为穷究自己生死根因,探讨自家性命下落"。对这一"性命下落",李贽干脆把它落实到"人必有私"的"穿衣吃饭即人伦物理"之中。于是,他不"以孔子之是非为是非""颠倒千万世之是非",转而提倡庄子的"任其性情之情",各从所好、各骋所长、各遂其生、各获其愿,认为"非情性之外复有礼义可止",从而把儒家美学抛在身后;同时认为"非于情性之外复有所谓自然而然",因此没有必要以"虚静恬淡寂寞无为"来统一"性命之情",从而把道家美学也抛在身后。应该说,这正是对于生命的权利以及自主人格的高扬。在他的身后,是"弟自不敢齿于世,而世肯与之齿乎"并呼唤"必须有大担当者出来整顿一番"的袁宏道,是"人生坠地,便为情使"(《选古今南北剧序》)的徐渭,是"第云理之所必无,安知情之所必有邪!"(《牡丹亭记题词》)的汤显祖,是"性无可求,总求之于情耳"(《读外余言》卷一)的袁枚,等等。而美学主张更有"不知所起,一往而深"的"情"、在"道理闻见"之外的"童心"、与"病梅"不同的"面目也完",我过去在《美的冲突》(学林出版社1989年版)里也曾经对其中的从"意境"到"趣味"、从"以幻为奇"到"不奇之奇"、从"乐而玩之"到"惊而快之"、从"类型"到"性格"做过详尽的讨论。从此,"我生天地始生,我死天地亦死。我未生以前,不见有天地,虽谓之至此始生可也。我既死之后,亦不见有天地,虽谓之至此亦死可也。"(廖燕:《三才说》)伦理道德、天之自然开始走向人之自然,伦理人格、自然人格、宗教人格也开始走向个体人格。《红楼梦》美学传统由此得以羽翼丰满。

在这当中,真正代表着《红楼梦》美学传统的成熟的,当然还不能不推《红楼梦》本身。《红楼梦》,是中国的"众书之书",是爱的圣经、文学宝典与灵魂史诗,是中国美学精神的集中体现,也是中国美学精神的集中代表。它是溯源于《山海经》的庄子的生命美学、魏晋的个性美学与晚明的启蒙美学的集大成,同时,它也真正揭示了中国的"主流"美学的彻底失败。"忧世""以文学为生活",以及现实关怀的以《三国演义》和《水浒传》为代表的美学传统实际上与审美活动无关,这是一个在中国美学的历程里延续了千年的内在秘密,但是,只有在《红楼梦》里,人们才第一次大梦初醒,真正彻悟了这个千年的内在秘密。因此,研究、继承以《红楼梦》为代表的"写着中国的灵魂"的美学传统,也就亟待成为我们身上的无可推卸的历史重任。因为它"指示着将来的命运",只有理解了这一美学传统,才有可能准确把握中国美学精神的过去,也才有可能准确把握中国美学精神的现在与未来。

至于以《三国演义》与《水浒传》为代表的美学传统,则恰恰代表着中国美学的衰败。这也正如鲁迅先生所说:"人有读古国文化史者,循代而下,至于卷末,必凄以有所觉,如脱春温而入于秋肃,勾萌绝朕,枯槁在前,吾无以名,姑谓之萧条而止。"这是一种"秋肃""枯槁""萧条"的美学传统,也是中国美学自身的缺憾与不足的集中体现。而且,尤其要指出的是,它还是在后期中国自身的"秋肃""枯槁""萧条"的集中体现。

所谓后期中国,主要是指的中国的元明清三代这六七百年时间。宋代以后,是元朝的98年,在此期间,中国文化饱受蹂躏,后面的明朝276年的君权统治更是完全可以"媲美"元朝,甚至连《孟子》都大加删除。至于清朝的275年,更是对于中国文化的根本精神的完全隔膜。因此,在元明清的六七百年里,曾经作为中华民族的精神脊梁的原始儒家、原始道家以及佛教的中华化——禅宗都早已严重变形,甚嚣尘上的只是"伪"中国文化。这就是为我们所熟知的后期儒家以及《三国》和《水浒》——鲁迅称之为"三国气"和"水浒气"。

也因此,我甚至觉得20世纪的"五四"新文化运动对于孔子的批评都是找错了目标。因为它没有意识到:在后期中国,真正对于中国文化的方向有所贡献的,是中国的原始儒家与原始道家与佛教文化的三次对话而产生的三大成果(在宗教方面所产生的禅宗,在哲学方面所产生的心学,在文学方面所产生的《西游记》以及《西厢记》《牡丹亭》等等)以及在这三大成果基础上诞生的《红楼梦》,而影响并流毒中国的,则是众多明儒与清儒们所炮制的所谓成果。而且,在后期中国,在原始儒家、原始道家基础上形成的"写着中国的灵魂,指示着将来的命运"的中国美学精神也已经让位于在宋明理学基础上形成的"秋肃""枯槁""萧条"的"伪"中国美学精神——"小说教"(以《三国演义》《水浒传》为代表)。

进而,就后者对我们在价值观念方面的影响而言,其深刻程度和巨大程度,应该说,我们到现在也还是缺乏清醒与深刻的估计。例如,"五四"时期"打倒孔家店"的口号对于人们的误导,就值得关注。必须明确,假如这个

"孔家店"必须打倒,那么,它则只能是指的众多明儒与清儒们所炮制的后期儒家(所谓"儒教"),而与原始儒家无涉。可惜,20世纪的"五四"不但对于西方的"前世今生"缺乏深刻的把握,而且对于中国自身的"前世今生"也缺乏深刻的把握。因而,其实当时的中国与西方就不是隔了一层,而是隔了两层。也就是说,在中国与西方之间,在隔了后期儒家一层之外,还隔了第二层——原始儒家。因此,平心而论,在"五四"期间我们本来所亟待去做的,应该是从高扬《红楼梦》美学传统与批评以《三国》《水浒》为代表的美学传统起步,也就是说,应该是从高扬原始儒家与批评后期儒家起步。遗憾的是,由于后期儒家距离我们更近,而且甚至就已经构成了我们的血肉灵魂,因此,我们也就往往会误以为后期儒家就是原始儒家甚至就是比原始儒家更原始儒家,于是,逐渐被一层层根本谬误包裹了起来的后期儒家反而导致我们对于原始儒家的漠视,由此导致的对古老的中国文化的一次次的"全盘西化"的大清除。也就反而令我们错失了与西方文化对话的契机。

无疑,对于原始儒家的漠视以及误以为后期儒家就是原始儒家甚至就是比原始儒家更原始儒家,这已经构成了"五四"新文化运动的一个根本缺失。也因此,"接着"我们的"五四"前辈去"说"、去批评后期儒家、去批评以《三国演义》与《水浒传》为代表的美学传统,就成为我们当今亟待完成的一项迫在眉睫的重要工作。显然,《谁劫持了我们的美感——潘知常揭秘四大奇书》的撰写,就是出于这样一个基本的思考。

感谢学林出版社的现任、前任社长段学俭先生、曹维劲先生的大力支持。在2007年之后,这本书有了再版的机会。

这次再版,主要的工作是更换了原来的附录,将原来的附录《文学的理由:我爱故我在》删去,改为现在的《从〈水浒传〉到"水浒气"》《从〈三国演义〉到"三国气"》《〈三国〉〈水浒〉贻害中国》三篇,因为它们与本书的主旨更加接近,而且,也代表了近八年里我在这个方面的最新思考。

顺便要说明一下的是,在这八年里,本来还打算把本书中的第四篇《裸体的中国》扩展为三十万字,出版《裸体的中国——潘知常导读〈金瓶梅〉》,而且曾经与一家出版社签约,也完成了初稿,但是,因为一直忙于别的事情,这本书就一直拖了下来。不过,作为《〈红楼梦〉为什么这样红——潘知常导读〈红楼梦〉》的姊妹篇,作为对于"写着中国的灵魂,指示着将来的命运"的中国美学精神的彰显,这本书始终都是在我的写作计划之中的,因此,我也一直希望能够有时间来完成这一工作。

还顺便要说明的是,不论是《〈红楼梦〉为什么这样红——潘知常导读〈红楼梦〉》还是《谁劫持了我们的美感——潘知常揭秘四大奇书》,抑或上面提到的《裸体的中国——潘知常导读〈金瓶梅〉》,其实都是在为我的《中国美学精神》(江苏人民出版社1993年版)一书的修改、扩充而做的工作准备。这本书已经出版了二十多年,它的再版,也一直是我在积极准备的一项重要工作。当然,对于"写着中国的灵魂,指示着将来的命运"的中国美学精神的彰显,始终都是这本书的根本目标。而对于这本书的修改、扩充,也无疑是期望能够更加接近这个根本目标。显然,关于"写着中国的灵魂,指示着将来的命运"的中国美学的方向,关于《红楼梦》美学传统以及以《三国》《水浒》为代表的美学传统,在这本书的修改、扩充中会被给予更加充分的关注与更加全面的阐释。

因为时间仓促,没有机会对这本书的内容加以修改、扩充,这有点遗憾。好在,来日方长,相信在不远的将来,会有这一天的到来。也因此,我继续殷切期待着读者的批评与指正。

2015年7月26日,南京大学

## 《头顶的星空——美学与终极关怀》的后记

当年佛陀在菩提树下得道,抬望眼,看到了头顶的灿烂星空。

三十年前,在美学思考中激励着我幡然醒悟的,也是头顶的灿烂星空。

从此,信仰维度、爱的维度以及终极关怀,就成为我频频涉及的话题。

然而，终于可以把自己关于美学与终极关怀的思考，以及自己关于从信仰维度、爱的维度重建美学的思考写成一部专著，却是在三十年以后的现在才得以实现。

是耶非耶，读者看过之后自有公论，毋庸我再多言。

不过，因此而激发的更加深入的思考与讨论，却是我时时刻刻都在期待之中的。

三十年前，1984年的今天，作为一个青年学者，我写了一篇文章《美学何处去》，发表在1985年第一期的《美与当代人》上，提出了自己关于生命美学的基本构想。1991年，我又在《生命美学》（河南人民出版社1991年版）中呼吁：我们的"目标不能是别的什么，而只能是……神性"。"学会爱，参与爱，带着爱上路，是审美活动的最后抉择，也是这个世界的唯一抉择！"那应该是自己关于美学与终极关怀的思考，以及自己从信仰维度重建美学的思考的牛刀小试。三十年中，这一思路曾经屡遭诘难，也曾经几经风雨，但是，最终却终见彩虹。三十年后，这一思路已经引起了越来越多的学人的关注。例如，2014年11月30日，以"美感的神圣性"为主题的"美学散步沙龙"就在北京大学燕南园56号举行。自北京大学、清华大学、中国人民大学、武汉大学、中央美术学院等10余家单位的40位学者出席，著名物理学家杨振宁教授、哲学家张世英教授、杜维明教授等发言。美学与终极关怀的问题，因此而有了更多大家的参加，也因此而有了更加深入的讨论，我终于可以欣慰地说：我已经不是一个人在战斗。

十一年前，本书结束语的初稿以"为信仰而绝望，为爱而痛苦：美学新千年的追问"为题在《学术月刊》2003年10期发表之时，也曾经激发曾任中国社会科学院文学研究所所长后旅居美国并任美国科罗拉多大学客座教授的刘再复先生、中山大学中文系教授博士生导师林岗先生、北京大学哲学系教授博士生导师阎国忠先生、厦门大学中文系教授博士生导师杨春时先生、华东师范大学中文系教授博士生导师张弘先生的更加深入的思考与讨论，他们曾借助《学术月刊》2004年8期做过专题讨论。其中，刘再复、林岗教授在文章中指出：潘知常"从美学领域提出应该接续20世纪初由王国维、鲁迅开创的生命美学的'一线血脉',并且反思这'一线血脉'被中断之后给美学进一步发展造成的困境;为开解这个困境,只有引入爱之维,才能完成美学新的'凤凰涅槃'。他的看法非常有见地,切中问题的要害。他的论文,与笔者多年的看法,不谋而合;从不同的问题出发,竟然得到相近的结论。笔者极其希望这种有益的学术探讨带来更大的收获"。而今,本书的出版无疑会激发更多的深入思考与讨论,我相信,这对于我今后的美学思考,一定会是积极的、建设性的,也一定会使我获益良多。

而现在,我要说的仅仅是——

犹如海德格尔的为西方思想引入"存在",为美学引入终极关怀乃至爱的维度,在当代中国,实属别无选择的选择。终极关怀乃至爱的维度的匮乏,是中国的美学的病症所在。终极关怀乃至爱的维度的引进,也是中国的美学的希望所在。

问题的关键,是从对于"人是谁"的追问毅然转向对于"我是谁"的追问。

这是古老中国的亘古未有的一问。

这也是决定性的一问。

一个全新的时代就通过这一追问而深刻展示着自己。

一种全新的美学(生命美学)也同样就通过这一追问而深刻展示着自己。

对此,王国维有如先知,早在百年之前就已经直面,遗憾的是,他虽已登堂,却未入室。

现在,本书也提供了自己的答案。

"一个为了阐明人的存在而进行哲学活动的教授",著名的《非理性的人》一书的作者巴雷特这样说,"他把这种阐明看作与夜阑的无边黑暗相对照的一星闪耀不定的微光。"

我要说,这就是我的期望。

广西师范大学出版社上海贝贝特编辑总监阴牧云为本书的出版竭尽心力,在此,谨致谢意。

2014 年 12 月 12 日　南京大学

## 《中国美学精神》的再版后记

从北京大学西门到北海公园有多远？三十三年后，我才搞清楚，路程约15.1公里，如果乘坐 Taxi 过去，大约需要花费42元路费。

从北京大学西门到雍和宫附近的柏林寺有多远？三十三年后，我才搞清楚，路程约14.24公里，如果乘坐 Taxi 过去，费用大约是46元。

三十三年前，我在北京大学哲学系进修美学，从1983年2月到1984年7月，一年半的时间里，每天只要没有课，我就会一早动身，从自己的租住地——北京大学西门的娄斗桥出发，骑着自行车，到当时还在北海公园附近的北京图书馆或者雍和宫附近的柏林寺（当时的北京图书馆善本书馆所在地）去看书，风雨无阻，来去约三十公里。

一般情况下，我都是黎明出发，赶在开馆的时候到达，中午买几个包子，喝一杯白开水。晚上闭馆以后，就在图书馆附近吃饭（例如北海公园附近的饺子店），然后立即骑车赶回北京大学西门娄斗桥的租住地。

现在应该是已经没有年轻人能够理解这样一种近乎疯狂的阅读经历了，因此，以至于我自己也很少会去跟现在的年轻人主动提及自己的这段读书经历，因为我担心他们会完全不信。然而，我又不能不说，我后来的学术研究，也正是从这样日复一日的骑车三十公里来去于北京大学西门与北海公园附近的北京图书馆或者雍和宫附近的柏林寺之间起步的。

1985年，我发表了论文《美学何处去》，提出自己的关于生命美学的构想，1985年，我完成了自己的第一部学术著作《美的冲突——中华民族三百年来的美学追求》。同时，从1984年开始，我有幸在著名的学术刊物《文艺研究》《学术月刊》等发表了自己最初的学术论文。

而《中国美学精神》则是在1993年出版的，是当时我所出版的第六本书,也是当时我所出版的第四本中国美学方面的学术专著。就在那一年,我三十六岁,被批准晋升为教授。

不过,那个时候我毕竟年轻,尽管十分勤奋,也十分努力,但是,却也毕竟还不太理解"勤奋"与"努力"的丰富含义,而只是出于一种对于学术本身的发自内心的喜欢。

直到进入了二十三年后的2016年,也就是现在,先是我过去所写的两本书《〈红楼梦〉为什么这么红——潘知常导读〈红楼梦〉》(学林出版社出版)和《谁劫持了我们的美感——潘知常揭秘四大奇书》(还是学林出版社出版)先后再版;然后,是看到范藻教授介绍,根据他登录国家图书馆的查询结果:我所提倡的生命美学在国内已经有众多学者参与讨论,几十年中,出版了58本书,发表了2200篇论文(2014年林早教授在《学术月刊》也曾经撰文做过类似的介绍),对比一下实践美学的29本书、3300篇论文,实践存在论的8本书和450篇论文,新实践美学的8本书、450篇论文,和谐美学的12本书、1900篇论文,应该说,这是生命美学的一个不错的成绩(后来,范藻教授又为此而专门撰文,将生命美学称为"崛起的美学新学派",文章载于《中国社会科学报》2016年3月14日)。再然后,就是在著名的今日头条文化频道、今日头条媒体实验室与南京市"阅读办"等单位合作完成的全国5.5亿用户的大数据调查中,我本人有幸名列"关注度最高的国内五位《红楼梦》研究专家"(依次为:胡文彬、蔡义江、周岭、潘知常、张庆善)。最后,我的《让一部分人在中国先信仰起来——关于中国文化的"信仰困局"》一文分为上中下三篇,约4.5万字,在《上海文化》2015年8、10、12期刊出,引起较大反响,《上海文化》为此开辟了专门的讨论专栏,迄今为止已经发表了十几篇著名专家撰写的讨论文章。同时,2016年3月6日,由北京大学文化研究发展中心、四观书院、《上海文化》等单位召开了学术讨论会,专门就《让一部分人在中国先信仰起来——关于中国文化的"信仰困局"》一文展开讨论,任登第、阎国忠、毛佩琦、宋澎、李景林、孟宪实、郭英剑、牛宏宝、刘成纪、摩罗、郭家宏、周易玄、王一、潘知常等出席。2016年4月16日,上海社科院文学所、《学术月刊》编辑部、《上海文化》编辑部再次召开学术讨论会,展开相关的学术讨论。

陈伯海、高瑞泉、陈卫平、李向平、李天纲、王杰、许明、毛时安、胡慧林、杨剑龙、王振复、陶飞亚、方汉文、包亚明、张曦、叶祝弟、潘知常等出席。著名经济学家赵晓教授还在评论文章中给予鼓励："这篇文章让我感觉到潘教授实乃人中翘楚、不可方物。""或许有一天，潘教授把把神学、美学与哲学完美地结合起来，成为中国的奥古斯丁。""潘教授一系列哲学、美学与信仰的文章，相当了不起、非常有力量。如果潘教授在信仰上有经历和实践，在知识上有神学、哲学和美学的打通，那他很可能会是中国奥古斯丁式的人物。"

同样是在2016年，新春佳节的时候去拜访江苏人民出版社徐海社长，欣然获悉，江苏人民出版社决定再版《中国美学精神》，这意味着这本书经受住了沧桑岁月的考验，即将重返读者的案头。

记得叔本华曾经在他的《作为意志和表象的世界》一书的三版序言中说："在这本书第一版问世时，我才三十岁；而我看到这第三版时，却不能早于七十二岁。对于这一事实，我总算在彼得拉克的名句中找到了安慰；那句话是：'谁要是走了一整天，傍晚走到了，就该满足了。'（《智者的真理》第104页）我最后毕竟也走到了。在我一生的残年既看到了自己的影响开始发动，同时又怀着我这影响将合乎'流传久远和发迹迟晚成正比'这一古老规律的希望，我已心满意足了。"当然，我不敢说我已经"走到了"，更不敢说，我已经"该满足了"。但是，一本书能够在出版二十三年之后又被人记起，无论如何，都是一件令人愉快的事情。

更何况，我已经离开美学圈整整十五年了。

但是，也因此，我要说，直到二十三年后的2016年，我才突然理解了"勤奋"与"努力"的丰富含义。须知，现在的"成功"已经被所谓项目、奖励、核心期刊等重新定义了，我也很为此而不太适应。可是，2016年的时候我所遇到的种种，却让我突然彻悟：项目、奖励、核心期刊等等固然重要，但是，对于学术本身的发自内心的喜欢以及因此而导致的"勤奋"与"努力"，却更加重要。爱因斯坦在庆祝普朗克六十岁生日的时候说：普朗克是"专心致志于这门科学中的最普遍的问题，而不是使自己分心于比较愉快的和容易达到的目标上去的人。我常常听人说，同事们试图把他的这种态度归因于非凡的意志和修养,我认为这是错误的。促使人们去做这种工作的精神状态,是同宗教信奉者或谈恋爱的人的精神状态相类似的,他们每日的努力并非来自深思熟虑的意向或计划,而是直接来自激情。"这祝词说得何等之好!人生就是在路上,然而,每个人都"走了一整天",可是有谁能够在"傍晚走到"?又有谁应该"满足"?显然,命运更加青睐的是那些对于学术本身的发自内心的喜欢以及因此而去"勤奋""努力"的人。

无疑,在"走了一整天"之后,有了这样的彻悟,那也就是在"傍晚走到了",并且"就该满足了"!

当然,我还要继续"勤奋""努力"。不过,不是因为项目、奖励、核心期刊,而是因为对于学术本身的发自内心的喜欢。

需要说明的是,尽管有了再版的机会,但是毕竟时间仓促,前后大约仅有一个月的时间,因此,我没有可能把全书重新修改一遍,而只能采取局部调整的办法。其中,第二篇第四章中的"艺术与人同在"一节是这次改写的,第三篇的第四章"美学的智慧"是这次新增加的,第四篇《中国美学的感性选择》,则是这次改写的。当时,因为拙著《美的冲突——中华民族三百年来的美学追求》刚刚出版不久,为了避免重复,因此第四篇就写得极为简略,而只是建议读者去参阅这本书。可是,现在拙著《美的冲突——中华民族三百年来的美学追求》已经面市快三十年了,坊间也已经很少见到,因此,这次我就依据拙著《美的冲突——中华民族三百年来的美学追求》的内容,改写了第四篇《中国美学的感性选择》。还有,就是增加了两篇附录,一篇是《神圣之维的美学建构——关于"美的神圣性"的思考》,一篇是《从终极关怀看中国艺术》。可以作为附录的文章很多,之所以要选这两篇,是因为《中国美学精神》一书主要是谈中国美学的贡献与特色,但是却较少涉及中国美学的缺憾与不足,这两篇文章,恰恰可以作为这方面的一个必要的补充。

无法弥补的遗憾是未能把更多的关于中国美学精神的思考补充进来。二十三年里,围绕着我所提出的"中华文明第三期——新的千年对话",关于中国美学精神,我始终没有停止自己的思考。尤其是关于王国维,关于鲁迅,关于《红楼梦》中所蕴含的中国美学精神,关于《三国演义》《水浒传》中所蕴含的中国美学精神(鲁迅所谓"三国气""水浒气"),乃至关于《金瓶梅》《西游记》《聊斋志异》中所蕴含的中国美学精神……我已经又出版了七本相关著作。但是,由于时间的关系,这个工作却只能期待来日。

鲁迅先生在《华盖集·忽然想到(四)》中说过:"先前,听到二十四史不过是'相斫书',是'独夫的家谱'一类的话,便以为诚然。后来自己看起来,明白了:何尝如此。历史上都写着中国的灵魂,指示着将来的命运,只因为涂饰太厚,废话太多,所以很不容易察出底细来。正如通过密叶投射在莓苔上面的月光,只看见点点的碎影。"在历史的字里行间,就"写着中国的灵魂,指示着将来的命运"。而在关于中国美学精神的思考与写作过程中,我所期待展示给每一位读者的,也正是"中国的灵魂"和"将来的命运"。为此,我已经作出过不懈努力,今后,我将继续奋力前行!

无法弥补的遗憾还有注释。按照今天的学术规范,这本二十三年前的旧著的注释显然是不太完备的。可是,也实在无奈。岁月早已流逝,二十三年后的今天再去寻觅当时引用过的那些书籍——尤其是那些古代书籍,仓促之间,显然是无法做到了。

最后,要对朱良志教授在《读书》(1994年7期)、《东方丛刊》(1994年2辑),文征博士在《南京社会科学》(1994年4期),管载麟先生在《社会科学》(1994年6期)所发表的对于本书的认真而且精到的评论,由衷地说一声:谢谢! 还要对江苏人民出版社社长徐海先生、江苏人民出版社的著名编辑周文彬先生(本书的责编)以及江苏人民出版社的卞清波先生、史雪莲女士对于《中国美学精神》的关注与支持,由衷地说一声:谢谢!

2016年4月6日,南京大学
2016年岁末修改,南京大学

## 说在前面　人生如逆旅，我亦是行人
—— 关于《说〈红楼〉人物》和《说〈水浒〉人物》

根据全国国民阅读调查的结果，我们国家国民阅读率连续六年持续走低，我们的国民有阅读习惯的仅占5％左右。而从我在日常生活中的观察来看，应该说，这个调查也确实是可信的。

现在的情况是，有文化而不阅读的人在增多，有空闲而不阅读的人在增多，有金钱而不阅读的人在增多，阅读的整体层次在急剧下降，许多人对"阅读社会""读书人口"等概念仍旧很陌生，而"不读书人口"的庞大规模则令人震惊。一直以来为我们所推崇的"读书破万卷"的阅读习惯也正在受到前所未有的挑战与冲击。更具挑战意义的是，前不久，微软总裁比尔·盖茨在微软战略客户峰会上发表演讲，并且宣称："人们将会从传统的纸张阅读完全转移到全新的在线阅读。"比尔·盖茨真是语出惊人，言下之意无疑是："印刷已死！"而且，因为"印刷已死"，随之而来的自然是："阅读已死！"难怪有人会慨叹："能静下来读一本书，简直是一种奢侈。"

可是，这毕竟并非真实。因为，人类不死，阅读就不会死；文化不死，阅读也不应该死。美国全国艺术基金会公布的一项让人很受启发的调查告诉我们：喜欢阅读的人参观博物馆、听音乐会的可能性比其他人多好多倍；喜欢阅读的人做义工和参加慈善工作的可能性也几乎是其他人的三倍；而喜欢阅读的人参加体育比赛和文艺活动的可能性则几乎是其他人的两倍。我很喜欢这个调查。因为，它告诉了我们：阅读，无论你如何理解它，它都会改变我们的一生，这是一个不争的事实。

"阅读"与我们如影随形，尽管在改变我们人生长度的时候阅读无能为力，但在改变人生的宽度与厚度上却应该是游刃有余的。同样，阅读无法改变我们的人生的起点,但是,我们却没有理由不相信:凭借阅读,我们完全可以改变自己人生的终点。

而读者朋友现在看到的《说〈红楼〉人物》和《说〈水浒〉人物》,就是我的阅读。

当然,严格地说,这还不是阅读,而只是"悦"读。因为我并没有去涉及《红楼梦》与《水浒传》的方方面面,甚至也没有去涉及《红楼梦》里的人物与《水浒传》里的人物的方方面面,而只是涉及了《红楼梦》里的人物与《水浒传》里的人物的某些方面。因此,这很有点像是读《红楼》人物和《水浒》人物的心得体会,也很有点像是把这些《红楼》人物和《水浒》人物当作我们的朋友、同事、邻居,甚至是亲人,又去共话人生的心得体会。

不过,在我看来,其实"悦"读也还是阅读。

西方有学人这样说:所有不同时代的小说家其实都是"同时在写他们的作品的",我很喜欢这句话。因为所有的小说家虽然没有生活在同一时代,但是他们所面对的却是同一个世界与人生。不过,在这里我还要再为他补充一句:其实,所有不同时代的读者也都在同时阅读着同一部作品。为什么这样说呢?当然也是因为即使他们没有生活在同一时代,但他们所面对的却是同一个世界与人生。

"人生如逆旅,我亦是行人。"

试想,又有谁不身处逆旅?又有谁不是行人?即便是《红楼梦》里的人物与《水浒传》里的人物,他们不也是身处逆旅?他们不也是行人?

因此,我们完全可以把《红楼梦》与《水浒传》当作人生的一面镜子。在《红楼梦》与《水浒传》里发现自己的人生,也在自己的人生里发现《红楼梦》与《水浒传》。

更何况,借用鲁迅的话来讲,一旦将这些《红楼》人物和《水浒》人物与自己的人生"一比较,就当惊心动魄于何其相似之甚"[①]?!

名著,可以轻松地读,也可以读得轻松。

---

① 鲁迅:《鲁迅全集》第3卷,人民文学出版社1981年版,第17页。

那么，我们又有什么理由不去轻松地读，不去读得轻松呢？

西方阿尔卑斯山的入口处有一个醒目的提示："慢慢走，欣赏啊！"

各位读者，当你们面对我的《说〈红楼〉人物》和《说〈水浒〉人物》，我也想说：

"慢慢走，欣赏啊！"

2008年，上海

## 《说〈聊斋〉》的"说在前面"

说《聊斋》，说的是一个梦。

在上海电视台的《文化中国》，我说过《红楼梦》，也说过《水浒传》，但是，说《聊斋》却有所不同。

首先，《红楼梦》和《水浒传》都是"纪实"。

但是《聊斋》就不同了，它是"纪异"，所谓"异闻录"，字里行间都是逸闻趣事，都是黄粱梦。

凡是搞新闻的都经常说一句话，狗咬人不是新闻，人咬狗才是新闻。蒲松龄是个乡村的教师，想当年他闲暇的时候，就在路边摆一个茶水摊，给人家免费供应茶水，但是又有一个要求，那就是要把你听说的那些逸闻趣事都告诉他，然后，他把那些逸闻趣事都记录下来，这，就是我们今天所看到的《聊斋》了。

仔细想想，要是放到今天，这是否很有点像是各地电视台播的那些"人咬狗"的社会新闻呢？

其次，《红楼梦》和《水浒传》哪怕是做梦，譬如"红楼一梦"，那它也是合乎理想的，而与梦幻无关。

但是《聊斋》就不同了。它是"梦工厂"。蒲松龄记录的很多故事，都是

519

在他之前或者与他同时的那些古代文人做的"白日梦",尽管并不"色情",但却非常"情色"。说来也确实令人同情,这些文人大多一生落魄,不但人生抱负不得施展,就是连娶个美女都难于登天。那么,能怎么办呢？只有做上一个白日梦了。

比如说,《聊斋》里最常见的就是"狐狸精",所谓狐狸精,翻译成今天的话,该叫作"性感美女"。可是,在西方不是"美女与野兽"吗？也就是说,性感的都是男人,可是为什么到了中国,就成了"才子与狐狸精"了呢？原来,在西方是美女们希望男人更主动一点,是"好男人,有点坏";但是在中国却是才子们希望美女们都来做情感的志愿者,都最好是免费地投怀送抱,是"好男人,有点乖"。所以,狐狸精才大行其道。

"料应厌做人间语,爱听狐坟鬼唱诗。"各位,知道了这两点,也就可以读得懂《聊斋》了。

今天的电视节目,在人们酒足饭饱之后的黄金时间,不也是先放点社会新闻然后就接上琼瑶剧、海岩剧吗？在蒲松龄的时代,《聊斋》的"异闻录"加"梦工厂",占据的也是晚上的黄金时间,它就是古代的社会新闻与琼瑶剧、海岩剧啊。

因此,只有透过《聊斋》的社会新闻与琼瑶剧、海岩剧,才有可能看到人性的真实。

遗憾的是,限于篇幅,我所选择的篇目却大多只能偏重于《聊斋》的琼瑶剧、海岩剧。

这,就是我的说《聊斋》要分为"成长系列""艳情系列""婚恋系列"和"世情系列"的原因了。

下面,让我们开始——

2008 年,上海

## 《信仰建构中的审美救赎》的后记

2017年,是蔡元培先生提出"以美育代宗教"美学命题一百周年。本书的写作,可以视作是对于这一美学命题的正面回应。

而且,百年以来回应蔡元培先生"以美育代宗教"美学命题的论文无疑不在少数。但是,以一部五十万字的专著加以回应的,本书应该还是第一次。

当然,这并非率意之举。在我看来,蔡元培先生提出这一美学命题,堪称20世纪中国的第一美学命题,尽管思路不无偏颇,但是,其中所蕴含的关于"审美救赎"的思想却与世界美学同步,所提出的美学方案也值得关注。

而就我所提倡的生命美学而言,我多次说过:生命美学是当代中国的改革开放"新时期"的产物,从1985年开始,在将近三十五年的时间里,生命美学日益壮大,据范藻教授统计,迄今国内关于生命美学主题的研究已经发表了58部专著、2200篇论文。百度"生命美学"相关搜索,也已经有407万条之多。并且与"实践美学"等一道,成为改革开放"新时期"中涌现的美学高频词汇(陈政)。为此,范藻教授专门撰文,将生命美学称为"崛起的美学新学派"(见《中国社会科学报》2016年3月14日)。当然,这一切都只能看作是对于改革开放"新时期"以来所有致力于生命美学研究的学者们的探索与努力的一个鼓励,所谓"美学新学派",可能更还有待于未来。

至于生命美学的具体内涵,则正如我一贯所指出的,可以简单规定为:"基于生命的美学"(区别于"关于生命的美学")、"因生命"的美学(区别于"为生命"的美学)。它关注的是以"生命"为视界去研究审美活动(犹如实践美学的以"实践"为视界去研究审美活动),而不是以"美学"为视界去研究生命活动。因此,生命美学无需转而去研究生命的方方面面,更不会仅仅局限于去研究所谓"生命美"的问题(犹如实践美学的不去研究所谓"实践美")。而且,生命美学自身从实践本体论到生命本体论的根本转型,也预示着从本体论到基础本体论的美学演进。当然,也因此,生命美学直面的就已经不是"美学"的问题,而是"后美学"的美学问题,或者,是非美学的美学问题,无疑,这完全可以视作对于海德格尔所谓"一种非对象性的思与言如何可能"的积极回应。于是,生命美学置身的其实已经不是美学,而是——审美学。至于生命美学所关注的重点,无疑则主要体现在:后美学时代的审美哲学、后形而上学时代的审美形而上学、后宗教时代的审美救赎诗学,是审美哲学+审美形而上学+审美救赎诗学。

本书所涉及的正是生命美学的后宗教时代的审美救赎诗学这一取向。而且,关于这一取向,我的思考已经持续了很长时间,也已经有所开拓,例如,《反美学——在阐释中理解当代审美文化》(上海学林出版社1995年版)、《传媒批判理论》(新华出版社2002年版)、《大众传媒与大众文化》(上海人民出版社2002年版)、《流行文化》(江苏教育出版社2002年版)、《最后的晚餐——CCTV春节联欢晚会与新意识形态》(主编,未刊,但是在网上可以寻觅到电子版)、《我爱故我在——生命美学的视界》(江西人民出版社2009年版)、《新意识形态与中国传媒》(香港银河出版社2010年版)、《头顶的星空——关于美学与终极关怀》(广西师范大学出版社2016年版)等等。这次成书,其实只是这一思考的系统化。而且,本书的基本内容的公开发表也是在我所有业已公开出版的专著中数量最多的。迄今,在《学术月刊》《南京大学学报》《哲学动态》等学术刊物陆续已经发表了40篇以上,其中,核心期刊25篇以上,还有英文论文一篇(Published by Ashgate Publishing Limited)。

同时,本书也是我关于政治学、传播学命题——"塔西佗陷阱"的思考的继续。我在2007年提出的"塔西佗陷阱",自被国家领导人在2014年的讲话中正式提及之后,不仅成为我们国家要着重避开的"三大陷阱"之一,而且更持续成为国内关注的一个热点,已经被广泛运用于人文社会科学的诸多领域。根据米斯茹博士的统计:在搜索引擎"百度"上输入该词,相关结果显示约838,000个(截止到2017年12月30日)。在百度新闻的高级搜索上显示标题中含有该词的有711篇;在"人民网"有关"塔西佗陷阱"的页面有591篇;"中国知网"为244条。百度文库相关文档为27517篇。时任国务院研究室副主任的韩文秀先生评价说:"塔西佗陷阱""这一概念却出自中国学者,南京大学新闻传播学院潘知常教授在2007年8月一篇讲稿","'塔西佗陷阱'只有中文表述,外文中没有对应的概念。中国学者作出这种概括有其道理,可以说具有原创性,开了风气之先,如果在国际上被广泛接受,则可以看作中国学者对社会科学世界话语体系的一个贡献。"清华大学孙立平教授的评价则是:"确实是一个真问题"。然而,认为"中国学者作出这种概括有其道理,可以说具有原创性,开了风气之先",认为提出的"确实是一个真问题",又有"道理"在何处?"真"在何处?外界众说纷纭。其实,倘若依我自己之见,则归根结底是因为它概括了人类历史上的一种特殊现象:无论领导者怎么努力、怎么拼搏,却仍旧怎么都不行!这是人类历史上未曾明确总结过的一种现象。一般总是说坏的领导者会导致坏的结果,可是,好的领导者就一定会导致好的结果吗?过去以为答案是肯定的。但是,我的发现是:未必如此!并且,还很可能会怎么都不行!这些领导者不但做好事也会挨骂,而且,政权本身也会在骂声中倒下!显然,这种前人从未总结过的重要历史现象,就是我所谓的"塔西佗陷阱"!

已经看过本书的读者立即就会想到:我的五十万字的全部思考,恰恰正与我所提出的政治学、传播学命题——"塔西佗陷阱"直接相关。在无神的社会,信仰、爱与美,往往都会被不屑一顾,都会被忽视。但是,一旦失去了信仰、爱与美的支撑,却偏偏必然就是怎么都不行!相对于北欧的东欧是这样,相对于北美的南美还是这样⋯⋯也因此,"惟信仰与爱与美不可辜负",就不但是我过去每每提及的一句警言,而且,还应该是现在告别本书后我们对于未来的世界的殷切祈祷!

还要感谢的,是国内学界的诸多学人。

本书的部分内容曾经以《让一部分人在中国先信仰起来——关于中国

文化的"信仰困局"》为题，分为上中下三篇，约 4.5 万字，在《上海文化》2015年 8、10、12 期刊出，并且引起了较大反响。《上海文化》为此开辟了专门的讨论专栏，并且发表了十几篇由著名专家陈伯海、阎国忠、毛佩琦等撰写的讨论文章。2016 年 3 月 6 日，由北京大学文化研究发展中心、四观书院、《上海文化》等单位召开了学术讨论会，专门就《让一部分人在中国先信仰起来——关于中国文化的"信仰困局"》一文展开讨论，任登第、阎国忠、毛佩琦、宋澎、李景林、孟宪实、郭英剑、牛宏宝、刘成纪、摩罗、郭家宏、周易玄、王一、潘知常等出席。2016 年 4 月 16 日，上海社科院文学所、《学术月刊》编辑部、《上海文化》编辑部再次召开学术讨论会，展开相关的学术讨论。陈伯海、高瑞泉、陈卫平、李向平、李天纲、王杰、许明、毛时安、胡慧林、杨剑龙、王振复、陶飞亚、方汉文、包亚明、张曦、叶祝弟、潘知常等出席。值此专著出版之际，我理应对上述各位专家的热情支持致以衷心感谢。

在本书第一章第五节曾以"否定之维：'灵魂转向的技巧'——基督教文化的一个贡献"为题在《江苏行政学院学报》2017 年第 3 期刊出，著名经济学家赵晓教授也曾经专门撰文给予鼓励："这篇文章让我感觉到潘教授实乃人中翘楚、不可方物。""或许有一天，潘教授能把神学、美学与哲学完美地结合起来，成为中国的奥古斯丁。""潘教授一系列哲学、美学与信仰的文章，相当了不起、非常有力量。如果潘教授在信仰上有经历和实践，在知识上有神学、哲学和美学的打通，那他很可能会是中国奥古斯丁式的人物。"尽管现在我与赵晓教授已经成为好友，但是，在他发表上述评论的时候，我们却还从未谋面。不过，正是因此，我也就更加珍惜赵晓教授的鼓励。而且，对于赵晓教授的热情支持，我同样理应致以衷心感谢。

特别要提及的，是本书的责任编辑安新文女士，至今我们已经合作了三次，因此也给她添了不少的麻烦。借此机会，我也要衷心地说一声：谢谢！

最后，我还要说，关于"审美救赎"，本书的思考无疑不是结束；关于生命美学的审美救赎诗学的取向，本书的探索无疑仍旧不是结束。如前所述，作为百年中国美学的第一命题，也是第一问题，"以美育代宗教"所提出的审美救赎,直面着一个"无神的信仰"的时代。在这个时代,首先是"无神"不再是万能的,其次是没有"信仰"则是万万不能的。于是,"在如此松散和多变的土壤中,怎么能够生长出持久的人类纽带呢?"([美]马歇尔·伯曼:《一切坚固的东西都烟消云散了——现代性体验》,徐大建等译,商务印书馆2004年版,第122页)也就必然会成为一个重大的时代困惑、世纪困惑。无神的时代,审美何为?我们无法回避,也必须回应。也因此,相信在今后的思考与探索中,我还会不断地回到这一领域,也还会继续予以深耕、开掘。

这就正如西方诗人艾略特所吟咏的:

> 我们将不会终止我们的探寻
> 我们所有的探寻的终结
> 将来到我们出发的地点
> ……

2017年6月1日 初稿,南京大学
2017年12月30日,定稿,南京大学

# 《走向生命美学——后美学时代的美学建构》的后记

相对于实践美学(1957,李泽厚),生命美学(1985,潘知常)无疑尚属年轻,但是,相对于超越美学(1994,杨春时)、新实践美学(2001,张玉能)、实践存在论美学(2004,朱立元)……作为改革开放以来第一个"崛起的美学新学派",生命美学(1985,潘知常)却也并不年轻。然而,围绕着它的误解似乎始终存在。李泽厚先生的五次公开质疑,就是例证。

其实,生命美学并不难理解。只要注意到西方的生命美学是出现在近代,而中国传统美学则始终就是生命美学,就不难发现:生命美学,在西方是"上帝退场"之后的产物,在中国则是"无神的信仰"背景下的产物。外在于生命的第一推动力(上帝作为救世主)既然并不可信,而且"从来就没有救世主",生命自身的"块然自生"也就合乎逻辑地成为亟待直面的问题。随之而来的,必然是美学的出场。因为,借助揭示审美活动的奥秘去揭示生命的奥秘,不论在西方的从康德、尼采起步的生命美学,还是在中国的传统美学,都早已是一个公开的秘密。

对此,生命美学(1985,潘知常)的贡献是:把生命看作一个自组织、自鼓励、自协调的自控系统。它向美而生,也为美而在,关涉宇宙大生命,但主要是其中的人类小生命。其中的区别在宇宙大生命的"不自觉"("创演""生生之美")与人类小生命的"自觉"("创生""生命之美")。至于审美活动,则是人类小生命的"自觉"的意象呈现,亦即人类小生命的隐喻与倒影。它是生命的导航,也是生命的动力。因此,我们甚至可以说:美是生命的竞争力,美感是生命的创造力,审美则是生命的软实力。

简单而言,相对于实践美学(1957,李泽厚),生命美学(1985,潘知常)的思考可以浓缩为四句话:1."美者优存"(实践美学是"适者生存");2."自然界生成为人"(实践美学是"自然的人化");3."我审美故我在"(实践美学是"我实践故我在");4.审美活动是生命活动的必然与必需(实践美学认为审美活动是实践活动的附属品、奢侈品)。它包含了两个方面:审美活动是生命的享受(因生命而审美,生命活动必然走向审美活动);审美活动也是生命的提升(因审美而生命,审美活动必然走向生命活动)。

生命美学因此也就不是人们所习惯的围绕着文学艺术的小美学,而是围绕着人类生命存在的大美学,是审美哲学与艺术哲学的拓展与提升。因此,生命美学也是未来哲学。它要揭示的,是包括宇宙大生命与人类小生命在内的自组织、自鼓励、自协调的生命自控系统的亘古奥秘。这正如1985

年我在生命美学的奠基之作《美学何处去》(1985年第1期的《美与当代人》,该刊后易名为《美与时代》)中就已经明确指出的:

> 或许由于偏重感性、现实、人生的"过于入世的性格",歌德对德国古典美学有着一种深刻的不满,他在临终前曾表示过自己的遗憾:"在我们德国哲学,要做的大事还有两件。康德已经写了《纯粹理性批判》,这是一项极大的成就,但是还没有把一个圆圈画成,还有缺陷。现在还待写的是一部更有重要意义的感觉和人类知解力的批判。如果这项工作做得好,德国哲学就差不多了。"
>
> 我们应该深刻地回味这位老人的洞察。他是熟识并推誉康德《判断力批判》一书的,但却并未给以较高的历史评价。这是为什么?或许他不满意此书中过分浓烈的理性色彩,或许他瞩目于建立在现代文明基础上的马克思美学的诞生。没有人能够回答。
>
> 但无论如何,歌德已经有意无意地揭示了美学的历史道路。确实,这条道路经过马克思的彻底的美学改造,在二十一世纪,将成为人类文明的希望!

写下这些文字的时候,我28岁。而今,整整三十五年过去,弹指一挥间,距离问题的解决,我是否更为接近了?我相信,刚刚完成的这本书就是答案。

还有必要说明的是,对于问题的解决,我始终都是在"生命"与"信仰"两极展开的。"生命"与"信仰",在我看来,无异于美学的两个"哥德巴赫猜想"。例如,出版于2019年的拙著《信仰建构中的审美救赎》(人民出版社)是与蔡元培先生的对话,回答的是"信仰"困惑;眼前这本刚刚完成的《走向生命美学——后美学时代的美学建构》,是与李泽厚先生的对话,回答的则是"生命"困惑。或者说,前者是美学的"信仰之书",是从"信仰"看"生命",后者是美学的"生命之书",是从"生命"看"信仰"。总之,是信仰的生命,也是生命的信仰。

感谢妻子余萌萌。学术的道路,"像一颗星辰被扔进荒凉的太空,孤独而冰冷地呼吸"(尼采)。漫漫长路,能够得到她的全力支持,令人欣慰。

还要感谢的,是本书的责任编辑郭晓鸿女士,没有她的大力支持,本书的出版一定不会如此顺利!

潘知常

2020 年 10 月 30 日,南京卧龙湖,明庐

# 第九辑

## 自说自话

## "首届美学高端战略峰会"开幕致辞

尊敬的各位学者、各位来宾,你们好!

九月金秋,历经艰难而且漫长的准备工作,现在,期待已久的"首届美学高端战略峰会"终于即将开幕,请允许我代表主办方——南京大学美学与文化传播研究中心和厦门大学中文系,对于各位学者的莅临表示热烈的欢迎与衷心的感谢。

众所周知,"天下苦学术会议久矣",即便是当下正值疫情期间,线上的学术会议也仍旧是风起云涌,令人应接不暇。既然如此,作为举办方,我们又为什么要如此殚精竭虑地举办现在的这个学术会议呢?

首先的初衷,当然是希望促成当代美学各个研究领域领军人物的胜利会师。百年中国现代美学"百花齐放,百家争鸣",局面令人欣慰,但是,各个研究领域领军人物的欢聚一堂,华山论剑,却从未有过。因此,我们十分期待这一"零的突破",十分期待美学各个研究领域领军人物的"以仁心说,以学心听,以公心辨"。"何伤乎!亦各言其志也!"

其次的初衷,则当然是希望促进美学界学术共同体的进一步形成以及真正意义上的学术对话关系的形成。为此,我们希望,借助这次的会议,能够在国内首先倡导并重返中国最为古老的研讨方式——学术会讲。所谓"学术会讲",朱熹称之为"会友讲学",张栻称之为"会见讲论"。公元1167年朱熹、张栻的岳麓之会以及公元1175年的朱熹、陆九渊的鹅湖之会,"问难扬榷,有奇共赏,有疑共析",更已经成为千古佳话。而今天,我们的学术会讲则可以称之为:"秦淮之会"。"问难扬榷,有奇共赏,有疑共析",正是我们所孜孜以求的,也是我们所殷切期待于这次学术会议的。

遗憾的是,由于种种条件的限制,我们所能够去做的,还远远不够,学术会讲的探索也刚刚起步。为此,我们要恳请各位的谅解,同时,也恳请各位与我们一起努力,不但一起把这次的"首届美学高端战略峰会"开成团结的盛会、学术的盛会,而且还要把今后的第二届、第三届……"美学高端战略峰会"也全都开成团结的盛会、学术的盛会。

各位尊敬的学者、各位来宾,再过五天,就是2020年的中秋佳节了,遥想当年,王阳明先生在动身赴思州、田州的前夜,正好也赶上中秋,他在欢聚中即兴赋诗,诗曰:"万里中秋此月明,不知何处亦群英。"而今也是如此,时近中秋,现在在什么地方还会有这么多的美学群英一起把酒临风、坐而论道? 由此我想起,当年程颢与张载在兴国寺讲论终日之后,曾经感叹:"不知旧日曾有甚人于此讲此事。"当年朱子与陆九渊划船论道之后,也曾经自问:"自有宇宙以来有此溪山,还有此嘉客否?"我相信,我相信各位也会相信,他们当年所感叹、所自问的,也正是今天我们所有人的心声。

最后,谨祝本次会议圆满成功,祝各位学者、各位来宾在南京期间万事如意、心想事成!

2020年9月26日,南京

## "普林斯顿没有任务,只有机会"
### ——"第一届全国高校美学教师高级研修班"开班致辞

各位老师、各位学员:

大家好!

筹备已久的"第一届全国高校美学教师高级研修班"今天终于开班了! 值此之际,我要代表主办方——南京大学美学与文化传播研究中心向各位踊跃报名参加本届"全国高校美学教师高级研修班"的来自全国各地的青年教师表示热烈的欢迎和衷心的感谢!

"第一届全国高校美学教师高级研修班",是我们研究中心成立以后举办的第二个大的活动。第一个大的活动,是已经在去年9月26日在南京举办的"首届美学高端战略峰会"。举办的初衷,是因为"天下苦学术会议久矣",我们希望能够提倡一点新的会风,这就是:重新回到传统的"问难扬榷、有奇共赏、有疑共析"的研讨方式——"学术会讲"。至于第二个大的活动——也就是今天开始的这个活动,举办的初衷,则是因为"天下苦'唯论文、唯职称、唯学历、唯奖励'久矣"!其实,论文、职称、学历、奖励等等本来都不是坏事,但是一旦被推向极端,一旦到了"唯此为大"的地步,确实也就有点走火入魔了。"学术文章已经接近新闻""蹭热点、赶时髦""一次性论文""论文麦当劳化"……诸如此类的现象,也实在令人无法坐视不顾。幸而,现在已经开始逐渐走向了"后四唯"时代。我们举办的"第一届全国高校美学教师高级研修班"当然也正是因此应运而生。钱锺书说:"大抵学问是荒江野老屋中,二三素心人商量培养之事,朝市之显学,必成俗学。"也因此,提倡纯粹的学术研讨,提倡纯粹的人文环境,在我们看来,无疑很有必要。

在这方面,给我们以深刻启发的,是创建了学术研究的典范——普林斯顿高等研究院(Institute for Advanced Study)的亚伯拉罕·弗莱克斯纳(Abraham Flexner,1866—1959)的学术追求。亚伯拉罕·弗莱克斯纳的专业是医学,但是,他一生更大的功业,则是创建了普林斯顿高等研究院。当然,在普林斯顿高等研究院,没有"非升即走",没有项目指标,也没有核心期刊篇数的苛求。甚至,教授们都没有任何的教学任务。据说,高等研究院的研究人员爱因斯坦和同事们——其中包括20世纪最优秀的一批科学家,维布伦、亚历山大、冯·诺依曼等等——每天经常做的事,就是端着咖啡到处找人海阔天空地"闲聊"。为此,很多人责备弗莱克斯纳,认为他花巨资请来的科学家们每天"无所事事",做着毫无"用处"的事。但是,弗莱克斯纳的回应如下:"我希望爱因斯坦先生能做的,就是把咖啡转化成数学定理。未来会证明,这些定理将拓展着人类认知的疆界,促进着一代代人灵魂与精神的解放。"

确实,古今中外的学问形形色色,但是却也有一个共同的特征,那就是:它们都不是"饿着肚子做出来的",而是"'吃饱了撑的''撑'出来的"。"著书都为稻粱谋"是做不出真正的学问的,更是做不出大学问的。抄捷径,在我看来,其实正是迷路最快的途径。两点之间,未必直线最短。所谓的"弯道超车",其实并不存在。何况即使是略施小计得以超过去,也一定会再被反超回来。跳过"播种、施肥、浇水"的过程,幻想直接就能收获花朵与果实的学术,只是黄粱美梦。也许就是出于这个原因,在兵荒马乱的乱世中,钱穆先生就曾经以"寂寞难耐亦得耐"的精神撰写了传世名著《国史大纲》。而且,在一座古刹里,当看到一个小沙弥竟然忙于在一棵历经百年风霜的古松旁去种一种观赏植物——"夹竹桃",一贯主张"学者不必急于自售"的他不禁大发感慨:"以前僧人种树时,已经想到寺院百年以后的愿景,而今,小沙弥在这里种花,他的眼光仅仅是想到明年哪!"还也许就是出于这个原因,在柏林物理学会举办的麦克斯·普朗克六十岁生日庆祝会上,爱因斯坦曾经也说:要把"为的是纯粹功利的目的"的学人"赶出庙堂",真正的学人,都是"专心致志于这门科学中的最普遍的问题,而不是使自己分心于比较愉快的和容易达到的目标上去","他们每天的努力并非来自深思熟虑的意向或计划,而是直接来自激情"。

感谢朱立元、吴为山、高建平、王庆节、杨春时、尤西林、张法、王杰等各位著名专家!他们都是在百忙中抽出时间来为青年教师授课的。而且,在邀请与筹备的过程中,我本人就已经感受到了他们的认真、他们的热情以及他们对于青年学者的殷切期望。他们都是王阳明说的"持志如心痛"的"为学术而生"而不是"以学术为生"的学人。对于他们,我们可以借用爱因斯坦对于麦克斯·普朗克的祝福来表白我们的心声:"我们对他的爱戴不需要作老生常谈的说明。祝愿他对科学的热爱继续照亮他未来的道路。"

感谢来自全国各地的近三百位青年教师!而且,我们还非常欣喜地发现,在这近三百位青年教师中,有四分之一,都已经是教授或者副教授了。从中不难看出新一代青年教师一心向学的精神风貌。"孔子登东山而小鲁,登泰山而小天下。"唯有登高,才能望远。格局决定结局!学术所能到达的高度,往往首先应该是来自学者在心理上为自己所设定的高度。如果没有想过一定要到达顶峰,那么,当然也就永远不会到达顶峰。无疑,我们的每位学员都是希望借助于积极参与"第一届全国高校美学教师高级研修班"的学习去"登高"的学人,你们所期盼的,也一定是借助各位著名专家的授课去"小天下"、去"望远",去放大自己的学术格局。

当然,也有一点遗憾!我在私下已经多次说过,如果不是疫情的原因,我们的研究班是不会接受线上授课的方式的——目前的线上授课方式,完全就是迫不得已。因为这种"空对空""高空作业"的方式尽管也不乏魅力,但是却无疑有违我们的初衷,我们期待的,是线下的直接交流,是师生之间的疑义析,学员之间的以学会友,是让大家彼此"心有戚戚焉"地体会一下学术长路上的"吾道不孤"……幸而,疫情终将过去!我们期待着今年8月的"第二届全国高校美学教师高级研修班"能够在线下、在南京相会!

最后,说一点希望——

同样还是弗莱克斯纳。有一次,他聘请一位哈佛教授来高等研究院工作,并且还预支了津贴。对方为此而来信询问:"我来普林斯顿的任务是什么?"弗莱克斯纳的回信发人深省:"普林斯顿没有任务,只有机会。"

我要说的是,我们的高级研修班也是如此。没有"热点话题""时髦话题",没有"科研项目申报指南",也没有"文章撰写秘诀",更没有"核心期刊投稿向导"……有的只是各位著名专家的深长思考,因为,我们期待的不是明年就可以欣赏的"夹竹桃",而是百年古松。我们的理想,是"把咖啡转化成数学(美学)定理"。因此,我们的高级研修班也"没有任务,只有机会"。

佛经上说:如何向上,唯有放下。

请大家一切"放下":"放下""任务","放下"往日那些"比较愉快的和容易达到的目标","放下"因为唯论文、唯职称、唯学历、唯奖励所带来的烦恼。

也请大家一致"向上":"向上"拓宽自己的学术格局,"向上"提升自己的思想高度,"向上"放大自己的研究上限……尝试着与各位著名专家一起"专心致志于"美学学科"最普遍的问题"。

也许,你的"机会"就开始于今天。

最后,祝大家学有所成!

我相信:你的未来——你们的未来将值得期许!

2021年2月1日,南京

## 让每一个自己都活成一束光

各位老师:

大家好!

筹备已久的"第二届全国高校美学教师高级研修班"今天终于开班了!值此之际,我要代表主办方——南京大学美学与文化传播研究中心向各位踊跃报名参加本届"全国高校美学教师高级研修班"的来自全国各地的青年教师表示热烈的欢迎和衷心的感谢!

我清楚记得,2020年9月26日,在"首届美学高端战略峰会"上,我是以"天下苦学术会议久矣"作为开场的,2021年2月1日,在"第一届全国高校美学教师高级研修班"上,我则是以"天下苦'唯论文、唯职称、唯学历、唯奖励'久矣"作为开场的,今天的开场应该从哪里开始?思之再三,我的选择都只能是,也始终是唯一的:"天下苦新冠肺炎久矣"……至于这"苦"中的滋味,想必我也毋庸细说。在这里,只要提一下我们本来计划在去年8月举办的"第二届全国高校美学教师高级研修班"的被迫延期,再只要提一下我们这次的"第二届全国高校美学教师高级研修班"的不得不分为线下与线上开班之艰难,大家应该也就不难从这一滴水而想见我们的"苦"中滋味了。

不过,这其实也算不得什么。各位一定都熟悉西方哲学家加缪的名著《鼠疫》。在《鼠疫》的结尾,加缪曾经如是陈言:"可是鼠疫是怎么一回事呢?也不过就是生活罢了。"现在,作为类比,我们也可以说:可是新冠肺炎"是怎么一回事呢?也不过就是生活罢了"。整整两年过去了,而今我们已经习惯于新冠肺炎的存在,习惯于"动态抗疫",也习惯于来南京开会之前都去做一个48小时内有效的核酸检测报告,以作为进入南京、进入会场的"路条"。因为,这不过也"就是生活罢了"。因此,在"天下苦新冠肺炎久矣"的时候,完全不必去等待炬火,需要我们去做的,无非是让每一个自己都统统活成一束光。在这当中,也包括去更加努力地学习与工作!加缪在《鼠疫》中说:"人的身上,值得赞赏的东西总归是多于值得蔑视的东西。"我想,如果我们能够让每一个自己都统统活成一束光,都更加努力地学习与工作,应该说,同样也就展现了自己内心深处的"值得赞赏的东西"!

还值得一说的,是《鼠疫》的结局。在小说中,鼠疫的最终结束并不是因为人类找到了救治的解药,而是病毒仿佛忽发善心,竟然悄然隐身而去。因此加缪在文末借里厄医生之口说道:"不过他明白这篇纪实写的不可能是决定性的胜利。"我猜想,加缪希望告知人类的是,"一个人能在鼠疫和生活的赌博中所赢得的全部东西,就是知识和记忆。"这意味着,重要的不是战胜现实的鼠疫,而是战胜心灵的鼠疫。只有这样,人类才有可能获得"决定性的胜利",也才有可能找到真正的救治良药,而不致去一次次地重蹈覆辙。

这就类似于人们常常引述的:未经省察的生活不值得一过!

置身新冠肺炎肆虐的现场,问题也是一样。我们在与新冠肺炎的"赌博中所赢得的全部东西,就是知识和记忆"。这也就是:重要的不是战胜现实的新冠肺炎,而是战胜心灵的新冠肺炎。只有这样,人类才有可能获得"决定性的胜利",也才有可能找到真正的救治良药,而不致再去一次次地重蹈覆辙。令人欣慰的是,尽管在战胜现实的新冠肺炎方面美学一无所为,但是,在战胜心灵的新冠肺炎方面,美学却大有可为。美学,十分适宜于针对人类在与新冠肺炎的"赌博中所赢得的全部东西,就是知识和记忆"发言。为了人类有可能获得"决定性的胜利",有可能不致去一次次地重蹈覆辙的真正的救治良药,美学,理应作出自己的贡献。

当然,面对这一切,自我禁锢于文学艺术的"小美学"、孜孜以求于"项目指南"的"学院美学"都根本无济于事。苏格拉底在同希庇阿斯谈到这样的美学时就曾感叹:"我头脑弄昏了";费尔巴哈在谈到这样的美学时更感叹云:他已经在"战栗"和"发抖"!"小美学"和"学院美学"都不是真正的思想,而只是在概念藩篱里忸怩作态的美学魔方。我们期待的,是以"美的名义"为人性启蒙开辟道路的"大美学"、借助对审美活动的关注去关注"人"的解放的"世界美学"(康德)。它是荷尔德林所期待的《审美教育新书简》,也是席勒所期待的"为审美世界物色"的"法典"。它是从孔子、庄子到康德、尼采、海德格尔、马尔库塞……等一大批哲学家思想家的美学追求,也是我们作为美学后来者的美学追求。

我知道,这并不容易!然而,我们理应如此!

"这就是关于美的全部问题最后要归结到的真正要点,如果我们能够满意地解决这个问题,那么,我们同时也就找到了引导我们穿过整个美学迷宫的线索。"各位一定都耳熟能详,这段话是席勒在 1795 年间发出的召唤,令人欣慰的是,尽管至今两百多年已经过去了,但是,它却仍旧还在鼓舞着我们。我相信,各位在参加本届"全国高校美学教师高级研修班"的学习的过程中,也一定会经常在著名专家的授课中倾听到这一召唤。

感谢朱立元、姚文放、周琦、柯军、龚隐雷、郭鹏、朱志荣、刘成纪、程相占等各位著名专家!他们都是在百忙中抽出时间来为各位授课的。尤其是其中的周琦先生、柯军先生以及龚隐雷女士,还有郭鹏先生,按照一般的划分,他们无疑并不属于美学圈。但是,这也恰恰体现了作为主办者的我们的良苦用心,也恰恰体现了他们对于美学亟待走出文学艺术、走向人类解放的殷切期望!

最后,祝各位老师在南京期间学习进步、身体健康、生活愉快!

2022 年 1 月 21 日,南京

# 以信仰代宗教

〔按：在"振兴中华文化"宏伟愿景的鼓舞下，中国文化建设不断推进，同时，"信仰"问题亦日益受到人们的关注。为此，《上海文化》2015年开辟专栏，并且接连三期连载了南京大学教授、四观书院文化导师潘知常先生的文章《让一部分人先信仰起来——关于中国文化的"信仰困局"》，为了进一步推动这一讨论，由北京大学文化研究与发展中心、四观书院共同主办"中国当代文化发展中的信仰建构"学术讨论会，于2016年3月26日在北京四观书院召开。

受邀出席研讨会的专家有：

中央党校任登第教授、北京大学哲学系阎国忠教授、中国人民大学毛佩琦教授、中国人民大学孟宪实教授、国家发改委国际合作中心宋澎先生、北京师范大学李景林教授、中国人民大学郭英剑教授、中国人民大学牛宏宝教授、北京师范大学刘成纪教授、中国艺术研究院研究员摩罗教授、北京师范大学郭家宏教授、南京大学潘知常教授、四观书院周易玄院长。

以下是我的发言。〕

谢谢各位的精彩发言。趁此机会，我想提一个简单的想法。我这个想法还是用的"口号体"，关于"口号体"，例如"让一部分人在中国先信仰起来"，刚才有的朋友赞成，有的朋友不太赞成，但是，有时候在学术会议上这样说话还是有点有利的，例如，比较有利于传播。

我想提的想法叫："以信仰代宗教"。

我的理由主要是三个方面。

第一个方面，这是从中国最近一百年来的实践的角度来思考的。中国最近一百年来的实践，大概基本上是下面几种看法。

第一种叫"以美育代宗教",是蔡元培先生提的,今天我们来开会的有四位美学家,大家对这个口号都很熟悉。第二种叫"以科学代宗教",是陈独秀先生提出的。第三种是"以伦理代宗教",是梁漱溟先生提的。第四种是"以哲学代宗教",是冯友兰先生提的。这四种说法,应该说在中国都没有得到过主流的位置。但是也都曾不同程度地起过积极作用,尤其是"以审美代宗教",起码在美学界内,还确实是起过很大影响的。

但是,其实还有第五种看法,它是中国一百年来的主流,叫"以主义代宗教"。"以主义代宗教"是孙中山先生提的,后来,我们也把它叫作:以意识形态代宗教,以革命代宗教。

因此,一定要说我们中国在过去的一百年里没有成功的东西,也不尽然,我觉得"以主义代宗教"就可能在一定程度上影响了中国。梁漱溟先生曾经肯定过:主义加团体,也就是以主义代宗教和以团体新生活取代伦理旧组织,是百年中国所完成的两件大事,但是,它后来也导致了一定的遗憾。我们今天重新讨论宗教问题乃至信仰问题的时候,就不得不说:现在这条路是很难再简单直接地走下去了。

当然,"以主义代宗教"也不是中国的特产,也就是说,它不是中国特色。因为全世界关于这个方面的思考,可以分为两大系列,一个是有神论的个人主义,从英国到美国,然后到亚洲四小龙,到加拿大,到澳大利亚,现在在全世界他们都是一二流国家、现代化国家。

但是还有一派,我想,可以把它叫作无神论的个人主义,它在西方也是有根据的,比如说,就与南部欧洲的文艺复兴有关,只是,其实文艺复兴只创造了西方经验的一半,就是个人主义,但是它没有创造西方经验的另一半,就是有神论。

但是,无神论的个人主义,也是西方的一大传统,"以主义代宗教"就属于这个传统。从法国开始,后来法国大革命的硝烟也影响全世界。这就是《九三年》中的"利剑共和国""思想共和国"。在这当中,我认为无神论是一个关键。后来的苏联的暴力革命,其实也是法国大革命的变种。

中国的过去了的一百年,应该说是受法国大革命、苏联的暴力革命影响很大。也因此，我们中国一百年的实践，可能更多的是"以主义代宗教"，引入的也是"科学"和"民主"这两个要素。

但是，我们也确实是忽视了"科学"和"民主"背后的东西，这就是"信仰"。"科学"和"民主"，当然是西方世界的现代化的两个抓手。我们中国人一看，就说，是这两个东西推动着世界，可是，谁推动着这两个东西呢？谁让我们"信以为真"？谁让我们"信以为善"？在这背后，还有一个信仰的问题。

从这个角度，我个人觉得基督教对西方社会的影响，是不容忽视的。当然我绝对没有引进西方基督教的意思。而且，我也知道中国人往往以为佛教是"骑着白马"而来但是基督教却是"骑着炮弹"而来，在中国提出用基督教来解决问题，不但不切实际而且会引起不必要的争议。在这里，我只是觉得，把眼光集中在基督教，并且从这个问题开始思考西方的现代化问题，绝对不能算错。

因为西方近代的社会变革，我个人觉得确实是和基督教的崛起有关，和"新教"有关。不过，问题的讨论又不能仅仅局限于此。因为只要把新教对西方社会的影响升华一下、提炼一下，就不难看出，其中真正影响世界的，其中能够从教堂真正走出来的，这两个字，就是信仰。所以我认为：是信仰引领了西方现代社会的建构。

这个发现很重要，而且也完全符合事实。例如，我们发现，黑格尔在总结西方基督教对西方的影响时候，他就说，新教是有"一个有思维的精神"，但是，"它最初只是被置于对宗教事务的关系之中，还没有被推广应用到主观原则本身的另外进一步的发展里面去。"那么，新教是经过谁才把它冶炼成为思想的利剑的呢？黑格尔说：是康德。黑格尔说："只有后来在哲学中这个原则才又以真正的方式再现。"

那么，康德在基督教里发现了什么呢？就是发现了信仰，康德为西方提供的，就是信仰这个秘密武器。

这就是我要在中国提倡"以信仰代宗教"的第一个理由。

在此基础上，我们再回过头来想一想，就会发现，中国这么多的思想大家，他们为什么都非要寻找一个东西来代替宗教？那肯定是因为宗教问题极为重要。因此,如果我们能够找到一个东西来代替宗教,或许可能就是解决问题的更简单的方法,就是借着前辈的思想大家去讲、去思考。当然,我的答案就是:以信仰代宗教。

第二点,信仰到底是什么?当然,我们可以用很多的概念去描述它,我在《上海文化》的那篇文章也讲了,我认为信仰就是一种终极关怀,最简单地说,就是康德发现的那四个字:人是目的。

但是,我们今天能不能更简单地说一下呢?全世界的宗教都是有利于信仰的。因此我们没有必要去贬低任何一个宗教,全世界的宗教应该都是充满正能量的。但是为什么基督教能够更多地和西方近代社会结合?这无疑是一个值得去思考的问题。

比如说佛教,比如说伊斯兰教,我们看到,从推动近现代社会发展的角度,它们可能不太比得上基督教。那么,基督教为什么能够做到呢?其实,这与它的一个很重要的因素有关,因为它是一神教。而一神教的最大优势,我觉得就是在上帝的熔炉里去思考人性问题的时候,可以顺理成章地把人性里面的神性问题思考出来。

也就是说,人的绝对性,例如人的绝对自由、绝对选择、绝对尊严、绝对责任,都是在什么意义上更加易于去思考呢?我觉得,就是在一神教的思想熔炉里,它最容易被思考。因为我一开始都完全以为它是神所赐予的东西,结果,到最后突然发现,它是人自己的东西,是人性中最为神圣的东西,也是人之为人所必须呵护的东西,必须捍卫的东西。

我举一个例子,前一段美国有一个教授,他翻译一本书,《天路历程》。这个书是全世界除了《圣经》以外是第二畅销的。翻译完成后,他让我写序,我说我实在写不了,可他一再坚持,后来我就借这个机会学习了一下,突然就有所领悟。例如,人类有不少的文学名著都是写的人类的在路上。中国的《西游记》也是在路上,《天路历程》里面的基督徒也是在路上。可是,中国的《西游记》的九九八十一难却都是外在的,都是外在的妖魔鬼怪。但是《天路历程》的基督徒不同,他所遭遇的妖魔鬼怪都是内在的。他打来打去到底是在跟谁打呢?他是跟人灵魂当中的那些动物性的东西甚至人性的东西在作战,他是要借此把自己人性中的的神性的东西塑造出来。这个东西,我想可能就是基督教通过神性这个熔炉教会我们的对绝对尊严、绝对权利、绝对自由、绝对责任的冶炼。或许,这就是黑格尔所说的:"第二次的世界创造"。"在这个第二次的创造里面,精神才最初把自己理解为我就是我,理解为自我意识。"

所以在这个意义上,基督教为什么能在世界上产生影响?其实不止因为它是宗教,而且因为它无意中充当了人类信仰的大熔炉。正是它,在提示着西方的人们,人,不仅仅是有理性地生存,而且更是在有信仰地生存,不仅仅置身于理性中求生存的功利世界,而且还要置身在信仰中求意义的境界人生。反过来看中国,我觉得问题就比较简单了,比如说我们从对人的绝对尊严、绝对权利、绝对自由、绝对责任的冶炼的角度,就同样可以看到中国的传统思想的历史贡献。比如,中国宋代有一个思想家说,"天不生仲尼,万古长如夜"。那么,为什么"天不生仲尼,万古长如夜"?我觉得,就是因为我们中国人也通过孔夫子的思想打造了中国人人性中的神性的东西、神圣的东西,打造了人的绝对尊严、绝对权利、绝对自由、绝对责任这样的东西。

如果从这个角度思考,我觉得,我们就不存在引进基督教的问题,也不存在引进佛教的问题,因为我们是要引进所有宗教里的充满正能量的东西。

而人类神性的那一面,在过去的时代,基本上都是通过宗教的熔炉打造的,哪怕是儒家的思想,它不是宗教,但是它也有宗教性。它们干的一件事情,我认为全世界都是一样的,就是对人的绝对尊严、绝对权利、绝对自由、绝对责任的冶炼,彼此的区别,只不过是神性的东西少一点多一点而已。但是没有哪个文化是没有神性的,只是多少而已。

从这个意义上,我有时候到外面去客串一下讲儒家的时候,比如说讲《论语》的时候,我有时候是这样去理解的。我说,《论语》讲的,包括《大学》讲的,就是中国人的君子宣言。这就类似于马克思的共产党宣言。《论语》在讲什么呢?中国"人"的宣言,中国人的大丈夫宣言,在这个意义上,中国人人性中的神圣的东西都被揭示出来了。显然,就是因为有这个东西,所以中国人才会认为,"天不生仲尼,万古长如夜"。

这是我在提出"以信仰代宗教"时候想说的第二点。那也就是,从历史演进的角度,我们看到了信仰的作用;从逻辑思想发展的角度,我们看到了信仰的力量。

第三点,是从现实社会的角度,强调信仰的意义。

我个人认为,从现在的角度来说,信仰的提倡当然是个很费力气的事情,甚至可能说了也等于没说。但有的时候思想价值就在于不说白不说,因为每一个时代都有时代的灵魂和时代的主旋律,而我们这个时代,信仰,就应该是时代的灵魂和时代的主题。

宋朝的王安石曾经被两次罢相,他每次都是回到南京休息。退休之后,也是住在南京。他说过一句话,我很受启发。他说中国"成周三代之际,圣人多出于儒中,两汉以下,圣人多生于佛中",那么,现在,从中国的民国以后,中国如果还希望出一些大的思想家,会不会是产生在和"信仰"对话的过程当中,会圣人多生于信仰中? 我认为,答案是肯定的。

而且,当今还是一个"无神的时代",也是一个呼唤着"无神的信仰"的时代。这个时代,也亟待中国的信仰经验的参与。

去年七月份,我为计划在中央电视台播出的《中华百寺》纪录片写了慧能,六祖慧能,题目叫"南华寺"。当时我就想,慧能他创造的禅宗其实有一点中国特色的,因为它是全世界宗教中最特殊的,是无神论的宗教、无神论的唯心主义;开创的,也是中国特色的无神的信仰。

由此我就受到启发,我们中国的哲学也是有信仰的,它的中国特色就在于:通过哲学来建立信仰。我们中国的美学也是有信仰的,因为我们中国人从来就是通过审美来建立信仰。

而我们今天所处的这个时代,正是一个"无神的时代",却也是一个呼唤着"无神的信仰"的时代。我们不否认宗教的作用,但是宗教已经不能像过去那样(过去是"以宗教代信仰")。而且,即便是在西方,它现在的作用都开始淡化。在中国,宗教就更难担此大任,因为就是在中国古代它都没有做到,在古代,我们还是要靠孔夫子这些哲学家。何况我们今天是在"无神的时代"?

于是，本来信仰与宗教、哲学与艺术都是相通的，也无须专门强调以信仰去取代宗教，可是，在宗教无法发挥应有的作用的特殊时代，面对无神的信仰，"以信仰代宗教"，凸显信仰的作用，以及从哲学的角度、美学的角度去回应信仰，从现实的角度去建构信仰，就成为时代的必须。

我常说，我们可以拒绝宗教，但是我们不能拒绝宗教精神；我们可以拒绝神，但是我们不能拒绝神性；我们可以拒绝信教，但是我们不能拒绝信仰。这是因为：信仰当然不是万能的，但是，没有信仰却是万万不能的。

我认为，超越有神论与无神论，超越唯物主义与唯心主义，"以信仰代宗教"，这就是当代中国的思想现实，不管这个问题最终能不能解决，面对这个现实，可能却必须是我们所应该做的一个选择，而且，我们也别无选择！

我就讲到这里，谢谢大家！

2016 年，北京

## 审美作为生产力
### ——在"首届美学经济论坛"上的大会发言

[2020 年 12 月 12 日，在河南修武县，中国社会科学院文化研究中心与河南修武县委、县政府联合举办了全国的"首届美学经济论坛"，中国社会科学院哲学研究所党委书记王立胜、中国社会科学院经济研究所所长黄群慧、中国社会科学院科研局局长马援、中国社会科学院哲学研究所副所长单继刚等出席。我的大会发言根据录音记录整理。]

大家好！

2020 年，是美学界的"高光"时刻。2020 年，"美学"两个字在国内成为了"热词"。

美学，在1949年以后，一般来说，应该是"热"过三次。第一次，是1957年以后，我们称它为第一次美学大讨论。第二次，是1982年以后，我们称它为第二次美学大讨论。还有，就是1993年以后，我们称它是第三次美学大讨论。前面两次，余生也晚，很遗憾，没有赶上，1993年那次，我应该是一个主要的参加者了，因此颇知道它的热度。但是，坦率地说，那时候美学尽管很"热"，但是仅仅是在学术圈，而没有超出学术圈。甚至应该说，主要只是在美学圈。这次却有所不同，不可思议的修武县把美学"热"到了全国，是让全国人民都知道了"美学"。刚才我听到郭鹏书记说，关于修武县的县域美学的报道铺天盖地，已经有五十多家之多，这在我们美学界，实在是闻所未闻。必须说，这次我们美学界算是沾了修武县县域美学工作的光。过去我们努力多年，都没有让美学走出学术殿堂，都没有让全国人民都知道"美学"，修武县的县域美学创新却轻而易举地做到了，真是不可思议！

当然，修武县的县域美学工作也给我们美学界出了一个难题，这就是：如何从美学角度去予以回应？如何从美学的角度把修武县的县域美学工作去再讲一遍？

坦率说，前天晚上（2020年12月10号）我刚刚赶到修武县的时候，还并没有感受到这个难题。前天，我帮助南京大学哲学系的国学班讲了一天的课，然后晚上直接坐高铁就到了修武，心里十分轻松。而且，我与修武县的邂逅也并不到一个月的时间。说起来，也就是上个月在南京大学的干部培训班上，我看到了一个要求我讲的题目竟然是"国学经典与美学"，当时我立即就建议，能不能换个题目？讲美学，干部们会感兴趣吗？结果，对于我的建议，南京大学方面倒没有意见，但是，来培训的单位却坚决不同意。他们的答复是：我们是河南修武县的干部，我们的县委书记说了，就定这个题目。惊诧之余，我认识了修武县，当然，也认识了郭书记。

接下来，顺理成章地，就是被立即邀请参加咱们的这次会议。当然，也不是修武县的一厢情愿，就我本人而言，也是很希望实地考察一下的，百闻不如一见，已经红遍全国的修武县县域美学到底是怎么回事？我觉得有必要来现场来看一看。任何的创新都是来自前方一线的，我们从事美学研究的毕竟只是黄昏才起飞的猫头鹰。如果不到实地来看一看,那猫头鹰又怎么在黄昏起飞?

可是,我一到修武县,就感受到了这个难题的存在。这是因为,我事先得知这次有几位美学同行也要来。比如咱们修武县的美学经济总顾问邱晔教授的博士导师张法先生就也要亲自前来。我私下认为,如何从美学角度去予以回应,如何从美学的角度把修武县的县域美学工作去再讲一遍,这个重要的工作理应是由张法兄来完成的。事情因学生而起,当然也顺便就由老师来结束,这其实很好!谁知道,一到修武县才得知:张法兄不来了。于是,我的心情一下子就由晴转阴、由轻松转沉重了。

对于修武县的县域美学工作,应该如何从美学角度去予以回应?又应该如何从美学的角度把修武县的县域美学工作去再讲一遍?这其实并不容易!幸而我过去长期从事战略咨询与策划工作,也长期从事美学基本理论研究。"知行合一",毕竟是生命美学之为生命美学的一大特色!开个玩笑,在长期做美学研究的学者里面,我是做战略咨询策划工作最多的——不过,如果要是专门做战略咨询策划工作,那我就不如今天在座的北京大学的向勇教授多了,因此,我还要说第二句话,在长期做战略咨询策划的学者里面,我做美学基本理论研究是最多的。因此,今天既然是赶鸭子上架,不得不从美学的角度去予以回应,不得不从美学的角度把修武县的县域美学工作再讲一遍,那我也就只能冒昧从命并且尽力而为了。

当然,我首先要说一句,美学无法"包打天下"。修武县要以"以美学引领全县工作",无疑令人眼睛一亮,但是美学却毕竟不能代替全县工作。而且,讲"美学引领",也还是亟待认真思考。这是因为,什么是美学呢?一言以蔽之,就是用思想改变思想;那么,什么是宗教呢?也可以一言以蔽之,应该是用彼岸改变思想;还有,什么是科学呢?同样可以一言以蔽之,当然用事实改变思想。这也就是说,在我看来,美学如果介入修武县的全面工作,关键的不是包办一切,因为美学不是特效药,美学的介入只能是观念的更新。犹如昔日的深圳提出的"时间就是金钱"。因此,在修武县,美学的引领应该体现在观念的引领之上。应该是在改革观念、发展观念上开风气之先、领全国之先,而不必要在具体的工作上让美学去亲力亲为。例如,提出以"美学经济"(其实,称之为"审美经济"也许更为准确)为抓手当然很好,但是,我们也必须注意到,它毕竟只能是一个"抓手",而且,美学经济(审美经济)当然是小于经济的,它无疑是经济的一种全新形态,但是也毕竟只是经济的一种形态。因此,让它引领经济工作,或许还勉强说得过去,可是如果还要让它引领党建工作、社会工作、文化工作……这也许就是"小马拉大车",有点勉为其难了。何况,美学经济(审美经济)起自西方,蔓延于中国,早已如火如荼,修武县即便是果真全县都已经是美学经济(审美经济),也只是模仿而已,谈不上什么创新。

由此,我要说的是,不可思议的修武县所开创的县域美学工作,最为闪光的地方其实并不在"美学经济"(审美经济),而在于观念的创新。修武县用什么"思想"改变了过去的"思想"?修武县用什么"观念"改变了过去的"观念"?这才是我们所应该予以关注的。

那么,修武县用什么"思想"改变了过去的"思想",又用什么"观念"改变了过去的"观念"呢?在我看来,应该是"审美社会主义""审美生产力"与"乡村美学"。

**首先看"审美社会主义"——**

这涉及了一个"大文明观"的问题。在我看来,从局部的角度,其实很难说清楚修武县的贡献,但是,倘若从全局的角度,例如从"大文明观"的角度,则完全不同了。我们知道,对于美学的关注,严格而言,是从近代社会开始的。这或许应该被称为"美学热"。换言之,美学并非从来就是显学,也更不是从来就很"热"。美学"热"起来,是近代的产物。我们知道,在历史学界,一般都将公元 1500 年作为一个极为值得关注的世界节点。西方最著名的历史教科书——《全球通史》分为上篇和下篇,上篇是"公元 1500 年以前",下篇就是"公元 1500 年以后"。还有一本书,是美国人写的《大国的兴衰》,也是如是划分:"公元 1500 年前"和"公元 1500 年以后"。而从 1500 年以后,西方先甩掉东正教国家,再甩掉天主教国家,最后只剩下了基督教国家,则是一个大趋势。这也就是说,是基督教文明创造了"经济发达国家"。因此,不但东正教国家一个都没有进入过"发达"行列,而且天主教国家在现代化的后期也越来越显示出后继乏力的症候,最先是葡萄牙、西班牙,然后是意大利,都先后从"发达国家"的行列中败落出局。而作为新教国家的英国则不仅打败了天主教的西班牙,更多次击败天主教为主的法国,最终得以成为"日不落帝国",更不要说,今天的世界霸主美国也是一个新教国家。再看第一批的现代化八国,其中除法国、比利时两国是天主教与新教共有外,其余六个国家全是新教国家。由此我们不难发现:"先基督教起来",似乎是所有"先现代化起来"的国家的共同特征。然而,好景不长的是,自从尼采发现"上帝死了"以后,基督教文明似乎也就风光不再。由此,我们发现了康德对于审美的关注,以及尼采对于审美的推崇。这意味着:伴随着基督教的退潮,西方思想家敏锐地发现,在其中裸泳的,其实却是:"信仰"。换言之,不是基督教推动了现代化,而是基督教中所蕴含的"信仰"推动了现代化。于是,思想家们把"信仰"从基督教的温床中移植到哲学,并且置换为"自由"。然而,在失去了宗教背景的庇护以后,"自由"毕竟一无依傍,于是,唯有进入审美王国,依赖审美去加以救赎。无疑,这正是康德羞答答地以"非功利"为审美命名,继而尼采干脆以审美即生命与生命即审美来为审美疾呼的根本原因。

再看百年来中国思想家们孜孜以求的"以美育代宗教"(蔡元培)、"以科学代宗教"(陈独秀)、"以伦理代宗教"(梁漱溟)、"以哲学代宗教"(冯友兰)、"以主义代宗教"(孙中山,也就是:以意识形态代宗教,以革命代宗教)……其间,梁漱溟曾经表彰说:主义加团体,也就是以主义代宗教和以团体新生活取代伦理旧组织,是百年中国所完成的两件大事。甚至,梁漱溟还说:宗教问题,是中西文化的分界线。然而,迄至今日,唯有"以美育代宗教"(蔡元培)成了气候,我必须说,这并非偶然。其中的两个关键词:宗教与美育,其实已经道破了20世纪中国的艰难探索的核心奥秘。只是,正如我所一直批评的,"以美育代宗教"在逻辑上无法成立,因为审美与宗教是一个平行的概念,无法互相取代。因此,正确的提法应该是,也只能是:"以审美促信仰"(2016,潘知常)。并且因此而鲜明区别于昔日的"以宗教促信仰"。

在此意义上,我们要看到,正如美学事实上成为了几乎众多思想大家们共同的归宿,美学,也第一次地在修武县的工作中成为了令人瞩目的归宿。必须看到,在这当中,是蕴含着来自人民群众的极大的发明创造与深刻的敏锐感悟的。修武县的县域美学乃至美学引领,恰恰是在这一点上得了我们国家的新时代改革开放风气之先。它的最大成功,也就在于在实际工作中率先地高举起了"美学"(审美)的旗帜。因此,我要强调,美学,其实不是在为修武"赋值",而是在为修武"铸魂"。这才是修武县的最为不可思议之处,因为它在大地上写出了一篇最为精彩、最为抢眼的美学大文章:"以审美促信仰"("党建美学")。

也因此,我建议咱们修武县要时刻擦亮自己的品牌辨识度,要突出自己的独到贡献,要与美丽乡村、美丽民俗……甚至美学经济保持鲜明的区别。

为此,就亟待要去认真总结自己在思想解放、观念突破上的全新探索,并且旗帜鲜明地予以提倡。

例如,相对于西方晚期资本主义所自我命名的所谓"审美资本主义",我们是否可以将自己的全新的思想探索、观念求索命名为"审美社会主义"?是否可以,请各位与会专家参与讨论,在这里,我要说的只是,如果可以把修武县的全新的思想探索、观念求索称为"审美社会主义",也许,它恰恰在某种程度上体现了社会主义的自我创新、自我变革、自我提升?

**其次是"审美生产力"——**

刚才我已经说了,美学经济(审美经济)是修武县工作的一大特色,也是一大成绩。这是应该予以肯定的。但是,实事求是而论,我们又确实不能说得过头,因为美学经济只是抓手,但是,"抓手"不代表"主线",不代表"根本"。我必须要说,美学经济(审美经济)不但并未成为咱们全县经济工作的全部,不但无法涵盖咱们全县的全部工作,而且,也还无法深刻而又准确地总结咱们县的实际工作经验。那么,应该用什么东西来对修武县的工作经验加以准确概括呢?昨天我看了一天,而且边看边想,逐渐认定,它应该是:"审美生产力"。

众所周知,人们对"生产力"的认识是与时俱进的。在第一产业占主导地位的前工业时代,人的体力和经验是最为重要的生产力要素;在第二产业占主导地位的工业时代,科学和技术跃居于生产力要素的首位;而在第三产业占主导地位的后工业时代,审美和艺术则开始后来居上。而在这当中,不难看出,存在着体力——智力——审美力的递进,也存在着"自然人"——"经济人""技术人"——审美人的提升,还存在着"尊重体力、尊重经验"——"尊重知识、尊重人才"——"尊重审美、尊重艺术"的嬗变……在这当中,新的生产力要素主要是通过三种途径加以实现。其中的新的生产力要素与劳动对象的结合,我们可以称之为:美是竞争力;新的生产力要素与劳动资料(劳动工具、生产工具)的结合,我们可以称之为:美感是创造力;新的生产力要素与劳动者的结合,我们也可以称之为:审美力是软实力。

修武县的对于"美学+"时代的关注,以及对于审美动因的关注,都应该放在这样一个时代背景下来认识。也因此,我认为,这绝对不是一句"美学经济"(审美经济)就可以概括的,而应该称之为:审美生产力。

在改革开放之初的新时期,我们曾经理直气壮地大声疾呼:科学技术是第一生产力!那么,在改革开放的新时代之初,我们是否也可以理直气壮地大声疾呼:审美也是生产力?!

这当然是一个全新的提法,而且也是极具创造价值的理论发现。

迄今为止,除了在英国著名文艺理论家伊格尔顿那里我们曾经听到过"艺术生产力"的提法,在经典马克思主义的理论著作中确实还没有明确予以阐述。

但是,也并非无章可循。

在马克思关于生产力、精神生产和艺术生产的理论体系中,我们可以去提炼;

在马克思提出"两种生产力"(物质生产力、精神生产力)中,我们可以去思考(马克思:《巴枯宁〈国家制度和无政府状态〉一书摘要》);

马克思在《1844年经济学哲学手稿》中,也曾经明确提出:"宗教、家庭、国家、法律、道德、科学、艺术等等,都不过是生产的一些特殊方式,并且受生产的普遍规律的支配。"马克思甚至明确指出过:人可以按照"美的规律"去生产……

再结合修武县的创造性探索,我们不难看到,"审美生产力"已经呼之欲出!

**第三个,是"乡村美学"——**

"乡村美学"不是一个新东西,但是,对于修武县来说,却是个好东西。因此,我把它作为第三点来谈。

做战略咨询与策划,是我的长期工作之一,这是我与国内其他美学学者不同之处,也许正因为如此,我昨天四处奔波去观摩、学习的过程中,十分在意的一个问题,就是修武县的发展方向究竟何在?修武之为修武,如果是我为修武做战略发展规划,应该为它赋予一个什么样的发挥特色?换言之,十年以后,二十年后,修武县应该是什么样的修武?无疑,从战略咨询与策划的角度,如果无法做到"量出为入"(而不是"量入为出"),修武的未来其实就很可能是岌岌可危的。

那么,十年以后,二十年后,修武县应该是什么样的修武呢?我认为,应该是:**中国的乡村美学第一县!**

我的设想,首先当然是立足于希望把修武的以美学经济(审美经济)为抓手再推进一步。以美学经济(审美经济)为抓手是修武打响的第一炮,但是,鉴于美学经济(审美经济)毕竟无法覆盖全县的各项工作,例如党建工作、社会工作、文化工作……因此,有必要再把它进而向前推进。

其次,则是因为,在中国,也许是在全世界,我们确实已经看到了成功打造的某个乡村的美学——"乡村美学",但是,我们却没有看到过成功打造的全部县域的360度"乡村美学县",其实,这才是真正的"乡村美学"。因为,它不再是单一维度的长度,也不是两个维度的面积,而是三个维度的体积,是全立体维度的打造。相比之下,在一个维度上,最多100分;在两个维度上,哪怕各自都只有50分,面积已经是2,500了;但是,若是三个维度,哪怕各自都有50分,那也已经125,000分了……

因此必须看到,"乡村美学"是一个好东西,也是一个顺应于世界发展大潮的香饽饽。我们常说:全世界的美都是乡村首先创造的,但是,美学却来自城市。西方人是在工业化的城市里创造了美学这个学科的。所以我们注意到,美学是偏向于艺术的,它不偏向于乡村,也不偏向于自然。从这个角度,当西方的浪漫主义潮流取代了古典主义之时,就恰恰开始关注到了乡村。其中实在是大有深意。

确实,乡村是植物性生存。植物生存的特点就必须根深叶茂,必须深深扎根于大地,并且,它所有的资源都是自给自足的,所以,我们把它叫作"自养型"。无疑,正是在"自养型"的基础上,才催生了"天地共生",催生了"天人共生"。但是,城市是什么呢?城市是动物性的生存,是"它养型"。它什么都不储存,既不储存水,也不贮存食物……而是全世界到处去奔跑,什么地方有水有食物,它就到什么地方去掠取。因此,是"天地二分""天人对峙"。由此,我们不难知道,乡村,恰恰是美学的真正故乡。尤其是在中国,抓住了乡村,也就抓住了中国改革开放的"牛鼻子"。在中国,农业问题、乡村问题,才是最大的问题。20世纪上半叶梁漱溟为什么坚持要到乡村去?奥秘就在这里。因此,"乡村中国"才是真正的中国。在这个方面,中国类似于法国、意大利,而不类似于美国。也因此,抓住了"乡村美学",也就抓住了"乡村中国"乃至当代中国的要害。这或许可以称之为:"美学出城""美学下乡",或者可以称之为:美学的"新上山下乡战略"。我们可以把它看作是美学的"去城归乡"、美学的"背城还乡"、美学的"归园田居"。

而且,一旦把美学的"去城归乡"、美学的"背城还乡"、美学的"归园田居"放大到360度的全县,一旦把修武作为全国的"乡村美学第一县"来倾力打造,修武也就禀赋了自己的精气神、主心骨、优先级。

当然,这也并不容易。它亟待首先去寻觅修武之为修武的美学特色。人所共知,修武是魏晋美学与宋代美学的集中地,那么,时至今日,修武之为修武又美在何处?我们必须在建设之初就予以回答。鲁迅先生在《华盖集·忽然想到(四)》中说过:"先前,听到二十四史不过是'相斫书',是'独夫的家谱'一类的话,便以为诚然。后来自己看起来,明白了:何尝如此。历史上都写着中国的灵魂,指示着将来的命运,只因为涂饰太厚,废话太多,所以很不容易察出底细来。正如通过密叶投射在莓苔上面的月光,只看见点点的碎影。"而现在,最为当务之急的是,作为修武的领导者,我们必须高瞻远瞩地为修武谋划未来,也必须去回答"写着中国的灵魂,指示着将来的命运"的**修武之美**究竟何在。

我们看到,在这个方面,修武率先提出了"县域美学"的发展战略。其中包括古风前卫的城市美学、自然生态的山水美学与乡愁文脉的乡村美学。这应该是具有远见卓识的。不过,发展特色的最大忌讳就是面面俱到,而且,就古风前卫的城市美学、自然生态的山水美学这两者而言,修武也无法做到在全国领先。因此,修武的发展计划尽管应该是城市美学、山水美学与乡村美学这三驾马车,但是修武的发展战略却应该是首选乡村美学。因为只有乡村美学才是修武可以去努力在全国奋勇争先的。因此,修武亟待在"县域美学"的发展中分清主次,以"乡村美学"为优先级与核心竞争力,适时提出"乡村美学第一县"的发展战略,争当中国"乡村美学"的代表,争当中国的"乡村美学第一县"。不如是,修武则不可能去赢得未来;不如是,修武也不可能走向未来!

不言而喻,只有明确了这个问题,今天的修武的一切工作也才是有意义的。

我因此想说:

没有"乡村美学"的定位,就没有未来的修武!

没有"乡村美学第一县"的远大目标,就没有未来的修武!

没有统一的美学风貌,就没有未来的修武!

而在这一切之后,则正如一首流行歌曲所唱的:"爱要让你听见,爱要让你看见"。未来的修武,也应该"美要让你听见,美要让你看见",也应该开始整体的量身定做、整体的全力打造。从"无边界乡村"到"县域乡村综合体",贯彻乡村美学资源无限、乡村美学市场无边、乡村美学产业无界、乡村美学创意无限的理念,跨越不同产业、市场、空间,促进一二三产的融合联动,形成以"乡村美学"为核心的县域融合型的产业链,实现同步联动与价值增值。而且,以"乡村美学"网格链为目标,把修武划分为大大小小的景观网格,横向到边,纵向到底,尽快实现"乡村美学"的网格化景点全覆盖,美在修武、乐在修武、游在修武……让每一寸的修武都成为乡村审美体验吸引物,让每一寸的修武都"可游""能游""乐游""再游"……最终成为"远者来,近者悦"的"乡村美学第一县"的首推之地。

可是,这一切却毕竟是要在明确了修武的美学特色之后——比如说整体美学风貌,比如说颜色,比如说色调——才能够被提上议事日程。"乡村美学"的修武,"乡村美学第一县"的修武,也才能够意气风发地出发前行!

..........

规定的时间已经到了,最后,我要说:

当今之世,"物质文化需要"被提升为"美好生活需要","落后的社会生产"也转换为"不平衡、不充分的发展"。

这意味着:当我们从"新时期"进入"新时代",更加精准的经纬度已然呈现,昔日陈旧的航海图也不复有效,以"增长率"论英雄更已经成为明日黄花。

值此之际,美学必将大有作为!

那么,修武县用什么"思想"去改变过去的"思想",又用什么"观念"去改变过去的"观念"呢?

它们应该是——

审美社会主义

审美生产力

乡村美学第一县

而作为只有在黄昏才能起飞的猫头鹰,作为一个美学学者,如何从美学角度去对于修武的县域美学创新予以回应?如何从美学的角度把修武县的县域美学工作去再讲一遍?我所能说的,大概也就是如上。

最后,请允许我为不可思议的修武县送上我的美好祝福:

"让一部分人在修武先美起来!"

"让修武在中国先美起来!"

谢谢。

2020 年 12 月 12 号上午,河南修武县

## 回到王国维　超越王国维
### ——从"旧红学""新红学"到"后红学"

今年是新红学问世百年,而我们的"新红学百年回顾暨《高淮生文存》出版研讨会"堪称全国各地的新红学纪念活动的序曲,因此,可以说是在正确的时间＋正确的地点所召开的一次正确的学术会议。在此,我谨对这次会议的召开表示热烈的祝贺! 同时,也谨对高淮生教授的《高淮生文存》的出版表示热烈的祝贺!

新红学的功绩不容小觑。1921 年,胡适和俞平伯,恰同学少年,前者年方 28 岁,后者年方 24 岁,无论从哪个角度说,都是"两个年轻人",但是,他们却翩翩出场,直接叫阵以北大校长蔡元培为首的"索隐派",从而结束了昔日的不免荒诞的以探秘、侦探为特征的"旧红学",从作品与历史的研究转向了作品与作者的研究,作者、家世、版本,从此,成为百年红学研究的主线,而且也成就了红学研究的第一个也是唯一一个高峰。

如今,整整一百年已经过去,我们不能不说,百年来的新红学是无愧于流逝了的百年时光的,也必将载入红学史册。这一点,从新红学的权威地位至今也并未从根本上被予以撼动就不难看出,从后来的一流红学家的传世之作大多都没有脱离胡适所开启的考证模式,也大多都未能走出胡适当年所设置的研究框架就同样不难看出。例如周汝昌先生的代表作《红楼梦新证》,例如冯其庸先生的代表作《曹雪芹家世新考》。

然而,我也必须说,新红学自身所存在的缺憾也无可避讳。这一点,自从 1954 年它所遭遇到的另外"两个年轻人"的迎头痛击,其实就已经可以看得清清楚楚。更何况,新红学在"知人论世"的道路上实在已经走得太远太远(甚至,有时已经误入了迷途),而且已经将自身的拓展空间开掘到了极致。遗憾的是,同样可以看得清清楚楚,至今为止,红学界尽管百花齐放、景象繁荣,但是,新红学并未面临根本的挑战,更远远未被超越。这一点,仅仅从在新红学之外的传世之作并未出现,新红学之外的学派也并未崛起,就可以得到证实。

问题的症结,出在对于新红学的自身缺憾的未能准确把握。

在我看来,新红学的自身缺憾与它所立足的现代性立场密切相关。现代性,其实也就是现代文明的教化。康德把它概括为"在一切事情上都有公开运用自己理性的自由"。① 其中,理性的觉醒,无疑是关键的关键。或者,我们可以称之为:为世界祛魅。显而易见,联想到胡适当时所孜孜以求的新文学运动、国语运动和整理国故,以及"大胆假设,小心求证",我们就会顺理成章地发现,新红学的提出,在胡适,完全就是一件再自然不过的事情。因为,从旧红学的"逆入"到新红学的"顺流",从旧红学的臆测故事情节到新红学的直面作者、时代、版本,从旧红学的猜谜、附会到新红学的无征不信……同为"考证",从凌空蹈虚到尊重证据、相信证据,彼此之间相差实在是不可以道里计。因此,新红学的胜利完全就是引现代性之水浇灌红学研究之沃土的胜利。

然而,新红学的自身缺憾也恰恰就在这里。

我们知道,现代性自身又存在着启蒙现代性与审美现代性的截然区别。启蒙现代性侧重于现代性的建构,关注的是现代性的现实层面,亦即工具理性和科学精神。审美现代性侧重于现代性的反省,关注的是现代性的超越层面,亦即对于工具理性和科学精神的反思。它为人,也为人的主体性祛魅,更倾尽全力于对现代性的核心——理性的批判。因为,"启蒙的目的都是使人们摆脱恐惧,成为主人。但是完全受到启蒙的世界却充满了巨大的不幸。"②因此,正如贝尔所说:"现代性是两种范式而不是一种","第二种现

---

① [德]康德:《历史理性批判文集》,何兆武译,商务印书馆1990年版,第24页。
② [德]霍克海默,[德]阿道尔诺:《启蒙的辩证法》,洪佩郁等译,重庆出版社1990年版,第1页。

代性是对第一种现代性的反思,且是作为对第一种现代性的反射作用而产生的。"①这是一种现代性反对现代性的启蒙二重性。而且,仅仅发生在现代性自身,而并非在传统与现代性或者现代性与后现代性之间。因此,它们互为他者,不可或缺,也不可替代。

具体到红学研究,倘若从启蒙现代性出发,倘若是意在建构现代性,那么无疑也就亟待更多地关注于启迪民众、改革社会,关注于开发民智。因此,在"审美—表现理性结构"与"认知—工具理性结构""道德—实践理性结构"之间偏重后者,也不惜以理解物的方式来理解审美、理解艺术,更不惜以与物对话的方式去审美对话、与艺术对话,也必然成为理所当然。总之,在作品之外来讨论作品、在启蒙工具的意义上讨论作品,也必然成为理所当然。当然,这就是应运而生的新红学。由此,新红学衮衮诸公往往对《红楼梦》的美学价值评价不高,也就可以得到合理的解释了。例如,胡适就竟然声称:第一《水浒传》,第二《儒林外史》,第三才是《石头记》,其中的借助对于《红楼梦》的作者及其家世、版本的考证以开放民智的良苦用心已经昭然若揭。

遗憾的是,新红学成也现代性,败也现代性。就成功而言,是能够毅然与现代性同向而行的;就失败而言,则是错误地依附于启蒙现代性,而与审美现代性背向而行。也因此,新红学未能真正走出《红楼梦》研究的困局,也就成为必然。例如,考证是面对作品与作家的关系,索隐是面对作品与世界的关系,这固然是存在"新""旧"红学的区别,但是,对于"意谓""本义"的追求,却是其中共同的立身之本。就作品与历史的角度而言,旧红学无非是把作品看作密电码,而学者则自命为侦探;就作品与作家的角度而言,新红学无非是把作品看作自传,而学者则充当着考古的角色,总之,都是针对"意谓""本义"的。误以为作品中存在着一个一成不变的"意谓""本义",关注的都是作家想说什么、作品怎么说的,总之,在作品之外去研究作品,这就是昔日旧红学的全部内容,其实,也是百年新红学的全部内容。周汝昌先生在

---

① [英]吉登斯等:《自反性现代化》,赵文书译,商务印书馆2001年版,第268页。

1982年曾提出,"对《红楼梦》思想、艺术的研究,不能算到红学的范围里,只有《红楼梦》的作者研究、版本研究、脂砚斋评研究以及'佚稿'的研究,才算是真正的红学",他所立足的,正是启蒙现代性。因此才会中气十足,而且睥睨天下。然而,这样的新红学已经完全成为启蒙现代性的对应物。项庄舞剑,意在沛公,其意原本根本不在《红楼梦》,只是因为《红楼梦》情况特殊,恰恰可以成为"大胆假设,小心求证"的例证,恰恰是一个启蒙现代性能够得以大显身手的舞台,才被额外予以关注,而不是缘起于《红楼梦》本身的魅力。因此,也就很快就把路走到了尽头,并且已经再也无路可走——因为它已经竭尽全力做了它所能够做的一切,而且,还都已经做到了尽善尽美。周汝昌先生的代表作《红楼梦新证》与冯其庸先生的代表作《曹雪芹家世新考》,就是这条道路已经走到了尽头的标志性建筑物。它们是辉煌的象征,也是严厉的警示。在这个意义上,俞平伯先生去世前慨然而言:"我看红学这东西始终是上了胡适的当了。"应该说,斯语不谬,是属于夫子自省。并且,在我看来,也实为百年新红学的"墓志铭"。

当然,拯救与救赎的努力也不是没有出现。其中最令人瞩目而且寄予期望的,当属另外的两个年轻人。这就是李希凡、蓝翎。但是,冲击新红学,尽管他们功莫大焉,但是,仍旧未能冲破新红学并且走出新红学,也是无可争议的事实。至于原因,在我看来,当然是因为,就他们而言,其实也无非就是启蒙现代性的完成,或者是启蒙现代性的回归。在现代性问题上,无疑是更旗帜鲜明了,但是,却毕竟仍旧是沿袭着启蒙现代性的老路,而并非审美现代性的康庄大道。因此,李希凡、蓝翎关注的作品与史实,很有点像是旧红学的秘史的放大或者泛化,无非是从家史到国史,也无非是换汤不换药而已。

显而易见,新红学的困局其实也就是启蒙现代性自身的困局。由此,我们不难看出,"眼前无路想回头",只有冲破"红学"迷局,才能走近《红楼梦》;只有走出"红学"禁锢,才能走进《红楼梦》。结论无可置疑:红学界亟待着手理论清场。新的百年,红学研究必须另辟蹊径。走出新红学的一百年,进入后红学的新百年,已经是刻不容缓的历史性抉择。

值此时刻,20世纪的第五个年轻人,也就顺理成章地进入了我们的视线,这就是王国维。我经常说,20世纪的红学,其实就是五个年轻人的红学。而且,在其中要数王国维最命运多舛。严格而言,他起步于1904年,是五个人之中最早的,然而,要论实际影响,却是最晚的,属于早熟而晚成。1904年,在新红学问世的七年之前,他就已经登高一呼,遗憾的是,偏偏没有应者云集。然而,百年之后回首前尘,我们却必须要说,只有王国维,才是继旧红学、新红学之后的《红楼梦》研究的正确的道路的开创者。

毋庸置疑,王国维走上的,同样是现代性的道路,然而,是区别于新红学的。他没有与启蒙现代性同向而行,而是毅然转而选择了审美现代性。也因此,他从起步之初,就剑指所谓的"旧红学",并且率先宣告了它的结束。他在《红楼梦评论》"余论"中批评索引派与考证派昧于"美术之渊源"。"苟如美术之大有造于人生,而《红楼梦》自足为我国美术上之唯一大著述,则其作者之姓名与其著书之年月,固当为唯一考证之题目。而我国人之所聚讼者,乃不在此而在彼;此足以见吾国人之对此书之兴味所在,自在彼而不在此也。"①旧红学对于《红楼梦》的兴趣"不在此而在彼",在他看来,这"足以见二百余年来,吾人之祖先对此宇宙之大著述如何冷淡遇之也"②。而他所要做的,则是结束兴趣"不在此而在彼"的所谓的"红学",决绝地从"彼"回到"此",回到《红楼梦》研究本身。

无疑,王国维的选择十分重要!毕竟,《红楼梦》是文学作品,而且只是文学作品。因此,审美现代性的立场,才是唯一正确的选择。审美现代性,必将会在"审美—表现理性结构"与"认知—工具理性结构""道德—实践理性结构"之间毅然偏重前者,必然会以理解人的方式来理解审美、理解艺术,必然会以与人对话的方式去与审美对话、与艺术对话。总之,在作品之内来讨论作品、在审美与艺术自身的意义上讨论作品,也必然成为理所当然。由此,王国维指出:曹雪芹,是"足以代表全国民之精神"的"大文学家",遗憾的

---

① 《王国维文集》第一卷,中国文史出版社1997年版,第23页。
② 《王国维文集》第一卷,中国文史出版社1997年版,第9页。

是,在中国作为"其有纯粹美术上之目的者,世非惟不知贵,且加贬焉"。而《红楼梦》,则是"有纯粹美术上之目的者",并且"足以代表全国民之精神","自足为我国美术上唯一大著述"。① 在他看来,《红楼梦》之所以能够成为"一绝大著作"②,就在于它独辟蹊径,揭示了人与灵魂的维度。因此,从《红楼梦》与民族的精神底蕴的内在关系的角度、从《红楼梦》作为民族的伟大灵魂苏醒与再生的史诗的角度,王国维进入了《红楼梦》所开创的灵魂的维度,从而开创了一种阐释《红楼梦》的新的可能性。③

当然,王国维的发现也有不足。这就是:没有能够落实到文本本身,没有能够把被抽象逻辑牺牲了的特殊性、唯一性还原出来,把鲜活的血肉还原回来,而是干脆就摇身一变,从旧红学和新红学的"意谓"变成了"无意谓"。然而,文学作品毕竟不是在特殊中求普遍,而是在普遍中求特殊。这一点,他却关注不够。

例如,确实,文学作品是大地上的鲜花,但是,它毕竟是鲜花而不是大地;文学作品是粮食酿就的美酒,但是,它毕竟是美酒而并非粮食。也因此,在关注作家、世界、读者之余,还是要更多地关注作品。毕竟,作者会死去,读者会改变,世界会转换,只有作品永恒。何况,还存在着千真万确的"意图谬误"以及"作者死了","一千个读者"也只能出现关于《红楼梦》的一千个说法,而不可能是关于《三国演义》或者《水浒传》的任何一种说法。"意谓""本义"当然也并非无足轻重。例如,奥登曾经在悼念叶芝时写道"疯狂的爱尔兰将你刺伤成诗",显然,这就是时代的作用。福克纳有自己的"邮票那样大小的故乡"约克纳帕塔法县,马尔克斯有自己的马贡多,大江健三郎有自己

---

① 《王国维文集》第一卷,中国文史出版社1997年版,第23页。
② 《王国维文集》第一卷,中国文史出版社1997年版,第5页。
③ 相比之下,梁启超只是利用《红楼梦》来宣扬改良主义,陈铨只是视《红楼梦》为"东方《民约论》",并且借此宣传"民主"与"大同",汪精卫只是把《红楼梦》视为"中国家庭小说",蔡元培也只是把《红楼梦》视为"吊明之亡,揭清之失"之作。而且,王国维的《红楼梦评论》比蔡元培的《〈石头记〉索引》要早十三年,比胡适的《〈红楼梦〉考证》要早十七年,比俞平伯的《红楼梦辨》要早十九年。

的北方四国森林,奈保尔有自己的米格尔大街,杜拉斯有自己的湄公河岸,莫言有自己的"高密东北乡"的新天地,沈从文有自己的湘西边城,萧红也有呼兰河……而且,长篇小说《天使望故乡》的作者托马斯·沃尔夫也指出:"一切严肃的作品,说到底都是自传性的。"也曾有人问海明威"作家成长的条件是什么",海明威的回答是:"不幸的童年。"显然,犹如那句"芝麻开门"的秘语,时代、故乡、童年,都为作家打开了一个神奇的藏宝洞。然而,这一切却又必须经过灵魂的反刍、精神的反刍、美学的反刍。长歌当哭,必定是在痛定之后的。

而且,正如克罗齐指出的:"只有经过形式的打扮和征服才能产生具体形象。"①请注意这里的"经过形式的打扮和征服"。歌德也指出:"文艺作品的题材是人人可以看见的,内容意义经过一番努力才能把握,至于形式对大多数人是一个秘密。"②请注意这里的"形式对大多数人是一个秘密"。因此,与启蒙现代性看来的内容决定形式不同,审美现代性则是"形式为自己创造内容"。③ 因此,犹如一首流行歌曲所吟唱的:"爱要让你看见,爱要让你听见。"内容也是,思想也是,它必须也被"看见",也被"听见"。能够被"看见",也被"听见"的《红楼梦》。换言之,最终得以呈现在作品里的,只是"有意味的形式",也就是说,只是作家以形式征服内容的结果。罗布-格里耶说:"只有人创造的形式才可能赋予世界以意义。"④显然,文学作品就是这样地通过"人创造的形式"去"赋予世界以意义"。或者,《红楼梦》"说了什么"(作家想说什么、作品怎么说的与"作品说了什么"是完全不同的),就是《红楼梦》赋予世界的"意义"。

遗憾的是,王国维显然在这个方面未能深入予以开掘,因此,也就只能

---

① [意]克罗齐:《美学原理·美学纲要》,朱光潜译,商务印书馆2012年版,第11—12页。
② 王岳川:《宗白华学术文化随笔》,中国青年出版社1996年版,第123页。
③ [苏]什克洛夫斯基:《散文理论》,刘宗次译,百花洲文艺出版社1994年版,第35页。
④ 转引自余秋雨:《伟大作品的隐秘结构》,现代出版社2012年版,第133页。

"但为风气不为师",而且最终也无法形成一个学派,并且与新红学彼此抗衡。何况,王国维的努力在当时的中国恰恰并非正确的时间+正确的地点,因此,王国维的大声疾呼只能成为百年红学史中的隐话语,并且与新红学的显话语彼此映照,交织成为百年红学史中的双重变奏。

但是,无论如何,在百年之后的今天,我们毕竟还是要说:百年之前,犹如先知,王国维的《红楼梦评论》在新红学问世之前就已经指明了审美现代性的走向。而且,相对于所谓的"红学"(旧红学、新红学),王国维所开创的,可以称之为"后红学"。它犹如空谷足音,堪称天下绝响。遗憾的是,"百年歌自苦,未见有知音"。所谓的"红学"毕竟还是先要从旧红学拓展而为新红学,毕竟还是亟待继续开掘拓展。作者、版本等问题的考证,也确实是颇具必要。没有它们的深入开拓,王国维所提倡的《红楼梦》研究也确实无法落实,更会流于空谈。但是,新红学在作者、版本等问题的考证上已经竭尽全力而且已经竭泽而渔的情况下,在新红学已经遭遇瓶颈并且再无力推出鸿篇巨制的情况下,《红楼梦》研究的立足点从启蒙现代性向审美现代性转型,《红楼梦》研究的走出"红学"壁垒,却是历史的必然,也是逻辑的必然!

由此,站在未来百年的地平线上,我们必须要说,《红楼梦》研究亟待从《红楼梦》之外回到《红楼梦》之内;《红楼梦》研究也亟待走出"红学"(旧红学、新红学)研究,进入后红学研究。这也就是说,《红楼梦》之为《红楼梦》,无疑是有根据的,但是,却没有证据,因此也无需局限于"考证",而亟待进去"考索"。因此,《红楼梦》研究尽管存在作者、版本等特殊性,但是却不应自设屏障并且执意单独成为一门所谓的"红学"。"待考",只是《红楼梦》研究的前奏与序曲,"待释",才是《红楼梦》研究的主体与展开。《红楼梦》研究也不应再局限为一门"求证"的学问,而应该提升为成为一门"求索"的学问,类似于从来就没有被局限于作者、版本之内的"莎士比亚研究""雨果研究""托尔斯泰研究""卡夫卡研究""鲁迅研究"……其中的关键,是"意义"而不是"意谓""本义"。《红楼梦》之所以是《红楼梦》也正在于它立足于"意义",而不是"意谓""本义"。

而且,后红学的《红楼梦》研究当然也存在着文献的层面、文化的层面,但是却必须是以文本为中心的;《红楼梦》研究也无疑是与不同的读者、不同的时代相互对话的产物,但是,也仍旧是以文本为中心的。在这方面,我们只要联想一下即便是德里达也断然坚持要以文本为"圣书",就不难意识到其中的真谛。

可以预期,从旧红学、新红学到后红学,一个更加繁荣的《红楼梦》研究的时代必将到来,而在周汝昌先生《红楼梦新证》与冯其庸先生《曹雪芹家世新考》那样的鸿篇巨制之后,新的宏篇巨制,也必定只能在走出"红学"研究(旧红学、新红学)的后红学研究中应运而生。

回到王国维,超过王国维,让我们一起努力前行!

2021年,南京卧龙湖明庐

# 从美学看明式家具之美

## 上篇　东西方对美学的不同追求

看到今天来了这么多对于明式家具非常关注,也非常专业的朋友——其实有些朋友应该说是专家了,十分高兴。

我是昨天晚上大概十二点赶回南京的。当然,早就应该回来,为什么呢？因为前天南京下了2018年的第一场雪。我记得唐朝的大诗人白居易在看到天要下雪的时候,就给他的朋友刘十九写了一首诗,叫作"问刘十九",诗歌的后面有两句:"晚来天欲雪,能饮一杯无?"我也一样,如果不是到重庆有很重要的讲座,那我也应该给咱们今天的举办方袁静总经理写一首诗,叫作"问袁总经理",当然最后也应该是这样两句:"晚来天欲雪,能饮一杯无?"或者是给今天到场的晓佑院长(南京艺术学院)写上一首诗,叫作"问晓佑兄",当然最后还应该是这样两句:"晚来天欲雪,能饮一杯无?"但是,很可惜，我没有赶上。

当然，既然没有能够"晚来天欲雪，能饮一杯无"，那么，假如能够赶上"城头望雪"，那也不错。我们中国人谈到美学的时候，不是还经常说"楼上看山、舟中观霞、灯下看花、城头望雪"吗？可惜，因为没有能够赶回来，我还是没有赶上。

好在，本来也还有机会，既然没赶上南京这场雪，能赶上看重庆的美女，不是也不错吗？因为中国人在讲到"楼上看山、舟中观霞、灯下看花、城头望雪"的同时，还讲到了"月下看美女"！但是，遗憾，太遗憾了，这几天重庆在下雨，没有月亮，美女们也都没有出来。

不过，不幸之中也有万幸，我总算是赶上了南京的这场关于明式家具的盛会。

要知道，现在是元旦，也是一年之始。但是，就在咱们的南京，竟然有这么多的人不是去谈怎么赚钱，也不是去谈怎么花钱，而是欢聚一堂，一起鉴赏明式家具。我个人觉得，这应该是值得我们南京自豪和骄傲的一件事情。各位想想，确实，在全国，我们南京还能做些什么呢？发布一点政治的声音？讨论金融的发展？或者，比一下钱包？在我看来，南京只有一个定位，就是吟诗作赋——当然，这"吟诗作赋"应该是广义的，其实，也就是指的组织一些比较有文艺范儿、文化范儿的活动。

今天就是这样。新年之初，我们就聚集在一起，聊聊明式家具。当然，我们当然是想借助这样一件比较有文艺范儿、文化范儿的活动，开始我们的全新的一年，也开始走进扑面而来的春天。

那么，从哪里开始聊呢？因为我后面还有真正的明式家具方面的研究专家要登场，所以，我们就稍微分工了一下。我就从宏观的方面，从人类对美的追求重点聊聊中国人对美的追求，以及对于明式家具之美的追求。

我们对于明式家具的追求，无疑是与我们对于美的追求直接相关的。过去在上美学课的时候，我经常会说一句话：美不是万能的，但是，在人类社会的长期发展之中，又会发现，没有美万万不能。我记得，在20世纪60年代的时候，人们对美的东西往往噤若寒蝉。但是，人们却发现，上海人带头，悄悄为自己弄了一个假领子。大家可不要小看了这个假领子,它其实就是当时的中国人对美的追求,固然仅仅星光一现,但是,却令人回味无穷。

我们南京也有类似的故事,我经常说,谈到中国的四大名著时,南京十分自豪,因为我们有《红楼梦》。但是,如果说中国有六大名著,那么,南京就还要加一本,《儒林外史》;对于这本书,很多年了,一旦有机会见到我省、市的电视台领导,我就经常会说:我们南京漏过了一个机会,那就是没有拍《红楼梦》,这无疑是我们的一个遗憾。但是,这样的遗憾其实还有一个,就是没有拍《儒林外史》的电视剧。《儒林外史》写的就是南京,而且透过南京,它展现了全国,展现了中华民族的灵魂,但是,我们南京的媒体却从来就没有想到,我们为什么不能把它拍成电视剧,让它走向中国,走向世界?这实在是一个遗憾!当然,今天我提及这本书,并不是为了替它抱不平,而仅仅是要提及其中的一个证明了南京人特别爱美,特别有文艺范儿、文化范儿的例子。

《儒林外史》里面写了一个很有意思的细节。在安徽天长,南京人都知道这个地方。在古代,在天长,有一个教师,按照我们今天的话来说,应该属于村办教师系列吧?他在上课的时候,曾经跟安徽天长的孩子们介绍:"你们知道吗?附近的南京是几朝古都,美女如云⋯⋯"如何如何。可是,他的学生接着追问:"老师,您去过南京吗?"这一问,他就尴尬了:"没去过,只是书上看过。"这下子,他的学生们就不太相信他了。于是,这个村办教师觉得很不好意思。到了放暑假的时候,他就抽空来了一次南京。那天,他在南京到处转了转,他累了,就在雨花台下面的一个茶馆喝茶。当时,他坐在了窗口,喝茶的时候,就看见窗外有两个南京的挑粪夫,都挑着大粪。只见他们一边走一边说:快点挑完这最后一挑粪,然后上雨花台去看落照。于是,这个安徽天长的村办教师不得不由衷感叹说:这就是南京,连清洁工身上都有六朝烟水气。显然,这里的南京的六朝烟水气,就是南京最值得珍惜的细节,也是南京的城魂。当然,它其实也是人类爱美和追求美的一个典型象征。

可是,人类为什么又非审美不可?昨天我到重庆,是去给长安汽车集团做讲座,内容是美学。当时我就提示说:我不论到什么地方去讲美学,都首先要讲清楚:美学是没有用处的。你不用指望在我上完一节课之后,你就会造出漂亮的汽车。你的长安汽车造型好不好看,还是跟我没关的,所以,谁都不要以为美学这个东西有用,它没有用,它什么也指导不了。但是,美学它又确实有用。在这里,只要你仔细想想人类的阳光、水分和空气,也就知道人类为什么非审美不可了。例如,阳光,我们从来都认为阳光没用,因此我们晒太阳都不用交税。但是,我们又一天都离不开它。第二个是水,这也是看起来很没用的东西,因为我们也不用去为水而拼搏,但是,我们也一天都离不开它。第三个是空气,它看起来也没用,可是,有谁能够离开它呢?请各位想想,这里是否存在着一个很有意思的规律?那就是,越是有用的东西,好像看起来就越是没用。我们不能离开阳光,但它不收费;我们不能离开水,但是它不收费;我们不能离开空气,但是它不收费。那么,人类对美的追求呢?坦率讲,它也是这样,看起来没用,但是,它又有很大很大的用处。人们经常说,无用之用,当然,这其中就包括了美。比如,走遍世界,我们也许可以看到有不爱真的人、还有不爱善的人,但是,有谁看到过不爱美的人?真是几乎没有。哪怕像希特勒这样的人,坏得无以复加了吧?可是,众多周知,他也爱美,大家都知道,希特勒在十六岁的时候,最高理想也无非就是当一个画家。当时,他意在报名维也纳艺术学院。可惜,维也纳艺术学院没有录取,不收。于是,希特勒就发狠说:我要在全世界画一张图画,结果,他就把世界画成了那个样子。显然,从这个角度,我们不难知道,追求美之心,是人皆有之的。

不过,到现在为止,尽管我已经说了许多,但是,关于美,我们也还是在纸上谈兵。因为美的问题要远比上面所说的更加复杂。比如,中国人对美的追求是怎样的呢?当然,中国人和全世界的人都一样,都有着对于美的追求,但是,如果仔细看一看,中国人的对于美的追求和西方人的对于美的追求其实是不一样的。而且,在我看来,在西方人那里,例如欧洲人、美国人那里,美,并不是主要的,也就是说,在西方人,爱美不是主要的,主要的是什么呢?是爱上帝,西方是一个宗教社会。宗教追求,才是西方人最为热衷的、第一性的,当然,这也并不意味着西方人就不追求美了,不过,那主要是在文学、艺术中,这,应该是一个不争的事实。

中国人就不然了。在中国,对宗教的追求并不是第一位的,对中国人来说,生活中的宗教色彩不是很重,那中国人主要是靠什么呢？主要是靠审美。所以,西方是宗教情怀,而中国却是美学情怀,也因此,必须要注意的是,西方的艺术主要是向上的,就是说它主要是理想化的、神性化的,是"人与自然相乘",追求的是生命中高出于人的东西(所谓"神性""神圣之美"),而中国的艺术主要是向下的,它主要是生活化的、人性化的,是"人与自然相通",追求的是生命中属于人的东西。

例如,假如我们带着小孩去看演出,而我们的小孩如果是个诚实的孩子,就像《安徒生童话》里的那个孩子一样,那他很可能会忽然问我们几个天真无邪的问题,比如,他会突然把眼睛瞪大说:"爸爸,为什么'歪果仁'的芭蕾舞是在脚尖上跳呢？"实话实说,我曾经用这个问题问了很多人,结果是,都把他们给问住了,但是,仔细想想,中国的民族舞就不同,它是全脚掌着地的,那么,芭蕾舞为什么要在脚尖上跳？答案,当然是与西方人的艺术追求密切相关。我已经说过,西方人是更关注宗教的,而中国人的艺术追求却更加关注生活,我们中国人在舞蹈的时候要全脚掌着地,这恰恰意味着我们中国人的舞蹈其实是跟地面也就是与现实生活贴近的一种方式,这说明,我们中国人追求的是把生活本身提升为美和艺术。尽管都是在追求美,但是西方人追求的是脱离生活的神性的美,而中国人所追求的,则只是贴近生活的人性的美。

再比如,严格来说,中国的发声方法跟西方是不一样的,为什么会这样呢？因为我们追求的声音美的表达,与西方是根本不一样的。我们中国人有一句话,就很形象,"丝不如竹,竹不如肉"。它是说,在所有的声音抒情里,弦乐不如吹奏乐,比如二胡就不如笛子;那么,笛子不如什么呢？笛子不如嗓子。这就意味着:中国人所追求的,是声音的自然化,也就是说声音和生活的接近程度。由此,你才能够理解,为什么中国的唢呐名曲会叫"百鸟朝凤",为什么西方的钢琴就不会去模仿动物的声音,而我们中国有的音乐却为什么不辞辛苦地去模仿动物？其实中国人更希望表现的是声音和大自然的一致、声音和动物的一致、声音和生活的一致。而西方不是如此。我们都追求美，美是东方西方的阳光、水分和空气。但是，在东西方却不一样，在西方，追求的是更加理想的神性的东西，而在中国，追求的是更接地气的人性的东西。

## 下篇　明式家具作为文人家具、艺术家具

说了人类对于美的追求以及中西方对于美的不同追求，当然也就该说到中国人的对于美的追求，尤其是对于明式家具之美的追求了。

我已经说过，中西方在追求美的时候是不太一样的。中国人往往是向下的，主要是生活化的、人性化的，是"人与自然相通"，追求的是生命中属于人的东西。在这个方面，各位应该都有感觉。例如，在中国，书家写字、画家画画，是何其简单，与弹琴放歌、登高作赋、挑水砍柴，行住坐卧甚至品茶、养鸟、投壶、骑射、游山、玩水等一样，统统不过是生活中的寻常事，不过是"不离日用常行内"的"洒扫应对"，如此而已。而且，中国的艺术与非艺术也并没有鲜明界限，"林间松韵，石上泉声，静里听来，识天地自然鸣佩；草际烟光，水心云影，闲中观去，见宇宙最上文章"(《菜根谭》)。"世间一切皆诗也。"这就是中国的"艺术"。

就以两年前的现在我在这里所讨论的红木家具之美为例，当时我就说过：中国人对美的追求，红木家具之美也是典型的体现。为什么呢？因为红木也可以被称为中国人的"唐木"，中国的"红木"，就是中国的"好男人""大丈夫"乃至"君子"的象征。这就类似《论语》，有些人看不懂《论语》，就类似于他们看不懂红木。《论语》是什么呢？弄不清楚。其实，《论语》是什么也很简单，《论语》是中国人的大丈夫宣言。孔夫子就类似党校的教员，他的弟子们就类似党校的学生，学生们问了五百个问题，都是围绕着一个核心的，这个核心就是：怎么做才能够让自己成为君子、称为大丈夫？最后，把孔老师、孔教授的五百次回答都收集起来，就是《论语》。"红木"的问题也是一样。对于中国人来说，它也已经不再是一块简简单单的木头，而是中国的

"君子"的象征、大丈夫的象征。这就类似,在中国,旗袍,是女性的象征;而红木,则是男性的象征。看中国的女人,要看旗袍,看中国的男人呢?则要看他座下的红木椅子。当然,这里主要说的中国的农业社会,在今天,情况会有所不同。昨天我在重庆的长安汽车集团做讲座的时候就提到过:在工业文明时代,看男人,是要看他座下的汽车,汽车尤其小轿车,就是工业文明之美的象征。但是,在农业社会的时代,看男人,则是要看他座下的红木椅子了。

这样,从红木椅子,就正好可以说到今天我们要说的明式家具了。不过,明式家具的专业问题,后面有专门的专家会说。从我来说,还是侧重一开始提及的那个角度:从美学看明式家具之美。也就是说,我主要是讲它的美。

在这方面,我有四点感受:

第一,明式家具体现了中国人的美学精神。

想必大家都已经知道,总书记在2014年文艺工作者座谈会上的讲话,其中,有一句话非常重要,就是"要弘扬中华美学精神"。

今天,袁总也为各位嘉宾准备了几十本我写的《中国美学精神》。这本书是我在二十三年前写的,也就是1993年。在这本书里,我说过:"在我的心目中,中国美学精神是一个精神的家园,属于你、属于我、属于他,属于我们这个东方的古老世界。它仿佛一首无声的歌,幽幽的、淡淡的,让你在其中去回味,去憧憬,去爱,去恨,去理解,去原谅,去寻觅美,去拥抱世界;它又仿佛一座闪光的纪念碑,清纯得几乎透明,美丽得令人忧伤,黄皮肤黑头发的我们匆匆地从远方赶来,拜下去,然后,站起来,一瞬间,世界竟如此斑斓。一轮皓月、一抹风絮、一丝细雨、一脉小溪、一株垂柳等都浸染着无数个秘密,你的目光一旦触及,心灵便会幸福地战栗。它还仿佛一首永远也读不完的诗:由庙堂到茅舍,从闺房到边塞,梅兰竹菊、春夏秋冬,都是题材。或怀古,或讽今,或亲情,或爱情,或自然之情,有种种诗情。"

当然,大家一定已经注意到:中国美学精神并不是抽象的,而一定是具体的。我过去听到过一首流行歌曲,其中有一句歌词是这样唱的:"爱要叫你听见,爱要叫你看见。"其实,美也要叫你听见,美也要叫你看见。中国美学精神也是一样。它也要叫你听见,它也要叫你看见。显然,在这个方面,明式家具就是一个体现。例如,在中国美学精神,其基本特征,就是"以审美心胸从事现实事业"。这也就是说,美学的生活、生活的美学,应该是中国美学精神的根本体现。西方学者卢梭有一本书,叫作"爱弥尔",其中有一句话,说得十分精彩:"呼吸不等于生活。"中国美学也是这样。在中国美学看来,活着并不等于生活,"生活"也与"活着"不同。中国美学之最最擅长,就是把"呼吸"变成"生活"、把"活着"变成"生活"。在这个方面,中西方有很大的不同。在西方,是通过宗教来看生活的,而在中国,却是通过生活本身来看生活的。作为日常起居的明式家具的重要性,正是因此才被凸显出来的。

就以中国人的隐居而论,关于"隐居",在中国大概有几种:第一种是"隐于道",儒家的;第二种是"隐于禅",佛家的;第三种是"隐于山水",那是道家的;此外,还有一种,也很重要,叫"隐于朝",也就是"把有限的人生投入到无限的为人民服务之中"。不过,更为重要的,也是更有中国特色的,则是"隐于美"。也就是说,中国十分追求日常生活中的美学感受。例如,中国心目中的美好生活是追求昆曲、黄酒和园林,尤其是我们江南的文人,无疑这曾经是我们的最爱。还有一种说法,是追求状元、戏子、小夫人,这也曾经是中国文人的最爱。当然,还有具体的描述,在中国人,最典型的美学生活大概是这样:置身园林之中、坐在明式椅子上、手持紫砂茶壶、用二泉之水泡一壶春茶,然后有红袖添香,赏昆腔声曲……这大概是我们中国人所追求的美学生活。而且,在这当中,中国人有形形色色的记录。其中,给人留下深刻的印象的,有很多。例如,"雨打芭蕉"这四个字。各位品味一下,是否精彩?西方人喜欢跑得老远去听音乐会、听钢琴曲。中国人却不,中国人就坐在家里,静静去听外面的雨声,这就是"雨打芭蕉"的声音!可是,现在我要提示一下,这一切的一切,我们都是坐在哪里的?都是置身在哪里的?我们是坐在明式椅子之上的,我们也是置身明式家具的环境之中的。无疑,明式家具是我们中国人在日常生活中的必不可少的道具和组成部分。它是我们中国人身和心都密切不可分的参与成分。没有明式家具,我们怎么样置身日常生活之中呢?我们站着吗?没有明式家具,我们能喝好茶吗?我们蹲着吗?

没有明式家具,红袖在哪给我们添香呢?

"隐于美",这是中国美学精神的追求,明式家具,则使得这一美学精神得以完美体现。因此,我才会说,明式家具体现了中国人的美学精神。

第二,明式家具体现了中国人的美学追求。

美,不是一成不变的。因此,对于明式家具之美,也应该放在中国人的对于美的追求历程之中来考察。

可是,很多人对于这一切往往都是一无所知的。

例如,在中国,最早出现的是"台",夏桀有瑶台,商纣有鹿台,周文王有灵台,所谓"高台榭,美宫室,以鸣得意"。中国人称之为"上与天齐"。可是,一进入秦汉时代,这些高台建筑却悄然消失了,举目可见的,全都是群体建筑,曾经的"上与天齐"也不复可见。

中国人的美学追求,存在一个十分重要的轨迹,就是越来越生活化。对于明式家具,也需要从这样的眼光去考察。例如,在西方,石头被雕塑,在中国,石头却被把玩(玉器)。苏轼不是说过"我持此石归,袖中有东海"吗?想想中国的到处去命名"望夫石""卧佛岭",想想中国的到处去欣赏树根、盆景,在"何似在人间"的生活艺术的背后,隐含的正是越来越生活化的秘密。还有书法的出现,当年蔡邕就提示过"唯笔软则奇怪生焉",这是很值得注意的。中国人选择毛笔,既作为实用工具也作为审美工具,结果,"则奇怪生焉"。"奇怪生"在何处呢?就在生活艺术的诞生。我经常想,中国最为著名的三大行书竟然都是草稿,这绝对不是偶然的。这恰恰说明了从生活向艺术上升的中国特色。而且,书法经历了"篆"—"隶"—"楷"—"行"—"草"的演进,中国人的书写越来越自由、越来越无拘无束,从开始的规则森严到后来的任性而为,结果,中国人在书法中解脱了,也在书法中逍遥了。书法,使得生活成为艺术,其中隐含的,还正是越来越生活化的秘密。

明式家具之美,也是中国人的美学追求越来越生活化的体现。比如说,一开始我们都是写诗,什么叫诗呢?诗,相当于大会讲话,就好像今天《新华日报》开大会,金总上来讲话,这就叫诗,所以叫"诗言志"。后来,大家都发现诗这个东西不行了,结果就变为词,词,又是什么呢?词,是小组发言,大

571

会讲话,当然是要用很正的强调,要字正腔圆,可是,小组发言就不同了,那只是说家常话而已。再往后,就到了元朝,出现了曲,曲,又是什么呢?曲,是窃窃私语,是某男跟某女花前月下说的话。所以,不难看出,中国艺术确实是越来越通俗、越来越私人化、越来越私密空间化。不过这样也还是仅仅到了宋朝,而一旦到了明朝,我们发现,中国的艺术就完全走进了日常生活,所谓"旧时王谢堂前燕,飞入寻常百姓家"。明朝,我觉得最大的特色,就是把我们所有的生活细节都开发成了诗。西方有个美学家说:要把所有的生活都创造成艺术品。这一点,只有我们的明朝才开始真正做到了。我们的家具,历经了千秋百代,却只有在明朝,才竟然成为"式"!当然,还不只是明式家具,例如,还有文人园林、文人盆景、文人印章等等,不过,其中最突出的代表,我认为,无疑应当是明式家具。

所以,就明式家具而言,它最为成功的地方,在这里,就是成功地把工匠提升为艺术家,也把工艺品提升为艺术品,而且,还是精彩至极的艺术品。这实在是中华文人的一个创造。

明式家具,不但是中国工艺精品的顶尖之作,也是中国艺术精品的顶尖之作。正是因此,明式家具在我们民族的美学历程中的地位才是不可撼动的。

第三,明式家具体现了中国人的美学取向。

只要稍微熟悉一点中国美学的人就都知道,人们一般都把中国的美学称为"散步的美学"。但是,它是什么样的"散步的美学"呢?它又因为什么才会被称为"散步的美学"呢?这个问题,不要说是一般的读者,坦率地说,即便是在众多的专门研究中国美学的学者之中,也还是会有很多的学者都说不上来。

那么,为什么会称中国的美学为"散步的美学"呢?在这里,我可以简单地予以回答:这是因为它是"用线条来散步的美学"。而且,中华民族就是一个"线"的民族,中华民族的美学精神也就是一种"线"的美学精神。

熊秉明先生是旅居法国的世界级的大雕塑家,从小生长在南京,他曾经说过:中国艺术的体现,是中国的书法。但是他老人家为什么会有如此这般的断言呢？无非是因为，在所有的文字书写中，只有中国的书法超越了实用、装饰阶段，也只有中国的书法成为真正的艺术。

要知道，在自然界，其实并不存在纯粹几何学意义上的线条，所谓的线条，其实只是在提示着我们，中国美学时刻刻都在以线条的眼光来看待世界。中国的形体的"形"字，旁边是三根毛，这三根毛就是线条。这个线条，应该说，在中国所有的艺术中都是可以看到的。这与西方艺术就不太相同了。例如西方的雕塑，就得力于团块意识，可是，在中国的雕塑中团块意识就不存在，而只有线条意识。推而广之，中国艺术里的曲径通幽处，曲径是线条；"大漠孤烟直"，大漠、孤烟，是线条；琅琊古道的峰回路转，还是线条；醉翁亭畔的九曲流觞，也是线条；酿泉的潺潺流水，还是线条。回过头再说中国的书法。它不也是从三度的立体空间向二度的平面空间转换？从"立体的块面"向"平面的线"转换？总之，是把日常生活中的块或面借助线条的消解转化为龙飞凤舞的唤起无数感知的"灵的空间"。

当然，线条，也是明式家具之美的美学特征。

我们知道，在中国艺术中，线条始终都在进行着神奇的散步。比如青铜艺术的纹饰，比如砖石艺术的造像，比如纸墨艺术的书画，比如文字艺术的诗词格律，比如戏曲艺术昆曲声腔……顺便说一句，今天这样的盛会，袁总真应该请一个擅长昆曲的朋友来唱一段昆曲。昆曲跟明式家具也确实是十分相宜的。遗憾的是，今天没有擅长昆曲的朋友来唱一段昆曲，否则，大家就不难体味到"余音袅袅、三日绕梁"的奇妙效果了。我要提示一下，这正是线条之美的体现。再联想一下西方的艺术，例如钢琴，钢琴的最大特点是排山倒海，钢琴声音一出来，前面的沟壑万象都能立即填平，这就是块面之美的神奇；但是，中国的昆曲声腔却不是，它的声音摇摇曳曳，忽高忽低，明媚和壮丽是糅在一起的，都是线条。所谓"云遮月"者，差儿近矣！

而在泥木艺术中，中国的线条也在散步，具体来说，到了明代，中国的线条"散步"到了紫砂茶壶和明式家具之上。例如，我们都知道，在明式家具里，被冠以"线"的，就起码有十多条，如"边线""灯草线""瓜棱线""混面起边线""脊线""皮条线""起边线""起线""委角线""线雕""线脚""线绳""压边线""阳线"等等。再比如,其中的许多构件,本身也就是线条,不过,因为它们已经都依附于构件的形体了,因此不妨还是称它们为"线形"。而且,明式家具也大多是用横竖线材而不是用块材来加以制作家具。再比如明式家具中的形形色色的曲线、直线以及线与面不同的组合,当然,再加上它们彼此之间互相融汇而生的立体效果,无疑也大大增加了它的艺术魅力。又如,明式家具中的各种不同的"S"型的靠背曲线,不是也已经被西方科学家誉为东方最美好、最科学的"明代曲线"了吗?

简单而言,明式家具的线条会让我想起什么呢?五线谱般的律动线条?容貌清奇的文人骨骼?或者,木器的诗篇?干脆说,最最直接的,应该是东方世界的艺术明珠!

第四,明式家具体现了中国人的美学情怀。

从美学的角度说,每当我看到明式家具,想到的都是人!其实,看明式家具跟看人一样,都是要从"形"开始。那么,当我们看到明式家具的时候,我们会看到什么呢?简约!

例如明式家具的"束腰",这就是截然区别于现代家具的技术之美的内敛之美。明式家具的马蹄足也是如此,一看就是蓄势内敛。仍旧与现代家具的"S"形的弯腿根本不在一个层面。

因此,我殷切希望各位不要轻看了这个"简约"。试想一下,我们的家里都有家具,可是,在用了若干年以后,如果遇到搬家,你还会把它们都带走吗?如果不是因为怜惜旧物,我想,你应该不会吧?但是,如果它们是明式家具呢,你会不会把它们带到新居?我想,答案必须是肯定的,而且,不会有例外,对不对?各领风骚三五年,这就是我们今天的家具的命运;但是,明式家具呢?各领风骚五百年应该都算是短的了吧?再看看西方当今非常流行的"极简主义",是不是仍旧可以在我们的明式家具身上看到?

再进一步,如果还要问,那么,当我们看到明式家具的时候,我们会看到什么呢?风流!

我们经常赞叹魏晋风骨,还赞叹唐宋风尚。那么,到了明清,我们又会赞叹什么呢?明清风流!是的,明清风流!20世纪的一个大哲学家、北京大学的冯友兰先生曾经说：中国人最重视的人格是什么呢？风流。那么，什么是"风流"？"风流"，就是中国的君子、日常生活中的君子。关于君子，孔子也说过："君子不器！"可是何谓"不器"？"不器"，就是简约！反过来说也是一样，"简约"，就是"不器"！不过，需要注意的是，"简约"并非"简单"，更并非"简陋"，而是真正禀赋着内涵、禀赋着力量、禀赋着魅力的体现。换一句话说，它并不意味着乏力、软弱，也不意味着缺乏力量，而是意味着强毅、沉郁、豁达，意味着处世形式的入世、退避形式下的进取。我记得，过去曾有人问赵州和尚："佛有烦恼么？"答曰："有。"又问："如何免得？"回答是："用免作么？"这就是"简约"！不乞求借助外力去打破烦恼，而是偏偏"不断烦恼而证菩提"；不是徒恃血气的匹夫之勇，而是缠绵深挚的仁者之勇；百炼钢化为绕指柔，"从千回万转后倒折出来"；也不是金刚怒目，而是菩萨低眉。

我必须提示一下，对于明式家具的"简约"，必须从这个角度去理解。

明式家具的"简约"，其实就是中国文人为自己所寻觅到的一个安身立命的栖息之所。最初，在唐代，我们曾经在诗歌里生活。后来不行了，于是，在宋代，我们转向了词，我们开始依赖词来生活。后来，又不行了，在元代，我们又找到了曲。后来，还是不行，于是，在明代，我们不得不退守到自己的书房、自己的家里。因此，切勿小看了明式家具，在"弄器""把玩""清赏"的背后，其实，它明明白白地昭示着一种固守：文明尊严的固守、人格尊严的固守。我一定要说，明白了这一点，也就明白了明式家具的"简约"。也许，在中国文人看来，自己倾尽心力所能为，也是所应为的，可以全都体现在这一明式家具的"简约"上。例如，明式家具大多呈现为一种简约的"紫"色，这当然是所谓的"紫气东来"，是一种高贵。而且，由于器物与主人之间的长期接触而形成的光泽——有人称之为"包浆"，那更是一种由于岁月浸染而凝聚成的高贵的"温润"，还记得中国人常说的"温润如君子""温润如玉石"吗？"如君子""如玉石"，那就是它，明式家具！

众所周知，我们民族堪称历经沧桑。从南宋开始，长达几百年的时间，国家政权动荡。无疑，在这几百年的时间里，中国的文人已经越来越难以报效国家、民族，大厦将倾乃至大厦已倾，为之奈何？只有回过头来严格要求自己、强制自己。大家都记得，改革开放初，我们都在高呼"振兴中华"。那么，在历史上，这类的口号是何时出现的呢？正是宋朝。这就是"先天下之忧而忧，后天下之乐而乐"，但是，要不要问一下，为什么偏偏是宋朝？为什么唐朝时候不喊呢？唐朝的"安史之乱"还不够严峻？再者，为什么魏晋时候不喊呢？魏晋时候出现了三百九十四年的战乱，尤其是三国，整整九十六年的战乱，但是，为什么就没有喊出这样的口号呢？其实，原因是非常清楚的，过去，都仅仅是"亡国家"，只是"亡国奴"。但是，从宋朝开始，中国人意识到了一个天大的威胁，叫作"亡天下"。于是，中国的文人才会说：要"先天下之忧而忧，后天下之乐而乐"。所以，到了宋朝，我们才发现了比如说梅花、兰花、竹子、菊花等等的美，为什么呢？请注意，它们都有一个很重要的特征，这就是耐寒。它们都是在昭示：在高压和严寒的环境里，我们中华民族也一定能够坚定不移地生存。所以，在这个意义上说，宋以后，中国的人生也在逐渐后退，逐渐退回到了心灵，逐渐退回到了家庭。既然事实上已经不能再打造一个全民族都得以分享的外在世界，那么，能够去做的，当然就是回过头来，"独善其身"，打造一个唯独属于自己的心灵世界、家居世界。也就是竭尽全力去榨取心灵的能量，去与外在的险峻局面抗衡。例如，你们看到过宋代的鼻烟壶吗？那就是中国人的"壶中天地"，就是中国人的"壶隐"。甚至，到了最后，连"壶中天地"都难以自保，则干脆遁入"芥子"，所谓"芥子纳须弥"。明式家具也是如此，到了它，其实也已经是中国文人的最后一点自尊，也是最后一个栖息之所了。

"杏花疏影里，吹笛到天明。"这无疑曾经是中国人的人生佳境，可是，倘若连"杏花疏影"都没有了，那么，起码，我们应该还有自己的书房、自己的温馨的家庭吧！

正是在这个意义上，我最后还要说，明式家具所昭示的，正是中国人的美学情怀！

## 结语　明式家具是"有氧"之美、"有氧"美学

从哪里说起呢？还是从流行歌曲吧。有一次，我在外面办事，听到了一

句歌词,很受鼓舞,这句歌词是:"人不爱美,天诛地灭。"我要说,这句歌词唱得真好!

我要说,在明式家具身上,我所看到的,也是中华民族的这样一种对于"美"的彻头彻尾的爱。

因此我必须要说:明式家具,也因此而成为中华民族的宝贵财富、美的财富!

从2008年开始,我一直在澳门兼职,而且还全职担任过几年的学院的管理工作,现在也在参与筹建一所大学。同时,我还长期担任了澳门特别行政区政府文化产业委员会委员。对于澳门,我也听说,在关于澳门的世界物质文化遗产的投票中,当主席说,下面讨论澳门的申请,于是,评委们都不说话,主席又说,既然不说话,那就投票吧,于是,大家就全都起身投票,而且,是全票通过。可是,这是为什么呢?原来,在评委看来,澳门的资格是无须讨论的。因为澳门的文化遗产既没有经过战乱,也没有经过动乱,而且,更加重要的是,这一切至今还都是"有呼吸"的,也就是到现在都是"活着"的。澳门文化,是"有氧"文化!

各位,现在,我能不能说,在我们面前,我们民族的明式家具也是"有呼吸"的,也是"活着"的,它是"有氧"之美,它是"有氧"美学。在当今之世,它也正在全力地实现着自己的"有氧"创造、"有氧"奔跑。

既然如此,那么,还有什么语言能够比下述的语言更具魅力也更能够表达我们对于明式家具的挚爱?

爱中华,就要爱明式家具;

爱中华美学精神,就要爱明式家具;

弘扬中华文化,弘扬中华美学精神,也就要弘扬明式家具!

谢谢!

(本文为2018年元月5日在新华报业集团"苏作明式家具迎春展"上的讲座,原载《三峡论坛》2020年第9期,发表时有删节)

## 带着爱上路
### ——在中央民族大学外国语学院2014届毕业典礼上的主旨演讲

尊敬的英剑院长、尊敬的阿提书记、尊敬的各位同学、尊敬的各位同学的家长、尊敬的各位老师：

在民族大学外国语学院2014届毕业典礼上演讲，说实话，我自己的感觉一直是十分复杂的。英剑院长给我打电话邀请的时候，我正在中山大学学术交流，恰巧也是在外国语学院。当时，我的第一感觉就是英剑院长的电话可能是打错了，他可能是本来打算打给潘石屹的，因为潘石屹做房地产很成功，在毕业典礼上给同学们讲讲话，应该也是合适的。不过，我又一想，发现应该不是他。因为前一段时间潘石屹曾经接受过中央电视台的采访，是关于大V问题的，可是他却说得结结巴巴的，全国人民都看见了，于是我猜想，英剑院长应该不会请一个说话结结巴巴的人来做毕业典礼的主旨演讲吧？可是，后来立即转念又想到，那是不是本来是想打给潘晓婷的呢？在座的各位男生一定都知道她，一个美女，中国职业台球花式九球打法选手，中国台球界第一位获得世界锦标赛冠军的选手，不过，咱们是脑力劳动者光荣毕业的典礼，她是体力劳动者，请她来做毕业典礼的主旨演讲，可能也不能算是一个合适的人选。于是，我开始相信，英剑院长并没有打错电话。可是，刚才我又有点不自信了，因为我一进贵宾室，阿提书记就跟我说，她昨天一晚上都十分紧张，担心自己在第二天的毕业典礼上会把"潘知常"误念为"潘长江"，看来，也许那天英剑院长的电话本来也很可能是准备打给潘长江的。

不过，被邀请到外国语学院来做毕业典礼的主旨演讲，我还是很开心的。因为我要自我表扬一下,我本人一直是外国语学院的鼓吹者,多年以来,凡是考生的家长问我,我的孩子要考文科,你看报考什么专业比较好呢?我的回答都是:外语专业。前一段时间,我连续去了两次新疆,在乌鲁木齐的时候,报社的司机送我去机场,他在路上问我:我的女儿今年要考大学,来的时候,我爱人跟我交代了,让我一定要问问你,她报什么专业比较好呢?我的回答,各位应该立即就能够猜到,当然是外语专业!我今年的博士考生一共三十六人,招生的名额是一到二人,可是,到报名的时候,出现了一位本科和硕士毕业于南大外语学院的考生(同时还是英国的新闻传播硕士),结果她的专业甚至都不去准备,就考了八十多分,你们看,她的专业和外语这两大优势一下子就凸现出来了。

各位同学,现在,我就站在你们面前。而且,看到你们的一张张面孔,虽然兴奋、憧憬、感伤各有不同,但是却全都神采飞扬,我也十分激动,因为在你们的面孔背后,我也看到了我自己。很多年前的一个毕业季,我也是这些面孔中的一个,也是这样的兴奋、憧憬、感伤,也是这样的神采飞扬,现在回想一下,那时我想得最多的,就是不用再挤那个人比过江之鲫还要多的澡堂了,不要再凌晨一大早就爬起来跑早操了,不要再为考试而紧张而熬夜了,总之,我的感觉就是终于被释放了。当然,你们今天的感觉可能要比我那个时候更加复杂,因为时代毕竟开放了很多,也许,现在有些同学想到的是,太好了,我终于可以结婚了!当然,也许有些同学想到的是,时间到了,我终于要跟我的男(女)朋友分手了!——现在外面不是传说:大学生谈恋爱就像坐公共汽车,到点就会下车,也就是说,一毕业,也就劳燕分飞了。是不是这样?下面的同学可以告诉我,不过,我从台下的同学们的眼神中,应该已经看到了肯定的答案。

不过,无论如何,我现在还是要深深地祝福你们,人生中结婚和爱情可能都不止一次,可是,大学毕业却毕竟只有一次,这个事情真是值得祝贺。毕业,终于可以让你们的心情放飞;毕业,也终于可以让你们去满怀信心地迎接自己人生的第二季了!

毕业,其实就是一个人的成年礼!在这样的时刻,能够充当你们人生中的一个句号,能够分享你们的幸福,作为一个早你们很多年而毕业的学长,我也理应说几句话,来表达我的祝福。但是,说些什么呢? 我必须要告诉你们,在来之前,我也颇踌躇。

在过去,一般在学生毕业的时候,我往往都是这样说的。首先,我一般会说,终于毕业了,你们要立即放飞自己,拿到毕业证以后,今年暑假就毫不迟疑地出去旅游一下,带一本莎士比亚的书去英国,带一本歌德的书去德国,带一本雨果的书去法国,等等。不过,因为你们旅游回来以后毕竟还是要就业的,因此,仅仅只这样说,可能还是不解决问题。于是,我往往又会补充说,我特别希望,在今后的人生中,每位毕业生都做一个称职的职业人,就像我们曾经是一个称职的大学生一样。而且,我还经常提醒我们的毕业生,做一个称职的职业人,这并非最低要求,而是最高要求!

丰子恺先生,你们听说过吗? 他是李叔同也就是弘一法师的弟子,他一生的理想,就是做一个"十分像人的人"。他回忆说,这是李叔同给他的最为重要的人生启迪。因为李叔同最大的特点就是凡事认真! 他做一样像一样。少年时做公子,像个翩翩公子;中年时做名士,像个风流名士;做话剧,像个演员;学油画,像个美术家;学钢琴,像个音乐家;做报刊,像个编者;当教员,像个老师;做和尚,像个高僧。丰子恺先生这样评价他眼中的李叔同大师:"我崇仰弘一法师,为了他是'十分像人的一个人'。凡做人,在当初,其本心未始不想做一个十分像'人'的人;但到后来,为环境、习惯、物欲、妄念等所阻碍,往往不能做得十分像'人'。其中九分像'人',八分像'人'的,在这世间已很伟大;七分像'人',六分像'人'的,也已值得赞誉;就是五分像'人'的,在最近的社会也已经是难得的'上流人'了。像弘一法师那样的十分像'人'的人,古往今来,实在少有。所以使我十分崇仰。"

遗憾的是,现在要做到这一点又何其艰难!

我记得香港有一个电影,叫作"无间道",在座的各位应该是都已经看过。大家是否还记得,电影里有一个老警察,他问一位年轻的新警察说:"我问你一个问题,你是想做一个警察呢,还是仅仅只想看上去是一个警察? 这是一个诚实的问题。很多人仅仅只是想看上去是一个警察。有佩枪、警徽,一切行为都假装他们是在电视上。"我要说,对于这句话,我感触良多,甚至还很有点感动。要知道,我们现在的社会已经越来越让人看不懂了,很多人都几乎可以说是做什么就不像什么了。也因此,这部电影里面提出的问题也就十分深刻,何况,这个问题对于我们所有的人也都是同样地深刻:我们"是想做一个警察呢,还是仅仅只想看上去是一个警察"?借用哈姆雷特的那句著名的话,这,还确实是一个问题!

当然,后来不少毕业生都跟我说,老师,这个要求还是有点高了,做一个十分像老师的老师,做一个十分像公务员的公务员,做一个十分像人的人,说起来简单,实则太难太难,于是,为了不为难大家,有时候,我就只是简单地这样去祝福毕业生们,仅仅希望他们多多保重。例如,各班各专业的同学都可以在毕业的时候彼此左顾右盼一下,数一数身边有多少同学,然后彼此击掌承诺,二十年、三十年、四十年以后,大家再相聚的时候,要衷心祝愿每一个同学都不会掉队,每一个人都能如约而来。要知道,这也是非常不容易的,因为有两个东西会绊住手脚,一个是健康,各位都要好好地保重自己的身体,要健康地活着;第二个是纪委,各位不论将来做了多大的官儿,也不要被纪委请去喝茶。也因此,我经常说,一个班一个专业,如果能够在三十年后四十年后都还是一个都没有少,这真是一届最最幸福的集体了!为此,在这里,我要请各位注意,"一个都不能少",就是我对你们的祝福!

需要跟大家解释一下的是,过去我常跟毕业生讲的,就是我在上面讲的三点,可惜的是,今天如果仅仅这样讲,却完全是不可能的了。因为英剑院长要求的,是讲四十分钟。为此,我也还专门发邮件询问过,而英剑院长给我的回复是完全肯定的。于是,这几天我就不得不认真地去思考,在这个场合,我还能够再说些什么?后来,我突然想到:我也像各位一样地毕业过,当然,那是在一个比较遥远的过去,大约距离现在已经有三十年左右。可是,因此我也已经有了八个四年左右的经历,那么,在毕业典礼上,我能不能用一句最简单的话,把我在这八个四年里的最最深刻的体会告诉各位呢?记得过去有一位著名学者曾经说过,一个年轻人往往会把一句话扩展成一本书,一个老年人却可以把一本书浓缩为一句话。在你们面前说一句有点夸张的话，我现在也有点接近老年了，那么，我是否可以也尝试一下，看看是否也能够把一本书浓缩成一句话，是否能够把自己在毕业之后的八个四年左右的时间里所经历到的一切用最简单的一句话来讲给各位？

各位同学，现在，我就站在这里，而且，我特别郑重告诉你们的是：如果把我在毕业之后的八个四年左右的时间里所经历到的一切浓缩成为最简单的一句话，那应该就是，希望各位一定要永远保持一颗爱心，希望各位在即将再次出发的时候，能够带着爱上路！

为什么要这样说呢？我想，这里有两对概念一定要严格加以区别。

一对概念叫作"成长"和"成熟"。这些年，我经常参加昔日学生的毕业返校，比如十年以前的学生、二十年以前的学生。见面的时候，我经常听到我的这些昔日的学生们这样跟我说：老师，我在大学学到了很多的东西，可是，到了社会上以后，却发现不太适用。于是，为了适应社会，我开始改变自己，现在，我已经开始"成熟"了。我必须要说，每每听到这些，我就非常揪心、非常痛心。我经常说，一个好大学，根本就不是去教学生去如何适应社会的，一个好大学，一定是眼高手低的，他教学生有一个很高很高的眼光、一个很高很高的做人境界，至于到了社会上究竟应该怎么去做人、怎样做事，那却是要靠各位去自己努力的。而且，即便是到了社会上，也还是要永远保持自己的很高很高的眼光、很高很高的做人境界，并且还要继续发扬光大，要继续"成长"，而绝对不能日渐"成熟"。我们记得，《红楼梦》里就有一个只"成熟"却不"成长"的毕业生，叫贾雨村。贾雨村也是个大学生，他到了工作单位以后，开始也想继续"成长"，可是单位里的人却处处给他穿小鞋，于是，他很快就被排挤出去了，被免职了。后来，在第二次就业以后，他就变成了一个只"成熟"但是却不"成长"的人，而且还干了不少的坏事，以至于连平时绝对不说人坏话的平儿都忍不住在背后要痛骂他为：一个"半路中那里来的饿不死的野杂种"。

还有一对概念，就是"成人"和"成功"。在这里，我特别希望大家记住，人生的路绝对不仅仅只是一条，我自己也经常想，我们的大学教育、中学教育、小学教育，还有幼儿园的教育，为什么就一定要仅仅只是要求我们的孩子成功？为什么一定要仅仅只是成功教育？不成功就不是好孩子,不成功就会一生暗淡,我们的教育什么时候成了这个可怕的样子？人是不是生下来就是为了成功的？不想当将军的士兵究竟是不是一个好士兵——当然有一个前提,假设他想当一个好士兵,那么,我觉得,他最终还是一个好士兵,要知道,将军的进身之阶很是艰难,最终能够当上将军的士兵毕竟也仅仅是极少极少,何况,我们所有人都要先当士兵,我们可以不是一个将军,但是,我们都必须是一个士兵——一个好士兵。同样的是,在走上社会以后,我们每个人都必须要关注的,也首先应该是做一个合格的人、一个好人、一个合格的职业人、一个好的职业人,至于是否成功,那不应该在我们的关注视野之内,因为,那完全是社会与他人对于我们的嘉奖,因此,也不应该成为我们的努力目标。

而要时刻关注自己的"成长"与"成人",就必须要时刻地敦促自己,去保持一颗一如既往的爱心。

为什么这样说呢？我们知道,这个世界当然很大很大,大到它有几大洲,有不同肤色的人,还有不同的语言——这个你们最清楚,我所在的江苏有一个南通市,它下面的每一个县都有自己的方言,只要走出一个县再进入另外一个县,你就什么话也听不懂了,而你们外国语学院的阿提书记的家乡新疆呢？就更是神奇了。我 2011 年第一次去新疆,那一次,才知道了新疆之大,新疆,要远远比我们习惯所说的一个省要大得多,大到什么地步呢？它是我们伟大祖国的六分之一,所以,不管我们置身这个世界的哪一个角落,我们都必须赞叹,这个世界,实在是太大、太大了！

可是,如果再从另外一个方面来看,我今天又特别想跟大家说,这个世界也很小很小,它小到只有男人和女人,小到我们所有的人不论肤色不论国籍,也不论文化程度,其实都是十八个母亲的后代——大家知道,我们都是从非洲走出来的十八个女性的后代,全世界所有的人的遗传基因都只有十八种。在过去的几年,我一直在澳门兼职,为此,我每个星期都要来往于澳门和南京之间,因为每个星期一我都要在南京大学上课,为此,我一般是周日晚上回南京,周一晚上再回澳门。各位,试问一下,如果是放在一百年前,这一切可以想象吗？来往南京与澳门一次，恐怕就要一年了吧！而在更加遥远的过去，在2010年的时候，我曾经在美国待过一段时间，我记忆非常深刻的是，有一次，是在美国的旧金山，在我早上出来散步的时候，迎面遇到的所有出来跑步的美国人都会对我真诚微笑，这个微笑，给我一生以深刻影响。它让我更加深刻地理解了什么是生命中最可宝贵的东西，也让我更加坚定了自己在国内大力提倡生命美学、大力提倡爱的决心。你们看，就是旧金山所遇到的那些美国人所给我的一个善意微笑，就改变了我的人生。从地理位置上说，旧金山距离南京很远，但是，微笑却拉近了我们彼此之间的距离。微笑，把南京与旧金山变得很近很近，也把南京与旧金山连在了一起！

更加值得一提的是，中国有一个非常著名的教授，钱锺书，他的太太叫作杨绛，他的女儿叫钱瑗，他们是个三口之家。可惜，在三口之家中，钱先生和女儿不幸先离开了人世，于是，至今还健在的杨绛先生就写了一本回忆录来追忆这个三口之家的点点滴滴。必须要说，我非常感动于她的书名："我们仨"。杨绛先生对我们所置身的这个世界的理解真是太准确了，这个世界真的很大吗？其实，这个世界并没有那么大，这个世界，可以小到只有三个人，小到只有爱我的人和我爱的人，所以，中国人才说：百年修得同船渡！真的，每每看到我身边的人，我的学生、我的老师、我的同事，我就经常告诫自己说，这就是大自然的造化，它让我有幸遇到了这样一些人。其实，五百年前，我们彼此就是一家人啊。同样的，每每走到世界的任何一个角落，面对我所遇到的每一个人，我也经常告诫自己，这就是大自然的造化，它让我有幸遇到了这样一些人，其实，五千年前，我们彼此就是一家人啊。因此，置身这个世界，我们有什么必要去斗争，有什么必要去竞争？我们只需要一个东西就足够了，这就是爱！在这个世界上，我们彼此之间只需要一座桥梁，就完全可以畅通无阻，那就是爱。我们也经常讲世界语，外国语学院的同学对此非常熟悉，可是，在我看来，爱，就是我们的世界语。毕业以后的八个四年的工作经历告诉我，无论我们做什么工作，做教师，做国家干部，做企业管理，或者继续深造，都应该带一个东西上路，这就是爱！而且，只要我们带着一个东西上路,这就是爱,在未来的日子里,就一定可以无往而不胜!

具体来说,在出发的时候带着爱上路,我希望各位能够做好三件事。这就是储蓄爱、践行爱和守望爱。

第一件事,是储蓄爱。

生活的艰辛,无疑是不用我在这里多说的,中国不是常说"不如意事常八九"的吗?因此,各位毕业以后我并不想预祝各位一帆风顺,因为这太矫情,也完全是一厢情愿,可是,我却因此而非常希望各位能够"常念一二"。"常念一二",这是一句我经常写给毕业学生的话。我经常告诉我的学生,人生确实常常未能如意,可是,恰恰因为如此,我们才越是要珍惜那其中的"一二"如意的事情。要知道,正是那些"一二"如意的事情,才构成了我们一生中最为可贵的正能量,它是我们人生中的强大的驱动力!为此,我们必须时时刻刻地去"常念一二",去把生活当中的那些充满温馨与爱意的东西积攒起来。犹如我们每一个同学的身上都有储蓄卡,在你们即将毕业的时候,我真诚地希望你们在精神上、灵魂里也为自己准备一张爱的储蓄卡,并且,去穷尽一生之力,储蓄那些充满温馨的东西,充满爱意的东西。

你们都熟悉著名的作家张爱玲,70岁的时候,她在加拿大的多伦多,有一天,她看到了小时候爱吃的香肠卷,顷刻之间,她突然特别想念她的父亲。众所周知,张爱玲跟她的父亲关系非常不好,张爱玲的童年、少年、青年,几乎所有的不幸,都跟她的父亲有关,这一切,有她的《私语》为证,尽管她的父亲也很为她所写下的《私语》而十分不悦。但是,为什么张爱玲在老年的时候却回忆起了父亲的爱呢?毫无悬念,这当然是因为在她的生命中储蓄了幼年时代的"一二"最为温馨最有爱意的东西。显然,也正是这"一二"最为温馨最有爱意的东西,让她在70岁的时候真正认识了她的父亲,也真正触摸到了她的父亲。

各位都是学习外国文学的,俄罗斯有一个著名的小说家,你们一定熟悉,那就是陀思妥耶夫斯基,他的小说《卡拉马佐夫兄弟》中有一个著名主角阿廖沙,就是这个阿廖沙,在小说快结束的时候,曾经说过几句话,后来被评论家称为"石头边的演讲"。阿廖沙说:我们要记住那些过去的美好,那些过去的善良,因为"正是这一个回忆,会阻止他做出最大的坏事,使他沉思一下,说道:'是的,当时我是善良的,勇敢的,诚实的。'"①我必须要说,一个大作家真的是非常了解人性的建构过程,真的是非常了解人性究竟是怎样一步步地成长起来的。那些过去的美好,那些过去的善良,就是这样神奇地支持着一个人漫长一生的成长。

高尔基,也是外国语学院的学生一定非常熟悉的一个作家,他的童年曾经遭受过各种各样的苦难,这一切,你们一定已经在他的小说里都耳熟能详了,比如《童年》,比如《我的大学》。可是,你们是否知道,有一次,大作家托尔斯泰看见了高尔基,他的第一反应竟然是:你本应该成为一个坏人,可是,却偏偏成为一个好人!托尔斯泰为什么会吃惊呢?当然是因为高尔基曾经承受了那么多的人间苦难,还有那么多的坏人坏事都簇拥在他的身边,可是,令人拍案惊奇的是,高尔基最后却偏偏成为一个好人。那么,这一切又是因为什么?我想,这一切当然是因为高尔基善于去储蓄自己生命当中的正能量,善于储蓄自己生命当中的温馨与爱意。于是,尽管置身那么丑陋的环境,他最终却没有成为一个坏人,而是成为一个好人!

在这方面,我看到过一个英国学者的调查,他说,他调查了很多喜欢写日记的大学生,结果,却是一再地劝说大学生们最好不要再写日记,我要说,刚刚看到的时候,我实实在在地被吓了一跳,因为我过去也是鼓励学生们写日记的——起码是可以锻炼写作能力的吧?可是这个英国学者却说,最好不要写,因为凡是写日记的人往往后来的发展都不太成功。那么,这又是因为什么呢?原来,这是因为很多写日记的人都形成了一种很不好的习惯,就是喜欢在自己的日记里倾诉当天所遇到的不顺心和心烦事儿,大家都记得鲁迅的《狂人日记》吧?狂人就是这样,有一次,他甚至写道:今天赵家的狗何以又看了我一眼呢?可是,一旦如此去写,我们的日记也就成了垃圾箱和下水道,于是,我们的人生也就同样地成为垃圾箱和下水道,长此以往,你还

---

① 陀思妥耶夫斯基:《卡拉马佐夫兄弟》(下),耿济之译,人民文学出版社1981年版,第1165页。

能够指望自己会做一个好人吗？在我看来，实在是已经距离坏人不远了。当然，这样说也不是干脆就不记日记，我只是说，在记日记的时候，务必要去记录那些一天中的温馨的东西、美好的东西。

我在澳门科技大学的时候，有一次上美学课，当时我也讲了上面的这番话，后来，有一个学生给我写信，她说，老师，你的这番话改变了我的人生。当时，看到她的信我心里一惊。于是，又赶紧看下去，原来，她是一个重病人，她的父母为了圆她的大学梦，在珠海租了房子，每天接送她到澳门上学。可是，尽管如此，她却是内心非常痛苦，甚至痛不欲生。但是，在听我说到的"常念一二"的话后，她的一切就改变了。她在信中告诉我说，现在，世界在她心中已经截然不同。她已经不再去关注病痛，而是去关注那些"一二"美好的东西。于是，她注意到，每天来往澳门的时候，路上总是有人给她让座，每天打针的时候，护士姐姐总是特别小心，尽量不让她感到疼痛。因为她身上已经针眼密布，每天父母陪同她走在街上的时候，很多人也都用关爱的眼光看着她，而且愿意给她提供力所能及的帮助。最后，她在信中告诉我，老师，我突然发现，这个世界并不是充满了痛苦，而是充满了快乐。原来，生活很可爱，生命也很美丽。

《红楼梦》里也有类似的故事。其中有一个人物，叫香菱；还有一个人物，叫赵姨娘。香菱自幼就受尽苦难，我在上海电视台做节目的时候，曾经说，香菱是《红楼梦》里的"苦瓜一号"，用今天的流行语来形容，应该是"再牛的肖邦，都弹不出香菱的悲伤"，但是香菱的一生却始终很快乐很阳光很蓬勃，可以说，她称得上是大观园里的第一阳光少女，也因此，贾府里的人都很喜欢她。可是，她是如何做到的呢？简单说，只有两招，第一招，每逢别人问到她苦难的过去，她总是摇摇头说："不记得了。"第二招，置身世界，她永远都是笑眯眯的。但是，那个赵姨娘的表现就完全不同了。在贾府里，赵姨娘算是一个成功的"白骨精"，所谓白领骨干精英，但是，赵姨娘却不快乐，她总要觉得自己付出的太多，因此，也总是希望"多要一点点"，因此，也"每生诽谤"（第五十六回），"每每生事"（第五十五回），众所周知，赵姨娘的名言，就是"我这屋里熬油似的熬了这么大年纪"，言下之意，似乎全世界都欠她的

587

债,都在"熬"她,结果,赵姨娘最终却成为贾府里面的"万人嫌"。打个比方,香菱和赵姨娘本来都是一杯清水,赵姨娘的做法,是拼命往里面倒各种垃圾,于是,最后这杯清水不幸而成为一杯碳酸饮料,香菱的做法就不同,她坚决拒绝往她的清水里倒任何的垃圾,于是,最后她的一生就还是一杯清水。

不难看出,香菱和赵姨娘的不同人生给我们以不同的启发。在各位同学即将走上工作岗位的时候,我之所以要不厌其烦地千叮咛万嘱咐,敦促你们一定不要"成熟",一定要继续"成长",一定要更多地去关注"成人"而要尽可能少地去关注"成功",原因也就在这里。

因此,请各位注意,无论如何,都一定要去多多地储蓄爱,在人生的路上不去储蓄爱的人,是根本不可能走到目的地的。

这,就是我要告诉你们的第一点。

第二件事,是践行爱。

我们所置身的这个世界实在是太难搞定了。中国人见面,往往会说:活得太累了。这无疑是一句实话,一句大实话!梁漱溟先生是20世纪中国的最后一位大儒,他在去世之前,为我们这个世界留下了一本书,书的题目就很让我们深思:"这个世界会好吗?"坦率说,我也还真的想过,梁先生为什么不换一个句式,把问号改成感叹号,叫作"这个世界会好的!"。当然,那样一来,梁漱溟就不是"梁漱溟"了。作为一代哲人,他的睿智,当然就表现在:他深切地知道这个世界实在是太难搞定了。

可是,问题还存在另外一个方面,这个世界实在是太难搞定,难道我们就有理由不去搞定了吗?有些人说:世界有多黑,我就有多黑。这就有些让人匪夷所思了!世界很黑,难道我们就也要很黑吗?或者,既然世界很黑,那么,我的对策就是,比世界更黑?当然不能这样!我而且要说,世界的黑暗也恰恰就是我们要毕业要走进社会的理由。我们的责任,就是让这个世界充满光明。英国有一个作家,叫西雪尔·罗伯斯,他曾经看到过墓碑上的一句话,并且为之而感动,这句话是:"全世界的黑暗也不能使一支小蜡烛失去光辉。"这句话说得真是非常精彩!其实,在座的我们每一个人都应该是那支燃烧着爱的光芒的小蜡烛,这个世界就是靠我们的心灵去照亮的。在进入社会以后,我们当中的每一个人,也都应该是一支燃烧着爱心的小蜡烛。而且,我们也必须是这样的蜡烛。因为我们坚信,这个世界是可以被一点点一点点地去改变的,而且,这个世界的任何一点点的改变也都与我们每一个人息息相关。"丧钟为每一个人而鸣",这句著名的诗句不就是在提示着我们这样的一个事实吗?因此,我们别无选择!

《肖申克的救赎》,各位一定非常熟悉,我过去说过,要了解西方文化,首先要看的,就是《肖申克的救赎》。"肖申克",是一座监狱,不过,电影描述的可不是一个真正的监狱故事,而是一个人生故事。我把它叫作:人生的越狱。而其中的男主角安迪在十九年中不离不弃,做了许许多多被人所不肯为不屑为的充满了爱心的琐事,而且,最终也正是这些充满了爱心的琐事使得他得以被拯救。所以,电影中才说:有一种鸟是关不住的,因为它的每一片羽毛都闪烁着自由的光芒。

还有《辛德勒的名单》,这也是一部让我们非常感动的作品。各位是否记得,影片的最后,获救的犹太人为感谢辛德勒,自发地用金牙铸造了一枚戒指,并且在上面刻下"whoever saves one life, saves the world entire"(救人一命,就是拯救整个世界)。当然,辛德勒并没有拯救整个世界以及所有的犹太人,但是,他做了自己力所能及的一切,他拯救了一千一百零一个犹太人,然而,谁又能说,这就不是一千一百零一个世界?

西方有个著名的故事,也是在提示这个道理。在一个污浊的小河沟里,很多的小鱼都活不下去了。大人们说,鱼太多了,救不过来的,只有随它们去吧。可是一个孩子却不是这样去看,他把一条鱼捧到大海里,然后说,这条需要活;又把一条鱼捧到大海里,然后又说,这条也需要活。当然,这样的事情,我们很多的中国学生一定是不习惯的。因为我们中国的学生特别喜欢干大事,明明自己的门庭都没有扫,可是却天天张罗着要去扫天下。也因此,在这里,我由衷地希望各位毕业的同学能够多多地去做琐事——爱的琐事,而且,切切不要以为善小就不去做,或者不屑做。为此,我要再强调一遍,世界的改变就是从这一点点的爱的践行开始的。

当然,我猜想还有些同学会在下面不以为然地想,这个世界早就不需要

589

任何的说教,这是一个斗争的世界,起码,也是一个竞争的世界,你却要让我们去践行爱,有用吗?何况我们看到了太多太多的例子,善并没有善报,恶也并没有恶报,既然如此,我们为什么还要去孜孜以求地践行爱呢?对此,我只能说,我们践行爱,难道仅仅是为了得到任何的回报吗?难道不就是为了爱本身吗?

美国有一家报纸,叫作"芝加哥论坛报",其中儿童版"你说我说"栏目的主持人是西勒·库斯特,当时,他接到过很多的来信,在信中,学生们纷纷表达自己的困惑说:善并没有善报,恶也并没有恶报,我们为什么一定要去践行爱?最初,西勒·库斯特也为此而莫名困惑。有一天,他去参加一个朋友的婚礼,那对幸福的年轻人太紧张了,戒指本来应该戴到左手——因为左手距离心脏更近,但是,他们却错误地戴到了右手。幸而,主持婚礼的牧师急中生智,他说:你们的右手已经很完美了,请用戒指装饰你们的左手。闻听此言,西勒·库斯特突然恍然大悟。他回到编辑部,立即就给全美的学生写了一封信:《上帝让你成为好孩子,就是对你的最高奖赏》。确实,右手已经非常完美了,也已经不需要任何的表扬。而我们——你们,也包括我,不就是那个已经非常完美的右手吗?我们去践行爱,我们去做任何一件充满了爱心的事情,不都是应该的吗?我们都不再需要任何的回报,因为,我们已经是完美的右手!

因此,践行爱,而且不需要任何的回报,这就是我对于你们的第二点嘱咐。

第三件事,是守望爱。

说到第三件事,其实我的心情已经开始很有点悲壮。因为我深知,没有人能够为未来的世界打包票,没有人能够断言:未来的世界一片光明,未来的世界一定就是一个爱的世界。何况,我也知道,这样的一个世界,起码在我们的有生之年是肯定无法看到的。对于这一点,我必须要说,我绝对无意于去欺骗各位。

不过,在这里我一定要强调的却是,这也恰恰就是爱之所以必须要存在的理由。西方有一个大哲说过,这个世界会因为有没有爱的存在而表现为两个世界,第一个世界,有罪恶,但是没有爱;第二个世界,有罪恶,但是也有爱。无疑,只有第二个世界才是"世界"。我们谁都无法改变世界,甚至更无法去改变这个世界的罪恶。可是,正是因为我们的存在,却也可以让这个世界成为有爱的世界。

我要说,这很重要。这非常重要!

我最最无法容忍的,就是很多人都往往习惯于去有意无意地不惜弄脏自己的双手。他们与世界的黑暗同流合污,以便能够去分一杯羹,然后却转身破口大骂,似乎自己从来就不是这个世界的黑暗的参加者。中国有一个著名的电影导演,叫陈凯歌,在20世纪80年代初的时候,他曾经说过这样一句非常著名的话。他说,我们中国人往往在灾难来临的时候,有很多人就跪下去说"我忏悔",但是,却很少有人勇敢地站起来说"我控诉";然而,当灾难消失之后,却又有很多人会站起来说"我控诉",但是,却又很少有人会跪下去说"我忏悔"。现在,这种状况无论如何都不能再继续下去了。

为此,我希望在座的各位能够谨记:在今后的道路上,只要有机会有能力去做好事,就一定要去做好事;可是,如果没有这样的机会、这样的能力呢?那么,我们——也包括我,能不能坚定地做到:不做坏事?

德国曾经有过一次著名的战争审判。在德国,曾经有一个罪恶的柏林墙,大家一定早就知道,砌这堵墙,当然是为了阻挡东德的人逃往西德。当时的哨兵,对于越过柏林墙的东德人都是格杀勿论的。但是,在后来的审判中,那些哨兵却说,我们没有罪,我们仅仅是执行命令。后来,法庭经过审议,还是判了他们有罪。因为,他们本来可以"把枪口抬高一公分"。这个案例何等精彩!有时候,我们确实没有办法去反抗黑暗,去"铁肩担道义",但是,我们能不能坚决不做坏事?里尔克的诗歌说:"灵魂失去庙宇,雨水就会滴在心上!"确实如此,如果这个世界没有爱,如果我们连不做坏事的勇气都没有,那么,"雨水"就会滴在我们的"心上",就会滴在世界的"心上"!

于是,结论也就因此而变得十分简单:正是因为爱的艰难,因此我们才要坚定不移地去守望爱。正如特蕾莎修女所强调的:"爱,直到受伤!"这就是我希望各位去做的第三件事。

各位同学,以上就是在今天这个隆重的毕业典礼中我最想告诉大家的话。当你们进入社会的时候,以我毕业之后的八个四年的人生经历,以我这么多年来的对于社会对于人生的观察,以上就是我最想告诉各位的心声。当然,在今后的人生道路上,你们要去做的事情有很多,例如,一会儿离开了会场,我想,你们中的很多人就会去匆匆办理各种毕业手续,可是,我还是告诫你们,有一件事,是我们现在就要开始去做的,而且要永远去坚持做下去的,这就是永远地保持一颗爱心;这就是,在我们再一次出发的时候,一定要带着爱上路。

由此联想到,电视连续剧《西游记》有一首主题歌,大家都会唱,可是,我却一直很不理解,它就是"敢问路在何方,路在脚下"。令人不解的是,路,又怎么会在脚下?

这么多年的经历告诉我,路,并不在脚下,路在爱中!

世界上的路看起来很多,可是,需要提醒的是,没有爱的路都不是路,而是墙。在上路之后,如果我们不去储蓄爱,如果我们不去践行爱,如果我们不去守望爱,那么,脚下所有的路都会变成墙,而且,我们自己也会不幸而成为一个为自己的人生去砌墙的工人,直到最后,我们发现,自己把自己砌"死"在了一个狭小的斗室之中,为什么呢?就是因为我们没有爱,没有带着爱上路,于是,有路也就变成没路,有路也就变成死路。

多年以来,我们的学生习惯了所谓的斗争哲学,当然,现在文雅多了,可以叫作所谓竞争哲学,总之,无外乎都是所谓的成功哲学。可是,我经常跟我的学生说,以我多年的经历来看,我实在是没有看到谁的成功是靠斗争来的,或者是靠竞争来的。与此相反的是,很多人的失败,倒往往是斗争或者是竞争的产物。这是因为,你的任何一次斗争或者竞争,都会激起数倍的、十倍的,甚至百倍的反作用力,其结果,就是在你甚至都还没有来得及反应的时候,就早已被击垮了。

路在爱中就完全不同了。只要带着爱上路,没有路可以有路,小路还可以变成大路,变成坦途。毛主席写过一首词,其中有一句叫作:"一桥飞架南北,天堑变通途。"同样的,只要我们带着爱上路,只要我们有爱桥去"飞架南北"，人生的天堑也会变为通途的。

只要带着爱上路，也许一开始的时候我们走得很慢很慢，走得也很艰难，但是，最终我们却会越走越好。

只要我们带着爱上路，我们的路就不会越走越窄，而会越走越宽；只要我们带着爱上路，我们的路不会越走越难，而会越走越易；只要我们带着爱上路，我们的路就不会越走越慢，而会越走越快；只要我们带着爱上路，我们的路不会越走越差，而会越走越好；只要我们带着爱上路，我们的路就不会越走越痛苦，而会越走越快乐。

最后，请允许我把莎士比亚在《哈姆雷特》中的一首关于爱的著名诗篇送给即将毕业的每一位同学——

你可以疑心星星是火把
你可以疑心太阳会移转
你可以疑心真理是谎话
可是我的爱永没有改变！

各位同学，即将出发的时候，让我们记住这首诗，然后——
带着爱上路！
且行且爱，且行且珍惜！
且行且珍惜，且行且爱！
谢谢各位！

2014年，北京

# 为学术的人生

## ——在南京大学新闻传播学院2014级研究生开学典礼上的主题演讲

我首先要祝贺各位,因为你们选择了继续自己的专业学习,选择了进入南京大学。

在我看来,经过三十年的改革开放,当代中国的社会结构已经日益板结和固化,很少有人再能够轻松跨越既定的社会阶层,"朝为田舍郎,暮登天子堂",那已经是昨日的奇迹,现在,是"赢者通吃"。高富帅的孩子又是高富帅,穷人的孩子很难突破重围。这也就是说,每个人的上行发展都已经遇阻,在同一个台阶上去长期彼此拼搏竞争,事实上也已经没有意义,因为这拼搏竞争无论如何去做,也都只是低水平的循环竞争,而拼搏竞争的各方最终也都无法胜出,更无法升等,也就是都无法转而进入更高的台阶。

那么,我们应该如何去做呢?我在我的策划与创意课上经常告诉你们的学兄学姐们:生命在于主动,进一步海阔天空。现在,这些策略也非常有效。这也就是说,在社会结构已经日益板结和固化之际,每个人所能够做的,都应该是转换策略,主动地从低水平的循环竞争中脱身而出,转而进入新的更大的竞争平台。

显然,从本科生成为硕士生,从硕士生成为博士生,以及进入名校,无疑就是主动转而进入新的更大的竞争平台的策略转换,无疑也就是每个人在自己的人生道路上所实现的一次全新的人生转换,在这个意义上,你们今天的考入南京大学,已经与过去成才途径宽泛时代你们的学兄学姐们的考入南京大学略有不同。你们的选择,已经犹如人生的又一次投胎。也因此,我才必须要在演讲的一开始,就对你们表示祝贺!

同时，考虑到你们的又一次投胎适逢咱们南京大学的创建"第一个南大"的最佳发展时机，也适逢咱们新闻传播学院刚刚完成了一次洗心革面的领导机构的全面调整，人们常说"天时地利人和"，非常幸运的是，这几条你们现在全都意外地邂逅到了。显然，这就更加可喜可贺！

当然，在这样的一个重要时刻，学院安排我来跟你们说几句话，我无疑也倍感荣幸。

作为一个大学教师，培养研究生，是一个重要的工作。正如人们所常言：看一棵树，不仅要看它的树干，同时也要看它挂的果实。我们的宗师孟子也说过："不孝有三，无后为大。"不希望自己"无后"，不希望对于自己所从事的教育工作有任何的"不孝"，对于任何一个大学教师来说，应该也是"人同此心"的。而所谓的今日学生以老师为荣，明日老师以学生为荣，大体也就是这个意思。

就我自己而言，从事大学教师的工作，已经三十二年，从事研究生教育的工作，已经二十六年，中国人一般称三十年为"一世"，那么，四舍五入一下，在研究生教育方面，我也可以简称为"一世情缘"了。既然如此，我自然也有一些话，想与各位交流。

不过，需要解释一下的是，现在的做一个四十分钟的主题演讲，却是一个"误会"。前几天，郑欣院长通知我，让我代表全体导师讲几句话，当时，我欣然接受。但是，我又顺便建议，今后院里在迎新的时候，还可以再加一个主题演讲的环节。没有想到，郑欣院长立刻就说"可以考虑"。而且，在与院里其他领导商量之后，他很快就通知我，说是就安排我来做一次四十分钟的主题演讲。于是，这次的开学典礼，我的任务就从一开始的一个简短的发言变成了现在的一个四十分钟的主题演讲。

可是，尽管是阳错阴差，我却只能接受了。因为前几天郑欣院长还在院里的微信群里说，往往只能在微博和微信里看到我，而且还希望我尽可能地多与学生交流，现在，既然给了我一个与学生多多交流的机会，我自然也不能没有"眼色"，更不能置之不顾。

可是，说些什么呢？

595

现在的研究生的考研目的早已不再单纯,例如,有的是被逼考研(为了晋升职称,等等),有的是逃避就业的艰难,也有的是提升毕业证书的含金量,也许还有想借此找到自己的另外一半的,因此,那类"为中华崛起而如何如何"的劝说往往就会被视为说教,而且,这类劝说一旦从我的嘴里笨拙地说出来,也真会连我自己都被吓到。

其实,在考研的问题上,一切对各位自身有利的理由,都是可以成立的。哪怕是为了在南大找到自己的另外一半,也是可以成立的。当然,据我了解,在研究生期间,恋爱的成功率要比在本科期间更低。"女研究生白天愁论文,晚上愁嫁人!""专科生是小龙女,本科生是黄蓉,研究生是李莫愁,博士生是灭绝师太!"这些流行语可不是随便说说而已的。之所以如此,无疑与研究生要远比本科生活动圈子狭小,也要远比本科生现实有关。以选择一个男性对象为例,本科生往往首先关心的是:他有多高,相貌英俊吗?硕士研究生首先关心的却是:他做什么工作,月薪多少?博士研究生则往往先要考虑:他在哪!

但是,即便如此,与研究生彼此打交道的"一世情缘",也让我慢慢意识到,我们彼此之间也还是可以找到共同点,也还是可以彼此相互对话的。这是因为,不论考入南京大学的目的如何,倾尽全力做最好的自己,也做最好的南大新闻人,却是完全可以成为一个共同的选择的。《笑傲江湖》中有一个著名的浪子令狐冲,有一段时间,他并不情愿地做了一帮尼姑的掌门,可是,各位一定都还记得他是怎么去做的吧?"这一节,我自当尽力。"他是过客,他根本不可能长期如此,可是,他却丝毫没有敷衍,即便是"这一节",也要"我自当尽力"。

是的,即便是被逼考研(为了晋升职称,等等),即便是逃避就业的艰难,即便是提升毕业证书的含金量,即便是借此找到自己的另外一半的,无论如何,你现在都已经坐在了这里,也都要去实实在在地度过这三年,那么,与其荒废,何如拼搏?我看到我们的一位驻美大使曾经这样告诫我们赴美的留学生:I come, I see, I win! 我体会,他说的是,能进入大学,是一种能力的证明,进来之后,重要的就是你能够学到什么,但是,最后期待看到的,却是你能否成功地赢得这三年,而这,也就是"我自当尽力"。

何况,南京大学还是一个足以让任何一个青年学子一飞冲天的平台。我一开始就已经说过,现在已经并不是在任何一个平台都能够一飞冲天了,但是在南京大学却可以。因为吴健雄做到了,两百多位院士也做到了,他们能够做到,那么,今天所有进入南大的学子也就未必不能够做到。也因此,我一直都很不赞成有些学生的做法,他们往往在进入南大之前就已经找好了自己的"一亩三分地",或者预约好了自己家门口的广告公司,而没有一个远大的抱负。我经常说,尽管凡是存在的,就都是合理的,可是,当你进入了一个足以让你一飞冲天的平台,你又何妨一试身手?当苹果砸到了牛顿的头上的时候,他做出了震惊世界的回答,现在,苹果也砸到了你的头上,难道,你的选择就是一口把它吃掉?

看一看每个人的成长历程,不难发现,谁都无法预知自己的未来,而只能逐渐摸索。我经常告诫我的学生们,在人生的道路上,不应该过早地确立自己的目标,而只应该先有一个大致的方向,看一看老鹰是怎样捉到小鸡的,不是都要先在高空盘旋,直到最后才俯冲下来?人生也如此,也应该逐渐摸索,看看自己的兴趣究竟在哪里,自己的长处究竟在哪里,然后再去做一个符合事实的正确决定。例如,我过去上学的时候,其实一直想做一个作家,一开始绝对没有想到最终却尽管真的天天坐在了家里,但是却并没有成为一个作家。还有刚才已经跟各位见过面的杜骏飞院长,各位知道他过去还叫什么名字吗?杜马兰!一开始,他是希望自己能够成为一个"白衣飘飘"的诗人的,可是,他最终却没能成就"杜马兰"这个名字,现在,他的名字叫杜骏飞,是一个学者。

而这也就是说,在南京大学这个平台上,"怕就怕认真二字",只要你是认真去做的,只要你时时告诫自己:"这一节,我自当尽力。"那么,不论你是抱着什么样的想法进入南大的,就仍旧有可能成功。

也因此,既来之,则安之;既来之,则务须认真对待;既来之,则不妨放手一搏!

可是,在未来的三年,各位需要"安之"、需要"认真对待"、需要"放手一搏"的应该是什么呢？无疑只能是"学术"。

所谓研究生，顾名思义，当然就是研究学术的学生。

因此，在未来的三年，"为学术的人生"，也就成为一个毫无悬念的选择！

可是，随之而来的问题却是，在未来的三年，"为学术的人生"又应该是什么样的人生？具体来说，各位究竟应该如何去做，才算是实现了并且也没有辜负这"为学术的人生"呢？

我的建议是三个：真爱学术、真懂学术和真做学术。

第一，真爱学术。

做学术研究，首先要面对的，就是贫困。

我必须如实地告诉各位，学术研究与物质报酬之间是不存在什么对等的关系的，"一分付出，一分回报"这类的说法，在学术研究工作中，是完全失效的，"十分付出，一分回报"就谢天谢地了。更不要说，学术研究还必须先"作茧自缚"然后才能"化蛹成蝶"，其中的艰辛众所周知。王国维形容说"为伊消得人憔悴"，从我这么多年的实际体验来看，确实如此。

为此，很多学人都不乏抱怨，认为没有受到公平对待，也有很多人寄希望于未来，认为这种情况会慢慢得到改善，其实，这都是完全不现实的。还有一些学人甚至希望通过学术研究来致富、来养家，那更是不现实的。多年来，大凡家庭生活困难者，对于他们希望从事学术研究的选择，我就都是竭力劝退的。因为，学术研究，是一件十分奢侈的事情，也是一个人在吃饱了的情况下被"撑"出来的。"苦其心志，劳其筋骨，饿其体肤，空乏其身"地去搞学术研究，根本没有必要，也根本不可能成功。

而学术研究的回报，也不是金钱之类的物质报酬，而是精神的愉悦，是内心的快乐。

各位必须明确，学术研究之所以为学者们所孜孜以求，是因为它与很多的职业都不同，它是真正可以给自己的人生带来快乐的。

经济学领域有一个"边际收益递减"的定律，说的是财富越增长、赚的钱越多，人生却反而越容易懈怠、越容易毫无乐趣。不难发现，这应该是很多职业的特点。也因此，从20世纪开始，全世界的大学者都在研究一个什么问题呢？人类的快乐是怎么丢失的！那么，答案是什么呢？可以说，"边际收益递减"就是对于这个困惑的回答。

而学术研究却是一个例外。俄国大诗人涅克拉索夫有一部长诗，就叫作："在俄罗斯，谁能快乐？"我们也可以把这个问题置换为："在世界，谁能快乐？"答案呢？当然就是从事学术研究者可以快乐（当然，还有文学艺术工作者，等等）。在学术研究中存在的，恰恰是"快乐递增"的定律。研究越深入，成绩越突出，快乐就越增长。

当年，著名逻辑学家金岳霖先生在西南联大上课的时候，有一位萧珊同学（后来成为巴金先生的夫人）问道："金先生，你的逻辑学有什么用呢？你为什么搞逻辑学？"

"为了好玩！"金先生答道。

而著名的黑格尔研究专家贺麟先生也曾经讲过一句很有名的话：我宁肯和老婆离婚，也不肯放弃对黑格尔哲学的研究。

"好玩"以及"宁肯和老婆离婚"，在这些话背后的，正是因为学术所带来的快乐而导致的恋恋不舍。

各位即将开始的人生也是如此。

研究生与大学生不同，他是"太学生"，也就是说，他比大学生的"大"多了一点，那么，这多出来的"那一点"是多在哪里呢？探索未知。

大学生所学的是人类已知的学问，研究生所要探索的是未知的学问。打一个老师们经常说到的比方，本科生面对的是"句号"，老师在上课的时候会教给你一切；硕士生面对的是"逗号"，老师上课的时候只教你一半，剩下的，要你自己去探索；博士生面对的，则是"问号"，老师要跟你一起，站在探索未知的起跑线上。

这样一来，不是"学好"，而是"好学"，就成为研究生生涯的核心之核心。好奇心、求知欲，在全部的研究生生涯中也起着至关重要的主导作用。

由此我想起，1963年秋天，诺贝尔经济学奖得主、《通往奴役之路》的作者哈耶克在芝加哥大学作过一系列的公开演讲。最后一讲的题目是"理论的思想之不同类型"。就是在这次的演讲中，他出人意料地建议，把"求学志趣之强度",作为招生的主要标准,例如,学生是否愿意牺牲生活的享乐,是否愿意把大学当作修道院,等等。为什么会如此？无疑就是因为看重"好学"以及好奇心、求知欲在学术生活中的重要作用。

由此,不难看出,从快乐出发,是学术研究的关键一步,也是学术研究的必要前提。学术研究中的快乐者当然并不一定就是最后的成功者;但是,学术研究中的不快乐者,则肯定不会是学术研究中的成功者。所以,首先做一个学术研究中的快乐者,就成为争取成为学术研究中的成功者的前提条件。

而从我多年的学术研究的经验来看,不要过多地去关注学术研究的回报,甚至也不要去过多地关注学术研究的成败,而全然顺其自然,沿着好奇心、求知欲的轨道自然而然地去往前走,而且,像一家电视台的广告语说的那样,"有多远,走多远",也应该是最终能够有所创新有所创造的必然选择。

从这样的思路出发,我们或许就不难理解乔布斯在一个著名的演讲中为什么要提倡"stay foolish,stay hungry(永远保持愚蠢,永远保持饥饿)"了。而我在与自己的研究生谈话的时候,也往往会把我最喜爱的一句话送给他们:"掷剑挥空,莫论及与不及。"我所强调的,正是对于学术研究中的快乐的孜孜以求。

总之,既然学术研究的本质是快乐,那么,我们就不妨先让我们的学术研究快乐起来,我们就不妨试着在三年中与学术研究去谈一次恋爱,并且,起码在未来的三年中,去下定决心,快乐地将"为学术的人生"进行到底。

第二,真懂学术。

各位一定都知道,大诗人白居易年轻的时候,以歌诗谒顾况,可是顾况却谑之曰:"长安百物贵,居大不易。"后来读了《赋得古原草送别》,诗曰"野火烧不尽,春风吹又生",他却又改口说:"有句如此,居天下有甚难,老夫前言戏之耳！"

在学术研究中,也可以借用这两句话。因为,在我看来,在学术研究中,不但要快乐,而且还要路径得当,因为,只有路径得当,才能够"居天下有甚难",否则,倘若路径不得当,如果去从事学术研究,那可真是要"大不易"了。

我们可以拿竹子来打个比方:在一开始,竹子要用整整四年的时间才长三厘米,只是从第五年开始,才会以每天三十厘米的速度迅猛生长,而且,最后会仅用六周时间就能长到十五米之高。那么,在最初的四年中,竹子又在做些什么呢?它在地下将根须延伸得无比坚实。

同样的道理,学术研究也需要扎根,需要储备,需要厚积薄发。简而言之,需要熬过那最初的也最为关键的"三厘米"。

这"三厘米",就是要学会"学术地研究学术"。

学术研究历来被称为"象牙塔",其实,这是自有其道理的。严格而言,学术研究不同于"街谈巷议",中国人不太会做学术,却又自以为生而知之。其结果,就是有意无意地沦入了"街谈巷议"的路径。

前几天,有一个外校的学者在一个学术会议上给我发短信,说是"极为无聊",我问为什么,对方告诉我,很多人上来讲了半天,却往往都不知所云。于是,我回了一条短信:集体自言自语。"集体自言自语",是我对多年以来的学术乱象的一个基本评价。没有去学术地讨论学术、研究学术,应该说,已经是国内学术界的一个痼疾。

例如,学术研究必须从"照着讲"开始,然后是"接着讲",只有达到了最高的段位,才会"自己讲"或者"讲自己"。因此,凡学者都应明白,能够"照着讲"就已经不错了,能够"接着讲"则已经步入了学术研究的前沿。"自己讲"或"讲自己"就更不容易。没有几十年的在自己的研究领域里辛勤劳作,孜孜以求,是很难"讲"出一点真正属于自己的东西、真正新的东西的。可是,众多的学者却可以信口雌黄,顷刻间,就创造出一个新学说、一种新理论。

再如,太多太多的学者都习惯于把高层领导的讲话当作自己的研究课题。可是,学术的发展却是在任何时候都不应该通过不断去扩大理论的解释对象来完成的,而只能通过深化理论自身的思考来完成。这让我不能不想起"理论联系实际"这句名言,因为,我越来越觉得,任何一个理论,理论就是理论,你根本就不要指望它能够联系什么实际。事实上,说到底,任何一个理论,如果非要联系实际的话,那也只能联系理论的实际,什么叫"理论的实际"呢?就是这个理论在发展过程中有什么局限,有什么需要改进的地方、提高的地方？这就是它所要联系的实际，至于那些什么社会生活的实际？恕我直言，对于学术研究来说，那根本就不"实际"。

显然，在这里存在这一个根本的问题，那就是"学术"地思考学术。在我看来，这应该是对于学术之为学术的学科边界的内在限定。

西方有一个英籍犹太裔物理化学家、哲学家波兰尼，他发现一个学者的研究工作可以被分为两个层面：一个是可以言传的层面，"集中意识"；还有一个，是不可言传只可意会的层面，"支援意识"。前者，是指的在研究工作中一个学者的"如何"，后者，则是指的一个学者在研究工作中的"怎样"。显然，在这里，作为"支援意识"的"怎样"是非常重要的。它告诉我们，在一个学者全力思考的时候，"怎样"思考，很可能是为他所忽视不计的。然而，不论他忽视还是不忽视，这个"怎样"都还是会自行发生着作用。

这也就是说，在思考学术问题的时候，这个思考本身，也应该是学术的。当然，它并不涉及你会去"思考什么"，但事实，却一定会涉及你会去"怎样思考"。

也因此，各位在从事学术研究之时就应该明白，只有真正做到了"学术地研究学术"，才能从"居大不易"到"居天下有甚难"。

在研究生刚刚进校的时候，我会经常对他们说：要做正确的事，而不要正确地做事。那正是希望他们在进行研究之前，先去学习一下什么叫作学术研究以及应该如何去进行学术研究，先去把学术研究的路径弄正确，否则，就难免南辕北辙，越是努力，就越是失败，也难免一无所成。还是那句老话，学术研究中的路径正确者当然也不一定就是最后的成功者，但是学术研究中的路径不正确者，则肯定不会是学术研究中的成功者。

由此，首先去学会学术地研究学术，在学术研究中去首先做正确的事儿不是正确地做事，也就成为学术研究中的路径取向，成为争取成为学术研究中的成功者的第二个前提条件。

第三，真做学术。

做学术还有真做与假做之分？这在全世界可能都是一个虚假的问题，但是，在中国却是一个真实的问题，而且，还是一个严峻的问题。类似于莎士比亚的哈姆雷特的那个"生,或者死,这是一个问题"。

遗憾的是,很多的学者却还在蜂拥而上,他们经常自我安慰的是:现在这么"抢",我们也知道不好,对学术没有什么益处;可是,如果你不抢的话,那你什么都得不到。

我经常自问的却是,作为一个学者,我们为什么要自找苦吃?

更何况,这样的自找苦吃还是以我们命中注定无法最终成为学术研究中的成功者为前提的。

看来,"为学术而生",还是"以学术为生"? 这也是一个问题。

近几年,我经常跟学生们谈及香港的一部电影,名字叫作"无间道"。在这部电影中,一位老警长曾经问新警察:"我问你一个问题,你是想做一个警察呢,还是仅仅只看上去是一个警察? 这是一个诚实的问题。很多人仅仅只是想看上去是一个警察。有佩枪、警徽,一切行为都假装他们是在电视上。"我常说,这实在是一个非常值得回味的问题。

例如,我就经常问自己:"你是想做一个学者呢,还是仅仅只想看上去是一个学者?"答案如果是后者,那,你就会满足于种种外在的包装,为了包装自己而忙碌于申请项目,为了包装自己而忙碌于发核心期刊,为了包装自己而忙碌于评奖,可是,真正的学术研究呢? 那是否就是可以弃而不顾的东西呢? 反之,那你就会埋头于真正的学术困惑,埋头于学术研究本身,而且根本不会或者很少会去关注那些外在的东西。学术研究(人文社会科学)果真需要很多经费吗? 学术研究(人文社会科学)果真需要以"获奖"与否来论英雄吗? 真正有创新的论文果真会全都出现在核心期刊之上吗? 真正的答案,任何一个学者其实都是心知肚明的,因此,至关重要的只是:自己如何去选择、如何去做。

还是借助于《无间道》里面的话来回答吧:"我们确实处理很多欺骗的事,但我们并不自我欺骗。"

为了更好地说明问题,我推荐各位去阅读一下马克斯·韦伯的名篇《以学术为志业》。

在我看来,国内的学术界存在着三种情况,以学术为职业、以学术为事业、以学术为志业。一般的学者,都是以学术为职业、以学术为事业,而且,如此去做,他们也确实是得到了诸多的好处,经费、奖项、官职等等。可是,你们不妨去观察一下这些人退休以后的情况。这些人一旦离开了学术界的权力场,这些人一旦到了六十岁,试看还有几个人能够被学术界所承认?还有几人能够被学术史铭记?马克斯·韦伯警告说:"学术生涯是一场鲁莽的赌博。"我必须提醒各位,确实如此。

而要真正赢得这场"鲁莽的赌博",我们就只有孜孜以求地坚持学术作为志业这样一个根本的方向。

这就是说,"我们决不自我欺骗"。学术研究就是学术研究,既然立志于学术研究,那么,我们就绝对不再去孜孜于种种外在于学术研究的东西,而仅仅去倾尽全力关注学术本身。

"王杨卢骆当时体,轻薄为文哂未休。尔曹身与名俱灭,不废江河万古流。"古今中外,这都是一个规律,而且,应该不存在任何的例外。因此,就让别人去斤斤计较于外在的种种"热屎"去吧,而我们,却要高高地昂起头颅,勇敢地面对着这一切,并且毅然决然地说一声:不!

冯友兰先生,是哲学大家,在九十多岁高龄的时候,他还在写《中国哲学史新编》。眼睛看不见,耳朵也不太好,只能通过口述让别人把自己的话记下来,然后别人再念给他听,再修改。可是,他还是孜孜以求于其中。

冯先生说:"人类文明好似一笼真火;古往今来,对于人类文明有所贡献的人,都是呕出心肝,用自己的心血、脑汁作为燃料,才把真火一代一代地传了下去。凡是在任何方面有所成就的人,需要一种拼命的精神。"那么,为什么要"拼命"呢?无非是因为"情不自禁,欲罢不能"。

冯先生说:"这就像一条蚕,它既生而为蚕,就没有别的办法,只有吐丝。'春蚕到死丝方尽',它也是欲罢不能。"

"欲罢不能",这四个字说得真是非常之好。

还有美学的大家朱光潜先生。这几天,咱们新闻学院的几位男神与女神,例如胡翼青、周海燕、王辰瑶,都正在应媒体之邀,推荐自己刚刚读过的好书。其中,我看到辰瑶教授推荐了两本,一本其实是她早就读过的,现象

学方面的书籍,还有一本是齐邦媛的《巨流河》。于是我想起这本书中对朱光潜先生的深情回忆:

一次,在教授外国诗歌的时候,当朱光潜先生念到"If any chance to heave a sigh,(若有人为我叹息)They pity me, and not my grief.(他们怜悯的是我,不是我的悲苦)"的时候,只见他"取下了眼镜,眼泪流下双颊,突然把书合上,快步走出教室,留下满室愕然,却无人开口说话"。

也正是这个朱光潜先生,在解放之后,成了各次运动的"运动员",他的女儿曾经问过他:

"你后悔吗?"

"不后悔。对于自己的事情,如果是你应该负责的,那就没有什么后悔的。"

"你还没有搞够吗?"

"我不搞就没有人搞了。"

诗人济慈的墓志铭写道:"这里躺着一个人,他把名字写在水上。"各位,在我看来,这些大师也是如此,他们都是全神贯注于学术本身。因此,甚至不惜"把名字写在水上",当然,最终他们的名字却反而被写在了人类的学术纪念碑上。这,无疑是我们所应当去向他们学习的。

同样再回到那句老话,在学术研究中,"真做学术"者当然也不一定就是最后的成功者,但是,学术研究中,不"真做学术"者却肯定不会是学术研究中的成功者。

由此,在学术研究中"真做学术"也就成为根本方向,成为争取成为学术研究中的成功者的第三个前提条件。

因为时间的关系,关于"为学术的人生",我要对各位说的,就是这么多。

当然,最后我还是要强调,这些话都只是针对各位的未来三年的研究生生活而言的。

实事求是地说,我并不希望强迫所有的同学都必须去最后选择学术。我总觉得世上,从事学术研究工作的人不一定要那么多,有很少的一部分人也就够了。

而且,离开大学以后,转而从事其他工作,也绝不应该被非议,也同样应该被尊重。

在这里,我想告诉各位的只是,即便如此,这三年的认真的"为学术的人生",也会为你的一生打下深深的烙印。我的目的,也只是在各位的心中去播下一颗日后会在你们的心中生根发芽的种子。

爱因斯坦曾说过:"教育就是当一个人把在学校所学知识全部忘光之后剩下的东西。"三年之后,即便是你们中的有些人并没有从事学术研究,三年的"为学术的人生"的认真的学术训练,也仍旧会成为他们"把在学校所学知识全部忘光之后剩下的东西",仍旧会成为他们一生的坚强支撑。

爱因斯坦的《论教育》尖锐地提出:教育是要培养"一只受过很好训练的狗",还是"一个和谐发展的人"?

英国著名学者汤因比也曾提出过"与灾难赛跑的教育",即要赶在灾难尚未毁灭人类之前,把能够应对这种灾难的一代新人给培养出来。他说:这是一个很紧迫的问题。

还有一位中国的教育家也说过,我们留什么样的世界给后代,关键取决于我们留什么样的后代给世界。

三年的认真的学术训练,无疑有助于这个问题的解决。它会成为一种健康的生活方式,在你们的生命中沉淀下来。会塑造出一个不一样的你!

当然,作为南京大学,作为你们的导师,作为学术的种子的播种者,我无疑还是更希望有更多的同学在三年以后能够选择继续留下来,选择继续从事学术研究的工作。而且,更希望我所播下的学术的种子能够结出硕果,能够青出于蓝而胜于蓝,能够涌现出新一代的学术精英、学术领军人物。

你能够设想,当今中华民族之自立于世界民族之林,而从来没有过孔孟老庄、王阳明、王国维、胡适、鲁迅的身影吗?

你能够设想,西方国家几百年来领先世界,而从来没有过柏拉图、亚里士多德、阿奎那、哥白尼、培根、牛顿、伏尔泰、康德、达尔文的绝大贡献吗?

能够投身于学术工作,毕竟是无上光荣的,也毕竟是你们的母校——南京大学所更加殷切期待的。

最后,把梭罗(《瓦尔登湖》的作者)的《种子的信仰》中的诗句送给各位——

  我不相信
  没有种子
  植物也能发芽,
  我心中有对种子的信仰。
  让我相信你有一颗种子,
  我等待奇迹。

各位同学,这就是我最后想说的话:"我等待奇迹!"
当然,这里的"我"其实并不仅仅是我一个人,而应该是今天到场的全体导师,而应该是南京大学。
我们的全体导师,我们的南京大学,都在——
"等待奇迹"!
各位同学,加油!

2014年9月15日上午,南京大学

## 附录一　南华寺

——百集大型纪录片《中华百寺》之一

**【开场镜头】**

绿树掩映,曲径通幽。

一位老人,时而神情凝重,时而面容舒展,精神矍铄,缓步而行,循迹至一古寺前,安然伫立。

忽然间,只见他神采飞扬,锦绣华章,脱口吟诵:

"云何见祖师,要识本来面。

亭亭塔中人,问我何所见。

⋯⋯⋯⋯"

当人生临近了花甲之年,是宋哲宗绍圣元年,也就是公元1094年,苏轼因被人诬陷诋毁先朝,再贬惠州。

整个中国都屏住呼吸,期待着见证两个旷世天才的邂逅。

这一年,苏轼五十九岁,能够追赶到的生命,就只有七年了。

## 第一部分　朝圣南华

**【镜头1】**

眼前殿宇嵯峨,烟云氤氲。木鱼笃笃,钟磬声悠,仿佛置身西天佛国的祥云慈雾,超凡入圣⋯⋯

时间到了九月,空气中逐渐有了秋的味道。

韶关,进入了回忆的季节,天空,蔚蓝深远。

穿过花海,一阵肃穆气息迎面袭来。

不远处,曹溪潺潺。古树掩映之间,远离尘世的喧嚣与热闹,一座古寺赫然眼前。

这便是闻名中外的"南禅祖庭"——南华寺。

**【镜头2】**

(画面1)时光回溯至公元502年的某日。

一位印度僧人率徒来中国五台山礼拜文殊菩萨,路过曹溪口时,掬水饮之,觉此水甘美异常:"这里的水和西天的水没有区别,溪水的源头之处必有胜地,堪为兰若。"

于是,他溯源至曹溪。四顾山川奇秀,流水潺潺,感叹道:"宛如西天宝林山也。"

僧人宣称:"此处溪水之源可以建一寺,一百七十年后,定有无上法宝在此演化,道者如林。"

(画面2)皇宫书房,南朝梁武帝正批阅奏折,忽见时任韶州牧侯敬中之奏折,称韶州曹溪之旁,有一西国僧人有如是之预言。武帝莫名惊诧,遂可其请,赐额宝林。

这是一段摘自《六祖大师缘起外纪》的故事,故事中的西国僧人,名叫智药三藏。

南华寺,位于广东省韶关市南二十公里庾岭分脉的山麓中,坐落在曲江县马坝东南7公里的曹溪之畔,距韶关市区24公里,距今已逾一千五百年的历史,素有"东粤第一宝刹"之誉。创寺之初,南朝梁武帝赐名"宝林寺",岁至唐代,先后敕名"中兴寺"、"法泉寺"。宋太祖开宝元年得名"南华禅寺",遂用至今。

【镜头3】

苏轼踱步而入,瞻礼六祖真身。他端详六祖真身,见其神色安然,端坐塔中。一生的颠沛流离,顿然释怀,遂顶礼膜拜,三伏而起。

瞻礼过后,苏轼突然有感而发,挥笔写下了《南华寺》一诗。

佛说,五百年的修炼,才换来今生的邂逅。

两个旷世天才的邂逅,是中国文化史中的奇迹。

面对着六祖真身的时候,苏轼已老,白发萧疏。立于六祖庭前,他泪如雨下。

大半生的际遇,文才冠天下,到头来,失去了什么,又得到了什么?

云何见祖师,要识本来面。
亭亭塔中人,问我何所见。
可怜明上座,万法了一电。
饮水既自知,指月无复眩。
我本修行人,三世积精炼。
中间一念失。受此百年谴。
抠衣礼真相,感动泪雨霰。
借师锡端泉,洗我绮语砚。

苏轼说:为什么要来参拜祖师?是因为要认领我的"本来面目"。此时祖师端然而坐,似乎正在询问我这一生的修学心得。我真羡慕惠明和尚,能得到六祖的亲自指点,从而得以悟得大道。其实,我前生三世本都是佛门中人,只可惜一念之差,落入尘世,招来了这一生的忧患。今天,我在祖师面前顶礼膜拜,不禁老泪纵横。我要用这曹溪祖庭的清泉,洗尽我心中对浮世的留恋。

【采访1】

① 采访对象:著名佛教专家
② 采访内容:苏轼与南华寺的结缘

苏轼当然不知道,随后的七年会是何等的凄凄惨惨戚戚。这七年,我们在他的《南华寺六祖塔功德疏》中会看到:"伏以窜流岭海,前后七年。契阔死生,丧亡九口。以前世罪业,应堕恶道。故一生忧患,常倍他人。"

可是,苏轼毕竟是苏轼,惠能毕竟是惠能。

与被贬永州的柳宗元愤而将群山视为"囚山"不同,也与被贬郴州的秦观悲而视"飞红万点愁如海"不同。就在南华寺,置身文化圣地,面对六祖身影,政治的失意、生活的困窘,都没有让苏轼万念俱灰。苏轼始终淡定,始终平和。

他不再向外求,去"骑驴觅驴",也不再向内求,而"骑驴不肯下",而是瞬间"如桶底子脱"。

这就是南华寺的魅力。

这就是六祖惠能的神奇。

拈花一笑,妙悟真如。苏轼在南华寺幡然醒悟,成为了一个觉悟者。

据统计,苏东坡在南华寺留下书信和文章 23 篇,诗二首。

## 第二部分　瞻礼六祖

**【镜头 4】**

一组演讲、工作、谈判、沉思的镜头,展现出美国发明家、企业家乔布斯的奕奕风采。

他,1955 年 2 月 24 出生于美国旧金山;他,是赫赫有名的"苹果"电脑的创始人;他,是乔布斯。

他,也是一个禅宗的信徒。

一个亲手打造了苹果帝国的巨人,在早年的时候,却历经了被父母送给别人收养,家境的困窘,因为捣乱、不服从老师的管理、不完成老师布置的家庭作业和课外作业而被学校几次勒令他退学的打击。他喜欢嬉皮士,喜欢听鲍勃·迪伦的民谣和披头士的摇滚,和狐朋狗友一起泡妞、酗酒、吸大麻……

乔布斯的出生,似乎就是一个"错误",但是,"禅",却让他找回了自己的心灵,找到了归宿,并且,还借助心灵的力量顽强地改变了世界。

1976年,就在创办苹果前,乔布斯陷入了人生的决断。当时,他的禅宗老师手指墙上的经幡告诉他:"千百年前,有僧人说:'是风动。'又有僧人说:'是幡动。'六祖惠能却说:'不是风动,也不是幡动,而是心动。'因此,变与不变,其实只在于你是不是真的心动呀。"

"您是说,只要追随我心,就无需纠结?"

"一切万法,不离自性。去吧,既然心向往之,还有什么可纠结的?全心即佛,心佛无异。当心性再无滞碍,行止皆随本心的时候,你就是大彻大悟的佛陀呀!"

顷刻之间,乔布斯恍然彻悟。

从此,乔布斯犹如神奇的斗士,在改变世界的道路上一路前行,无论胜负成败,都始终随心所想、随性所止、随缘所至。

【镜头5】

惠能砍柴的镜头。

惠能与母亲在原野中踽踽前行的镜头。

乔布斯的偶像——惠能,是"禅宗六祖"。

他的故事,总能令人生出由衷的感动。

他的一生,永远温暖着历经沧桑的古国。

在他之前,佛不是人,佛是神。在他之后,佛只是一种"心"。没有人会是神,但是,却人人都有"心"。

于是,也就凡有"心"人就都可以成佛。

佛,只是滚滚红尘中的觉悟者。

【镜头6】

和尚齐声诵读《金刚经》的镜头。

尼姑齐声诵读《金刚经》的镜头。

惠能,广东新州(今新兴县)人。唐贞观十二年(638)农历二月八日生,唐先天二年(713)8月3日在家乡新州圆寂,享年76岁。

惠能三岁丧父,由母亲带大,青年时靠卖柴度日,从未读过书,也不识字。

一天,惠能路过金台寺,听到寺内和尚念《金刚经》,听到"应无所住而生其心"一句时有所领悟,即辞母赴湖北黄梅向五祖弘忍大师求佛。

弘忍问他:"汝何方人,来此山礼拜吾,汝今向吾边复求何物?"惠能对曰:"弟子乃岭南人,新州百姓,今故远来礼拜和尚,不求余物,唯求作佛。"五祖言:"汝是岭南人,又是獦獠,若为堪作佛?"惠能答曰:"人即有南北,佛性即无南北,獦獠身与和尚不同,佛性有何差别?"

弘忍大悦。于是,便留下他做杂役。

八个月后,五祖欲禅位,嘱弟子们各写偈语,择优袭位,惠能赢得了五祖的赏识,五祖决定禅位于他,是为禅宗六祖。

此时,距离他到黄梅,仅仅只有八个月的时间。(音乐强化)

【镜头7】

"身是菩提树,心如明镜台,时时勤拂拭,勿使惹尘埃。"(诵读)

"菩提本无树,明镜亦非台,本来无一物,何处惹尘埃。"(诵读)

【采访2】

① 采访对象:著名佛教专家

② 采访内容:惠能的贡献

神秀的偈句把"明镜"与"尘埃"对立起来,其实它们并非彼此对立,而是"心"之两面。"明镜"是心,"尘埃"也是心。万事万物,无论好坏、善恶、智愚,都是我们的心,因此,惠能第一次提出:关键在我们去如何用"心"。

613

首先,惠能开创了"无神论的唯心主义"。全世界的宗教都是有神论的唯心主义,但是,惠能却找到了一条中国特色的宗教道路——"无神的唯心"。

其次,慧能提示说:既然无"神",这个"心"也就不在"神",而在每个人的自身。这就是所谓"众生是佛",每个人都原本就是"佛",无需"成"也。只是我们自己把自己跟"佛"分开了,所以才要去"成佛",但是,只要意识到自己就是"佛",也就不需要去"成"了。

最后,因此,所谓"佛",就只是一个觉悟者。当你意识到原来的所有人生问题都不需要去解答,因为它们根本就不是问题,于是,你就成为了一个觉悟者。

这样的看法,即便是在全世界,也是开天辟地的全新思想。中国人的思想由此而焕然一新。

**【镜头8】**

暮色中,又有一位游客走进南华寺。是一位著名的美学教授。

**【采访3】**

① 采访对象:潘知常(南京大学教授)

② 采访内容:为何专程到南华寺

广东韶关南华寺。六祖惠能传法之地。佛教传入中国,产生了宗教的惠能,哲学的王阳明,文学的曹雪芹。他们是中国文化的骄傲。

同时,他们的思想也是潘知常教授所大力提倡的生命美学的活水源头。

为此,潘教授专程来到南华禅寺,要向惠能大师致敬!

**【镜头9】**

潘知常教授顶礼膜拜惠能的镜头。

眼前,是中国一代圣哲的身影。

遥想当年,五祖雄姿英发,手下高徒云集,从本科生到硕士生乃至博士生,还有一位"博士后"——神秀,但是,他并没有把衣钵传给其中的任何一人,而是传给了一个刚刚来了八个月的"旁听生",传给了没有剃度、没有任何入学手续、没有任何学历的惠能。

但是,随后的历史竟然毫无悬念。

历史已经证明:佛教的中国化,正是在惠能的手上才顺利完成。

惠能创立的中国化的佛教——禅宗,成就了一场中华文化历史上最为伟大的宗教革命。

惠能——中国的释迦牟尼!

他不在乎历史,但拥有他,却是历史的骄傲。

他是中国文化的幸运。

因为他的出现,中国文化隆重上路,再次出发。

阿基米德说:给我一个支点,我可以撬动地球。惠能也是一个支点,撬动了整个后来的中国。

## 第三部分　浓郁禅意

【镜头10】

六祖殿内,六祖真身像庄严供奉。坐像通高80厘米,六祖结跏趺坐,腿足盘结在袈裟内,双手叠置腹前作入定状。头部端正,面向前方,双目闭合,面形清瘦,嘴唇稍厚,颧骨较高,似有多思善辩之才智和自悟得道之超然气质。

在南华寺,到处都可以触及惠能的体温,到处都可以看到惠能的音容笑貌。

南华寺——中国人心中永远的圣地。

【镜头11】

一炷高香，烟气袅袅，飘向北方。

公元712年，惠能在南华寺讲经说法三十七年之后，突然萌生了要回故里新州的念头。到达新州的二十来天后，惠能沐浴更衣，端然静坐，直至三更时分，他忽然对弟子们说："我走了。"就这样，惠能在国恩寺圆寂，世寿76岁。

一时间六祖剃度出家的光孝寺，弘法三十七年的南华寺，都派人赶到国恩寺，争着要将六祖的真身带走。争执无果，最后，有人提议，六祖惠能的真身何去何从应听从他本人的意愿，可以用焚香的办法听取神谕，烟飘向哪里，他的真身就送去哪里。

香燃起时，烟气袅袅，原本应该刮北风的时节，却偏偏刮起了南风，于是，六祖肉身因而回到了地处韶关的南华寺。

于是，弟子们将六祖遗体运回曹溪供奉，从此，惠能与南华寺结下永远的缘分。

【镜头12】
传正方丈为游客介绍南华寺珍藏的憨山大师、丹田大师的真身。

时至今日，佛衣已空，佛迹永存。

南华寺，仍旧回荡着古老中华文明的绝响。

宁静的夜晚，月华入梦。

儒家的治国平天下、道家的修炼成仙、法家的权谋游戏、诗人文士的语不惊人死不休，又何如彻悟生老病死来得直截明快？王道社稷、铁血征战、家族荣辱、名节气韵，细细想去，都不过是历史的片面，时空的截面，人生的浮面，而且升沉无常，转瞬即逝。六祖，令人看破这一切，轻轻搁置，慢慢冷却，而去把注意力放到与自身始终相关的人生和生命的困惑之上。

经诵梵呗中的深长沉思，晨钟暮鼓里的怦然心动，古寺名刹间的焚香敬礼……

浓郁禅意,在众生的心底,栽种下一株株菩提。

## 第四部分　曹溪清泉

**【镜头 13】**

波光潋滟,南华寺前的小溪清澈照人。

南华禅寺位于广东省韶关市曲江区城东约六公里的曹溪北岸,宝林山麓,寺前有曹溪河自东向西流过。

"曹溪一滴水,天下万种禅。"人们常说:"曹溪发乳",南华寺的"奶汁"培养了很多的高僧大德。

"曹溪一滴水,遍覆三千界。"人们也常说,在曹溪哪怕只得到一滴水的智慧,也会受用一生。

惠能也因此而被称为"曹溪六祖"。

**【采访 4】**

① 采访对象:著名佛教专家
② 采访内容:为什么"曹溪"会成为南华寺的象征?

首先,曹溪是一面镜子。提示的是"水"和"波浪"的关系。人的"本来目"就是"水"本身,它不增不减;而人生烦恼只是水面上的浪花,八风一吹,"浪花"四起,可是,"水"本身增多了还是减少了?——不增不减。因此,内心只要平静下来,就八风不动,就不会有"浪花"、有"波浪"。

其次,曹溪是一个象征。觉悟了的中国思想,从这里走向世界。

**【镜头 14】**

《坛经》的敦煌本、惠昕本、契嵩本、宗宝本的画面。

《坛经》,是在中国浩如烟海的佛教著作中唯一被尊称为"经"的一部著作。

《六祖坛经》开创了中国禅宗的平民化时代。

毛泽东赞誉说:"唐朝时六祖的佛经《法宝坛经》就是老百姓的。"

《坛经》,是佛教中国化的新阶段,是最终完成了佛教中国化的一个里程碑。

惠能开创的禅宗在中国打破了中国佛教文化的北方中原中心论,在东方打破了印度的佛教中心论,在世界上确立了完全中国化的佛教——禅宗。

从此,不再是"佛教在中国","中国化的佛教"正式登上了历史的舞台。

**【镜头15】**

气势恢宏的曹溪讲坛内,高僧在主讲《六祖坛经》。

**【镜头16】**

殿内的河北临济、江西曹洞、湖南沩仰、南京法眼、广东云门等五宗领军人物的塑像。

在慧能大师的身后,是他的得法弟子四十三人。

他们将"南宗禅"传播到全国各地。这些弟子后来形成了河北临济、江西曹洞、湖南沩仰、南京法眼、广东云门等五宗,这就是所谓的"一花开五叶"。

以后,"南宗禅"被传播到世界。法眼宗传到了泰国、朝鲜半岛,云门宗和临济宗远播到了欧美,曹洞宗与临济宗盛行于日本。

**【镜头17】**

佛学院的学生在凝神阅读,在激情讨论,在认真听讲。

南华寺是当之无愧的"禅宗祖庭"。

惠能在南华寺讲学、弘法三十七年,等于办了一所佛教学校,等于是在带"研究生",而且带出了一批非常有影响的高徒。

惠能之后,源远流长的中国文化不再是流转于黄河长江之间了。结束这个局面的,是来自珠江流域的这个男人。

遥想当年,印度人普提达摩经海上丝绸之路从印度到达广州,在广州建宝林寺,被称为"西来初地"。不久就从广州到南京,会见南朝的梁武帝,孰料话不投机,于是他又"折苇渡江",到了河南的洛阳,此后的二祖慧可、三祖僧灿,再从河南的洛阳转至安徽的潜山,继而,四祖道信再转到江西的庐山,再转到湖北的黄梅。其间,从黄河文化区域到长江文化区域的转换清晰可见。

六祖惠能,禅的一瓣心香最终花落珠江。

从此,代表黄河的孔子、代表长江的老子、代表珠江的惠能并肩而立,成为中国文化的三大圣哲。

【采访5】

① 采访对象:著名佛教专家
② 采访内容:惠能及其禅宗在当代世界的意义

在西方,犹太教传到希腊,与苏格拉底和柏拉图邂逅,产生了基督教。

在东方,佛教传到中国,与孔子老子邂逅,产生了禅宗。

禅宗是中国历史上第一次"西学东渐"的最高成果,惠能,则是中国禅宗的第一人。

印度的释迦牟尼开辟了全新的佛学境界,可是,把佛学的全新境界发展到最高水平的,却是一个中国人。

这个中国人,就是惠能。

【采访6】

① 采访对象:南华寺传正方丈
② 采访内容:南华寺的"大南华"发展规划。

【镜头18】

曹溪潺潺，曹溪与乔布斯在沉思、乔布斯的苹果产品的叠加画面。

禅宗的影响，可以在一代大师乔布斯身上看到。

乔布斯的办公室里摆设很少，200多平方米的房间，最引人瞩目的，是一个打坐的蒲团。每每在决策之前，他就会将相关产品设计放到垫子周围，然后闭目静坐，直到最终决定选择哪个。

乔布斯更曾经自己解释，"不立文字，直指人心"，就是他独特的智慧之所在。在英文单词中，第一个字母当然都要大写，可是，iPhone 和 iPad 中的"i"却偏偏是小写。然而，也恰恰就是这个"小我"，帮助乔布斯实现了自己的"大我"。

苹果产品的大方、简约，成了时代的象征。

乔布斯，真正理解了中国的禅宗六祖惠能大师的精髓。

【镜头 19】

曹溪潺潺。

王维、柳宗元、刘禹锡等文学大家有关南华寺的作品展示，据传陈列于英国大不列颠图书馆广场的慧能塑像。

在曹溪徘徊的苏轼背影，若有所思，久久不去。

禅宗的影响，也可以在一代文豪苏轼身上看到。

公元 1100 年，哲宗卒，徽宗即位，在海南的东坡得赦北还。归途路过岭南，东坡买了两根大竹子做肩舆。于是，也又一次想起了温暖的曹溪。还在宋哲宗绍圣元年即公元 1094 年，五十九岁的苏轼离开南华寺的时候，就已经是一个觉悟之我。

驻足曹溪，以前的苏轼与那时的苏轼，已经判若两人。

政治放逐了苏轼，但是，苏轼也放逐了政治。

南华寺，永远温暖着他风雨飘摇的人生。

曹溪波光潋滟，常伴他去静静地修一段菩提的岁月。

现在,再次面对曹溪,一首小诗,不由一挥而就:

斫得龙光竹两竿,持归岭北万人看。

竹中一滴曹溪水,涨起西江十八滩。

在小诗中,苏轼感叹说:我东坡能够在众人惊奇的目光中,走过坎坷人生路,就是因为这一泓曹溪的清泉。在任何情况下,都要八风不动,不忘初心,就是曹溪传递给我的人生智慧。印度的尼连禅河与黄河、长江的巨流汇聚曹溪,融化为"一滴曹溪水",它在我的生命里流淌,它,也将在所有的生命里流淌。

次年,苏轼病逝于江苏常州。(音乐起)

2015年,南京

# 附录二　苏州文化"最江南"

"人人都说江南好"。提起江南,人们不禁就会想起杏花春雨的诗画水乡,饭稻羹鱼的市井生活,文化昌盛的耕读世家,风流文雅的才子佳人……它是诗人笔下最美的意象,是中国文人心中的一方乡愁。而江南文化是中华文化最富人文魅力和美学精神的部分,是中国梦最诗情、婉转的典雅章回。

日前,南京大学美学与文化传播研究中心主任、教授、博士生导师、著名美学家潘知常来苏参加"江南文化漫谈"学术研讨会。在他看来,江南文化可以用"最文化""最中国"这六个字概括,而苏州,一直是江南文化的核心,是无数中国人的精神家园。

## 苏州一直是江南文化的核心

古人有诗云,"若到江南赶上春,千万和春住。"江南究竟在哪里呢？潘知常认为,它并不是一个固定的概念,例如,古代比较偏北(江淮平原),是"吴文化的江淮文化化";近代又有点偏南(宁绍平原),是"吴文化的越文化化",但是,苏州却一直是江南地区的经济文化中心,宁绍平原、江淮平原则是它的两翼。从文化的角度来说,江南文化由三种文化组成,"它的核心是以苏州为代表的吴文化,两翼是以杭州为代表的越文化和以南京、扬州为代表的江淮文化。"

从星河灿烂的文化名人,到穿越风雨的文化景观,再到和合共生的文化气象,千百年来,饱经战乱的中华文明多次在江南深度融合、休养生息,最终形成了现在的江南文化。在潘知常看来,江南文化是中国最成熟的内陆文化和农耕文化,可以用"最文化""最中国"这六个字概括,"准确地说,江南是最文化的中国,江南文化则是最中国的文化。"

"我昨天晚上就到了苏州,到街上走了走,感觉非常好。"潘知常说,苏州比较完整地保留了古城原有肌理和风貌,彰显出深刻的历史内涵和古城特色,这是苏州得天独厚的优势。"因此,苏州一定是最江南的地方。我们要看江南文化,就一定要到苏州。"潘知常表示,从这个角度来说,苏州一定要讲好中国故事,让全世界看到"最文化的中国"。

## 江南文化经过两次对话和加权

长街短巷皆如画,几千载似水年华沉淀下的文化,造就了一个风华绝代的江南。

"区别于塞北文化、中原文化,江南文化最大的优势是经过了两次对话和两次加权,江南文化包容吸纳、创新开放的精神也体现在它的两次对话里。"潘知常表示,所谓的"两次对话",第一次是淡水文化内部的长江文化和黄河文化的对话,从泰伯奔吴到永嘉南迁,从运河漕运到赵宋南渡,中原文化一次次进入南方时,都是通过江南作为中转站。第二次对话是淡水文化和咸水文化的对话,也就是江河和海洋的对话,"太仓是海上丝绸之路的起点之一,近代开埠通商也是从江南、岭南起,可以说,中国和西方文化的对话,也是从江南开始的。"

而两次加权,潘知常认为,第一次加权是政治的加权,"大运河拉近了江南与北京的距离,江南文化成了帝王将相、才子佳人追慕的时尚潮流和对理想生活的无限憧憬。"第二次加权是文化的加权,"江南文化装满了中国文化最丰富的意象元素和最饱满的情感世界。因为江南的存在,中国文化有了故乡和归宿。"潘知常说,他觉得,中国文化的最大幸运就是在正确的地点、正确的时间遇到了正确的江南,"从某种意义上来说,江南就是中国人的袖珍祖国。"他认为,苏州人有义务替中国人呵护好这个"袖珍祖国",让它发扬光大,和中国人民一起走向未来、走向新的世界。

## 江南文化为美而生,向美而在

明代学者王士性说的那句"苏人以为雅者,则四方随而雅之;俗者,则随而俗之",至今仍取得广泛共识。江南文化深深烙印在苏州景物的风光流转中,苏式生活也早已融入江南文化的日常之美。

在潘知常看来,江南美学的核心价值是以"农业"为基础,以"入仕"为导向,以"经商"为辅助。在此基础上,江南文化的特色集中体现为:为美而生,向美而在。他表示,很少有哪座城市像苏州这样,模糊了时间、空间与次元,超越了一方水土与现实面貌,把日子过成了一种审美。而江南文化与中原文化、塞北文化等最大的不同就是,苏州人乐于将生命"浪费"在美好的事物上,乐于将生活"活"成一种文化,将生命变为一种享受,因此,有了享誉天下的苏州园林、吴门画派、昆曲评弹、苏工苏作……

潘知常表示,作为中国人的精神家园,江南文化是鲜活的、有生命力的、不断向前发展的,希望苏州从江南文化出发,站在"长三角一体化"上升为国家战略的历史机遇期,让江南文化在新时代焕发出新活力。

(苏报记者　姜锋　实习生　杨心砚)

## 附录三　美是生命的竞争力

在文化学者、南京大学美学与文化传播研究中心主任、教授、博导潘知常看来,全面加强和推行学校美育工作,其实就是在实施新时代的"扫盲"。"新中国成立之初,我们进行过一次扫盲,那是扫'文盲',这次,我们是扫'美盲',希望走出的,则是低美感的教育、低美感的社会。"潘知常认为,一直以来,学校教育更为重视科学知识、文化知识,却忽视了人文素养,尤其是美的素养。培养出的学生程度不同地患有"人类文明缺乏症""人文素质缺乏症""公民素养缺乏症",有知识,却没有是非判断力;有技术,却没有良知。

潘知常表示,国家提出在学校推行美育,其实是在直面严峻的拷问。"我们要把什么样的世界留给后代,关键取决于我们要把什么样的后代留给世界。"

潘知常指出,审美虽不能改变人生的长度,却可以改变人生的宽度和厚度;虽不能改变人生的起点,却可以改变人生的方向和终点。审美让人学会了如何用从容的眼光看待人生,如何用包容的态度面对人生,如何用宽容的境界善待人生。

而对处于人生重要发展阶段的大中小学生来说,美育显得尤为重要。潘知常举例说,动物的生长基本是在"子宫内完成的",人却截然不同,从0到16岁,要经历两个生长高峰:第一个是在出生的第一年,而第二个高峰,会在10岁到16岁之间出现,而且速度是过去的两倍。而文化教育,尤其是审美教育中最为关键的部分,恰在10岁到16岁之间。

然而目前来看,在学校美育中存在着把美育与艺术教育混淆起来的错误倾向。潘知常表示,中国自古以来,所谓的美育就是围绕着人而不是围绕着艺术的,是人的美育。例如,在中国不但有"课堂",而且还有"中堂""祠堂"。在儒家的教育思想中,也可以看到从"小六艺"到"大六艺"的历史转变,也就是从"志于仕""小人儒"的作为公务员考试课程的"小六艺"(礼、乐、射、御、书、数)向"志于道""君子儒"的作为"大学问"的"大六艺"(《诗》《书》《礼》《乐》《易》《春秋》)的转变。一百年前,王国维、梁启超等第一代美学家提出了"美育"的概念。他们看到,西方教育既存在"课堂"也存在"教堂",于是试图在中国大声疾呼"以美育代宗教"。

对此,潘知常指出,如今的学校美育工作,应该仍然要围绕着人的美育去深入拓展。"在美学看来,人与动物的根本不同在于:人是人的作品(费尔巴哈),人不是先天预成的,而是通过自身的后天努力而'生成为人'的。在学校美育中如何去把握'生成为人'这一主线索、主旋律,十分关键!"

潘知常认为,在学校美育工作中,要特别关注三个问题:第一,美育是使生命回归为生命的教育;第二,美育是使生命提升为生命的教育;第三,美育是使生命拓展为生命的教育。冯友兰先生说:"学习哲学的目的,是使人能够成为人,而不是成为某种人。"马一浮先生说,文学,可以使我们"如迷忽觉,如梦忽醒,如仆者之起,如病者之苏"。这些观点则是今后改进我们的中学生美育的一个参照性的目标。

美是生命的竞争力,美感是生命的创造力,审美力是生命的软实力,因此,爱美才会赢!

2021 年 10 月 21 日,《新华日报》

## 潘知常生命美学系列

- ◆《美的冲突——中华民族三百年来的美学追求》
- ◆《众妙之门——中国美感心态的深层结构》
- ◆《生命美学》
- ◆《反美学——在阐释中理解当代审美文化》
- ◆《美学导论》
- ◆《美学的边缘——在阐释中理解当代审美观念》
- ◆《美学课》
- ◆《潘知常美学随笔》

# Life
# Aesthetics
# Series